U0650552

四川省
生态环境政策研究报告

四川省环境政策研究与规划院
长江黄河上游生态屏障建设研究智库　编著

2023

SICHUAN SHENG
SHENGTAI HUANJING
ZHENGCE YANJIU BAOGAO 2023

中国环境出版集团·北京

图书在版编目（CIP）数据

四川省生态环境政策研究报告. 2023 / 四川省环境政策研究与规划院，长江黄河上游生态屏障建设研究智库编著. -- 北京 : 中国环境出版集团，2024. 12.
ISBN 978-7-5111-6045-4

Ⅰ. X-012

中国国家版本馆 CIP 数据核字第 2024JM5425 号

责任编辑 曹 玮
封面设计 彭 杉

出版发行 中国环境出版集团
（100062 北京市东城区广渠门内大街 16 号）
网 址：http://www.cesp.com.cn
电子邮箱：bjgl@cesp.com.cn
联系电话：010-67112765（编辑管理部）
010-67113412（第二分社）
发行热线：010-67125803，010-67113405（传真）

印 刷 北京中科印刷有限公司
经 销 各地新华书店
版 次 2024 年 12 月第 1 版
印 次 2024 年 12 月第 1 次印刷
开 本 787×1092 1/16
印 张 37
字 数 810 千字
定 价 168.00 元

【版权所有。未经许可，请勿翻印、转载，违者必究。】
如有缺页、破损、倒装等印装质量问题，请寄回本集团更换。

中国环境出版集团郑重承诺：
中国环境出版集团合作的印刷单位、材料单位均具有中国环境标志产品认证。

编 委 会

主　编　罗　彬

副主编　王　恒　陈明扬

编　委（按姓氏拼音排序）

常明庆　陈启华　陈奕彤　成亚薇　邓　冉

刁　剑　杜　敏　谷　丰　何　蓉　贺光艳

黄　庆　黄　田　孔茹芸　李淑丽　林佳丽

刘传琨　刘冬梅　罗媛凤　吕瑞斌　潘　哲

邱利平　任春坪　沈仙霞　孙　洁　唐书培

田梦莎　汪　洋　王　博　王金华　王　维

文新茹　吴　优　向　柳　向蔓菁　向仕甜

肖君实　肖熙葶　肖雪琳　谢　怡　谢义琴

徐宜雪　许　芮　薛文安　闫卫坡　于　瀛

张豇浜　张凌杰　张　璐　张卫兵　赵康平

郑淋峰　郑勇军　周　鑫　诸　莎

序　言

党的十八大以来，以习近平同志为核心的党中央把生态文明建设摆在全局工作的突出位置，一幅天蓝、地绿、水净的美丽中国新图景正在神州大地徐徐展开。为进一步服务四川绿色发展，不断提升巴山蜀水颜值，加快美丽四川建设，四川省环境政策研究与规划院牵头设立“长江黄河上游生态屏障建设研究智库”，坚决扛起长江黄河上游生态环境保护责任，致力于构建科学化、系统化的生态环境保护政策研究体系，探索生态优先、绿色低碳的高质量发展路径。该智库汇聚了一群充满活力与创新精神的青年学者，他们以环境政策研究为核心，以科技创新为引领，深耕细作，矢志成为美丽四川的织梦者、守护者、建设者，谱写着一幅幅四川生态文明的动人华章。

《四川省生态环境政策研究报告（2023）》是四川省环境政策研究与规划院在生态环境政策研究方面的精粹与凝练，浓缩了该领域的学术积淀与实践经验。本书作为该系列报告的第三部，延续前两部作品的研究方向和内容，聚焦四川省在环境保护和绿色发展的前沿政策、创新成果和实践案例，围绕碳达峰碳中和、生态文明建设、绿色转型、生态保护修复、环境治理体系等方面进行深度分析，旨在展现四川省环境政策研究与规划院全体科技工作者对美丽四川建设的鲜活诠释，对生态文明理念的深度挖掘。

“青山不墨千秋画，绿水无弦万古琴”。美丽四川的图景需众人共绘，生态梦想的实现需齐心协力。希望生态环境领域的青年学者们，坚持以习近平生态文明思想为指导，深植生态文明理念之根，深耕环境政策研究之田，紧握绿色发展的实践之匙，坚决践行绿色使命，争当新时代生态环保铁军先锋，肩负起守护绿水青山的重任。愿四川省生态环保人在建设美丽四川的道路上笃定前行，追“新”逐“绿”，以环境优势构筑发展胜势，以智慧为砚，以汗水为墨，共同绘制四川生态文明建设的崭新画卷。

四川省生态环境厅党组副书记、副厅长、

一级巡视员

李继东

2024 年 7 月

前　言

2023 年是全面贯彻落实党的二十大精神的开局之年，是实施“十四五”规划承前启后的关键一年，是深入打好污染防治攻坚战、推进美丽中国建设的重要一年。一年来，四川省环境政策研究与规划院以巩固提升新型智库建设能力为抓手，高标准支撑深入打好污染防治攻坚战，高效能推动降碳、减污、扩绿、增长协同发力，助力经济社会全面绿色低碳转型，服务美丽四川建设起步见效，厚植生态环境政策研究底蕴。

习近平总书记在四川考察时指出，“推动新时代治蜀兴川再上新台阶，奋力谱写中国式现代化四川新篇章”“在筑牢长江黄河上游生态屏障上持续发力”。2023 年 7 月，习近平总书记在全国生态环境保护大会上发表重要讲话时强调，“今后 5 年是美丽中国建设的重要时期”。四川省环境政策研究与规划院深刻把握党的二十大精神要求，勇于担负建设人与自然和谐共生现代化的美丽四川使命，深入践行绿水青山就是金山银山的理念，加大科研创新力度，拓展对上支撑深度，延伸基层服务广度，助力全川大地生态环境“颜值高”、绿色发展“有内涵”，加快推进美丽四川建设，进一步筑牢长江黄河上游生态屏障。深入实际、深入基层、深入群众，持续推动调查研究工作走深、走实，促进成果转化，形成系列环境政策与环境战略研究成果。

《四川省生态环境政策研究报告（2023）》为该系列报告的第三册，汇编了实践探究、决策咨询、政策法治三个篇章共58篇优秀研究报告，聚焦碳达峰路径研究、县域绿色发展、成渝地区双城经济圈生态共建环境共保、生态环境保护规划、应对气候变化、“三水统筹”、大气污染防治、土壤污染防治与农业农村面源污染治理、环境经济形势分析等重点领域开展政策研究与解读。回应了四川省生态环境保护工作重点任务，展现了政策规划研究工作的特点、亮点。

四川省环境政策研究与规划院始终坚持以习近平新时代中国特色社会主义思想为指导，深入践行习近平生态文明思想，将继续坚定做美丽中国先行区建设的探索者、实践者、代表者和引领者，以开展美丽系列研究为主线，以环境政策研究为着力点，在政策研究、理论探索、实践推动等方面深耕细作、笃行致远，为实现人与自然和谐共生的现代化四川贡献智慧和力量，为把我国建成富强、民主、文明、和谐、美丽的社会主义现代化强国而不懈奋斗！

由于时间仓促和编者水平有限，书中难免有不足之处，敬请读者批评指正！

编委会

2024年7月

目　录

实践探究篇

四川省2022年环境经济形势分析及2023年环境经济形势预测研究......3
四川省美丽乡村建设路径探讨......11
关于分区强化重要江河湖库生态保护治理的思考与建议......20
关于系统谋划分批实施小流域综合治理三年行动的思考建议......32
基于城市视角加强并巩固黑臭水体治理成效的思考建议......41
四川省尾矿库污染防治及环境风险防范对策建议......53
浅谈对生态文明建设与美丽中国建设关系的认识......61
探索建立雨水径流污染综合治理体系的思考与建议......66
四川省关于“桃花水”汛前河湖环境问题排查整治的政策建议......80
坚持精细化管控，分级分类推进流域考核断面日常管理......89
四川盆地川中丘陵地区典型县——武胜县农业绿色发展研究建议......97
四川盆地川中丘陵地区典型县——武胜县农业农村污染治理研究......104
四川盆地川中丘陵地区典型县——武胜县生态保护修复对策建议......111
四川盆地川中丘陵地区典型县——武胜县生态产品价值实现的路径思考......117
四川盆地川中丘陵地区典型县——武胜县文旅资源挖掘与产业发展研究建议......126
四川省黄河流域县域生态保护和高质量发展路径研究......134
城市层面推动减污降碳协同控制的路径对策建议......145
四川省烟草行业减污降碳协同控制分析和对策建议......153
四川省陶瓷行业全链条减污降碳协同控制分析和对策建议......163
关于加快以高水平保护和高质量发展为导向的省域毗邻地区合作平台建设的研究......175
文本挖掘在中央生态环境保护督察业务中的应用浅议......188
生态环境问题常态化发现与整改工作建议......194

决策咨询篇

四川省加强生物安全管理，防治外来物种侵害的建议......207
关于重点生态功能区加快绿色发展助推四川省“五区共兴”的几点思考......218
站在人与自然和谐共生的高度谋划推进美丽四川建设......226
推进生态环境基础设施建设，提升生态环境治理能力......232
以水为脉、以人为本、以文为韵，四川省多彩江河塑造及高质量发展的建议......245
2023 年全国两会代表委员关于生态环境保护建言热点主题分析及对四川省的启示研究......260
四川省统筹推进生态环境保护与“宜居宜业和美乡村”建设的政策建议......271
关于美丽河湖保护与建设规划的思考与建议......279
关于川中丘陵地区四市助力成渝地区中部“绿色崛起”的研究与思考......296
强化耕地土壤污染防治，筑牢新时代更高水平“天府粮仓”土壤安全基底思考与建议......306
关于统筹推进高标准农田建设与农业面源污染防治的政策建议......318
建设美丽中国先行区，谱写新时代生态文明建设四川新篇章......329
基于“四水四定”内核的四川省水生态环境高质量发展思路......344
以“查-测-模-评”为主线系统性开展农业面源污染治理监督的政策建议......355
关于创建最美国家公园，建设若诗若画若尔盖的思考建议......364
用好“千万工程”经验，推动发展不均衡区域建设宜居宜业和美乡村的政策建议......372
关于推动四川履行青藏高原生态保护义务的建议......383
关于生态环境高水平保护支撑成渝地区双城经济圈经济社会高质量发展，建设美丽中国先行区的思考与建议......391

政策法治篇

四川省 2030 年前碳达峰政策解读和对策研究......403
贯彻落实黄河保护法，履行生态环境保护职责的建议......413
四川省 21 市（州）2023 年政府工作报告中生态环境保护内容研读分析......434
强化环境信息依法披露与 ESG 信息披露的衔接的思考建议......443
绿色发展理念融入立法制度设计的思考与建议......453

我国六五环境日二十年变迁的政策启示......458
成渝地区双城经济圈生态环境标准一体化发展现状与建议......472
四川省生态环境损害赔偿制度完善建议......480
关于四川省生态环境监测立法的思考与建议......489
基于“三水统筹”要求，建立完善四川省水生态环境标准体系......497
成渝地区双城经济圈圈内圈外绿色协同发展研究......508
ESG 水平提升助推四川省绿色金融发展......519
标准化助推四川省绿色发展的思考与建议......529
四川省自然生态保护与监管进展评估报告......537
四川省构建现代环境治理体系的评估报告......546
建立健全生态环境绩效考核制度体系，推动生态环境保护规划落地见效......554
强化绿色法治供给 助力绿色发展目标实现......561
四川省系统推进生态环境包容审慎柔性执法的政策建议......566

实践探究篇

四川省 2022 年环境经济形势分析及 2023 年环境经济形势预测研究

摘　要：开展环境经济形势分析工作是生态环境部门的一项基本职责。本文依据 2022 年环境经济运行有关数据，对四川省 2023 年环境经济形势进行了分析预判。结果表明：①2022 年四川省经济运行走出了一条从震荡下行到企稳回升的复苏曲线，四川省地区生产总值达 5.67 万亿元，同比增长 2.9%，同比增长率低于全国平均水平 0.1 个百分点；②四川省污染治理工作持续推进，农村生活污水有效治理率、水泥企业深度治理率、钢铁企业超低排放改造完成率等提升明显，2022 年四川省大气、水污染物排放量同比均下降，二氧化碳排放强度同比下降 2.8%左右；③展望 2023 年，四川省经济韧性强、潜力大、活力足，各项政策效果将持续显现，全力推动经济运行整体好转，2023 年地区生产总值将达 6.1 万亿元，同比增速为 6.5%，高于全国平均增速 1 个百分点；④预计 2023 年四川省 SO_2 排放量同比微降，颗粒物、NO_x、VOCs 排放量同比上升，水污染物排放量和二氧化碳排放强度均同比下降。水环境达到预定目标有一定压力，大气环境中优良天数达到预定目标压力较大。

关键词：环境经济；形势分析；四川省

一、2022 年环境经济形势分析

2022 年四川省经济运行走出了一条从震荡下行到企稳回升的复苏曲线。2022 年四川省地区生产总值达 5.67 万亿元，同比增长 2.9%，同比增长率低于全国平均水平 0.1 个百分点。2022 年四川省经济运行面临很大下行压力，同时面临供给冲击、需求收缩、预期转弱三重压力以及新冠疫情、高温干旱、缺电保供、地震灾情等多重冲击，挑战之大多年罕见。面对严峻复杂形势，在统筹抓好抗击灾情、疫情和经济社会发展各项工作，全力以赴拼经济搞建设的情形下，经济运行呈现从震荡下行到企稳回升的复苏曲线。在市场信心方面，11 月，经济景气水平总体有所回落，其中制造业采购经理指数（PMI）、非制造业商务活动指数和综合 PMI 产出指数分别为 48.0%、46.7%和 47.1%，分别低于 10 月 1.2 个百分点、2.0 个百分点和 1.9 个百分点，连续两个月低于临界点。1—11 月，四川省规模以上工业增加值同比增长 3.4%，同比增长率低于全国平均水平 0.4 个百分点。

2022 年 1—11 月，主要经济活动恢复态势明显放缓，除能源产品及部分绿色低碳产业外，大部分产品产量下降。在社会活动方面：2022 年受旱情、灾情、疫情等多重影响，主要社会活动持续恢复态势明显放缓。1—11 月，新能源机动车占比增加率、耕地面积、公路货运周转量、生猪出栏量、社会用电量、飞机起降次数等同比保持增长，其中公路货运周转量、生猪出栏量增幅同比明显收窄；商品房施工面积、化肥施用量同比下降。在工业生产方面：2022 年以来，四川省工业经济震荡运行、承压前行，整体呈现“V 形回升、企稳向好”态势。第一季度保持稳健开局，同比增长 8.1%；第二季度深度回落，6 月同比增长率仅 1.3%；第三季度“V”形回升，7 月、9 月同比增长率均超过 5%；第四季度以来，回升势头强劲，10 月同比增长率 9.8%，增速居全国第 3 位，11 月虽然不及 10 月增长快，但 1—11 月累计同比增长数据比 1—10 月高出 0.4 个百分点，展现稳健增长态势。1—11 月，天然气、柴油等能源产品产量同比增加明显；传统制造业（如汽油、焦炭、生铁、粗钢、成品钢材、初级塑料制品、白酒等）主要产品产量都不同程度下降；绿色低碳产业发展势头较好，多晶硅产量增加 139%、光伏电池产量增加 10%，新能源汽车增长 84.2%。在能源消费方面：四川省能耗水平在全国属于较高水平，完成“十四五”节能降耗目标依然有较大压力。1—11 月，四川省规模以上工业综合能耗同比增加 0.6%，较前三季度增长 0.1 个百分点；1—11 月四川省单位规模以上工业增加值能耗同比下降 2.7%。1—10 月，四川省规模以上工业原煤消耗 5 857.8 万 t，同比增长 3.7%；天然气消耗 162.9 亿 m^3，同比增长 1.0%；电力消耗 1 631.4 亿 kW·h，同比增长 4.3%。前三季度四川省单位 GDP 能耗下降约 1.3%，低于“十四五”时期年均预期进度控制目标 2 个百分点，节能降耗压力进一步增大。

四川省污染治理工作持续推进，其中农村生活污水有效治理率、水泥企业深度治理率、钢铁企业超低排放改造完成率等提升明显。水污染治理工作成效显著：城市、县城、建制镇污水处理率分别为 97.5%、92.3%、55.0%，同比分别提高 0.5 个百分点、0.5 个百分点、3 个百分点。工业园区废水收集率为 94.0%，同比提高 0.2 个百分点。农村生活污水有效治理率达 65.8%，同比提高 2.5 个百分点。畜禽养殖规模化养殖场粪污处理设施配套率达 96.0%，同比提高 4 个百分点。大气污染减排工作稳步推进：继续开展钢铁、平板玻璃、水泥、焦化等重点行业深度治理工作，四川省钢铁超低排放改造完成进度近 58%，同比提高约 43 个百分点。一半以上的焦化企业已完成深度治理，超 1/3 完成超低排放改造，将 NO_x 排放浓度稳定控制在 150 mg/m^3 以下。水泥企业深度治理实施进度达 88%左右，同比提高 16 个百分点，累计完成 10 300 万 t/a。

2022 年，四川省大气、水污染物排放量同比均下降，二氧化碳排放强度同比下降 2.8%左右。综合主要社会经济活动、工业产品产量及污染治理工作推动情况，经 SMEI 模型计算可知：2022 年，大气污染物 SO_2、NO_x、颗粒物、VOCs 产生量分别同比下降 3.1%、2.8%、4.7%、1.9%。水污染物 COD、氨氮、总磷排放量分别同比下降 4.1%、4.4%、3.5%。2022 年四川省名义二氧化碳排放总量较上年增长约 1.3%，增量主要来自本地电力、外购电力以及农业领域，分别增加 15%、11%、8%，工业及建筑业、交通领域碳排放量分别同比下降 4.4%、2.5%。

污染物空间分布与区域经济社会活动情况、污染治理工作成效相关性较强，其中成都大气污染物、水污染物排放量位居四川省之首，流域水污染物排放总量最高的为沱江流域。2022 年 1—11 月，四川省主要城市中，成都 COD、氨氮、总磷排放量分别为 10.75 万 t、0.89 万 t、0.15 万 t，分别占四川省的 11.6%、16.3%、11.4%，位居四川省之首；其次是宜宾、南充、达州等。在废气排放方面，成都大气污染物排放量位居四川省之首，SO_2、NO_x、颗粒物、VOCs 分别占四川省的 15.6%、35%、34%、30.8%，其次是攀枝花、绵阳、泸州、乐山、达州等。1—11 月，在主要流域中，沱江流域水污染物排放总量最高，COD、氨氮、总磷排放量分别占四川省的 19.2%、19.5%、18.6%；其次是长江（金沙江）流域，COD、氨氮、总磷排放量分别占四川省的 16.2%、16.6%、16.7%。同比变化情况：长江（金沙江）流域 COD 排放总量同比下降最多，降幅为 6.6%；安宁河流域氨氮、总磷排放总量同比下降最多，降幅分别为 5.6%、4.7%。

2022 年污染气象条件对比 2021 年明显不利。2022 年四川省降水量 800 mm 左右，较常年偏低 10%～20%，伏旱秋干明显，华西秋雨综合强度为历史较差水平。平均气温较常年显著偏高，年内高温日数多，冷空气活动次数与常年相当，强度一般。

受不利污染气象条件影响，2022 年大气环境质量同比有升有降，水环境质量同比持续改善。2022 年，四川省空气质量优良天数率 89.3%，同比下降 0.2 个百分点。四川省 $PM_{2.5}$ 平均浓度为 31.0 μg/m^3，同比下降 2.5%；重点城市 $PM_{2.5}$ 平均浓度为 35.4 μg/m^3，同比下降 1.4%。四川省 203 个国考断面中，优良断面占比 99.5%，同比上升 2.9 个百分点；140 个省考断面中，优良断面占比 99.3%，同比上升 5.7 个百分点。

二、2023 年环境经济形势预判

展望 2023 年，四川省经济韧性强、潜力大、活力足，各项政策效果将持续显现，全力推动经济运行整体好转，2023 年地区生产总值将达 6.1 万亿元，同比增加 6.5%。2023 年是全面贯彻落实党的二十大精神的开局之年，也是“十四五”规划承前启后的关键一年，省委十二届二次全会提出了以成渝地区双城经济圈建设为总牵引，以“四化同步、城乡融合、五区共兴”为总抓手的战略部署，坚定信心、鼓足干劲、迎难而上，全力推动经济运行整体好转。

随着外部因素冲击影响持续减弱、稳增长增量政策持续加力，预计 2023 年四川省社会活动呈明显恢复态势，工业生产稳定有序回升。预计 2023 年，社会用电量、飞机起降次数、公路货运周转量、生猪出栏量等社会活动水平继续同比增长。主要工业产品（如汽油、焦炭、水泥、生铁、粗钢、白酒等）产量预计同比变化由降转增，成品钢材、初级塑料制品等降幅收窄，汽车制造、多晶硅、光伏、动力电池等行业将继续稳定增长，煤炭、电力、天然气等供应保障产品保持高位增长。

既有惯性下预测 2023 年度四川省 SO_2 排放量同比微降，颗粒物、NO_x、VOCs 排放量同比上升，水污染物排放量均同比下降，二氧化碳排放强度同比下降 0.5%左右。根据社会经济活动、工业产品产量预测指标及污染治理工作预计进度，经 SMEI 模型计算，预计 2023 年，四川省大气污染物 SO_2 排放量同比微降 0.4%，颗粒物、NO_x、VOCs 分别同比增加 2.3%、3.1%、4.2%；水污染物 COD、氨氮、总磷排放量均呈下降趋势，分别同比下降 4.4%、4.1%、4.1%。2023 年名义二氧化碳排放总量预计同比增长约 8.5%，四川省规模以上单位工业增加值能耗预计降幅 1.8%左右。就污染物的流域与区域分布而言，预计 2023 年，成都市水污染物排放量减幅最大，沱江流域水污染物排放量占比最大；NO_x 除攀枝花、内江、凉山同比基本持平外，其他城市均有不同幅度增加；颗粒物除攀枝花略降，内江、凉山基本持平外，其余城市均呈上升趋势；VOCs 各城市均有不同程度增加。

2023 年四川省污染气象条件同比略好，污染水文条件同比略差。据中长期气象形势预判，2023 年污染气象条件相比 2022 年将有所缓解，气温将较常年略偏高，但同比 2022 年将有所下降。四川省平均降水量较常年基本相当，同比 2022 年有所上升，受其影响，污染水文条件同比改善。其中，第一季度气温同比相当，冷空气活动次数同比略偏多，强度较弱；早春气温起伏较大，易受沙尘或浮尘影响，盆地首次臭氧污染过程略晚于上年；污染气象条件同比略好，污染水文条件同比略差。第二季度气温同比相当，降水同比偏多，高温及较高温天气过程同比相当，暴雨强度同比偏大、次数同比偏多，面源污染冲击影响较大。

综合气象、水文等因素，2023 年水环境达到预定目标有一定压力，大气环境中优良天数达到预定目标压力较大。根据国家及省级有关要求，2023 年初步既定目标为 $PM_{2.5}$ 浓度 30.8 $\mu g/m^3$，优良天数比例 90.8%，国考、省考断面优良率力争全部达到 100%。综合考虑污染气象条件、污染水文条件，经 SMEI 模型预测，2023 年环境空气 $PM_{2.5}$ 浓度预计为 30.0～31.0 $\mu g/m^3$，优良天数率预计为 89.6%～90.8%，水环境质量将持续改善，国考、省考断面优良率分别在 99.0%～100%、98.6%～100%，优良断面数分别预计增加 1～2 个断面。

三、政策建议

结合 2023 年度环境经济形势分析，为推动实现全年环境质量目标、污染物减排目标等要求，2023 年度污染物排放量应控制在 SO_2 11.6 万 t、NO_x 43.0 万 t、颗粒物 11.0 万 t、VOCs 26.0 万 t、COD 88.74 万 t，分别同比削减 0.7%、1.5%、2.0%、5.1%、4.4%，其中 VOCs 削减压力大，综合考虑经济形势和环境治理力度，VOCs 排放量削减目标完成难度较大。预计 2023 年碳排放强度降幅 0.5%，规模以上工业单位增加值能耗强度降幅在 1.8%

左右，低于“十四五”年均预期进度控制目标，节能降碳工作力度需进一步提升。为实现上述目标，2023 年四川省应以“推动绿色转型”和“加强系统治理”为双轮驱动，充分发挥生态环境保护推进经济社会高质量发展的作用，形成一批具有四川辨识度、全国影响力的标志性成果，具体需要从以下几方面着力。

（一）持续推进结构优化调整，实现减污降碳协同增效

目前，四川省污染治理工作已经进入深水区，要以结构调整为减污降碳的重要抓手，持续推动产业结构、能源结构、交通结构优化调整，着力推动四川省高质量发展“进位”。一是优化产业结构，推动钢铁、有色、建材、化工等传统产业优化升级，加快工业领域低碳转型，提升电炉短流程炼钢等先进产能占比。大力发展附加值高、能耗低的晶硅光伏、动力电池、新能源汽车、大数据、新材料、智能装备等新兴产业，力争全年规模以上高技术产业增加值同比增长超过 15%。二是优化能源结构，大力发展新能源、新型储能产业，积极争取枯水期留川电量，提高清洁电力就地转化利用能力，加快推进成都、资阳等燃气发电厂建设。继续有序压减煤炭消费总量，力争至 2023 年年底非化石能源占能源消费总量的 40.5%；推进火电机组“三改联动”，在保障能源安全的前提下，力争四川省电煤涨幅不超过 15%，综合发电煤耗控制在 310 g/（kW·h）以内。加快工业企业节能提效降耗改造，推动粗钢、水泥、造纸、化纤等行业企业能效水平持续提升，力争 2023 年四川省规模以上工业单位工业增加值能耗同比下降 3.0%以上，碳排放强度下降 1.5%。三是优化交通结构，围绕交通运输碳达峰碳中和“五转”路径，推动交通绿色发展，力争到 2023 年年底，铁路运输、水运合计货物周转量占比达 50%以上，集装箱铁水联运量同比增长 10%，轨道交通在客、货运量中的占比分别达到 21.5%、7.3%左右。持续加大城市公交、出租汽车、城市物流配送等重点领域新能源车辆推广力度，推动泸州港、宜宾港“近零碳”港口建设，力争到 2023 年年底，四川省新能源汽车渗透率超 35%，公交、出租汽车中新能源和清洁能源车辆占比均达 92%以上，港口具备岸电供应能力泊位达 190 个以上。

（二）聚焦重点行业、重点领域，强化多污染物协同控制

2023 年，四川省大气污染防控工作以春夏季重点治理臭氧、秋冬季重点治理 $PM_{2.5}$ 为主，坚持源头治理、综合施策，强化 $PM_{2.5}$ 和臭氧协同控制。以成都、眉山、乐山、宜宾、泸州等城市为重点，建设成都平原、川南区域一条线大气污染精细化、网格化治理体系，形成“监测—分析—溯源—监管”闭环，提高大气污染防治精准度。以达州、南充、德阳等新晋 $PM_{2.5}$ 达标城市为重点，巩固达标形势并实现持续改善。以成都、眉山、德阳、宜宾、自贡等臭氧不达标城市为重点，持续深化 VOCs 与 NO_x 协同控制，减排比例应达到 2∶1 左右。一是持续推进钢铁、水泥等重点行业深度治理，深入推进钢铁、铸造（含烧结、球团、高炉工序）、焦化行业工业炉窑超低排放改造，力争四川省钢铁企

业超低排放改造率提升至 70%以上，四川省现有及新建水泥企业全面执行《四川省水泥工业大气污染物排放标准》。健全重污染天气重点行业绩效分级和差异化管控措施。二是强化 VOCs 排放管控，继续推行典型涉 VOCs 企业高效治理设施及低（无）VOCs 原辅材料替代。推动 VOCs 治理设施更新升级，开展单一活性炭治理等低效设施提标改造，力争到 2023 年年底四川省蓄热式废气焚烧炉（RTO）、吸附浓缩冷凝回收等高效治理设施达到 680 台以上。推进涉 VOCs 集群综合治理，实施“一园一策”整治，继续推动成都经开区、自贡沿滩高新区、广安经开区等地集中喷涂中心建设。三是加强面源污染治理，加强施工场地扬尘源管控，深入推动“工地蓝天行动”，力争施工扬尘排放量同比削减 8%。强化道路扬尘管理，大力推进道路清扫冲洗机械化作业，到 2023 年年底，地级及以上城市建成区道路机械化清扫率达到 77%及以上，县城达到 67%及以上，其中成都市中心城区达到 93%及以上。四是持续开展移动源专项治理，全面实施汽车国六排放标准和非道路移动柴油机械国四排放标准，国三及以下排放标准汽车实施“一车一档”动态管理，推动淘汰国四排放标准柴油货车。深入实施清洁柴油机行动，鼓励重型柴油货车更新替代。对重点区域加密开展移动源排放抽测，统一规范四川省重型柴油车远程监控，建设一批“黑烟车”智能抓拍系统、柴油车远程在线监控系统、非道路移动机械排放抽测设备，严查排放超标、冒黑烟柴油车和非道路移动机械。

（三）重点关注水质不稳定的流域和断面，坚持分类管理，强化措施针对性和持续性

2023 年，水环境质量总体呈改善态势，水污染防控工作重点应关注水质未达标及同比降类国考、省考断面，强化水污染治理措施的针对性和持续性，确保国考、省考断面优良率全部达到 100%。持续构建以Ⅱ类水为主的水质目标，推动全年Ⅱ类水质及以上国考断面占比达到 75%及以上，推进攀枝花、巴中、广元、甘孜、凉山等地开展城市水质排名提升行动，实现“前 30 有名，后 200 清零”。一是着眼重点断面持续发力，重点聚焦流域水污染物存在增加风险的釜溪河宋渡大桥、大陆溪四明水厂、姚市河白沙、坛罐窑河白鹤桥等断面，深入分析问题症结，对重点断面实行“一断面一方案”，科学制定达标攻坚方案，持续实施限期达标整治。二是加强城镇污水综合治理，以姚市河、釜溪河、旭水河、大陆溪、南溪河等为重点，加快城镇污水管网及处理设施建设，以及现有污水处理设施提标升级扩容改造的进度，力争 2023 年，流域城市、县城、建制镇污水处理率分别达到 98%、93%、58%。实施 2023 年县级城市黑臭水体整治环境保护行动，加快推进长江、黄河流域工业园区水污染专项整治。三是加强农村污水收集与治理，以釜溪河、小濛溪河、坛罐窑河、旭水河、大陆溪、南溪河等为重点，加快区域农村生活污水收集与治理，稳步消除较大面积农村黑臭水体，力争 2023 年，四川省 69%以上的行政村农村生活污水得到有效治理。四是加强农业面源污染防治，加强新建规模化畜禽养殖企业监督管理，2023 年，南充、宜宾、达州等地现有及新增规模化畜禽养殖企业有序推

进配套处理设施建设。开展水产养殖尾水专项整治，不断推进水产标准化健康养殖。强化种植业污染防治工作，以成都、雅安、眉山、乐山、泸州，以及安宁河谷地区为重点，持续开展化肥、农药减量行动。五是推进节水型社会建设，推进农业节水增效、工业节水减排、城镇节水降损，到2023年，甘孜藏族自治州、阿坝藏族羌族自治州、凉山彝族自治州至少22%的县（市、区）建成节水型社会达标县，除三州外的其他市至少45%的县（市、区）建成节水型社会达标县。六是推动美丽河湖建设，以市（州）为主体，加快推动美丽河湖建设，建成一批具有示范价值的美丽河湖典型案例，到2023年年底，力争建成50余条省级美丽河湖。

（四）强化保障机制

着力构建降碳、减污、扩绿、增长的整体智治体系，在统筹生态环境保护与经济社会发展过程中充分用好制度作用，确保一系列重点任务落地实施。一是出台有利于稳经济、保民生、促增长的环境政策。2023年是优化调整疫情防控政策后的转变期，是全力以赴拼经济、搞建设、扩内需、促消费的关键年，生态环境系统应有稳大局、保中心、促发展的政治责任，及时出台“四川省生态环境厅关于稳经济保增长促发展若干措施”，进一步统筹好经济社会发展和生态环境保护。二是充分发挥生态环境保护的引导和倒逼作用，印发实施《四川省减污降碳协同增效行动方案》，研究制定市（州）“十四五”碳排放强度控制目标。各市（州）及时制定碳达峰实施方案，提出符合实际、切实可行的碳达峰时间表、路线图、施工图。建议经信部门及时出台“四川省2023年度推动落后产能退出工作方案”“四川省传统行业绿色改造实施计划”等，推动产业结构持续优化。三是及时开展四川省“十四五”生态环境保护规划中期评估工作，评估“十四五”时期以来各项生态环境保护工作取得的成效，发现存在的问题，提出下阶段的重点任务，确保“十四五”生态环境保护规划各项目标顺利达成。四是继续印发深入打好污染防治攻坚战相关文件，加快出台四川省重污染天气消除、重点流域限期达标、长江保护修复等剩余七大攻坚战实施方案。有序出台“关于深入打好2023年大气污染防治攻坚战的通知”“2023年四川省臭氧污染防治攻坚方案”“2023年重点国考、省考断面攻坚行动方案”“2023年进入全国前30城市水污染治理攻坚方案”等，确保年度管控目标任务达成。各市（州）对应出台大气污染防治攻坚行动方案，重点城市编制精准减排方案并严格执行。五是进一步完善地方生态环境政策标准体系，尽快出台“四川省加强入河排污口监督管理工作方案”“四川省美丽河湖创建管理规程”“四川省加快生态环境保护基础设施建设实施方案”“关于进一步做好重型柴油车远程监控有关工作的通知”等管理政策，加快推进《四川省水产养殖业水污染物排放标准》《四川省玻璃工业大气污染物排放标准》等地方标准建设，编制印发《四川省畜禽养殖污染防治规划》。六是把数字化建设作为2023年的生态环境领域一项重要任务，全面推动四川省生态环境保护数字化转型，持续深化应用场景建设，构建空天地一体感知网，通过数字化手段提升环境治理能力，助推美丽四川建设。七是充分发挥生态环境激励机制，严格执行《四川省水生态环境质量和环境空气质量激励约束办法》《四川省环境空气质量积分管理暂行办法》《四川省环境质量改善不力约谈办法》等，落实环境空气质量“以时保天、以天保月、以月保年”要求，将环境空气质量积分情况、重污染天气应对情况纳入地方党政目标绩效考核。八是加强污染防治攻坚帮扶，持续开展“千名专家进万企”行动，对重点区域、重点领域和重点城市大气污染防治攻坚提供帮助服务，指导企业科学制定方案，实施升级改造，推动企业提升治污水平。九是围绕重大活动，在生态环境方面做好保障。制定出台第 31 届世界大学生夏季运动会环境质量保障联防联控方案，在赛事期间按需实施绿色出行、机动车临时交通管控、强化扬尘治理、企业应急减排等空气质量保障措施，协同上下游城市，保障大运会开、闭幕式场馆及运动员驻地周边流域水质达到Ⅱ类水标准，水生态系统健康良好，饮用水安全全面保障。十是积极谋划一批重大项目，做好项目包装，鼓励地区开展 EOD（生态环境导向的开发）模式，精心谋划生态环境治理和关联产业项目，建立组织领导和推进机制。发挥政府投资引导撬动作用，充分调动社会投资积极性，通过专项资金、债券、基金、政策性贷款等方式，多渠道争取资金，为项目实施做好保障。

四川省美丽乡村建设路径探讨

摘　要：四川省是全国农业大省，为贯彻落实2022年习近平总书记来川视察时对四川省提出的“在新时代打造更高水平的‘天府粮仓’”具体要求，必须深刻把握美丽四川背景下美丽乡村的建设内涵和要求，全力推进四川省美丽宜居乡村建设。在深入领悟习近平总书记对乡村建设工作系列讲话的基础上，本文系统梳理国家和四川省美丽乡村建设历程，厘清美丽乡村建设与乡村振兴、美丽四川·宜居乡村、农业农村现代化等工作的关联性和差异性，提炼出新时代美丽乡村建设的特征内涵：建设“人与自然和谐美”“现代绿色发展美”“田园特色宜居美”“文明高效有序美”“留住故土乡愁美”的美丽乡村，并围绕“五美”乡村提出具体的建设路径建议。

关键词：美丽乡村；农业农村；建设路径

一、乡村建设历程

（一）国家美丽乡村建设历程

习近平总书记在2013年中央农村工作会议中指出“中国要美，农村必须美”，突出了美丽乡村建设在美丽中国建设中的重要性。同年，中央一号文件首次提出了美丽乡村建设的奋斗目标，明确美丽乡村建设是以生态文明理念为指引的新时代农村建设模式。原农业部在总结浙江等省创建美丽乡村实践经验的基础上，发布了《关于开展“美丽乡村”创建活动的意见》。住房和城乡建设部印发《关于开展美丽宜居小镇、美丽宜居村庄示范工作的通知》，将自然景观和田园风光美丽宜人、村镇风貌和基本格局特色鲜明、居住环境和公共设施配套完善、传统文化和乡村要素保护良好、经济发展水平较高且当地居民（村民）安居乐业的村庄和镇作为示范候选对象，并配套印发了《美丽宜居村庄示范指导性要求》等文件，从田园美、村庄美和生活美等方面设置12项定性描述要求，引导各地开展宜居村庄建设。自此，我国美丽乡村建设活动全面推开。

2015年6月，《美丽乡村建设指南》（GB/T 32000—2015）正式实施，将美丽乡村定义为经济、政治、文化、社会和生态协调发展，规划科学、生产发展、生活宽裕、乡风文明、村容整洁、管理民主、宜居宜业的可持续发展乡村（包括建制村和自然村）。

2016 年 3 月，《国民经济和社会发展第十三个五年规划纲要》提出要加快建设美丽宜居乡村。2017 年，党的十九大报告中提出，按照产业兴旺、生态宜居、乡风文明、治理有效、生活富裕的总要求，建立健全城乡融合发展体制机制和政策体系，加快推进农业农村现代化。2022 年 5 月，中共中央办公厅、国务院办公厅印发《乡村建设行动实施方案》，提出建设宜居宜业美丽乡村的总体要求，要求到 2025 年，乡村建设取得实质性进展，农村人居环境持续改善，农村公共基础设施往村覆盖、往户延伸取得积极进展，农村基本公共服务水平稳步提升，农村精神文明建设显著加强，农民获得感、幸福感、安全感进一步增强。

“十二五”时期以来，我国美丽乡村建设的政策文件在建设内容上一脉相承，主要包含产业经济、生态环境、人居环境、乡风文明、治理能力等 5 个方面，其中从村容整洁到生态宜居的建设要求转变，更加突出了生态文明建设和生态环境保护在美丽乡村建设中的重要性。同时，在美丽乡村建设过程中对数字化应用和绿色化设计建设的要求也更加突出。在美丽乡村建设原则方面延续了务实推进，防止大拆大建；因地制宜，分类推进；保护传承传统村落民居和文化，突出乡土特色；注重村民参与，完善乡村长效治理机制等要求。

（二）四川省美丽乡村建设历程

为贯彻落实乡村振兴战略，抓好农村生态文明建设和人居环境整治，2018 年 11 月，四川省委办公厅、省政府办公厅印发了《“美丽四川・宜居乡村”推进方案（2018—2020 年）》，提出到 2020 年四川省建成“美丽四川・宜居乡村”达标村 2.5 万个。2021 年 12 月，中共四川省委农村工作领导小组办公室印发《“美丽四川・宜居乡村”建设五年行动方案（2021—2025 年）》，接续推进“美丽四川・宜居乡村”建设。

2022 年 8 月，四川省委、省政府正式印发《美丽四川建设战略规划纲要（2022—2035 年）》，并配套制定《〈美丽四川建设战略规划纲要（2022—2035 年）〉分工方案》，进一步细化分解规划任务，统筹协调相关省直部门及其直属机构有序推进各项任务和工程落实，美丽四川建设工作全面启动。该纲要将建设美丽宜居乡村作为建设特色鲜明的美丽家园的重要内容，在优化乡村发展布局、持续改善农村人居环境、建设各具特色的美丽乡村、提升乡村生机活力等方面提出具体要求。

“美丽四川・宜居乡村”建设是在乡村振兴的背景下，依托农村人居环境整治工作开展的农村建设工作，其主要目标是基本补齐农村基础设施短板和大幅改善农村人居环境。“美丽四川・宜居乡村”建设聚焦农村人居环境整治“五大提升行动”、农村基础设施“五网共建共享”、山水林田湖“五项系统治理”、农村“五大建设”四大板块，与美丽四川背景下的美丽乡村建设工作具有较高的一致性。美丽乡村建设在“美丽四川・宜居乡村”建设的基础上，更加强调乡村发展内在动力培育，提出打造各具特色的农业全产业链，将推进农村产业绿色发展作为提升乡村生机活力的重要内容。

二、美丽四川背景下美丽乡村建设内涵

（一）“美”的特征

美丽乡村建设要以生态文明理念指导新时代乡村建设，突出“美”的要求，牢牢把握“人与自然和谐美”“现代绿色发展美”“田园特色宜居美”“文明高效有序美”“留住故土乡愁美”（“五美”）的总体特征。

留住绿水青山，以人与自然和谐为美。2015 年，习近平总书记在云南省大理市湾桥镇古生村考察时指出，“农村建设要留得住绿水青山”。2017 年中央农村工作会议进一步强调，要让生态美起来、环境靓起来，再现山清水秀、天蓝地绿、村美人和的美丽画卷。原生态的自然山水和清洁安全的生态环境是开展美丽乡村建设的基础，也是必要条件，必须要将生态自觉融入美丽乡村建设，坚持生态优先的基本原则，牢固树立生态安全底线，充分考虑自然环境的承载力，护好巴山蜀水，让乡村天更蓝、山更绿、水更清、环境更优美，留住具有地域特色的乡村山水之美。

突出科技引领，以现代绿色发展为美。2021 年，习近平总书记在全国脱贫攻坚总结表彰大会上指出，要加快农业农村现代化步伐，促进农业高质高效、乡村宜居宜业、农民富裕富足，实现农业农村现代化是美丽乡村建设的重要特征。2021 年，习近平总书记在福建考察时提出，要加快推进乡村振兴，立足农业资源多样性和气候适宜优势，培育特色优势产业。美丽乡村不仅是外在的生态美、村容美，还应注重内在的经济美，以培育农村产业活力为重点，激发乡村永续发展的内生动力，实现美丽乡村可持续发展。党的二十大报告明确提出了数字中国和全面推进乡村振兴的决策部署，推进数字乡村建设，实现农业全产业链数字化、乡村建设治理数字化、乡村公共服务数字化、乡村数字文化、智慧绿色乡村是现代化美丽乡村建设的必然选择，报告也为实现乡村现代绿色发展的经济美提供了明确的方向。

保障干净整洁，以田园特色宜居为美。2013 年，习近平总书记在中央农村工作会议上强调，一个很重要的任务是因地制宜搞好农村人居环境综合整治，不管是发达地区还是欠发达地区都要搞，标准可以有高低，但最起码要给农民一个干净整洁的生活环境。2015 年，习近平总书记在云南考察时提出，要注意乡土味道，保留乡村风貌，留得住青山绿水，记得住乡愁。2018 年在十三届全国人大一次会议山东代表团审议时，习近平总书记进一步提出，注重地域特色，体现乡土风情，特别要保护好传统村落、民族村寨、传统建筑等乡村建设的更高要求。干净整洁的生活环境是美丽乡村的底线，污水、垃圾、厕所等农村人居环境整治工作是美的基本前提。美丽乡村建设在农村人居环境整治的基础上，更加强调对人民群众美好生活向往的满足，需溯源传统农耕文化、民俗文化和多彩民族文化，增加对美学的思考，将乡土美作为美丽乡村建设的鲜明特点。加强对乡村

田园风光、传统民居和特色民族文化的保护传承，护好具有乡土特色的聚落形态和空间肌理，构建具有我国乡村特色的美学境象和美丽形象。

提升治理能力，以文明高效有序为美。2017 年，习近平总书记在中央农村工作会议上指出，乡村振兴，既要塑形，也要铸魂，要形成文明乡风、良好家风、淳朴民风，焕发文明新气象，健全自治、法治、德治相结合的乡村治理体系，是实现乡村善治的有效途径。美丽乡村建设必须要重视农民思想道德教育，重视法治建设，健全乡村治理体系，深化村民自治实践，有效发挥村规民约、家教家风作用，培育文明乡风、良好家风、淳朴民风。必须通过科学化的治理机制和志愿式的社会参与，建立完善"三治融合"的乡村治理机制，以自治为核心调动起基层群众的参与积极性，以法治为根本保障公民基本权益、规范市场秩序，以德治为约束，引导向上向善，忠义守信，勤俭持家，营造家庭和睦，邻里和谐，干部群众融洽的文明和谐乡风。

传承乡土文化，以留住故土乡愁为美。2017 年，习近平总书记在江苏徐州考察时强调，农村精神文明建设很重要，物质变精神、精神变物质是辩证法的观点，实施乡村振兴战略要物质文明和精神文明一起抓，特别要注重提升农民精神风貌。在高质量发展的背景下，人才流失已是制约乡村发展的重要问题。乡村发展应传承、发展、提升农耕文明，走乡村文化兴盛之路，依托根植于乡村土地的文化内核，唤起返乡青年开展美丽乡村建设的故土乡情，激活美丽乡村建设的内在动力，增强美丽乡村的特色性和差异性。开展美丽乡村文化建设，要深入挖掘、继承、创新优秀传统乡土文化，鼓励传承具有乡愁记忆的传统节庆民俗、村规民约、宗族观念、民间手艺、服饰、生产工具和生产生活方式等，用文化留住乡村的魂，留住人们心中的故土乡愁情怀。

（二）美丽乡村建设应处理好三个关系

"美丽乡村"是在美丽四川建设的背景下，系统融合乡村振兴、"美丽四川·宜居乡村"、农业农村现代化等要求，统筹推进相关工作，而不是另起炉灶、推倒重来，应协同并叠加已有乡村建设的政策效应及取得的成效，注重乡村建设的历史接续性，推动建设体现"五美"特征的美丽乡村。

1. 美丽乡村与美丽四川

四川是全国的农业大省、粮食主产省，粮食产量突破 350 亿 kg，自古有"天府之国"的美称。党的二十大报告提出，全面建设社会主义现代化国家，最艰巨、最繁重的任务仍然在农村。在美丽四川建设中，应坚持农业农村优先发展战略，发挥四川盆地耕地肥沃的优势，贯彻落实习近平总书记 2022 年来川视察时提出的在新时代打造更高水平的"天府粮仓"的具体要求，统筹好成都平原、安宁河谷流域与广大丘区山区粮仓建设的关系，推进农业现代化建设，让美丽乡村建设成为美丽四川建设的突出亮点。

2020 年，四川省农村人口为 5 752.7 万人，占四川省总人口的 61.7%，是全国的农村人口大省，建设好美丽乡村是让美丽四川建设的成果普惠广大人民群众的重点内容。同时，四川省仍存在城乡发展不均衡问题，乡村基本公共服务和宜居宜业水平仍距离美丽四川建设存在一定差距，美丽乡村建设是美丽四川建设的突出短板。

2．美丽乡村与乡村振兴

2018 年，习近平总书记对建设好生态宜居的美丽乡村作出指示，要结合实施《农村人居环境整治三年行动方案》和乡村振兴战略，进一步推广浙江好的经验做法，建设好生态宜居的美丽乡村；2020 年，习近平总书记在浙江考察时指出，实现全面小康之后，要全面推进乡村振兴，建设更加美丽的乡村。

美丽乡村与乡村振兴在建设目标和内容上都具有高度的一致性，美丽乡村是乡村振兴工作的总体目标和愿景描绘。乡村振兴的五大振兴与美丽乡村建设中的七大任务相互融合。其中，产业振兴与绿色经济建设都关注农村产业发展问题，乡村振兴更加突出科技兴农和农业现代化发展问题。生态振兴与美丽乡村建设中的宜人环境、自然生态部分重合，共同聚焦乡村生态环境保护和人居环境改善工作，美丽乡村建设更加重视农村生态环境保护，将生态振兴中生态环境保护和人居环境改善的内容进一步细化区分，放在同等重要的位置。组织振兴和文化振兴分别与美丽乡村建设中治理体系和巴蜀文化部分的内容有重叠，在乡村治理方面，美丽乡村建设更加强调农村多元共治等治理机制方面的建设内容，乡村振兴的组织振兴更加强调党组织自身建设，具有一定差异性。

3．美丽乡村与农业农村现代化

党的二十大报告首次明确提出“加快建设农业强国”的目标，把农业强国建设纳入我国强国建设战略体系，是我国实现社会主义现代化的内在要求，也是四川省美丽乡村建设的重点内容之一。农业现代化是推动传统农业向现代农业转变的过程，包括提升粮食等重要农产品供给保障水平、农业质量效益和竞争力、产业链供应链现代化水平“三个提升”，是美丽乡村建设中实现经济美的重要内容；农村现代化聚焦“三个建设”，即建设宜居宜业乡村、建设绿色美丽乡村、建设文明和谐乡村，与美丽乡村建设实现人居美、生态美、环境美、治理美具有一致性。美丽乡村建设比农业农村现代化建设的内涵更为丰富，还包括空间格局和巴蜀文化等内容。农业农村现代化建设是美丽乡村的重要建设内容之一，以现代化手段推进农业农村发展也是美丽乡村建设的必然选择。

三、四川省美丽乡村建设路径建议

（一）建设人与自然和谐的美丽乡村

加强乡村生物多样性保护。一是提升景观多样性，充分利用房前屋后、河塘沟渠、道路两侧闲置土地见缝插绿。开展河流公路两侧林带、环村林带、农田林网等补植修复，实施退化防护林修复改造，加强川西林盘保护修复，提高景观功能的连接性。二是提高生物多样性，加强耕地与周边生态系统协同保护，探索农林牧渔融合循环发展模式，恢复田间生物群落和生态链，建设健康稳定农田生态系统。实施物种保护行动计划，保护修复关键栖息地，科学开展就地和迁地保护，增殖放流各类水产苗种及珍稀濒危物种。开展长江、黄河上游渔业资源与环境调查评估。加强水产种质资源保护区、湿地保护区建设。三是持续开展外来入侵物种防治，进一步明确四川省乡村主要外来入侵生物的分类、危害、快速鉴定、精准监测、治理技术与模式，推动探索“一种一策”精准治理，在景观建设中注重乡土植物的应用。

全面推进农业面源污染治理。在重点用膜区整县推进农膜回收。在粮食主产优势产区等重点区域，大力普及测土配方施肥技术，推进施肥精细化管理。实行高毒限用农药定点授牌经营、实名购买制度，引导农民选用高效低毒农药和生物农药。继续在畜禽养殖主产区整县推进粪污资源化利用，加快构建种养结合、农牧循环的可持续发展新模式，在水产养殖主产区推进养殖尾水治理。以岷江、沱江、嘉陵江等流域为重点，建成一批流域尺度农业面源污染治理综合示范区。以成都平原和川南、川东北丘陵地区为重点，建设一批农作物秸秆综合利用试点县。

落实耕地保护和修复。坚决落实“藏粮于地”国家战略，全面落实永久基本农田特殊保护制度，严守耕地红线和粮食安全底线，规范耕地占补平衡管理，明确耕地和永久基本农田不同的管制目标和管制强度，将粮田按永久基本农田管理。稳步开展耕地质量等级调查评价工作，更新四川省耕地质量等级评价数据库。制定四川省耕地质量保护与提升实施方案，依托四川省 90 个粮食生产重点县，以高标准农田建设为抓手，完善农田基础设施。稳步推进耕地休耕轮作制度试点，对大巴山、乌蒙山、大凉山、华蓥山等水土流失、石漠化极严重区内 15°～25°坡耕地实施休耕。推动农村撂荒地集中整治。

（二）建设现代绿色发展的美丽乡村

加快农业现代化发展。推进粮食生产提质增效、深入实施种业振兴行动、强化农业科技支撑、加快农业装备现代化、加快农业园区和产业集群发展、提高农业经营服务组织化程度，推动成都平原“天府粮仓”核心区、盆地丘陵以粮为主集中发展区、盆周山区粮经饲统筹发展区、攀西特色高效农业优势区、川西北高原农牧循环生态农业发展区差异化发展，到 2025 年建成 30 个国家和省级现代化农业产业集群、1 000 个国家和省（市）级现代农业园区，建设新时代更高水平“天府粮仓”。以 100 个生猪生产基地县为重点，支持一批生猪标准化养殖场改造养殖饲喂、动物防疫及粪污处理等设施装备，培育和引进生猪产业化龙头企业。实施牛羊基础母畜扩群增量、牛羊良种推广、草畜配套和健康养殖行动，支持一批牛羊禽兔规模养殖场实施畜禽圈舍标准化、集约化和智能化改造。推广牛羊禽兔政策保险补贴。提升优质饲料、饲草料供给能力。

促进农业品牌化发展。以川猪、晚熟柑橘、山地肉牛、川西南早茶等优势特色产品为主开展产业集群建设，提升“川味”、果、药、茶、酒 5 个千亿元级优势产业集群国际竞争力。推广绿色种植技术，积极申报绿色农产品、有机农产品和国家地理标志保护产品，鼓励有条件的乡村开展区域农产品公用品牌打造，积极参与“鱼米之乡”试点和“天府菜油”行动，实现生态溢价。

做强农产品加工业。创建国家现代农业产业园，推进“生产+加工+科技”一体化发展。依托现代农业园区、农业产业强镇建设等融合类发展项目，支持建设一批产地初加工设施，培育一批酿酒、粮油、肉奶制品、精制茶、果菜、中药材、调味品、森林食品、花卉、鱼子酱等农产品加工产业集群，建设一批省级特色农产品加工园区。支持建设“盐帮菜”“东坡菜”等川菜中央厨房。

推进农旅融合发展。依托乡村优美生态景观和清洁生活环境，大力推动农村第一、二、三产业融合发展，实施休闲农业和乡村旅游精品工程，建设休闲观光园区、森林人家、康养基地、竹林小镇、乡村民宿、田园综合体，建设世界级乡村高端休闲体验目的地。鼓励探索农村人居环境提升与农村产业链融合发展模式，打造特色乡村旅游、农产品基地、休闲农业等新业态、新场景。鼓励参与文化产业赋能乡村振兴试点工作。加快培育乡村共享经济、创意农业，鼓励在乡村投资兴办文化创意、概念设计、软件开发、博览会展等环境友好型企业。到 2025 年，建成美丽休闲村 2 000 个、农业主题公园 1 000 个，创建国家级休闲农业重点县 10 个。

创新产业发展模式。深化自然资源资产产权制度改革，各地结合自身特色产业，丰富涉农绿色金融产品体系，推进“林权贷”“农担贷”“川竹贷”等业务。积极引入乡村运营主体，鼓励探索组建合作社的村集体带动发展模式、村集体与社会资本共同撬动发展模式、“公司+项目+村民入股”综合发展模式等创新模式，推进美丽乡村产业发展。

数字赋能。一是推进乡村产业和治理服务的数字化转型，以物联网、大数据、人工智能、区块链等新一代数字化基础设施为硬件基础，加强资源整合、信息共享和要素互联，推动数字技术与农业农村发展深度融合。二是推动农产品销售和服务业电商化运营，加强农村数字化基础设施建设，提高落后偏远地区网络覆盖率，开展乡村新型经营主体数字信息技术培训，提升农民先进数字技术应用能力。三是提升农业生产效率，积极构建数字农业平台，开展农田数据信息收集，利用数字技术提供农田管理和资源投入优化方案，推动农业生产方式由劳动密集型向技术密集型转变。四是加强技术力量建设，积极与农业类院校、企业、机构等对接，引进数字化专业人才。

（三）建设田园特色宜居的美丽乡村

坚持规划引领。一是统筹县域城镇和村规划建设，积极有序推进“多规合一”实用性村规划编制工作，积极探索“以片区（经济区）为单元编制镇乡级国土空间规划和多规合一村规划”的跨行政区规划编制模式。二是加强人居环境和乡村产业发展统筹规划，坚持乡村功能多元化发展目标，立足乡村特色风貌和当地特色资源，打造“一村一业”新格局，注重美丽乡村建设内生动力的培育。三是加强规划对乡村风貌的引导，防止盲目大拆大建，坚持从实际出发推进乡村规划建设，充分尊重农民意愿。

提升农村宜居环境。一是做好厕所、污水、垃圾 3 项工作。持续开展“厕所革命”，因地制宜推进厕所粪污分散处理、集中处理与纳入污水管网统一处理；持续开展农村生活污水“千村示范工程”建设，开展农村黑臭水体治理试点和农村河湖“清四乱”工作，因地制宜推进农村“厕所革命”与生活污水治理有效衔接。加快农村生活垃圾转运和回收利用体系建设，补齐设施短板，实现每个县（市、区）具备无害化处理设施和能力，引导城乡一体化运营管理。二是常态化开展村庄清洁专项提升行动，重点清理村庄生活垃圾、村内水塘沟渠、农业生产废弃物，改变影响农村人居环境的不良习惯，完善长效保洁机制，实现村庄持续干净整洁。持续做好人居环境整治，高质量开展农村生活垃圾处理、污水处理、村庄清洁、“厕所革命”和畜禽粪污资源化利用等农村人居环境整治“五大提升行动”。三是完善人居环境管护机制，探索建立政府财政专项奖补与群众自筹投入相结合的资金投入机制，鼓励聘请专业的第三方公司进行管护工作，签订管护合同明确乡村道路、照明、污水处理和环境卫生等管护要求，做好农村人居环境治理后半段工作。

保护乡土特色村貌。一是严格保护传统村落。严格落实《四川省传统村落保护条例》，对中国传统村落名录和四川传统村落名录中的传统村落实施整体性保护，强化对村落空间格局的控制，保护传统村落原有整体风貌以及原住村民的生活生产方式。二是加强农房风貌引导。新建、改建农房，在满足农民生产生活需求的基础上，参考《四川省农房风貌引导则（试行）》，因地制宜推进农房风貌提升，突出乡土文化和地域民族特色，因地制宜推进川西民居、巴山新居、乌蒙新村及少数民族特色村寨、民族团结进步示范村建设。三是注重绿色建筑理念，鼓励选用适宜当地特色的新型绿色节能环保材料进行施工。

提升基础公共服务水平。一是提升交通服务水平，以“四好农村路”“金通工程”为抓手，全面提升农村客运站综合服务能力、推进农村物流节点建设、加强农村客运安全管理，为美丽乡村建设提供坚强有力的交通运输保障。二是提升乡村教育服务水平，加强乡镇和中心村义务教育学校建设，壮大农村教师队伍，推进县域内义务教育均衡发展和城乡义务教育一体化改革发展，逐步缩小义务教育城乡差别。三是完善乡村医疗服务，加强乡村医疗卫生基础设施建设，通过乡医补助、“支医”计划等，加大基层医疗卫生人才引进力度。

（四）建设文明高效有序的美丽乡村

建立试点推进机制。一是加快编制美丽乡村试点创建管理规程和评价考核办法，涵盖工作推进机制、村庄规划、生态环境保护、人居环境整治、特色产业发展、基础设施建设、乡村文化建设等方面，明确美丽乡村创建指标及评分标准。二是建立美丽乡村监督考核和动态管理机制，定期对创建地区试行后评估，巩固美丽乡村建设成效。

构建多元主体参与机制。一是大力培育发展乡村各类社会组织，充分发挥其在产业发展、公共服务、养老服务、生态环境维护与治理等方面的作用。二是发挥农民参与美丽乡村建设的主体作用，全面开展美丽乡村建设政策宣传和政策解读，构建村民参与机制，利用村规民约、“红黑榜”公示、“积分制”奖励等方式，调动村民在人居环境整治中的参与积极性。三是建立长效管理工作机制，鼓励建立“社区—村委—村民小组”的网格化管理机制，明确村民组长（或片长）负责管辖的住户数及区域，细化其在环保基础设施管护、绿化养护、人居环境整治等方面的管理内容、管理标准要求和管理方法，推进乡村治理现代化。

（五）建设留住故土乡愁的美丽乡村

传承发展传统文化。一是积极探索构建文化传承体系，促进优秀传统农耕文化创造性转化、创新性发展，开展农村生产生活遗产、地名文化和民俗文化保护传承工作，建设一批四川民间文化艺术之乡。二是传承乡村习俗，推进传统习俗进学校进课堂，推进祭祀庙宇和家族祠堂等重要公共文化空间的恢复和重建，传承传统民俗文化。三是传承乡村技艺，采取多元化形式开展传统技艺大赛，鼓励支持非遗技艺传习基地建设，创新非遗文创产品，实现非遗项目活态传承。四是加强乡村宣传，依托新型农民培养，组建乡村文化志愿者队伍，利用新媒体平台多渠道传播优秀传统文化，在传统节日开展网络直播，提升乡村文化知名度。五是持续开展文化场馆建设，推进文化大礼堂、文化传习所、农村书屋或农村文化生态博物馆等公共文化空间建设。

创新乡村文化产业。一是推进文化与旅游、农业的融合发展，整合当地特色民俗文化、曲艺文化、农耕文化、少数民族文化、手工技艺等打造乡村文化 IP，将特色文化元素融入文创产品，打造乡村文化创意产品体系，探索开展“文化+”乡村示范园区建设。二是创新乡村文艺作品，鼓励文艺工作者深入农村、贴近农民，创作出符合乡村本土特色的戏曲、诗歌、影视等文艺作品。推动党报党刊、文艺小分队、主旋律电影等进农村、进院落，常态化推进戏曲进乡村。三是拓展乡村文化建设队伍，鼓励广大社会企业家、文化工作者、志愿者队伍等以企业参与、对口帮扶、社会合作的形式，参与乡村文化建设。

提升乡村公共文化服务能力。深入实施文化惠民工程，开展乡村数字文化建设行动，推进乡镇公共文化服务提质增效和乡村文化振兴样板村镇建设。优化乡村公共文化服务网点布局，加强基层综合性文化服务中心、数字电影院、农家书屋、乡村“复兴少年宫”、乡镇健身中心、多功能运动场等乡村文化体育设施建设，推进城乡公共文化服务体系一体化建设。支持因地制宜建立乡村（社区）博物馆，持续开展民间文化艺术之乡建设。推动乡村石窟文化公园（景点、微景观）建设。

关于分区强化重要江河湖库生态保护治理的思考与建议

摘　要：党的二十大着重强调了统筹水资源、水环境、水生态治理的战略布局，致力于推动江河湖库生态保护治理，倡导生态完整性，确保陆域水源涵养充足、河流生态流量恢复、岸线水体生态得到修复，以恢复受损河湖生态健康。鉴于四川省在国家生态安全中的战略位置，特别是其在长江黄河水系中的重要性，四川省应站在上游高度，将构筑长江黄河上游生态屏障列为未来五年的核心任务之一。为了有效支撑这一目标，本研究对四川省重要江河湖库进行了生态空间格局梳理和功能属性分析，基于此将四川省内江河湖库划分为六大区域，即川西重要江河生态屏障区、黄河水源涵养区、盆地重点流域绿色发展区、赤水河人水和谐发展区、川西高原湖泊区以及盆地丘陵重点湖库区，从而更精细地指导每个区域内的生态保护治理工作。为响应党的二十大提出的水生态环境保护要求，针对四川省内不同分区的重要江河湖库，本文提出了一系列有针对性的生态保护治理政策建议。

关键词：生态环境保护治理；水环境系统保护；江河湖库分区治理；四川生态屏障建设；生物多样性恢复；绿色协调发展

一、新时期加强重要江河湖库生态保护治理的时代背景

习近平总书记站在中华民族永续发展的高度，创造性提出了一系列富有中国特色、体现时代精神的新理念、新思想、新战略，形成了习近平生态文明思想，为新时代我国生态文明建设提供了根本遵循和行动指南。在习近平生态文明思想指引下，全国上下牢固树立和践行绿水青山就是金山银山的理念，开展了一系列根本性、开创性、长远性的工作，美丽中国建设迈出重要步伐。通过系统推进污染防治攻坚、不断加大生态系统保护修复力度、坚实推进绿色循环低碳发展等有力举措，我国的绿色版图不断扩展，城乡环境更加宜居，一幅幅“人与自然和谐共生”的美景正不断地生动展现出来。

党的二十大报告对新时代新征程深入贯彻落实习近平生态文明思想、走绿色发展之路、建设美丽中国作出了战略谋划和部署。美丽河湖是美丽中国在水生态环境领域的集中体现和重要载体。水生态环境是生态环境建设的重要组成部分，“清水绿岸、鱼翔浅底”河湖景象是美丽中国建设不可或缺的组成部分。美丽河湖是指符合“清水绿岸、鱼

翔浅底”的愿景，水资源、水环境、水生态等流域要素系统保护取得良好成效，人民群众的生态环境获得感、幸福感、安全感显著增强，实现人水和谐的河湖。在水资源方面，具有稳定的补给水源，水体流动性较好，河湖生态用水得到有效保障，稳定实现“有河有水”；在水环境方面，流域内各类污染物排放得到有效控制，河湖水质实现根本好转或水质稳定达到优良，公众的景观、休闲等亲水需求得到较好满足，人民群众反映的生态环境问题得到妥善解决，不存在弄虚作假等情况，稳定实现“人水和谐”；在水生态方面，河湖水域及其缓冲带生态环境功能得到维持或恢复，生物多样性得到有效保护，有代表性的土著物种得到重现，稳定实现“有鱼有草”。

四川省作为“千河之省”，生态环境资源禀赋得天独厚。习近平总书记指出，四川省地处长江上游，要增强大局意识，牢固树立上游意识，坚定不移贯彻共抓大保护、不搞大开发方针，筑牢长江上游生态屏障，守护好这一江清水，让四川的天更蓝、地更绿、水更清，谱写美丽中国的四川篇章。四川省牢记总书记嘱托，深入贯彻习近平生态文明思想，提出在2035年基本建成美丽四川的建设目标，充分考虑四川省重要江河湖库的流域特色，统筹考虑水资源、水环境、水生态，系统构建考虑陆域、岸线、水体特征的精细化水生态保护治理体系，推进四川省重要江河上中下游、左右岸、重要湖库协同治理，提升流域生态系统质量和稳定性，基本建立水生态空间管控体系，提升水资源配置水平，基本根治水环境问题，持续改善水生态健康状况，打造四川多彩河湖。

二、四川省重要江河湖库生态状况分区研究

四川省总计有8 643条河流、8 148个湖库、2 458条常年流水渠道，是长江黄河上游的重要生态屏障和水源涵养地，处于“中华水塔”和东亚水循环的“心脏”地带，是“一带一路”建设和长江经济带发展的重要节点。四川省肩负着建设长江黄河上游生态屏障、维护国家生态安全，推动长江经济带高质量发展、黄河流域生态保护和高质量发展的重任。

（一）川西重要江河生态屏障区

川西重要江河流域形成的生态屏障区，主要涉及的重要河流包括金沙江、雅砻江、大渡河等，涉及的市（州）包括阿坝藏族羌族自治州、甘孜藏族自治州、凉山彝族自治州、攀枝花市和雅安市等。该区域具有重要的水源涵养功能，拥有水能、矿产、森林等优势资源，重点建设水、风、光储一体化清洁能源系统，是我国重要的清洁能源基地。

尽管川西重要江河生态屏障区水环境质量总体优良，但也面临来自多方面的生态保护治理挑战。一是水源涵养能力亟待加强。川西高原江河的水源涵养能力受到气候变化和人类活动的双重影响，随着极端气候事件的增多，川西高原江河水源涵养能力不足的问题凸显，进一步暴露出加强金沙江、雅砻江、大渡河等上游流域水源涵养能力的重要

性和急迫性。二是水土流失治理任务艰巨。川西重要江河生态屏障区也是四川省水土流失问题的重点区域，该区域水土流失防治基础薄弱，水土流失预防监督和治理的力度不足，水土保持监测网络体系不健全，监测经费保障能力弱，监测技术手段落后，技术能力水平较差，水土流失治理任重道远。三是水生生物多样性保护需深入推进。川西重要江河生态屏障区生物多样性丰富，需要保护的对象多，但长江（金沙江）、雅砻江、大渡河流域大部分区域未开展系统的生物多样性本底调查，生物多样性基础数据资料还比较缺乏。

（二）黄河水源涵养区

黄河干流四川段全长 174 km，重要支流有黑河、白河、贾曲，涉及甘孜藏族自治州石渠县和阿坝藏族羌族自治州若尔盖县、红原县、阿坝县、松潘县 5 个县。四川省境内的黄河水流清澈安澜，宛若银绸，是黄河上游的重要水源涵养地，四川省黄河流域多年平均水资源量 43.92 亿 m^3，占出川断面水资源量（141 亿 m^3）的 31.1%，其中枯水期占比为 34.8%、汛期占比为 30.9%，四川省年产水量占黄河流域年径流量（535 亿 m^3）的 8.2%。“中国最美高寒湿地草原”若尔盖大草原大部分位于四川省，壮美的“九曲黄河第一弯”就在这里。

四川省黄河流域生态保护治理仍面临两个方面的挑战。一是自然生态修复和人工恢复难度较大。四川省黄河流域海拔高，极端最低气温达−46℃，高山冰川、草原植被和湿地生态系统脆弱且易受到破坏，草原退化面积占可利用草原面积的 78.9%，湿地面积从新中国成立初期的 2 205 万亩[①]萎缩到 1 245 万亩。城镇生活污水和垃圾处理设施建设滞后，处理难度大。二是四川省黄河流域水源涵养能力不足且水土流失问题突出。在全球性气候变化影响下，高原冰川加速消融且极端天气频发，四川省黄河流域的凌汛、洪灾旱灾问题频现，流域水源涵养能力亟待加强。依据 2019 年水土流失动态监测数据，四川省黄河流域水土流失面积 4 198 km^2，占四川省黄河流域面积的 22.4%，水土流失问题突出。

（三）盆地重点流域绿色发展区

长江[②]、嘉陵江、岷江、沱江流域属于盆地重点流域绿色发展区，涵盖了四川省人类活动最为活跃和经济生产最为发达的十几个市（州），是四川省推进成渝地区双城经济圈建设、打造现代绿色产业体系的重点区域。

盆地重点流域绿色发展区重要江河湖库生态保护治理的机遇与挑战并存。一是生态系统总体较脆弱，退化风险大。局部区域生态环境破坏风险较高。农耕面积大，农业面源污染隐患较多。盆地生态廊道建设区森林群落结构简单，树种单一，水土保持能力差。二是岸线开发利用与水生态保护矛盾突出。盆地重点流域绿色发展区的经济社会发展过

---

① 1 亩≈666.7 m^2。

② 指长江干流宜宾—泸州合江县段。

程中挤占河道、森林和湿地空间，破坏生物栖息地，阻断生态廊道现象屡现，“水里无鱼、岸线无草”，水生生物多样性保护堪忧。

（四）赤水河人水和谐发展区

赤水河是长江上游一级支流，流经四川省境内约 229 km，流域面积约 0.61 万 km^2。四川境内赤水河流域涉及泸州市的叙永县、古蔺县和合江县。赤水河素有“美景河”“美酒河”“英雄河”“生态河”的美誉，有丰富的森林矿产资源以及红色文化、民族文化等旅游资源，是长江上游唯一没有修建干流大坝的一级支流，生态地位极其重要。

赤水河流域生态保护面临四项主要挑战。一是小水电问题整改推进慢。按照四川省长江经济带小水电生态环境突出问题整改方案要求，赤水河流域四川段共 132 座水电站需进行整改，已退出 45 座，87 座正按要求进行整改。二是矿山生态保护遗留问题多。叙永、合江、古蔺 3 个县境内有非煤矿山 388 家、煤矿 24 座，闭坑废弃矿数量较多，采空区面积过大，闭矿措施不规范，目前仍有 97 座非煤矿山、2 座煤矿未完成治理。三是石漠化问题尚未得到有效解决。叙永和古蔺均属国家岩溶地区石漠化综合治理重点县，石漠化面积高达 1 650 km^2，水土流失面积达 1 991 km^2，造林成活率和保存率低。四是赤水河流域省际生态共保机制尚不完善。目前，赤水河流域涉及的云、贵、川三省缺乏统一的发展规划和生态环境保护规划，两岸三省推动赤水河产业发展和生态保护的力度、进度不统一。跨省联合协同开展工作各部门不同步，跨省协同机制不健全。

（五）川西高原湖泊区

四川省高原天然湖泊主要分布在川西高原及攀西高原等海拔较高的区域，例如，位于阿坝藏族羌族自治州的九寨沟长海，甘孜藏族自治州的木格措、卡萨湖，凉山的泸沽湖、邛海、马湖等。高原湖泊的特点在于整体生态条件优越，具有山峦环绕、峡谷平湖等自然生态景观。高原湖泊受到气候变化、冰川侵蚀、水力作用、地质构造、地质灾害、人类活动的综合影响，具有涵养水源、改善水质、为动物提供栖息地、调节局部气候、记录区域环境变化、维持区域生态系统平衡和繁衍生物多样性的特殊功能。

川西高原湖泊区水生态情况整体优异，但在高寒和半高寒地区，由于植被覆盖率很低，加上气候变化及长期的人类活动和旅游开发活动等，高原湖泊也面临诸多生态问题。一是湖泊水体更新周期长，生态系统敏感脆弱。川西高原湖泊受境内地形气候影响较大，湖盆内过境客水少，受降雨季节性的影响，川西高原湖泊水资源时空分布不均，加上湖泊水体流动性差的特点，导致川西高原湖泊循环周转期长、抗污染能力差和生态系统敏感脆弱的问题。二是湖泊面积萎缩，湿地面积减少。水土流失严重、湖区开发围垦及不合适的水资源利用方式，导致湖泊面积萎缩、湿地面积减少。随着湖区经济社会的不断发展，城乡用水与工农业用水持续增加，使原有的水资源收支平衡被打破，湖泊水位下降，甚至曾出现极端的干湖现象。三是水生生态系统破坏，高原湖泊特有鱼类濒危。高原湖泊鱼类区系组成简单，物种数量较少，物种的区域分化强烈，基本的区系背景使物种间生存竞争压力较低。在低竞争压力背景下演化而来的土著鱼类，其基本生物学特点决定了其竞争能力和生存能力也较低。同时，外来入侵物种会和土著种竞争食物，进一步挤压土著种的生存空间，加上外来物种在本地基本没有天敌，生存能力又比土著种强，严重威胁土著种的生存。

（六）盆地丘陵重点湖库区

在四川省盆地丘陵地区的湖库以水库为主，按照功能可以大致分为灌溉、防洪、发电、饮用水等几种类型，湖库容量为 523.24 亿 m^3，其中盆地丘陵地区典型的大型水库有紫坪铺水库、黑龙滩水库、升钟水库、鲁班水库、白龙湖等。尽管四川省盆地丘陵区湖库数量众多，但受全球性气候变化影响，近年来主要江河来水量偏少，大部分湖库蓄水保供形势严峻。

四川省盆地丘陵重点湖库区的水生态较好，但湖库水一般流动性较差，存在一定的水生态保护风险，具体表现：一是涉水违规违建问题突出。居民采用推土填湖方式形成平台，增建临水构（建）筑物，造成湖滨湿地、自然岸线、滩涂等遭受不同程度的损害，导致滨水岸线、消落带生态缓冲能力不足，拦截、过滤、净化地表径流的污染能力降低。二是存在水体富营养化风险。库区周边及岛屿上仍普遍存在畜禽散养、网箱养殖的现象，加之种植业广泛分布，库区农业面源污染影响日趋明显，污染源直接或间接入湖，造成水质恶化，水体富营养化风险加大，增加了水生态功能弱化风险和环境保护压力。三是旅游休闲产业无序扩张对湖库水生态系统造成影响。旅游产业发展的功能定位催生餐饮住宿等无序扩张，大量生活污水直接或间接入湖。管理措施缺位或执行力度不足，垂钓、旅游人员等肆意丢弃生活垃圾，破坏岸线生态景观和作用，造成水鸟和本土物种减少，导致湖库水生态系统的生态功能日趋降低。

三、推动四川省重要江河湖库生态保护治理的总体要求

（一）指导思想

以习近平新时代中国特色社会主义思想为指导，全面贯彻党的二十大精神，深入贯彻落实习近平生态文明思想，牢固树立绿水青山就是金山银山理念，严格遵循山水林田湖草沙冰一体化保护和系统治理思路，通过推动重要江河湖库的陆域生态保护协同治理，强化岸线缓冲带生态修复和生态廊道建设，加强水生态整体保护、系统修复，协同实现夯实水资源保障、提升水环境质量、提高生物多样性保护水平的目标，努力建设人与自然和谐共生的美丽河湖。

（二）基本原则

生态优先，绿色发展。牢固树立尊重自然、顺应自然、保护自然的生态文明理念，坚持人与自然和谐共生基本方略，加大生态系统的保护与修复力度，发展壮大生态经济，促进资源优势转化为发展优势，确保经济社会发展与生态环境保护相协调。

统筹谋划，协同治理。充分认识流域生态系统的统一性、完整性，把水生态保护与修复作为流域综合治理的重要内容，全面布局、科学规划、系统保护、重点修复。加强部门合作、区域联动、协同治理，积极采取有效措施提升生态系统多样性、稳定性、持续性。

因地制宜，分类施策。统筹考虑重要江河湖库的水生态保护特点，分流域、分区域、分阶段实施差异化的保护政策，科学合理实施陆域保护、岸线修复、水生态保护等工程措施，提高政策和措施的针对性、有效性。

（三）基本目标

到 2027 年，四川省重要江河湖库陆域水源涵养区生态系统质量得到普遍提升，自然岸线率和水体连通性等指标得到有效提升，水生生物多样性下降趋势得到初步遏制，关键水生生境修复取得突破，重要水生生物资源恢复性增长，水生态系统健康得到提高。

分区目标：筑牢川西重要江河生态屏障，描绘炫美多姿的高原江河生态画卷；提升四川黄河流域水源涵养能力，筑就壮美安澜的黄河上游蓄水池；推进盆地重点流域绿色有序发展，织就秀美怡丽的蜀地江河绿色廊道；凸显赤水河的人与自然和谐共生，孕育醇美怡人的赤水河生态人文和谐发展示范区；形成高原湖泊稳定健康水生态格局，展现纯美晶莹的高原水生态系统保障节点；构建盆地丘陵湖泊可持续开发模式，勾勒畅美潋滟的盆地湖库水生态支撑要点。

到 2035 年，四川省重要江河湖库的陆域、岸线、水生态系统保护与治理水平得到显著提升，水资源保障、水环境保护、水生境保护和涉水生态系统健康指标得到显著提升，水生生物栖息生境得到全面保护，水生生物资源显著增长，水生生物完整性持续恢复，水域生态环境明显改善，实现“有河有水”“有鱼有草”“人水和谐”。

四、分区推动重要江河湖库生态保护治理的重点任务

（一）川西重要江河生态屏障区

夯实川西重要江河流域水源涵养能力。实施森林质量精准提升工程。因地制宜营造生态公益林和防护林，提升森林质量，提升生态系统固碳能力，推进金沙江、岷江干热河谷生态治理，加强退化林修复和低效林改造。加强草原综合治理。开展退牧还湿和季

节性禁牧还湿，对中度及以上退化区域实施封禁保护，全面推行草畜平衡、草原禁牧、轮牧休牧，开展草原资源环境承载力综合评价，推进超载过牧草原减畜，继续实施退牧还草工程，推进区域荒漠化、沙化土地和黑土滩等退化草原治理。提高区域水土保持能力。重点针对安宁河干热河谷区，实施土地综合整治，强化水土流失综合治理，增强农田生态系统稳定性，加强荒山荒坡裸露地、地质灾害损毁林地、工程创面植被恢复。大力实施金沙江、大渡河、雅砻江废弃露天矿山生态修复。实施矿区地质环境治理、地形地貌重塑、植被重建等生态修复工程，因地制宜开展历史遗留矿山生态修复，按照绿色矿山要求推进新建矿山开发。加强自然保护地基础能力建设。构建以国家公园为主体、自然保护区为基础、各类自然公园为补充的自然保护地体系，开展气候变化对重要水源涵养区影响的监测研究。

加强川西重要江河岸线涉水设施综合治理。建设重要江河岸线防护林体系和沿江绿色生态廊道。保护川西重要江河源头生态，修复滩涂湿地，建设河湖岸线生态隔离带，加强岸线生态保护和修复，通过小型蓄水工程、拦沙坝和护岸工程建设等措施加强岸线保护。强化流域开发利用过程中的生态保护与修复。对于确定需要退出的流域开发利用项目，原则上要拆除拦河闸坝等挡水建筑物和发电设施，恢复河流连通性，同步实施生态修复，并落实好电站原有防洪、灌溉、供水等功能的替代措施。

提升川西重要江河水生态系统健康。严格落实生态流量泄放措施。充分保障下游河段生态用水需求，在国家和地方重点保护、珍稀濒危或开发区域河段特有水生生物栖息地的鱼类产卵季节，经论证确有需要，应进一步加大下泄生态流量。加强珍稀水生动植物的生物多样性保护。加强高原水生资源的调查、监测，以监测和科学研究为基础，适当采取植被恢复、降低人类活动强度等方式，增强破碎化栖息地间的连通性。强化外来物种入侵风险管理。严厉打击非法猎捕、采集珍稀濒危野生动植物行为，禁捕野生鱼类。严格落实相关措施，保障增殖放流效果。结合梯级电站特点以及鱼类生态习性和种群分布，明确过鱼方式，统筹考虑梯级电站对齐口裂腹鱼、重口裂腹鱼、长须裂腹鱼、青石爬鮡和黄石爬鮡的增殖放流。

（二）黄河水源涵养区

打造黄河上游优质“蓄水池”。建设全球高海拔地带重要的湿地生态系统和生物栖息地。通过自然恢复和实施重大生态保护修复工程，有效遏制生态退化趋势，提高生态系统质量和稳定性。加强若尔盖、长沙贡玛两大国际重要湿地和漫泽塘、嘎曲、日干乔、喀哈尔乔等重要湿地生态保护修复。加快推进黄河流域沙化治理、加大草原鼠害和虫害防治力度。针对区域气候特点和草地生态环境现状，在白河、黑河流域加大一般和中重度草原沙化治理力度。采取造林、植灌、种草、封山（沙）育林（草）等林草植被措施恢复与重建治理沙化土地。遏制沙化扩张趋势，控制草地鼠害，在红原、阿坝、若尔盖等沙化县大力推进草地虫害防控。

恢复黄河高寒区域天然岸线形态。开展黄河干流、黑河、白河等两岸生态林（草）建设。以自然植被修复改善为主，以人工种植为辅，实施生态堤防建设工程，为四川黄河水系打造以水源涵养、水土保持为主要功能的沿河生态保护带，促进流域水生态系统保护。明确岸线保护和利用规划分区。依法划定白河、黑河、贾曲等重点河道水域岸线管理范围，严格实施黄河流域水生态空间分区管控，依法划定重点河道水域岸线管理范围，开展水域岸线确权划界并严格用途管控。加强黄河生态缓冲带建设和河道岸线侵蚀治理。开展黄河生态空间侵占清理专项行动，全面禁止黄河周围与生态环境保护要求不符的生产活动和建设项目，维护自然岸线原生生态。厘清流域特征，查实干支流冲刷侵蚀情况，引导恢复岸线植被，深化导致岸线侵蚀问题的环保突出问题整治。

保护和恢复黄河上游特有水生态系统。开展黄河水生生物资源和生态环境调查。以自然保护区为重点，开展区域生物多样性特别是水生生物综合科学考察、基础调查和管理评估，开展黄河水生生物完整性评价，厘清黄河流域水生生物资源家底。加强保护小区与栖息地建设。以黄河上游特有鱼类国家级水产种质资源保护区若尔盖段为重点，对流域特有鱼类或受到严重威胁的区域特有物种加强保护，推进高原种质资源库建设。严格落实黄河流域鱼类保护措施。在重点水域开展鱼类生态通道和栖息地保护与修复，开展非法捕捞专项整治，加强黄河上游特有鱼类拟鲶高原鳅、厚唇重唇鱼、扁咽齿鱼、花斑裸鲤、黄河裸裂尻鱼等的产卵场、索饵场和越冬场保护，科学实施增殖放流，并进行资源跟踪监测。开展珍稀鱼类就地与迁地保护。

（三）盆地重点流域绿色发展区

强化盆地重要江河陆域综合整治。持续推进生态农业建设。鼓励建设生态养殖场和养殖小区，推广畜禽粪便资源化、无害化处理技术，实现畜禽养殖废弃物循环利用，加强病死畜禽无害化处理。推进有机肥替代化肥、生物农药替代化学农药行动，推进化肥减量增效、农药减量控害，加大对农药包装废弃物回收处置力度。提升公园城市生态治理效能。构建公园形态与城市空间融合格局，推动城市内部绿地水系与外围生态用地及耕地有机连接，适度增加战略留白，实现生产空间集约高效、生活空间宜居适度、生态空间山清水秀。建立蓝绿交织公园体系，依托大江大河建设城市生态蓝网系统，强化水源涵养、水土保持、河流互济、水系连通，提高水网密度，打造功能复合的亲水滨水空间。挖掘释放生态产品价值。开展盆地流域生态产品信息普查监测，建立生态产品价值评价机制。以城市综合公园、滨水绿地、绿道等形式对重要盆地江河邻近空间和内部空间进行生态赋能，提高生态环境质量，通过生态资源、商业资源、产业资源和金融资源之间的融会贯通，引导聚集商业流量，促进新经济产业植入，实现土地增值、环境改善、人流增加、健康增益等正向效应，充分释放生态产品价值。

积极开展盆地重要江河岸线缓冲带保护建设。修复盆地重要江河岸线缓冲带，恢复其完整生态功能。充分考虑江河岸线物理特性、水文情势、周边土地利用情况，按照生态优先、以自然修复为主的原则对盆地丘陵区重要江河缓冲带进行生态修复，加强生态缓冲带拦截污染、净化水体、提升生态系统完整性等功能。强化盆地丘陵区重要江河岸线缓冲带监管。强化岸线用途管制和节约集约利用，最大限度保持岸线自然形态，实施生态缓冲带管控措施，严格控制与生态保护无关的开发活动，引导与生态保护无关的生产活动和建设项目逐步退出，积极腾退受侵占的高价值生态区域。

加快推进盆地重要江河水生态保护修复。以岷江、沱江、嘉陵江为重点，完善流域水生态监测和保护机制。从水生生物种群数量、群落结构与功能、栖息生境等方面掌握流域水生态环境及水生生物多样性状况。针对数量急剧下降或者极度濒危的水生野生动植物和受到严重破坏的栖息地、天然集中分布区、破碎化的典型生态系统，制订修复方案和行动计划。对鱼类等水生生物洄游或种质交流产生阻隔的涉水工程，建设或运行单位应当结合实际采取建设过鱼设施、河湖连通、生态调度、灌江纳苗、基因保存、人工繁育等多种措施，充分满足水生生物洄游、繁殖、种质交流等生态需求，实施胭脂鱼、岩原鲤、中华倒刺鲃、重口裂腹鱼、长薄鳅、圆口铜鱼等珍稀特有鱼类增殖放流任务。严格实施十年禁渔。开展非法网具、非法垂钓等水上检查，在盆地流域水生生物重要栖息地依法科学划定限制航行区和禁止航行区域，以改善和修复水生生物生境。

（四）赤水河人水和谐发展区

加强赤水河陆域绿廊建设。推动建设赤水河流域生态人文景观长廊。依法合规建设面山绿化、沿河综合生态廊道、道路绿化廊道、环村绿化廊道等，串联沿岸山体、水系，优化生态空间连通。实施城乡绿廊建设行动，加快城乡绿道建设，重点构建依托黄荆省级自然保护区、画稿溪国家自然保护区的生态绿廊，实现生态廊道连通，保证流域生态系统的完整性。加强农业产业绿色发展。促进基本农田集中连片建设，强化耕地质量和高标准农田建设，构建田园化的乡镇农业空间布局。统筹考虑农业生产资源布局和条件，重点加强农田保障、耕地优化调整、生态隔离带等空间管控。加强石漠化综合治理。加大叙永县、古蔺县石漠化综合治理力度，在重度石漠化地区采取全封禁形式进行封山育林，在陡坡耕地类型的中度石漠化地区采用营林措施进行生态重建，在中度、轻度石漠化耕地类型区实施坡改梯工程。全面推进绿色矿山建设和矿山地质环境恢复治理。按照“谁破坏、谁治理，谁修复、谁受益”原则，盘活矿区自然资源，探索利用市场化方式推进矿山生态修复，持续提升生态空间品质。科学开展水土流失综合治理，开展以坡面整治为重点的小流域水土流失综合防治。

构建赤水河自然岸线。提升赤水河流域水土保持能力。科学开展水土流失综合治理，开展以坡面整治为重点的小流域水土流失综合防治，对水土流失较严重的沟道采取拦沙坝、谷坊等工程措施和植物措施相结合的方法进行沟道防护。加强生态岸线建设，划定赤水河岸线功能分区，确保自然岸线保有率不降低，提高河流连通性，建设赤水河支流古蔺河、大同河岸线生态缓冲带。严格管控涉河项目建设。深入推进“三线一单”，优化和完善成果，禁止违法利用、占用赤水河流域水域岸线。划定赤水河岸线功能分区，逐步清理、调整不合理占用岸线项目，确保自然岸线保有率不降低。从严审批采砂规划和许可，加大对废弃矿山和泥石流多发区的生态修复和保育力度，持续提升生态空间品质。

加快建设赤水河珍稀特有鱼类栖息地。加大对水电开发和水利工程的整治和调度。保护河流自然连通岸线，有效保障生态流量，原则上禁止开发小水电，对于赤水河流域四川段已建小型水电站，严格按照相关要求，加快整改。推进长江上游珍稀特有鱼类国家级自然保护区达标建设。定期开展赤水河流域水生资源调查与评估，建立赤水河流域水生生物完整性指数评价体系。在赤水河干支流珍稀濒危及特有鱼类胭脂鱼、白甲鱼、黑尾近红鲌、中华倒刺鲃、岩原鲤等的产卵场、索饵场、越冬场和洄游通道等关键生境实施一批重要生态系统保护和修复重大工程。严格落实赤水河流域全面禁渔要求。恢复珍稀特有鱼类栖息生存空间，开展禁捕管理秩序和涉渔突出问题专项整治行动，强化河长制巡河和渔政管理。

（五）川西高原湖泊区

构建科学合理的高原湖泊生态陆域空间格局。严格落实川西高原湖泊生态空间管控。严禁不符合主体功能定位的各类开发活动，严禁违规占用耕地及永久基本农田种植苗木、草皮，严禁挖湖造景，禁止以河流、湿地、湖泊治理为名擅自占用耕地及永久基本农田。加强川西高原湖泊周边森林草原保护修复。强化对流域内生态功能重要区和生态环境敏感脆弱区保护修复，提升高原湖泊周边陆域水源涵养能力，完善生态红线勘界定标，提升水土保持、生物多样性等生态保育功能，提高流域生态系统综合服务功能。

坚持对高原湖泊岸线的合理开发。依法依规划定湖泊岸线管理范围。科学划定高原湖泊岸线保护区、保留区、控制利用区和开发利用区，明确分区管控和用途管制要求。沿湖土地矿产开发利用和产业布局应与岸线分区管理要求相衔接，优化湖泊产业发展布局。打造高原湖泊岸线空间健康生态系统。最大限度保持湖泊岸线自然形态，以水土保持、水质净化、提升生物多样性保护为重点，加大对湖泊周边生态脆弱区的生态保护和修复力度，优化调控湖滨带水生植物群落结构，构建稳健的陆生生态系统与水生生态系统的过渡湖滨带。

加快恢复稳健的高原湖泊水生生态系统。推进水产种质资源保护区保护。优化保护区网络建设，完善保护区空间布局，开展水生生物资源及其生存环境的调查监测、资源养护和生态修复，加强水生动植物自然保护区和水产种质资源保护区的管理，逐步提升高原湖泊生态系统的稳定性，恢复湖泊生态功能。强化泸沽湖、邛海、马湖等湖泊湿地水生生物重要栖息地完整性保护。开展珍稀濒危水生野生动植物保护工作，保护厚唇裂腹鱼、宁蒗裂腹鱼、小口裂腹鱼等特有鱼类的产卵场、索饵场、洄游通道等环境。加大水生生物增殖放流力度，降低捕捞强度，改善渔业种群结构，防治外来物种入侵，开展生物治理，维护水生生物多样性。

（六）盆地丘陵重点湖库区

合理开发盆地丘陵重点湖库的陆域空间。在保护的前提下合理开发湖库陆域。保持湖泊岸线自然形态，严格管控环湖周边旅游地产开发，严格控制跨湖、穿湖、临湖建筑物和设施建设，推进环湖污水处理管网与处理设施建设。积极探索生态农业发展路径。推进化肥减量增效，重点推广测土配方施肥、有机肥部分替代化肥、水肥一体化等技术。推动农药施用减量化，推广高效低毒低残留农药等绿色防控产品和精确施药技术。促进畜禽和水产生态健康养殖，开展农药包装废弃物回收处理。科学划定饮用水水源保护区。涉及饮用水功能的湖库，清理整治水源地保护区内排污口、污染源和违法违规建筑物，设置饮用水水源地隔离防护设施、警示牌和标识牌，开展饮用水水源地安全保障达标建设。

打造盆地丘陵湖库岸线生态缓冲区。统筹规划岸线资源，科学划定岸线功能分区。严格分区管理与用途管制，以恢复空间异质性为核心，开展植被缓冲带建设和生态湿地建设等，改善河流湖库生态景观格局。严格升钟水库、鲁班水库等重要湖库岸线空间用途管制。严格控制工业新增利用岸线，健全岸线空间准入制度，强化许可管理实施产业负面清单管控。严格控制岸线周边耕地农业污染入湖。开展河湖岸线专项整治行动，促进河湖面貌持续改善。恢复重点湖库绿色生态岸线，最大限度恢复岸线自然形态。在确保防洪安全和生态安全的前提下，营造湖库岸线防护林带，恢复自然驳岸，治理水库消落带。加快开展退渔还湿，科学实施湖荡湿地清淤、水系连通等工程，整体构建环湖生态湿地圈。

因地制宜创建盆地丘陵湖库健康水生态系统。开展“水下森林”建设试点。以水生植被恢复为核心推进水生态修复工程，根据各湖库特点实施分类生态修复。推动水生生物多样性保护。建立水生生物多样性和濒危物种保护管理体系。加大胭脂鱼、岩原鲤、长薄鳅、厚颌鲂等土著鱼类及重要经济鱼类保护力度，强化和规范增殖放流管理，加强增殖放流效果跟踪评估。管控放生和放流活动，严禁放流外来物种。加强野生涉水鸟类资源的监测与保护、疫源疫病期监测防控。开展水生植被生境自然修复工程，加快重构湖库生态系统平衡。对于水质较好的葫芦口水库和鲁班水库等湖区，遵循植物生长自然规律，合理调控春季水位，为沉水植物生长营造有利条件，促进生态自然修复演替。

（七）强化保障措施

加强组织领导。地方人民政府是重要江河湖库生态保护治理的责任主体，党政一把手必须亲自抓、负总责，将山水林田湖草沙冰一体化保护和修复作为推进生态文明建设、筑牢长江黄河上游重要生态屏障、维护生态安全的一项基础性任务和重要抓手。各地应建立有关责任部门共同参与、协同推进的重要江河湖库生态保护治理工作机制，共同推动重要江河湖库周边陆域和岸线空间管控、水生态系统保护修复等工作。把保护治理的目标与任务分解落实到市（州）、县级人民政府和有关部门，合理配置资源，推动实施，确保各项目标任务和重大工程落实并取得实效。四川省有关部门要按照职责分工，强化协调配合，加强对重要江河湖库生态保护治理工作的指导、支持和监督。

拓展资金渠道。按照《四川省人民政府办公厅关于印发四川省生态环境领域省与市县财政事权和支出责任划分改革实施方案的通知》（川办发〔2021〕30 号），完善省、市（州）、县政府及有关部门的重要江河湖库生态环境保护工作资金投入机制，优化相关经济政策及相关要求，持续推动流域生态补偿机制建设，拓宽重要江河湖库生态保护治理的融资渠道，创新和丰富建设和运作模式，探索在相关资金中单独设立重要江河湖库生态保护治理专项基金、发放绿色债券和扩大政策性金融信贷支持力度等资金筹措途径，鼓励、支持和规范社会资本通过自主投资、与政府合作、公益参与等多种方式参与重要江河湖库生态保护治理项目，形成多元化市场化投入机制。

增强科技支撑。加大对重要江河湖库生态保护治理相关研究工作的政策扶持和资金投入力度，支持相关院校、实验室、创新中心、研发平台等科研单位开展重要江河湖库生态保护治理科学研究，推动关键技术的专项攻关，持续开展陆域—岸线—水体统筹的生态保护治理技术体系、重要江河湖库岸线空间管控和规划分区、盆地丘陵湖库水体富营养化治理、生物多样性保护、外来入侵物种防治、生态产品开发与价值实现模式等关键领域研究，加强科技成果的推广与应用，形成一批可复制、可推广的高质量实用型成果，有效支撑重要江河湖库生态保护治理重大工程建设。

提升监管能力。加强重要江河湖库生态保护治理工作监督检查、绩效评价和监督考核工作，将目标指标、重点任务、重点工程完成情况等纳入考核范围，建立工作评估机制，评估结果作为有关资金项目安排的重要依据，并纳入各级政府综合考核体系。建立重要江河湖库生态环境信息化管理系统，推动各级各类生态保护治理重大项目、重要江河湖库管理范围划定、岸线规划分区、水环境监测和水生态调查成果等信息上图入库，实现生态保护治理全方位统筹、全过程监管、全地域联动。充分利用大数据、卫星遥感、航空遥感、视频监控等技术手段，及时发现、依法严肃查处破坏重要江河湖库周边水源涵养区和岸线过渡带生态功能、侵占江河湖库水域岸线、影响水生态系统、非法捕捞和其他危害流域生态系统稳定健康的违法违规问题。

强化公众参与。大力开展习近平生态文明思想学习，开展重要江河湖库生态保护治理法治教育。完善工作信息共享与公开机制，及时发布信息，保障公众的知情权。积极开展形式多样的重要江河湖库生态保护治理宣传活动，提高公众生态环境保护意识，加大对举报破坏生态环境行为的奖励力度，鼓励各类媒体加大公益广告投放力度。挖掘和传播蕴藏于陆域和水体空间的生态价值、历史价值和人文价值，倡导和推广依托于岸线空间的绿色和健康生活方式，营造全社会关心支持重要江河湖库生态保护治理的良好氛围。创新公众参与重要江河湖库保护治理模式，提高重要江河湖库保护治理成效的社会认可度，以大江、大河、大湖、大库的优质生态环境为载体，提高公众的获得感、幸福感、安全感。

关于系统谋划分批实施小流域综合治理三年行动的思考建议

摘　要：小流域是地表水体的重要组成部分，是当前水生态环境质量提升的主要对象。《中共中央　国务院关于深入打好污染防治攻坚战的意见》《黄河生态保护治理攻坚战行动方案》《深入打好长江保护修复攻坚战行动方案》等文件均提出了“打造生态清洁小流域”的工作要求。近年来，四川省大力开展工业污染防治，推动企业入园，全面消灭工业污水直排；加快补齐生活污水处理配套设施短板，城镇生活污水年处理能力超过120亿t，水污染防治取得显著成效，水环境质量达到历史高点。2022年，四川省203个国考断面中，202个达到Ⅲ类及以上，优良断面占比99.5%，位居全国第二；140个省考断面中，139个达到Ⅲ类及以上，优良断面占比99.3%，良好的水环境质量在“广度”已有显著体现。但是四川省良好水体的“密度”仍然不够，水生态环境综合治理“精度”亟待提升，短板突出体现在未设考核断面的河流水环境质量底数不清，执行考核的部分小流域水环境质量达标水平不高。四川省地处长江、黄河上游，水系发达，从古至今物产丰富，也导致人口向河岸聚集，加之高效的水污染防治措施和有力的监督管理未能深入到小流域，部分小流域达标水平较低，水质波动反弹明显。通过研究近年来四川省小流域综合治理的成功案例，本文提出“成因分析—水环境治理—水资源保障—水生态保护—生态与生产生活融合提升”的小流域综合治理思路和四川省实施小流域综合治理三年行动对策建议。

关键词：小流域；综合治理；水生态环境质量

一、水环境治理总体形势

（一）大江大河水环境质量稳定向好

四川省水系发达，流域面积50 km^2以上河流共2 816条（图1），其中流域面积为1 000 km^2以上的150条河流已实现国考、省考监测断面全覆盖。2022年，四川省203个国考断面中，202个达到Ⅲ类及以上，优良断面占比99.5%，位居全国第二，并有超过70%的国考断面达到Ⅱ类及以上，Ⅳ类断面为1个。四川省140个省考断面中，139个达到Ⅲ类及以上，优良断面占比99.3%，Ⅳ类断面为1个。285个参评国家重要江河湖泊水功能区达标 284 个，未达标水功能区为 1 个。13 个重点湖库水质全部为优良。目前，四川省已初步实现以Ⅱ类水为主体的水环境质量考核目标，良好的水环境质量在“广度”上已有显著体现。

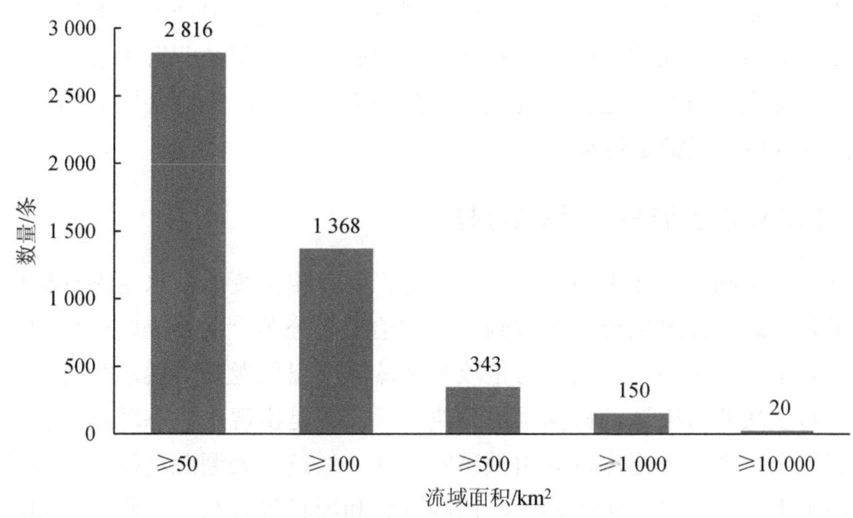

图 1　四川省流域数量统计图①

（二）水环境治理重点领域持续突破

工业源治理不断巩固。从 20 世纪 90 年代开始，四川省积极推动工业水污染防治，基本消灭食品、化工、冶金等重点领域工业污水直排现象。“十三五”期间，全面落实“坚决打好污染防治攻坚战”决策部署，推动企业入园，严格执行工业企业废水污染物排放标准，全面消灭工业污水直排。2021 年，四川省工业废水排放量从 2000 年的 11.69 亿 t 减少为 4.37 亿 t，占全年废水排放总量的 10.27%。城镇生活源治理成效巨大。随着城镇化进程的不断加快，四川省城镇化率从 2000 年的 26.7%提升至 2021 年的 57.8%，人民生活质量显著提高，城市用水总量随之增加，四川省生活污水排放总量达到 38.17 亿 t，占全年污水排放总量的 89.73%。通过近十几年的努力，四川省不断提升生活污水收集、处理能力，2021 年，城镇污水处理厂数量为 1 436 座，年设计处理能力超过 120 亿 t，污水管网总长达到 4.26 万 km，城镇生活污水治理能力得到极大提升。

（三）小流域水生态环境问题逐渐凸显

四川省整体水环境质量较好，但良好水体的“密度”不够，流域面积为 50～1 000 km^2的 2 666 条河流中有超过 90%的河流未设考核断面，小流域水环境质量底数有待进一步摸

① 四川省第一次全国水利普查公报[R]. 四川省水利厅，2013.

排。纳入考核的小濛溪河、旭水河、兴隆河、长滩寺河、流江河等部分小流域水质还不能稳定达标。四川省地处长江、黄河上游，自古以来依托发达的水系孕育了极为丰富的物产，但同时也使人口集中分布于河流两岸。随着经济社会的发展，人口较为集中的城镇逐步形成，农业、畜禽及水产养殖等产业规模不断壮大，但城镇、农村生活污水收集处理设施建设滞后，农业种植化肥、农药不合理施用，小型企业污水偷排、漏排，沿河鱼塘甚至水库肥水养鱼等问题在小流域内尤为突出，多种污染源共同影响使得四川省仍有较多小流域水质不能稳定达标。

（四）小流域综合治理攻坚战亟待打响

小流域治理不同于大江大河，人力、物力、财力相对匮乏，水生态环境治理的“精度”尤为重要，既要针对主要矛盾做到污染防治主次分明，又要兼顾全局做到治理手段综合全面。对于主要污染源，集中力量攻坚小流域突出问题是实现水生态环境“质变”的突破口；对于次要污染源，协同推进解决次要问题是实现水生态环境“稳定”的落脚石。小流域综合治理，要强化政策引领压实责任，通过污染溯源精准识别问题，考虑水质、水量、水生态落实“三水统筹”，保障资金和项目投入与污染物削减相匹配，建设水体景观实现水生态环境提质变美。“小河清则大河净”，打好小流域综合治理攻坚战役，实现小流域水生态环境持续改善是四川省“十四五”水生态环境保护工作的重中之重。

二、小流域综合治理经验启示

近年来，四川省积极推动小流域水生态环境综合治理，重点小流域所在县（市、区）政府在治理过程中，沿用“成因分析—水环境治理—水资源保障—水生态保护—生态生产生活相融提升”综合治理思路，取得一系列积极成效，提供可推广的治理经验。

（一）系统识别污染成因

武胜县—合川区兴隆河：广安市联合重庆市合川区开展手工取样加密监测，川渝双方采集平行样分别进行水样分析检测，在兴隆河干流布设 15 处监测点位，在赶子龙溪、人民渠、黄桩溪、三庙河等 19 条支流布设 19 处监测点位，在 7 座污水处理设施布设 10 处监测点位，共计 44 处。并常态化加密点位采样监测，精准定位重点管控干流河段、支流和排口，辐射开展污染源排查，由点及面分析污染成因。

达州市明月江：开展全流域污染源排放估算，对 19 个乡镇、3 家涉水企业、5.9 万 hm^2 耕地、1.7 万 hm^2 水产养殖根据排放系数估算污染负荷排放量，对工业企业、城镇及农村生活污水、农业面源、畜禽养殖、水产养殖等类型污染源排放占比分析，确定生活污水为主要污染类型。并收缩开展污染源排查，对流域内 17 个生活污水处理厂排口上下游水质进行加密监测，定位重点污染源，由面及点分析污染成因。

（二）精准治理水环境

营山县南北两河：按照“户排污管—沉沙隔渣池—市政污水管—截污干管—污水处理厂（站）—尾水湿地”全系统整改原则，重构河流沿岸污水处理系统，严格执行管网建设备案、审查、验收制度，县城污水日处理能力提升至 5.85 万 t，污水处理工艺全部实现《城镇污水处理厂污染物排放标准》（GB 18918—2002）一级 A 排放标准。统筹推进水环境综合治理、城区增绿增色、棚户区改造、公园景区建设、城市文脉传承等“七大工程”与水生态环境提升有机融合，形成“源头—过程—处理—排放—景观”的全链条小流域综合治理思路。

简阳市阳化河：针对阳化河多源污染，分类实施重点专项整治。实施排污管网专项整治、农村生活污水处理工程、乡镇污水管网病害整治。督促流域 7 户泡菜企业进行整改，引导企业实施产业转型。建成两座畜禽粪污处理厂，实施取缔河道违法违规养殖行动、小型水库水质保护提升行动。集成绿色防控技术，积极开展秸秆还田示范和测土配方施肥，推动化肥农药减量增效。实施黑臭水体整治，完成阳化河流域 19 段黑臭水体治理工作。实现控源截污、生态修复和长效治理，建立“生活源—工业源—养殖源—农业源—人居环境”全方位小流域综合治理思路。

（三）科学配置水资源

营山县南北两河：注重采取生态方式增强河流自净能力，完成营山河、济川河清淤、建堤、生态护坡 26.3 km。针对姚市河、龙台河水资源时空分布不均影响河道生态基流问题，合理调配上游书房坝水库、许家沟水库、磨滩河水库水资源，科学实施生态补水，有效解决河流自净能力不足问题。建成城市中水回用项目，铺设管道 2.86 km，将城市污水厂处理后的尾水通过人工湿地净化达到地表Ⅳ类水质标准，每日实现生态补水 3 万 m^3。

大竹县铜钵河：综合治理铜钵河河道 3 550 m，新建堤防 4 483 m、护岸 347 m，清淤疏浚 743 m，拆除重建人行桥 1 座，有效改善河道水动力条件。以上游九龙水库为补水源头，制订完善平滩河（铜钵河上游）生态补水计划，枯水期日补水量达到 13 万 m^3，做好铜钵河生态流量保障。新建、改建污水管网 18.8 km，改造一期污水处理工艺，建成观音镇污水处理厂二期，建成 1.8 万 m^2 观音镇污水处理厂尾水人工湿地水质净化项目，补充河道流量。两个小流域均建成“河道修复—源头补水—中水回用”的水资源配置体系。

（四）探索恢复水生态

中江县富顺河：探索建立池塘养殖尾水达标排放承诺制和日常监管“塘长制”，建立水产养殖尾水资源化利用和综合治理示范点 2 处。严格落实长江十年禁渔，加强天然水域水生生物保护，恢复水生生物多样性，实施堰改闸工程 2 处，完成 2 km 河道疏浚。实施中江县清溪河生态环境综合治理项目，建设河岸缓冲带 6 万 m^2，栽种 7.2 万株沉水植物，科学投放花白鲢鱼苗、螺蛳等水生动物，提升河道生态稳定性和水体自净能力。

武胜县五排水库：历史上水库上游每年排入超过 1 000 万 m^3 未经处理的生活污水，加之周边农田、水产养殖退水影响，水库水体、底泥污染严重。通过科学评估与方案比选，武胜县委、县政府投资 7 000 万元开展水环境修复系统，较原水库清淤预算减少超过 1 亿元。通过深层曝气技术，提高水体、底泥溶解氧，结合其他辅助措施，修复水库底部因长期缺氧导致的生态失衡，持久、稳定地改善和保护水库水体的水质。2022 年，水库出水水质已从 2017 年的Ⅴ类提升至Ⅲ类，保障下游长滩寺河郭家坝断面提前达到Ⅲ类考核目标。

（五）促进生态与生产生活融合提升

荥经县荥经河：实施“三清”行动，关闭沿河煤矿、非煤矿山、小水电站、石材木材加工厂 140 余家，并实施生态复绿，合理布置亲水便民设施，建设 10 余个亲水公园，美化沿岸景观并优化河道水动力条件。依托厚重的历史文化和得天独厚的生态资源，打造集“自然教育、康养度假、山地观光、文化体验、美食寻味”于一体的“五游荥经”特色文旅品牌，推动从卖资源到卖风景、砍树人到护林人、贫困村到新农村“三个转变”，实现生态、经济双丰收。

成都市兴隆湖：统筹水陆交错、林水一体，结合新型城镇化建设思路，构建健康稳定、自然调节、安全可控的水生态系统。采用近自然化设计，以“林水一体化”为关键，耦合设计建设 9 类湿地，利用生态水岸修复工程，以“生态柔性驳岸”为主，设计构筑砾石滩、沙滩、草坡等 7 种生态驳岸，增强自然的可进入性、可参与性和可体验性，实现自然、经济、美观、安全相统一，促进水生态环境治理与水体景观建设有机融合。

三、工作思路及建议

（一）主要目标

2023 年，以流域面积 50～1 000 km^2 的 2 666 条河流为重点，全面开展排查，形成“好水、中水、差水①”分类信息清单；以差水为重点兼顾中水，形成重点小流域整治清单；分批次形成重点小流域攻坚清单。到 2023 年年底，编制各市（州）小流域综合治理三年行动计划，针对攻坚清单内的小流域，编制各小流域综合治理实施方案。

到 2024 年年底，通过落实实施方案，消灭一批差水，整治一批中水，巩固四川省 75%

① 好水：年均值低于标准限值 15%以上且年内超标月频次不超过 1 次；中水：年均值临近标准限值 15%或年内超标月频次在 2～4 次；差水：年均值超过标准限值 15%或年内超标月频次超过 4 次。

国控断面达到Ⅱ类的良好水环境格局。

到 2025 年年底，基本实现小流域水质稳定达标，力争实现四川省 82%以上国控断面以及 73%以上省控断面的水质达到Ⅱ类，总结形成小流域综合整治“四川模式”。

（二）强化组织，全面打响小流域综合治理攻坚战

系统谋划，突出省级监督指导。由生态环境厅牵头，成立小流域综合治理指挥部，出台“四川省小流域综合治理三年行动”相关政策文件及通知，明确目标要求、任务节点，统筹形成“一市 1 计划、一流域 1 方案、一方案 N 项目”的“1+1+N”小流域综合治理工作模式。按年度召开四川省小流域综合治理工作会议，调度各市（州）“小流域综合治理三年行动计划”实施情况，及时推广各地可借鉴治河经验做法。汇总市（州）小流域分类信息清单形成小流域水生态环境基础信息库，了解四川省小流域水生态环境质量底数，并将数据信息通报各重点流域省级河长联络员单位。

统筹组织，强化市级规划引领。由小流域所在市（州）生态环境局牵头，统筹县（市、区）开展辖区内 50～1 000 km^2 小流域基础信息调查，形成“好水、中水、差水”分类信息清单，明确重点小流域整治清单，编制市级“小流域综合治理三年行动计划”。按每年完成 1～2 个小流域整治为批次，分解落实重点小流域攻坚清单，统筹攻坚清单内小流域所在县（市、区）生态环境、河长办、农业农村、住建、水务等相关职能部门联合开展小流域污染源排查，识别水生态环境问题。针对重点小流域，按 1～2 年完成治理为期限，在市（州）层面以小流域为单元整体完成“综合治理实施方案”编制，明确治理目标、建设内容、责任分工、项目规划、资金筹措等内容。对于跨界小流域，加强联防联治，由涉及市（州）分段负责行政区域内河段实施方案编制及治理工作。

政策协同，压实县级部门职责。以小流域所在县（市、区）为单位，结合“综合治理实施方案”中确定的治理目标、建设内容等，按照生态环境保护、乡村振兴、新型城镇化建设、生态清洁小流域建设等重点工作任务分工，落实相关任务，协同发力，统筹推进“N 项目”的建设实施。河长办落实行政督导职责，定期组织各职能部门召开“实施方案”推进会议，商讨治河事项；国家发展改革委推进流域可持续发展战略，协调生态环境保护与修复，统筹资源节约、综合利用、循环经济和污染治理国家财政性资金建设项目；经信局应强化流域工业企业污染控制，加强工业企业节水技术改造，开展水效对标达标，提升流域废水循环利用水平；生态环境局履行监管职责，积极谋划流域水生态修复、入河排污口规范化建设、区域再生水循环利用、农村黑臭水体治理等项目，推动水体、岸线生态环境持续向好；农业农村局应大力推动流域农业绿色发展，持续推进化肥农药减量增效和畜禽粪污资源化利用，组织开展渔业水域生态环境及水生野生动植物保护；住建局应加快推动城镇生活污水收集处理设施及管网建设改造，开展汛期雨水径流污染综合防治，持续推进城市黑臭水体治理；水务局结合生态清洁小流域、幸福河湖等工作，推进水系连通、河道清障、清淤疏浚等工作，优化水资源调度，保障河道生

态流量。县（市、区）各部门应积极推动各条线与小流域综合治理相关的项目入库，争取专项资金，形成多部门依法、依规治理合力，保障实施方案按时推进，落实到位。

（三）摸清底数，全区域识别水生态环境问题

全面排查，整合信息。以关注断面为节点，开展小流域污染源排查，全面梳理断面集水控制区域内工业企业、农家乐、生活污水处理厂、畜禽养殖、大型种植园等重要潜在污染源分布情况，识别不达标排放、溢流、渗漏等潜在风险、关注水产养殖、农田灌溉退水等影响，衔接农村黑臭水体等分布，明确污染“源—径—汇”关系，形成面源污染“区域分布—点源负荷—断面水质”一张图，编制污染源问题梳理、整治责任一张表。

加密监测，分段梳理。加密布设水质监测点位，在小流域乡镇生活污水排口下游、在主要支流河口以及河口上下游 50～100 m 范围内定期、适时开展手工采样加密监测，并在干流按需增设水质自动监测站。总结丰水期、枯水期河道水质变化规律，明确主要污染因子，掌握入河排污口、支流、水库、干流各段水质变化情况，形成一套以考核断面为“点”，锚定水质目标考核问责，以自动站为“线”，研判干流水质沿程变化，以手工加密监测为“面”，辅助分析小流域水生态环境问题的多维度水质监测和污染溯源体系。

因河施策，制定方案。通过污染源问题清单和水质加密监测结果，分析小流域核心水生态环境问题，在综合治理的同时有针对性地解决核心问题。在排查和监测基础上，梳理水资源制约型、生态失衡型、外源污染型、内源污染型等小流域问题成因。针对外源污染型，进一步明确点源、面源污染构成，追溯到城镇生活、畜禽养殖、工业企业、农业种植等具体来源。通过问题排查，污染溯源，形成重点任务、保障工程主次分明的小流域综合治理实施方案。

（四）控源截污，全链条推动水环境污染治理

推动污水处理提质增效。对于以生活污染影响为主的小流域，落实“收集—处理—排放”全面控制治理思路。补齐城镇污水处置能力短板，全面排查城镇雨污管网，加快城镇老旧城区雨污分流改造和生活污水收集管网建设，加强污水管网、泵站等设施的日常巡查、维护，杜绝非强降雨期间污水溢流直排；推进沿河行政村农村生活污水治理，对 15 户或 50 人以上农村居民聚居点及农村散户优先纳入农村生活污水治理项目，配套建设农村污水资源化利用工程。加强污水处理设施运维管理，确保城镇、农村污水处理设施运维经费、人员充足，提升汛期、春节期间污水处理厂应急能力，保障平日稳定达标排放，避免特殊时期未经处理污水直接排放。

督促产业转型升级。对于存在偷排漏排、污水不能达标排放的农产品加工、农家乐及其他生产经营主体污染的小流域，落实“关停—转型—监管”的涉水产业污染治理思路。督促经营主体限期关停整改，引导企业实施产业转型升级生产工艺，完善污水处理

收集处理设施，整改效果不佳或整改无望的，坚决取缔，去除高排放、高风险涉水污染源。成立工作专班，坚持开展偷排、漏排和不达标排放督查暗访，严控问题新增或反弹。

推进农业及养殖业污染控源减量。对于以面源污染影响为主的小流域，落实“清退—减量—截污”的农业面源与养殖业污染治理思路。依据禁养区划定方案，清退禁养区内畜禽养殖场，清退临河 50 m 内水产养殖；依据当地土地利用总体规划，因地制宜清退临河 10 m 内非基本农田。推动高标准农田建设，实行测土配方施肥，使用低毒、低残留农药，深度落实“一控两减双基本”。深化养殖粪污控制和资源化利用，进一步完善粪污收集、贮存及防雨防渗设施建设，降低地表水、土壤及地下水环境污染风险。推进临河农用地因地制宜建设生态沟渠等工程项目，构建农田地表径流生态拦截屏障，有效减少农业面源污染入河量。

（五）合理调配，全方位落实水资源和生态流量保障

实施水系连通，保障生态流量。推进以改善水生态环境和水资源配置为主要目标的水系连通工程建设，通过新建水库、闸坝、引水渠、堰口等工程，强化水体连通，恢复或增强大江大河与小流域水力联系，在合理制定水库、闸坝等水利设施下泄生态流量目标、限制污水排放的基础上，保障河道来水充足，增强水体流动性，改善水体水动力条件，提高水体自净能力。

强化水资源节约，有效利用再生水。强化生产生活节约用水，推广农业种植节水器具，督促生产经营主体提升水资源利用效率，降低水资源使用总量，持续加强节水宣传。系统规划水资源循环利用，以生活污水处理厂深度处理后的尾水为主要再生水水源，将再生水纳入水资源统一配置，推动再生水生产和利用平衡、湿地净化与调蓄能力匹配，明确补水河段及水量分配，在提升河道水质的同时降低运水成本，形成污染治理、生态保护、循环利用有机结合的再生水利用体系。

强化基础工程建设，调蓄自然降水。充分运用流域内林草植被、梯田、鱼塘、水窖、塘坝等水土保持和集雨旱作工程，并结合城镇生活污水处理厂建设初雨调蓄池，提升初雨截蓄能力，防止污染物溢流入河。在水资源不足的小流域，推动沿河城镇老旧城区改造及海绵城市建设，将城市建设、防洪排涝、流域治理有机结合，统一调蓄雨水，蓄丰排枯，提升丰水期、枯水期水资源调蓄能力。

（六）生态恢复，全流域突出水文化争创美丽河湖

因地制宜推动水生态修复与保护。对于水生态本底较差的小微水体，科学采取清淤疏浚、曝气扰动、投放水生动植物、建设生态沟渠、打造生态廊道等措施开展生态修复，减少内源污染，增强岸线截污能力，防止水体黑臭问题发生。对于存在水生态功能退化风险的河流、湖库、湿地，建立补水机制，适当实施退耕、退牧、退开发，定期开展水生态监测评估，预防水生态功能退化，提升水源涵养能力。对于水生态本底较好的水体，

严格限制流域内过度开发，并以保护和恢复土著鱼类种群为重点，开展人工培育及增殖放流，保护水体功能，进一步提升水生态环境质量。

深度挖掘水生态文化价值。探索生态保护与利用相协调、群众发展与景区相协调、乡村振兴与新型城镇化发展协调。在建成区河流沿岸建设水体公园、阳光绿道、人工湿地、水系连通工程等亲水设施，在乡村河岸开展村庄荒地、裸地绿化美化，宜林则林、宜草则草，保留乡土气息，建设宜居宜业和美乡村。依托景观、交通及基础设施建设，提升第三产业服务质量，实现水生态保护与农文旅融合发展，强化经济效益，形成小流域生态环境保护、产业发展合力。实现从水体污染向水体景观转变，实现从“脏乱差”向生态宜居转变，打通绿水青山向金山银山转化通道。

建立健全河湖水生态保护长效机制。提升小流域水环境监管能力，完善流域内各级环境监测站标准化建设，依托水质自动站和手工监测，支撑治河成效延续和提升水环境风险预警能力。探索“行政河长—技术河长—警长”联动机制，继续推进督企与督政并举的环境督察制度，加大对破坏水环境等违法案件的查处力度，加大对执法人员及执法设备的经费保障力度，防止小流域污染重现。以小流域突出水生态环境问题治理效果为要点，统筹推进美丽河湖建设，积极申报省级、国家级美丽河湖，以评促建，延续美丽河湖保护与建设路径，实现小流域水生态环境长治久清。

基于城市视角加强并巩固黑臭水体治理成效的思考建议

摘　要：习近平总书记在党的二十大报告中指出："基本消除城市黑臭水体。"城市黑臭水体是群众身边的突出生态环境问题，是群众身边的麻烦事、烦心事，消除城市黑臭水体事关民生福祉、社会稳定、国家发展，意义重大。"十三五"期间，四川省高度重视城市黑臭水体治理工作，105条地级以上城市黑臭水体已全部完成治理，取得了不错的治理成效。"十四五"时期，国家进一步推动城市黑臭水体治理向更广范围拓展、向深度延伸，向构建长效管理机制方向深化。面对"十四五"城市黑臭水体治理新形势，本文基于四川省城市黑臭水体治理问题分析及典型城市黑臭水体治理经验借鉴，提出下一步四川省加强巩固城市黑臭水体治理成效对策建议。

关键词：黑臭水体；污水收集处理；内源污染治理；水体生态修复；政策机制

城市黑臭水体是指城市建成区内，呈现令人不悦的颜色和（或）散发令人不适气味的水体。根据黑臭程度不同，《城市黑臭水体整治工作指南》将城市黑臭水体分为"轻度黑臭"和"重度黑臭"两级。黑臭水体不仅给人们带来恶劣的感官刺激，影响城市形象，也直接对人们的饮水、用水安全构成严重的威胁。对城市黑臭水体进行治理，基本消除城市黑臭水体，是回应人民群众对美好生态环境需求、解决老百姓身边突出生态环境问题的重要内容，是践行尊重自然、顺应自然、保护自然生态文明理念的必然选择，更是建设美丽中国、实现中华民族永续发展的迫切需求。

一、对城市黑臭水体治理的总体要求

党中央、国务院及相关部门高度重视城市黑臭水体治理工作，出台了一系列相关政策和措施。

国家层面：2015年4月，国务院印发《水污染防治行动计划》，提出到2030年城市建成区黑臭水体总体得到消除，对黑臭水体治理的时限、目标提出了具体要求。2018年9月，住房和城乡建设部会同生态环境部印发《城市黑臭水体治理攻坚战实施方案》，明确了"十三五"期间城市黑臭水体治理的工作目标，要求到2020年地级城市建成区黑臭水体消除比例达到 90%以上，并提出实施城市黑臭水体治理工程、建立长效机制、强化监督检查等具体要求。进入“十四五”时期，城市黑臭水体治理进一步向更广范围拓展、向深度延伸，向构建长效管理机制方向深化。2021 年 11 月，中共中央、国务院发布《关于深入打好污染防治攻坚战的意见》，将城市黑臭水体治理范围扩大到县级城市，提出到 2025 年，县级城市建成区基本消除黑臭水体，京津冀、长三角、珠三角等区域力争提前 1 年完成。2022 年，住房和城乡建设部、生态环境部等部门先后发布《深入打好城市黑臭水体治理攻坚战实施方案》《“十四五”城市黑臭水体整治环境保护行动方案》，进一步明确了责任和目标，细化了任务和措施。

省级层面：2022 年，四川省印发《四川省深入打好城市黑臭水体治理攻坚战实施方案》《四川省“十四五”城市黑臭水体整治环境保护行动方案》，要求各市（州）以提升城市污水垃圾收集效能为重点，持续开展城市黑臭水体整治环境保护行动，加快补齐城市环保基础设施短板，加强各类污染源治理，建立健全长效管理机制，到 2025 年年底，县级城市建成区黑臭水体消除比例达到 90%，城市生活污水集中收集率力争达到 70%以上，努力从根本上消除城市黑臭水体，建设美丽四川。

二、四川省城市黑臭水体治理工作存在的主要问题

“十三五”期间，四川省积极开展城市黑臭水体治理工作，内江、德阳、南充 3 市成功申报为全国城市黑臭水体治理示范城市，四川省共完成 105 条地级以上黑臭水体排查整治；四川省排水管道长度由 2.64 万 km 增加至 4.22 万 km，污水处理厂数量由 102 座提升至 147 座，污水处理量由 17.10 亿 m^3 提升至 23.85 亿 m^3，污水处理率由 89.66%提升至 96.87%。总体而言，“十三五”期间四川省城市黑臭水体治理工作取得了较好成效，但依然存在排查精细化不足、长效机制不健全、污水收集率较低等问题，城市黑臭水体治理和成效巩固仍任重道远。

一是排查精细化不足。在开展黑臭水体排查的过程中，多以建成区内河流、排水明沟及湖泊为重点，建成区边缘、城中村内的坑塘等水体往往成为排查的盲区。一些地区的城区尤其是老旧城区管网排查工作精细化不足，对雨污混流、管道破损、散户漏接等问题没有清理到位，简单地采取沿岸截污，一些污染源通过地下渗漏、雨水口混排、表面溢流等方式进入到水体内，黑臭反弹风险高。

二是污水收集短板突出。目前，四川省整体污水收集率和人均污水管道长度均较低，排水管网清污混接、雨污混接问题突出，城市污水收集系统现状与“城市生活污水集中收集率达到 70%以上”的目标要求还有较大差距。根据《2021 年中国城市建设状况公报》，四川省城市生活污水集中收集率仅为 50.4%，远低于全国平均值 68.6%。统计年鉴数据显示，2020 年四川省人均污水管道长度仅 0.22 m，也低于全国平均值 0.26 m，可见四川省生活污水收集率在全国处于中下游水平，亟须补齐污水收集短板。

三是内源污染未有效解决。清淤是控制内源污染最直接的手段，四川省“十三五”

期间完成治理的105条黑臭水体，有44条采取了底泥清淤。但在实施过程中主要存在以下问题：①实际清淤量远小于设计清淤量，河道中的重污染底泥没有得到有效清除，河道存在"翻泥"现象，内源污染未得到有效控制；②一些地区清淤后的底泥未安全处置，未开展安全检测和环境风险评估，无组织堆放在河道两侧，造成环境二次污染；③一些城市硬化河道清淤过于彻底，破坏了河道底部的生态环境，对着生藻类、底栖动物群落影响严重，进而影响后期的生态修复。

四是水生态失衡，未发挥水体自净能力。重构及维系河湖生态系统结构和功能，提升河湖生态系统质量和稳定性，是巩固黑臭水体治理成效的重要手段。四川省黑臭水体以河流型居多，受季节性降水量变化影响，河流水量变化大，枯水期河流生态用水难以稳定补给，加上城市河道大部分为三面光的硬质河道，水生态系统脆弱，水体缺乏自净能力，造成治理效果难以巩固，水体黑臭易复发。

五是治理成效不稳定，长效机制不健全。黑臭水体治理是一项长期性、系统性工程，需要建立长效管理机制。目前，省内一些黑臭水体经过治理，黑臭现象得到一定缓解，但仍然存在污染治理不彻底、治理后管理不到位等问题，易出现黑臭水体反弹，表现为水质丰水期好、枯水期差，晴天好、雨天差，天冷好、天热差。

三、城市黑臭水体治理典型案例

（一）岸上控源截污型

案例一：南充市主城区黑臭水体治理

主要问题：南充主城区共有3条黑臭水体，均处于嘉陵江流域，总长度20 km，总流域面积354 km^2。近年来，随着工业化不断推进，资源供需矛盾和环境压力越来越大，3条河流均受到不同程度的污染，黑臭问题突出。

治理措施：一是实施污染管控工程，整治流域内规模化养殖场、散乱污企业109家，取缔非法入河排污口12处。二是实施截污纳管工程，新建、改建污水收集管网34 km、清理修复排水管（渠）71 km。三是实施补短提升工程，完成流域内文峰二期污水处理厂等4座污水处理设施建设，新增污水日处理能力13.21万m^3，补齐污水处理设施短板。四是实施清淤疏浚工程，累计完成河道清淤整治3.7 km，清淤总量为4.78万m^3，有效削减了河道存量污染。五是实施生态修复工程，坚持海绵城市建设理念，逐步将原有暗涵明渠化、明渠河道生态化，综合整治及生态修复河道14.6 km，建成泥溪湿地、南湖和白马湖等3处流域内生态湿地公园。六是实施活水保质工程，在有效控源截污的基础上，将污水处理厂尾水（准Ⅳ类）作为河道生态补水，建立黑臭水体与上游湖库联动的生态补水制度，保障河道生态基流。

治理成效：通过实施一系列治理措施，荆溪河、凤垭河、圣子河沿河污水收集率提升至 98%，点源、面源污染负荷大幅削减，水体黑臭现象消除。随着黑臭水体的成功治理，昔日的臭水沟摇身一变，成为市民的休闲乐园。

案例二：扬州市小运河黑臭水体治理

主要问题：小运河水系位于扬州市广陵区，全长 4.85 km，总流域面积约 72.75 km^2，既是区域内重要的防洪排涝通道，又是扬州生态科技新城重要的生态景观载体。小运河沿线存在工业企业、居住小区、城中村、商铺等，大量污水进入河道，加上常年被违章建筑非法侵占、缺乏疏浚管护、过水涵闸断面狭小等原因，河道淤积严重，河水严重发黑发臭。根据公众调查和水质检测情况，认定小运河属于城市建成区内重度黑臭水体。

治理措施：针对小运河及支河沿线居民生活污水和企业生产污水直排入河问题，把控源截污作为河道整治的最核心工程，提出“全流域”的概念，将小运河流域所有产生污染源的区域全部纳入整治范围，实现控源截污全流域、全覆盖。首先，对河道沿线排污口进行全面排查，对所有排口实行“一口一策”，对排污口坚决封堵，共整治大小排污口 70 多个，对 27 家企业、23 家商户、200 多住户实施接管，做到污染源全面控制。其次，实施小运河干流、支流沿线区域的污水管网建设，累计建设完成截污干管 9.8 km。再次，实施全线彻底清淤和水系连通，确保小运河干支流水系和外围水系之间的连通，并根据小运河不同部位、不同断面的现状，启动阻水桥梁和涵闸改造，保障行洪排水通畅安全，使小运河达到“全畅通”的标准，还原其本来面貌。最后，在小运河驳岸与河面交界处设浅水区，栽植水生植物，驳岸上留有水沟空隙，可以将水滞留，促进雨水资源净化利用和生态循环保护，打造“会呼吸的驳岸”。

治理成效：项目整治后，小运河黑臭现象消除，环境质量提升，整治效果明显，达到长治久清要求，获得了公众高度认可。

案例三：连云港市玉带河黑臭水体治理

主要问题：玉带河作为连云港市进入市区的上游源水，流经海州老化工区，沿线共有化工企业 6 家，因历史原因和城市发展，部分企业的化工污水均直接或间接排入河道，形成黑臭水体。

治理措施：通过对沿线的化工企业进行全面整治，对沿河化工企业进行“关、停、转”整改，6 家化工生产企业全部列入转移一批范围，坚决杜绝化工污水进入河道，确保玉带河流经的化工区无化工污水污染水体。沿线化工企业搬迁后，现场遗留大量搬迁垃圾和生活垃圾，连云港市原环保局组织开展周边垃圾、菜地、岸坡清理整治，并对周边的居民生活污水排放进行改造，完善该片区生活污水收集管道，确保无污染入河。

治理成效：目前，玉带河沿线的化工排口已全部完成整治，关停企业 4 家，剩余两家部分生产线已经关停或转移。根据第三方机构出具的水质检测结果，玉带河水质达到消除黑臭的目标，得到群众的一致好评。

案例四：苏州市排水管网普查及非开挖修复

主要问题：苏州市城区有污水管网近 2 000 km，其中部分管网已使用近 30 年，老化严重，功能和结构状况较差，渗漏现象较多，突出表现在旱季时污水渗漏入河，而雨季时大量外来水进入污水管道，致使污水漫溢入河。

治理措施：通过结构性检查及网格化调查，发现部分老小区、老街巷等处的污水支管存在管道渗漏、管道与窨井口连接处渗漏、窨井井壁和底板渗漏等问题。在全面排查的基础上，启动苏州市中心城区污水管网修复工程，开展系统性修复。考虑到管网非开挖修复的时效性，采用紫外线原位固化（UV-CIPP）、原位点状固化和离心喷涂工艺对管道和窨井进行修复，把对居民正常排水及出行的影响降低到最低。

治理成效：苏州市在全国率先探索使用技术可靠、施工面小、修复效果好的非开挖修复技术，对部分老旧管网进行整体修复，尤其是混凝土管道和砖砌污水窨井的整体修复，取得了较好的成效。已修复区域污水管道渗漏、漫溢得到明显控制，污水处理厂进水浓度稳步上升，河道水质改善明显。

（二）生态修复治理型

案例一：自贡市金鱼河黑臭水体治理

主要问题：金鱼河原名马跳溪，位于自贡市交通主干道南环路与贡舒路交叉地带，是旭水河的一级支流，属沱江水系，为山溪性河流。因金鱼河自净能力弱、流域沿线污水直排、河底淤泥对水质叠加污染等，其河水污染情况日趋严重，2018 年之前水质长期处于劣Ⅴ类，成为沿岸群众和贡井区人民多年来的一块心病。

治理措施：首先，实施新华村片区污水管网工程，新建污水收集干管 800 m、支管 2 000 m，新建提升泵站 1 座及其配套设施，沿河 65 户低层住户生活污水全部接入截污管网，彻底解决污水直排问题。其次，通过分段分时清淤、上下游联动清淤，尽可能减小水体扰动，完成金鱼河河道清淤治淤。再次，修建金鱼河人工湿地，利用“土壤—植物—微生物”生态系统，进一步改善水质状况。最后，在金鱼河塞纳河畔至四季花城段新建 4 座跌水堰，并在跌水堰水流平缓区域栽种水生植物、亲水植物和实施自然跌水曝气等措施，进一步构筑水生动植物生态系统，提升水体自净能力。

治理成效：多管齐下，金鱼河治理取得明显成效，水质明显改善，两岸环境显著提升。原来人人避之不及的黑臭水体变成生态清流，成为百姓休闲的好去处。

案例二：南京市清水塘黑臭水体治理项目

主要问题：清水塘位于南京市，西起龙蟠中路，东至内秦淮河，南起节制闸路，北至内秦淮河，区域面积约 0.042 km^2。由于周边小区污水没有截留、地势低洼且不通其他河道，附近小区的生活污水都汇入清水塘，造成水体浑浊黑臭、环境脏乱，周边居民反映强烈。经检测，清水塘水体水质为劣Ⅴ类。参照河道黑臭分级标准，评价为轻度黑臭。

治理措施：结合清水塘自身特点，引进“食藻虫引导水体生态修复技术”，采取对水体进行清杂，优化改良底质，安装增氧设备，投放食藻虫，构建沉水植物系统、水生动物群落等措施，形成了虫控藻、鱼食虫等食物链，构建了“食藻虫—沉水植物—水生动物”的共生生态系统，实现水体的内源污染生态自净功能，提升区域综合环境质量，形成了“水清气净”的“生态景观”水体。

治理成效：通过实施生态修复，形成水体长效自净功能，清水塘河水黑臭现象得到消除，两岸的生态景观明显提升，沉水植物覆盖率高，水生植物保持四季常绿，除暴雨期外，水体全年清澈透亮。

案例三：北京市马草河黑臭水体水生态修复治理

主要问题：马草河位于北京市丰台区内，河道为硬质化驳岸，硬质河底。由于补水水质差、沿岸居民生活污水直排、底泥释放、雨水等地表径流汇入等，马草河水体黑臭浑浊，富营养化严重，河道水质为劣Ⅴ类。此外，由于马草河为人造河流，河中水生生物品种单一，生态系统不完善，没有形成完整的群落，水体自净能力较差。

治理措施：采用“底质改良+水质调控+高效生态浮岛+水生态系统构建+曝气复氧”的治理工艺进行水生态修复治理。首先，在上游及中游水流变道处设置坝体，减缓流速，截留表面污染物，增加水体表面的氧交换。其次，投放底质改良型环境修复剂，分解底泥，改善底质环境，为沉水植被栽植创造条件。再次，分区栽植、成片分栽冷暖季沉水植被，构建水下生态系统，并采用人工浮岛+碳素纤维草工艺截留沿河污染物，去除进水中的氮、磷物质，同时营造优美的河岸景观。最后，放养河蚌、乌鳢等水生动物，运用曝气机进行增氧，并进行植被的二次补植。

治理成效：应用水生态修复技术，构建了完整水生态结构，马草河水体黑臭、黑苔消除，水生态系统恢复，水草繁茂、鱼类重现，成功解决了因中水水质差、内外源污染导致的河道黑臭浑浊、底泥泛滥、水体富营养化的问题。

（三）水系沟通循环型

案例一：泸州市玉带河黑臭水体整治

主要问题：玉带河位于泸州市龙马潭区沱江以北龙马大道、金带路、千凤路围成的区域内，全长约 5.2 km，沿河两岸的居住人口总计约 10 万人。由于沿河生活污水直排、水动力条件不足等，玉带河水体污染严重，影响周边居民生活，2015 年被列为黑臭水体。

治理措施：一是“控”，开展污水管网改造，新建 4.6 km 截污干管，将沿河两岸污水排污口纳入截污干管，实现雨污分流。集中清理沿岸垃圾、水面漂浮物，清淤疏浚、扩宽河道，为河道腾出生态空间。二是“补”，建设约 6 km 补水管道及泵房，使日补充水量达到 5 000 m^3，加快水体循环。建设蓄水 3 万 m^3 的调节水坝工程，实现常态化补水。打造集生态与观赏于一体的玉带河湿地公园，深入开展绿化提升工程。三是“护”，建立联治联管责任制，结合实际制定玉带河“一河一策”管理保护方案，明确各级河长、属地街道办事处、区级职能部门的管理职责。每年投入长效管护资金 270 万元，委托第三方清洁管护单位，落实专人按时、分段巡查，及时清理河道垃圾和淤泥，实现河流管护常态化。

治理成效：泸州市坚持“生态+”理念，以黑臭水体治理为突破口，合力打出“控、补、护”组合拳。这条过去的“黑臭水沟”，如今不仅消除了黑臭，更是摇身一变成为名副其实的“玉带”河，实现了河畅、水净、岸绿、景美目标。

案例二：苏州市高新区水环境治理工程

主要问题：苏州高新区建成区包括狮山街道、枫桥街道、浒墅关开发区约 80 km^2。由于受到自然地形中部较高、东西部较低的限制，东西向河道受到天然阻隔，在枯水或少雨季节缺少来水补给，河道流动性差，水动力不足。随着城市建设拓展，建成区域河网蓄水面积降低，河道自净功能退化，河道纳污容量已不能满足各类污染对水体的侵蚀，大部分河道水质常年指标为Ⅴ～劣Ⅴ类，遇到高温季节部分河道发黑发臭，严重影响城市居住环境。

治理措施：采用引清控流、沟通水系等措施进行黑臭水体治理。首先，采用“北引”和“西引”相结合的方案进行引水，北部通过建林河从浒光运河引入优质水体，西部新建穿山隧道通过杨柯柜河从浒光运河引西部优质水体。其次，在浒光运河东端建设枢纽工程，兼顾挡污和船只通行，保护引水水质。最后，各入京杭运河河道建控制闸坝或利用现状圩区闸站，向京杭运河退水，实现各河道有序换水。

治理成效：通过引水泵站及控制闸坝建设，恢复建成区河网水动力，实现河网有序流动格局，有效防止京杭运河劣质水体倒灌，恢复水体自净功能。

案例三：南京市工农河黑臭水体治理项目

主要问题：工农河位于南京市雨花台区板桥街道南部，源头位于雨花台区，流经板桥街道、梅山街道，最终流入长江。河道长期水量偏少，水体流动性差，周边污水直排入河，浮萍及水体藻类较多，水体发黑，且有刺鼻气味，水质不达标。河底积淤严重，永安花苑水系、新板沟等支流水系断头，无水源补水换水，河道内也无生态修复系统，造成工农河黑臭现象严重。

治理措施：开展城南污水处理厂提标改造，对城镇污水处理厂 15%的尾水进行综合利用，并沿古雄大道和江大路铺设引水管道，将城南污水处理厂处理后的尾水引至新板沟，向铁路西沟和永安花苑水系进行补水，再通过永安泵站对工农河进行补水。通过利用城南污水处理厂尾水补水，维持了其生态基流，保证工农河的自我修复能力。

治理成效：治理后，水质检测结果全部达标，部分河段清可见底，广大居民对工农河治理效果较为满意。

四、加强城市黑臭水体治理，巩固黑臭水体治理成效的政策建议

黑臭水体的本质是“问题在水里，根源在岸上，关键在排口，核心在管网”。“十四五”期间，四川省城市黑臭水体应将工作重心由黑臭水体攻坚治理上升至黑臭水体攻坚治理与治理成效长效保持并重，坚持“系统治理、源头治理、多元共治、精准施策”，

坚持市级统筹、县级落实、多方参与的城市黑臭水体治理机制。一方面加强黑臭水体排查，及时发现问题；另一方面建立健全长效机制，重点在污水收集提质增效、降雨溢流污染防治、恢复水体自净能力等方面发力，进一步巩固治理成效，力争到2025年全面消除城市建成区黑臭水体。

（一）深化黑臭水体排查，科学制定治理方案

持续开展黑臭水体排查，动态更新黑臭水体清单。由市（州）住建部门牵头，以县级行政区为基本单元，深化城市黑臭水体排查。结合“河长制”巡河等日常工作，采用“天上看、地上查、群众报”等方式，组织开展城市黑臭水体拉网式全面排查行动，对建成区边缘、老旧城区、城乡接合部、城中村、公园水体等区域的水体进行重点排查，对疑似黑臭水体按照城市黑臭水体的认定标准进行再评估，将新增城市黑臭水体及返黑返臭水体纳入城市黑臭水体清单并公示（住建部门牵头）。

精准识别黑臭水体成因，科学制定治理方案。由市（州）住建部门牵头，生态环境、自然资源、农业农村、水利等相关部门配合，对新增黑臭水体、返黑返臭水体成因开展进一步调查。一是调查城市排水体制、排水分区情况，从河道排水口倒查排水管网连接情况和管网运行水位，分析是否存在混接、错接、漏接、管网破损、河水倒灌等问题（住建部门牵头）。二是调查排放水体所对应的污水处理厂情况，污水处理厂处理水量、进水水质、出水标准、处理后尾水出路等（住建部门牵头）。三是沿河道调查排水口数量，分析旱天或雨天排水水量、水质等特征（生态环境部门牵头）。四是结合排污口排查整治工作，进一步溯源调查沿河城市点源、面源等污染排放情况（住建部门牵头）。五是调查河道常水位、枯水位、洪水位对应的水量、水质、生态来水、消落带保护与利用等情况（水利部门牵头）。六是基于黑臭水体成因调查分析，按照“一河一策”原则，由区（县）住建部门牵头制定治理方案，明确工程措施和非工程措施，形成项目清单。对于影响范围广、治理难度大的黑臭水体，由市（州）住建、生态环境等部门组织专家指导治理方案制定（住建部门牵头）。

（二）强化污水收集处理，提升外源阻断效能

加强污水管网建设，实现污水应收尽收、能收尽收。全面排查城市污水收集管网空白区，因地制宜、分类施策，完善配套主干管“大动脉”，畅通“毛细血管”，加快实施老旧污水管网改造和破损修复，推进城镇污水管网全覆盖，实现污水全面收集。对城中村、老旧城区、城乡接合部等区域，结合城市更新、城市路网建设、更新改造等分区分类确定污水系统建设方案。城市污水处理厂进水生化需氧量（BOD）低于100 mg/L的，对服务片区管网进行排查，掌握管网混接、错接、破损、外水浸入情况，明确进水BOD浓度偏低的原因，制定并实施“一厂一策”系统化整治方案，提升污水收集处理设施效能（住建部门牵头）。对入河排口进行精细化截污，根据排口类型分类施策：针对生活

污水直排口，督促改造，接入现有市政污水管网；针对混错接排口进行溯源，尽可能在源头进行改造；针对合流制排口通过源头减量、末端截流调蓄等手段综合施策，减少溢流污染（住建部门牵头）。清理合并工业排污口，园区内工业企业的污水通过截污纳管由园区污水集中处理设施统一处理（经信部门牵头）。集中分布、连片聚集的中小型水产养殖散排口，设置统一的排污口收集处理设施（农业农村部门牵头）。

完善污水处理系统，保证污染有效处理。结合城市总体规划，科学布局城市污水处理厂和临时、分散处理设施。人口密集、污水排放量大的地区宜以集中处理方式为主，人口少、相对分散以及短期内集中处理设施难以覆盖的地区，因地制宜建设分布式、小型化污水处理设施，保证收集后的污水得到有效处理。统筹实施下凹式绿地、透水铺装、缓冲带、生态护岸等源头削减措施和末端截流、人工湿地等末端处理措施，绿灰结合控制城市面源污染。在污水管道日常维护管理中，通过强化管网清疏管养、源头雨污分流、防止地表水倒灌等措施，尽可能恢复污水管道的设计水位和流速，维持管道低位运行，减少污染物在管道内的沉积、降解，增加调蓄容量。在完成片区管网排查修复改造的前提下，有条件的地区可采取增设调蓄设施、快速净化设施等，降低合流制管网雨季溢流污染，减少雨季污染物入河湖量（住建部门牵头）。

（三）加强内源污染治理，科学实施清淤疏浚

开展内源污染调查。开展黑臭水体底泥污染状况调查，对底泥层（污染底泥层、污染过渡层、正常底泥层）进行全柱状采样分析，分析因子包括但不限于底泥常规力学性质、质地、含水率等物理指标及营养盐、重金属、有毒有害有机物等指标。基于检测数据确定底泥污染深度、范围、面积、类型（高氮磷污染底泥、重金属污染底泥、有毒有害有机污染底泥）等，通过潜在生态风险指数计算等方法，划定底泥污染等级，为后续确定污染底泥疏浚范围、疏浚深度、疏挖量提供依据（水利部门、住建部门、生态环境部门按职责分工负责）。

科学实施清淤疏浚。基于河道黑臭程度、底泥污染类型、底泥污染范围，分类分段制定污染底泥治理方案。轻度黑臭水体优先采用微生物修复、植物净化等生态治理方式推进内源污染治理；重度黑臭水体确需实施清淤疏浚的，要在底泥污染评估基础上，科学计算底泥疏浚量、疏浚深度和疏浚范围，既保证清除底泥中沉积的污染物，又要避免清淤过度，为沉水植物、水生动物等提供生长和休憩空间。对于重金属及有毒有害有机污染底泥，在疏浚时应采用先进的低扰动、高固含率的底泥疏浚技术。在疏浚过程中，底泥堆场应采取隔离措施，防止污染物渗透产生二次污染。建立河道保洁长效机制，加强水体垃圾、漂浮物的及时清捞和妥善清理（水利部门、住建部门、生态环境部门按职责分工负责）。

妥善处置污染底泥。根据底泥污染类别，分别制定可行有效的处置方案。高氮磷污染底泥经脱水干化后，可用于农田、菜地、果园基肥，或用于道路、土建基土等资源化

途径。重金属及有毒有害有机污染底泥应按危险废物处理要求，在脱水后交由有资质的单位进行处置。底泥输送过程中应采取严格的防泄漏措施，对含有易挥发性污染物的底泥应全程密闭输送，避免造成二次污染（住建部门、水利部门、生态环境部门、农业农村部门按职责分工负责）。

（四）加强水体生态修复，恢复水体自净能力

加强水体生态修复。加强水生态空间拓展、水文地貌等级提升和栖息地营造，推动生境和生物多样性保护和恢复（林草部门牵头）。强化沿河湖园林绿化建设，营造岸绿景美的生态景观。在满足城市防洪排涝功能的前提下，因地制宜对河湖岸线进行生态化改造，减少对城市自然河道的渠化硬化，营造生物生存环境，恢复和增强河湖水系的自净功能（住建部门、水利部门牵头）。根据水生植物生长特性和生态作用，科学确定以菹草和狐尾藻等沉水植物为主的水生植物配置及种植、收割时间与频率，并对收割的水草进行合理处置。科学开展增殖放流，合理确定清淤方式和规模，维护水生态系统的稳定性（林草部门、农业农村部门牵头）。合理确定河湖岸坡除草频次，减少杂草拔除和农药化肥施用，加强野草管理保护，防治河湖岸坡水土流失和面源污染。防范和化解河湖水系外来物种入侵等水生态灾害。严格限制使用喷洒化学药剂或生物制剂、河道原位污水处理、人工曝气增氧等治标不治本的措施（水利部门、林草部门、农业农村部门按职责分工负责）。

加强海绵城市建设。在摸清排水管网、河湖水系等现状基础上，着眼于流域区域，全域分析城市生态本底，开展海绵城市建设，实现城市水的自然循环。统筹城市景观打造与暴雨径流控制，对城市建成区的边角地、夹心地、插花地、道路广场等运用海绵城市理念，灵活选取“渗、滞、蓄、净、用、排”等多种方式进行改造建设，增强雨水就地消纳和滞蓄能力，从源头削减面源污染对河道的影响。因地制宜增设透水路面、下凹式绿地、雨水湿地等城市地表径流滞留设施（住建部门牵头）。结合生态沟渠、湿地建设等措施，推进人工湿地、河湖生态缓冲带建设，打造生态清洁流域，营造岸绿景美的生态景观和安全舒适的亲水空间（住建部门、生态环境部门、水利部门、农业农村部门按职责分工负责）。

加强河道岸线管理。因地制宜对河湖岸线进行生态化改造，结合河（湖）长制，统筹好岸线内外污水垃圾收集处理工作。全面摸清河湖管理范围内乱采、乱占、乱堆、乱建等突出问题，持续开展清理整治。按照各级河湖管理保护要求，依法清理整治河道管理范围内违法违规建筑，明确责任主体和完成时间（水利部门牵头）。加强河岸生态保护蓝线及河湖管理范围管控，蓝线范围内严禁新增垃圾转运站，非正规垃圾堆放点限期迁出。加强对规范设立的垃圾转运站管理，做好收集转运时间、清运量等垃圾收集转运记录，实行台账管理，防止垃圾渗滤液直排入河（水利部门、住建部门、生态环境部门、农业农村部门按职责分工负责）。加强沿河排污单位管理，建立生态环境、排水、行政

执法等多部门联合执法的常态化工作机制（生态环境部门、住建部门按职责分工负责）。

保障河湖生态用水。统筹生活、生态、生产用水，合理确定重点河湖生态流量保障目标，落实生态流量保障措施，保障河湖基本生态用水需求。推进基于多目标的水资源精细化调度，在确保行洪安全的前提下，综合考虑生物节律特征，实施闸坝生态调度，特别是在候鸟迁徙季和水鸟繁殖期尽可能实施闸坝低水位运行。对于“房前屋后”“路边桥下”以景观为主要功能的水体，维持旱天低水位运行，实现景观水体“旱天看景，雨天看水”（水利部门牵头）。加强再生水循环利用，鼓励将城市污水处理厂处理达到标准的再生水用于河道补水（发展改革部门、住建部门、水利部门、生态环境部门按职责分工负责）。

（五）建立健全长效机制，巩固已有治理成效

构建多元共治格局。一是加强政府统领。区（县）级人民政府作为城市黑臭水体治理的责任主体，要充分发挥河湖长制作用，落实河湖长和相关部门责任，以发现问题、解决问题等导向，做好日常巡河，发现疑似黑臭水体及时通报相关部门开展问题诊断，调动各方协调解决水体问题。二是鼓励企业施治。依靠专业力量建立本地化排水管网专业养护企业，对管网等污水收集处理设施统一运营维护。鼓励金融机构依法依规为污水处理提质增效项目、市场化运作的城市黑臭水体治理项目提供融资支持。三是鼓励公众参与。建立健全多级联动的群众监督举报机制，限期办理群众举报投诉的城市黑臭水体问题，每季度末向社会公开黑臭水体治理进展情况，保障群众知情权。加强黑臭水体治理工作宣传和舆情引导，充分发挥新媒体作用，引导群众自觉维护治理成果，形成全民参与的治水格局（住建部门、生态环境部门牵头）。

加强设施运行维护。构建“厂—网”一体运行维护机制，保障城市污水收集与处理系统运行、维护、管理的完整性，打破“网不管厂、厂不知网”的格局，促使运维企业深入细致摸清服务范围内用户排水、污水收集、系统转输情况，提高收集处理效能，减少入河污染排放量。构建边界清晰、权责明确，目标合理、指标清晰，严格考核、按效付费的考核体系，将污水处理厂进水 BOD 浓度提升、生活污水直排口整治、设施空白区消除、污水处理厂稳定运行等进行综合考核，实现“厂—网”一体化。有条件的地区在明晰责权和费用分担机制的基础上，将排水管网养护工作延伸到居民社区内部（住建部门、水利部门、生态环境部门、财政部门、国资委按职责分工负责）。

严格排水许可、排污许可管理。排放污水的工业企业应依法申领排污许可证或纳入排污登记，严格持证排污、按证排污。全面落实企业治污责任，加强证后监管和处罚（生态环境部门牵头）。加强排水许可发放管理，对城镇排水设施影响较大或已列入重点排污单位名录的排水户（如工业企业、医院等）实行重点管理，对城镇排水设施影响一般或排放量较大的集中排水户实行一般管理，对城镇排水设施影响较小的排水户（如居民小区、餐饮等）实行备案管理（住建部门牵头）。强化城市建成区排污单位污水排放管

理，特别是城市黑臭水体沿岸工业生产、餐饮、洗车、洗涤等单位的管理，严控违法排放、通过雨水管网直排入河。依托城市排水管网地理信息系统，建立接入市政管网的排水户接驳口名录，实施排水许可信息化管理。依托排水许可证的发放和管理，健全污水应接尽接制度，完善污水管网移交，强化“小散乱”规范管理等管理要求（住建部门、生态环境部门按职责分工负责）。

定期开展水质监测。每年第二、三季度对已完成治理的黑臭水体开展透明度、溶解氧、氨氮指标监测，持续跟踪水体水质变化情况，必要时可增加监测频次。加强汛期污染强度管控，充分利用自动监测数据，因地制宜开展汛期污染强度监测分析，识别汛期首要污染因子及其最大污染浓度，掌握水质变化与水文、气象条件变化的相关性，研判水质下降成因。强化汛前管网清疏管养工作，对管网进行集中清掏，减少降雨期间污染物入河（生态环境部门、住建部门按职责分工负责）。

开展黑臭水体治理“回头看”。采用市级抽查、区（县）自查相结合的方式，每年至少开展一次城市建成区黑臭水体治理“回头看”行动，排查治理过程中突出问题，督促相关部门和区（县）政府按期整改到位，确保黑臭水体排查整治无遗漏、无死角。采用资料核查、现场巡河和水质监测等方式，重点围绕黑臭水体水质、污水垃圾收集处理效能、工业和农业污染防治、内源治理、河湖生态修复、长效管理机制等方面进行排查，整理形成问题清单并移交责任河湖长及相关部门，督促限期整改（住建部门、生态环境部门、水利部门牵头）。

四川省尾矿库污染防治及环境风险防范对策建议

摘　要：为加强和规范尾矿库污染隐患排查治理，防范和化解尾矿库环境风险，国家相继印发了《尾矿污染环境防治管理办法》《加强长江经济带尾矿库污染防治实施方案》《尾矿库环境监管分类分级技术规程（试行）》等。本文在梳理国家相关政策文件的基础上，结合四川省尾矿库污染防治现状，系统分析研判四川省尾矿库还存在堆存量大、高效利用不足、环境风险高、污染防治措施不到位、监管与应急尚待完善等问题，并研究提出分区分类、促进精细化管控，协同监管、防范环境安全风险，资源利用、提升社会效益与经济效益，多元保障、全方位强化尾矿库环境安全4项对策建议。

关键词：尾矿库；环境风险；污染防治

一、尾矿库环境影响及国家相关要求

（一）尾矿库环境影响

尾矿库是筑坝拦截谷口或围地构成的，用以堆存金属、非金属矿山进行矿石选别后排出尾矿、湿法冶炼过程中产生的废物或其他工业废渣的场所，是矿山生产的重要设施。近年来，尾矿库引发的环境污染和安全事故频频发生。尾矿库作为一个复杂的自然-人工系统，对周边的土壤、地表水、地下水和大气造成污染，同时部分尾矿库因早期设计不完善、建设标准低、堆放不科学，安全监管机制不健全、日常监测、维护不到位，超设计规模投矿运行、盲目加高、扩容等因素导致的尾矿库溃坝，更是严重危害下游地区生态环境安全和人民群众人身财产安全。

我国现有尾矿库近万座，近1/3分布在华北地区、近1/3分布在长江流域，在用的占1/3，环境风险相对高的有1/3。其中“三边库”“头顶库”的存在，对人民群众的生活环境和生命安全带来巨大威胁。加之还有一部分尾矿库污染治理设施建设不到位、监管不到位、运行不规范，使大量隐患得不到及时有效的治理，易发生环境污染事件。2015年，甘肃陇星锑业选矿厂尾矿库发生泄漏，导致2.5万m^3的含锑尾砂和尾矿水外泄，严重污染了约346 km河道、17.13万m^2农田以及部分区域的地下水，造成甘肃、陕西、四川3省重大突发环境事件，直接经济损失达6 120.79万元；2008年，山西襄汾铁矿尾矿库发生溃坝引发泥石流，造成 277 人死亡、4 人失踪、33 人受伤，直接经济损失达 9 619.2 万元。

（二）国家相关要求

近年来，全国人大常委会、国务院、各部委等单位发布的法律条文、政策规划、管理办法和实施意见等文件中均有涉及尾矿库相关工作要求，涉及尾矿库污染防治的文件 7 个，涉及尾矿库专项治理的文件 4 个，具体见表 1。

表 1　尾矿库相关工作政策文件要求

发文时间	文件名	发文单位	相关要求
2022 年 9 月	《黄河生态保护治理攻坚战行动方案》	生态环境部等 12 部门	提出强化尾矿库污染治理，扎实开展尾矿库污染隐患排查，严格新（改、扩）建尾矿库环境准入，建立分级分类环境监管制度，完善污染防治措施，提升应急能力
2022 年 4 月	《尾矿污染环境防治管理办法》	生态环境部	细化了尾矿产生、贮存、运输和综合利用各个环节的环境管理要求，进一步明确了生态环境部门的监管职责和企业污染防治主体责任
2022 年 4 月	《“十四五”国家安全生产规划》	国务院安全生产委员会	实行尾矿库总量控制，深化尾矿库“头顶库”综合治理和无生产经营主体尾矿库、停用 3 年以上尾矿库闭库治理，强化尾矿库空天地一体化实时智能监测预警
2022 年 3 月	《关于进一步加强重金属污染防控的意见》	生态环境部	提出加强尾矿污染防控，开展长江经济带尾矿库污染治理“回头看”和黄河流域、嘉陵江上游尾矿库污染治理，将尾矿库等设施纳入“双随机、一公开”抽查检查对象范围，进行重点监管
2022 年 2 月	《“十四五”国家应急体系规划》	国务院	基本完成尾矿库“头顶库”安全治理及无生产经营主体尾矿库、长期停用尾矿库闭库治理；强化尾矿库等重大灾害事故智能感知与预警预报技术与装备，建立监测预警网络
2021 年 3 月	《中华人民共和国长江保护法》	全国人大常委会	禁止在长江干流岸线 3 km 范围内和重要支流岸线 1 km 范围内新建、改建、扩建尾矿库；长江流域县级以上地方人民政府应当组织对沿河湖尾矿库及周边地下水环境风险隐患开展调查评估，并采取相应风险防范和整治措施
2021 年 3 月	《中共中央　国务院关于深入打好污染防治攻坚战的意见》	国务院	扎实推进长江流域尾矿库污染治理工程，开展黄河流域“清废行动”，基本完成尾矿库污染治理
2021 年 3 月	《关于“十四五”大宗固体废弃物综合利用的指导意见》	国家发展改革委等 10 部门	依法依规推动已闭库尾矿库生态修复，未经批准不得擅自回采尾矿

发文时间	文件名	发文单位	相关要求
2021 年 3 月	《加强长江经济带尾矿库污染防治实施方案》	生态环境部办公厅	明确长江经济带尾矿库污染防治的总体要求、工作目标（到 2023 年年底，补齐长江经济带尾矿库环境治理设施建设短板，尾矿库突出环境污染得到有效治理，到 2025 年年底，建立健全尾矿库污染防治长效机制，有效管控尾矿库污染物排放，为长江经济带生态环境质量明显改善提供有力支撑）、重点任务（排查污染问题、建立台账清单、扎实开展治理、健全预警监测体系）和保障措施
2020 年 1 月	《防范化解尾矿库安全风险工作方案》	应急管理部等 8 部委	明确了尾矿库有效防范化解安全风险的工作原则、工作目标（到 2022 年年底，尾矿库安全生产责任体系进一步完善，安全风险管控责任全面落实；完成所有尾矿库“一库一策”安全风险管控方案编制，安全风险管控措施全面落实；尾矿库安全风险监测预警机制基本形成；坚决遏制非不可抗力因素导致的溃坝事故）、重点工作任务（健全完善责任体系、强化源头准入、有效管控安全风险、减少尾矿库存量、强化执法检查）和工作要求
2019 年	《尾矿库安全监督管理规定（2019 修订草案征求意见稿）》	应急管理部	对比原《尾矿库安全监督管理规定》，修订了加强尾矿库源头管理，防止出现新的“头顶库”；提高相关单位资质要求，确保尾矿库建设质量；强化落实企业主体责任；查漏补缺，规范尾矿库安全管理和监督工作；明确尾矿库监测预警相关要求；强化安全监管责任和应急救援有关要求

二、四川省尾矿库污染防治现状

（一）四川省尾矿库现状

四川省地处长江上游，是长江上游重要的生态保护屏障，肩负着国家生态安全的重要使命。据统计，四川省目前纳入管理的尾矿库有 192 座。从运行状况来看，目前在建的有 12 座，在用的有 82 座，长期停用的有 36 座，闭库的有 62 座；从尾矿库矿种来看，黑色金属尾矿库有 110 座（主要以铁矿、磁铁矿为主）、有色金属尾矿库有 74 座（主要以铅锌矿、铜矿为主）、非金属尾矿库有 8 座（主要以磷矿、磷石膏为主）；从分布区域来看，攀枝花市、凉山彝族自治州共有尾矿库有 148 座，占总数的 77%。

（二）四川省尾矿库污染防治问题

一是堆存量大。2021 年，四川省一般工业固体废物中，尾矿产生量为 0.79 亿 t，处理利用 0.27 亿 t，绝大多数尾矿采取堆存处理方式且堆存量逐年增加，攀枝花市尾矿堆存量占四川省的 54%，凉山彝族自治州尾矿堆存量占四川省的 32%。

二是高效利用不足。目前，尾矿利用方式主要为矿物再选、回收伴生有价矿物、尾矿充填、用作建筑材料和土壤改良剂等，但四川省尾矿共生、伴生组分多，目前综合利用的产品种类有限、仍有大量的尾矿得不到综合处理，且高效利用技术研究与应用较少，提取尾矿中高价值组分技术研发与应用不广，低成本、低能耗、无污染、低排放、高附加值产品生产较为缺乏。

三是环境风险高。192 座尾矿库中有 5 座尾矿库分布在河流岸线 1～3 km 范围内，其中，3 座位于攀枝花市，临近金沙江；2 座位于雅安市，临近汉源湖、大渡河。有 6 座尾矿库分布在河流岸线 1 km 范围内，其中 3 座位于凉山彝族自治州，临近金沙江；3 座位于攀枝花市，临近安宁河、雅砻江。有 10 余座尾矿库周边 1～10 km 范围内仍有部分居民聚集区，这些临江（河、湖）、临村庄的尾矿库，一旦发生泄漏渗漏或溃坝事件，将对周边环境和居民人身安全造成巨大影响。

四是污染防治措施不到位。根据近期环境问题排查整治专项行动，发现部分尾矿库存在地下水环境监测井数量和位置不符合相关规定、未定期开展地下水监测、地下水水质硫酸盐、铁、锰等元素超标、无渗滤液收集池、部分渗滤液未有效收集、收集池存在部分破损、库区截排水工程欠缺、排洪沟修筑不完善、雨污分流不彻底、防尘措施不彻底、环保标识不全、安全在线监测系统不完善等多方面问题。

五是监管及应急能力有待提升。尾矿库在建、在用期间，存在部门企业环境监管及应急人员缺乏，未进行专业系统培训，隐患排查不规范，企业内部应急机制不完善，职责分工不明确，缺乏应急装备，应急物资过期成为摆设或者无针对性地防止特定事故的应急物资。尾矿库停用、闭库期间，环境监管更为艰难，部分企业存在未定期巡查尾矿库、未落实“三防”措施、环境监管意识薄弱等问题。另外，行政部门对尾矿库监管的手段不足，卫星遥感、天空地一体等系统运用较少，信息化监管平台和应急预警信息平台尚未有效建立。

三、四川省尾矿库污染防治及环境风险防范对策建议

（一）分区分类，促进精细化管控

一是坚持分区管控。重点管控攀西地区尾矿库，严禁在金沙江、雅砻江、安宁河等河流岸线 1 km 范围内新（改、扩）建尾矿库，定期排查金沙江、雅砻江、安宁河岸线 1 km 范围内尾矿库运行状况。对在用尾矿库按照“一库一策”每年至少开展 1 次污染隐患排查整治，防止区域环境污染事件发生。以攀枝花市盐边县、凉山彝族自治州会理市为重点，加快推进污染防治存在重大隐患且无法达到整改要求的在用尾矿库实施闭库。强化一般区域尾矿库管控，以甘孜、阿坝、乐山、巴中、达州、广元、绵阳、雅安、宜宾 9 个市（州）为重点，加快推进停用时间超过 3 年的尾矿库闭库治理，加快宜宾市珙县中

正化学工业有限公司大沙坡磷石膏库综合利用，消纳磷石膏。推动跨区域尾矿库共建共享，以同矿种、四级及以下尾矿库为重点，综合考虑运输条件、周边环境敏感目标、扩容条件等因素，通过减量置换或扩充库容等方式，建设跨区域尾矿库，鼓励巴中市南江县、广元市旺苍县等毗邻地区根据区域条件，采用减量置换等方式共建共享跨区域尾矿库。落实无尾矿库区域环境管理要求，将成都、眉山、南充、广安、遂宁、资阳、内江、泸州、自贡、德阳10个市划为无尾矿区，严格落实生态环境管控要求，原则上不新建尾矿库。

二是坚持分类管控。加快尾矿库分类分级，按照《尾矿库环境监管分类分级技术规程（试行）》要求，采用定性与定量相结合的方式，根据尾矿库所属矿种类型和周边环境敏感程度进行定性分类，根据尾矿库生产状态选取共性指标和差异性指标进行定量分析，划分尾矿库一级、二级及三级环境监管等级，制定区域内尾矿库分类分级环境监管清单，明确尾矿库环境监管优先序并按年度进行动态更新。实行分类分级环境管控，按照尾矿库环境监管等级，制定不同等级尾矿库环境监督管理要求，提高尾矿库污染防治和环境风险管控精准度。将一级、二级尾矿库列入重点排污单位名录，实施重点管控，对一级尾矿库监督指导每年不少于2次，在汛期前至少开展1次，对攀枝花丰源矿业有限公司牛场坪尾矿库等二级尾矿库监督指导每年不少于1次，对重钢西昌矿业有限公司小麻柳尾矿库等三级尾矿库监督指导每3年不少于1次。加强环境监管等级动态调整及退出，对尾矿库环境监管评价指标信息发生变化的、主要污染防治设施缺失或应急预案措施未落实且拒不整改或拖延整改的、存在重大安全、环境隐患的，可视情况动态调整监管等级。对尾矿库闭库后连续两年无渗滤液产生或渗滤液未经处理可稳定达标排放，且地下水水质连续两年不超出上游监测井水质或区域地下水背景值，可退出尾矿库清单。

（二）协同监管，防范环境安全风险

一是严格建设期环境安全监管。严格环境准入，对于确需配套新建尾矿库的，严格新建尾矿库项目立项、项目选址、环境影响评价、安全评价、勘察设计施工、防洪排洪等方面的审查，对于不符合产业总体布局、国土空间规划、河道保护、安全生产、水土保持、生态环境保护等国家有关法律法规、标准和政策要求的，一律不予批准。构建尾矿库数量等量或减量置换机制，对区域尾矿库实施总量控制，制定出台相关减量置换政策措施，在保证紧缺和战略性矿产矿山正常建设开发前提下，尾矿库数量实行只减不增。鼓励省内需新建尾矿库企业，通过出资闭库治理长期停用、废弃和原企业无能力治理的尾矿库，或者承担已闭库销号的无主尾矿库日常管护工作，等量或减量置换新建尾矿库。

二是强化运行期环境安全监管。持续开展污染防治及安全事故隐患排查治理，督促尾矿库运营、管理单位建立健全环境污染、安全事故隐患排查治理制度，建立排查表和问题清单，以“尾矿库—小流域”为单元，按照《四川省固体废物堆存场所土壤风险评估技术规范》（DB51/T 2988—2022），根据实际情况开展固体废物、土壤、大气干湿沉

降、地表水、地下水等监测和土壤环境风险评价，对存在环境安全隐患的尾矿库实施“一库一策”治理，并建立隐患排查治理档案，每年汛期前至少开展 1 次全面排查治理。深化环境与安全监管联动，推动环境监测与安全风险在线监测、视频监控预警体系整合，构建区域尾矿库环境与安全风险监测预警一体化动态信息平台，接入企业环境、安全风险在线监测预警系统，利用卫星监测技术、空天地一体实时智能监测预警等系统，实现与企业尾矿库在线监测预警系统的互联互通，实现对区域尾矿库的动态监测。推动尾矿库“库长制”全面实行，借鉴“攀枝花尾矿库库长制”管理经验，建立总库长—流域库长—行政库长—企业库长—技术库长 5 级库长制度，构建环境与安全相协调的尾矿库监管机制，以尾矿库集中分布的金沙江、安宁河流域为重点，完善尾矿库环境安全风险监管协同机制。强化环境安全应急协同，督促尾矿库运营、管理单位编制落实尾矿库环境应急、安全事故应急预案，建立尾矿库环境应急组织机构，明确各环节人员职责，每年组织人员进行演练。强化尾矿库企业应急救援物资储备，定期维护、保养、更新应急设备物资，确保应急交通、通信、监测、处置等设施设备始终处于良好状态。强化尾矿库应急信息报送与监测，尾矿库突发环境安全事件后尾矿库企业应第一时间向上级单位、地方人民政府及其生态环境、应急管理等相关部门报告，并配合开展应急监测，为评估预测尾矿库环境污染及安全风险变化趋势提供相关信息。

三是加快封场期环境安全监管。持续开展环境监测，对于有尾矿库运营、管理单位的尾矿库应当在封场期间及封场后，采取措施保证渗滤液收集设施、尾矿水排放监测设施继续正常运行，并定期开展水污染物排放监测，确保污染物排放符合国家和地方排放标准。对于无尾矿库运营、管理单位的尾矿库，由地方生态环境部门负责尾矿库环境监测并开展随机抽查。加快尾矿库闭库治理，加快推进运行到设计最终标高、停用时间超过 3 年的尾矿库，以及存在重大安全或重大环境隐患经停产整顿仍达不到安全生产条件的尾矿库闭库，制定“一库一策”闭库治理方案，高标准推进库区道路改造、覆土复绿、扬尘污染治理和渗漏处理等治理工作，确保在 1 年内完成闭库治理。

（三）资源利用，提升社会效益与经济效益

一是加快尾矿高效利用。稳步推进尾矿有价组分及共伴生元素高效提取，借鉴“攀西钒钛磁铁矿回收”经验，加快推进铁矿、钒钛磁铁矿尾矿对钒、钛、钴、镍、铬、镓、铂族及稀土等元素高效回收技术研究与利用，逐步推进铜矿、铜金矿、铜钼钴矿尾矿金、银、钴、钼、铋等有价组分，铅锌矿尾矿银、金、镉、镓、锗、萤石等有价组分回收利用，鼓励推动硫铁矿尾矿金、钴、钼及稀有元素硒等高效组分提取研究与回收。拓宽尾矿资源整体利用途径，持续推进铁矿尾矿用于微晶玻璃、陶瓷玻化砖、泡沫陶瓷、轻质保温墙体材料等高端建筑材料，积极探索铁矿尾矿生产催化剂、吸附剂等材料制备研究；进一步激发铜尾矿活性，推进铜尾矿用于多孔陶瓷、白碳等高价值产品研发与应用；加强硫铁矿尾矿用于制作纳米晶须、耐火材料、生产铁红等化工系列产品等技术研究；鼓

励探索尾矿减量化、高值化协同处置利用，根据不同地区尾矿特性，建立系统的尾矿资源属性判定方法，强化低成本、低能耗、无污染、生产高估价值产品技术开发与研究，推动因地制宜多渠道尾矿资源综合利用研究。

二是推动闭库尾矿库复垦及生态重建。强化铁矿、磷矿尾矿库复垦，按照复垦为农业用地、林牧用地、建筑用地等土地利用方式标准，因地制宜对闭库尾矿库实施表面覆土、种植植被等多种复垦措施，确保达到相应用地标准。鼓励尾矿库生态重建及价值转化，鼓励对闭库尾矿库生态组成、结构和功能重建技术研究，实现闭库尾矿库生态重建后新生态系统可持续循环利用，以建成区周边 5 km 范围内尾矿库为重点，借鉴“庆元经验”和攀枝花市马家田尾矿库“黑湖”变“花海”经验（图 1、图 2），打造市民休闲娱乐的城市森林公园，结合区域矿山公园建设，保留较为完整的矿山采场、冶炼场、尾矿库等矿业生产遗迹和活动遗迹，提供游览观赏、科学考察空间地域，增强区域自然和人文的双重价值。

图 1 庆元尾矿库变城市森林公园

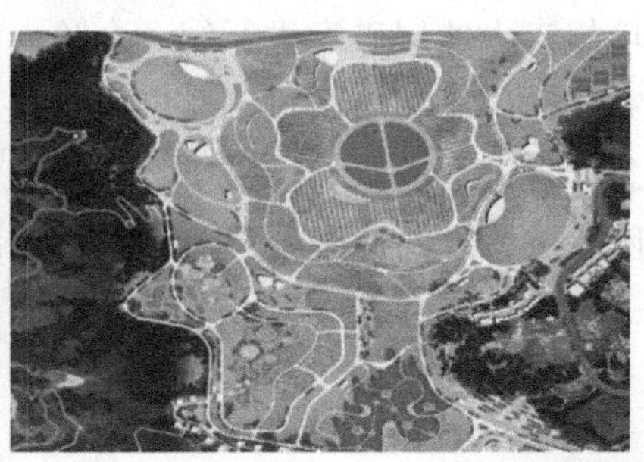

图 2 马家田尾矿库“黑湖”变“花海”

（四）多元保障，全方位强化尾矿库环境安全

一是构建环境风险责任体系，强化企业主体责任。尾矿库运营、管理单位为第一责任主体，对尾矿库污染防治及环境风险防范工作全面负责，落实企业污染防治责任制度，确定承担污染防治工作的部门和专职技术人员，明确单位负责人和相关人员的责任，防

止或减少尾矿对环境的污染，对所造成的环境污染依法承担责任。厘清职能部门监管责任。按照尾矿库环境监管分类分级划分结果，厘清各级人民政府、生态环境部门、应急管理部门、自然资源部门的监管职责和监管工作，进一步完善尾矿库分类分级环境监管机制，将尾矿库纳入“双随机、一公开”抽查检查对象范围，进行重点监管。

二是加强政策法规保障，推动尾矿库环境准入管理办法制定。研究细化新（改、扩）建尾矿库建设项目环境准入相关办法，在国家“严禁在距离长江和黄河干流岸线 3 km、重要支流岸线 1 km 范围内新（改、扩）建尾矿库，严格控制新建独立选矿厂尾矿库，严禁新建‘头顶库’、总坝高超过 200 m 的尾矿库”的要求上，按照四川省尾矿库与流域的相对位置、居民聚集区等敏感区域设置不同的尾矿库环境准入要求。探索研究尾矿库在产、闭库污染防治实施方案、技术指南制定。根据四川省尾矿库的矿种类型、环境风险特征、环境隐患排查指南、环境监管分类分级成果，依据运行状态，分类探索研究在产、闭库环境污染防治的工作流程、工作内容及污染防治重点。研究制定尾矿库污染防治专项资金管理办法。强化专项资金支撑，对于停产、经营困难等企业，增加专项环保资金和项目，探索税费适当减免方式方法、矿业权出让收益金返还企业用于尾矿库治理、综合利用企业补贴优惠等资金保障措施，鼓励支持社会资本以 BOT、PPP、EOD 等多种形式参与尾矿库生态修复及生态重建。

三是强化科技支撑保障，提升尾矿库污染防治科研创新能力。深化产学研协作，开展尾矿库环境与安全风险监测预警、尾矿综合开发利用、闭库治理、尾矿库生态重建等多方面的技术攻关和技术创新，发布尾矿高效利用、闭库治理修复等技术手段目录并动态更新，鼓励推广应用先进技术，建设尾矿库科技创新成果应用示范基地。培育尾矿库污染防治科研人才。组建省级尾矿库污染防治专家库，对治理难度大、综合利用率低、生态环境损害大的尾矿库进行统一会诊，定期开展技术帮扶，解决尾矿库污染防治突出问题。完善分层分类培训机制，定期开展有关隐患排查、风险评估、污染防治、预案编制、应急管理等业务培训，鼓励相关行业协会、专业技术服务机构等参与教学培训，提高尾矿库相关管理人员污染防治意识和知识储备。

浅谈对生态文明建设与美丽中国建设关系的认识

摘　要：本文基于对生态文明建设与美丽中国建设内涵与目标的理解，阐述生态文明建设与美丽中国建设的关系，剖析生态文明示范创建与美丽中国试点建设的联系与协同关系。

关键词：生态文明建设；美丽中国建设；关系

党的二十大报告指出，中国式现代化是人与自然和谐共生的现代化，彰显了新时代新征程党中央全面推进生态文明建设、建设美丽中国的坚定决心。城市作为落实国家生态文明建设、美丽中国建设重大战略部署的重要载体，通过一系列实践探索，促进生态文明建设取得阶段性成果，美丽中国建设迈出重大步伐。

当前，我国生态文明建设和美丽中国建设仍然处于压力叠加、负重前行的关键时期，保护与发展的长期矛盾和短期问题交织，生态环境稳中向好的基础还不稳固，距离人民群众对美好生活的期望还有一定差距。为进一步做好新时期生态文明建设和美丽中国建设工作，理解好、协调好、处理好两者的关系，本文以城市为视角，围绕生态文明建设与美丽中国建设的内涵要求、实现目标、示范创建与试点建设、工程项目与实践行动等方面，提出看法和建议，仅供参考。

一、深刻理解生态文明建设与美丽中国建设的内涵要求

生态文明建设是推进实现美丽中国建设目标的重要手段，美丽中国建设是生态文明建设的中长期方向路径和成效表达，二者在当前和未来一段时期是一个有机整体，在内涵要求上大致相同。

（一）生态文明建设的内涵要求更加注重文明建设的理念性

生态文明建设作为“五位一体”的重要组成，是一种“文明”形态的建设，不仅要完成自身建设，还要推动其他“四大建设”的“生态文明化”，实现人与自然和谐共生、生产方式生态化与生活方式绿色化转型，以满足生态文明建设基本要求。在经济建设方面，要求坚持绿水青山就是金山银山理念，倡导发展绿色经济、循环经济、清洁生产，推进资源节约集约利用，促进可持续发展。在政治建设方面，要求坚持用最严格制度最严密法治保护生态环境，将生态环境保护和绿色发展作为国家建设的重点内容予以部署

和推进，健全完善现代化生态环境治理政策法规体系。在文化建设方面，要求将生态保护意识融入精神文明建设，加强生态文化宣传和生态价值弘扬，提高公众参与度。在社会建设方面，倡导文明节约、绿色低碳的理念，推动形成与国情相适应的绿色生活方式和消费模式。

（二）美丽中国建设的内涵要求更加突出建设目标的独特性

美丽中国作为社会主义现代化强国目标实现的重要标志之一，其建设是“实物”形态的建设，突出展现各区域和城市的“自然生态之美、城乡宜居之美、人文特色之美、文明和谐之美、绿色发展之美及实现永续发展的责任之美”的独特性（图 1）。在美丽中国建设目标指引下，近年来各地围绕美丽中国建设目标和要求，形成了积极开展美丽中国建设实践、打造美丽中国建设样本的普遍认识，提出打造各美其美的地方样板路径。例如，江西、广东明确提出要打造美丽中国省份样板。西藏提出建设“美丽的社会主义现代化新西藏”。福建提出打造“美丽城市—美丽乡村—美丽河湖—美丽海湾—美丽园区”的五美体系。四川提出建设“美丽中国先行区、长江黄河上游生态安全高地、绿色低碳经济发展实验区、中国韵·巴蜀味宜居地”。青岛围绕山海城相融的自然地理特征，以山水林田海岛湾基质为重点，建设宜居宜业品质湾区美丽城市。烟台以全域“五色”生态建设为重点，打造美丽典范城市。

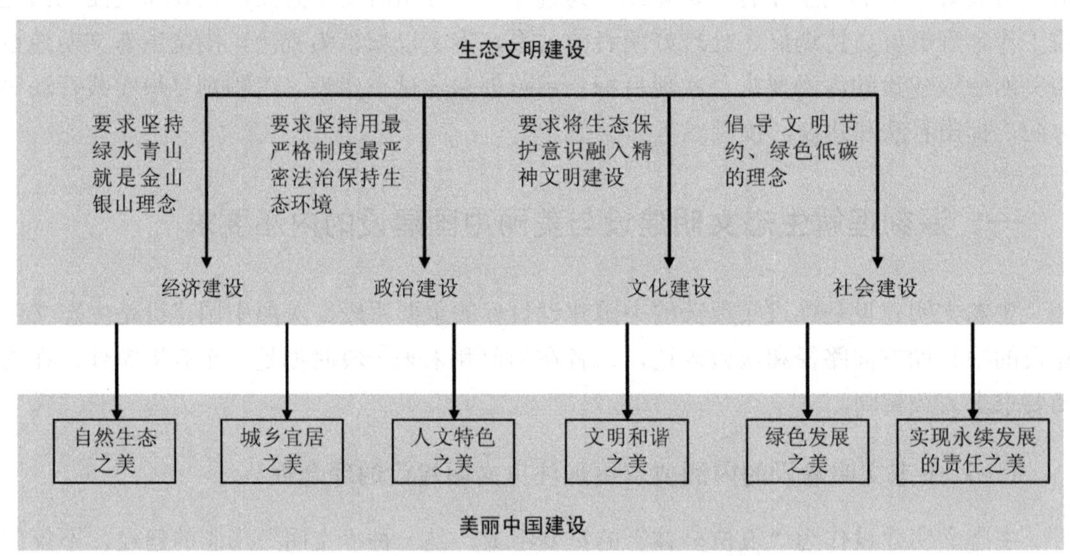

图 1　生态文明建设与美丽中国建设的内涵要求认识

二、准确把握生态文明建设与美丽中国建设的实现目标

生态文明建设是建设中国特色社会主义“五位一体”总体布局的重要内容，美丽中国是实现社会主义现代化强国目标的重要标志，二者作为推动及体现社会主义现代化的重要组成部分，在实现目标上殊途同归。

（一）生态文明建设的实现目标更加长远

生态文明建设是中华民族永续发展的根本大计，是一项持续性任务，实现目标更加长远。基于人类文明发展规律的历史经验，生态文明建设是“文明”演变进程的必然选择。生态兴则文明兴，生态衰则文明衰。生态环境是人类生存和发展的根基，生态环境变化直接影响文明兴衰演替，古埃及、古巴比伦就是由于生态环境衰退特别是严重的土地荒漠化而衰落。基于我国生态环境和绿色发展的现状分析，生态文明建设是中国特色社会主义事业的重要内容。我国处于并将长期处于社会主义初级阶段，现阶段我国社会主要矛盾是人民日益增长的美好生活需要和不平衡不充分的发展之间的矛盾，人民群众对优美生态环境的需要已经成为这一矛盾的重要方面，生态文明建设是一个明显短板。基于人类命运共同体的长远思考，生态文明建设是实现人与自然和谐共生的内在需求。人与自然是一荣俱荣、一损俱损的命运共同体，要坚定不移推进生态文明建设，走生产发展、生活富裕、生态良好的文明发展道路。

（二）美丽中国建设的实现目标有明确的阶段性要求

美丽中国建设是生态文明建设的阶段性时代航标（图 2），是一项现实任务，有明确的阶段性要求。基于 2035 年基本实现社会主义现代化、2050 年建成富强民主文明和谐美丽的社会主义现代化强国目标，美丽中国建设分为“两个阶段、三个五年”，通过构建战略路线图，明确时间表、路线图、任务书、施工图，将推动美好蓝图变为生动现实。“十四五”时期，主要是推动生态环境持续改善，积极稳妥推进二氧化碳排放总量进入达峰平台期。“十五五”时期，主要是推动生态环境质量全面改善，二氧化碳排放总量稳定在达峰平台期并开始进入下降通道，2030 年前实现碳达峰目标。“十六五”时期，主要是推动经济社会发展全面绿色转型和碳达峰，二氧化碳排放总量稳定进入下降通道，生态环境根本好转，基本建成美丽中国。到 21 世纪中叶，生态环境彻底好转，二氧化碳排放总量接近碳中和目标，建成富强民主文明和谐美丽中国。

图 2　人类发展经历的文明进程

三、充分认识生态文明示范创建与美丽中国试点建设的推动路径

示范创建与试点建设是我党推动治国理政的一种重要方式和手段，示范是为了树立标杆，试点是为了探索新路。生态文明示范创建和美丽中国试点建设作为把国家战略部署转化为具有区域特色的地方实践，把宏伟蓝图转变成人民群众可感知的阶段性目标的形式方法，均以“国家部署+地方实践”模式开展，在组织方式上是一致的。

（一）生态文明建设推动路径主要为示范创建

生态文明示范建设启动较早，从 20 世纪 90 年代起，环境保护部门就以示范建设为载体和平台，推动生态文明建设示范工作，现已经历了生态示范区、生态建设示范区、生态文明建设示范区建设 3 个阶段。截至目前，全国命名了六批共 468 个国家生态文明建设示范市县、187 个“绿水青山就是金山银山”实践创新基地，在全国范围内初步形成点面结合、多层次推进、东中西部地区有序布局的建设体系，建设形式相对成熟。目前主要以国家部署为主，地方实践为辅，建设内容围绕生态制度、生态安全、生态空间、生态经济、生态生活和生态文化等六大领域整体推动，并设置定性、定量化指标进行考核，旨在打造全面示范样板，国家生态文明建设示范市、国家生态文明建设示范县、“绿水青山就是金山银山”实践创新基地是生态文明示范创建的主要表现形式。

（二）美丽中国建设推动路径主要为试点建设

美丽中国是由一个个美丽省份构成，美丽省份是由一个个美丽城市构成，具体涵盖美丽山川、美丽河湖、美丽海湾、美丽田园、美丽乡村、美丽园区、美丽社区等美丽细胞，形式多样、内容丰富、特点突出。自党的十八大报告提出建设美丽中国目标以来，各地[①]以试点推动为抓手积极开展各领域美丽中国建设地方实践和先行先试，推动美丽中国建设实践从理念到行动走深走实。美丽中国试点建设主要通过充分调动各地建设美丽中国的积极性、主动性和创造性，采用先行试点、以点带面、分区分类、多层推进的模式，围绕政治、经济、社会、文化和山水林田湖草沙冰各个要素，以市、县、乡、村或以山脉、河湖、流域为单元，打造各具特色、形式多样的美丽细胞样板，形成美丽中国建设地方实践省份和市县样板，实现全国、全领域的整体和谐美丽，通过“美丽+”表达。

① 万军，路路，张晓婧，等. 美丽中国建设地方实践评估与展望[J]. 中国环境管理，2022，14（6）：25-32.

四、协同推进生态文明示范创建的工程项目与美丽中国试点建设的实践行动

工程项目与实践行动都是将党中央决策部署宏伟蓝图转变成美好现实的具体落脚方式。生态文明示范创建的工程项目与美丽中国试点建设实践行动，是为解决人民群众反映强烈的突出生态环境问题，满足人民群众对优美生态环境需求，实现美丽中国建设目标要求，推动生态文明建设而服务的，需要协同推进，科学把握好两者的时序、节奏和步骤。

（一）生态文明示范创建工程项目旨在解决“质”的问题

近年来，我国加大对生态文明建设项目的支持力度，一系列围绕节能减排、循环经济、能源综合利用、小流域综合治理、石漠化改造、退耕还林、重点技术改造等方面的工程项目相继开工建设。生态文明示范建设的工程项目坚持问题导向、目标导向原则，围绕生态制度、生态环境、生态空间、生态经济、生态生活、生态文化等六大领域存在的短板不足，全面布局，设置工程项目兼顾短期治标和长期治本，通过工程项目措施达到或改善生态文明示范建设目标。在责任主体上，党委、政府及相关组成部门是最为关键的角色，其领导和主导作用直接保障生态文明建设的顺利推进。在时序安排上，更加侧重各个子项目齐头并进，同时补齐六大领域发展短板。在实施成效上，工程项目要能切实改善生态文明建设现状，达到国家生态文明建设示范市县建设指标要求，解决目标达标的问题。

（二）美丽中国试点建设实践行动旨在突出“美”的显现

近年来，国家有关部门从不同方面部署美丽中国试点建设，初步形成了美丽中国试点建设的行动体系。美丽中国建设实践行动坚持提质增效、各美其美原则，围绕经济、生态、环境、城乡、文化、治理体系等重点领域，设置美丽建设实践行动，以点带面，发掘和打造美丽细胞，通过实践行动呈现自然美、空间美、社会美、经济美、文化美的和谐立体美。在责任主体上，美丽中国试点建设同每个人息息相关，需要构建美丽中国试点建设“党委政府、企业、社会组织、公众”命运共同体，充分发挥多元主体在各美其美上的协同作用。在时序安排上，以梯度推进为主，以局部美带动全域美，用各美其美的美丽细胞，最终推动美丽城市、美丽省份和美丽中国的全面实现。在实施成效上，行动目标旨在创造高质量发展的经济社会、美好的生态环境和高品质的生活以及实现高效能的治理，不断满足人民群众对美好生活的需要，解决赏心悦目的问题。

探索建立雨水径流污染综合治理体系的思考与建议

摘　要：近年来，我国点源污染治理已取得显著成效，但面源污染已逐步上升为制约水生态环境质量持续改善的重要因素，而面源污染最主要的污染形式之一是雨水径流污染。降雨淋洗空气中污染性气体及颗粒物降落到地表，在冲刷受污染地表过程中，径流中的污染物浓度大幅升高，特别是在降雨初期形成的径流中，水量大、污染物浓度高，如果不经过有效处理而直接排放，会污染受纳水体。2022 年，四川省 203 个国考断面中，1—12 月水质劣于Ⅳ类的有 120 个次，其中汛期 5—9 月水质劣于Ⅳ类的有 65 个次，占比 54.17%；140 个省考断面中，1—12 月水质劣于Ⅳ类的有 68 个次，其中汛期 5—9 月水质劣于Ⅳ类的有 39 个次，占比 57.35%。因此，加强雨水径流污染综合治理，对于改善流域水生态环境质量具有重要意义。土地利用类型、大气及地表受污染程度、人口密集程度、环保基础设施建设水平等不同，降水对城市、农村河流水质的影响也不尽相同。本文以岷江流域汛期水质污染问题比较突出的位于农村区域的两合水断面（两合水）以及位于城市建成区的茫溪大桥断面（茫溪河）为例，分析降雨对河流水质的影响规律，进而从宏观政策、控制措施等方面分析雨水径流污染综合治理存在的问题，提出工作建议。

关键词：面源；雨水；径流；污染；汛期；水生态环境

一、雨水径流污染综合治理的政策要求

现阶段针对雨水径流污染综合治理的政策相对较少，出台的政策文件主要集中在城市层面，主要体现在水污染防治、城市防涝、海绵城市建设等方面的通知或意见中（表 1），目前还没有出台单独针对农村地区的雨水径流污染综合治理的相关政策。在水质监测、截污管网建设及生态缓冲带建设等雨水径流污染综合治理措施方面，城市及农村具有通用性，例如，《水污染防治行动计划》《“十三五”生态环境保护规划》提出的“有条件的地区要推进初期雨水收集、处理和资源化利用”“控制初期雨水污染，排入自然水体的雨水须经过岸线净化，加快建设和改造沿岸截流干管，控制渗漏和合流制污水溢流污染”等对于城市、农村的雨水径流污染综合治理都是适用的。另外，《关于加强 2022 年汛期水环境监管工作的通知》（环办水体函〔2022〕198 号）要求各地高度重视汛期水环境

监管工作，切实加强汛前预防，抓好汛期研判分析及处置，扎实做好突发水污染事件应对，保障水生态环境安全。

表 1　雨水径流污染综合治理的政策要求

文件类型	文件名称	发布时间	发布机关	发文号	政策要求
水污染防治	《水污染防治行动计划》	2015 年 4 月	国务院	国发〔2015〕17 号	在管网配套建设层面，文件提出“有条件的地区要推进初期雨水收集、处理和资源化利用”
	《“十三五”生态环境保护规划》	2016 年 11 月	国务院	国发〔2016〕65 号	提出“控制初期雨水污染，排入自然水体的雨水须经过岸线净化，加快建设和改造沿岸截流干管，控制渗漏和合流制污水溢流污染”
	《关于全面加强生态环境保护　坚决打好污染防治攻坚战的意见》	2018 年 6 月	中共中央 国务院	—	在城市黑臭水体治理层面，文件提出“加强城市初期雨水收集处理设施建设，有效减少城市面源污染”
	《关于加强 2022 年汛期水环境监管工作的通知》	2022 年 5 月	生态环境部	环办水体函〔2022〕198 号	要求各地高度重视汛期水环境监管工作，切实加强汛前预防，抓好汛期研判分析及处置，保障水生态环境安全
城市防涝建设	《关于加强城市基础设施建设的意见》	2013 年 9 月	国务院	国发〔2013〕36 号	将建筑、小区雨水收集利用要求作为城市规划许可和项目建设的前置条件，提出“因地制宜配套建设雨水滞渗、收集利用等削峰调蓄设施”
	《关于加强城市内涝治理的实施意见》	2021 年 4 月	国务院	国办发〔2021〕11 号	在具体工程控制措施方面做了要求，提出在城市建设和更新中，因地制宜使用透水性铺装，增加下沉式绿地、植草沟、人工湿地、软性透水地面，建设绿色屋顶等滞水渗水设施，从源头减排雨水
	《“十四五”城市排水防涝体系建设行动计划》	2022 年 4 月	住建部、国家发展改革委、水利部	建城〔2022〕36 号	文件提出“实施雨水源头减排”，采用“渗、滞、蓄、净、用、排”等措施从源头削减雨水径流，强调要强化调蓄利用，因地制宜、集散结合建设雨水调蓄设施，发挥削峰错峰作用
海绵城市建设	《关于推进海绵城市建设的指导意见》	2015 年 10 月	国务院	国办发〔2015〕75 号	提出通过“海绵城市”建设，综合采取“渗、滞、蓄、净、用、排”等措施，控制初期雨水污染
	《关于进一步明确海绵城市建设工作有关要求的通知》	2022 年 4 月	住建部	建办城〔2022〕17 号	明确提出海绵城市建设要“以缓解城市内涝为重点，统筹兼顾削减雨水径流污染，提高雨水收集和利用水平”

二、雨水径流污染对河流水质影响分析

城市雨水径流污染主要表现在：污染源来自受污染的城市空气、建筑物屋顶、地面、绿化带等，污染物主要包括有机物质、氮、磷、悬浮物、重金属等。农村地表雨水径流污染主要表现在：污染源来自农田、草地、林地等透水地及公路、屋顶、庭院等不透水地，兼有城市地表雨水径流污染特征，污染物主要包括有机物质、悬浮物、氮和磷等。由于土地利用类型、大气及地表受污染程度、人口密集程度、环保基础设施建设水平等不同，降雨对城市、农村河流水质的影响也不尽相同，选取位于农村区域的两合水断面（两合水）及位于城市建成区的茫溪大桥断面（茫溪河）为例，分析降雨形成的地表径流对河流水质的影响。

（一）流域概况

两合水为蒲江河支流，发源于雅安市名山区深沟水库。两合水流域面积为 462.5 km^2，全长为 62 km，其中名山区境内长度为 12.5 km、流域面积为 102.5 km^2，涉及名山区红星镇、马岭镇、茅河镇。两合水流域设置 1 个国考断面（两合水），位于名山区马岭镇与蒲江县成佳镇交界处，是雅安出境、成都入境的交界断面。两合水断面位于农村区域，断面水质主要受农业面源污染影响。

茫溪河是岷江左岸一级支流，上游分东、西二源，东源发源于仁寿县殷家河，西源发源于井研县研溪河，东、西二源于五通桥汇入岷江。茫溪河干流全长为 90 km，流域面积为 1 218 km^2，流经乐山市井研县、五通桥区、犍为县、市中区，主要支流有殷家河、东林河、月波河、黄钵河、磨池河、敖家河、黄金沟溪、响滩子河。茫溪河设置 1 个省考断面（茫溪大桥）。茫溪大桥断面位于城镇建成区，断面水质主要受城镇生活污水、水产养殖污染影响。

（二）降雨与河道水质变化关联分析

由两合水断面、茫溪大桥断面逐月自动监测站水质数据、降雨量数据可知：两合水断面、茫溪大桥断面超标月份主要发生在降雨较为集中的 5—9 月，水质受降雨径流污染明显，COD_{Mn}、NH_3-N、TP 浓度变化与降雨强度变化趋势一致，当降雨量达到峰值时，3 种污染物浓度出现明显上升，当降水量减少，3 种污染物浓度同样也降低；同时 COD_{Mn}、NH_3-N、TP 浓度变化也与降雨前连续晴天天数有关，降雨前晴天累计天数越长，地表累积污染物就越多，降雨发生后，径流挟带进入水体的污染物就会越多，水体污染程度越严重。另外，由于城市降雨径流污染和农村降雨径流污染机理的不同，汛期污染因子也不相同，根据监测数据，两合水断面水质超标因子为 TP；茫溪大桥断面水质超标因子为 COD_{Mn}、TP。详见图 1、表 2、表 3。

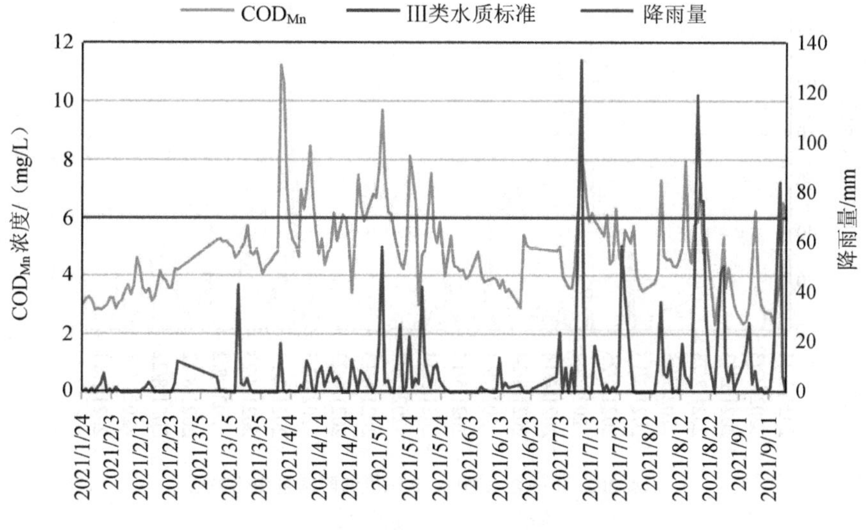

（a）2021 年两合水断面 COD_{Mn}浓度随降雨量变化关系

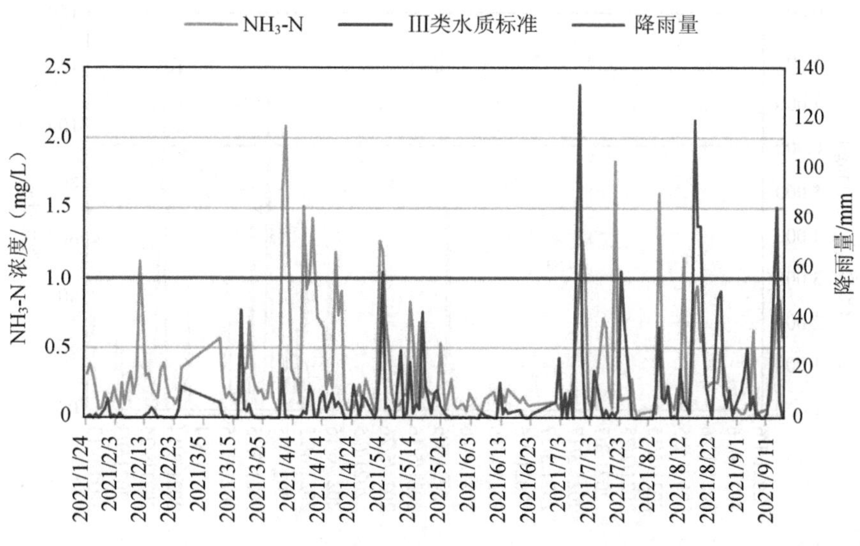

（b）2021 年两合水断面 NH_3-N 浓度随降雨量变化关系

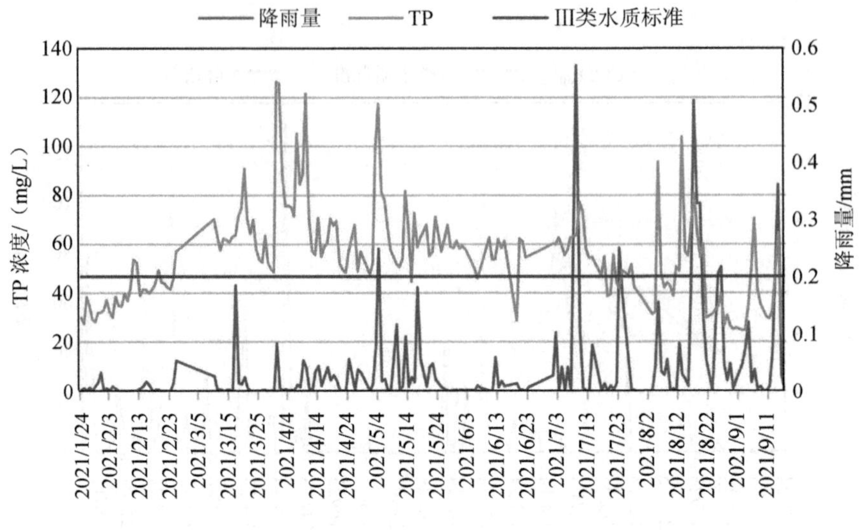

（c）2021 年两合水断面 TP 浓度随降雨量变化关系

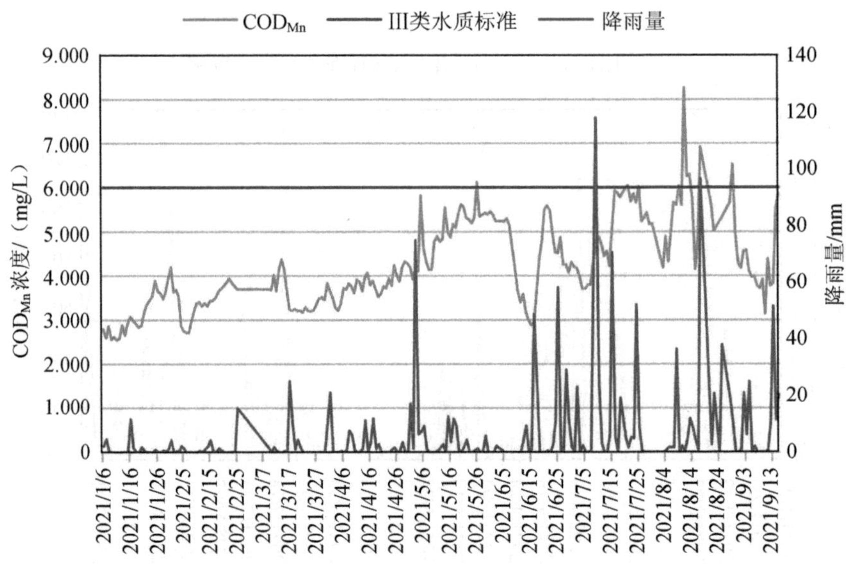

（d）2021 年茫溪大桥断面 COD_{Mn} 浓度随降雨量变化关系

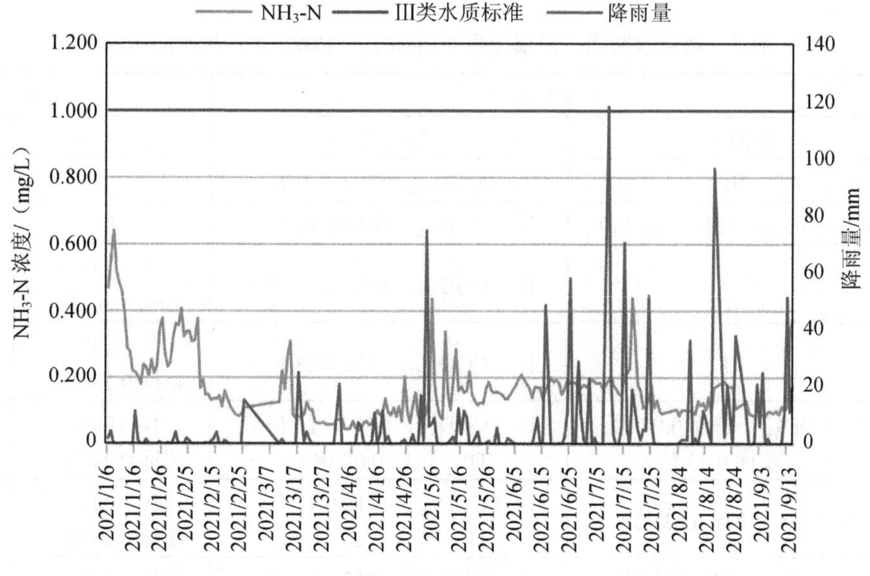

（e）2021 年茫溪大桥断面 NH_3-N 浓度随降雨量变化关系

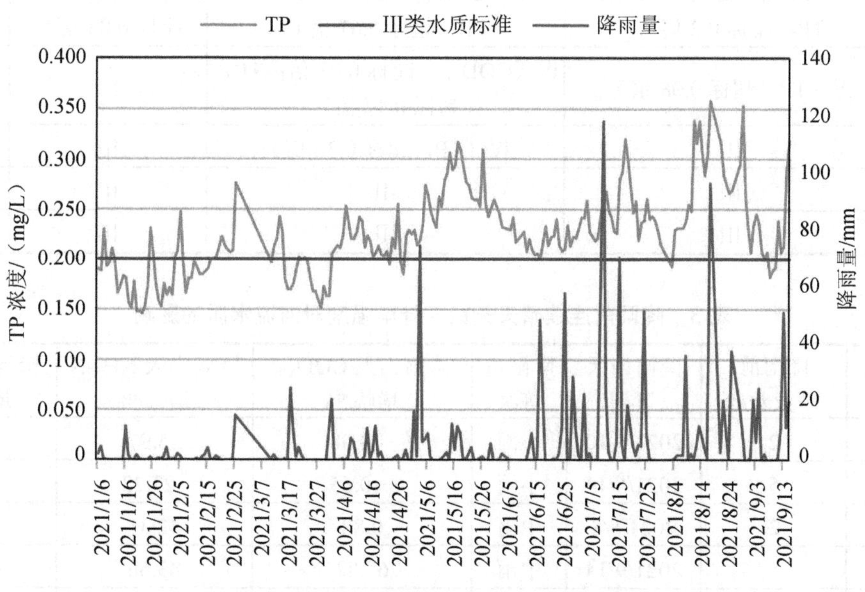

（f）2021 年茫溪大桥断面 TP 浓度随降雨量变化关系

图 1　降雨量与河流水质变化关系

表 2　两合水断面、茫溪大桥断面 2021—2022 年逐月水质情况

	茫溪大桥		两合水	
	2021 年	2022 年	2021 年	2022 年
1 月	III	Ⅳ（COD_{Mn}，超标 0.1 倍）	III	III
2 月	Ⅳ（COD_{Mn}，超标 0.05 倍）	Ⅳ（COD_{Mn}，超标 0.13 倍）	III	III
3 月	—	Ⅳ（COD_{Mn}，超标 0.35 倍）	Ⅳ（TP，超标 0.4 倍）	III
4 月	III	Ⅳ（COD_{Mn}，超标 0.23 倍）	V（TP，超标 0.53 倍）	III
5 月	Ⅳ（COD_{Mn}，超标 0.08 倍；TP，超标 0.23 倍）	Ⅳ（COD_{Mn}，超标 0.13 倍；TP，超标 0.08 倍）	Ⅳ（TP，超标 0.44 倍）	III
6 月	V（TP，超标 0.53 倍）	Ⅳ（COD_{Mn}，超标 0.17 倍；TP，超标 0.29 倍）	Ⅳ（TP，超标 0.26 倍）	III
7 月	V（COD_{Mn}，超标 0.13 倍；TP，超标 0.65 倍）	Ⅳ（COD_{Mn}，超标 0.07 倍；TP，超标 0.26 倍）	Ⅳ（TP，超标 0.27 倍）	III
8 月	Ⅳ（COD_{Mn}，超标 0.12 倍；TP，超标 0.2 倍）	V（COD_{Mn}，超标 0.13 倍；TP，超标 0.67 倍）	Ⅳ（TP，超标 0.03 倍）	III
9 月	Ⅳ（TP，超标 0.08 倍）	Ⅳ（COD_{Mn}，超标 0.03 倍；TP，超标 0.47 倍）	III	III
10 月	III	Ⅳ（TP，超标 0.36 倍）	III	III
11 月	III	III	III	III
12 月	III	III	III	II

表 3　降雨前连续晴天天数、降雨强度对河流水质的影响

断面	降雨前晴天数/d	降雨当天日期	降雨量等级	降雨当天 COD_{Mn} 增幅/%	降雨当天 NH_3-N 增幅/%	降雨当天 TP 增幅/%
两合水	2	2021/5/10	小雨	−18.08	25.97	−10.12
两合水	5	2021/6/14	小雨	−10.65	−27.22	−5.64
两合水	2	2021/8/8	中雨	0.88	42.31	4.42
两合水	5	2021/9/14	中雨	65.82	83.66	96.45
茫溪大桥	2	2021/9/9	小雨	−1.84	−12.50	−4.60
茫溪大桥	5	2021/6/23	小雨	4.95	53.45	6.52
茫溪大桥	2	2021/7/14	中雨	2.37	29.36	3.75
茫溪大桥	5	2021/7/8	中雨	9.87	65.67	15.73

三、可供借鉴的雨水径流污染综合治理实际经验案例

（一）城市雨水径流污染综合治理

在城市雨水径流污染综合治理方面，多地在海绵城市建设过程中探索出了“渗、滞、蓄、净、用、排”的综合治理模式。渗：通过改变路面、地面铺装材料、屋顶绿化，调整绿地竖向等方式，强化自然渗透，减少雨水径流从地面、路面汇集到管网。滞：主要作用是延缓短时间内形成的雨水径流量，主要技术措施有雨水花园、生态滞留池、渗透池、人工湿地等。蓄：把降雨蓄起来，以达到调蓄和错峰的目的，常用形式有塑料模块蓄水、地下蓄水池。净：采用土壤渗滤、人工湿地等措施对污染雨水进行净化处理。用：经过净化后的雨水，用于建筑施工、绿化灌溉、洗车、消防、景观用水等。排：对于净化后多余的雨水，经市政管网排进河流，避免城市内涝。具体案例详见表 4。

表 4　城市雨水径流污染综合治理主要做法

区域	案例名称	主要做法
江苏省镇江市	镇江市金山湖水环境综合整治提升工程	基于 TMDL 模型体系构建及应用，确定总量控制的方法和技术路线，并以江滨汇水区为例进行全过程的雨水径流污染控制，将源头减排、过程控制和综合治理有机统一，实现项目综合达标
浙江省宁波市	宁波市月湖公园海绵项目	作为综合治理类项目，在海绵设施建设方面，以绿地与湖泊、湖溪休闲为载体，在公园内建设雨水花园、透水铺装、生态拦截沟等海绵设施，改造现有绿化为雨水花园，将现有破损铺装改造成透水铺装，通过“渗、滞、蓄、净、用、排”等多种生态化技术，构建低影响开发雨水系统
浙江省衢州市	衢州市衢江区沿江景观带 PPP 项目	以“生态优先”“低影响开发”为原则，结合场地竖向标高以及绿地、道路、建筑分布等，将项目区域划分成若干汇水分区，根据不同汇水区特点，因地制宜建设透水路面、植草沟、雨水花园、雨水湿地、雨水收集回用系统、生态驳岸
浙江省临海市	老旧小区整治提升工程巾山小区（中片区）EPC 项目	项目包括雨污管网改造和小区公园海绵化改造，将巾山小区（中片区）的雨污管线进行分流制改造，同时改造小区公园，设置旱溪、植草沟、下凹式绿地，公园园路铺设透水混凝土，有效控制小区径流量，提升园区景观

（二）农村雨水径流污染综合治理

相对于城市来讲，农村雨水污染程度低，其综合治理方式主要是蓄积利用。主要分为 4 类。一是屋面、路面和坡面集水。屋面、路面和坡面是农村雨水汇集的重要来源，可以采取建设屋顶花园、铺设透水砖、建设道路绿化带等形式。二是利用水窖、大口井、

塘坝、水库等水利设施集水。我国西北地区以窖、旱井为主，西南地区则以水池、水窖、塘坝为主。三是利用鱼鳞坑、隔坡梯田等就地拦蓄雨水，增加土壤储水量，防止区域水土流失。四是利用植被缓冲带、人工湿地技术，主要针对农业面源，通过建设生态缓冲带或人工湿地等方式削减面源污染。具体案例详见表 5。

表 5　农村雨水径流污染综合治理主要做法

地区	设施种类	应用效果
甘肃省	“121”雨水集留工程；“梯田+水窖+地膜+结构调整”旱地农业发展模式	建成集雨水窖 122.8 万眼，蓄水容积约 4 540 万 m^3，发展集雨节灌面积 18.93 万 hm^2
内蒙古自治区	旱井或水窖	窖水滴灌玉米、蔬菜和果树的单方水平均产投比分别为 6.14、12.52 和 9.10
陕西省	甘露工程	修建各类供水工程，新打水窖 29.4 万眼，解决了 593 万人、200 多万头家畜的饮水困难
四川省	雨水利用工程	有效拦蓄雨水 1.34 亿 m^3，浇灌旱地面积 12.7 万 hm^2
青海省	微型雨水集蓄利用工程	建成雨水集流井 71 625 眼，总蓄水量达 42 万 m^3，解决了 10.56 万农村人口、15.7 万头牲畜饮水困难
贵州省	地下水库调蓄利用工程	供应 5 000 人的生活用水
山东长岛	屋顶雨水集流与屋底低温蓄水工程	覆盖 4 270 户建设，年蓄水量 13 万 m^3
江苏省海安开发区品建村	农田+生态沟渠+生态缓冲带	农田退水“零直排”

四、雨水径流污染综合治理存在的问题

（一）政策标准体系不健全

初期雨水界定不统一。目前关于初期雨水的界定尚存在争议，不乏以降雨时间、降雨强度、污染物浓度为标准，给实际管理工作带来一系列问题。例如，初期雨水与后期洁净雨水的界定，均未形成统一定论，也缺乏统一规范。目前，普遍采取的以降雨时间对初期雨水进行处理，往往因为操作误差大、响应不及时、管理不严格等，初期雨水未完全被收集处理。系统性、专门性针对雨水径流污染综合治理的技术规范、排放标准较少。在技术规范方面，目前以排水防涝标准居多，但是往往只针对某一领域，例如，《建筑与小区雨水控制及利用工程技术规范》（GB 50400—2016）只规定了建筑与小区的雨水利用。在排放标准方面，目前已颁布的雨水排放标准主要集中在污染风险较大的工业类等行业，但是对于其他行业还没有相应的雨水排放标准。

（二）综合治理措施尚不完善

城镇、乡村建设与雨水管控统筹不够。在城镇、乡村规划和建设过程中缺乏对与雨水径流污染综合治理的统筹考虑。汛前风险隐患排查不够。汛前对排污口、沟渠、坑塘、雨污管网、污水处理设施的风险排查及整治不足，联动气象信息，对水质变化趋势研判的主动性不高。环保基础设施建设还存在短板。在城市雨水径流污染综合治理方面，污水管网建设不完善，以合流制为主的已建管网汇集雨水、污水，使末端污水处理设施短时进水水量超过设计值，导致雨季溢流污染问题突出。另外，在雨水收集处理设施建设方面的短板也比较突出，导致雨水未能被充分收集处理。在农村雨水径流污染综合治理方面，主要存在坑塘利用不到位，雨水调蓄功能不足，边沟不连通，雨水排放不畅，雨水利用设施缺乏，部分已建雨水利用设施缺乏维护，径流调蓄水平不高等问题。汛中监管及应急不足。企业对污染雨水收集及汛期污水处理设施安全运行重视不够，应急处置措施不足，监管部门对重点涉水排污单位汛中监管薄弱，对重点断面的监测频次、监测密度不够，对水质情况掌握不清，污染溯源分析不足，企业汛中偷排、超标排污等行为难以被及时发现，突发环境事件应对能力薄弱。

（三）长效管理机制不健全

组织协调机制不健全。雨水径流污染综合治理涉及多个部门，各部门对雨水的监管重点不同，管理模式不同，合力监管机制不健全，部门间协调联动能力不足，导致部分监管职责空缺，监管力度不足，工作难以很好落实。科技研发投入不够。缺少基础性研究和全面的数据分析，对于雨水对环境、资源影响的研究不足，对雨水径流污染物的动态迁移转化缺乏全面深入的监测分析。科技研发基础薄弱，在初期雨水弃流设备、处理设施、雨水水质流量监测设施及监测方法的研发投入不足。技术推广滞后，雨水径流污染综合治理产业链还未形成。治理资金投入不足。资金缺乏是制约雨水径流污染综合治理的重要因素，雨水径流污染综合治理项目前期一次性投入费用高，各级政府财政资金有限，社会资本参与动力不足。

五、雨水径流污染综合治理建议

（一）完善政策标准技术体系

强化政策引领。加强顶层设计，强化规划统筹，建立基于国土空间规划的雨水径流污染综合治理体系。基于地域自然环境条件，严格保护低洼地等自然调蓄空间，有效控制雨水径流。借鉴“河长制”及现有水质断面考核方式，建立合流制、分流制面源污染控制考核方法。建立健全政策扶持体系，研究制定促进雨水处理与利用的奖励政策，增强雨水径流污染综合治理内生动力。

健全标准规范。综合考虑排水防涝、水污染防治需求，完善雨水径流污染综合治理技术体系。研究出台初期雨水收集处理与利用技术规范，明确初期雨水与清净雨水边界条件，明确雨水调节池等硬件设施的技术要求，明确初期雨水径流收集处理与利用的主要路径、基本标准和管理要求。健全雨水排放标准体系，鼓励地方出台相应标准，明确水质检测指标和排放限值，确保环境风险可控。研究制定雨水处理与利用设施运维管理规范，促进运维管理水平提升。

加快排水信息化建设。建立完善智慧排水管理体系，加快建设智慧排水管理系统，加强前端感知设施设备建设。充分发挥“河长制”优势，强化数据资源整合、更新、共享，推进数据全生命周期收集管理，构建水文水质预测模型，强化水文水质预测预警，构建多层级、全过程的智能化管理体系，提升厂网一体化监测和排水公共服务水平，推动实现数据可视化管理、业务智能化调度和行业智慧化监管，提升运行效能。

（二）因地制宜实施综合治理

统筹雨水管控与基础设施建设。统筹衔接城市总体规划、国土空间规划、城市防涝、乡村建设、生态环境保护等相关规划，严格落实排水防涝、调蓄空间、雨水径流管控要求。统筹城市、乡村建设与雨水径流污染综合治理，综合考虑地表和地下基础设施、降雨条件、排水体制以及污染现状等特征，合理设计建筑、道路、广场、绿地、景观水体空间布局和竖向衔接，合理布置雨水径流污染综合治理设施设备，因地制宜采用多种措施控制雨水径流污染。

加强汛前隐患排查整治。坚持早准备、早谋划，加强预报预警，加大汛前隐患排查力度。对于城市地区，加大道路清扫频次，加强雨污管网、低洼路段等处积存污水、垃圾的清理，最大限度避免“藏污纳垢”，防止暴雨冲刷入河。结合管网排查成果，及时修复破损、渗漏和混接、漏接点，防止汛中、汛后污水溢流直排。开展入河排污口排查整治，加强水质监测，针对雨季可能超标超量的排污口，按照“一口一策”强化监管。加强雨水调蓄设施、城镇污水处理厂排查，确保汛期正常运行。对于农村地区，加强存量生活垃圾收集处理，加强管网、沟渠、坑塘积存污水、垃圾处理，加强农村污水处理站排查，做好汛期进水溢流应对。

分区控制城市雨水径流。结合城市不同下垫面类型，分区控制城市雨水径流污染，如图 2 所示。加强不透水路面、屋顶的初期雨水收集处理，对于不透水路面、屋顶弃流结束后的雨水，采取蓄水、沉淀、消毒等措施，经处理后供市政消防、绿化、路面喷洒、洗车、公共厕所冲水等利用。对于透水路面的雨水，通过自然渗透或铺设透水方砖的方式将初期雨水径流弃除后，依靠土壤净化调节作用，下渗至生态渗滤沟等补给地下水。对于绿地雨水，可通过建设下凹式绿地等，经生态渗滤沟或自然下渗到土壤，以减缓雨水径流速度，削减径流污染物，补充地下水。另外，要加强城镇污水处理厂及配套管网建设，推进管网雨污分流改造，新建区严格实行雨污分流制，对于接纳合流制区域的城镇污水处理厂，按照旱季、雨季不同工况，系统规划、科学建设。针对雨季溢流污染区域，制定中长期溢流污染控制实施方案，采取建设沿河截污干管、深层调蓄隧道、污水处理厂前调蓄池、分散污水处理设施等措施，强化雨季水质水量剧烈波动应对，切实降低雨季溢流风险。

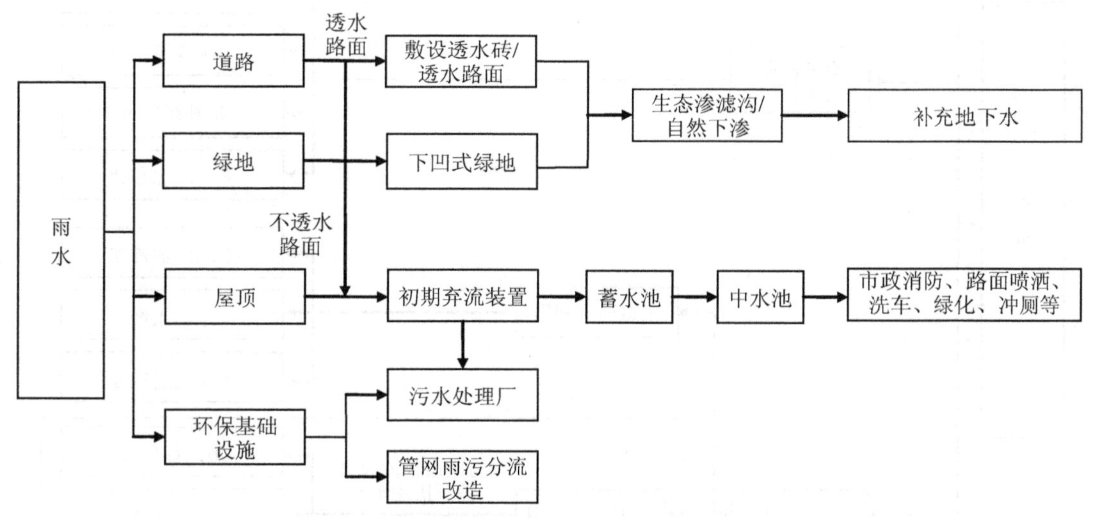

图 2　城市雨水径流污染综合治理技术体系

因地制宜管控农村雨水径流。优先考虑雨水集蓄利用，综合考虑农村地区的地理特征、经济发展水平、地表受污染程度等，采取建设道路绿化带、透水铺装、雨水花园等措施控制农村道路、屋顶等下垫面的雨水径流。采取庭院分散与集中蓄积方式，充分利用坑、塘等，采取水窖、旱井、土壤渗透、生态塘等方式对雨水进行蓄积利用。加强农村环保基础设施建设，强化生活污水、生活垃圾、畜禽养殖、水产养殖废弃物处理，加强污水管网建设，提升入户管网建设水平，具备条件的地区，实施管网雨污分流改造，不具备条件的地区，可采取截留式合流制，减缓雨水径流对污水处理设施冲击。加强农业面源污染控制，大力发展绿色农业，采取建设隔坡保水梯田、生态牧场、生态缓冲带、人工湿地等方式，削减农业面源污染。农村雨水径流污染综合治理技术体系如图 3 所示。

强化汛中监管处置。严守汛期水环境安全底线，强化执法检查，加大重点涉水排污单位执法检查力度，重点对污水处理设施运行情况、出水水质达标情况、初期雨水收集处理情况、雨污管网情况进行检查，紧盯应急处理设施，防止企业汛期偷排、超标排污等行为。加强监测，加密布点，加大频次，及时掌握水质情况，分析研判水质变化趋势，分析污染成因，对水质数据波动较大的断面，及时开展污染溯源排查并采取管控措施。做好突发水污染事件应对，加强上下游联动，建立全时段预警联动机制，加强汛期应急值守，严格落实突发环境事件风险防范措施，采取有效措施妥善处置突发水污染事件，确保汛期水环境安全。

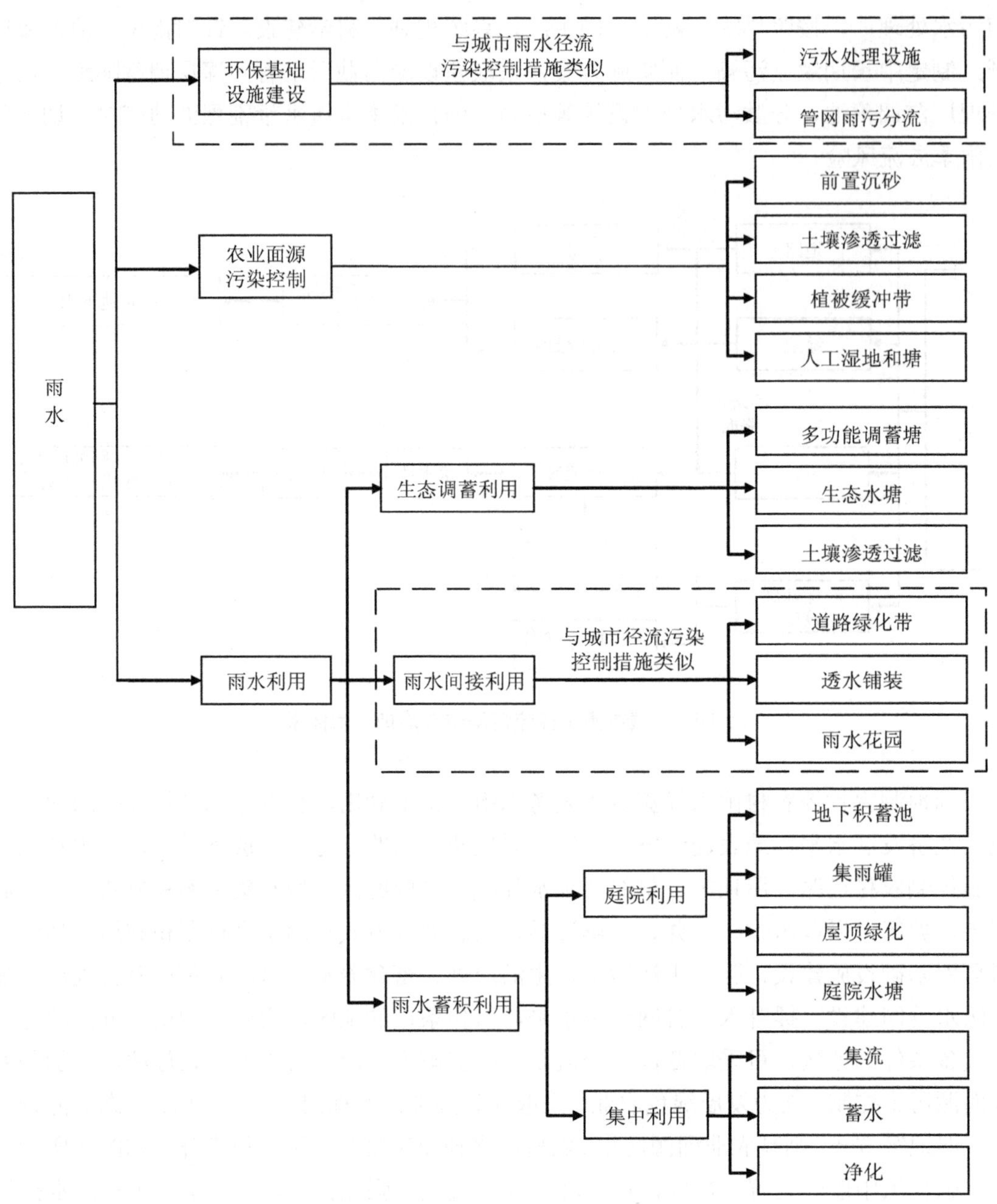

图 3　农村雨水径流污染综合治理技术体系

（三）加强组织保障实施

加强组织协调。强化组织保障，压实地方责任，明确目标任务，细化工作举措。加强政策法规、标准规范、配套输配设施、雨水处理和利用工程建设的统筹。加强部门协作，强化生态环境、发展改革、住建、气象、水利、城市管理、应急管理等相关部门协调联动，做好降雨前、后监测和分析，加强预警监测和联防联控，形成工作合力，确保工作任务落实见效。

加强科技支撑。编制雨水径流污染综合治理重点技术推广目录，依托高等院校、科研机构等，加快研发适合本地区的成本低、占地少、易于维护并兼顾雨水再利用的径流污染综合治理技术，加强污染溯源技术研究。科技部门要研究设立雨水径流污染综合治理科技发展专项，加快共性和关键技术研发，加强初期雨水弃流装置、雨水水质流量监测设施、监测方法的技术创新，形成具有科学性、可操作性的雨水标准化监测规程，为环境管理提供支撑与保障。

加大资金投入。强化资金保障，进一步加大中央、省级预算内投资对雨水径流污染综合治理的支持力度，各地要统筹整合各类资金，支持雨水径流污染综合治理的重点领域和关键环节，城市要聚焦在海绵城市建设、城镇污水处理设施、管网雨污分流改造等领域，农村要聚焦农业面源污染控制、农村生活垃圾、生活污水、畜禽养殖粪污处理、水产养殖尾水处理。要坚持政府引导，充分发挥市场机制作用，拓宽筹资渠道，鼓励地方采取多元化的财政性资金投入保障机制，鼓励社会资本参与雨水径流污染综合治理技术研发、工程项目建设和运营管理。

四川省关于“桃花水”汛前河湖环境问题排查整治的政策建议

摘　要：“桃花水”是每年汛期的“排头兵”。近年来，随着四川省水生态环境保护工作的持续推进，水环境质量持续好转，国（省）考断面年均水质达标率达到了历史最好水平。但一些断面水质还不稳定，受“桃花水”面源污染影响显著。冬季“藏污纳垢”“桃花水”“零存整取”现象十分突出。抓住“桃花水”生态环境保护的关键期，开展污染隐患问题排查整治工作是推动四川省水环境质量稳定达标并逐步提升的重要手段。鉴于此，我们通过借鉴国内省（市）相关经验，提出要在四川省范围内开展“桃花水”汛前河湖环境问题排查整治，尽快排查流域内潜在隐患问题，设立问题台账，并在汛前完成问题整治销号，有效保障四川省汛期水环境质量稳定达标，为四川省以Ⅱ类水为主体的水生态环境保护提供有力支撑。

关键词：桃花水；环境隐患整治；面源污染；环境政策

“桃花水”汛期是四川省水环境质量受影响最严重的时期之一。由于冬季长期的干湿沉降地表污染物不断积累，冬季“藏污纳垢”“桃花水”“零存整取”现象十分突出。未雨绸缪开展“桃花水”汛前河湖环境问题排查整治工作，牢牢抓住污染物入河风险最大、强度最高的关键期，提前发现和解决水生态环境的关键风险点，可为“桃花水”汛期、主汛期以及全年断面水质达标提供关键支撑，起到事半功倍的效果。

一、四川省“桃花水”汛期水环境质量状况

“桃花水”指的是桃花盛开时节河湖暴涨的水，分不同的区域、流域，一般发生在3—6月，也称“桃花汛”或“春汛”，是每年汛期的“排头兵”。与主汛期相比，“桃花水”汛期降水量相对较低，雨水对污染物的稀释效应弱导致其污染物浓度高于主汛期。另外，甘孜、阿坝、凉山等地春季冰雪融水较多，此时植被覆盖度较低，土壤在冻融交替和径流的影响下极易受侵蚀，如再叠加人为干扰影响，将导致断面水质问题更为突出。因此，“桃花水”汛期是污染物入河风险最大、强度最高的关键期。

以2021年为例［各市（州）“桃花水”汛期不同，由于2022年降水统计数据暂未全部公布，故根据2021年各市（州）降水数据确定各市（州）“桃花水”汛期］，四川

省 203 个国考和 140 个省考断面水质以Ⅱ类为主（图 1），全年Ⅱ类及以上断面比例占总断面数量的 69%，四川省水生态环境保护取得了较好成效。但“桃花水”汛期水环境质量显著劣于全年平均水平。从四川省角度看，“桃花水”汛期所在的 3—6 月（成都、雅安、广安、达州为 3 月，泸州、内江、宜宾、德阳、绵阳、遂宁、乐山、眉山、资阳、广元、南充、巴中为 4 月，甘孜、阿坝和自贡为 5 月，攀枝花和凉山为 6 月），断面水环境质量类别显著下降，Ⅱ类及以上水质断面比例分别为 65%、60%、57%和 59%，显著低于 1 月、2 月，也显著低于全年平均水平。从 21 个市（州）来看，“桃花水”汛期有 14 个市（州）水质断面类别低于全年平均水平，4 个市（州）与全年齐平，仅有 3 个市（州）在“桃花水”汛期断面水环境质量好于全年平均水平（图 2）。

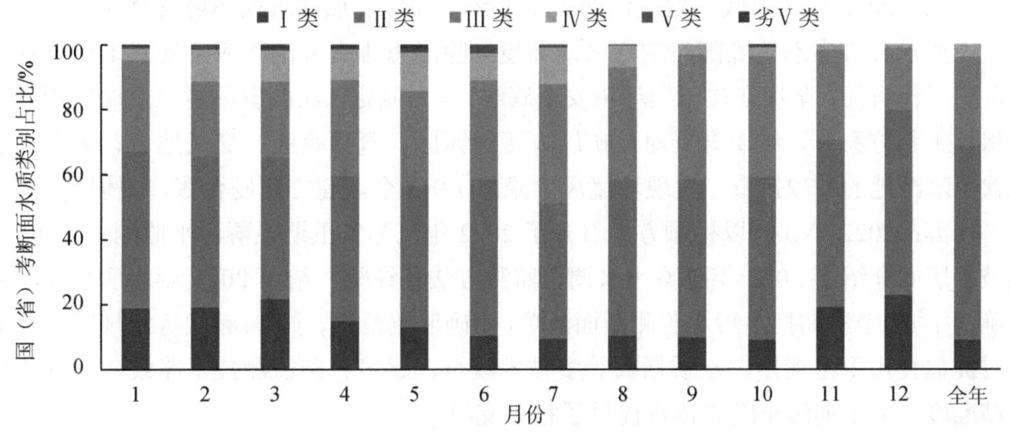

图 1　四川省 2021 年各月份国（省）考断面水环境质量类别比例

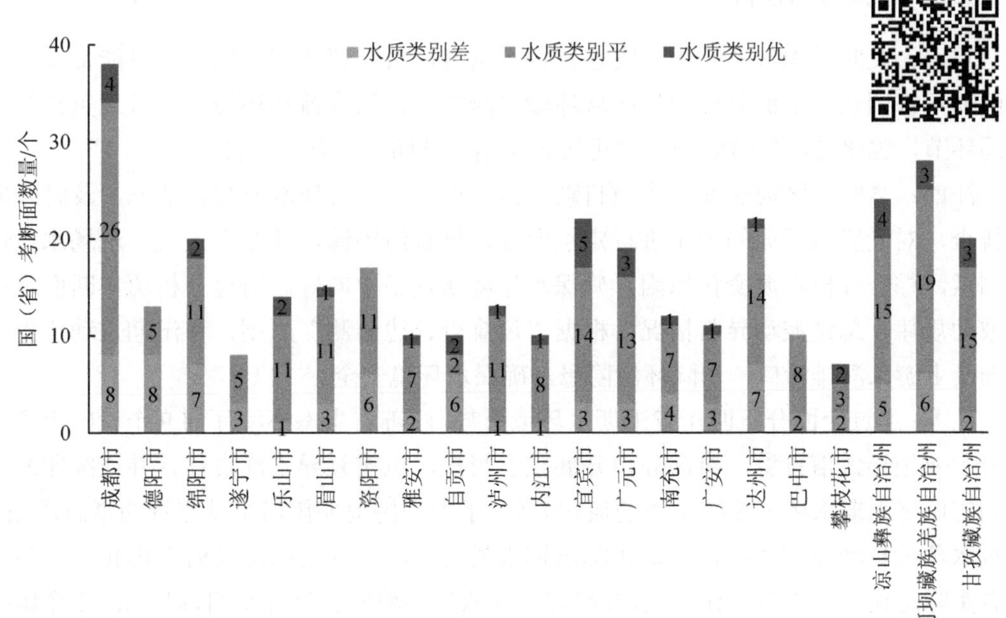

图 2　与全年对比四川省 2021 年各市（州）“桃花水”汛期国（省）考断面水环境质量类别优劣情况

二、国内经验

（一）提前任务布置

山东：制定并印发《四川省 2022 年度汛前河湖水质超标隐患排查整治工作方案》。排查整治工作共分为摸底排查、集中整治、收尾巩固 3 个阶段，要求 5 月在汛期来临前全面开展隐患排查，形成问题清单，同时坚持边查边改、立查立纠，于 6 月中旬完成隐患问题整改，尽可能降低对河湖水环境影响，并于 6 月底完成整治情况抽查。

江西：2022 年 3 月底印发《江西省生态环境厅关于加强汛期环境安全保障工作的通知》，要求各级生态环境部门制定汛期环境风险隐患排查整治和应急处置工作方案，严格落实工作责任，坚决守住汛期环境安全底线。4 月制定《江西省环境监察局汛期环境安全保障工作方案》，组织开展对尾矿库、工业园区、直排企业、交叉地带、集中式地表水饮用水源地的专项排查，发现环境风险隐患 1 011 个，建立问题台账，督促整改。

江苏：2022 年 3 月以视频方式召开了 2022 年江苏省汛期拦蓄污水监测工作布置会，从技术层面介绍了 2021 年拦蓄污水调查监测方法和经验，结合 2021 年水质状况，筛选并确定了 49 个汛期拦蓄污水监测断面清单，明确监测范围、项目、频次等常规监测要求，同时提倡使用卫星遥感、水质指纹等多技术联合，逐步完善监测技术路线，提升监测溯源精准度，为汛期污染隐患排查提供了技术支撑。

（二）加强监测预警

重庆：及时掌握气象预报、灾害预警等信息，科学评估灾害性天气可能带来的环境风险和危害因素，全面分析评估区域环境风险特点，认真梳理环境应急管理重点领域和薄弱环节，强化环境风险防控和隐患排查整治，严防突发环境事件。

江西：紧盯全区河流断面水质自动监测数据，一旦发现水质超标情况，及时开展溯源排查，对受影响断面的上游进行定点取样，排查污染源，并结合天气、现场水体情况等因素，综合分析水质变化原因，确保水环境质量稳中向好。通过分析历年断面水质指标波动规律，总结波动异常情况，根据“边排查、边监测”原则，在汛期主动排查河流断面及上游入河排污口，消除环境隐患，确保水环境安全。

江苏：通过全面分析四川省汛期水环境形势，江苏省生态环境厅向 9 个设区市党委、政府主要领导致信预警，对部分市开展重点帮扶，压实领导干部责任，并连续印发《关于切实做好汛期水环境保障工作的通知》《关于加强梅雨期排涝泵站监管的紧急通知》，通过水环境自动监控系统，密切跟踪汛期水质变化，对异常情况及时发出预警。南京市结合实际迅速制定市级工作方案，并组建市区两级环境监管领导小组，以全市 22 个国（省）考断面所在水体和 7 条省控入江支流为重点开展环境监管工作，每日调度分析，同时加强与水务部门的协作，确保梅雨期间重点水体不出现水质较大程度波动。

吉林：结合历年汛期气象、水文状况等自然因素认真分析，全面做好辖区内应急监测队伍、应急监测物资、应急监测设备、应急监测车辆、应急监测通信等各项准备，保证仪器、设备、物资的种类、数量充足，仪器设备正常使用。组织力量对辖区内工业园区、化工园区、固体废物及危险废物堆放场、尾矿库等能够造成汛期次生灾害的场所及周边区域进行适当加密监测。确保饮用水水源等涉及重大民生安全的区域环境质量监测工作的连续性。一旦发现超标或水质异常，要立即科学分析、及时判断，确保问题早发现、早报告、早处置。加强辖区内地表水自动监测站的管理和巡查，确保稳定运行和数据传输，充分发挥水质自动监测站水质监测预警作用。根据汛情形势，及时采取必要措施，切实保障环境质量自动监测设施安全。

（三）开展重点排查

重庆：重点对位于三峡库区长江和乌江干、支流沿线和易引发地质灾害区域的化工园区和石油天然气化工、精细化工、医药化工、重金属、危险化学品、油气田、油库及输油管线、冷链加工储存、城市（镇）和污水处理、垃圾处理、畜禽养殖等重点风险企业以及饮用水水源地保护区及其连接水域的突发环境事件风险隐患进行全覆盖拉网式排查。

江西：针对汛期防控特点，着重对尾矿库、危险废物堆存场所、化学品仓储、油气输送管线、企业事故废水收集设施、园区雨水管网、污水处理厂应急设施等重点部位、关键环节开展检查和治理，强化保障措施，提高防控能力，坚决防止发生较大及以上环境污染事件，确保汛期四川省生态环境安全。

山东：清理整治重点：河道、湖泊底泥污染问题是否突出，水面及两岸是否存在生活（建筑）垃圾、工业固体废物和秸秆、畜禽粪污等农业生产生活废弃物，沿线是否存在以闸坝、沟渠临时拦截的生产、生活污水或灌溉尾水等；隐患防控重点：城镇雨污管网是否存在破损、堵塞等情况，城镇污水处理设施是否具备处理能力临时提升预案，重点工业企业是否落实初期雨水收集方案及其他汛期应急管控措施等。

（四）强化督导落实

重庆：督促企业深入开展环境安全风险隐患自查自纠，要求企业负责人履职关键带动作用，落实好企业内部班组日排查、部门周排查、厂长月排查的环境安全隐患“日、周、月”排查工作机制。同时，采取明察暗访相结合的方式不定期进行环境执法，严厉打击偷排、漏排、超标排放等违法排污行为，确保辖区水环境安全稳定。及时将现场检查过程中发现的和企业自查自纠的突发环境事件隐患及其整改情况分别在“重庆市环境风险应急指挥系统”风险隐患排查专栏进行登记，并通过大数据应用功能及时调度和督办整改落实情况。开展隐患排查“回头看”，针对未完成整改的遗留问题和专项督查新发现且未完成整改的隐患问题，督促企业完成整治，及时复查，确保整改效果。

江西：严格考核督查，对于排查整治专项行动中工作成绩突出、成效明显的将予以通报表扬；对于工作落实不力、环境问题久拖不决，从而导致汛期水质滑坡严重的，依法依规依纪严肃问责。及时调度、帮助解决应急物资短缺等困难，在指导有关地方妥善处置突发事件的基础上，直接参与事故的现场处置工作，现场指导受洪涝影响的工业园区和企业开展风险管控工作，降低当地生态环境安全风险。

山东：省生态环境厅会同有关部门开展现场抽查督导，发现对清理整治工作重视不够、行动迟缓，导致汛期断面水质反弹严重的，将视情予以通报批评，并依据有关规定进行处理。各市河长制办公室、市生态环境局会同同级住房城乡建设、农业农村、畜牧兽医等部门对各地集中整治情况进行现场抽查。对发现的漏查漏报、整治不力、问题反弹等情况，督促责任地区和单位立即整改；对新发现的各类问题补充纳入问题清单，限期整治。

三、“桃花水”汛前河湖环境问题排查整治建议

（一）总体要求

1．工作原则

“三水统筹”，水岸共治。以保护水资源、改善水生态系统、提升水环境质量为目标，坚持山水林田湖草沙冰系统治理理念，开展水岸共治，排查整治水体岸线各类污染源，牢牢守好水生态环境底线。

突出重点，分类施策。坚持精准治污、科学治污、依法治污，抓住岸线、饮用水水源地等重点区域，城镇雨污管网、污水处理厂、垃圾填埋场等重点设施，工业园区与企业、尾矿库、养殖业、种植业等重点污染源，深入开展水生态环境问题排查整治。

部门合作，政策协同。以水生态环境保护为核心，以河湖长制为抓手，加强问题排查整治过程中的部门协作，加强隐患问题排查整治与河湖日常巡查、工业污染管控、农业面源治理、禁渔巡查、生活污水治理、尾矿库风险隐患排查等相关政策的协同推进。

2．工作范围

四川省所有河湖流域范围，重点关注水质不能稳定达标的国（省）考断面所在河流湖库、水质排名提升重点关注城市（攀枝花、甘孜、阿坝）、集中式饮用水水源地所在水体和跨省界河流。

（二）工作目标

1．总体目标

全面排查摸清流域内潜在水生态环境问题，形成问题台账清单，抢抓关键期，在汛

前完成全面整治，尽最大可能减少面源污染负荷入河量，推动形成汛期水污染综合治理长效工作机制，为四川省以Ⅱ水为主体的水生态环境保护贡献力量。

2．具体指标

各地区应在截止日期前完成汛前河湖环境问题的排查和整治工作，问题排查率和整治率为100%（表1），力争2023年3—6月国考断面Ⅱ类水比例达到70%以上，省考断面Ⅱ类水比例达到60%以上。

表1　“桃花水”汛前河湖环境问题排查整治工作目标

<table>
<tr><th>地区</th><th>排查
截止日期</th><th>整治
截止日期</th><th>排查
目标</th><th>整治目标</th><th>环境质量目标</th></tr>
<tr><td>成都平原、
川南、川东北</td><td>4月20日</td><td>4月30日</td><td rowspan="3">排查率
100%</td><td rowspan="3">整治率100%
（确因客观原因无法完成的注明原因并采取有效防范措施）</td><td rowspan="3">2023年3—6月国考断面Ⅱ类水比例达到70%以上，省考断面Ⅱ类水比例达到60%以上</td></tr>
<tr><td>川西北地区</td><td>4月30日</td><td>5月10日</td></tr>
<tr><td>攀西地区</td><td>5月10日</td><td>5月20日</td></tr>
</table>

（三）重点任务

1．开展重点区域排查整治行动

开展岸线周边废弃物排查清运。全面排查河湖岸线200 m范围内，特别是河湖消落带范围内的水面漂浮物、遗留生活垃圾、建筑垃圾等遗留废弃物，全面开展垃圾清运，避免废弃物受雨水冲击进入河道。全面排查河湖岸线200 m范围内沟渠、洼地中存留生活与农业生产污水，就近引入污水处理设施处理达标后排放，或利用提泵后灌溉等方式进行合理消纳，防止高氮高磷污水排入河湖。全面排查河湖岸线200 m范围内建设工程水保措施落实情况，避免大范围土壤裸露，防止汛期大量水土流失造成河湖水质总磷污染物超标。全面排查河湖岸线200 m范围内影响河湖形象面貌及功能的乱占、乱采、乱堆、乱建等涉河湖违法违规问题，并开展清理整治。

加强饮用水水源地问题排查。全面排查饮用水水源地保护区内有无新（改、扩）建与供水设施和保护水源无关的建设项目，是否有排污口。全面排查保护区内有无堆置和存放垃圾、废渣、粪便，有无从事放养禽畜等可能污染水源以及水源地水质量情况，防止暴雨来临洪水将保护区垃圾、废渣、粪便带入水体，造成水体污染。全面排查保护区内标识标牌、围网是否完善，排查饮用水取样井、输送管道等相关设施是否完好，并且采取必要的维护和保养措施，切实保护饮水资源安全。

开展河湖底泥排查清理。以往年“桃花水”汛期溶解氧超标的河湖为重点，开展河湖沟渠淤积污泥的识别与清理，防止河湖底泥大量累积导致水体缺氧，特别是温度波动下出现翻塘现象影响水生态环境。清理过程尽可能降低河床扰动，同时对挖出的底泥进行无害化处置，防止二次污染。

2. 开展重点设施排查整治行动

开展城镇雨污管网排查清理。全面排查雨污管网是否有杂物堵塞和破损，对堵塞的管网开展全面清掏和疏通，对破损的管网及时进行更换或修复，防止污染物随雨水进入河网。进一步开展入河排污口排查整治，重点排查生活污水排污口封堵是否彻底，雨洪排口是否存在雨污混排、管网混接，是否存在污水偷排直排入河，以及排污（水）口整治是否规范、到位。全力推进已开工建设的城镇雨污管网相关项目进程，力争在汛期来临前完成，增强污水收集能力。

开展污水处理厂排查整治。全面排查污水处理厂是否正常运行，运行处置规模能否满足汛期污水处置需求，力争在汛期前对所有城市污水处理厂进行一次检修，检修期间严禁污水未经处理直接排入水体，造成河道水体污染。全面排查应急处置预案是否完整，是否具备处理能力、临时提升能力。全面排查污水应急池和暂存池防水、防雨措施是否完备，并根据天气预警情况加大污水处置能力，将应急池、调节池和暂存池污水提前处置排空。

开展垃圾填埋场排查整治。针对城镇垃圾填埋场，重点排查防洪沟、渗滤液调节池、渗滤液处理站、垃圾堆体作业面防渗覆盖等设施设备运行情况，避免渗滤液“跑冒滴漏”污染环境，同时排查垃圾堆体稳定性等，避免环境安全事故。针对村镇简易垃圾填埋点，开展拉网式排查，对无基本防渗措施的简易垃圾填埋点开展全面清理与整治销号，并在汛期来临前完成遗留场地土壤污染截留措施建设，避免污染物进入水体。

3. 开展重点污染源排查整治行动

强化工业园区与企业排查。重点排查企业的环保处理设施、污染物排放口、危险废物仓库等环保重点区域，清理可能囤积的污水、危险废物等污染源，严防雨季次生突发环境事件，避免工业特征因子事故性排放导致断面水质超标。排查雨污分流设施运行状况，确保初期雨水的收集处置，防止污染物超标的地表径流进入河网。督促企业严格按照环评及预案要求，落实环境管理各项工作，加大环境安全隐患自查频次，确保污水、废气等环保系统正常运行，保障企业周边生态环境安全。加强厂区、厂外、排口等关键位置巡查，严厉打击超标排污、借雨偷排等涉水环境违法行为，对涉嫌犯罪的移交公安司法机关追究刑事责任。

持续推进尾矿库排查。全面排查尾矿库的结构是否牢固，有无滑坡、崩塌等安全隐患，对于危库、险库、病库及时实施封存或搬迁，防止尾矿库事故性污染。全面排查防渗设施是否完好有效，对防渗不完善的设施及时开展修补，避免废水和重金属泄漏对周边环境造成污染。针对尾矿库环境应急预案、应急处置物资储备、排水管道等进行全面排查，督促做好汛期环境隐患防范各项准备工作。

开展养殖污染源排查。建立规模化养殖场与养殖专业户清单，核实规模化养殖场、专业户的粪污处理设施配建及运行情况，对辖区内尚未配建粪污处理设施的畜禽养殖场（户）实行销号管理，杜绝配建不规范等现象发生。积极开展畜禽养殖有关设施问题排查整治，督促养殖主体落实环境保护主体责任，指导养殖从业者全面检查加固畜禽圈舍，及时修缮畜禽粪污处理设施，做好“三防”，对发现的问题抓紧督促整治落实。针对水产养殖，重点排查水产养殖池塘围挡是否满足要求，防止汛期养殖尾水随降水溢出排入河湖水体。

开展种植污染源排查。全面排查农作物秸秆乱堆乱放现象，特别是河湖岸线周边及沟渠内堆积农作物秸秆的要尽快清理，防止降雨将秸秆冲刷入河或长期水浸导致水体有机污染物超标。在农业种植集中地区开展宣传培训，引导农民合理控制追肥施肥量与施肥时间，降低农田氮磷淋失。引导农民合理控制水稻田田间水位，防止氮磷含量高的灌溉尾水随大雨溢出。

4. 开展长效治理机制建设行动

持续开展基础环境设施规划与建设。新建成区严格实施雨污分流制。推动城镇建成区加快雨污分流改造和病害治理，将管网改造纳入城市更新、老旧小区改造工作一体化实施，推动实现管网改造全覆盖。推动城郊接合部的农村污水排水管网，纳入城区污水收集管网；针对农村居住点聚集或分散的特性，因地制宜开展管网与集中处理设施建设或小型污水处理设备的应用推广。持续推动垃圾填埋场的合理规划和建设，推动城乡生活垃圾收集转运体系建设。

持续实施种养循环与优化施肥。同步优化种植业与养殖业发展布局，加强种植户与养殖户之间互动，结合区域化肥减量目标及粪污资源需求，合理制定养殖场与种植区养分供需布局及施用方案，开展果菜种植集中区域畜禽粪污重点消纳。加快完善养殖场端与种植业端配套设施，实现种养循环发展。推广实施有机无机配方施肥，提高肥料利用比例，同时加强秸秆过腹还田等资源化利用，打通种植-养殖循环通道，实现农业种植废弃物与养殖粪污的高效循环利用。

持续开展污染隐患问题常态化排查。对生态环境隐患问题实施“汛前排查、汛中巡查、汛后复查”，摸清风险隐患动态底数，防止风险演变，形成闭环管理。汛前针对重点区域、重点设施和重点污染源全面开展排查，摸清污染隐患底数并定期整治。汛中定时进行巡视和环境监测，排查重要环境设施是否运行正常、环境监测数据是否正常等，严查企业“借雨偷排”违法犯罪行为。汛后总结相关经验教训，同时重点对饮用水水源和周边环境的水质进行监测，防止污染扩散。开展污染隐患问题日常巡查，不断巩固排查整治成果。

（四）保障措施

加强组织领导。坚持齐抓共管、群策群力，落实排查清理整治责任，加强生态环境、水利、自然资源、农业农村、住房和城乡建设、应急、气象等多个部门的沟通协作。加强排查整治任务的分解落实，各地应根据实际情况开展任务分解，建立问题排查与整治台账，各部门依据自身职责组织开展拉网式排查，融合互补、查缺补漏，实现各地区河湖沟渠全覆盖，防止出现排查空白区和盲点。

强化监测预警。强化汛期前后断面河湖水环境质量监测，加强各个环境设施在线监测系统的数据监督，及时发现可能存在的环境问题。建立各部门水质保障预警机制，实现环境、气象、水利等信息共享，建立各地区预警联动机制，做好河湖上下游的雨情、水情信息共享，提前做好环境安全防控预案，为后期可能发生的污染事故，做好应急准备工作，通过科学的处置措施，将负面影响降到最低程度。

推进宣传引导。利用报刊、网络、新媒体平台等渠道，加强汛前污染隐患问题排查整治的宣传，督促企业落实环境保护的主体责任。宣传普及农业面源污染防治的知识和技术，引导农村居民生态环境保护意识和能力。依法加强信息公开，鼓励公众参与和监督，增强群众爱水护水意识，营造人人参与、共建共治共享的社会氛围。

严格督导考核。建立健全汛前河湖环境问题排查整治督导考核机制，根据排查整治工作的重点和难点，制定相应的督导考核方案，并明确考核标准、时间节点等。调阅排查台账、整治台账、环境监测数据等资料，并组织专业技术人员前往各地区进行实地调研核查或暗访检查，对于环境隐患问题排查不足、整治缓慢导致重要河湖断面汛期水质反弹严重的，视情况予以问责。

坚持精细化管控，分级分类推进流域考核断面日常管理

摘　要：据统计分析，2022 年，四川省 343 个国（省）考断面中，Ⅰ类水质断面为 40 个，占比 11.7%；Ⅱ类水质断面为 208 个，占比 60.6%；Ⅲ类水质断面为 93 个，占比 27.1%；Ⅳ类水质断面为 2 个，占比 0.6%。如何对这些断面进行精细化管理，保护好优良水体、整治不达标水体、巩固好临界达标水体，尤为重要。本文对流域分级分类管理的一些典型的经验做法进行了梳理，总结分析出目前四川省国（省）考断面水质“水滴型”格局的分级现状与形势，提出以“保护优水、提质良水、巩固中水、治理差水”为主线，将断面划分为“一级、二级、三级、四级”进行分级管理，分类施策，实现断面管理“一盘棋”，进一步筑牢以Ⅱ类水体为主的水生态环境质量格局，供四川省流域考核断面日常管理中决策参考。

关键词：分级分类；流域；断面；精细化管理

一、实施断面分级分类管理意义

（一）深入打好“碧水保卫战”的重要手段

2023 年两会的政府工作报告中明确指出“加强流域综合治理，持续打好蓝天、碧水、净土保卫战”。《中共中央　国务院关于深入打好污染防治攻坚战的意见》提出“推动长江全流域按单元精细化分区管控，推进重要湖泊污染防治和生态修复”。《中共四川省委　四川省人民政府关于深入打好污染防治攻坚战的意见》也提出“对国考、省考断面尚未达标的河流实施限期整治，因河施策制定达标方案”。

（二）促进考核断面水质提升的客观要求

“十四五”期间，四川省国考断面由 87 个增加到 203 个，省考断面由 23 个增加到 140 个，水生态环境质量管控难度进一步增大。国家出台的《重点流域水生态环境保护规划（2021—2025 年）》提出了“到 2025 年，地表水达到或优于Ⅲ类水体比例达 85%”的水质目标。四川较国家要求提出了更高的努力目标，在《2023 年四川省生态环境工作要点》中提出：“水环境质量争创全国一流、国省考断面水质优良率达 100%。”通过实施

断面分级管理，有利于在流域尺度治理科学决策、在行政区域尺度治理资源集中，有助于实现组织体系全覆盖、保护管理全域化，促进考核断面水质稳定提升。

（三）推动全域建成美丽河湖的必然要求

习近平总书记在宜宾考察调研时提出“要以能酿出美酒的标准，想方设法保护好长江上游水质”。美丽河湖是美丽四川的重要元素，生态环境厅出台的《四川省美丽河湖建设方案》提出：“力争到2025年，建成一批美丽河湖，为全面建成美丽四川筑牢根基。”四川作为“千河之省”，境内江河湖库众多、水质各异，通过开展断面分级分类管理，可以紧扣各具特色的美丽，因地制宜开展美丽河湖保护与建设，实现“特色彰显”“各美其美”的全域美丽河湖新格局。

二、断面分级分类管控经验

（一）广元市：实行断面A、B、C、D分级分类管理

根据“十四五”水质考核目标要求和各断面水质现状，对22个断面实行A、B、C、D分级分类管理，每月开展水质情况分析，并根据同比、环比情况，每月对各断面进行分级动态调整，确保断面水质稳中向好。对年均水质达Ⅰ类的断面实行A类管理，严控涉水施工和新增污染负荷；对年均水质达Ⅱ类的断面实行B类管理，主要落实常规管控要求；对水质不稳定的河流断面实行C类管理，抓实控源截污、水资源保障等7项重点任务；对有降类风险的断面实行D类管理，实施动态预警和督查督办，确保水质止滑回升稳定达标。

（二）浙江省：实施重点断面分类管控机制

浙江省生态环境厅筛选出一批省控以上重点管控断面，制定出清单并落实动态更新，实施省级督导帮扶和市级包干落实责任制，并进行“点对点”精准帮扶。强化现场监督检查，对水质改善成效不明显、进展滞后的地区进行跟踪督办，确保治理措施落实到位，切实提升断面水环境质量。各市（区）生态环境局、治水办对重点管控断面水质提升工作负总责，强化断面水质提升的督查督办，密切跟踪工作进度与各项措施落实情况，每个月现场检查不少于1次。

（三）安徽省：实施断面分级管控

根据国家、省、市考核的地表水断面在线监测数据连续超标天数，实施分级预警管控，分别为一级、二级、三级，一级为最高级别。其中，国（省）考断面在线监测数据连续10天超标，月度监测数据连续2个月超标或年度达标存在较大风险，对上述断面发

布一级预警；国（省）考断面在线监测数据连续 5 天超标或月度监测数据超标，市考断面在线监测数据连续 10 天超标，发布二级预警；国（省）考断面在线监测数据连续 3 天超标，市考断面在线监测数据连续 5 天超标，发布三级预警；一级预警断面，由市级河长对其进行督导调度，二级、三级预警断面，由县级河长及时开展现场巡查、原因分析、问题整治。

三、四川省国（省）考断面形势与分级现状

（一）四川省国（省）考断面形势

2022 年，四川省劣Ⅴ类断面全面消除，203 个国考断面，水质优良断面为 202 个，占比 99.5%。140 个省考断面，水质优良断面为 139 个，占比 99.2%，为四川省水污染防治历史最高优良率（图 1）。呈现出以Ⅱ类水体为主，Ⅲ类、Ⅰ类次之，Ⅳ类极低的“水滴型”水生态环境质量格局（图 2）。其中，Ⅱ类断面为 208 个，占比 60.6%，主要集中在岷江、嘉陵江、渠江等流域；Ⅲ类断面为 93 个，占比 27.1%，主要集中在沱江、琼江等流域；Ⅰ类断面为 40 个，占比 11.7%，主要集中在长江、嘉陵江、雅砻江等流域；Ⅳ类断面为 2 个，占比 0.6%，在涪江、长江流域。

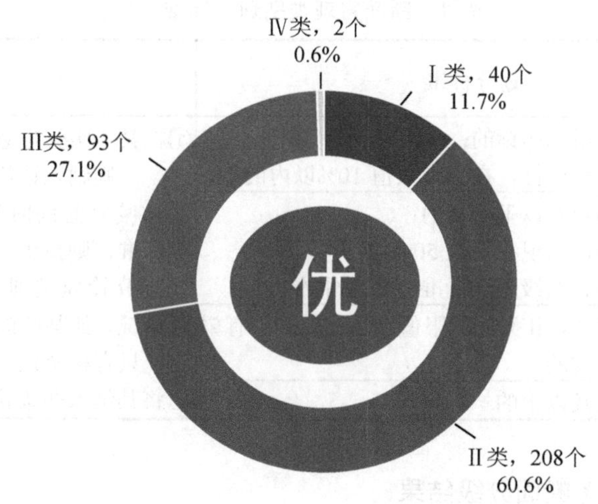

图 1　四川省监测断面水质类别比例

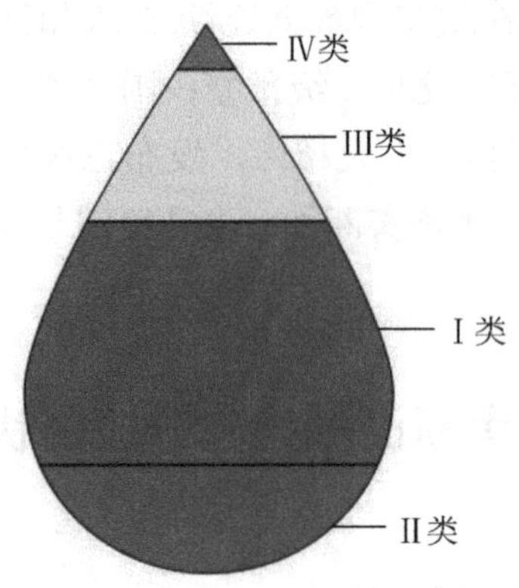

图 2　四川省监测断面水生态环境质量“水滴型”格局示意图

（二）国（省）考断面分级情况

1．断面分级划分标准

根据流域水质“水滴型”格局现状，按照“突出重点、分类管理”原则，以“保护优水、提质良水、巩固中水、治理差水”为主线，将四川省考核断面划分为“一级、二级、三级、四级”进行分级管理，划分标准见表 1。

表 1　断面管理类别划分标准

<table>
<tr><th>序号</th><th>管理类别</th><th>划分标准</th><th>备注</th></tr>
<tr><td>1</td><td>一级</td><td>①全年年均水质未达标的；
②处于Ⅲ类临界达标，在标准限值 10%以内的</td><td rowspan="4">①在某一级管理划分标准中，符合条件之一，则纳入该级管理；
②如某断面同时符合多个级别管理划分标准，则按更严管理类别划分；
③划分管理类别时应充分结合断面实际情况，如某断面常年水质稳定Ⅱ类以上，只有极个别月出现Ⅴ类水质，应考虑将其纳入四级管理</td></tr>
<tr><td>2</td><td>二级</td><td>①单月出现Ⅴ类及以下水质的；
②Ⅳ类水质月份出现率超过 50%的；
③一级、二级、四级划分标准情形之外的</td></tr>
<tr><td>3</td><td>三级</td><td>水质稳定达Ⅲ类，Ⅱ类标准限值在 20%以内，有望进一步提升Ⅱ类的</td></tr>
<tr><td>4</td><td>四级</td><td>年均水质Ⅱ类及以上的</td></tr>
</table>

2．四川国（省）考断面分级结果

按照表 1 所示划分标准以及 2022 年水质监测结果，对四川省国（省）考断面进行分级，其中一级管理断面 17 个（为泸州市大陆溪四明水厂、遂宁市坛罐窑河白鹤桥、自贡市釜溪河宋渡大桥等），主要集中在川南地区。属于全年未达标的断面有 2 个，占比 11.8%。属于临界达标的数量较多，有 15 个，占比 88.2%，主要定类因子为化学需氧量、氨氮和总磷。二级管理断面 54 个（为眉山市沱江发轮河口、雅安市蒲江河两合水等断面），主要集中在川南、川东北地区，其中属于单月出现Ⅴ类及以下水质的有 5 个，占比 9.3%。

三级管理断面24个（为成都市府河黄龙溪、达州市任市河联盟桥等断面），主要集中在成都平原、川东北地区。四级管理断面248个（为阿坝藏族羌族自治州岷江都江堰水文站、凉山彝族自治州泸沽湖湖心、甘孜藏族自治州金沙江贺龙桥等断面），主要集中在川西北、攀西地区。

四、分级分类推进考核断面日常管理对策建议

（一）总体思路

1．指导思想

以习近平新时代中国特色社会主义思想为指导，全面贯彻党的二十大精神，以稳定改善水生态环境质量为核心，坚持问题导向、目标导向，实施断面分级精细化管理，分类施策，以“能酿出美酒”的标准不断提升治理体系和治理能力现代化水平，筑牢长江黄河上游生态屏障。

2．基本原则

——目标导向、标本兼治。按照水质“只能变好、不能变坏”的原则，既抓住影响水质达标的主要矛盾，及时予以解决，又要着眼提升水质的长远措施，久久为功，扎实筑牢改善水生态环境质量的基础。

——突出重点、分类管理。突出重点流域、重点领域和重点因子，因地制宜、分级分类，形成工作清单，分级管控，提高流域污染治理的针对性、科学性、有效性，分区域、分类别、分成因总结治理保护经验，形成范式。

——统筹推进、科学施策。树立上下游、左右岸、干支流“一盘棋”思想，岸上岸下统筹推进查找问题、补齐短板，实现水质全流域、全时段稳定改善。科学施策，加强全过程监管，密切跟踪治理效果，动态调整优化治理方式，确保达标工作成本最优、经济高效。

3．主要目标

到2025年，形成一套科学的分类治理体系，全面开展断面分级分类管理，一级管理断面全面消除，二级管理断面达60个左右，三级管理断面达到20个左右，四级管理断面达到285个左右，进一步筑牢以Ⅱ类水为主体的水生态环境质量格局。

（二）重点任务

1．一级管理断面，突出“治理差水”

治水思路：以“水质稳定达标—提升为二级管理断面”为攻坚目标，将其纳入日常水生态环境管理的重点，突出综合施策，多措并举，采取“污染成因分析—政策资源聚集—三水统筹治理—责任压实考核—监管协同保障”的治水思路，组织实施小流域达标行动。

主要措施：一是摸清关键症结。通过污染源排查和开展加密水质监测，定位重点污染源和重点河段，在针对性解决核心问题的基础上综合治理，形成目标明确、重点任务及措施主次分明、保障到位的小流域综合治理攻坚方案。二是深入推进水环境治理。通过前期识别的重点问题，以城镇生活污染控制、面源污染防治为重点，补齐城镇污水处置能力短板，大力开展农业面源污染治理，对流域污染源进行截污。三是全力保障水资源。严格保障生态用水，通过新建水库、闸坝、引水渠、堰口等工程，强化水体连通，保障河道来水充足。四是加强水生态保护。科学采取清淤疏浚、投放水生动植物、建设生态沟渠或人工湿地等措施开展生态修复，减少内源污染，增强岸线截污能力，防止水体黑臭问题发生。五是严格日常监管。充分发挥河（湖）长制作用，压实责任，提高对断面上游流域的巡河频率和覆盖率，县级河长巡河原则上每月不少于 1 次，村级河长巡河每月不少于 4 次。

2．二级管理断面，突出“巩固中水”

治水思路：以巩固水质达标为目标，聚焦面源污染管控，加强在汛期、枯水期、春节前后等时段的环境管理。

主要措施：一是加强面源污染治理。统筹推进种植业、畜禽、水产养殖业等农业面源污染防治，合理确定治理重点，因地制宜建设生态沟渠等工程项目，构建农田地表径流生态拦截屏障，有效减少农业面源污染入河量。二是加强枯水期水质保障。加强国（省）考断面所在流域河湖生态流量管控，组织实施水库群、水电站等水利工程应急水量调度。充分利用自然河坝有效蓄水，保障河道水量，强化节水安全管理。有条件的地方，建设跨流域调水引水工程。对重点排放源实施错峰生产等管控措施，稳定枯水期水质。三是有效削减汛期污染。加快建设截流调蓄池、快速净化设施等，有效减少污水溢流直排，降低汛期污染强度。

3．三级管理断面，突出“提质好水”

治水思路：以“美丽河湖”建设为抓手，以水生态修复为突破，精准制定水质提升方案，不断提升水生态环境质量，协同推进水生态价值转换。

主要措施：一是实施水生态修复。依据河湖两岸物理特性、水文情势、周边土地利用情况和缓冲带功能，加强生态缓冲带拦截污染、水体净化、提升生态系统完整性等功能，进一步提升水生态环境质量。二是加快开展水生态考核工作。完善水生态监测能力，摸清底数，扎实开展水生态考核试点，倒逼水污染防治向水资源、水生态、水环境“三水统筹”加快转变。三是统筹推进美丽河湖建设。对标对表国家、省美丽河湖建设要求，补齐短板强弱项，积极申报省级、国家级美丽河湖，以评促建，延续美丽河湖保护与建设路径，使河湖保持或恢复“清水绿岸、鱼翔浅底、人水和谐”美丽景象，推动全域美丽河湖建设。

4．四级管理断面，突出“保护优水”

治水思路：以实现健康水生态系统为目标，聚焦饮用水水源保护、水生生物多样性保护等工作，推动流域生态产品价值转化。

主要措施：一是强化饮用水水源保护。加大对河流水源涵养区和饮用水水源地的保护力度，严格控制开发建设活动，以金沙江、雅砻江、大渡河等重点流域源头集水区、水源涵养极重要区为重点，制定和实施重点水源涵养功能提升规划。二是保护水生生物多样性。加强流域生境保护，实施水生生物洄游通道恢复、微生境修复等措施，修复珍稀、濒危、特有等重要水生生物栖息地。提高水生生物多样性，开展人工培育及增殖放流。三是促进生态价值转化。深度挖掘水生态文化价值，探索生态保护与利用相协调、群众发展与景区相协调、乡村振兴与新型城镇化发展协调。综合植入地方特色文化要素，使河湖生态保护工程与水文化相结合。实现水生态保护与农文旅融合发展，强化经济效益，形成流域生态环境保护、产业发展合力。

（三）保障措施

一是压实工作责任。市（州）生态环境局编制实施分级管理工作方案，建立工作责任清单，分流域、分区域、分类别逐一明确水质改善目标和重点工作，将各类断面保障任务逐级细化、层层分解，明确监管责任，定人定责。

二是注重工作协同。一级管理断面侧重协同城市更新、城镇改造、黑臭水体整治，二级管理断面侧重协同高标准农田建设、土地综合整治、乡村振兴，三级管理断面侧重协同美丽河湖、美丽乡村建设，四级管理断面侧重协同水生生物多样性保护、生态价值转换。

三是强化资金保障。用好“项目工作法”，聚焦各断面流域生态环境质量改善目标、生态环境突出问题短板等重点，积极谋划更精细的生态修复措施、行之有效的工程项目。统筹整合发展改革、住建、乡村振兴、生态环境、农业农村、水利、林草等部门各类政策或项目资金，不同类别断面聚焦相关领域支持方向，科学谋划项目申请资金。

专栏1　不同类别管理断面项目资金申请建议

一级管理断面：主要在管网建设、城镇污水处理设施建设、城镇生活垃圾分类和处理、园区环境基础设施、节能减碳等方向争取住建、发改、生态环境等领域资金。

二级管理断面：主要在污水资源化利用、高标准农田建设、农村生活垃圾源头分类减量、农村生活污水治理、河道清淤等方向争取水利、农业、生态环境等领域资金。

三级管理断面：主要在生态缓冲带建设、重要生态空间内源污染治理、人工湿地水质净化工程等生态环境领域争取资金。

四级管理断面：主要在增殖放流、水域水生植被恢复、生物多样性保护、生境恢复等方向争取农业、生态环境资金领域资金。

四是强化科技支撑。充分发挥高校、科研机构等科研支撑作用，加强产学研协同创新，针对不同类别断面开展不同方向科学研究。整合各方科技资源，组织生态环境、住建、水利、农业农村、自然资源与林草等多领域专家成立水生态环境治理专家组，针对一级、二级管理断面存在的突出问题，实施专家“点对点”精准帮扶，协助开展问题溯源、症结诊断，提出针对性建议，推进治标与治本相结合、应急和长效相结合、减排与增容相结合的精准水环境治理，推进科学治水、精准治水、依法治水。

专栏 2　不同类别管理断面科研方向建议

一级管理断面：主要在流域水系统健康诊断与病因识别、流域水环境质量改善与综合治理、污水处理前沿技术研发与示范等方向开展研究。

二级管理断面：主要在流域面源污染控制技术、城市污水资源化利用关键技术研发、城镇污水处理厂提标改造技术等方向开展研究。

三级管理断面：主要在流域生态系统功能恢复、流域水资源系统调配与高效利用、流域水资源系统调配与高效利用等方向开展研究。

四级管理断面：主要在水生生物保护研究、珍贵濒危水生生物人工繁育技术攻关和生态修复技术等方向开展研究。

五是建立健全长效机制。加强长效管理，明确不同类别断面纳入、退出机制。不同类别断面因水质状况变化，及时动态调整工作重点。对断面水质采取日预警、周推进、月分析工作机制，研判总体变化趋势，对不达标、明显降类断面予以通报、督办。开展各类断面治理成效评估，积极总结典型经验和做法，并予以宣传推广，形成示范效应。

四川盆地川中丘陵地区典型县
——武胜县农业绿色发展研究建议

摘　要：武胜地处川东渝北嘉陵江中下游，课题组在四川省社科联重大项目“四川筑牢长江黄河上游生态屏障目标体系与建设路径研究”的支持下，深入武胜开展解剖式调研，调研中了解到近年来武胜立足本地优势发展生态循环农业，针对农产品附加值有待提升、生态产品标志认证不足、农业生产清洁化有待提升、农业绿色发展保障支撑不足等问题，提出创新生态农业发展模式、推动农业产业链提质增效、加快农业全过程清洁化生产、深化农户利益联结机制、加强绿色农业人才队伍建设等建议。

关键词：武胜；县域；绿色农业；生态循环

武胜地处川东渝北嘉陵江中下游，辖区面积 966 km^2，人口约 80 万人，是四川典型的丘陵农业大县。绿色是农业高质量发展的底色，近年来武胜坚持生态立县，确立了“2+3”现代农业产业体系，即优质粮油、优质生猪两大基础产业和武胜大雅柑、优质蚕桑、生态水产三大特色产业，重点打造晚熟柑橘基地、乡村旅游基地、绿色蔬菜基地、优质粮油基地、生态水产基地、生态黑猪基地、优质蚕桑基地等七大基地。截至 2022 年年末，武胜建成高标准农田 39.5 万亩、占耕地总面积的 63.7%，建成农产品质量安全标准化生产示范区 1 万亩，已获得柑橘、蔬菜等绿色食品认证 8 个，认证“武胜仔猪”“武胜脐橙”“武胜金甲鲤”“武胜大雅柑”等国家地理标志证明商标 4 个，认定有机桑 2 600 亩、有机蚕茧 147.85 t。

一、武胜县农业绿色发展典型做法及成效

（一）聚焦资源循环利用，把生态循环农业作为主攻方向

一是发展“果-草-畜-沼-果”立体农业循环模式。武胜采用柑橘树下生草的方法，建立“柑橘、牧草”人工复合型生态果园，牧草喂畜或作为绿肥，畜粪入沼气池，沼渣还田培肥柑橘园土壤，沼液浇灌柑橘树，形成了“资源-产品-再生资源”的反馈式流程，促进农业物质和能源得到合理持久利用。二是发展“桑-蚕-菌-肥-桑”生态产业链循环模式。在蚕桑产业发展过程中，桑叶用以养蚕，桑枝做菌棒，菌棒用于培育香菇、猴头菇、木

耳等食用菌，再将菌棒废渣、蚕沙通过堆肥、发酵等技术处理转化为生物有机肥，有机肥还田用于桑树和其他农作物的种植，实现了“桑-蚕-菌-肥-桑”的循环利用。三是发展“稻-渔”“稻-虾”等生态种养循环模式。武胜广泛推行在稻田里面养虾养鱼，稻为虾鱼供饵、遮阴、净水，虾和鱼产生的粪便为稻谷提供营养，在种养过程中减少化肥和农药的使用，不仅实现了“一水两用、一田双收”，农田生态系统功能也得到了明显改善。四是发展种养结合畜禽粪污资源化利用模式。武胜坚持以种定养、以养定种，要求种猪场配套建设晚熟柑橘种植基地（按常年存栏量）不低于 1 头/亩，商品猪场配套建设晚熟柑橘种植基地（按常年存栏量）不低于 3 头/亩。推行“132”模式，即 1 套收集系统（粪污收集管网），3 种处理模式（固体粪便堆肥、污水肥料化、异位发酵床），2 种利用方式（就地、异地），建设粪污收集、处理、贮存、利用等设施设备，以实现种养循环和畜禽粪污资源利用，解决养殖场环境污染问题。

（二）聚焦投入减量增效，把绿色农业技术作为转型动力

一是推广节水节肥减药技术。武胜县坚持绿色发展理念，积极探索农业可持续发展新路径，大力推广水肥一体化技术，引进自动化灌溉系统，通过可控管道系统供水、供肥，形成喷滴灌，定时定量浇灌果蔬种植园区，达到节水、节肥的作用，助力武胜果蔬产业高质量发展。推广使用高效、低毒、低残留、植物源、生物源农药和先进施药机械，推动专业化防治与绿色防控融合，减少农药、化肥施用量，防止化肥污染土壤及水环境。二是推进“立体猪舍”节地项目。农业生产，土地是关键。自 2020 年起武胜开始推广多层建筑的生猪养殖设施，采用种猪楼房一体化新工艺模式建设，猪舍实行全封闭管理，室内恒温，配备自动饲喂、自动通风控温、自动喷雾消毒系统，猪舍产生的粪尿采取固液分离的方式，从封闭的排污管道直接排入沼气池，再通过管道为果园提供有机肥，在节地增效的同时实现了粪污零排放。三是强化智慧农业支撑。武胜引进智慧农业支撑服务平台，结合气象数据、低空光谱图像、卫星遥感图像、物联网数据、历史作业数据等，建立起农场“天上-低空-地上-地下”的立体监测与作业模式。推动科技赋能特色产业高质量发展，蚕桑产业引进智能养蚕机器人，替代人工开展取放蚕箔、自动石灰消毒和自动给桑等工作；大雅柑产业引进智能分拣设备，根据重量、外观和糖度等指标对柑橘进行自动光电分选，有力提高农业生产效率、节省人力成本。

（三）聚焦保障高质高效，把高标准农田作为绿色“耕”基

一是完善农田基础设施。实施田块整治、建设灌溉与排水设施、修建田间道路等措施，合理划分和适度归并田块，平整土地，合理配套改造和建设输配水渠（管）道和排水沟（管）道及渠系建筑物，有效解决了农业生产的制约性因素，实现了山、水、田、林、路综合治理，达到了旱能灌、涝能排、渠相通、路相连的高标准农田建设目标。二是着力提升耕地地力。重点开展土壤改良、障碍土层消除、土壤培肥等提升措施，推进

土壤质地、酸化、盐碱化及板结等改良，通过秸秆还田、施有机肥、种植绿肥、深耕深松等措施保持耕地地力，确保农田持续高效利用。三是推广新品种新技术应用。改良品种搭配，采用杂交稻、杂糯种植新技术实现粮食增产，推广平衡施肥技术、优化施肥结构，推广轻型节本增效技术，实现增产增效。选用抗性强水稻品种，推广生物防控技术等，推动标准化优质无公害水稻生产。

（四）聚焦绿色生态目标，把质量安全监管作为基础支撑

一是建立县、乡、村分级监管机构。成立农（畜、水）产品质量安全监管股、农业（畜牧、水政）综合执法大队，对农资和农产品质量安全、农业生产环境进行综合监管。全县所有乡镇挂牌成立农产品质量安全服务站，并配备1～2名专（兼）职人员，形成县、乡、村三级联动的农产品监管体系，并获评“四川省农产品质量安全监管示范县”。二是严格实施产地管理。开展产地环境治理与保护，大力开展农业投入品产地污染专项整治工作，建立化肥、农药、农膜等农资污染产地防治制度，自创建以来，清理回收产地废弃农膜60 t。对全县生产基地进行普查与登记，与生产业主签订农产品安全生产责任书，建立详细档案，定期开展产地巡查活动，督促、引导业主建立保存生产记录，安全优质生产农产品。三是严格标准化生产。广泛开展标准化生产知识宣传培训，编制符合武胜县实际的种养殖技术规范。严控品牌建设产品品质，出台《“武胜大雅柑”区域公用品牌使用管理办法》，规定使用“武胜大雅柑”区域公用品牌，应符合产地、品质、生产标准、农产品质量安全等方面要求，经核查由武胜县果树蔬菜技术指导站认定授权。四是增强质量安全监控。出台《武胜县农产品质量安全监管手册》《武胜县农产品产地准出制度》等17项质量安全管理制度，开通“政府监管”“企业管理”“公共查询”等三大信息平台，严格实行产地准出和市场准入制，实现了网上可查询产品、生产、质量信息。

（五）聚焦激发农户动力，把政府引导扶持作为组织保障

一是出台清洁生产补贴政策。实施有机肥使用补贴，印发《晚熟柑橘产业有机肥奖励考核验收办法》，实行前3年分别考核奖补。对新建粪污处理设施分不同种类按50～400元/m^{3}的标准予以一次性补助。对新（扩）建生猪标准化圈舍按100元/m^{2}的标准予以一次性补助。二是实施产业发展考核奖励。针对晚熟柑橘、优质蚕桑等地方特色生态产业，每年根据园区建设、设施建设、管护情况等实施以奖代补。制定晚熟橘管护考核奖励办法，同样实行前3年分别考核奖补。三是建立联农带农利益联结机制。推行“公司+专业合作社+基地+农户”“家庭农场+企业”“专业合作社+企业”“分散农户+企业”等多种模式，实行反租倒包、企业保护价收购、全程技术服务以及物资扶持等联农带农措施，由企业与农户签订合同，企业为农户普及良种良法配套，农户为企业提供优质原料供应，进行标准化、规模化生产，形成“市场牵企业、企业带基地、基地带农户”的产业链，增加农户参与农业绿色发展的内生动力。

二、武胜县农业绿色发展面临的问题与挑战

近年来，武胜农业绿色发展取得显著成效，但仍然面临一些挑战，主要有以下 4 个方面：

一是农产品附加值有待提升。武胜农业发展仍主要处于初级加工阶段，产业链条短、产品附加值低、产品可替代性强，例如，大雅柑产业链主要处在分拣、包装、仓储等环节；桑蚕产业虽形成了一个完整的闭合产业链，但产品单一，缺乏显著的竞争优势。

二是生态产品标志不足。目前，在武胜“两品一标”认证中，绿色食品认证企业 6 家、产品 8 项，农产品地理标志商标 4 项，暂无有机食品认证。

三是农业生产清洁化有待提升。小型养殖场治污设施不全或不达标，造成污水直排或渗漏污染环境的问题。部分养殖场无足够消纳粪污的种植基地，造成多余的污水外排污染环境。

四是农业绿色发展保障支撑不足。武胜农业产业发展缺乏金融支持力度不够，武胜农村地区信用制度不完善、贷款缺乏抵押物，金融机构针对农村地区的业务较为单一、涉农产品匮乏，单个农户以及农业企业的融资困难较大，贷款难、贷款贵等问题较突出。同时，绿色生态农业人才支撑不足，武胜蚕桑、柑橘、渔业等特色农业仍然属于劳动密集型产业，存在季节性劳动力紧缺、“用工荒”问题，需进一步完善劳务用工相关政策；并且由于产业的快速发展，大多数从事人员没有行业相关经历，缺乏专业技术支撑。

三、进一步推进武胜县农业绿色发展的对策建议

（一）创新生态农业发展模式，拓展生态农业多种功能

一是创新摸索更多适宜种养生态循环模式。拓展武胜“桑-蚕-菌-肥-桑”模式，探索发展“鱼-桑-鸡”模式，在池塘内养鱼，塘四周种桑树，桑园内养鸡。鱼池淤泥及鸡粪作桑树肥料，蚕蛹及桑叶喂鸡，蚕粪喂鱼，使桑、鱼、鸡形成良好的生态循环。在“稻鱼虾共作”生态种养的基础上，探索发展“稻+泥鳅”“稻+蟹”“稻鸭共育”“鱼藕共生”等生态循环模式。围绕秸秆饲料、燃料、基料综合利用，构建“秸秆-基料-食用菌”“秸秆-成型燃料-农户”“秸秆-青贮饲料-养殖业”产业链，解决秸秆任意丢弃焚烧带来的环境污染和资源浪费问题，同时获得有机肥料、清洁能源、生物基料，实现秸秆资源化逐级利用。二是发展多功能、多要素融合型生态农业模式。拓展农业功能，将传统农业的第一产业业态升级为第一、二、三产业高度融合的新型业态，推动传统农业单一的生产功能向兼具生产、生活和文化的综合功能转化。围绕蚕桑、大雅柑等特色产业，依托现代农业园区、现代农业示范基地，深度挖掘、保护和传承武胜农耕文化，将绿色农业、

乡村旅游和自然生态相融合，打造建立集农业观光、工业旅游、美食体验、生态休闲等元素于一体的新型农业。串联特色旅游景区、乡村旅游景区，由点成线、成片，为消费者提供一日、两日乃至多日的旅游产品组合。三是打造数字生态农业产业发展模式。建立数字农业大数据平台，推广物联网监控系统，精准监测地温、气温、湿度、土壤养分等作物生长环境，通过智能化监测工具和信息采集传输设备，在线监控病虫害，及时处置田间管理，防治病虫害，更好地促进农作物生长。建立互联网质量安全追溯体系，开展追溯数据录入、监管信息综合统计、追溯码生成、终端查询等功能设计和推广使用。鼓励智慧农业园区试点，融合应用物联网、大数据、5G、VR、区块链等数字技术，打造种养殖、加工、仓储、互联网销售一体为核心，同时融入研学、线上认养等新模式、新业态的数字产业园区，创新全产业链发展模式。

（二）推动农业产业链提质增效，促进生态产品价值“叠加”

一是延长拓宽生态农业产业链，提升产业加工能力。实施生态农产品产业链延伸工程，完善大雅柑、桑蚕等产业初加工配套建设，支持和鼓励企业建设园区初加工设施，全面提升初加工能力，开发果酒、果醋、桑叶茶、柑皮药品等科技含量高、产品附加值高、市场潜力大的绿色生态产品；提升武胜生态农产品的核心竞争力。实施6A级丝绸织造基地项目，推动茧丝向绸缎、家纺、服装织造延伸，建设有机蚕丝家纺、绸缎服装等综合利用开发基地，打造优质茧丝绸产业基地。实施生猪产业链延伸工程，发展分割肉、冷鲜肉等附加值高的畜禽深加工产品。二是加强生态标志产品培育认证，增加绿色优质农产品供给。加快推进品种培优，加强与中国科学院、省农科院的合作，培育一批具有武胜特色的自主知识产权新品种，加大“武胜仔猪”等优良品种的繁育和推广，开展柑橘品种更新种植，推广种植适宜武胜产区的优质抗病新品种。引导企业申报“两品一标”认证，围绕蚕桑、柑橘、小龙虾、生猪等主导产业，对特色企业和生态产品建档立卡、普查排序，建立认证储备库，优中选优，开展一对一精准培育。选取相对成熟、适宜的地区开展有机种植、有机养殖试验示范，通过示范效应让农户认识到有机食品生产的成本虽较高，但利润空间更大，从而带动更多农户参与到有机食品的生产中。编印武胜味道“两品一标”宣传画册，在超市设立“武胜味道”专柜，扩大产品知名度。三是加大农业品牌培育力度，提升农产品附加值。统筹规划生态农产品品牌化工作，通过品牌化发展来提高农业产业附加值。鼓励康源、安泰、芝皇等龙头企业打造知名度高、竞争力强的企业品牌，培育一批“大而优”“小而美”的生态农产品品牌，支持企业申报“中国农产品百强品牌”。提高武胜生态农产品品牌推介能力，依托中国农民丰收节、中国国际农产品交易会、“成渝双城”农特优产品展示展销会、四川农业博览会等知名展销平台，组织开展线上线下品牌展示推介活动。

（三）加快农业全过程清洁化生产，实现农业向绿色生态转型

一是推进生产环节减量化。推进灌溉施肥一体化，修订完善柑橘、水稻、蔬菜水肥一体化技术标准和实施规范，推广地埋式伸缩喷灌、物联网滴渗灌等水肥一体化技术。推动全县柑橘主产区绿色防控全覆盖，在中心镇、龙女镇等 8 个乡镇建立水稻、油菜、蔬菜病虫害绿色防控核心示范区，提高病虫防控标准化水平。组装配套绿色关键技术，柑橘重点推广“以螨治螨”技术，水稻重点推广诱剂、“生物导弹”、生物农药防治和“稻鸭共生、稻鱼共育”四大类技术，推广植物免疫诱导海岛素技术。持续推动养殖场粪污处理设施建设工作，指导规模以下畜禽养殖户，建设完善与其养殖生产能力相匹配的粪污减量设施、固体粪肥堆肥沤肥等发酵处理设施、液体粪肥存贮发酵利用设施。继续推进高标准农田建设，推广生态型改造措施，以生态脆弱农田为重点，因地制宜加强生态沟渠及其他耕地利用设施建设，改善农田生态环境。二是推进加工环节绿色化。加快建设标准化、清洁化、智能化农产品加工生产线，坚持加工减损、梯次利用、循环发展方向，统筹发展农产品初加工、精深加工和副产物加工利用。完善柑橘、桑蚕产地初加工补助政策，支持家庭农场、农民合作社等新型农业经营主体，在飞龙镇、猛山乡等重点乡镇建设一批柑橘冷藏库、蚕茧烘干房等初加工设施，解决农产品产后损失严重、品质品相下降等问题，减少由于储存不当，导致农产品腐败变质，对农村环境的污染及产生的安全隐患。大力推广“一库多用”“一房多用”，提高初加工设施的使用效率。加快绿色高效、节能低碳的农产品精深加工技术集成应用，生产开发营养安全、方便实惠的食用农产品。三是推进流通环节低碳化。发展农产品绿色低碳运输，推广冷藏保鲜技术、绿色包装、节能运输设备等，构建水陆空一体、便捷顺畅、配送高效的多元联运网络。推广农产品绿色电商模式，创新农产品冷链共同配送、“生鲜电商+冷链宅配”“中央厨房+食材冷链配送”等经营模式，实现市场需求与冷链资源高效匹配对接，降低流通成本及资源损耗。

（四）深化农户利益联结机制，持续激发绿色农业内生动力

一是持续发展壮大龙头企业，增强带动能力。实施龙头企业带动能力提升工程，围绕柑橘、桑蚕、生猪、蔬菜等特色重点产业培育“链主企业”，精准招商实现产业延链补链强链，带动合作社、家庭农场、小农户等各类主体融合发展。培育发展一批流通型农牧业产业化龙头企业，推进农畜产品流通市场基础设施建设和物流企业发展，形成以区域性农产品批发市场为龙头，城乡集贸市场为骨干，连锁超市和便利店为基础的批发与零售、综合与专业相配套的现代农畜产品市场流通体系。对联农带农效果显著的龙头企业，其申请的优势特色产业项目贷款，给予适当贴息及担保费用补助，制定具体量化、操作性强的贷款扶持政策。二是探索“龙头企业+中介组织+基地+农户”的组织形式，发挥中介组织的桥梁作用。中介组织能够有效联动龙头企业与农户，双方出现问题也可以

发挥良好的协调作用，农户在中介组织帮助下由分散变为集中，交易集中程度得到提升，交易成本下降，农户与龙头企业建立起更稳定的关系。坚持以职业农民为主体，鼓励“能人”、农副产品加工或流通企业、集体经济组织牵头兴办中介组织，对具有一定规模、一定条件的中介组织，引导其建章立制，进行法人登记，依法开展生产经营活动。出台规章制度明晰中介组织的权利和义务，明确组织管理机构，为有效开展合作提供保障。在运营中，加大资金支持，派遣专人指导，提升管理人员素质，实现良性运营。三是建立健全农业产业化联合体章程，建立规范各种内部管理制度。积极探索农业产业化联合体治理机制，坚持民主决策、合作共赢机制，引导各成员在充分协商基础上，制定共同章程，明确权利、责任和义务，提高运行管理效率。引导联合体围绕产前、产中、产后环节从事生产经营和服务，拓宽合作领域，实现从产品合作走向产业合作、要素合作和生产全过程合作。与农户建立稳定的订单和契约关系，稳定利益联结机制、拓展农企利益联结深度，确保全产业链增值带来的利益惠及更多农户。

（五）加强绿色农业人才队伍建设，传承农业绿色发展理念

一是充分发挥各类公益性涉农培训机构主体作用。鼓励民办培训机构、涉农企业积极参与，建立政府主导、部门协作、统筹安排、产业带动的培训机制，培养适应现代农业发展需要的新农人。创新农技推广机构管理机制，将绿色技术、数字技术推广服务成效，纳入责任绩效考评指标体系。支持培养农业复合型人才，在武胜精品新型职业农民研修班的基础上，拓展培训专题，增设智慧农业课程，学习计算机编程、物联网技术与应用、传感信息处理等计算机相关课程。开展农村绿色人才认定管理，认定一批农村绿色职业农民，结合扶持政策，推进农村绿色职业农民培育工作可持续发展。二是加强产学研合作。发挥高等院校、科研单位作用，增设农业绿色发展专业，在生产一线建立科技小院、实习基地，指导科研人才参与绿色技术推广。与四川大学、西南大学、四川农业大学、省农科院等高校与科研院所进行新兴涉农专项人才培养的对口合作，毕业之后为其提供专业对口的岗位，并保障职称评定、工资福利、社会保障等方面的权益，将更多优秀农业专项人才留在农业农村的基层岗位。加大柔性引才力度，鼓励龙头企业设立“首席专家”和“科技特派员”岗位。三是加快农业绿色发展科技创新联盟发展。加快构建以龙头企业为主体、市场为导向、产学研相结合的产业联盟，瞄准优质农产品、绿色投入品、智能农机装备与智慧生产等领域，开展提质增效技术研发与应用，形成一系列技术、产品、标准和品牌，助力提升产业质量效益竞争力。建立共建共享机制，打造共建共享平台，提升农业种质、信息、大数据等科技资源共建共享效率。鼓励联盟以企业为主体，吸引科研院校优势团队和社会资本共同参与，打造新型研发机构或实体化联合体。

四川盆地川中丘陵地区典型县——武胜县农业农村污染治理研究

摘　要：农业农村绿色发展是生态文明建设的重要组成部分，近年来，武胜县以打造美丽武胜宜居乡村为目标，出台系列政策文件完善农业农村污染治理体系，扎实推进农业农村面源污染治理，但同时武胜县面临农村生活污水治理率较低、畜禽散养粪污处置能力缺口较大、水产养殖尾水处理仍是短板、土壤污染防控成本虚高等窘境，对此本文提出以“三水统筹”为引领、提升水环境质量，以土壤污染治理为核心、保障土壤安全，以废弃物处置为重点、改善农村人居环境，以优化产业结构为动力、推动生态立县，以统筹保障为支撑，打造宜居宜业和美乡村5点建议。

关键词：农村面源污染；农业农村绿色发展；武胜

武胜县位于川东、嘉陵江中下游，地处重庆、广安、遂宁、南充交会轴心，是川渝两省市毗邻地带、重庆都市圈北部的重要县域。武胜县辖23个乡（镇）、276个村，农村人口66.06万人，生态环境本底优越，自然资源禀赋良好，是以浅丘带坝地貌为主的传统农业大县，盛产粮油、生猪、蚕桑、水产、柑橘等农产品，年粮食作物播种面积5.2万 hm^2 以上，年出栏生猪、牛、羊约96.7万头，家禽出栏约780万只，水产品产量约2.46万t，是四川省重点产粮大县和全国生猪调出大县，亦被评为“中国蚕桑之乡”。过去农业经济发展模式下，畜禽粪污、农业化肥农药使用残留物、生活污水和生活垃圾等污染物，往往通过农田排水、地表径流等方式进入水体，造成土壤、水体污染，严重影响地表水和地下水水体质量。近年来，武胜县以削减水环境和土壤农业面源污染负荷、促进水质和土壤质量改善为核心，持续深化农业生产污染防治和有机废弃物资源化利用，全力推进农业农村污染治理，农村人居环境得到大幅改善。

一、武胜县农业农村污染治理做法及成效

（一）优化农业产业空间格局

武胜县针对地块破碎化程度高、15°以上坡耕地多等现状，对全县农业空间发展格局进行总体规划，编制《武胜县国土空间总体规划（2021—2035年）》《武胜县现代农业

发展规划》，并以片区为单位编制乡村国土空间规划，科学合理布局粮油、柑橘、蚕桑种植等种养产业，构建“三区、两带、多点”农业发展空间。

（二）完善污染治理政策体系

出台《武胜县贯彻落实粮食安全行政首长责任制的实施意见》，专章专节部署面源污染治理工作，并纳入目标管理考核体系。制定《农产品质量安全实施方案》《主要作物科学施肥技术指导意见》《科学安全使用农药技术指导方案》《武胜县畜禽养殖污染规划》等政策推进农业清洁化生产，出台《农村“厕污共治”（厕所革命）示范村建设实施方案》《农村生活污水处理设施问题整改方案》《农村人居环境整治暨乡风文明建设工作方案》等方案推进污染治理，持续推进农村人居环境品质提升，提升群众幸福感、获得感、认同感。

（三）加强水污染防治

设立县、乡、村三级河长共 461 名，创新设立检察长 9 名，实现河（湖）长体系全覆盖，坚持从水资源保护、水域岸线管理、水污染防治等方面一体化推进水环境治理。开展嘉陵江及其支流入河排污口排查治理行动，入河排污口全部纳入“一口一策”治理方案。强化畜禽水产污染防治，严格按照环保标准对限养区、适养区范围内养殖场进行治理，建设田间沼液贮存池、铺设沼液输送管网，提档升级畜禽规模养殖场治污设施，购置沼液运输车，规模养殖场配套率达到 100%，养殖粪污通过管网实现就近就地消纳或异地消纳。大力开展农村生活污水处理“千村示范工程”，对居民聚居点采取一体化污水处理设施进行治理，农村生活污水治理率达 70%以上。大力开展农村“厕所革命”行动，整村推进示范村无害化卫生厕所普及率达 90%，农村户用卫生厕所普及率达 93.31%。

（四）推动废弃物回收和循环利用

建立农膜回收网点，大力推广生物可降解农用薄膜，果蔬产业回收废旧农膜率达 80%以上（图 1）。建立县、乡、村三级秸秆网络化管理体系，实施秸秆综合利用行动，推广秸秆免耕覆盖沃土技术、过腹还田、稻田秸秆覆盖连续免耕技术等，提高秸秆资源化利用水平。目前，武胜县秸秆直接还田 30 万亩、稻草秸秆覆盖还田、堆沤腐熟还田 18 万 t，秸秆综合利用率达到 89%。推广“畜-沼-菜”“畜-沼-果”等种养结合生态循环模式，建立一套收集系统（粪污收集管网），3 种处理模式（固体粪便堆肥、污水肥料化、异位发酵床），两种利用方式（就地、异地），对养殖粪污进行肥料化、燃料化综合开发利用，解决养殖场环境污染问题。目前武胜县建成种养循环基地 143 个，初步形成粮饲统筹、农牧结合、养防并重、种养一体的绿色畜牧业发展模式。

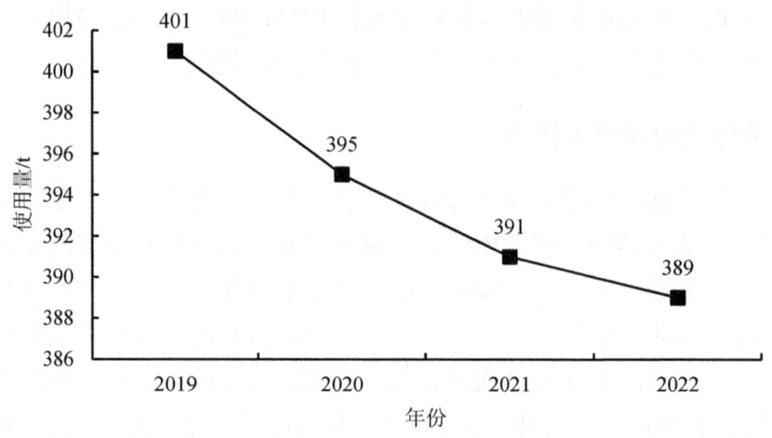

图 1　武胜县农膜使用量

（五）促进化肥农药减量增效

大力推广有机肥替代化肥，对果树蔬菜种植基地进行测土配方施肥，引导农民科学施肥，增加有机肥施用量，针对性补施中、微量元素肥料，逐步实现主要农作物测土配方施肥全覆盖。开展农药减量控害，推广使用高效、低毒、低残留农药和先进施药机械，禁止使用高毒高残留农药，推广植物源、生物源农药。推广农作物病虫害绿色防控技术，提高综合防治水平，武胜县水稻、玉米、柑橘等主要作物病虫害防治面积达到 144.32 万亩次，其中实施统防统治面积 56.15 万亩次，统防统治覆盖率达 38.91%。对采用测土配方施肥技术的农户开展培训指导，每年实施测土配方施肥 40 万亩次，全年技术推广覆盖率达到 95%以上。2021 年、2022 年武胜县果树蔬菜产业化肥农药施用量比上年减量幅度均超过 2%。

二、武胜县农业农村污染治理存在的问题和困难

一是农村生活污水治理仍需加强。武胜县 23 个乡（镇）共建设乡镇污水处理厂 28 座，但部分乡（镇）污水管网未全面配套，部分生活污水未进入污水处理厂而直接排入水体，影响水质。

二是畜禽散养粪污处置面较大。武胜县现有畜禽散养农户 14.2 万户，散养农户多而散，畜禽粪污总量较大（图 2），部分散养农户缺乏对畜禽粪污处置的意识，出现放养畜禽粪污溢流至水体的现象。

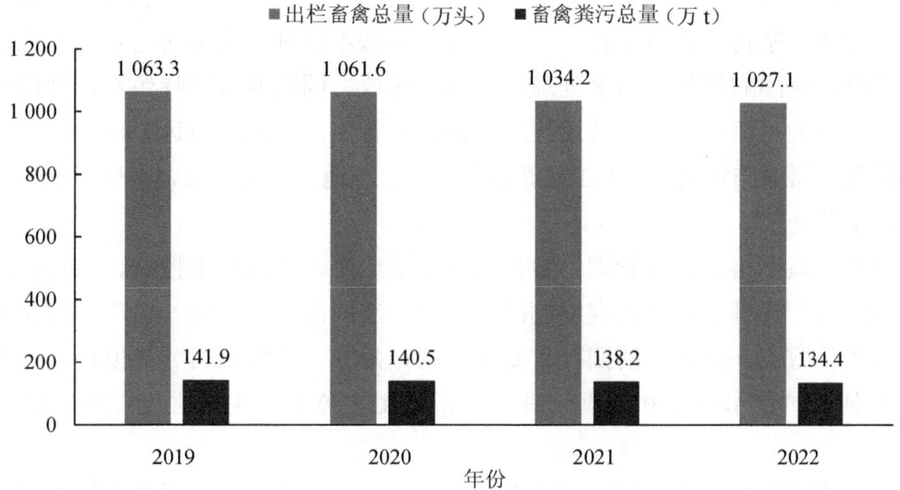

图2 武胜县出栏畜禽及产生粪污量

三是水产养殖尾水处理有短板。武胜县大部分农村地区养殖水产鱼塘，尾水治理设施陈旧，且养殖户大多采用传统养殖方法换水或清塘，造成水生态环境破坏。同时，养殖户受洪时易涝、旱时缺水的影响，不轻易排放尾水，年度内尾水排放数量小，尾水治理设施要占用部分土地且运行时间有限，治理（养殖）成本较高，导致尾水治理难度较大。

四是土壤污染防控成本高。虽然武胜县推广测土配方施肥、有机肥成效显著，但农户使用化肥量比较大，化肥残留物相对较大，破坏土壤微生物，增产效益下降；废弃农膜回收成本高，农业企业和农民回收农膜的动力不足，加厚和可降解地膜价格高，增加了农民种植成本，农民使用意愿不强，残留农膜降低土质；现有土壤修复技术成本较高，修复设备与药剂大部分仍依赖进口，武胜县财政力量薄弱，资金压力大。

三、武胜县农业农村污染治理的对策和建议

（一）以“三水统筹”为引领，提升水环境质量

一是完善水污染防治工作机制。坚持“政府主导、社会参与”的基本原则，按照“政府统筹、部门联动、村居自治、公众参与”的工作思路，明确农村生活污水治理责任分工，形成职责明确、部门配合、上下联动、内外共治的组织推进机制。坚持岸上治理与岸下治理、分段治理与日常管护相结合，持续完善村级河湖长制体系，扩大河（湖）长制实施范围，明确所有水域责任主体，建立促进水质改善的长效运行维护机制。

二是加大水环境污染治理力度。优先治理嘉陵江、长滩寺河、兴隆河流域等重点水

域，重点遏制太极湖水利风景区、沿口镇城乡接合部等自然风景区和人口密集区水系水质下滑的态势。坚持“政府监管、社会监督”的基本原则，定期对污水处理设施出水水质进行监测，保障农村生活污水处理稳定达标排放。因地制宜选择污水治理模式，离县城、乡镇较近的村落污水管网就近接入城镇污水管网；距城镇较远、居住分散、环境敏感区等村落，因地制宜采用“3+2 化粪池”、人工湿地、土壤渗滤、小型污水净化设施等不同处理工艺处理。

三是实行最严格水资源管理。实行用水总量控制、用水效率控制、水功能区限制纳污“三条红线”管理，因地制宜编制武胜县“一江四河”“一河一策”管理保护方案和河湖健康评价方案，开展“清四乱”专项行动，建立“季度认可、年度核定”水量核定模式，加强农村饮水安全和河湖管理，严格取用水监管和用水强度控制，强化水资源保护。

四是积极推动水生态保护。加强五排水库、红星水库、鹤龙河水库等水库监管，探索运用智慧水库视频监控和语音等系统，加大现场巡查检查力度。全面推进渔业结构调整，着力转变养殖方式，推广池塘健康养殖、水库生态养殖、稻田综合种植养殖、天然水域放流增殖，防止水产养殖内源性污染，保护水域生态环境。

（二）以土壤污染治理为核心，保障土壤安全

一是完善土壤环境监测管理。摸清土壤环境质量底数，全面排查武胜县农业用地土壤污染地块，摸清土壤环境质量状况受污染耕地状况，实现对全县土壤环境质量精确化的监测管理。探索运用 GIS 地理信息技术，整合生态环境、农业农村、水利等部门的农田氮磷流失监测、地表水生态环境监测、农村环境质量监测等监测网络资源，健全土壤生态环境监测网络和预警体系；实施土壤环境质量周期性监测，预测土壤变化趋势，对受污染土壤及时发出土地质量恶化警示。

二是加强农药化肥残留物治理。推动化肥减量，增施有机肥、推广施用复合肥，实施水肥一体化，因地制宜选用大型植保器械设备，提高使用效率。推广植物病虫害绿色防控技术，开展作物病虫害综合防治，加强农药监管执法和农产品农残监管，减少农药使用量，杜绝高毒、高残留、禁限用农药的流通和使用，逐步减少化肥农药残留物对土壤和水体的影响。

三是推进土壤环境污染防控。制订耕地安全利用方案及实施计划，确定农业面源污染优先治理区域，通过改善灌溉方式、改良土壤、改革施肥技术、改进耕种措施等技术，持续改善、提升耕地质量，禁止在永久基本农田集中区域附近规划新建具备土壤污染风险的项目。大力推广秸秆资源化利用，增加土壤有机质。

（三）以废弃物处置为重点，改善农村人居环境

一是持续加强农业农村废弃物处置。常态化处置农村生活垃圾，按照“一镇一中转

站”“一村一收集点”目标，形成“户分类、村收集、镇转运、县处理”的农村生活垃圾收运处置体系，实现农村生活垃圾“日产日清”。创新促进秸秆利用产业发展，推动秸秆基料化、饲料化、能源化、原料化利用，开展农业包装废弃物回收利用，减少对水体、土壤和大气污染。

二是提升畜禽粪污资源化利用率。严格落实畜禽养殖禁养区、限养区划定，按照“源头减量、过程控制、末端利用”思路，推动生猪、牛羊、家禽等规模化、集约化、标准化、产业化发展。全面落实规模养殖企业（户）畜禽粪污治理主体责任，加强养殖设施标准化建设和改造，提高畜禽粪污收集和处理机械化水平。进一步完善畜禽粪污收、储、运体系建设，大力发展有机肥产业，加快培育粪肥还田社会化服务组织，促进畜禽粪肥科学还田利用。加强畜禽散养粪污治理，提升畜禽粪污资源化利用率。

三是强化环境污染执法监督检查。开展农村生活全面排查整治工作，重点排查主要交通干道沿线、城乡接合部、偏远地区等，发现一处、整治一处。加大对违法违规向农村转移垃圾行为的监督检查和查处力度，严禁随意倾倒、抛撒垃圾行为。对新建或是改建、扩建的养殖场，严格实行养殖场建场审核制度，综合评估养殖场周边的人口密度、土壤肥力、环境状况等多项因素，明确环境的承载力，并配备相应的环保处理措施，从源头上控制污染。加大县级相关部门对畜禽养殖场的执法检查力度，强化畜禽养殖污染物的无害化处理和监督。

（四）以优化产业结构为动力，推动生态立县

一是持续完善农业产业布局。进一步合理规划产业发展空间，坚持粮饲统筹、种养结合，围绕粮油、柑橘、蚕桑等特色优势产业，调整优化种养殖布局，沿嘉陵江干流串联烈面—赛马、清平—中心和街子等地区打造粮油集中产区，沿国道 350 线串联宝箴塞等发展柑橘。

二是推动农业循环化发展。鼓励武胜结合实际，大力构建“果-粮-畜-沼”“果-经-畜-沼”“果-草-畜-沼”等种养循环绿色农业体系，推广“玉米-大豆”间种、“稻油”轮作等粮经复合种植模式，尤其针对当前具有基础优势的大雅柑、蚕桑等产业，探索开展以“大雅柑-大豆”套种、“桑-蚕-菌”延伸产业链等形式，形成武胜大雅柑、蚕桑产业等特色农业的高质量循环发展模式。

三是积极打造现代产业园区。以市场需求为导向，引导农产品向优势区域依托产业园区集约化发展，构建规模化、专业化农产品产区，以粮油、蔬菜种植为主，打造清平省级农业园区、街子市级农业园区；以粮油、柑橘种植为主，打造胜利、白坪、三溪省级农业园区、龙女市级农业园区；以蚕桑种植为主，打造猛山省级农业园区，全面提升武胜农业发展水平。

四是推动生态产品价值转换。通过农业农村污染全方位防治，夯实生态基础，展现生态“颜值”，让绿色农产品变优质商品、乡村田园变生态花园。进一步拓展农业功能，

支持发展田园文创、文化体验、生态观光、庭院经济等创意农业，加强农产品品牌管理与推广，提升发展“含绿量”和生态“含金量”。

（五）以统筹保障为支撑，打造宜居宜业和美乡村

一是形成统筹力量。强化统筹协调，明确部门责任，将各个部门的项目、资金、人力形成合力。制定阶段性目标任务，定期分析存在的问题，确保农业农村污染防治工作落到实处。

二是统筹资金支持。加大财政资金统筹支持力度，持续统筹涉农整合项目、生态修复项目等资金，重点投入化肥农药减量增效、畜禽粪污资源化利用、秸秆还田、农膜回收处理等方面。健全政府、企业、社会、金融机构等多元投融资机制，推行政府投资与社会资本、金融资本投贷联动，鼓励将先行区符合条件的农业面源污染治理建设项目打捆打包，按规定由市场主体实施。

三是注重人才配备。通过聘请专家、引进专业人才、培育“土专家”“周末专家”等形式，加强农业环境保护和农技推广体系队伍建设。通过举办培训班和利用广播、电视、新媒体等途径，引导农民科学使用农业投入品，践行绿色生产生活方式，保护农业农村生态环境。

四川盆地川中丘陵地区典型县
——武胜县生态保护修复对策建议

摘　要：生态安全是国家安全的重要组成部分。党的二十大报告指出，“要推进美丽中国建设，坚持山水林田湖草沙一体化保护和系统治理”。国务院办公厅印发的《关于鼓励和支持社会资本参与生态保护修复的意见》强调，“生态保护修复是守住自然生态安全边界、促进自然生态系统质量整体改善的重要保障”。武胜县地处四川盆地东部，属华蓥山复背斜西麓方山丘陵区，近年来，武胜县坚持举生态旗、打生态牌、走生态路，积极推进生态保护修复，为丘陵地区农业大县提供了一套生态保护与修复的武胜模式。在四川省社科联重大项目“四川筑牢长江黄河上游生态屏障目标体系与建设路径研究”的支持下，本文对武胜县展开解剖式调研，并结合武胜实际，针对丘陵地区生态环保修复的森林生态系统、农田生态系统、城镇绿地网络、水生生态系统4个方面，提出了4点建议。

关键词：川中丘陵；生态保护；生态修复；武胜

武胜县地处四川盆地东部，属华蓥山复背斜西麓方山丘陵区，地形从西北向东南逐渐倾斜降低，依次分布中丘、浅丘、缓丘宽谷带坝和阶地多种地貌，浅丘、缓丘宽谷分布最广，带有一定面积的平坝，是典型的方山丘陵地貌。同时，武胜还是典型的“三山一水六分田”农业大县，特殊的用地类型及自然地理特征赋予了武胜“观江、亮水、融田、显山”的生态景观特色。武胜县坚持举生态旗、打生态牌、走生态路，积极推进生态保护修复，成功创建为中国生态魅力县、省级生态县、农村人居环境整治成效明显激励县、四川省实施乡村振兴战略先进县，实现了生态资源的高价值转化，为丘陵地区农业大县提供了一套生态保护与修复的武胜模式。

一、生态保护与修复成效

（一）森林生态保护与修复

武胜县是典型的丘陵地貌，原生植被较少，现有林地大部分为人工林、四旁林。武胜县聚焦保护发展森林资源目标，以林长制为抓手，扎实推进森林防护、林业有害生物监测预警和防治，不断厚植生态底色。2022年，通过实体植树、森林抚育管护、绿化宣传等形式，完成义务植树 75.3 万株；改建花卉苗木基地 800 亩，改造竹基地 2 500 亩，打造林下种养殖产业示范基地 1 500 亩；推进国家储备林项目建设，完成营造林 17 000 亩，巩固退耕还林成果 9 万亩。据武胜县国土“三调”最新成果，截至 2022 年年底，武胜县森林覆盖率维持在 19%，森林面积 27.2 万亩，全县森林蓄积量达到 51.8 万 m^3，重点公益林保护面积达 1 万亩。

（二）农田生态保护与修复

武胜县注重推进农业功能修复，提升耕地质量。聚焦减少农业面源污染，实施退化农用地生态修复。坚持以改善土壤环境质量为核心，积极开展农田污染治理，集中分类收集处理化肥、除草剂等农业投入品包装，严格农膜使用及废旧农膜回收。2022 年全县农膜使用量 389 t，回收利用 346.9 t，回收利用率达到 89.2%。推广使用高效、低毒、低残留、植物源、生物源农药和先进施药机械。推动专业化防治与绿色防控融合，在清平、街子等 7 个乡镇共建立水稻、玉米、柑橘、蔬菜、蚕桑等作物病虫绿色防控示范区 8 个，核心示范区面积 2.3 万亩，累计开展绿色防控面积 35.02 万亩，绿色防控覆盖率达 28.35%。促进肥料减量增效，制定优化氮、磷、钾配方近 20 个，增施有机肥，全县化肥施用折纯量比上年减量 1%，亩均减少约 0.15 kg，建成万亩示范片 1 个、百亩示范片 10 个。

（三）城镇绿地生态保护与修复

武胜县通过整合城市滨水带、公园、广场、街道等游憩空间，累计建成绿道约 18 km，推动高边坡垂直绿化建设，逐步构建起稳定的园林绿化格局。组建专业养护队伍，现有园林从业人员 169 人，配备绿篱机、割灌机、洒水车等作业设备，采用现代化作业方式对城区绿化实行网格化管理，实现园林养护工作向机械化、自动化过渡。截至 2022 年年底，县城建成区绿化总面积 701.82 万 m^2，绿地率 38.86%，城市公园绿地面积 239.48 万 m^2，绿化覆盖率 42.23%，人均公园绿地面积 13.63 m^2。

（四）河湖湿地生态保护与修复

武胜县高标准推进河湖、湿地生态系统保护和修复，坚持“生态优先、水岸齐管”，通过污水截流、岸线生态修复、景观建设、设施完善等举措，改善流域水环境质量。加强岸线保护与利用，关停砂石堆码加工场 6 个、依法拆除侵占河道砂石堆码加工场 23 个。构筑生态岸线，营造植物保护带，加强河岸堤防和河岸的水土保护工作，实现堤岸建设 16.16 km，保护带范围 1.40 km^2；推动水生生物多样性保护，划定嘉陵江岩原鲤、中华倒刺鲃国家级水产种质资源保护区 4.32 km^2（国家级）、饮用水水源保护区 0.41 km^2（县级）。2022 年，武胜县投入 78 万元，增殖放流鲢、鳙、华鲮、白甲鱼、胭脂鱼、中华倒刺鲃、岩原鲤等鱼类共计 92 万尾。

二、形势与挑战

（一）丘区森林生态系统亟待系统性建设

由于丘区特性，长期以来受农耕影响较大，武胜县森林资源较少，主要树种为柏木、香樟和巨桉，树种结构较为单一，生物多样性低；乔木林全为人工林，占县域林地总面积的 74.6%。林木质效仍有待提高，受人为或自然因素影响，县域内优良林木个体数量较少；单一树种多轮种植导致地力下降，县域内林木生长缓慢或停滞；中、小径材树木比例高，树高、蓄积生长量较同类立地条件林分的平均水平低，水土保持功能偏低。

（二）丘区农田生态系统修复面临挑战

农田生态系统污染治理难，武胜县虽已推广化肥的减量增效，但囿于群众长期形成的耕作习惯，农田化肥施用量超标情况依然存在。农田生态系统破碎化，受限于武胜县多山地丘陵地形，15°以上坡耕地占现状耕地总面积的 14.42%，且地块较为分散，交通可达性较差，难以形成连片规模化耕地，导致农田生态系统破碎化程度较高。农田生态系统功能有待提升，武胜县农田多为坡地，拦蓄雨水能力低、保水能力差，易发生水土流失，导致土壤肥力降低，如街子镇、猛山乡等 25°以上坡耕地较突出。

（三）城市生态系统建设质量有提升空间

县域内现有绿化品质有大幅提升，但城市口袋公园、立体绿化建设仍可进一步补充，规划建设的城市绿心、景观绿化带、绿岛、绿地空间和健康运动步道体系有待加快落地。绿化管护水平有待提高，部分园林绿化保护意识薄弱，破坏绿化、占用绿化、毁坏绿化、踩踏草地、擅自修剪损坏砍伐树木等现象依然存在；对名木古树的保护尚且不足，缺乏名木古树健康状况监测，名木古树保护工作参与度不高。

（四）水生态系统建设有待加强

近年来，武胜县整体水质持续改善，但受生态流量小、畜禽散养排污等影响，复兴河、走马河等支流水质不能稳定保持Ⅲ类，水环境质量有待提升。县域内部分水库岸线功能区划定不全面，河湖岸线管理有空缺，缺乏生态岸线建设规划。水生生物多样性保护有待持续加强，县域虽已划定种质资源保护区、持续开展增殖放流，推动水生生物多样性保护，但目前仍然缺乏水生生物多样性监测体系，“十年禁捕”保护成效亟须有效评估。

三、推进武胜县生态保护与修复的实现路径

（一）提升丘区森林生态系统质效

优化林地空间格局。构建以县域北部大面积集中的山林绿化（一屏）、嘉陵江滨江绿带、长滩寺河滨河绿带（两带）、沿遂广高速防护绿廊、兰渝高速防护绿廊、沿兰渝高速及国道 212 防护绿廊（三廊）、县域内森林公园、水源保护区、旅游区、山林地、湿地等具有重要生态意义的绿色斑块（多斑）为核心的全域生态安全格局。持续推动国家储备林基地布局，重点加强以嘉陵江流域为骨架，其他支流、湖泊、水库、渠系为支撑的绿色生态廊道防护林体系建设。将部分坡度大于 15°的低效园地通过植树造林增加郁闭度调整为林地。

分类施策推动森林质效建设。综合采用林地改培、廊道绿化、特色产业培育等方式，提升县域森林建设质效。针对人工纯林，开展培大培优建设，在石盘镇、鼓匠乡、鸣钟镇、街子镇、万善镇、金牛镇等区域，采取改单层林为复层异龄林、改单一阔叶林为针阔混交林、改一般用材林为短周期速生储备用材林等措施，形成以乔木为主、乔灌草相结合，常绿为主、常绿与落叶相结合，生态与景观相协调，生物多样、层次分明、持续稳定的森林生态系统。针对现有低产林，进行廊道绿化，提质改造，在石盘镇、礼安镇、沿口镇、中心镇、三溪镇等沿河两岸第一层山脊内，采取改现有低产林为景林兼用林地，调整树种，形成以阔叶为主，乔灌草相结合，效果稳定的山地彩叶景观群落。针对现有特色林业产业，主打多元化发展，在万善镇、中心镇、华封镇、礼安镇等区域，发展珍稀苗木育苗基地，配套林下种植发展林业特色产业；在晚熟柑橘林和中、低郁闭度阔叶林进行林下特色产业，发展林药、林菌模式；利用山间湖畔的特色森林环境，依山修建民宿体验馆，傍水建露天营地和康养户外运动体验园。

加强森林建设管控。以林长制为抓手，统筹推进森林用途管制、古树名木保护、森林火灾和病虫害监测防治工作。严格实施林地用途管制制度，全面停止天然林商业性采伐，大力实施天然林保护修复工程，遏制天然林分退化；公益林实行“总量控制、区域稳定、动态管理、增减平衡”管理机制，实施集中管护集体和个人所有的公益林。重点保护县域内的黄桷树、银杏、楠木、枫香树等名木古树，建立名木古树健康状况监测体系，严禁破坏古树名木。建立完善森林监测体系，建立完善的病虫害检疫制度和测报网络，大力推广物理防治、生物防治方法，实现对森林病虫害、外来生物入侵的预防和控制；健全护林防火机构，加强防火队伍建设，提高森林火灾的预防和扑救能力。

（二）改善丘区农田生态系统质量

有序实施耕地恢复计划。完善撂荒地工作台账，对县域内的撂荒地进行全面摸排与

监管，加强农村土地流转管理和服务，积极探索土地流转新模式，加快推进撂荒地复耕复种。全面落实乡村振兴战略，充分征求农户意愿，有序实施城乡建设用地增减挂钩项目，农村宅基地拆旧图斑复垦为耕地。推进宜耕园地林地、部分低效园地逐步复耕，采取树木移栽、田坎修复、耕作层恢复、灌溉水系建设等手段，对部分可恢复的园地、林地和坑塘水面进行复耕。引导胜利镇、龙女镇等乡镇农业结构向有利于增加耕地的方向转变。重点保护嘉陵江、走马河、复兴河、兴隆河、长滩寺河流域的连片优质耕地，坚决制止耕地“非农化”，防治耕地“非粮化”。

开展农田污染治理。对县域农田保护区内的耕地，分类实施管控和污染防治，通过化肥农药减量增效、农田残膜和秸秆回收利用、禽畜养殖污染防控、灌溉水污染监管等措施，严控污染源。开展农田土壤培肥改良，在中心镇和乐善镇等区域实施调酸土壤、管控水分等土壤改良技术措施，治理污染耕地。在石盘镇、清平镇、中心镇等乡镇对6°～25°梯田，采用平整农田、合并田块，修建农田水利、田间道路、坡改梯改善耕作条件，增厚土层、培肥地力提高耕地质量。统筹推进全域土地综合整治，通过“小并大”和调整细碎耕地结构等方式，提高耕地集中连片度，推动耕地集中连片保护和耕地质量全面提升。重点保护低丘平坝地区的集中优质连片耕地，全面推进高标准农田建设。

改善农田生态质量。加强农田防护林体系和生态渠系建设，提升农业生态碳汇，构建以河流、生态沟渠、道路为骨架的农田生态网络。围绕农田生态系统整体性、多样性，兼顾农田排水和污染拦截需求，通过低能耗的工程手段，引入新型生态衬砌技术，改建或新建排水沟渠为生态拦截沟渠，形成灌、草、水多层次复合的绿廊模式。构建生态路网，采用泥石灌浆碾压处理技术等，减少碳排放和降低能源消耗，实现其通行、生境连通、农田独特景观和减排等生态功能。在飞龙镇、三溪镇、龙女镇等现代农业园区所在地，以“柑橘+生猪”的种养结合模式发展生猪养殖，实现粪污还肥于田，实现零排放和资源再利用。推广秸秆发酵、粉碎还田，着力扩大农业碳汇规模，构建“用地+养地”的培肥固碳模式，增强农田土壤温室气体吸收和二氧化碳固定能力。

（三）推动城镇绿地网络建设

构筑城镇绿色网络。系统规划建设防护绿地，提高占中心城区城镇建设用地比例与人均防护绿地面积。加快沿口生态活水公园、白鹤观体育公园、唐家山森林公园（核心区）等城市公园的品质化建设。加强县域内主要高速公路两侧生态林带的建设，推进城镇主干道、城镇高速公路两侧建设防护绿地。强化林荫人行道设计，沿人行道提供绿色开敞空间，增加沿街绿色植物品种，形成绿树成荫、绿地点缀的绿色走廊，共筑城镇林荫散步系统。加强立体绿道建设，推动高架、高边坡垂直绿化建设，新增立体绿化面积。持续补绿增绿，聚焦城区公园及主要节点，关注区域摆放鲜花、更换花箱、补栽移栽乔木。

持续提升城镇绿化管理水平。完善部门联动工作机制，层层落实管理责任，依法依规推动城市绿化规划建设和城市绿地保护管理工作。精细化开展绿化养护工作，全面加强浇水、修剪、施肥、枯藤枯木清理、补植灌木、病虫害治理等各项管理措施。加强绿化管护范围管理，重点加大未移交绿化主管部门的景观绿化工程、小区红线范围内临市政道路绿化工程的管护，提升整体景观效果。常态化普及绿化知识、绿地保护相关法律法规，宣传绿化典型，展示绿化成果，引导社会各方力量参与城镇生态系统保护与修复。加大破坏绿化行为的巡查与执法力度，及时、严肃处理或遏制毁绿、私自砍伐树木等违法违规行为。

（四）强化水生生态系统保护

加强河湖岸线生态带建设。维护健康自然弯曲河湖岸线，尊重嘉陵江、长滩寺河、兴隆河等自然水系的走向与线型，避免“截弯取直”，原则上不新建硬质人工岸线。落实河湖岸线功能分区管控要求，以嘉陵江两岸生态绿廊建设为核心，对县域范围内的重要河流水系、饮用水水源保护地，采取“绝对生态控制区”“建设控制区”两级保护措施，预留生态岸线建设空间。对嘉陵江、长滩寺河、太极湖等重要湖泊、河流水系沿岸绿化工作进行整体设计，推进水域两侧生态缓冲带建设，局部地段增加活动设施以及公园绿地，形成富有特色的沿江生态景观带。建立水域岸线动态化监测预警系统，实现基础数据、涉河工程、水质监测、岸线管理信息化管理。

提升流域水生态功能。因地制宜连通河湖水系，推进水环境自然修复保护，维系水体的流动性和自然净化功能，保持县域内江河湖泊水系的自然联通。重点加强嘉陵江、兴隆河、长滩寺河等流域综合整治，从截污清源、保障水量、提高水质、改善生态等方面持续推进流域综合整治。加强城镇生活污水治理、工业企业达标排放、畜禽养殖场污染治理、流域农业农村污染整治、沿线环境监管、生态补水，有效改善流域水质。持续深化河长制，完善部门联动协调机制，强化属地管理和分级分部门负责原则，加强部门联合执法，切实加大水环境保护力度，强化对涉河涉岸线违法行为打击力度。

强化水生生物多样性保护。建立健全流域江河湖库生态用水保障机制，科学制定水库、水电站调度方案，保证河湖基本生态流量、基本生态用水和枯水期生态基流。加强水利水电建设及运行过程监管，建立水利水电项目下泄生态流量在线监测监控系统，严格落实取水审批及环境保护措施，保护水生生物生境。建立水生生物监测与评估体系，开展水域水生生物和鱼类资源监测与水生生物保护成效评估。构建水生动物迁徙廊道，加强岩原鲤等重要水生生物迁徙通道保护，维护流域水生生物生境。鼓励采取种群恢复、种群控制、增殖放流等技术，保护水生生物资源。新建水产优良品种繁育基地，借鉴现有国内外先进的技术成果，开发增养殖新模式，提升水生生物繁殖质量。

四川盆地川中丘陵地区典型县
——武胜县生态产品价值实现的路径思考

摘　要：党的二十大报告指出，“必须牢固树立和践行绿水青山就是金山银山的理念，站在人与自然和谐共生的高度谋划发展”。生态产品价值实现是搭建“绿水青山”与“金山银山”的桥梁，是践行“绿水青山就是金山银山”理念的关键路径。县城是县域生态产品产业链延伸升级、生态产品消费的集聚地，因地制宜发挥县域资源禀赋，将生态产业培育成为新的经济增长极，对推动县域经济高质量发展具有重要意义。武胜县地处川东渝北、嘉陵江中下游，具有丰富的生态资源优势。本文深入了解了武胜县生态产品价值转化现状，剖析了其生态产品价值实现存在的问题与挑战，依托“绿水青山”向“金山银山”转化模式，提出武胜生态产品价值实现的路径。

关键词：生态产品；绿水青山就是金山银山理念；高质量发展

武胜县地处川东渝北、嘉陵江中下游，辖区面积 966 km^2，是位于“天府成都”和“山水重庆”之间的现代田园城市，拥有“嘉陵明珠”的美誉。县域内自然资源禀赋良好，河流、湖泊等水体密布，水资源较为充沛，富锌等特色土地资源较丰富，县域种植业生产适宜性整体较好，利于农业种植，良好的生态环境本底和丰富的自然资源为武胜生态产品价值转化提供了强劲动力。近年来，武胜县深入践行“绿水青山就是金山银山”理念，把嘉陵江生态屏障建设放在筑牢长江上游生态屏障的突出位置，持续打好蓝天、碧水、净土保卫战，以生态环境高水平保护推动经济社会高质量发展。2022 年，武胜空气质量优良率为 92.9%，嘉陵江出川断面稳定保持在Ⅱ类水质，城乡饮用水水源地水质达标率 100%，土壤环境质量总体稳定，武胜先后荣获“中国生态魅力县”“全国休闲农业重点县”“全国农村人居环境整治成效明显激励县”“四川省首批省级生态县”等称号。

一、武胜县生态产品概况

（一）武胜县生态系统服务价值评估

基于改进的价值当量因子法，系统收集和梳理了植被、土壤保持和气候等数据，通过价值系数调整和基础当量表地域修正，构建时空动态当量表，对武胜县生态系统服务价值进行了动态评估，并运用 Slope 方法等探究了其时空分布。

评估结果显示，20 年来，武胜县生态系统服务价值总量年平均为 10.68 亿元（图 1a），从空间分布来看，呈现出沿嘉陵江流域向四周递减（图 1b）；从空间变化趋势来看，嘉陵江东部生态系统服务价值增加，西部有降低的态势（图 1c）。具体来看，在生态系统供给服务方面，武胜县食物生产服务①价值年平均值约为 2.55 亿元，低值主要分布在嘉陵江流域周边，高值主要分布在东部。近 20 年内水资源供给服务价值整体呈显著上升趋势，主要分布在嘉陵江流域周边。在生态系统调节服务方面，武胜县气候调节服务②价值平均值约为 1.66 亿元，从空间分布来看，高值主要集中在嘉陵江流域周边；水文调节服务③价值平均值约为 3.60 亿元。在生态系统支持服务方面，武胜县土壤保持服务④价值年平均值约为 747.45 万元，主要集中在嘉陵江流域周边。

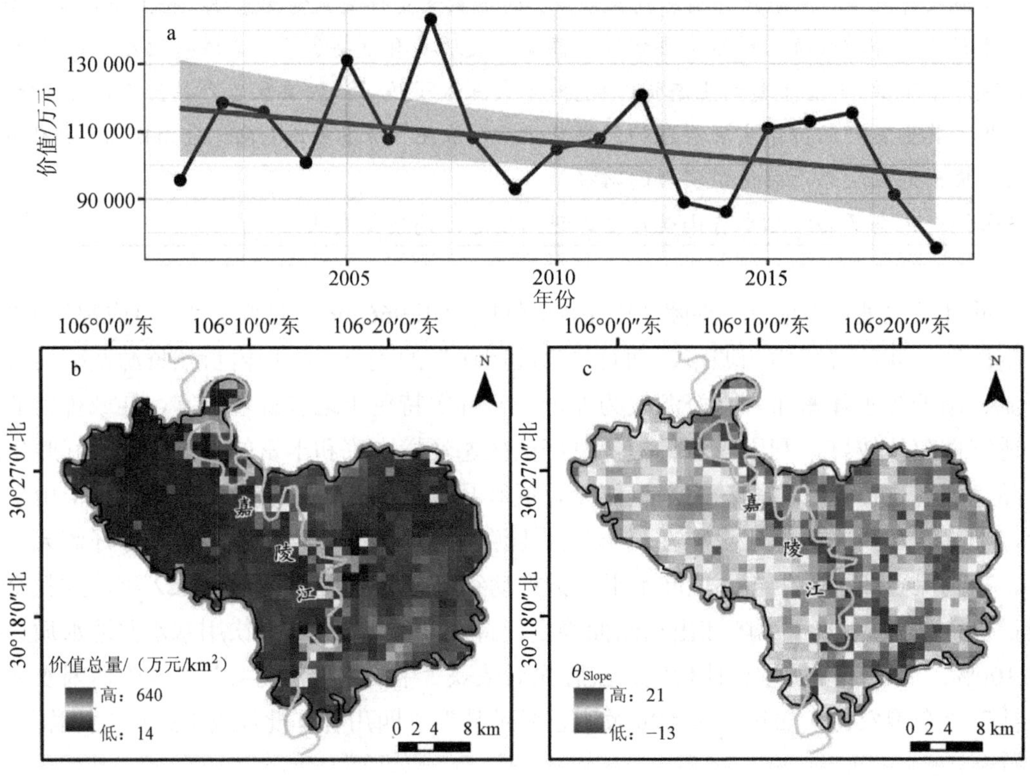

图 1 武胜县生态系统服务价值总量年际趋势、空间格局和变化趋势

① 食物生产服务是指将太阳能转化为能食用的植物和动物产品。

② 气候调节服务是指通过降雨、蒸发、径流、水汽输送等方式使得全球不同纬度具有不同的气候类型并保持稳定。

③ 水文调节服务是指生态系统截留吸收和贮存降水，调节径流，调蓄洪水、降低旱涝灾害。

④ 土壤保持服务是指保持土壤肥力及减少土壤流失。

从最新年份评估数据来看，2019 年武胜县生态系统服务的总价值量为 7.54 亿万元。在不同土地利用类型中，农田生态系统服务价值总量最高，达 6.50 亿万元，占总价值的 86.20%，其次是水域和森林，分别占比为 8.21%、3.07%（图 2）。在不同类别的生态系统服务功能中，水文调节的价值量最高，占比达 26.92%，其次是食物生产和气体调节，分别占比达 19.07%、16.75%（图 3）。

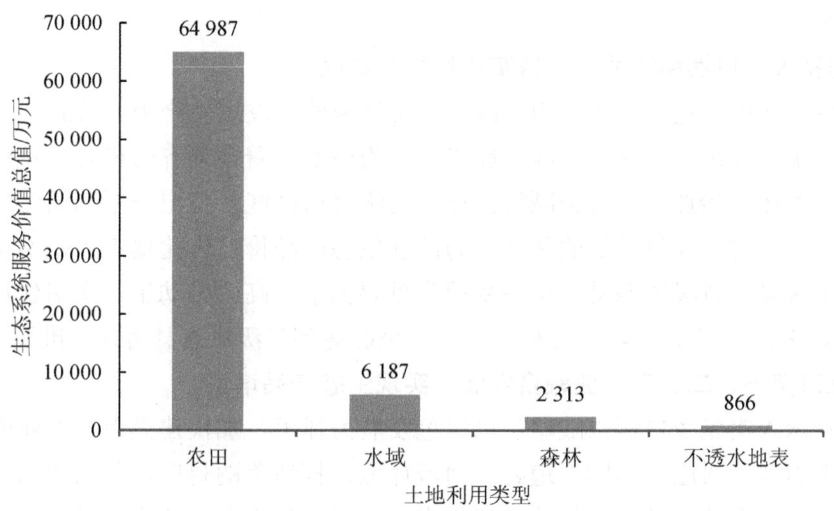

图 2　2019 年武胜县不同土地利用类型的生态系统服务价值总值

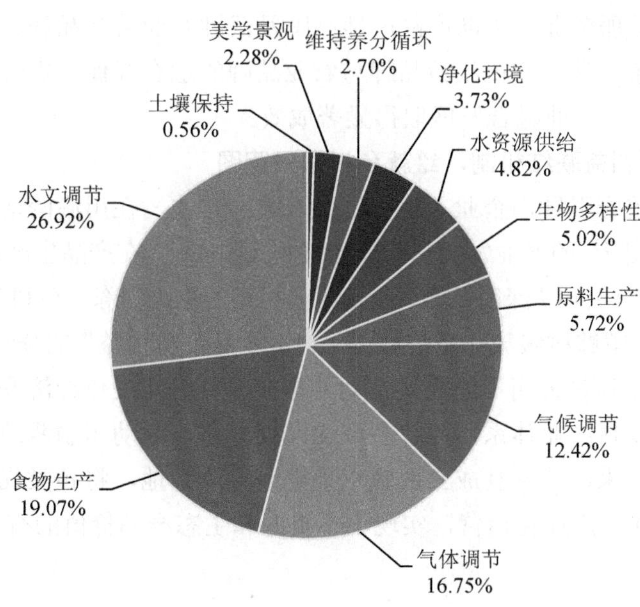

图 3　2019 年武胜县各类生态系统服务价值占比

（二）武胜县生态产品价值实现的主要做法

武胜依托生态资源优势，加快打通“绿水青山”和“金山银山”双向转化通道，形成了以生态农业为基础，生态旅游为突破口，农产品电商、休闲农业旅游、红色文化旅游等产业新业态为重要补充的生态产品价值转化模式，以品牌建设实现生态产品溢价，促进全产业链发展和第一、二、三产业融合，初步探索出了一条因地制宜的生态产品价值转化之路。

1．坚持人与自然和谐共生，夯实自然生态本底

保护生态环境就是保护生产力，改善生态环境就是发展生产力。武胜县自觉践行绿水青山就是金山银山的理念，以改善环境质量为核心，着眼补齐污染防治短板，从大气污染防治到水环境治理，从污染减排治理到淘汰落后产能，打出一系列治污组合拳，走出了一条生态优先、绿色发展的新路，为武胜生态产品价值转化奠定了坚实基础。武胜县以创建国家级、省级生态县、生态乡镇为重要抓手，高位推动生态文明建设，成功创建省级生态乡镇 17 个、市级生态村 192 个，全面达到省级生态县考核标准要求。

2．推进第一、二、三产业融合发展，实现生态产品增值

武胜县深入实施乡村振兴战略，以绿色发展为抓手，加快建设现代农业产业融合示范园区，大力改善村庄、田园、道路、河流环境，打造美丽村庄、美丽田园、美丽道路与美丽河流，为农业产品与乡村旅游提供支撑。以绿色生态农业为基础，延伸农业产业链，通过精深加工，将农产品打造成为高附加值产品，拓展市场销路，提升产品价值。建立产业聚集发展区，拓展农业功能，发展农业新业态，使农业产区成为休闲景区，使低值农业成为高效服务业。借助产品产地品牌及武胜企业著名品牌，拓展培育武胜县美丽乡村、休闲旅游品牌，实现旅游品牌与农业品牌的融合互促，提升武胜全域产品服务价值，第一、二、三产业融合发展取得显著成效。

3．建立三级利益联结机制，绘就乡村振兴蓝图

武胜县通过政府引导，企业入驻，村民入股的方式，在川渝两地率先提出乡村振兴“三级联产 分级保障”的产业发展利益分配机制（图 4）。在产品生产过程中，由“农户+村级集体经济组织+公司”深度融合，形成环环相扣的生产链条；在利益分配上，实行“优先保障农户利益、留够村级集体经济利益，剩下才是公司利益”的分级保障制度。以“农户+村级集体经济组织+公司”的模式带动并形成区域村级集体经济联合体，村民受益，企业获利，构建乡村产业体系，为特色产业谋划思路，联动川渝两地，助力区域生态产品价值实现。近年来，武胜县成立武胜直播电商产业基地，将各类优质生态产品规模化收储、市场化运作、产业化运营，实现生态资源和生态产品价值的有效转化。

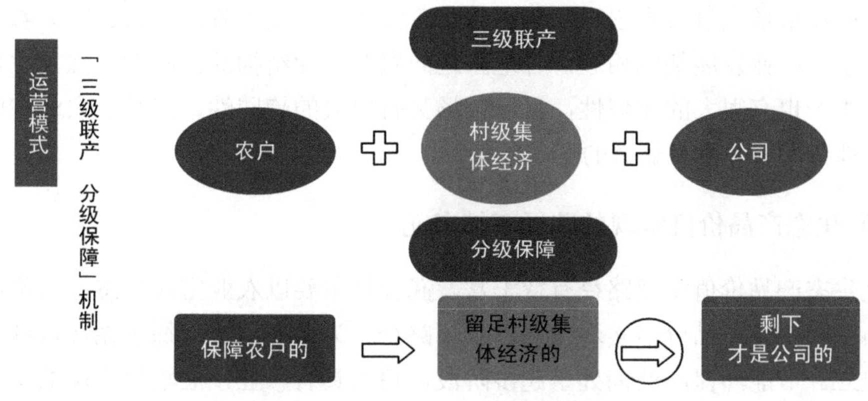

图4　"三级联产　分级保障"模式

二、武胜县生态产品价值实现形势研判

（一）生态产品价值实现的基础支撑较薄弱

农业生态产品产业基础较薄弱，与农业现代化发展仍存在一定的差距。一方面，基础设施建设还不够完善。农业园区灌溉等水利配套设施有待提升，灌溉能力有限，抵御自然灾害的能力不高，农用小气候监测设备支撑薄弱，亟须补足短板。另一方面，农业组织化、集约化程度较低，标准化程度不高，制约了武胜县农业机械化、农业产业化的发展和农业新技术的推广应用，冷链物流储藏和运输设施设备也有所不足，农产品物流体系还有待进一步完善。

（二）生态产品价值转化率、效益偏低

一方面，生态产品价值转化率低。县域内农产品商品率低，农民重产量轻质量意识浓厚，农产品优质率不足。除部分家禽家畜转化利用外，深加工利用刚刚起步，农副产品利用率低。另一方面，农业生产经营效益偏低。受发展基础限制，农业产业中种植业比重偏高，传统粮油种植比重比较大，加之农业生产规模化经营尚在起步阶段，高效农业和农产品加工业占比较低，市场竞争力和抗风险能力较弱，导致生产环节在产业链中所占利润比例较低。

（三）生态产品品牌效应和市场竞争力不强

一是缺乏龙头品牌。武胜县虽是传统水产养殖大县，但大多为小规模散户，总体上小而散，未形成规模效应和品牌效应。农产品加工程度仍以原料初加工为主，产业链条短、产品附加值低、可替代产品多，且公共营销平台和品牌化运作能力建设不足，农产

品品牌效应和市场竞争力不强。二是区域竞争激烈。广安市各县（市、区）农业发展自然地理环境、产业发展基础相近，各地区之间农业产业结构的雷同性较强，主导行业和主导产品生产也有很大的相似性，目标市场又有很大的趋同性，武胜县农业在广安市虽有一定的地位，但并没有显著的竞争优势。

（四）生态产品价值实现的路径不够多元

一是生态产品价值实现路径有待丰富。武胜县主要以农业空间生态产品价值实现为主，城镇空间生态产品价值实现薄弱，实现路径较为单一。二是绿色循环低碳的工业体系有待建立。节能环保产业尚处于起步阶段，缺乏具有产业发展辐射作用的龙头企业，对发挥产业生态化发展优势的支撑力不强。建筑材料制造业、农副产品加工业等传统产业生态化标准和标志管理工作相对滞后。三是生态服务业发展和能力建设不足。生态服务业存在“重设施、轻服务”现象，特色化和体验化挖掘不够。生态文化旅游总体处于“观光经济”“周末经济”的初级阶段，存在文旅融合、旅游资源利用不充分，产业链不完备、市场竞争力不强等问题。

（五）生态产品价值实现的配套保障待加强

一是融资渠道不够畅通。武胜通过金融工具破解农村融资难题，但金融助推生态产品价值转化力度仍有提升空间，多种金融投入手段发展尚不充分，金融“活水”作用发挥有待进一步增强，新型农业经营主体拓展供应链、价值链的生产性融资仍面临挑战。二是人才队伍建设有待加强。生态产品价值实现涉及生态环境、自然资源、产业发展、农业农村、绿色金融等多个领域，需要多个学科及专业领域的智力支持。一方面，对于生态产品价值实现、生态产品开发的专业队伍建设仍有待加强。另一方面，县域内劳动力人员年龄偏大、文化程度偏低，多采取传统生产模式，农业新技术和科技知识难以推广和普及，生态农业技术专业人才培养待加强。

三、武胜县生态产品价值实现的路径思考

（一）聚焦“循环集约型”模式，发展循环经济生态产业

构建循环经济产业链。突出绿色生态、循环发展的现代农业理念，以废弃物源头减量化、资源化为核心，着重延链补链，深化“叶养蚕”“枝生菌”“渣做肥”“肥育桑”的深度循环模式，不断延伸和完善蚕桑全产业链。以废物处理资源化和无害化为主线，围绕畜禽养殖粪污“零排放”和“全消纳”目标，探索畜禽粪污综合利用模式，强力推广“果-草（菜）-畜-沼-果”等种养结合生态循环模式，形成上联养殖业、下联种植业的生态循环农业新格局。充分发挥农田生态系统服务价值，以多业共生的循环农业生产方

式为抓手，依托“水稻+鱼虾”种养循环模式，探索“稻+鸭”“稻+蛙”“稻+菜”“藕+鱼”等种养共生生态循环模式，带动形成一批种养结合的典型模式。

发展创意农业循环经济。依托武胜农业发展优势，聚焦打造新时代更高水平的“天府粮仓”，进一步拓展农业功能，整合农耕文化、现代农业园区、农村房屋、传统院落、特色优质农产品等资源，将良好的农业发展基础、农业产品、生态环境进行紧密结合，发展田园文创、文化体验、生态观光、美食品鉴、农事体验等产业，构建美色、美味、美形、美质、美感、美景、美心的现代生活方式，培育新产业、新业态、新模式，将传统农业的第一产业业态升华为第一、二、三产业高度融合，延伸农村生产、生活的价值链，实现产区变景区、产品变礼品、一产变多产。

打造绿色低碳园区。创新园区综合能源管理，系统推进武胜广武路片区农产品加工园、街子片区机械电子制造园等园区能源系统整体优化，实施园区节能降碳增效工程，鼓励优先利用可再生能源。完善合武共建产业园区低碳化改造和产业升级，通过“横向耦合、纵向延伸”构建园区内绿色低碳产业链，促进园区绿色低碳发展，争当成渝地区双城经济圈产业合作示范园区绿色低碳“领跑者”。强化独具特色的武胜火锅产业园建设，形成涉及火锅底料、食材、油料等产品的火锅全产业链，推动企业循环式生产、产业循环式组合，推进能源梯级利用、污水收集处理及回用、固体废物处置及资源化利用，以及供热、供水、物流等基础设施共建共享，推动区域内资源循环利用形成闭环。

（二）聚焦“品牌塑造型”模式，擦亮生态产品“金字招牌”

打造生态产品品牌。按照借力生态、品牌赋能的思路，打造特色鲜明的生态产品区域公用品牌，将区域典型生态产品纳入品牌范围，形成“县公用品牌+地理标志/证明商标+企业品牌”的品牌矩阵场景。进一步加强武胜大雅柑、武胜脐橙、武胜金甲鲤等品牌的培育和保护，提升生态产品溢价。立足具有鲜明地域特色的美食代表，通过强化武胜麻哥面、飞龙猪肝面、渣渣鱼、醉仙牛肉等品牌打造，按照集中资源、全面推广、持续营销的策略，面向不同消费群体实施“品牌+”精准营销，提高武胜美食品牌的知名度和美誉度。大力发展绿色食品、有机农产品和地理标志农产品，围绕“大而优”农产品和“精而美”特色农产品，构建农业品牌体系，打造绿色健康的“米袋子”“菜篮子”“油瓶子”“果盘子”等品牌，创响一批乡土品牌。

提升生态产品价值。挖掘农产品的核心价值和文化内涵，依托“中国蚕桑之乡”美誉，塑造武胜蚕桑产业整体品牌形象与美誉，围绕标准化桑园、标准化养蚕设施、蚕桑资源开发和蚕桑产业技术创新等方面，推进全程标准化生产，延长产业链条，提升蚕桑产业综合产值，全力打造蚕桑文化品牌。发掘本土生态资源的独特经济价值，打造“重庆火锅武胜造”IP，打通上游生态产品种植、下游生态产品加工、终端销售体系的全链条发展模式，做到人无我有，人有我优，打造川渝独有、全国一流的麻辣火锅产业基地，做响武胜火锅品牌，提高产品的“生态”溢价率。

加强生态产品品牌管理。增强生态产品品牌保护意识。加强武胜生态品牌标准评价、认证、监管、标志使用等各环节的规范与管理，建设“武胜正品”追溯平台，建立生态产品质量追溯机制，提高武胜生态产品的知名度、美誉度和开放度。加强认证管理。制定武胜绿色生态产品标志管理办法，健全生态产品认证有效性评估与监督机制，积极推动认证结果省际互认、国际互认。做好面向获证单位的宣传推广和培训工作，指导主动用标、规范用标。支持企业参加国内外专业展会，拓宽农产品销售渠道，扩宽品牌营销体系，提升品牌在全国消费者中的认知度，做大品牌“无形资产”，助推生态产品销售增长。

（三）聚焦“文化铸魂型”模式，挖掘特色生态文化产品

“生态+文化”。将“生态+文化”理念融入全县相关生态文化旅游规划，充分整合全域资源、优化配置，形成因地制宜、突出特色、共建共享的生态文化旅游发展新形态。依托“红武胜”之美称，挖掘红色文化、诗词文化、民俗文化、蜀汉文化等文化资源，围绕现实题材、乡村振兴、生态保护等方向，进行选题创作。融入AR、VR等最新高科技元素和绿色低碳技术，建设一批集科普教育、研学、旅游、休闲、文创于一体的主题公园。推进宋（蒙）元山城遗址与钓鱼城联合申遗，整合宝箴塞和新中国第一次石油大会战、三线军工企业157厂等历史文化资源，结合龙舟文化、纤夫文化、蚕桑文化，协同上下游打造嘉陵江生态历史文化旅游带。以红色地标、沧桑文物、红色故事等为抓手，凝练武胜红色基因，打造红色旅游专题线路，盘活红色资源，将红色资源转化成发展优势。

“生态+旅游”。将武胜“全时旅游、全业态旅游、全产业链旅游”与全方位、全过程、全地域生态环境保护结合起来，建立一体化运营体系，降低全域旅游和生态环境保护的运管成本。依托一江两岸、山水相融的独特优势，以“秀美嘉陵·百里画廊”品牌建设为抓手，挖掘利用龙女湖、永寿寺半岛等生态资源，打造川渝知名的江湾湖畔乡村度假旅游目的地。持续筑牢生态屏障，做好嘉陵江山水文章，推进嘉陵江沿岸绿化、彩化、美化，建设百里最美画廊，扩大“大地油彩乡村文化旅游节”参与度和影响力，擦亮“江湾湖畔城”“乡约武胜”品牌，打响武胜知名度，唱响“嘉陵江畔游”文旅融合大品牌。

“生态+休闲”。坚持人与自然和谐共生，依托县域生态资源条件，充分考虑市场辐射力、地区差异、季节变化等，打造独具特色的“武胜休闲产品”。通过体验化、情景化项目设计，推进县域水体资源景观化打造，完善高洞河度假带建设，变天然水体为生态池子，提供休闲、垂钓、科普等服务。依托蚕桑园、柑橘园等规模化的产业基地，配套步游道、休憩座椅等基础设施，实施景观打造，策划主题活动，变果园、菜园为绿色园子，变天然林盘为景观林子，提供采摘游、休闲游、观赏游、体验游，吸引游客“沉浸式消费”。以探索自然之美为主线，注重个性化、注重参与性、注重全过程，用好用

活龙潭瀑布、白龙潭、唐家大山森林公园等资源，融合露营、徒步、林间电玩、自选运动、营地影院等“动静结合”项目，拉长游客游玩时间，让游客来得高兴、游得开心、走得留恋，释放“生态+休闲”的乘数效应。

（四）聚焦“数字赋能型”模式，提高生态产品供需能力

依托平台经济推动生态产品供需精准对接。立足武胜万善物流园区和电商产业直播基地，推动川渝特色农产品供应链中心、电商直播中心和仓储物流中心建设，建立本土化、公益共享、线上线下融合的服务体系，探索开创“田园武胜”线上旗舰店，搭建电商平台线上销售渠道，创新应用“直播带货”“拼团”“众筹”“私人定制”等多元化互联网营销模式，打通生态产品走进城市的上行通道。依托跨境电商实验中心，拓展TikTok、亚马逊、Shopee、Ozon等海外电商渠道，丰富优质生态产品交易渠道和方式。

依托数字技术打通“绿水青山”向“金山银山”转化堵点。健全生态产品动态监测制度，利用大数据、云计算等先进技术，跟踪掌握生态产品的数量分布、质量等级、功能特点、权益归属、保护与开发情况等信息，绘制武胜“生态产品价值地图”，构建生态产品空间信息数据资源库，形成可视化、可触摸的基础核算数据。加快建设开放共享的“生态产品武胜造”信息云平台。突出数字基础设施建设、智慧农业发展、乡村数字惠民服务等重点，进一步实现大雅柑产业基地肥水一体化管理、蚕桑现代农业园区智能化养蚕、“智慧渔政”提质增效。

优化电子商务发展环境。建立健全武胜电子商务产业发展扶持政策，加强质量安全监管，组织企业参加“6·18”“双11”等大型电商直播活动，推动武胜电商规模化、品牌化、集聚化发展。结合武胜电商人才发展现状和企业对电商人才的需求，依托直播培训中心，制定系统化、针对性的人才培育方案，通过培育一批、扶持一批、引进一批相结合的方式，打造规模化、结构化的电商人才队伍，培育孵化一批农村电商带头人，并提供完整运营及供应链解决方案。加大对农村电子商务基础设施的建设支持力度，完善电子商务物流基础设施，构建全覆盖、层次分明、职责明确的县、镇、村三级物流配送体系，为农村电子商务蓄势发展铺好道路。

四川盆地川中丘陵地区典型县
——武胜县文旅资源挖掘与产业发展研究建议

摘　要：随着我国城市化进程的加速推进，特别是经济发展进入新常态后，城镇化逐渐成为当前我国经济增长的新动力。文化旅游产业是推动新型城镇化建设高质量发展的重要途径。2022 年，中共中央办公厅、国务院办公厅印发《关于推进以县城为重要载体的城镇化建设的意见》指出，“要培育发展特色经济和支柱产业，强化产业平台支撑，提高就业吸纳能力，发展成为先进制造、商贸流通、文化旅游等专业功能县城。”2023 年中央一号文件《中共中央　国务院关于做好2023 年全面推进乡村振兴重点工作的意见》提出，要培育壮大县域富民产业，培育乡村新产业新业态，这为发展特色县域文旅产业指明了方向。武胜是川东北典型的旅游大县，自然风光秀丽，文化底蕴厚重，资源分布相对集中，旅游市场潜力巨大。近年来，武胜深入实践绿色发展理念，借力绿水青山，依托生态资源优势，打通“生态价值转化”通道，持续丰富生态旅游产品供给，推进生态旅游与农旅、文旅的深度融合，积极探索旅游驱动生态价值高质量转化的路径。在四川省社科联重大项目“四川筑牢长江黄河上游生态屏障目标体系与建设路径研究”的支持下，本文对武胜开展解剖式调研，并针对如何推动武胜文化旅游高质量融合发展，围绕生态、文态、形态、业态“四态”融合发展提出了5点意见建议。

关键词：县域；文旅资源；产业发展

陇秦雨水汇嘉陵，千里江流绕古城。广安市武胜县文化旅游资源丰富，拥有全国重点文物保护单位、全国休闲农业与乡村旅游示范点等国家级旅游资源 14 处，省级水利风景区、省级湿地公园等地方旅游资源 57 处；拥有“蜀中一绝”宝箴塞、白坪—飞龙乡村旅游度假区 2 个国家 4A 级景区，太极湖国家级水利风景区 1 个，省级旅游度假区 1 个，中国传统村落 5 个，四川传统村落 6 个，飞龙镇卢山村、高洞村，三溪镇观音桥村分别获评“中国最美休闲乡村”“中国十大最美乡村”“中国美丽休闲乡村”。非物质文化遗产武胜剪纸、飞龙竹丝画（绣）帘，永寿寺、千佛岩、清真寺等宗教文化建筑，古尔邦节、开斋节、庖汤节等民俗节庆文化，三巴汤、英雄烩、渣渣鱼、庖汤、猪肝面等特色食品荟萃。素有“嘉陵明珠”之美誉，境内嘉陵江拥有亚洲第一、世界第三的河曲度，64 个江湾首尾相连，形成“一江四河七十二溪”的丰沛河流水系，既有烟波浩渺的壮美气势，也有似丝绸般涌动的柔美，独特的嘉陵江气质赋予了武胜人民特有的精气神，造就了武胜绚丽多彩的文化，形成了嘉陵江流域水文化、军事文化、乡村文化、红色文化、工业文化五大文化体系，丰富的文化底蕴和秀美的自然生态风光相辅相成。

县城是我国城镇体系的重要组成部分。党的二十大报告提出，要深入实施新型城镇化战略，新型城镇化必定是经济高质量发展的城镇化。县域文旅产业高质量发展，是生态价值转换的重要形式，是助推县域绿色发展的重要内容，是激发县域经济活力、推动县域经济转型升级的具体要求。在县域文旅产业高质量发展的过程中，依托县域特色文旅产业的发展，带动整个县域产业高质量发展是一条有效路径。近年来，武胜深入实践绿色发展理念，借力绿水青山，依托生态资源优势，打通“生态价值转化”通道，持续丰富生态旅游产品供给，推进生态旅游与农旅、文旅的深度融合，积极探索旅游驱动生态价值高质量转化的路径。同时也面临文旅品牌识别度低、产品关联度弱以及旅游配套设施要素体系有待优化等困境，如何破题破冰、出圈出彩出成绩，是武胜推动文旅产业高质量发展亟须解决的问题。

一、武胜县文旅产业发展势头强劲

武胜县深挖嘉陵江一江两岸，山水相融独特优势，坚持亮山亮水亮文化，打造“嘉陵江畔游”旅游品牌。2022 年，全县接待游客 358.41 万人次，实现旅游收入 42.64 亿元。第三产业增加值 136.3 亿元，同比增长 2.2%，占地区生产总值的 49.85%。

（一）政策为先，优化环境促发展

做优规划绘就蓝图，武胜围绕县域旅游、嘉陵江生态经济、乡村振兴、嘉陵江沿岸景观、民俗文化等开展专题规划设计，先后编制了《武胜县全域旅游发展规划（2020—2035）》《武胜嘉陵江生态经济示范带战略研究及概念规划》《嘉陵江（武胜）生态经济示范带实施方案》《武胜县嘉陵江乡村振兴示范带建设工作实施方案》《武胜民俗文化研究工作方案》等政策文件，对武胜县文化旅游融合发展进行整体性统筹设计，建立健全文化和旅游业发展体制机制。调优政策培植主体，出台了《加快发展“1+3”现代服务业高质量发展实施方案（2020—2022 年）》等文件，积极发挥财政资金的杠杆作用，培育武胜县文创旅游开发有限公司等中大型文旅企业，撬动社会资本投资文旅融合发展、旅游基础设施提升等重点旅游建设方面，引领文化旅游高质量发展。2022 年，文旅项目投资总额为 8.02 亿元，实现文化产业增加值约 2.18 亿元。

（二）抓“旅游+”融合发展，旅游特色业态逐渐丰富

激活乡村旅游要素，武胜坚持农旅融合发展，“种庄稼”与“种风景”并重，培育田园艺术景观，实现产区变景区，产品变礼品，一业变多业，休闲农业与乡村旅游快速发展。打造了石盘镇黄石竹海户外体验活动园区，为游客提供休闲农业观光、山地摩托

体验、真人 CS 等娱乐体验项目。猛山蚕桑现代农业园区创省五星级园区、清平稻鱼综合种养现代农业园区创省星级园区。唤醒城市工业记忆，挖掘县内“三线建设”及石油钻探等工业遗产，将工业历史文化及现代生产企业与旅游充分融合，以工促游，以游带工，激活旅游兴奋点。建成了雪花啤酒、华能发电（桐子壕电站、东西关电站）、安泰茧丝绸、街子工业园区等大型工业旅游基地 4 个，武胜火锅产业园获评四川省工业旅游示范基地，县域工业旅游蓬勃发展。打造历史文化旅游胜地，依托充满地域特色的历史文化资源，将文化内涵贯穿到旅游全过程，实现旅游形式和文化内容统一。推出乡村生态之旅、红色研学游、军事历史文化研学游 3 条精品旅游路线。打造武胜·红色文化园，盘活红色资源，开展红色教育。充分挖掘历史文化元素，开发猫面傭蜀锦纪念相框、宝箴塞丝绸笔记本、青花瓷丝绸领带丝巾 3 种文创产品。

（三）区域合作，共推线路产品

共同打造巴蜀文旅品牌，武胜县文旅局与重庆市合川区文旅委签订文旅协同发展战略合作协议，双方共同推进乡村旅游、生态环保等领域协同发展，共同策划嘉陵江流域文旅经济带、巴蜀文化旅游走廊建设，共推武胜宝箴塞—合川钓鱼城军事文化游。联合推出武胜沿口古镇—宝箴塞旅游区—合川涞滩古镇—文峰街—友缘山庄古镇古堡多日游精品线路。积极推进成渝地区双城经济圈建设重点合作示范项目嘉陵江梯级渠化利泽航运枢纽工程。与合川共同开展武胜—合川段影响区域内的文物调查与考古发掘工作。共同举办非遗节、音乐节等重大文旅节会活动，互邀参加四川省非物质文化遗产精品展暨四川省黄河流域非遗展；邀请合川区文旅达人参加武胜举办的首届大地油彩乡村文化旅游节，通过制作《独钓中原，英雄名城》《遇见合川》《游在武胜》《花开武胜》等短视频方式互推两地文旅发展。共同推出“文峰老街—沿口古镇”“钓鱼城—宝箴塞”“双龙湖—太极湖”等精品旅游线路，共推文化体验、康养度假旅游产品 20 余个。

二、武胜县文旅产业发展面临的挑战

（一）品牌识别度和远程知名度不高

武胜“山、水、人、文”等自然和文化旅游资源等种类较为齐全，如龙女湖旅游度假区、白坪—飞龙乡村旅游度假区、宝箴塞旅游区、武胜大雅柑、武胜·红色文化园等，在四川省已有一定的知名度，但缺乏“塔尖品牌”引领，在全国的知晓率、影响力不足。另一方面，印山公园、中心古镇、龙女古镇、千佛岩摩崖造像、马家清真寺、嘉陵江船工号子等地方特色的品牌尚未得到充分挖掘，导致品牌辨识度低。

（二）文旅产品市场化水平不够高

具有核心竞争力的综合性大型文旅企业较少，县内仅有“夜嘉陵两岸灯光秀”“嘉陵江畔游”等重大文旅项目支撑，缺乏投资大、带动力强、参与度高的文旅产品。与嘉陵江流域、成渝地区双城经济圈内其他地方的合作深度还不够，尚未形成市场整合与联动开发机制，分布沿江两岸的文化、生态产品散落，联动发展不够，一定程度上影响了武胜旅游市场的拓展，亟须不断整合资源，串联形成规模效应。

（三）配套设施要素体系有待优化

景区景点对外宣传不够，品牌影响力小，“吃住行”与“游购娱”未形成规模效应，酒店、客栈、餐饮、娱乐、休闲等承载能力不强。大多数景区景点处于浅层次开发层面，缺少参与性、体验性、互动性的业态，难以留住游客和拉动消费增长。且影响范围有限，仅对周边地方性市场具有吸引力，来武胜观光旅游的客人多为一日游、观光游、周末客源为主，导致旅游产品附加值低、产业综合收益不高。

三、加快生态价值转化，推动武胜县文旅产业提档升级的建议

（一）擦亮生态底色，推动保护生态和文旅产业发展相得益彰

以“绿水青山就是金山银山”理念为引领，保护好特色生态文旅资源，丰富县域空间，融入县域文脉，把武胜打造成嘉陵江流域知名生态文化旅游目的地，将生态文旅产品建设成武胜旅游新亮点。

一是守护好自然生态本底。围绕“休闲江湾城、诗画田园乡”的定位，将生态文明理念全面融入县域发展，保护好城镇水体与自然山脉，将真山真水作为景观本底。顺应武胜水网交织、阡陌纵横、山水绵延的自然本底，充分利用地形、植被、水系等自然资源，保留原生态植物群落，凸显自然生态和地域特征。推动嘉陵江水源涵养及生态屏障、浅丘地区土地整治与水土流失治理修复、森林提质增效、城市生态系统治理修复等，有效促进自然生态系统正向演替。

二是保护好自然旅游资源。持续筑牢生态保护屏障，做好嘉陵江山水文章，推进嘉陵江沿岸绿化、彩化、美化，建设百里最美画廊。充分发挥武胜生态旅游资源优势，依托武胜独具特色的生态旅游资源及良好的生态环境，推动龙女镇、胜利镇、礼安镇、万善镇、飞龙镇优良级自然类旅游资源的保护与传承。保护利用好太极湖国家级水利风景区，深入融合太极文化，供给太极养身生活。保护好龙女湖旅游度假区，做好江水文章，供给滨江公园生活。

三是呵护好文化旅游资源。加大文物和文化遗产保护力度，加强对能够真实反映一

定历史时期传统风貌和民族、地方特色历史地段的保护，推动宋（蒙）元战争山城遗址、中心镇古建筑群、宝箴塞文物、胜天渡槽（三溪渡槽）、燕子岩摩崖石刻（真静书岩）等文化遗产保护。传承保护好武胜剪纸、武胜牛皮鼓制作技艺、高脚狮子、飞龙竹丝画（绣）帘等非物质文化遗产资源。

（二）提升文态，实施优秀景区提升计划

做有内涵的旅游，将旅游业高质量发展与县域特色文化相结合，全面开展A级旅游景区、旅游度假区、旅游风情小镇、景区村等旅游目的地，酒店、民宿等旅游接待场所的“微改造、精提升”，建设时时美丽、处处精致的旅游环境。

一是提档升级一批精品景区。注重县域统筹、全领域互动、全要素利用、全产业链接，以一城（县城）为核心、一江（嘉陵江）为纽带、四区（白坪—飞龙乡村旅游度假区、宝箴塞旅游区、龙女湖旅游度假区、太极湖水利风景区）为支撑，注重水上岸上打造，推动各景点串珠成链。融入山水文化，提升龙女湖旅游度假区花道慢行系统，串联起青山、绿水、彩林、花田、草园五类生态景观坡谷，推动游人码头、亲水步道、观景平台、休息驿站等设施建设，打造“养身养心养老”的城市公园生活。融入历史文化、军事文化，提档升级宝箴塞旅游区，打造沉浸式古堡游览体验，再现民国初年川东民俗风情，让游客享受“穿越”式旅游体验乐趣。提档升级沿口古镇文化街区，充分发挥沿口古镇文化旅游区“千年口岸古镇”优势，依托“两山夹一街”靠山临江地势，提供原真码头生活，打造美丽江湾湖畔休闲旅游城。

二是推广一批特色民俗文化。依托民间文化艺术，鼓励原创设计，整合农副物产、传统民俗手工艺、生活类工业品等各个品类，用活武胜剪纸和飞龙竹丝画（绣）帘等非遗资源，打造富有武胜特色的文创产品，形成“带得走”的武胜文化。以市场化手段激活白坪—飞龙、宝箴塞2个4A级旅游景区特色文化品牌效益，完善文化展示、休闲文化体验等功能。打造川剧小镇，定期举行川剧艺术表演活动，传承石盘“戏窝子”文化传统。培育扶持非遗传承人，恢复发展竹编草编、酿酒、米面加工等作坊手工业，发展川剧、武术等传统技艺类的民俗，丰富古镇文态。

三是做精一批红色研学项目。围绕武胜独有的红色历史文化，打造红色旅游胜地，连点成线、拓线成面。充分整合杨益言故居、《红岩》英雄文化陈列馆、县党史馆等资源，营造红色旅游氛围。推动红色文化和生态文化高度融合，围绕党史学习教育、乡村振兴战略实施、红色旅游发展等工作，大力开展红色教育，举办红色活动。积极融入川渝红色旅游环线，将红色文化园、王璞烈士广场、华蓥山起义纪念馆等景点串联成线，推出红色缅怀游、历史文化游等精品线路。加强红色文化基地的数字化建设水平，注重科技手段融入红色教育场馆的提升建设，增强体验感、科技感。

（三）塑造形态，实施现代文旅服务体系升级计划

围绕“吃、住、行、游、购、娱”六大要素，坚持传统工艺与现代科技相结合，优化完善基础设施和公共服务配套功能，打造有形态、有触感、有冲击力的特色活动、美食街区、特色景点，推动“单日游”向“多日游”转变，实现游客“快进、漫游、留得下”。

一是打造一批有“看头”的特色活动。分门别类推进节庆旅游发展，积极培育新兴旅游节庆活动，打造系列“小而精、新奇特”节庆活动。充分利用春节、端午、中秋等传统节日，举办舞龙狮、赛龙舟、打铁花、看灯会等节会活动，常态办好嘉陵江湾音乐汇。推动沿口古镇打造“一江一水一码头、五街八巷十六景”等景观，开展“川江嘉陵号子”主题实景表演，打造武胜版“洪崖洞”。推进嘉陵江沿岸亮化，举办夜嘉陵彩灯节，加快运营“夜游嘉陵江”项目，点亮“夜间游”。积极筹办皮划艇邀请赛、乡村马拉松赛等赛事活动，以赛事聚人气、兴商气。

二是发展一批有“吃头”的美食街区。积极引进省内外知名餐饮企业，扶持壮大本地餐饮龙头企业，培育发展新兴创意餐饮企业，形成多层次的餐饮市场主体。加快白鹤湖火锅庄园建设，丰富夜嘉陵美食街、融恒时代广场等商圈，打造夜间消费集聚区。擦亮武胜美食名片，举办火锅文化旅游节、雪花啤酒文化节、特色龙虾美食节，加强武胜大雅柑、麻哥面、猪肝面、渣渣鱼、麻辣牛肉等地方特色美食的品牌策划和营销推广，推动“小产品”闯出“大市场”，塑造全国有影响的知名地方品牌。

三是建设一批有“耍头”的特色景点。结合交通网络优化线路设计，突出生态、文化、美食、研学、养生、观光、度假等不同主题，建设嘉陵江县城段重点漫步道、慢跑步道、自行车骑游道。完善黄林溪、叶家山等公园配套设施，丰富游乐载体。打造一批精品主题民宿，按照“望得见山、看得见水、记得住乡愁”的理念，以“民宿+采摘”“民宿+养生”“民宿+运动”等“民宿+”模式为发展主线，融合剧本杀、电影、围炉等不同用户体验诉求，通过政府平台建设一批、社会资本实施一批、建成项目提升一批，打造推出游客喜爱的民宿品牌。

（四）创新业态，实施多业态融合提档升级计划

充分挖掘县域特色，以一江活水为脉络，以节会活动为骨架，以农业、工业、体育、科技为灵魂，持续做好“文旅+”文章，构建以文旅融合发展为主要导向，兼顾农旅融合、工旅融合等为特色的多业态融合发展，促进武胜文旅产业整体成势、四季皆热。

一是实施推动“文旅+农业”景观提升工程。以水为媒，以田为介，加快“诗画田园慢生活”，提档升级一批集江水风情、农业观光、体验采摘、民俗活动、现代科技于一体的休闲观光农业景点，探索一条农业为基础、休闲唱主角、创意显特色、乡村做精品的休闲农业发展新路。启动嘉陵江乡村振兴示范带、长滩寺河乡村振兴示范带建设，以

农业资源为基础，以文化为灵魂，以产业融合为途径，依托产业基地和乡村自然肌理，利用农耕文化、甜橙采摘体验园、创客乐园等资源，培育绿色园子、生态池子、景观林子，打造农旅融合的休闲乡村。

二是实施“文旅+工业”路径提升工程。打造工业旅游新业态，依托火锅产业园，用好工业记忆馆、火锅文化体验馆，串联毛哥食品、安泰丝绸、雪花啤酒等生产线参观点，丰富集火锅品尝、厂房参观、产品产销于一体的工业旅游线路，提升武胜丝绸、啤酒、火锅等产品市场知名度。做精中滩组团三产融合基地，优化“三基地三中心一街区”空间布局，建设火锅文化主题公园，改造升级火锅消费体验街区，实施工业记忆馆、火锅文化博物馆及工业旅游基础设施工程建设旅游型工业园区，打造以现代农产品加工为主、服务业集聚、宜业宜商宜居的城市新区。

三是实施“文旅+体育”内容提升工程。打造嘉陵江畔最佳体育旅游目的地、户外运动新高地，高品质改善体育产业结构，高质效利用武胜丰富的山地资源和滨水资源。完善白坪—飞龙乡村旅游度假区骑跑基地、龙女湖水上运动基地，举办专业赛事，积极发展休闲皮划艇、桨板划水、山地自行车、小轮车等休闲体育项目。依托现有体育产业发展基础，培育一批优秀体育旅游项目、精品线路，推动县体育中心、白鹤观体育公园、白坪—飞龙骑跑基地、龙女湖赛艇皮划艇基地等项目建设，推进社会足球场、乡镇健身中心、社区健身中心建设。

四是实施“文旅+科技”智慧提升工程。以“互联网+”为抓手，运用互联网技术推动旅游业产品业态创新、发展模式变革、服务效能提高，全力打造“智慧旅游”。推进智慧旅游应用服务，在白坪—飞龙乡村旅游度假区、宝箴塞 2 个国家 4A 级旅游景区率先普及电子地图、智能导游和在线预订服务全覆盖，培育智慧景区、智慧酒店、智慧文旅创客基地、智慧乡村等。培育数字旅游经济，开发云展会、云演艺、云直播等新业态，推广沉浸式数字体验产品。

（五）深化协同，打造嘉陵江旅游精品线路

加快融入成渝地区双城经济圈发展，充分发挥嘉陵江文化旅游联盟平台作用，探索构建整体联动营销机制，推进线路串联、游客互送、交通共建等，拓宽旅游发展空间，实现“资源共享”、“市场共享”和“项目共建”，以达到合作各方的“多赢”，共同提升区域的旅游竞争力。

一是共建嘉陵江流域文化旅游线。以“嘉陵江文化带”建设为龙头，联合南充市阆中市、顺庆区，重庆合川区、北碚区等川渝嘉陵江沿岸城市旅游合作，培育优秀旅游产品，串联节点游线，培育一体化文旅线路，推进旅游产业升级。打通嘉陵江水上旅游客运航道、沿嘉陵江旅游大数据共享、沿嘉陵江文旅企业联动、沿嘉陵江市场客源互送，实现“互为旅游目的地，互送客源”的总目标。建立跨区域项目共建机制，完善交通辅助设施，新建旅游服务节点，打造生态旅游系统，共建沿嘉陵江旅游带。加强“光明之

星”游轮、画舫游船等运营管理，探索开通武胜—重庆、武胜—南充等船游线路。

二是共建巴蜀文化旅游走廊。聚焦成渝地区双城经济圈文旅融合新发展，结合巴蜀文化旅游走廊（四川区域）建设，培育提质文化旅游产业。共建川东渝北乡村休闲旅游带，打造成渝地区休闲旅游度假目的地。用好“一江三湖六十四河湾”以及历史文化等资源，保护利用武胜城宋（蒙）元战争山城遗址，持续推动与合川联合申请钓鱼城遗址世界遗产。联合建设集中展示全世界、全国、四川省的宋元战争历史博物馆或宋元遗址博物馆，打造军事基地、研学基地。联合推广文创产品，针对合武两地文旅发展态势和两地民众的生活习俗，深入挖掘两地生态资源、传统文化和民俗风情，形成特色化、差异化、多样文创产品。

三是共同做好文旅宣传。坚持高质量推广，不断扩大区域影响力，多形式宣传武胜文旅亮点、景区特色、节庆活动，提升武胜知名度与美誉度，策划特色文旅消费活动。在广遂、兰渝、成渝等高速公路及重要城市投放合（川）、武（胜）、长（寿）、潼（南）等重要文旅资源广告，在双方微信、微博等自媒体平台上互相推出旅游产品、线路及文旅节会活动等宣传信息。深化与携程、去哪儿网等国内知名 OTA 的渠道合作，推出系列城市惠游活动；紧密对接抖音、小红书、知乎等新兴平台并构建新媒体营销矩阵，深化新媒体渠道运营。

参考文献

[1] 方美丹. 乡村振兴背景下浙江省平阳县乡村旅游发展研究[D]. 桂林：广西师范大学，2022.

[2] 李天琪. 休闲旅游背景下贵州省黔西南万峰林景区民宿提升策略研究[J]. 西部旅游，2023（10）：91-93.

[3] 梁佳媛. 县域文旅产业人才发展：需求表现、制约因素和涵养路径[J]. 中共济南市委党校学报，2023（3）：63-66.

[4] 龙沛. 文旅融合视角下县域文旅产业高质量发展路径研究——以长沙县为例[J]. 中国集体经济，2023（32）：115-118.

[5] 史丽萍. 全域旅游背景下文旅新媒体助力县域旅游品牌建设路径探讨[J]. 西部旅游，2023（13）：18-20.

[6] 詹绍文，刘怡松. “文旅+多产业”助推县域经济高质量发展模式研究——以陕西省汉阴县为例[J]. 经济论坛，2021（4）：88-98.

[7] 詹绍文，杨靖. 数字经济推动文旅产业融合发展的影响研究——基于省级面板数据的实证检验[J]. 决策咨询，2023（5）：14-22，44.

四川省黄河流域县域生态保护和高质量发展路径研究

摘　要：四川省黄河流域是黄河上游重要水源涵养地与补给地，也是国家重点生态功能区的重要组成部分，流域内主要是涉藏地区，地势海拔较高，生态环境脆弱且面临问题较多，资源环境对经济发展支撑能力较弱，生态价值转换路径尚未有效贯通，生态环境保护与社会经济发展的矛盾较为突出。本文深入贯彻党的二十大精神，调查分析四川省黄河流域发展现状与面临问题，以协同推进经济高质量发展和生态环境高水平保护为抓手，探索四川省黄河流域县域生态保护和高质量发展路径。

关键词：黄河流域；高质量发展；生态环境保护

党的二十大报告指出，要推动黄河流域生态保护和高质量发展。四川省黄河流域作为黄河上游重要的水源涵养地、补给地和国家重要湿地生态功能区，是“中华水塔”重要组成部分，在黄河流域总体生态安全中具有重要战略地位，经济发展受到刚性约束，具有地广人稀、生态脆弱、发展滞后、产业单一等特征。兼顾生态环境保护和促进流域高质量发展面临诸多问题和困难，探索四川省黄河流域县域生态保护和绿色发展路径，对于贯彻落实黄河流域生态保护和高质量发展重大国家战略，深入推进四川省委“四化同步、城乡融合、五区共兴”发展战略，筑牢长江黄河上游生态屏障，加快建设美丽四川具有重大意义。

一、四川省黄河流域总体概况

四川省位于黄河上游，黄河流域涉及甘孜藏族自治州石渠县和阿坝藏族羌族自治州阿坝县、红原县、若尔盖县、松潘县共 5 个县，流域面积 1.87 万 km^2，平均海拔 3 000～4 000 m，干流长 174 km，主要支流有黑河、白河和贾曲，流域多年平均水资源量约 44 亿 m^3。四川省黄河流域内现有长沙贡玛湿地、若尔盖湿地、曼则唐湿地等多处湿地，湿地蓄水量近 100 亿 m^3（若尔盖国家公园划入区贡献了绝大部分蓄水量），在保障黄河水资源平衡方面作用巨大，被誉为“黄河上游蓄水池”。虽然四川省境内黄河流域面积只占黄河全流域面积的 2.4%，但是黄河干流枯水期约 40%的水量、丰水期约 26%的水量来自四川，在黄河流域的生态安全中具有重要战略地位。

二、四川省黄河流域生态保护和高质量发展面临的问题和挑战

（一）土地退化与湿地萎缩现象持续存在

四川省黄河流域内主要土地利用类型为草地，其占比在 70%以上，其次为林地，耕地和建设用地较少。相关统计数据显示，目前，流域 5 县共有天然草原 7 345 万亩，草原综合植被盖度 80.4%，草原退化面积占可利用草原面积的 78.9%，部分区域草原超载、无序采矿、鼠害问题突出。流域 5 县沙化土地面积近 700 万亩，约占总面积的 7.6%，黄河岸线河防建设较少，干流尚未开展防洪治理，干流和支流河道冲刷严重，水土流失面积占流域面积的 22%。近 20 年来，若尔盖湿地高原湖泊已干涸 200 多个，湖泊面积萎缩超过 60%，高质量泥炭退化 3 600 多 hm^2，流域现有湿地面积与我国最开始统计的湿地面积相比，萎缩了约 960 万亩，对黄河干流的补水能力在不断减弱。

（二）生物多样性保护受干扰程度加大

四川省黄河流域属于若尔盖草原湿地和川滇森林及生物多样性两大国家重点生态功能区，拥有若尔盖湿地、长沙贡玛湿地两处国际重要湿地和多个国家级、省级湿地，以及洛须白唇鹿自然保护区等多个省级自然保护区、黄河上游特有鱼类国家级水产种质资源保护区等，总面积超过 8 000 km^2。流域内拥有高原湖泊、高原湿地、高山草甸、高原草原等多种独特的生态系统，是全球气候变化敏感区域和世界物种保护的关键区域，也是岷山—横断山北段、羌塘—三江源生物多样性保护区的重要组成部分。四川省黄河流域平均海拔 3 500 m 以上，年平均气温接近零度，冰冻期长达半年，生态环境脆弱敏感。近年来，受气候变化、人类活动和保护修复投入不足等因素影响，部分高山冰川、草原植被和湿地生态遭受破坏且极难恢复，生态系统持续恶化，生物多样性保护受到威胁，黄河裸裂尻鱼、花斑裸鲤等特有鱼类资源明显减少，外来物种入侵加剧，若尔盖湿地开始出现威廉腔蚓、虹鳟鱼等外来入侵物种的活动痕迹。

（三）社会经济发展和生态保护矛盾突出

四川省黄河流域辖区面积 62 987 km^2，2021 年年末常住人口约 37.9 万人，其中，城镇人口约 7.76 万人，乡村人口约 30.14 万人，是典型的地广人稀区域，支柱产业是畜牧业，农牧民收入的 90%来源于畜牧业。工业企业较少，根据四川省相关统计数据分析，主要为农副食品加工业以及电力、热力生产和供应业，大部分企业是和牦牛相关的生产加工企业。规模以上企业主要是光伏发电企业、牦牛肉加工企业、牦牛奶生产企业，各类企业数量均为个位数；规模以下企业主要以农畜产品加工、青稞酒酿造、民族手工艺加工和天然药材加工等企业为主。从分布上来看，工业企业主要分布于县城及其周边区

域。总体来看，四川省黄河流域传统产业发展滞后、现代工业不发达，工业产值较低，是四川省经济发展水平最低的区域，人均GDP仅为四川省的50%左右，财政自给率不到5%。因流域内自然环境较恶劣、生态环境保护要求高、产业准入政策严，经济发展受到刚性约束，横向生态补偿机制缺失，生态价值尚未得到有效转化，兼顾生态环境保护和促进地区高质量发展面临诸多问题和困难。随着社会经济的发展，流域内生态空间不断受到更多挤压，使人与自然的矛盾更加突出。

（四）执法监管能力和环保设施亟待提升

四川省黄河流域属于四川省经济欠发达地区，地处偏远的高寒地带，生态环境保护专业人员、设施设备、资质等均欠缺，技术力量和人才资源长期匮乏，现代化智能化监管手段基本空白，生物多样性保护及生态功能观测技术队伍和能力严重不足。流域地广人稀、无人区较多，环境监管执法难度大、效率低，生态环境保护公众参与制度尚未有效建立，生态环境问题得不到有效监管和及时处理。城乡生活污水收集处理设施运营受高寒气候影响较大，生活垃圾收运和处置设施建设滞后，加上受气候、交通等因素影响，基础设施建设投资和运营成本均较高，导致处理能力和运营资金不足，难以支撑流域生态环境保护和绿色发展需求。

三、黄河流域县域生态保护和高质量发展对策建议

（一）加强生态保护建设美丽黄河

维护生物多样性及物种平衡。组织开展黄河流域生物多样性保护管理，尽快完成黄河流域生物多样性本底调查，定期评估生物受威胁状况及生物多样性恢复成效。加强黑颈鹤、雪豹、藏野驴、红花绿绒蒿等珍稀野生动植物保护，强化黄河上游特有鱼类、珍稀鱼类就地与迁地保护，加强水生生物产卵场、索饵场、越冬场、洄游通道等重要栖息地的生态保护与修复。强化自然保护区基础设施和管护能力建设，加强野外巡护，严厉打击非法捕猎和盗采珍稀濒危野生动植物行为，建立健全野生动物致害赔偿机制。推动高原种质资源库和生物多样性标本库建设。维持物种平衡，加大草原鼠害和虫害生物防治力度，在黄河流域重点县建立草原鼠虫害综合防控示范区，科学有效控制草地鼠虫害；开展外来入侵物种调查评估，严防外来物种入侵，加大毒草害治理力度。到2025年，重点生物物种种数保护率不低于95%。

积极推动河湖水生态保护修复。严格实施黄河流域涉水空间管控，依法划定规模以上河湖水域岸线管控范围，开展水域河湖岸线划界确权并严格用途管控，严格控制岸线开发和涉水建设项目许可，强化非法侵占岸线设施清理。建设沿河生态缓冲带，构建集生态保护、防洪、防止水土流失等功能于一体的绿色生态走廊。以黄河干流以及黑河、

白河、贾曲等主要支流为重点，持续开展“清河、护岸、净土、保水”四项行动，规范河道采砂，提升重点河段水源涵养能力，提升水生态系统稳定性。加强水环境控制单元精细化管理，开展黄河流域重要水体水生态调查评估，到2025年，力争完成一次黄河干流、主要支流及重点湖库水生态调查评估。持续推进河湖长制，积极推进美丽河湖保护与建设，提升河湖生态环境品质，加强优良水体保护，维护良好水体生态健康，到2025年，地表水达到或优于Ⅱ类水体比例力争达到100%，重要江河湖泊水功能区达标率100%。

加强流域水土流失治理。持续推进水土流失综合防治，突出重点分区施策治理，禁止在水土流失严重、生态脆弱区域开展可能造成水土流失的生产建设活动。加强流域岸线水土保持监管，实施生态堤防建设工程，重点解决黄河干流及其主要支流岸线侵蚀问题。开展工程创面植被恢复，加强历史遗留矿山迹地生态修复，推进道路、光伏电厂等重点工程创面生态修复，强化生产建设项目监督管理，防止人为水土流失。完善水土流失监测站网，推进水土流失监测站点建设，充分利用遥感卫星影像等现代化技术，为水土保持工作提供技术支撑。

增强应对气候变化能力。开展流域内冰川冻土现状分布情况调查，研究评估气候变化对冰川冻土的影响。加强重点区域冰川运动特征及厚度变化监测，建立动态监测体系。对纳入生态保护红线范围的冰川冻土实施严格保护，严禁不符合主体功能定位的各类开发和探险活动等。统筹推进山水林田湖草沙综合治理，加快恢复黄河流域湿地、草原、森林等生态系统功能，提升流域生态系统碳汇能力。推动企业开展减污降碳创新行动，控制畜牧业温室气体排放，推进有条件的县城开展集中供暖设施建设，实施既有建筑节能和保温技术改造。提高定量识别气候变化与极端事件风险能力，制定城乡防灾减灾监测预报预警和防范措施，提高对自然灾害的抵御、适应和恢复能力。

（二）持续提升流域水源涵养能力

增强高原湿地水源补给功能。积极推进以若尔盖、长沙贡玛两大国际重要湿地和喀哈尔乔、曼则唐、嘎曲、日干乔等重要湿地生态保护修复，实施生态水位提升工程。加强川甘协同合作，共建若尔盖国家公园，筑牢黄河上游最大“蓄水池”。开展退牧还湿和季节性禁牧还湿，对中度及以上退化区域实施封禁保护，恢复提升退化沼泽和湖泊湿地功能。严防侵占湿地开发草场，严控泥炭和其他矿产资源开发。加强湿地资源监测，支持石渠县长沙贡玛湿地、若尔盖县若尔盖湿地、红原县日干乔湿地、阿坝县曼则唐湿地等重要湿地完成监测站点和附属设施建设，完善高寒草原沼泽湿地生态保护管理体系，开展湿地生态效益综合补偿。到2025年，提升湿地保护率达到60%以上，有效提高四川省黄河流域湿地水资源补给能力。

强化草原生态系统保护与修复。科学开展草地资源环境承载能力综合评价，加强草原执法监管和综合治理工作，严格落实草原草畜平衡制度，推动以草定畜、定牧，实施退化草场改良和生态修复工程，对严重退化草场实施禁牧，对中度、轻度退化草场实施休牧，对植被较好草场实施轮牧。加快推进草原沙化治理，实施重点区域沙化土地治理工程，并对沙化土地治理成果进行巩固，适当延长禁牧管护时间，恢复重建沙化土地草原生态。稳步实施超载过牧草原减畜、转产转业，完善草原生态保护补助奖励和减畜补助政策，引导牧民参与草原生态管护。推进草原改良和人工种草，积极开展草种改良，建设饲草料基地，大力实施人工种草，加大储备饲草饲料，降低天然草原放牧强度。到2025 年，草原综合植被覆盖率稳定在 83%左右。

持续开展森林资源保护工程。实行最严格的森林资源保护制度，全面实施林长制。加强森林资源管护，加大天然林保护力度，实施营造林工程，加强退化林修复，因地制宜建设乔灌草相结合的防护林体系。继续禁止天然林商业性采伐，适当发展林下经济。加大森林病虫害防治力度，严防森林火灾，维护森林生态系统安全。在提高现有森林资源质量基础上，统筹推进封育造林和天然植被恢复，扩大森林植被有效覆盖率。

（三）推动水资源节约集约利用

强化水资源刚性约束。落实最严格的水资源管理制度，严守水资源开发利用控制、用水效率控制和水功能区限制纳污“三条红线”，实施水资源消耗总量和强度双控，强化取水许可证和水资源统一调度管理，落实水资源开发的生态环境保护刚性约束。开展黄河流域水资源承载力综合评估，对黄河干支流规模以上取水口开展动态监管，加强对河道外取用水的管控措施。各县根据本行政区取用水总量控制指标，统筹考虑经济社会发展用水需求、节水政策和产业政策，落实高耗水产业准入负面清单和淘汰类高耗水产业目录制度，制定农业、工业、生活及河道外生态等用水量控制指标，严控人工湖、人工湿地等形式新建人造水景观，开展红原县、若尔盖县水利水电工程生态流量泄放落实情况专项检查，开展黑河若尔盖水文站生态流量监管，保障河湖生态流量。到 2025 年，重点河湖生态流量保障目标满足程度达到 90%以上。

深入推广节水控水行动。严格落实国家节水行动，完善节水支持政策，加强节水监督管理。发展高效节水农业，降低农业耗水量。开展畜牧业节水，稳步推进牧区高效节水灌溉饲草料地建设，引导畜禽规模养殖场节约场舍冲洗用水。深入开展工业节水，推广使用节水新技术、新设备、新工艺，提高工业用水效率和废水重复利用水平，实施高耗水行业企业节水改造或者关闭淘汰。实施城镇节水降损工程，改造老旧管网，开展公共机构节水技术改造。积极探索低耗能保温加热装置和新型防冻供水设施使用，改变冰冻期乡镇“长流水”生活习惯。建立节水激励机制，积极推进县域节水型社会达标建设。

支持鼓励非常规水源利用。积极推动污水资源化利用，将再生水、雨水等非常规水纳入水资源统一配置。支持鼓励合理布局污水再生利用设施，以红原县为试点，推广再生水用于工业生产、市政杂用和生态补水等。将海绵城市建设理念融入城镇规划建设管理各环节，以若尔盖县和红原县为试点，在城镇逐步推广建筑中水回用技术和雨水集蓄利用设施，促进雨水资源化利用。在居住分散、干旱缺水的农村或放牧定居点，推进污水就近就地资源化利用。

（四）全面实施水环境污染防治

补齐城镇环境治理设施短板。推进黄河干流和主要支流沿线城镇污水管网全覆盖，全面开展污水管网混错接改造、破损管网诊断修复、雨污分流改造、管网防冻改造等，新建污水管网全部实行雨污分流。完善县城、重点乡镇和景区污水处理设施和配套管网建设，污水处理设施和管网设计要满足高寒高海拔地区需求。尽快完成阿坝县、若尔盖县等县城生活污水处理厂提标改造和 19 个建制镇污水处理设施和配套管网建设工程。到 2025 年，县城生活污水处理率达到 85%以上，若尔盖花湖等重点景区污水收集处理率力争达到 100%。推进生活垃圾“远减近运”处置方式，加快建设若尔盖县、松潘县等县城生活垃圾焚烧设施建设，加强城乡生活垃圾收集站、压缩中转站等基础设施建设，规划偏远地区建设符合环保要求的片区生活垃圾处理设施，因地制宜推行就地就近无害化处理模式，探索适宜的生活垃圾分类和资源化利用模式。新建石渠县、阿坝县、红原县、若尔盖县城及主要旅游景区餐厨垃圾处理设施并加强运营管理。

开展农村人居环境综合整治。推进美丽宜居乡村建设，常态化开展村庄清洁和绿化。因地制宜、分区分类、梯次推进农村生活污水治理，将城镇周边且具备纳管条件的村庄或聚居点生活污水接入城镇污水管网；在远离城镇且布局相对集中的聚居点修建适用的人工湿地系统或小型污水处理站对生活污水进行集中处理；对居住分散的偏远区域，深入实施“厕所革命”，探索推广适用于高寒高海拔地区农村厕所新（改）建工艺及技术模式。到 2025 年，农村生活污水得到有效治理的行政村比例力争达到 50%以上。大力整治农村黑臭水体，实现动态清零。完善农村生活垃圾收运处置体系建设，在县城周边乡镇及农村全力推行“户投放、村收集、镇转运、县处理”模式；相对集中且远离县城区域，依托片区集中处理设施，采用“村收集、乡镇转运、片区处理”模式；地域偏远、人口稀疏、垃圾产生量少的农村地区，研究探索适宜的处理方式。

加强流域工业源污染防治。以农副产品加工、牛羊屠宰、藏药制造业等行业为重点，加强以高浓度有机废水为特征的废水深度处理和循环利用，减少工业废水排放，实施主要污染物排放总量控制。加强工业企业废水预处理监管，严禁工业废水未经处理或未有效处理排入城镇污水处理系统，严厉打击向河湖、湿地、地下水等偷排、直排行为。完善工业园区废水集中收集、处理设施建设和进出水自动在线监控装置安装，加快推进四川红原县绿色产业园区高原绿色环保基地基础设施建设。到 2025 年，流域内工业园区全部建成污水集中处理设施并稳定达标排放，县级以上工业园区和重点排污单位（含纳管企业）全部依法安装自动在线监控装置并与生态环境主管部门联网。

严格管理入河排污口。深入实施入河排污口综合治理，有序推进入河排污口“排查、监测、溯源、整治”工作，全面摸清黄河干流及主要支流入河排污口底数，建立全流域入河排污口“一本账”“一张图”。各县应尽快制定工作方案，明确入河排污口责任主体，实施分类管理，全面消除干流和重点城镇生活污水直排，全面清理非法设置、不合理设置、整治后无法达标排放的排污口，对于保留的排污口加强日常监督管理、严格落实排污许可制度，新设立排污口要严格遵守有关法律法规要求。推进排污口水质水量在线监测设施建设，实现排污口重点污染源在线监测系统全覆盖。建立健全入河排污口长效监管机制，推进“排污水体—入河排污口—排污管线—污染源”全链条管理。鼓励在重要排污口下游、支流入干等流域关键节点因地制宜建设生态净化系统。到2025年，力争完成流域所有排污口排查，基本完成黄河干流及主要支流、重点湖泊排污口整治工作。

（五）推进流域经济社会绿色转型

优化流域国土空间开发保护格局。开展资源环境承载力和国土空间开发适宜性评价，以生态保护为前提优化国土空间保护和开发格局，引导资源适度开发、产业适度集聚、人口适度集中，促进流域经济社会和自然环境协调发展。制定黄河流域生态环境分区管控方案和生态环境准入清单，完善动态更新与定期调整相结合的更新调整机制。严格规范各类沿黄河开发建设活动，强化环境准入管理和资源开发管控，落实生态保护红线、环境质量底线、资源利用上线硬性约束，加快推进生态环境分区管控成果在政策制定、环评审批、园区管理、执法监管等方面的应用。

推进农牧业现代化与可持续发展。统筹布局优势畜牧业，按照草畜平衡原则科学合理确定养殖种类和数量，推广“三结合”顺势养殖法等科学养殖方法，切实减少畜牧养殖活动对草原生态系统的影响和破坏。推动传统农牧业向现代农牧业转型升级，坚持绿色化、集聚化和品牌化发展，因地制宜发展区域特色农牧业，培育特色农产品品牌，促进农牧业发展提质增效。推进农用地安全利用，实施耕地保护与提升工程，加强高标准农田建设，推进种植业污染防治，深入实施化肥减量增效、农药减量控害，充分利用畜牧业粪污资源推行有机肥替代化肥行动。

推动工业特色化生态化发展。加快生态资源转化，积极发展特色加工业，支持农牧产品产地初加工和精深加工，重点开发以牦牛、青稞、奶制品、食用菌等特色产品，加大推广特色藏药、道地中药材以及特色旅游商品开发，以绿色生态和特色产品赋能，提升消费者对生态产品认可度，提高产品附加值。推动工业企业实施清洁化改造，鼓励迁入合规园区，加快集约化发展。合理布局建设集中加工区，产业类型和规模应与流域生态系统和资源环境承载力相适应。依法依规淘汰落后产能和化解过剩产能，严格限制布局高耗水、高耗能、高污染项目。禁止在黄河干支流岸线一定范围内新建、扩建化工工业园区和化工项目。积极推进红原绿色产业经济园区等工业园区建设，不断提升园区绿色工业发展水平，促进流域工业“转型发展、提质增量”。

促进生态旅游业可持续发展。充分发挥黄河流域优异独特的自然风光资源优势，打造黄河国家文化公园（四川段）、长征国家文化公园（四川阿坝段），深入发掘流域红色文化底蕴和涉藏区域民族多元文化内涵，推进特色农牧业基地景观化打造，促进农林牧业与生态文化旅游融合发展，有效促进生态价值转化。妥善处理生态保护与资源开发关系，科学合理设置生态旅游开发区域和路线，禁止开发自然保护区核心区等生态环境脆弱区域，完善若尔盖县花湖、九曲黄河第一弯以及红原县月亮湾、俄木塘花海等主要景区生态环保基础设施建设，推进景区配套建设污水应急收集处理设施，应对旅游旺季大幅增加的污水冲击需求。加强运营管理，确保有效监管，在推动生态资源优势向产业发展优势转化的同时，避免生态资源开发及旅游活动带来的生态破坏和环境污染。

科学开发利用可再生能源。积极推进风、光、水一体化可再生能源综合开发基地建设，按照四川省光伏基地规划布局，推进太阳能资源开发，加快建设太阳能光伏发电基地，试点推进高原风电建设，有序推进地热资源开发。在社区、家庭和机关事业单位、工业企业中大力推广太阳能热水器、太阳能供电照明等太阳能设施使用。加强城乡电网建设，增强能源基础设施保障能力，优化油气站点和充换电设施布局。水电开发要开展科学论证，原则上全面停止小水电开发，加强现有小水电清理整顿，不符合生态保护要求的，要分类整改或逐步退出。

（六）强化流域环境风险综合防控

加强环境风险源头防控。强化工业园区和工业企业环境风险防控，加强企业突发环境事件应急预案备案管理，开展基于环境风险评估和应急资源调查的应急预案修编，督促企事业单位按要求开展环境风险隐患排查治理，实施分类分级管理。加强有毒有害物质环境监管，严格涉重金属行业准入，严格限制高环境风险化学物质生产和使用，依法严厉打击持久性有机污染物非法生产和使用等违法行为，重视新污染物防控和治理。加快推进历史遗留矿山污染状况调查评价工作，全面摸清现存历史遗留矿山家底，持续推进矿山迹地生态修复。加强重大地质灾害隐患点治理，防治和减少滑坡、泥石流等地质灾害。

提升环境风险预警应急水平。健全完善生态环境风险报告和预警机制。以黄河干流及主要支流为重点，开展流域环境风险调查评估，绘制流域环境风险地图，在环境高风险领域依法建立实施环境污染强制责任保险制度。到 2025 年，完成黄河干流及其主要支流环境风险调查评估，摸清风险源和敏感点底数，完成黄河干流和主要支流“一河一策一图”编制，实施流域风险分级分类管理。加强流域生态环境风险监控预警，合理设置监控预警点位，配合国家部署建设黄河流域水环境风险预警平台。加强流域突发环境事件应急响应能力建设，以黄河干流和主要支流为重点，编制流域突发环境事件应急预案，建立覆盖全流域的环境应急物资储备库。全面加强流域防灾减灾体系建设，提升森林草原防灭火能力，强化自然灾害监测预警和防治。

全面保障饮用水水源安全。巩固和完善县城集中式饮用水水源地规范化建设和保护成果，加快推进乡镇集中式饮用水水源保护区划定和规范化建设，排查整治保护区内环境问题，开展不达标水源地治理，重点整治取水口上游零散放牧问题。到 2025 年，完成集中式饮用水水源保护区划定、立标和环境问题整治。实施农村饮用水安全保障工程，整治或取缔一批卫生条件差的现有分散式水源地，因地制宜推进集中供水。巩固提升牧民定居点、农牧区学校、寺庙、远牧点等区域的供水保障水平。加强饮用水水源水质监测和预警能力建设。推进饮用水应急、备用水源建设，编制集中式饮用水水源地突发环境事件应急预案。

推进固体废物处置利用。持续推进黄河流域“清废行动”，开展黄河干支流固体废物倾倒排查整治工作，全面整治固体废物非法堆存以及非正规垃圾堆场，严防固体废物非法转移倾倒。提升固体废物监管和处置利用能力，推动区域固体废物集中处置利用设施共享。提升工业固体废物减量化与资源化利用水平。严格落实畜禽规模养殖场污染防治措施，推进养殖粪污、屠宰肚粪资源化利用，配套完善动物尸体无害化处理设施建设。加强白色污染治理，全面禁止销售难降解的一次性塑料包装物，努力减少废旧塑料包装物的产生量，积极推广可降解替代包装产品的使用。

强化危险废物安全处置。加强危险废物收集、贮存、转运和利用环节全过程监督，开展危险废物专项整治行动。严格执行工业危险废物申报登记、持证经营和转移联单制度，规范设置暂存设施。强化医疗废物安全处置，加快完善县域医疗废物收集转运处置体系，增加收运车辆设施，提高收集转运能力，因地制宜推进偏远镇村医疗废物无害化处置。加大农药化肥包装废弃物、废弃农膜的回收利用和处置力度，建立健全农田地膜残留监测点，开展常态化监测评估。全面推进县城污泥处置设施建设，鼓励污泥经稳定化、无害化处置后进行资源化利用，到 2025 年，县城污泥无害化处理率力争达到 90% 以上。

防治土壤与地下水污染。强化土壤污染源头防控，严格土地开发利用准入管控，强化建设项目土壤环境影响评价刚性约束，依法依规禁止新建或改扩建可能造成土壤污染的建设项目。加强土壤污染重点单位监管，实施在产企业土壤污染隐患排查和风险管控，到 2025 年，至少完成一轮污染隐患排查整改。开展土壤污染监测与调查评估，加强土壤和农产品协同监测，依法开展土壤污染状况调查和风险评估，优先开展重点行业企业用地查明的高风险地块调查和风险评估，及时将注销、撤销排污许可证的企业用地纳入监管范围。结合流域实际情况，研究推动地下水污染防治重点区划定，识别地下水环境风险与管控重点，建立地下水污染防治重点排污单位名录。加强土壤地下水污染协同防治，落实地下水防渗和监测措施。

（七）提升环境治理体系与治理能力

健全生态环境保护长效机制。将黄河流域生态环境保护成效纳入相关考核，完善考核和责任追究制度，落实省、州、县三级政府生态保护、污染防治、水土保持等目标责任。严格落实党政领导干部自然资源资产离任审计和生态环境损害责任终身追究制度。推动建立黄河干流横向生态保护补偿机制。开展生态环境损害评估，实施更加严格的生态环境损害赔偿制度。落实国家草原生态保护补助奖励机制。依法全面实施排污许可管理制度，积极构建以排污许可制为核心的固定污染源监管制度体系。加快实施环评审批和监督执法“两个正面清单”制度，健全环境治理信用体系，实行最严格生产建设活动监管。

完善生态产品价值实现机制。大力推动黄河流域生态文明建设，鼓励创新探索绿水青山向金山银山转化的制度实践。建立生态产品调查监测机制，推进自然资源确权登记，开展生态产品信息普查。加快自然资源资产产权制度改革，完善资源保护制度。建立生态产品价值评级机制，健全生态产品经营开发机制，拓展生态产品价值实现模式，推动生态资源权益交易，积极参与全国碳排放权市场交易，探索开展水权、用能权等市场交易，依托高原泥炭沼泽湿地资源优势发展碳汇经济，拓展生态产品价值转化路径。

增强民族地区基层环境治理能力。全面贯彻落实党的民族政策，健全基层生态环境政务服务体系，推动生态环境保护工作全覆盖。建立并完善网格化监管体系，强化网格化生态环境监管能力建设。鼓励制定高寒高海拔条件艰苦民族地区人才特殊政策，提高待遇和补助，灵活多样引进生态环境保护治理专业人才，加强县、乡、村三级干部队伍培养，建立各级上下交流机制，畅通上升提拔渠道，注重提拔任用工作出色、表现优秀的基层干部和工作人员，稳定人才队伍。搭建环保人才学习交流培训平台，提升人才队伍业务能力。

健全生态环境监测体系。推动实施《四川省黄河流域生态环境监测体系建设方案》，优化监测网站布局，加强野外监测台站建设，实现环境质量、生态质量、污染源监测全覆盖，开展生态质量监测评估，加强生态保护修复监督评估。推进黄河流域可视化立体监管系统建设，针对流域地广人稀、交通不便等问题，充分利用卫星遥感、无人机和地面生态定位监测等手段建设天地一体化生态监测网络，强化森林草原、湖泊湿地、野生动植物、水土流失等生态监测工作。建立重点污染源自动监测系统和突发环境事件应急指挥调度系统，在红原县绿色产业园区、若尔盖县扶贫产业基地下游等水域增设水质自动监测断面。

增强综合行政执法能力建设。建立健全跨区域、跨部门联合执法机制，实现对流域生态环境保护执法“一条线”全畅通。压实流域州、县两级生态环境部门综合行政执法工作和队伍整合建设责任，加强执法工作保障，配备执法制式服装、执法车辆等装备，提升执法现代化手段，落实执法人员持证上岗和资格管理制度、执法全过程记录制度等，打造专业化环保执法铁军。完善信息共享和大数据执法监管机制。扎实推进基层执法能力建设。

提升保护治理科技创新支撑能力。组织实施高寒高海拔地区“生态保护和环境治理”重大科技专项，重点开展高寒地区城镇生活污水集中处理、工业水污染综合防控、农牧区污染高效低成本处理以及高原退化生态系统修复、科学应对气候变化等关键性、前瞻性技术的科技攻关，推广应用先进适用技术。推进流域驻点跟踪研究等科技帮扶行动，推广生态环境整体解决方案、托管服务和第三方治理，形成适合本区域的生态环境治理模式。建立借智引脑合作机制，促进域外智力为黄河流域生态环境保护决策提供技术支撑。

建立健全跨区域合作机制。以共同抓好大保护、协同推进大治理为原则，加强上下游、干支流、左右岸统筹谋划，加强川甘青藏交界地区交流合作，建立省级协调机制，完善交界地区州（市）长联席会议机制、河（湖）长联席会议机制，加强协同联动，形成整体合力，共同推进黄河流域生态保护治理。省内黄河流域5县，牢固树立“一盘棋”思想，加强上下游联动联治，建立常态化联席会议、联合监管巡查、联合执法制度体系，形成生态环境保护监管合力，实现四川黄河流域生态环境一体化保护治理。

（八）加大政策保障和资金投入力度

加强组织领导。建立完善省负总责、州县落实的工作机制，坚定黄河流域保护治理的决心，把黄河流域生态保护治理贯穿于社会经济发展各领域、各方面和各环节，各级人民政府要强化组织保障，明确目标任务，细化工作举措，切实抓好各项任务落实。严格落实生态环境保护“党政同责、一岗双责”，确保黄河流域生态保护治理始终保持正确方向。全面落实河（湖）长制和林（草）长制，强化管水治水护水用水责任，切实抓好组织、协调、督导、考核工作任务落实。

加大资金投入。加大对黄河流域生态保护治理的资金投入，充分发挥财税政策支持引导作用，调整优化资金使用方向和支持方式，提升财政资金分配效率和精准度，保障资金投入与方案实施资金需求同步协调。开展生态综合补偿试点，依法依规统筹整合使用生态补偿资金。大力发展绿色金融，鼓励符合条件的企业发展绿色信贷、债券和保险等金融产品。进一步拓宽资金投入渠道，规范推广政府和社会资本合作（PPP），引导和吸引更多社会资本投入黄河流域生态环境保护领域。

严肃考核问责。科学制订黄河流域生态保护年度实施计划，安排年度目标和重点任务，纳入黄河流域生态保护治理攻坚战成效考核。上级人民政府对下级人民政府水资源、水环境、水土保持等强制性约束控制指标落实情况进行考核，对生态环境问题突出且整治不力的地方，以及工作慢作为、不作为，甚至失职失责的地方限期整改，必要时按照《行政约谈办法》约谈当地政府主要负责人。

强化公众参与。鼓励公众力量积极参与黄河流域生态保护工作，建立良好的沟通渠道，明确规定公众参与的法律程序、途径和方式等，充分发挥公众的监督作用。广泛利用电视电台、网络视频、报纸画册等多种宣传方式，加大流域生态环境保护治理宣传力度，提高群众生态环境保护观念和参与意识，推广践行绿色低碳生活。传承发扬藏族优秀传统生态文化，设立脱贫攻坚“公益类岗位”，动员寺庙僧侣、农牧民协助参与巡河、巡山等日常生态环保工作，及时发现各类破坏生态环境的违法行为以及草原火灾、退化沙化等问题，充分发挥全社会参与环境治理保护的集体力量和监督作用。

城市层面推动减污降碳协同控制的路径对策建议

摘　要：减污降碳协同已经成为新发展阶段深化生态文明建设、全面推进美丽中国建设的显著特征和突出标志。减污降碳协同具有充分的科学依据，是实现环境、气候等多目标协同的内在要求，有利于实现环境、气候、经济效益最大化和多赢。当前，城市减污降碳协同治理面临理念意识和科学认知薄弱、科学技术和专业支撑不足、规划政策支持体系不健全、全生命周期减排探索滞后、经济社会和技术成本制约等问题和挑战。面向未来，建议城市将减污降碳协同摆在城市生态文明建设的突出位置，妥善处理发展与减排、减污与降碳、当前与长远、存量与增量、整体与局部的关系，按照多目标协同要求“一城一策”谋划重大政策行动，积极稳妥推进减污降碳协同增效，提升发展“含绿量”和“含金量”，赋能建设人与自然和谐共生的现代化。

关键词：城市；减污降碳协同；对策

一、减污降碳协同控制的科学内涵

（一）减污降碳协同控制的概念缘起

20 世纪六七十年代以来，全球环境保护不断加强。20 世纪 90 年代开始，全球气候治理兴起，环境和气候协同治理应运而生。2001 年，联合国政府间气候变化专门委员会（IPCC）第三次评估报告首次提出“协同效应”（Co-benefits）概念。IPCC 第五次评估报告将协同效应分为积极协同效应和消极协同效应。2018 年 IPCC 发布的《全球升温 1.5℃特别报告》将协同效应聚焦在积极协同效应上，即协同效应是指实现某一目标的政策或措施对其他目标可能产生的积极影响，从而增加社会或环境的总效益。

（二）减污降碳协同控制的三种情景

减污降碳协同既是科学问题，也是实践问题。大体上，可将减污降碳协同分为三种情景（表 1）。一是某一政策或措施的实施，能够同时控制或减少环境污染物和温室气体的排放（抑制排放增长、减少排放总量或降低排放强度）；二是某一减污政策或措施的实施，可以控制或减少温室气体的排放（抑制排放增长、减少排放总量或降低排放强度）；

三是某一降碳政策或措施的实施，能够控制或减少环境污染物排放（抑制排放增长、减少排放总量或降低排放强度），且可能带来健康或经济效益。

表 1　减污降碳协同控制的三种情景

情景类别	协同类别	协同状态	示例
情景 1	“他带你我”式协同	某一政策或措施的实施，能够同时控制或减少环境污染物和温室气体的排放，且可能带来健康或经济效益	产业调整转移 能源生产革命 推广电动汽车
情景 2	“我带你”式协同	某一减污政策或措施的实施，可以控制或减少温室气体的排放，且可能带来健康或经济效益	环境保护督察 淘汰高污染企业 生活垃圾分类
情景 3	“你带我”式协同	某一降碳政策或措施的实施，能够控制或减少环境污染物排放，且可能带来健康或经济效益	碳交易和碳税 低碳城市建设 节能降碳改造

（三）减污降碳协同控制的时空尺度

减污降碳协同是一项兼具科学性、系统性、长期性的重大工程，从实践的角度可分为“大协同”和“小协同”，也可细分为行业领域的协同、环境要素的协同、空间单元的协同等。宏观层面的“大协同”，重点是突出绿色低碳对发展的引领，推动产业结构、能源结构、交通运输结构等的纵深调整，降低经济社会活动的碳足迹和生态足迹，切实发挥好降碳行动对生态环境质量改善的源头牵引作用。中观或微观层面的“小协同”，重点是突出生态环境要素、环境治理体系与降碳的协同，优化环境治理工艺、技术路线和用能结构，完善环境治理机制，降低环境治理的用能强度和碳足迹，充分利用生态环境制度体系协同促进低碳发展。

二、减污降碳协同控制的重大意义

城市减污降碳协同控制具有充分的科学依据，是实现环境、气候等多目标协同的内在要求，也是新发展阶段城市生态文明建设的必然趋势。

（一）从作用机理看，减污降碳协同控制具有科学性

经济社会活动是导致城市环境污染物与温室气体排放的根源。工业生产、能源消费、交通物流、居民生活等人类活动，既会产生大气污染物、水污染物、固体废物等环境污染物，也会排放二氧化碳、甲烷、氧化亚氮等温室气体。多数环境污染物与主要温室气体排放同根同源同过程且空间分布高度一致，许多传统环境污染物通过直接和间接效应影响气候，气候变化也作用于污染物转化的方向及速率，一定程度上影响生态环境质量。

因此，通过在减污降碳的目标指标、管控区域、控制对象、措施任务、政策工具等方面的协同，可实现协同治理和提质增效。

（二）从协同潜力看，减污降碳协同控制具有可行性

四川省多数城市工业结构偏重（工业）偏高（耗能）、用能结构偏化石燃料、交通运输结构偏公（路）偏（石）油格局尚未改变，生态环境保护的结构性、根源性、趋势性压力总体上尚未根本缓解，生态环境质量改善从量变到质变的拐点还没有到来，现阶段生态环境的改善总体上还是中低水平的提升。随着环境末端治理空间逐渐压缩，环境质量改善面临末端控制减排潜力有限的挑战，亟须强化转型，通过结构调整降低污染物和温室气体排放强度。

（三）从目标协同看，减污降碳协同控制具有正效益

减污降碳协同治理，可以避免“高碳锁定”效应，减轻对居民健康和生态系统的负面影响。同时，相较于协同情景下实现路径的一次全局优化，无协同情景下的二次决策很可能会带来成本浪费，甚至增加治理费用。通过实施减污降碳协同治理，强化正协同效应、规避负协同效应，能更好推动城市环境治理从注重末端治理向注重源头预防和全过程治理有效转变，节约环境和气候治理总成本，有利于实现环境、气候、经济效益最大化和多赢。

（四）从发展阶段看，减污降碳协同控制具有必然性

与主要发达国家的城市基本解决环境污染问题后从 20 世纪 90 年代开始转入碳排放控制阶段不同，当前我国生态文明建设同时面临实现生态环境根本好转和碳达峰碳中和两大战略任务。“十四五”时期，生态文明建设进入了以降碳为重点战略方向、积极稳妥推进减污降碳协同增效、促进经济社会发展全面绿色转型、实现生态环境质量改善由量变到质变的关键时期。到 2035 年，碳排放达峰后稳中有降，生态环境根本好转，美丽中国目标基本实现。必须抓住机遇期、窗口期，深入推进减污降碳协同增效。

三、减污降碳协同控制的部署安排

（一）我国将减污降碳作为生态文明建设的关键抓手

2020 年以来，党中央、国务院多次对减污降碳作出部署，要求统筹产业结构调整、污染治理、生态保护、应对气候变化，协同推进降碳、减污、扩绿、增长，把实现减污降碳协同增效作为促进经济社会发展全面绿色转型的总抓手，加快构建减污降碳一体谋划、一体部署、一体推进、一体考核的制度机制。2021 年 1 月，生态环境部发布《关于

统筹和加强应对气候变化与生态环境保护相关工作的指导意见》，标志着减污降碳从“弱相关”进入“强联合”阶段。2022 年 6 月，生态环境部、国家发展改革委、工业和信息化部等七部委印发《减污降碳协同增效实施方案》，为各地区各领域减污降碳协同提供了行动指南，标志着减污降碳协同治理迈入新征程。

（二）四川将减污降碳视为美丽四川建设的重要方面

四川省委、省政府将减污降碳协同治理摆在生态文明和美丽四川建设的重要位置。《美丽四川建设战略规划纲要（2022—2035 年）》将减污降碳协同增效作为建设绿色低碳经济发展实验区战略目标的重要内容，要求开展减污降碳协同增效研究。《中共四川省委　四川省人民政府关于深入打好污染防治攻坚战的实施意见》强调，以实现减污降碳协同增效为总抓手，深入打好污染防治攻坚“九大战役”，推广应用减污降碳技术，加快构建减污降碳一体谋划、一体部署、一体推进、一体考核的制度机制。《成渝地区双城经济圈生态环境保护规划》要求，以实现减污降碳协同增效为总抓手，构建人与自然和谐共生的美丽中国先行区。《四川省“十四五”节能减排综合工作方案》明确，推动能源利用效率大幅提高、主要污染物排放总量持续减少，实现节能降碳减污协同增效、生态环境质量持续改善。

四、城市层面开展减污降碳协同控制的主要问题挑战

（一）理念意识和科学认知薄弱

城市减污降碳协同治理理念和知识普及不足是制约减污降碳政策行动的重要因素。当前，政府部门、重点企业、服务机构等对减污降碳协同的认识和理解，既存在不足，也存在误解。一些观点认为减污降碳是减污与降碳的物理相加，未认识到减污降碳的内在逻辑、规律和机理；有的将降碳与减污治理模式简单等同，协同视角、协同维度、协同尺度存在偏差，过分强调末端治理，未充分认识到降碳更加强调结构减排和源头治理。

（二）科学技术和专业支撑不足

科学技术创新是减污降碳协同的关键性支撑力量。各类科技研发计划尚未将减污降碳作为重要方向和板块纳入申报指南，协同耦合机理、协同减排技术等的研发经费投入明显不足。各级生态环境部门减污降碳工作力量配备不够，且人才队伍知识结构和统筹能力与时代要求存在差距。一些高等院校、科研院所、重点企业、社会组织虽设立了减污降碳相关机构，但总体处于起步成长阶段，研究能力、创新能力、支撑能力亟待提高。多数企业尚未建立起有效的碳资产管理团队，碳排放监测员、核算员、交易员兼职化流动化严重，协同工作通道受阻。

（三）规划政策支持体系不健全

政策引导和支持是减污降碳协同行稳致远的重要保障。对标未来发展需求，绝大多数城市尚未建立完备的减污降碳协同增效战略、规划和政策体系，城市减污降碳协同增效实施方案编制属地化不足、针对性不强。重点行业领域减污降碳政策体系和技术指南空白较多。尚未启动城市群、都市圈、城市、园区、企业层面的减污降碳试点示范，缺乏科学合理的评价指标体系和激励约束机制。标准化、信息化、财政金融、督察考核等对减污降碳协同的响应不足，治理体系和能力创新融合仍有较大潜力。

（四）全生命周期协同探索滞后

局部环节的减污降碳难以适应经济社会发展全面绿色转型新要求，必须坚持全生命周期理念，规避“漂绿”行为，提升产业链供应链整体绿色化低碳化水平。当前，重点产业链绿色化存在短板，头部企业供应链绿色化显示度不够。有的企业重成品生产环节的减污降碳，而未关注上游生产和回收利用环节的排放，减污降碳顾此失彼。有的企业依赖传统治理路径，盲目“上马”污染治理设施，不重视工艺革新和路径协同，导致环境治理能耗偏高和碳排放强度偏大，陷入“治理怪圈”。

（五）经济社会和技术成本制约

受消费习惯、续航里程、成本价格、安全性等影响，城市新能源交通工具尚未成为公众消费首选。在天然气消费成本高于电价情况下，电能替代将影响产品市场竞争力。“绿氢”“绿氨”、可持续航空燃油、绿色甲醇、地热能、空气能等能源开发利用成本较高，推广应用存在安全隐患和成本制约。一些城市可再生能源电力生产和保障能力不足，清洁能源基础设施不健全，难以有效支撑园区、企业清洁替代，存在电力等公共配套滞后于企业需求的情况。一些污染物和碳排放协同减排技术成熟度不够，成本较高，短期内难以规模化推广。

五、城市层面推动减污降碳协同控制对策建议

实现城市减污降碳协同是一项兼具长期性、科学性、战略性的系统工程，需差异化设置协同目标，把握多个重大关系，稳妥有序开展协同控制行动，实现经济效益、环境效益、气候效益多赢。

（一）总体目标

按照经济、社会、环境、气候等多目标协同要求，遵循城市减污降碳内在规律和科学逻辑，“一城一策”确定减污降碳时间表、路线图、施工图，合理把握推进主要矛盾

和矛盾的主要方面、路径和方式、节奏和力度，确保既完成减污降碳的“硬任务”，也形成地域特色的“新亮点”，提升发展“含绿量”和“含金量”，赋能建设人与自然和谐共生的现代化。

（二）重大关系

一是发展与减排的关系。开发与保护、发展与减排的拷问将伴随环境与气候问题始终。生态文明理念下，城市发展不能完全不顾环境容量、资源承载力和气候变化风险，盲目走高资源消耗、高排放、低水平的发展路径，须站在人与自然和谐共生的视角谋划发展，使发展建立在生态环境保护、能源资源节约和控制温室气体排放的基础上。反之，也不能片面看待环境与气候问题，使环境与气候治理缺乏必要的物质基础和技术支撑，必须保持战略定力，坚定走绿色低碳发展之路。

二是减污与降碳的关系。一方面，城市以更高标准打好蓝天、碧水、净土保卫战，将倒逼增长方式转变，促进结构性降碳。但以末端治理为主的路径下，超低排放改造、深度治理、污水处理提标等，将带来更多能源消耗和碳排放，脱硫脱硝、垃圾填埋、污水处理过程中还会产生非能源活动二氧化碳和甲烷、氧化亚氮等温室气体，持续降低环境治理的碳足迹是新形势下深化环境治理的重要要求。另一方面，控制温室气体排放，推动工业、能源、交通运输等领域结构调整，将为多种环境污染物深入治理挖掘潜力，支撑环境质量改善。

三是当前与长远的关系。从环境问题看，传统主要污染物已得到有效治理，排放进入总量稳步减排阶段，但减排边际效应逐步降低。与此同时，新污染物和新型污染物问题涌现，新老问题交织叠加。从气候问题看，伴随化石能源消费刚性增长，二氧化碳排放总体仍处于上升通道，二氧化碳排放达峰后减排将拓展至更多温室气体和碳汇，经过漫长过程达到净零排放。必须充分认识减污降碳的长期性，把握好阶段性特征，因时因地精准施策，分步骤、有阶段推进减污降碳，不能将长期目标短期化、系统目标碎片化，避免冒进运动式减排。

四是存量与增量的关系。当前，多数城市仍处在工业化中期、城镇化加速期，能源消费增长较快。在此背景下，对于存量，要按照突出科技赋能、数字赋能、创新赋能，推动发展方式、用能方式高效化、清洁化、智能化，持续提升单位排放的经济产出。对于增量，要着眼未来招商引资和战略布局，严格绿色低碳准入和效率标准，加快发展优势产业、聚集新兴产业、培育未来产业。

五是整体与局部的关系。减污降碳是一盘大棋，涉及城市与辐射区、园区与企业、供给与消费、政府与市场。不同地区、行业、主体的减污降碳协同度、优先序，以及减排技术成熟度、投入成本、效益产出等存在明显差异，不能搞“齐步走”“一刀切”。要在追求整体效益最大化的基础上，差异化推进减污降碳，发挥试点探索、示范引领的作用，形成全市一体、因地制宜、梯次推进、陆续呈现的格局。

（三）实施路径

减污降碳协同必须坚持系统思维、创新意识，多尺度、多维度、多方面开展强化政策或措施协同，推进工业、交通运输、城乡建设、农业、生态建设等多领域协同增效，强化大气、水、土壤、固体废物等污染防治领域协同治理，开展区域、城市、园区、企业等多层次减污降碳协同创新，见图 1。同时，强化科技创新、数字赋能、法规标准、协同管理、经济政策、能力建设等方面的支撑保障。

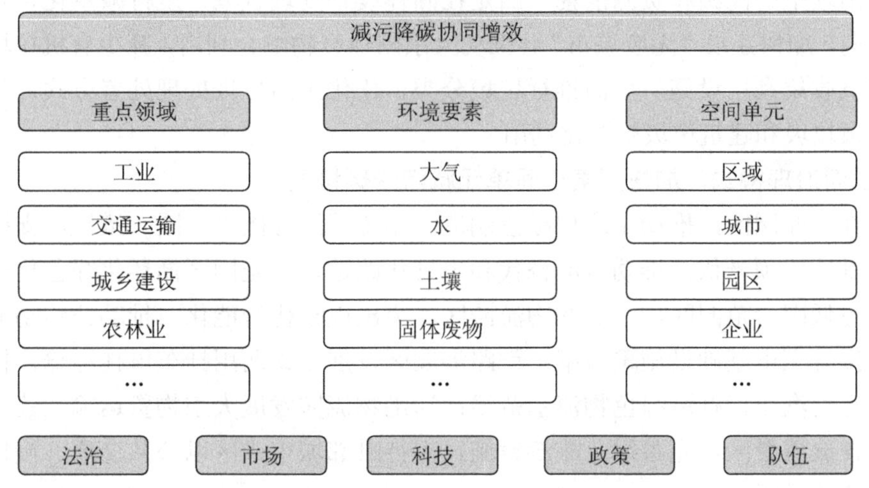

图 1　城市减污降碳协同增效框架

1．调整结构，有序推进经济结构减污降碳协同

一是以供给侧结构性改革为重点，加快推进传统产业高端化、新兴产业集群化和绿色产业规模化，重点围绕城市主导产业、优势产业打造绿色低碳供应链产业链，发展绿色制造业、绿色服务业。实施绿色设计、绿色工厂、绿色园区、绿色供应链等绿色制造工程，加快工业领域源头减排、过程控制、末端治理、综合利用全流程绿色发展。二是立足可再生能源资源禀赋，有序发展可再生能源和氢能产业，实施可再生能源替代行动，巩固和提升非化石能源消费占比。三是加大绿色低碳交通供给，在物流方面，发挥铁路物流优势，推广“公铁”“公水”“铁水”多式联运；在客运方面，优先发展公共交通，推动用能“油转电（氢）”，优先提升公共领域用车电动化。有序推动老旧车辆替换为新能源车辆和非道路移动机械使用新能源清洁能源动力。四是加强建筑拆建管理，实施建筑绿色化改造，延长老旧建筑使用寿命，发展绿色建筑和装配式建筑，稳步提升新建建筑中绿色建筑比例，推动超低能耗建筑、近零碳建筑规模化发展，推进建筑废弃物综合利用，推动在人居环境整治提升中统筹考虑减污降碳要求。

2．优化治理工艺，逐步深化环境要素减污降碳协同

一是在大气治理领域，着重突出源头减排，一体推进重点行业大气污染深度治理与

节能降碳行动，支持“两高”行业企业开展深度减排治理和节能降碳改造，以火电、焦化、水泥、电解铝等重点行业和锅炉等重点用能设备为重点，推动开展大气污染物深度减排治理和节能降碳改造。二是在污水处理领域，推进产业园区用水系统集成优化，实现串联用水、分质用水、一水多用、梯级利用和再生利用，建设资源能源标杆再生水厂，推广污水污泥温室气体低排放治理工艺流程。三是在土壤治理领域，推动污染地块用于拓展生态空间，推进污染地块生态保护修复。优化土壤污染风险管控和修复技术路线，降低修复治理中的能源和资源消耗。四是在固体废物处理领域，坚持减量化、资源化、无害化方向，加快建设“无废城市”，推动大宗固体废物综合利用，减少有机垃圾填埋，推动填埋气收集利用设施。全面推行垃圾分类，优化生活垃圾处理处置方式，加强可回收物、厨余垃圾和建筑垃圾资源化利用。

3．创新治理模式，加快探索空间单元减污降碳协同

一是在工业园区，推动全流程绿色制造，制定减污降碳“一园一策”，支持具备条件的厂房推广屋顶光伏，推动电能替代和电气化改造，实施园区循环化绿色化改造，建设一批绿色低碳示范园区。二是在物流园区，突出电动化智能化，推动公路物流园降低空载率，提升充电基础设施覆盖率；铁路港园区发展公铁两用挂车甩挂运输，推广集装箱运输和电动汽车，打造绿色物流示范线；河港物流园发展大宗物资运输，建设绿色港口。三是在旅游景区，完善绿色旅游设施，支持毗邻城市景区以公共交通、慢性交通为特色打造低碳景区。

4．强化治理赋能，加快探索治理体系减污降碳协同

一是推动监测调查协同，将温室气体纳入生态环境监测网络，常态化编制城市温室气体排放清单，推动排放“源解析”一体融合。二是推动环境准入协同，落地落实“三线一单”，逐步强化规划、项目层面碳排放影响评价，确保新建项目达到低碳环保先进水平。三是推动权益交易协同，支持发电等行业符合条件的企业参与全国碳排放权交易，利用碳资产开展新型融资，拓展生态产品实现路径。四是推动评价考核协同，定期开展减污降碳协同增效综合评估，动态调整目标任务。同时，推动将降碳情况纳入生态环境考核体系，强化考核结果应用。五是优化专项资金设置和投入，加大兼具环境和气候效益项目的支持力度，加强优质减污降碳项目推荐和供需对接。

四川省烟草行业减污降碳协同控制分析和对策建议

摘　要：当前，我国生态文明建设面临实现生态环境根本好转和碳达峰碳中和两大战略任务，环境污染物和温室气体排放具有高度的同根、同源、同过程特性，化石能源消费、工业生产等领域既是环境污染物排放的主要环节，也是温室气体排放的主要来源，协同推进减污降碳是经济社会发展全面绿色转型的必然选择。为积极探索构建符合四川实际、满足发展要求的典型特色行业减污降碳路径，本文以烟草行业烟叶烘烤和卷烟生产环节为例开展减污降碳协同控制研究，通过分析四川省烟草行业烟叶烘烤和卷烟生产环节能源消费、污染物和碳排放现状，识别在“双碳”政策背景下减污降碳面临的形势与挑战、亟待解决的关键性问题，提出减污降碳协同对策建议。

关键词：减污降碳协同；烟叶烘烤；卷烟生产

早在 20 世纪 90 年代，国际上就开展减污降碳协同研究，研究领域包括温室气体与传统大气污染物协同效应机理、减污降碳协同效应评估方法学、减污降碳协同控制政策等[1,2]。我国在 21 世纪初就开始意识到全球气候变化与环境污染问题的成因具有关联性，陈牧等[3]强调化石燃料的燃烧会产生大气污染物和温室气体，引起气候变暖和环境空气污染。相关研究开始认识到一些领域环境治理可能增加温室气体排放，需要找到“结合点”来促进减污降碳协同增效[4-6]。越来越多的研究认为污染防治与温室气体排放具有一定的同根同源性，且减排行动具有协同效益，并以典型城市、重点行业等为例开展减污降碳路径分析研究。

从已有的相关文献分析可知，现有的减污降碳协同研究主要集中在区域层面，以及污染物和碳排放量较大的水泥、钢铁等传统重点行业层面，而针对某一地区特色行业的研究较少。烟草行业作为我国国民经济的重要支柱产业，在经济社会发展进程中扮演着重要的角色，四川省是全国优质的烟叶生产基地，烤烟产量占比位居全国前列，凉攀地区“清香型”风格烟叶在全国独树一帜，德阳什邡被誉为全国“雪茄烟之乡”，具备一定的特色优势。从生产流程来看，烟草行业包括烟叶种植、烟叶烘烤、卷烟生产、烟草制品物流运输 4 个主要环节，而烟叶烘烤、卷烟生产又是能源消费、污染物排放、碳排放较为集中的环节，特别是烟叶烘烤，由于四川省烟叶种植区域大多集中在凉山彝族自治州二半山区等地，受地形条件制约，烟叶烘烤现状以分散型燃煤烤房为主，电能替代难度较大，造成污染物和二氧化碳排放。国内也有相关研究[7,8]对烟叶烘烤清洁能源替代的环境效益、经济效益进行分析，但尚未对污染物和碳排放协同情况开展分析，本文在基于现有文献研究基础上，选取烟叶烘烤、卷烟生产两个主要环节开展能源消费、污染物和碳排放分析评估，识别减污降碳协同的关键环节和主要问题，提出针对性的实施路径和对策建议。

一、四川省烟草行业发展现状

四川是全国优质的烟叶生产基地，2021 年烟叶种植面积全国排名第五，烤烟产量全国排名第五、占全国比重为 7.3%（图 1），仅次于云南、贵州、河南、湖南。凉山彝族自治州稳居全国第二大地市级烟区，会东县、会理市烟叶生产规模稳居全国县（市）第一和第二。经过几十年的发展，四川烟草行业已形成烟叶种植、烟叶烘烤、卷烟生产制造、烟草专卖等完整产业链。

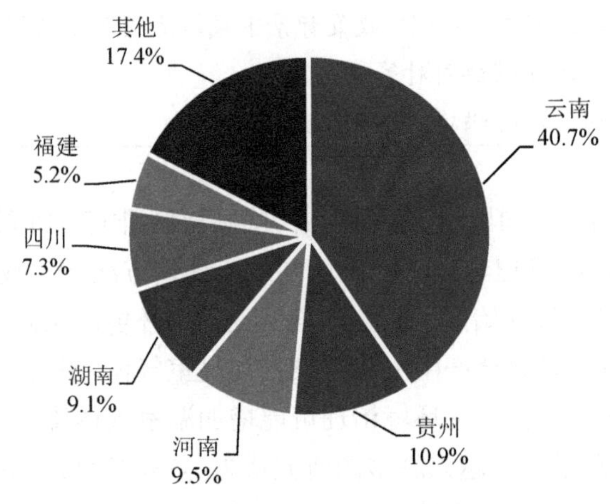

图 1　2021 年全国主要地区烤烟产量占比

注：根据国家统计局统计年鉴测算制定。

四川省烟草行业生产区域集中度较高，在烤烟方面，四川省共有 5 个烤烟区，包括凉山、攀枝花、泸州、宜宾、广元，2021 年，四川省五大烤烟区中凉山彝族自治州产量为 11.81 万 t（占比 80.4%）、攀枝花产量为 1.08 万 t（占比 7.4%）、泸州产量为 0.68 万 t（占比 4.6%）、宜宾产量为 0.71 万 t（占比 4.8%）、广元产量为 0.4 万 t（占比 2.7%），凉山彝族自治州已成为四川省最大烤烟产区，产能占四川省 80%以上，“一城独大”现象突出。在卷烟方面，四川拥有“宽窄”“娇子”等卷烟品牌，下设成都、什邡、绵阳、西昌 4 个卷烟厂，其中成都卷烟厂是四川省最大的卷烟生产基地。

二、烤烟、卷烟生产环节减污降碳现状及存在的问题

（一）烟叶烘烤（烤烟）环节减污降碳现状及存在的问题

2005 年起，四川省开始建设烟叶烘烤烤房，主要分布在凉山彝族自治州、攀枝花地区，以散建燃煤烤房为主，烤房产权为烟农、合作社、村组。2016 年起，四川省实施清洁能源烤房建设，并对现有燃煤烤房实施清洁化改造，推动烟叶烘烤煤炭消费向生物质和电力消费转变，截至 2022 年年底，四川省在用烤房数量达到 5.8 万座，其中生物质烤房 20 617 座、电能烤房 404 座，清洁能源烤房（含生物质烤房和电能烤房）数量占四川省在用烤房比例达到 36.2%。由于烟叶烘烤烤房清洁能源替代，能源消费总量、碳排放总量、污染物排放量均呈现下降趋势。经测算，如图 2～图 4 所示，2015—2022 年，烟叶烘烤能源消费总量减少 3.6 万 t 标准煤（降低约 18.2%）、碳排放总量减少 26.3 万 t（降低约 50%）、碳排放强度由 2015 年的 1.17 t/万元下降至 2022 年的 0.67 t/万元（下降约 42.7%）、单位能源碳排放系数由 2015 年的 2.66 t 碳排放/t 标准煤下降至 2022 年的 1.63 t 碳排放/t 标准煤、氮氧化物排放降低约 24.1%。

尽管烟草行业大力推进清洁能源替代，碳排放和污染物排放有所降低，但以燃煤烘烤为主的能源消费结构仍未改变，四川省在用燃煤烤房数量占比达到 60%以上，烟叶初烤环节燃煤导致的二氧化碳排放贡献率超过 90%，推动烟叶烘烤环节减污降碳协同还面临许多问题和挑战。

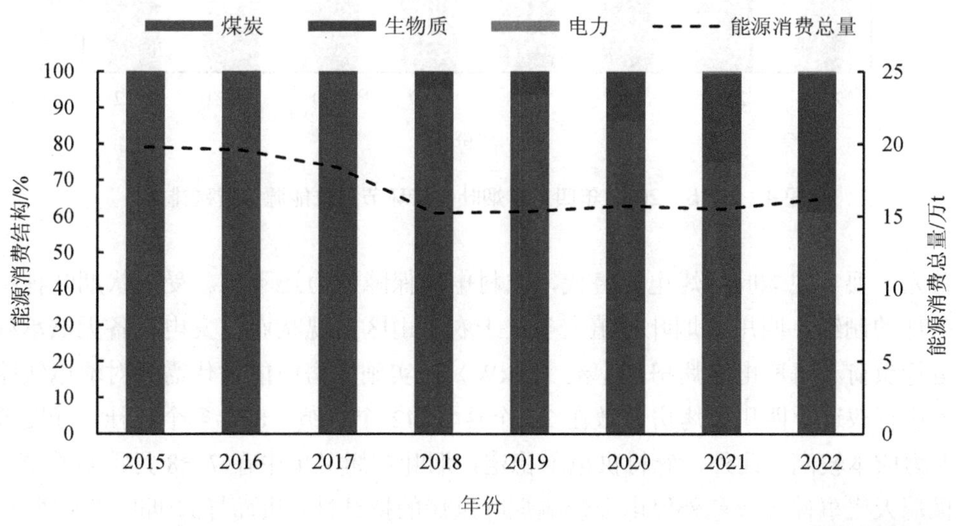

图 2 2015—2022 年四川省烟叶烘烤能源消费结构

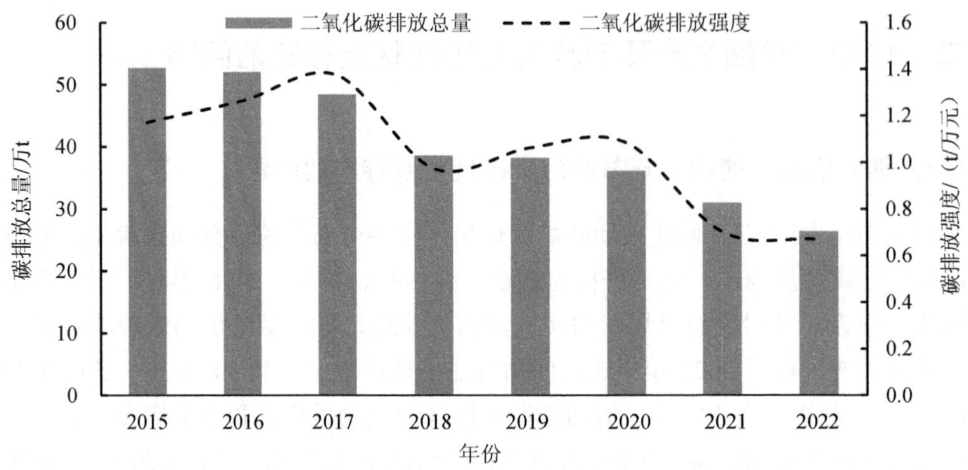

图 3　2015—2022 年四川省烟叶烘烤环节碳排放总量及强度

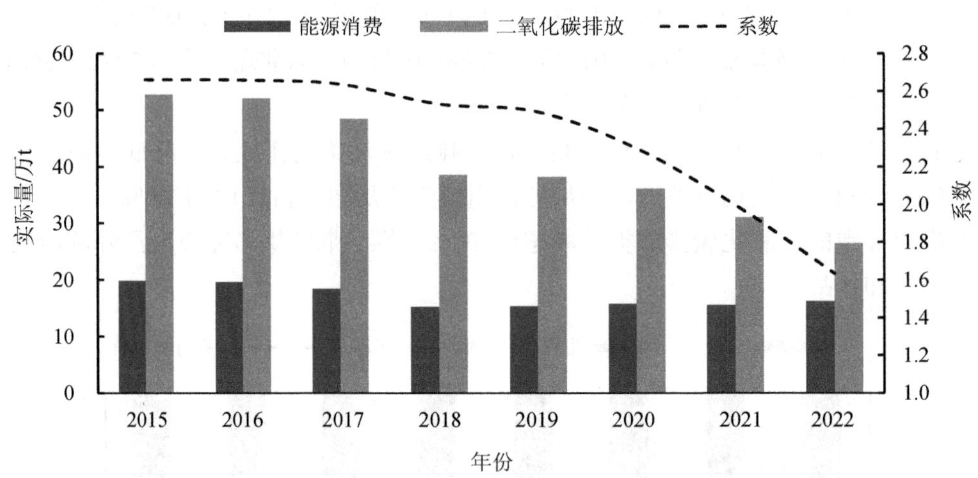

图 4　2015—2022 年四川省烟叶烘烤环节单位能源消费碳排放

首先，要实现烟叶烘烤电能替代，农村电网保障能力还不足。受现状烟叶种植区域地形条件的制约，四川省烟叶种植大多位于农村山区，现状农村变电设备无法承载电能烤房运行负荷（每座电能烤房功率约 20 kW），实施烤房电能替代需要对输电线路及供电设备进行改造，四川省烤房分散在 25 个县、242 个乡镇、800 多个村社，线路改造经济、人力成本较高。此外，农村供电不稳定，烟叶初烤又集中在 7—8 月雷雨季节，一旦发生极端天气事件导致意外停电会影响烟叶烘烤的持续性，进而导致烟叶产品质量下降，严重情况下发生烟叶损坏现象，给烟农带来严重的经济损失。

其次，由于分散式烤房数量占比高，减污降碳管理水平不足。四川省集群式烤房数量占比不到 20%，涉及 400 多个点位（1 个点位一般分布 20～30 座烤房），受分散式烤房数量多，烟农知识水平不足、减污降碳意识薄弱等多种因素影响，在实际运行过程缺乏统一的管理，存在燃煤烤房大气污染物直排等环境问题。

再次，烟叶烘烤环节电能替代资金支持政策还有待完善。国家烟草系统对烟叶烘烤环节清洁能源替代给予一定比例的资金支持，但四川省、凉攀地区尚未就四川省烟草行业清洁能源替代出台相关支持政策。比如，四川清洁资源规模优势突出，烟叶产量规模较大的凉山彝族自治州地区更是四川省重要水电、风电、太阳能资源富集区，具备烤房电能替代的现实基础，但实施电能替代，需配套资金、金融支持专项政策对农村电网进行升级改造。

最后，行业减污降碳规划保障体系不健全，烟草行业目前只从企业层面出台了绿色低碳发展工作方案，省级行业层面尚未就四川省烟草行业绿色低碳发展、减污降碳协同出台指导意见、规划方案，减污降碳的标准化、信息化支撑明显不足，减污降碳先进适用技术普及度不高。比如，凉攀地区作为四川省最大的烟叶种植区和烤烟产区，未出台相关的减污降碳方案推动区域烟草产业绿色低碳高质量发展，一些减污降碳先进技术开发应用场景不足。

（二） 卷烟生产环节减污降碳现状及存在的问题

卷烟生产过程主要采用热蒸汽对烟丝进行烘烤，目前四川省内 4 家卷烟厂均采用天然气锅炉产生蒸汽，通过实施燃气锅炉低氮燃烧改造，建立能源智慧管理平台、开展能耗监测分析预测预警，提升卷烟生产过程能源利用效率和管理水平。经测算，如图 5、图 6 所示，2016—2022 年，卷烟生产环节单位产品能耗下降约 13.9%、万元工业增加值能耗下降约 52%、碳排放强度下降 52.8%、氮氧化物排放总量减少 6.2 t（下降约 12.8%）。成都卷烟厂在实施天然气锅炉低氮燃烧改造后，氮氧化物排放减少 40%以上、能源利用效率提高 10%左右、碳排放降低 10%左右。

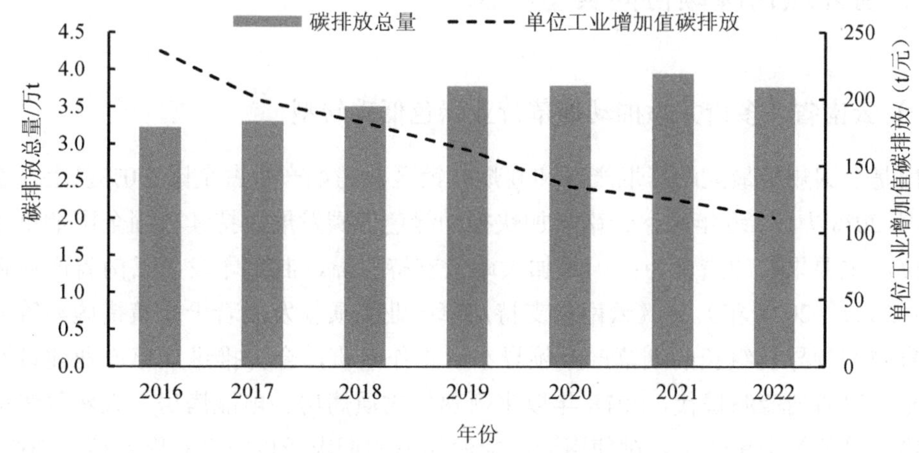

图 5　2016—2022 年四川省卷烟生产环节碳排放总量及强度

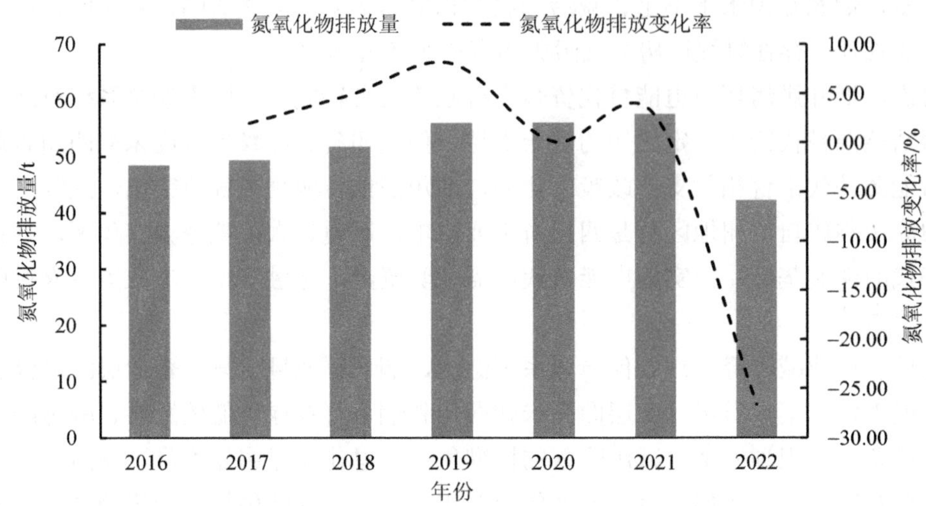

图 6　2016—2022 年四川省卷烟生产环节氮氧化物排放及变化

卷烟生产环节主要采用天然气作为烟丝烘干的热源，实践表明，实施天然气锅炉低氮燃烧改造可以提高能源利用效率、降低氮氧化物排放。由于成都市近几年大力推进工业领域大气污染治理，推进天然气锅炉低氮燃烧改造，目前仅成都卷烟厂完成天然气锅炉低氮燃烧改造，绵阳、什邡、西昌卷烟厂还未实施天然气锅炉低氮燃烧改造，此外，成都卷烟厂建设了能源管理平台，实现能耗、污染物排放可视化管理，其他几个卷烟厂还未开展能源管理平台的建设，不同地区减污降碳管理水平存在差异。同时，电蒸汽锅炉替代天然气锅炉的研究不足，由于经济成本的制约，目前四川省 4 个卷烟厂均未使用电蒸汽锅炉。

三、省外减污降碳协同典型案例

（一）云南省：多措并举推动烟草行业绿色低碳转型

云南是全国规模最大的烤烟产区和卷烟产销区，烤烟产量占全国 40%以上、卷烟产量占全国 20%以上。近年来，云南省加快推动绿色低碳发展，持续巩固全国烟草行业领头羊地位。主要采取的措施为：一是加大政策支持保障，制定印发《云南省产业强省三年行动（2022—2024 年）》《云南省支持烟草产业高质量发展若干政策措施》等文件，设立由省政府领导任组长的烟草产业领导小组工作专班，全力推进烟草产业建设发展。二是实施烤房清洁能源替代，2018 年以来新建生物质烤房、电能烤房、天然气烤房、空气热能烤房等各类密集烤房，对使用清洁能源烤房的烟农予以资金补贴，截至 2022 年年底，云南省推广清洁能源烤烟房 85 600 座，占四川省烤房数量 25.3%。三是实施数字赋能，在烟叶初烤环节，开发“智能烘烤管理系统”，运用物联网技术实现烟叶烤房“云”控制，通过智慧曲线推送、实时监控、预警提醒、工艺优化、烘烤分析五大核心功能，大幅提高烘烤能源利用效率；在烟叶收购环节，全面推广“约时定点、集中分级、集中运输、代表交烟”收购模式，运用RFID技术实现“无人”收购；在卷烟生产环节，实施烟草生产企业数字化改造，建设“数字生产线”“数字车间”“数字工厂”。云南经验表明，通过完善各类政策支撑体系，加强组织领导，优化能源结构、提升能源利用效率、实施数字赋能智能制造，可以推动烟草全产业链绿色低碳转型发展，促进各个环节减污降碳协同增效。

（二）河南省：完善资金支持政策助推烤烟电能替代

2020年以来，河南省大力推进烟叶烤房“电代煤”改造。主要采取的措施为：一是制定政策文件，发布《四川省烟叶烤房电代煤工作三年行动计划》，明确到2022年年底完成四川省27 903座烟叶连片燃煤烤房“电代煤”改造。二是加大财政资金支持力度，明确各级政府、烟草部门、电力部门重点任务和资金承担份额，其中烤房主体改造建设资金由政府和烟草部门分别承担 50%，政府资金由省级财政和地方（市、县、乡）财政各承担 25%，省级财政资金从大气污染防治专项资金中单列，通过“以奖代补”方式拨付，市县财政资金承担比例由市级财政统筹；配套电网建设改造资金由电力部门负责。三是完善金融支持政策，鼓励金融机构、社会资本参与烟叶烤房电代煤项目建设，拓宽资金渠道。探索开展烟叶烘烤意外停电等保险业务。河南经验表明，通过明确各级政府、主要行业部门职能职责，加大财政资金、社会资本等投入力度，完善金融激励政策，可以更好推动源头减排，促进能源结构转型，实现“治气降碳”协同增效。

四、推动四川省烟草行业烤烟环节、卷烟生产环节减污降碳协同的对策建议

（一）构建清洁低碳能源消费体系

首先，大力推广新能源应用，探索发展太阳能、地热能、空气热能、生物质能、电陶、石墨烯[9-11]等多种清洁能源在烤烟过程中的应用，不断提高烟叶烘烤中非化石能源消费占比。支持因地制宜利用烟田发展“烟光互补”，鼓励在具备条件的烟叶主产区实施烤房、复烤厂、卷烟厂建筑屋顶分布式光伏建设，探索“分布式屋顶光伏+储能”模式。

其次，推进燃煤消费清洁能源替代，实施烤烟“生物质能替代”“电能替代”工程，多措并举、积极有序推动燃煤烤房清洁能源替代，持续推进烟叶烘烤环节减污降碳，力争到2025年，新能源烘烤烤房占比提高到50%，完成80%的集群烤房煤改电改造。研究卷烟生产环节高效电蒸气锅炉替换天然气锅炉可行性，逐步开展电蒸汽锅炉的试点工作。

例如，广元市剑阁县在普安剑坪村、汉阳七里村、剑门关双鱼村改造和新建 156 间电能烤房，实现烟草绿色生产和烟农增收双效合一，与传统燃煤烤烟相比，一个烤烟季，156 间全电烤烟房使用300万kW·h清洁电能，相当于节约标准煤375 t，减少二氧化碳982.5 t、二氧化硫 3.18 t[12]。

最后，加强配套电网建设，推进农村电网升级改造，加强烟叶烘烤区域配套电网建设，提升电网运行灵活性、可靠性和智能化水平。以乡镇为单位有序分批次推动农村电力线路改造扩建、优化电力调度，合理安排用电负荷，推进烤房电力输送，全力保障烟叶烘烤期间供电稳定。强化电力设备维护，定时组织对烤烟专用线路、配电设备、计量装置等进行检查和维护，确保电力供应“不断档”。支持具备条件的卷烟工厂建设智能微电网。

（二）提升烟叶生产能源利用效率

实施能效“领跑者”行动，开展不同生产工厂之间的单位产品能耗、单位产品碳排放量、主要设备能源绩效参数开展全面对标行动，持续提高能源资源利用效率。加快建设能耗和碳排放管理体系，推行烟草行业内先进的节能管理模式，推动用能管理目标指标精细化和考核措施科学化，实现用能的高效配置。完善能耗在线监测系统，推进能源在线监测管控系统建设，加强能耗及二氧化碳排放控制目标分析预警。提升基础计量和能源综合管理能力，推行各工厂能源分级管理，完善二级能源计量系统，实现重点用能设备的三级能源计量器具配备升级。推行工厂定期实施能源审计，开展工厂生产能效水平提升行动。以电机、风机、泵、压缩机、变压器、冷水机组、工业锅炉等设备为重点，推广先进高效产品设备，大力淘汰高耗能、高污染等老旧设备，加强水泵、风机、压缩机变频改造，高效节能变压器技术改造，建筑、照明、供热等基础设施节能改造。实施天然气锅炉低氮燃烧改造。推进能量梯级综合利用，加强余热回收利用。

（三）实施烟草工业数字化转型

强化烟草生产产业链全生命周期绿色低碳生产理念，提高资源循环利用水平，强化生产过程绿色化、数字化、智能化。加强烟草全流程绿色生产，全面推行清洁生产，加快绿色工房、绿色工厂建设，积极开展零碳产品、零碳工厂示范工程。大力发展烟草废弃物回收利用，探索将烟草废弃物用于生产化肥、生产烟草薄片、制备生物质燃料，提高无害化处理烟草废弃物水平。推动生产制造数字化转型，推动大数据、云计算、物联网、人工智能等新一代信息技术与烟草行业深度融合，打造数字化产业。在烟叶烘烤环节运用物联网技术实现烟叶烤房智能控制，提高能源利用效率。在卷烟生产环节推广应用工业机器人，基于人工智能、物联网、云计算等信息技术搭建智能化生产管理系统。聚焦能耗监测、能耗数据管理、碳排放数据管理、污染物排放数据管理，建设智慧管理平台，完善碳排放统计核算，提升能源、碳排放、污染物排放管理数字化水平。

（四）健全绿色低碳政策保障机制

首先，出台烟草行业减污降碳方案，将减污降碳协同增效纳入烟草行业发展规划，推动烟叶主产区——凉山彝族自治州建设四川省烟草行业减污降碳协同增效示范区。建立烟草行业标准体系，加强烟草行业绿色低碳发展标准体系的建设，发挥四川清洁能源资源优势，加快制定烟草行业温室气体排放核算方法、碳足迹评价等地方标准。推进减污降碳技术研究应用。

其次，加大资金投入力度，完善金融支持政策，明确各级政府、电力部门、烟草公司的职能职责，整合优化各类专项资金，完善资金支持政策，推动具备条件的烤烟区域实施电能替代。依托四川天府新区国家气候投融资试点，支持烟草行业具有减污降碳效益的高能级优质项目纳入气候投融资项目库和绿色项目库中。鼓励银行业金融机构在依法合规、风险可控的前提下，加大对清洁能源替代项目的金融支持力度。强化保险支持，发挥绿色保险产品的风险保障作用，探索开展烟叶种植农业领域气候保险、烟叶烘烤意外停电等保险业务。

最后，推进减污降碳技术研究应用，推进分布式能源技术创新应用，加强适用于农村应用场景的降碳减排新能源烘烤技术与新型烤房研发应用，研究开发绿色低碳、可循环烟草制品包装材料应用，丰富减污降碳技术应用场景，助推烟草行业高质量发展。

参考文献

[1] 郑佳佳，孙星，张牧吟，等. 温室气体减排与大气污染控制的协同效应——国内外研究综述[J]. 生态经济，2015，31（11）：133-137.

[2] 黄新皓，李丽平，李媛媛，等. 应对气候变化协同效应研究的国际经验及对中国的建议[J]. 世界环境，2019（1）：29-32.

[3] Jams，Mckenzie J，陈牧. 对气候变化、空气污染与能源安全采取行动[J]. 世界环境，1989（3）：19-23.

[4] 吴兑，吴晟，谭浩波. 现行脱硫技术存在排放温室气体的隐患[J]. 环境科学与技术，2008，31（7）：74-79.

[5] 丁一汇，李巧萍，柳艳菊，等. 空气污染与气候变化[J]. 气象，2009，35（3）：3-14，129.

[6] 高庆先，师华定，张时煌，等. 空气污染对气候变化的影响与反馈研究[J]. 资源科学，2012，34（8）：1384-1391.

[7] 梁俊宇，张旭东，吕欣，等. 云南烤烟房电能替代综合效益分析[J]. 云南电力技术，2022，50（1）：2-7，15.

[8] 张海彬. “电能替代”在烤烟生产中的综合效益评价[J]. 黑龙江电力，2017，39（4）：347-351.

[9] 李昂，姜清治，张文建，等. 太阳能光伏发电系统与双热源供热系统组合在烤烟烘烤中的应用研究[J].

天津农业科学，2017，23（4）：82-85.

[10] 徐成龙，苏家恩，张聪辉，等. 不同能源类型密集烤房烘烤效果对比研究[J]. 安徽农业科学，2015，43（2）：264-266.

[11] 武圣江，刘明来，娄元菲，等. 烤烟烘烤能源的时代更迭与发展趋势[J]. 江西农业学报，2022，34（1）：134-142.

[12] 国网四川广元供电公司. "一站式"服务　赋能"双碳"绿色发展[J]. 中国电力企业管理，2021(24)：96.

四川省陶瓷行业全链条减污降碳协同控制分析和对策建议

摘　要：本文聚焦分析四川省陶瓷行业减污降碳协同增效路径，以陶瓷行业为例开展陶瓷行业发展现状及减污降碳主要问题分析，提出持续优化陶瓷行业区域发展布局、推动能源消费低碳化、积极实施资源节约循环化改造、推动全产业链绿色清洁化发展、推进大气污染防治协同控制、加快先进适用节能低碳技术应用、提升减污降碳协同支撑保障能力等减污降碳对策建议。
关键词：陶瓷行业；减污降碳；节能低碳

一、四川省陶瓷行业发展现状

陶瓷是陶器和瓷器的总称。由于它的主要原料是取之于自然界的硅酸盐矿物（如黏土、石英等），因此与玻璃、水泥、搪瓷、耐火材料等工业，同属于“硅酸盐工业”的范畴。以这些原料以及各种天然矿物经过粉碎混炼、成型和煅烧制得的材料以及各种制品称为陶瓷。中国是世界陶瓷制造中心和陶瓷生产大国，年产量和出口量居世界首位，陶瓷制品也是我国出口创汇的主要产品之一。2021 年，中国的瓷砖产量达 88.63 亿 m^2，同比增长 4.6%，占全球总产量的 48.3%。

（一）陶瓷行业区域布局及产能情况

从区域布局看，2020 年四川省陶瓷行业生产企业共 180 家，主要分布在乐山、眉山、成都、内江等城市，4 个城市陶瓷企业数占四川省陶瓷企业数量的 74%，其中乐山市占 34%。乐山市建筑陶瓷企业数 61 家，占四川省建筑陶瓷企业总数的 61%。从行业产能看，四川省陶瓷标准产量为 1 126.7 万 t，其中建筑陶瓷制品制造产量位居第一，产量为 1 090.2 万 t，占四川省总产量的 96.8%，其次为日用陶瓷制品制造 22.9 万 t，占四川省总产量的 2%，建筑陶瓷和日用陶瓷制品制造产量之和占四川省的 98.8%，陶瓷产量情况见表 1。从产量分布区域看，乐山市和眉山市产量位居四川省前列，其产量之和占四川省的 63.8%。

表 1　四川省陶瓷制品制造业产量分布情况　　单位：万 t/a

	建筑陶瓷	日用陶瓷	卫生陶瓷	特种陶瓷	园林艺术陶瓷	其他陶瓷	总计	占比
成都市	16.4	0.9	1.1	0.7	0.1	0.2	19.4	1.45%
达州市	11.2	0.0	7.9	0.0	0.0	0.0	19.1	1.43%
德阳市	0.0	0.0	0.0	0.3	0.0	0.1	0.4	0.03%
广安市	9.7	0.0	1.1	0.0	0.0	0.1	10.9	0.82%
乐山市	654.3	0.0	0.0	0.0	0.0	0.0	654.3	48.95%
泸州市	6.0	5.6	0.2	0.0	0.0	0.0	11.8	0.88%
眉山市	197.9	0.5	0.0	0.0	0.0	0.0	198.4	14.84%
绵阳市	0.0	0.3	0.0	0.0	0.0	0.0	0.3	0.02%
内江市	66.2	13.0	0.0	0.0	0.0	0.0	79.2	5.92%
攀枝花市	0.0	0.0	0.0	1.1	0.0	0.0	1.1	0.08%
雅安市	0.0	0.0	0.0	0.0	0.0	0.0	0	0.00%
宜宾市	128.4	0.0	0.0	0.0	0.0	0.0	128.4	9.61%
自贡市	0.1	212.6	0.0	0.4	0.0	0.4	213.5	15.97%
总计	1 090.2	232.9	10.3	2.5	0.1	0.8	1 336.8	100.00%

（二）陶瓷行业发展历程

四川省在 2022 年全国前十（省级）建陶产区中排名第六，乐山在全国建陶地级产区中排名第八，夹江在县级产区排名第五[①]。从 1987 年开始，夹江县陶瓷产业逐步壮大，2004 年，中国建筑材料工业协会、中国建筑卫生陶瓷协会联合将夹江县命名为“中国西部瓷都”。2016 年，夹江县提出“减量、提质、增效、入园”八字方针，全面关停煤气发生炉 271 座，66 户陶瓷企业率先在全国陶瓷产区中完成“煤改气”。2017 年，夹江县启动“退城入园”工作，推动 5 家陶企入园发展、31 家陶企转型发展，淘汰产能 1.74 亿 m^2，年节约综合能耗约 43.6 万 t 标准煤，被工信部授牌为“全国产业集群区域品牌建设陶瓷产业试点地区”。2019 年，夹江县先后建成投产 15 条高端陶瓷大板、岩板、中板生产线，产能占全国 10%，成为全国第二大岩板生产基地，被授予“中国西部（岩板）生产基地”。2021 年夹江县继续深入实施“退城入园 2.0 版本”行动，推进陶瓷企业兼并重组、绿色转型。截至目前，夹江县共有陶瓷企业 54 家、生产线 87 条，陶瓷年产能 4.5 亿 m^2，占全国比重 4.7%、四川省比重 75.8%。

① 数据来源于中国建筑卫生陶瓷协会统计数据。

二、陶瓷行业碳污排放现状及问题分析

（一）陶瓷用能[①]及重点工序分析

2019—2021 年，四川省陶瓷行业重点用能单位能源消费量呈增加趋势，主要涉及的能源品种为煤、天然气、电力。其中，天然气消费量最大，由于“煤改气”政策的实施，天然气消费量占比由 2019 年的 54.46%提升至 2021 年的 57.96%；煤消费量占比由 2019 年的 36.46%降低至 2021 年的 32.55%；随着部分企业自动化技术的进一步发展，电力消费量占比也由 2019 年的 8.74%增加至 2021 年的 9.09%。

“十三五”期间，得益于陶瓷行业烧成窑“煤改气”政策的贯彻实施，天然气成为烧成工序的主要能源。目前，省内绝大部分企业陶瓷生产过程喷雾干燥塔仍以煤作为热风机的主要能源，由此导致喷雾干燥制粉工序的能耗约占陶瓷工业总能耗的三成，能源消费结构性问题仍较突出，减污降碳任务仍然艰巨。仅有少数企业进行了喷雾干燥塔“煤改气”工程，如夹江县盛世东方陶瓷有限公司虽然将干燥过程的能源替代为天然气，但目前仍处于调试和试运行阶段，示范效果十分有限。在原料制备工序，需使用球磨机对原料进行研磨破碎，而球磨机电力消费占生产线用电量一半以上，球磨机的节能改造成为节能降碳关键环节之一。

（二）碳排放现状[②]

从四川省及行业占比情况看，2021 年四川省陶瓷行业重点用能单位主要能源为煤、天然气和电力，陶瓷行业能源活动领域产生的碳排放约占四川省碳排放总量的 1.5%，同口径碳排放约占工业领域碳排放的 2.7%。对建材行业细分行业部门碳排放结构进行分析，陶瓷行业以占建材行业碳排放 8.2%左右的比重成为建材行业中仅次于水泥和砖瓦的第三大建材工业行业碳排放源。

从不同能源品种碳排放贡献看，2019—2021 年四川省陶瓷行业重点用能单位碳排放总量呈逐年增加趋势。2021 年，四川省陶瓷行业重点用能单位碳排放总量较 2019 年增加幅度达 20.82%，主要是由于近年来以夹江为代表的陶瓷产区建成投产多条高端陶瓷大板、岩板、中板生产线，加之陶瓷企业兼并重组，碳排放量刚性增加。陶瓷生产主要涉及煤、天然气和电力消费产生的温室气体排放。其中，燃煤碳排放量呈逐年递增趋势，增加幅度为 10.68%；天然气消费碳排放量增加幅度达 29.49%；电力消费间接碳排放量也呈增长

① 本部分数据来源于 2019—2021 年四川省陶瓷行业重点用能企业用能权核查数据。

② 本部分数据来源于 2019—2021 年四川省陶瓷行业重点用能企业用能权核查数据，参考《中国陶瓷生产企业温室气体排放核算方法与报告指南》中提供的核算方法和排放因子缺省值对陶瓷行业企业温室气体排放量进行计算。电力二氧化碳排放因子采用四川省省级电网平均二氧化碳排放因子 0.103 1 kg/（kW·h）。

趋势，增加幅度为 27.27%。2019—2021 年，陶瓷行业企业单位产品产量碳排放量由 2019 年的 65.00 t/万 m^2 增加至 2021 年的 66.87 t/万 m^2，增加幅度为 2.88%。2021 年四川省陶瓷行业单位产品工业增加值碳排放量约为 5.4 t/万元。

从不同地区碳排放情况看，四川省陶瓷行业碳排放主要集中在乐山、眉山、宜宾、达州、内江和广安等市，见图 1。2021 年乐山市陶瓷行业碳排放量占四川省陶瓷行业碳排放量的比重高达 75.59%，眉山市陶瓷行业碳排放量占四川省陶瓷行业碳排放量的比重为 14.60%，宜宾市、达州市、内江市陶瓷行业碳排放量占四川省陶瓷行业碳排放量的比重较小，分别为 4.26%、3.02%和 2.42%，广安市占比仅为 0.11%。

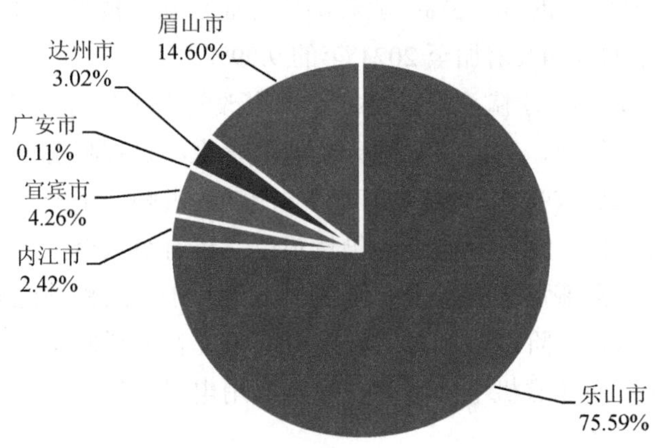

图 1 2021 年四川省不同地区陶瓷行业重点用能企业碳排放情况

（三）污染物排放现状①

2015—2021 年，四川省陶瓷行业 SO_2、NO_x、VOCs 和颗粒物减排比例分别为 86.64%、16.63%、38.38%和 84.78%。2021 年，陶瓷行业 NO_x 排放量约占四川省建材行业 NO_x 排放量的 17.4%、约占四川省工业企业 NO_x 总排放量的 7.6%，是建材行业中仅次于水泥行业的第二大 NO_x 排放源。

1．二氧化硫

2015—2021 年，四川省陶瓷行业企业 SO_2 产生量呈先增加后减少的趋势，见图 2。2020 年和 2021 年 SO_2 产生量大幅降低的原因主要是烧成窑“煤改气”及节能降耗政策的深入贯彻实施，加之 2020 年初新冠疫情给部分企业正常生产带来影响，产能未完全释放。2015 年以来，SO_2 排放量逐年降低，SO_2 去除效率也由 2015 年的 0.72%大幅增加至 2021 年的 86.19%，单位产品产量 SO_2 排放量由 2015 年的 0.36 t/万 m^2 降低至 2021 年的

① 本部分数据来源于省级生态环境部门统计数据。

0.03 t/万 m^2。

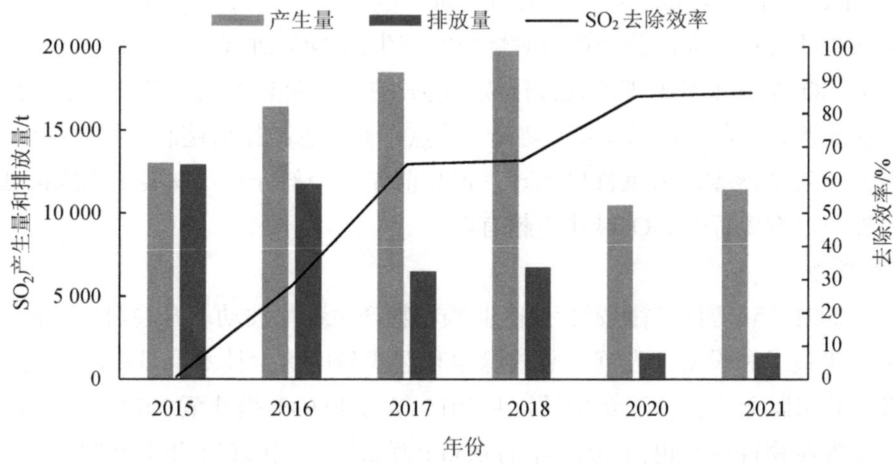

图 2　2015—2021 年四川省陶瓷行业企业二氧化硫产生和排放情况

2. 氮氧化物

2015—2021 年，四川省陶瓷行业企业 NO_x 产生量呈先下降后波动上升的趋势，氮氧化物排放量呈波动下降趋势，见图 3。随着污染物排放标准及环境保护相关政策的收严，以及喷雾干燥塔 SNCR 设施开始推行，陶瓷企业 NO_x 去除效率由 0 提升至 2021 年的 24.08%。同时，随着企业兼并重组、退城入园及节能降耗等绿色低碳转型相关政策的实施，单位产品产量氮氧化物排放量由 2015 年的 0.41 t/万 m^2 降低至 2021 年的 0.18 t/万 m^2。

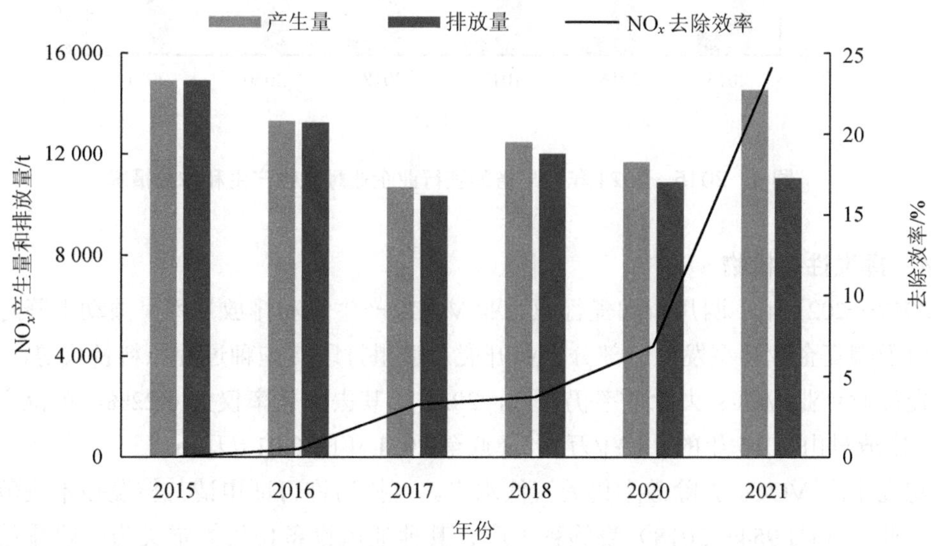

图 3　2015—2021 年四川省陶瓷行业企业氮氧化物产生和排放情况

烧成窑 NO_x 控制瓶颈尚未突破。四川省在陶瓷行业烧成窑“煤改气”已初显成效，见图 3，但陶瓷制品在烧成工序中仍会有大量 NO_x 产生[1]。2021 年以前，基于对产品质量及经济成本的考虑，大部分企业未对烧成窑产生的 NO_x 进行过程控制或末端处理，此部分产生的 NO_x 基本未经处理就直接排放，造成陶瓷行业 NO_x 去除效率较低。2022 年开始，四川省推进陶瓷企业对标《重污染天气重点行业应急减排措施制定技术指南》（2020 年修订版）绩效 B 级要求开展深度治理，但目前仅有少部分企业安装了烧成窑烟气 SCR 设施，短期内对陶瓷行业 NO_x 减排贡献有限。

3．颗粒物

2015—2021 年，四川省陶瓷行业企业颗粒物产生量呈波动上升趋势，见图 4。近年来，由于除尘技术和设备的发展，袋式除尘和湿式静电除尘技术得以广泛应用，陶瓷行业企业颗粒物去除效率保持稳定增长，由 2015 年的 89.94%提升至 2021 年的 98.94%，单位产品产量颗粒物排放量也由 2015 年的 0.33 t/万 m^2 降低至 2021 年的 0.02 t/万 m^2，降低幅度高达 92.92%。

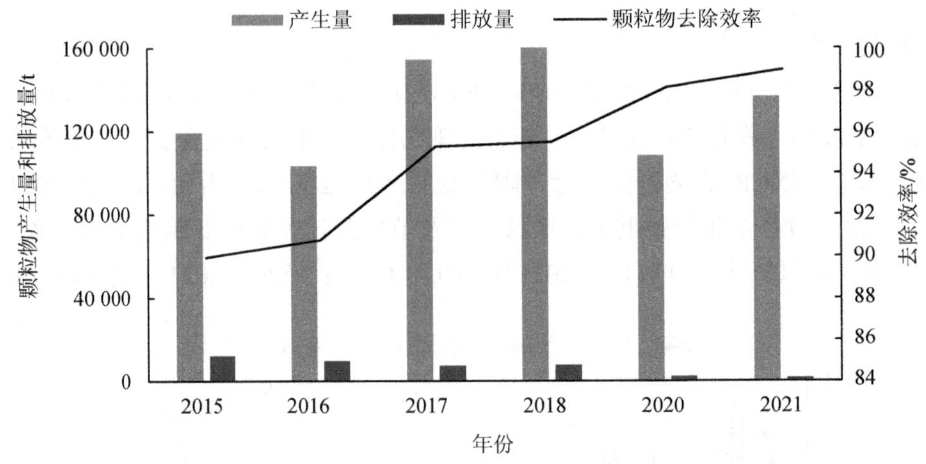

图 4　2015—2021 年四川省陶瓷行业企业颗粒物产生和排放情况

4．挥发性有机物

2017—2021 年，四川省陶瓷行业企业 VOCs 产生量和排放量均呈波动下降趋势，主要是由于陶瓷企业转型发展、部分企业开展了喷墨打印、施釉过程原料替代等，见图 5。但陶瓷行业企业 VOCs 去除效率仍极低，2021 年其去除效率仅为 6.22%。单位产品产量 VOCs 排放量由 2015 年的 0.02 t/万 m^2 降低至 2021 年的 0.01 t/万 m^2。

陶瓷生产 VOCs 去除效率仍处较低水平。《排污许可证申请与核发技术规范　陶瓷砖瓦工业》（HJ 954—2018）将施釉工序、其他通风设备排气筒定义为一般排放口，其污染物为颗粒物，未对 VOCs 排放进行规定。多数企业忽略了喷墨打印等工序 VOCs 的源头防控和末端治理，仅少数 VOCs 排放浓度高的企业采用活性炭吸附、水洗、UV 光解等简单治理工艺，去除效率低，也未对关键环节进行在线监测。

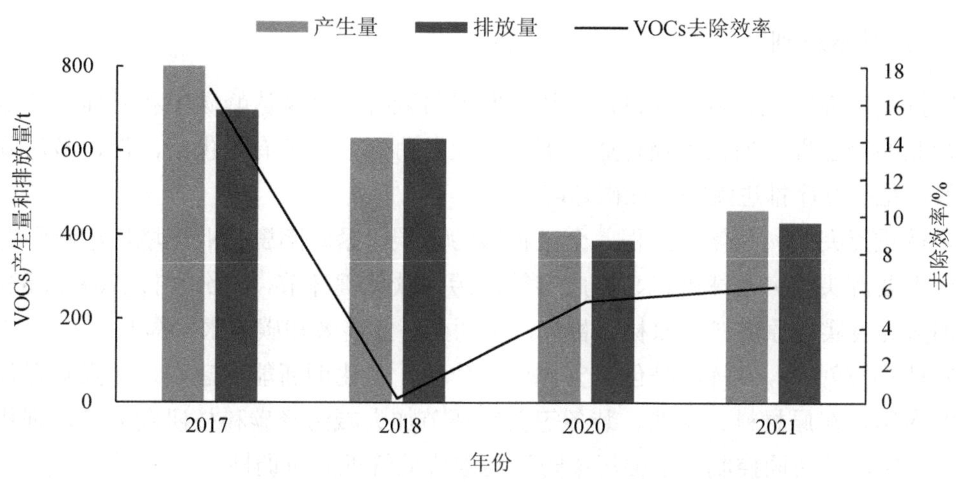

图 5　2017—2021 年四川省陶瓷行业企业挥发性有机物产生和排放情况

（四）减污降碳意识不到位、推动不平衡、保障不充分

随着我国生态文明建设进入以降碳为重点战略方向，现有陶瓷工业行业相关的国家标准已不能满足四川省对陶瓷行业减污降碳的管控要求，陶瓷行业减污降碳标准化支撑明显不足。四川省未针对陶瓷行业绿色低碳发展、减污降碳出台相关指导意见、规划方案，未形成行业良性有序发展的局面。在温室气体控排方面，陶瓷行业尚未纳入全国碳排放核查报告体系，陶瓷企业对温室气体及相关政策理解不深入、意识不到位，未主动建立能源消费和温室气体排放的管理制度及责任部门和落实责任人，减污和降碳工作推动不平衡。同时，基于陶瓷企业在全国陶瓷行业中的成本和市场竞争力等方面的考虑，企业在烧成窑电能替代、氢能混烧等减污降碳技术改造方面持观望态度，减污降碳工作推动不积极、不主动。

三、陶瓷行业减污降碳协同的基本思路

（一）总体思路

主动适应绿色低碳转型时代潮流，发挥四川清洁能源资源优势，构建全产业链绿色清洁化发展格局。深挖陶瓷行业节能降碳技术改造潜力，以提升资源综合利用水平为关键、以减污降碳技术创新为驱动，加快先进适用节能低碳技术应用，推动数字化、智能化生产，完善陶瓷行业减污降碳协同增效支撑保障体系，着力提升陶瓷生产能源消费清洁化、低碳化水平，推进大气污染物与温室气体协同控制，全面建设中国（西部）岩板

生产基地，确保如期实现行业碳达峰目标，污染物排放进入快速下降通道。

（二）基本原则

坚持统筹推进。加强顶层设计，统筹发展与减排，将碳达峰碳中和目标任务落实到陶瓷行业的全过程。加强陶瓷行业上下游产业链协同，保障有效供给，促进减污降碳协同增效，稳妥有序推进陶瓷行业碳达峰。

坚持重点突破。强化全流程、全过程减污降碳，紧盯陶瓷行业环境污染物和温室气体排放主要源头，突出球磨机、烧成窑等产污排碳关键环节，充分发挥资源循环利用优势，加大力度实施原燃料、原材料替代，带动全行业能效和碳效水平提升。

坚持科技创新。发挥科技创新支撑引领作用，强化创新能力建设，加强陶瓷行业技术研发应用，在原材料、工艺、装备等关键环节加大减污降碳科技研发力度，强化多污染物与温室气体协同控制，增强污染防治与碳排放管理的协调性。

坚持双轮驱动。坚持政府和市场两手发力，完善四川省陶瓷行业绿色低碳发展政策体系，强化激励约束机制，充分调动市场主体积极性，多措并举推动绿色低碳发展，提升陶瓷行业在全国市场竞争力。

（三）主要目标

“十四五”期间，陶瓷行业减污降碳协同推进的工作格局基本形成，主要产品主要污染物排放强度、能耗强度、碳排放强度逐步下降，能效、碳效水平持续提升，绿色低碳发展取得明显成效。到 2025 年，建筑、卫生陶瓷行业能效标杆水平以上的产能比例均达到 30%，能效基准水平以下产能基本清零，新建喷雾干燥塔使用天然气，全面完成烧成窑“煤改气”，烧成窑、喷雾干燥塔低氮燃烧改造基本完成，污染物排放量持续减少，行业节能降碳减污效果明显，绿色低碳发展能力大幅增强。

“十五五”期间，陶瓷行业减污降碳协同能力显著提升，绿色低碳关键技术产业化实现重大突破，原燃料替代水平大幅提高，碳排放强度和主要污染物排放强度显著下降，能效、碳效水平显著提升，基本建立绿色低碳循环发展的产业体系，2030 年前四川省陶瓷行业实现碳达峰。到 2030 年，完成喷雾干燥塔“煤改气”工程，烧成窑全面安装 SCR 脱硝设施并实现超低排放，建筑陶瓷喷墨打印工序全面实现低 VOCs 含量原辅材料替代。

到 2035 年，四川省陶瓷行业能效碳效水平进一步提升，减污降碳协同增效发展格局进一步夯实，陶瓷产品碳足迹进一步降低，夹江县力争实现工业总产值突破千亿元级，争创全国第一，“西部瓷都”品牌进一步擦亮。

四、推动陶瓷行业减污降碳协同增效的对策建议

（一）持续优化陶瓷行业区域发展布局

一是明确四川省及各地区陶瓷行业产业发展定位，优化产业布局，在建设和发展过程中充分考虑环境保护、经济发展目标要求，将减污降碳协同增效纳入陶瓷行业产业发展规划。持续加强乐山、眉山、宜宾等地陶瓷产业节能低碳发展和环境综合治理。二是推行园区“亩均论英雄”，积极稳妥引导企业推进退城入园，加大资源整合力度，依据企业单位面积产值、单位产品产量碳排放量、环境绩效等指标实施企业兼并重组，逐步淘汰环境经济效益低、治理水平差的落后产能。三是严把建设项目环境准入关，新（改、扩）建陶瓷产业项目在符合环境保护法律法规和相关法定规划的前提下，陶瓷生产线单位产品综合能耗须达到国家行业能效标杆水平[2]，污染物排放须达到超低排放标准，并预测核算项目年度温室气体排放总量、碳排放强度，提出碳排放控制方案。

（二）持续推动能源消费清洁低碳化

一是巩固四川省陶瓷行业企业烧成窑“煤改气”成果，有序提高天然气等清洁低碳能源使用比例，新建喷雾干燥塔原则上使用天然气，鼓励既有喷雾干燥塔实施“煤改气”工程。实施电能替代工程，试点电窑炉使用，开展喷雾干燥塔微波干燥技术可行性论证，逐步减少燃煤烘干物料、燃料类煤气发生炉等用煤。到 2025 年，3～5 家陶瓷企业完成喷雾干燥塔“煤改气”，力争 1～2 家企业开展电窑炉试点。二是合理规划天然气管道，新建园区（退城入园）将天然气管道建设纳入基础设施的规划，新建厂区、园区预留用气管道，避免出现企业集中推进“煤改气”过程中出现的天然气供应不足等问题。三是推进多能高效互补利用，适时适地引入屋顶分布式光伏系统，提升企业能源自给能力，减少对化石能源及外部电力依赖，降低限电对企业造成的产品产量下降、炉窑启停造成的能耗增加等影响。积极推行烟气余热高效综合利用[3]。四是加快构建新型电力系统[4]，全面提升电力系统调节能力和灵活性，积极推动电力市场化改革，对改电企业给予电价优惠。

（三）积极实施资源节约循环化改造

一是充分利用夹江县全国第二大岩板生产基地经验基础，发展高端中板、岩板生产线项目，加大薄型陶瓷产品生产占比[5]，降低生产过程水耗、能耗，淘汰落后机电设备和工艺设施，提升能效水平。二是推进清洁生产，大力发展循环经济，推进陶瓷产业园区循环化改造，在不影响陶瓷制品硬度、吸水性、密度等重要物理性能的基础上，促进低品位陶瓷原料化利用，提高资源循环利用率。三是实施窑炉节能低碳化改造，推进窑炉

实施宽体化、双层窑炉、窑炉保温结构优化等改造[6]，以辊道窑取代隧道窑、隧道窑取代梳式窑，着力降低烧成窑能耗。四是开展大气污染治理设备节能降碳技术改造，推进脱硫、脱硝、除尘等大气污染治理设备节能降耗，提高设备自动化智能化运行水平。

（四）推动全产业链绿色清洁化发展

一是实施陶瓷生产原料低碳化替代，依托米兰诺、盛世东方、索菲亚等龙头代表性企业，推广使用煤矸石、冶金矿渣、玻璃废料等工业废弃物作为陶瓷生产原料。到2025年，原料中工业废弃物掺烧比例力争达到20%，减少由于烧成窑碳酸盐分解造成的工业生产过程二氧化碳排放。二是推动包装过程低碳化，减少包装材料使用量，提升包装空间占用率，避免过度包装，对使用后的包装进行回收、降解、再利用或再加工，减少包装过程温室气体及污染物排放。三是鼓励使用本地及周边地区陶瓷生产原材料，规划建设陶瓷产业园区遵循与上下游产业集中建设原则。加快推进“公转铁”，提高铁路在综合运输中的承运比例，优先使用新能源交通运输工具运输原材料及陶瓷产品，降低交通运输碳排放与原料远距离运输扬尘污染。四是参照《陶瓷行业能源管理体系实施指南》，指导陶瓷企业构建能源管理体系，搭建自动化能源管理和减污降碳管理中心，推进以智能制造为主攻方向的“机器换人”等方式，实现生产过程智能化。

（五）推进大气污染防治协同控制

一是充分考虑四川大气污染排放现状及陶瓷行业产业污染物排放特征，开展超低排放改造试点示范，加大陶瓷行业NO_x、VOCs以及温室气体协同减排力度，提升陶瓷企业污染物治理水平。到2025年，力争四川省建筑陶瓷企业全面完成绩效B级企业创建。二是开展陶瓷工业VOCs排放特征研究，重点关注建筑陶瓷喷墨打印工序，制订低VOCs含量原辅材料替代实施计划，试点采用活性炭吸脱附催化燃烧技术对陶瓷生产过程VOCs进行治理，全面提升废气收集率、治理设施同步运行率和去除率，鼓励收集VOCs废气并引至烧成段燃烧。三是喷雾干燥塔、烧成和烤花用炉窑应采取措施减少NO_x产生量、排放量，积极应用低氮燃烧技术。配套建设运行尾气脱硝装置，烧成窑逐步采用SCR脱硝工艺技术。四是在陶瓷原料、陶釉料矿物的开采和粉碎过程中采用湿式作业，或在密闭的环境下处理原料，球磨粉料出口、压砖工序头部等易产尘区域应设置全密闭围挡，减少粉尘扩散，采取视频监控等智能监管手段，强化对堆场等无组织排放的监控。

（六）规范工业废水治理协同控制

一是提高工业用水效率，按照“分类收集、分质处理、分级回用”原则，根据废水类型和水质特点进行分类收集和处理，将球磨冲洗、喷雾干燥、色釉料生产等过程产生的废水经收集和集中处理后进行回用，实施陶瓷制造废水“零排放”试点工程，提高陶瓷工业废水综合利用率。二是针对各生产工序产生的污水，配套建设、运行的污水收集处理设施，强化分质、分类预处理，提高企业与末端处理设施的联动监控能力，确保末端污水处理设施安全稳定运行、排放动态达标。三是涉煤气发生炉企业严格落实雨污分流、清污分流，减少含酚废水量，产生的含酚废水应当单独处理达标后排放，不得用作陶瓷原料制备用水掺入陶瓷粉料。

（七）加快先进适用节能低碳技术应用

一是采用原料均化、高效节能的粉磨系统、粉料造粒系统、粉料干燥系统、粉尘的捕集系统等先进工艺技术，积极推行干法制粉清洁化技术[7]，减少因喷雾干燥过程而产生的废水、废气排放及低效率能源消费。二是开展以连续球磨机为代表的球磨机节能技术改造，通过同时进、出料连续工作，有效解决间歇性球磨机产量低、能耗高、污染大等问题短板，减少设备占地面积。三是选用硅灰石、珍珠岩、透辉石等作为原料，推行烧成过程低温快烧，缩短生产周期有效降低烧成工序能耗。探索开展烧成工序氢能混烧及富氧燃烧可行性论证研究，适时加以推广应用。四是采用工业互联网、大数据、5G等新一代信息技术提升能源综合利用效率，针对陶瓷行业污染物及温室气体排放特点，探索数字化、智能化、集成化绿色低碳系统解决方案。

（八）提升减污降碳协同支撑保障能力

一是推动成立四川省陶瓷行业协会，加强行业管理，统筹管理四川省陶瓷行业节能减排、绿色低碳发展、经济指标和能源消费统计核算等，促进陶瓷行业规范化、绿色低碳发展。二是加强陶瓷行业减污降碳协同标准体系建设，加快制定四川省陶瓷工业大气污染排放标准、陶瓷行业企业温室气体核算报告标准等地方标准。三是加强陶瓷行业减污降碳协同增效基础科学和机理研究，依托省内高校、科研院所，开展陶瓷生产新技术、新工艺等减污降碳协同技术开发应用，从产品设计、生产、消费、废弃等全过程开展陶瓷产品生命周期分析与评价。四是拓展完善陶瓷行业地面监测网络，在烟气排放口安装烟气自动监控设施，开展陶瓷行业温室气体监测试点，提升减污降碳协同监测能力。五是加大对陶瓷行业绿色低碳投资项目和协同技术应用的财政政策支持，引导金融机构和社会资本加大对陶瓷行业节能降碳、生态环境保护等方面的资金支持力度。

参考文献

[1] 黄玉琼，殷茵. 建筑陶瓷企业废气处理现状分析[J]. 中国陶瓷工业，2019，26（6）：30-34.

[2] 中华人民共和国国家发展和改革委员会. 高耗能行业重点领域能效标杆水平和基准水平（2021年版）[EB/OL].（2021-11-15） [2023-06-20]. https：//zfxxgk.ndrc.gov.cn/web/iteminfo.jsp？id=18339.

[3] 李志涛，吴家欢，章高霞. ORC低温余热发电技术在陶瓷行业内的应用前景[J]. 能源研究与管理，2022（1）：103-107.

[4] 张传远，赵久勇，王光磊，等. 新型电力系统的新能源挑战和数字化技术研究[J]. 科技与创新，2023（10）：7-10，16.

[5] 朱敏. 陶瓷岩板的现状和发展前景[J]. 陶瓷，2021（8）：103-104.

[6] 李振中. 瓷砖宽体辊道窑开发历史回顾[J]. 佛山陶瓷，2021，31（5）：29-33.

[7] 吴宇鹏，范安成，吴仁海，等. 陶瓷行业减污降碳协同增效案例评估——基于干法制粉的实证分析[J]. 气候变化研究进展，2022，18（3）：373-380.

关于加快以高水平保护和高质量发展为导向的省域毗邻地区合作平台建设的研究

摘　要：党的十八大以来，党中央高度重视区域协调发展，毗邻地区合作平台是推进区域协调发展的破题之策。本文梳理了毗邻地区合作平台的内涵，以长三角、粤港澳、京津冀等经济发达地区以及陕甘宁、云南、贵州等西部地区的经验做法为借鉴，基于四川省域毗邻地区生态环境保护合作现状，提出川黔协同打造人与自然和谐共生的美丽赤水河样板、川滇探索共建全球生物多样性保护热点区域典范、川陕合作共建秦巴山脉乡村生态振兴标杆、川甘青藏协同打造“三江源”生态文明高地先行区等4条建议。

关键词：毗邻地区平台；四川；区域协调发展；生态环境保护

中共中央、国务院《关于新时代推进西部大开发形成新格局的指导意见》强调，支持陕甘宁、川陕、左右江等革命老区和川渝、川滇黔、渝黔等跨省（区、市）毗邻地区建立健全协同开放发展机制。在中国共产党四川省第十二次代表大会上，四川省委书记王晓晖同志代表中国共产党四川省第十一届委员会作出的报告明确，要创新毗邻合作。为更好促进四川毗邻地区融入新发展格局，建设全国统一大市场，共促西部地区绿色发展，共推生态环境高水平保护，省环境政策研究与规划院围绕“加快以高水平保护和高质量发展为导向的省域毗邻地区合作平台建设”开展调查研究，以期为不断加强跨省域生态环境保护合作，助力筑牢长江黄河上游生态屏障提供支撑。

一、毗邻地区合作平台的概念和重要性

党的十八大以来，党中央高度重视区域协调发展，立足解决我国发展不平衡、不充分问题，部署推动了一系列区域重大战略。省际毗邻地区在打破行政区划壁垒、推动区域协同发展上具备天然优势，于省际毗邻地区谋划部署合作平台是实现区域一体化发展的重要抓手。

（一）毗邻地区合作平台的概念

本文所指的毗邻地区，主要指山水相连、交往近便、人民有共同生活习俗、经济关系源远流长的省级行政单位的相邻地区。毗邻地区合作平台，主要指相邻省级行政区为

探索经济区与行政区适度分离改革，推进毗邻地区全面融合、一体化发展，而设立的跨省行政边界合作平台，本质是一种合作载体。它作为跨省域一体化发展的先行区、试验区、示范区，通常通过签订专项合作协议、共建基础设施、推动产业联建、互通民生服务等方式，打破行政区划限制，为经济区与行政区适度分离改革探索出可复制、可推广的经验。

（二）毗邻地区合作平台对于生态环境保护的重要性

一是携手筑牢长江黄河上游生态屏障的突破口。长江黄河流域是生态文明建设的主战场，在我国经济社会发展和生态安全方面具有十分重要的地位。四川地处长江黄河上游，省第十二次党代会明确将筑牢长江黄河上游生态屏障作为四川接下来 5 年的重点工作之一。长江流域流经 19 个省（区、市），其中青海、西藏、陕西、云南、重庆、贵州等 6 个（区、市）与四川毗邻；黄河流域流经 9 个省（区），其中西藏、青海、甘肃等 3 个省（区）与四川毗邻。四川及其毗邻地区具备调节生态平衡、水源涵养和能源供应的功能，肩负着筑牢生态屏障、守护长江黄河长久安澜的使命。毗邻地区山同脉、水同源，生态环境休戚与共、生态服务功能相互关联，容易发生区域性雾霾、上下游水质破坏等跨界污染事件，推进毗邻地区生态环境共保联治不仅是长江黄河流域共抓大保护、协同大治理的战略要求，也是毗邻地区人民群众的迫切愿望。二是协同促进经济高质量发展的重要路径。区域经济是国民经济体系的重要组成部分，新发展理念是我国区域经济发展立足新发展阶段的理论遵循和行动指南，其中协调发展是“制胜要诀”，共享发展是中国特色社会主义的本质要求。四川有 7 个毗邻省份，在长江经济带、成渝地区双城经济圈等多个重大国家区域发展中具有重要地位。打破地方保护和市场分割，建设全国统一大市场，是构建高水平社会主义市场经济体制的重要支撑。以毗邻地区为切合点，破解资源和环境要素制约，破除行政壁垒和市场分割，协同建立一体化的绿色低碳循环发展经济体系，统筹推进经济高质量发展和生态环境高水平保护，是四川深入践行新发展理念、主动融入新发展格局的重要举措，将有力促进提升四川在全国大局中的战略位势。三是推动生态环境治理体系一体化的试验田。建立区域协同的环境治理体系是生态环境治理体系和治理能力现代化的重要内容。《中共中央关于坚持和完善中国特色社会主义制度推进国家治理体系和治理能力现代化若干重大问题的决定》《关于构建现代环境治理体系的指导意见》明确提出，要“完善污染防治区域联动机制和陆海统筹的生态环境治理体系”“推动跨区域跨流域污染防治联防联控”。毗邻地区合作平台的建立可以加速毗邻地区生态环境治理体系的融合，两地能在统一生态环境标准，共建区域环境准入协商机制，建立“三线一单”成果衔接机制，跨区域污染联防联控与生态共保共建，合作共建区域绿色低碳产业体系，开展共同立法、联合执法、协作司法，共享环境监测信息，联合培养环保人才等方面协同发力，建立起区域间的生态治理合作机制，为探索区域生态一体化治理体系建设积累有益经验。

二、四川省域毗邻地区生态环境保护合作现状

四川省地处长江黄河上游，西与青藏高原相连，北是秦岭大巴山地，南接云贵高原，东邻长江中游江汉平原，共与7个省（区、市）接壤，分别是重庆市、贵州省、云南省、西藏自治区、青海省、甘肃省、陕西省。近年来，四川不断加强同毗邻地区在生态环境共建共保方面的合作，共同推进环境污染治理、生态环境管理、绿色发展。

（一）深化污染共治，建立区域联防联控机制

一是推进跨界水环境联合治理。川滇共同出台《川滇两省共同保护治理泸沽湖“1+3”方案》，连续3年联合印发长江（金沙江）年度河湖长制工作清单。川滇黔三省共同出资2亿元设立赤水河流域水环境横向补偿资金，联合制定加强赤水河流域共同保护的决定和三地赤水河流域保护条例，形成合作共治、责任共担、效益共享的流域保护和治理长效机制。川滇藏三省（区）建立联合监管、联合执法、信息共享等体制机制，2022年4月，三省（区）首次在金沙江开展联合巡河，并举行河湖长联席会议。川甘陕三省联合开展嘉陵江上游（白龙江）水面垃圾防控处置，有效改善汛期垃圾入侵问题。川甘签订《黄河流域（四川—甘肃段）横向生态补偿协议》，加快建立黄河流域横向生态补偿机制。二是加强土壤污染及固体废物、危险废物协同治理。川渝滇黔四省（市）签订《关于建立长江经济带上游四省市危险废物联防联控机制协议》《四省市危险废物跨省市转移“白名单”合作机制》，共建“危险废物集中处置、危险废物转移快审快复、突发事件危险废物应急响应、危险废物跨区域联合执法、危险废物监管协调会议”五个省域协作机制。川陕共同签订《危险废物环境监管合作协议》，加强危险废物环境联合监管。三是建立突发环境事件协作处置机制。川滇藏、川黔、川青分别签订《突发环境事件联防联控合作协议》，建立突发环境事件应急联动工作长效协作机制、突发环境事件联合防控预警机制、跨省（区）突发环境事件联合应对机制、跨省（区）突发环境事件协同后期处置机制等四项机制。川甘、川陕分别签订《突发环境事件联防联控框架协议》，合作开展跨省（市）环境风险防范，推进嘉陵江流域相关地区（四川省、甘肃省）（四川省、陕西省）突发环境事件的联防联控工作。

（二）共筑生态屏障，推动生态环境共建共保

一是合作开展流域生态廊道建设，协同推进山域生态保护与修复。川陕渝协同开展跨省域生态廊道管理、生态修复、生态补偿，积极开展秦巴山脉现代化治理研究，组织建设统一的区域生态数据库，共同争取国家支持政策，共建秦巴山脉重要生态屏障。二是开展生物多样性保护区域合作。川渝滇黔共建长江上游珍稀特有鱼类国家级自然保护区，共同维护长江上游鱼类种群多样性和长江上游自然生态环境。川青两省签署《四川

省 青海省长江流域重点水域“十年禁渔”联合执法合作协议》，建立联席会商制度、执法联络员制度、联合巡查机制、协作共治机制、应急协同机制、信息共享机制。川陕相邻地区签订《两省相邻县际长江流域禁捕工作联防联控协议》，共同发布《联合禁渔通告》，建立长江流域跨界禁捕工作联防联控长效机制。三是共同创建国家公园。川滇黔联合建设长征国家文化公园，共同签署《加快推进川滇黔长征国家文化公园建设战略合作协议》，发布长征国家文化公园四渡赤水红色研学精品线路和《长征国家文化公园四渡赤水红色联盟倡议》。川陕甘共同建设大熊猫国家公园，防止大熊猫栖息地破碎化程度加深，保护全国70%以上的野生大熊猫。川甘两省共同开展若尔盖国家公园创建工作，共同保护高海拔地区湿地生态系统，构建青藏高原东部重要生态屏障，目前已完成若尔盖国家公园范围论证、综合科学考察和调查。

（三）共推绿色发展，协同构建绿色产业体系

一是统一区域环境准入政策。川藏签署《建立区域环境准入协商机制合作协议》，共同建立跨区域环评协商机制、事中事后联合监管机制、“三线一单”生态环境分区管控协调机制和环评交流共享机制。二是合作共建区域绿色低碳产业体系。川黔签署《深化战略合作协议》，共建一批技术创新中心和重点实验室，在大数据、人工智能、区块链等领域开展联合科技攻关，合力打造一批科技成果孵化基地和创新创业基地，携手共筑中国白酒“金三角”。川滇签署《经济社会发展合作行动计划》，共同推进大数据、物联网、云计算等产业合作，建设一批数字经济示范基地和产业园区。川渝藏三地国际级经开区签订战略合作协议，在开展飞地经济合作、探索飞地经济发展模式、强化产业融合等方面加强合作。川甘建立两省产业园区合作新机制，共同推动新一代信息技术、航空航天、节能环保等产业合作发展。三是协同推进区域农业绿色发展。川滇充分利用两省绿色生态农业优势的差异性和互补性，鼓励两地企业共建花卉、蔬菜、水果、食用菌、香料等特色优势农产品种植基地，合作建设现代农业示范园区。川黔、川滇分别签署中医药发展战略合作框架协议，以乌蒙山片区中医药产业融合发展为载体，联合打造乌蒙山片区中医药产业发展试验区。川藏签订农牧业合作协议书、农牧科技战略合作协议，在建设现代农牧业、深化农牧业产业合作、农畜产品质量安全监管、农牧业科技人才培养、农牧业信息共享等方面加大两地农牧业的交流与合作。川青签署深化现代农业区域合作备忘录，从产业对接、贸易衔接、项目合作、技术交流等方面开展合作。川甘加强中医药产业合作发展，鼓励开展农业跨区域合作，构建两省农产品产销对接新机制。川陕毗邻城市巴中、汉中协同打造特色农产品生产加工基地。四是共推文旅融合发展。川黔、川滇分别签订《文化旅游合作协议（2019—2022年）》，围绕文旅融合发展展开合作，分别建设川滇西南向文化旅游经济走廊、川黔粤桂南向文化旅游经济走廊。川甘签订协议，共创旅游品牌，共同支持打造“环西部火车游”旅游品牌。川陕毗邻城市巴中、汉中共同推动文旅融合发展，协同建设全国知名旅游目的地和森林康养目的地。五

是协同构建清洁能源体系。川滇、川黔分别签署《电力合作战略框架协议》，围绕深化能源电力发展规划、能源高效开发利用、促进电力互换互济、营造运维建设环境等领域开展合作，促进地区能源结构体系转型升级。川甘强化煤炭、石油、天然气等资源能源共同开发利用，加快新能源产业合作。

三、经验借鉴

课题组主要从绿色低碳产业、生态环境治理、生态保护修复、生态产品价值转化等4个合作领域，梳理总结了长三角、粤港澳、京津冀等经济发达地区以及陕甘宁、云南、贵州等西部地区的经验做法。

（一）绿色低碳产业

毗邻地区依托合作平台协同推进产业生态化，重点工作主要集中于循环经济产业、战略性新兴产业、清洁能源、绿色农业等方面。百色—文山跨省经济合作园区由广西百色与云南文山共建，立足于建设全国跨省经济合作示范区、全国铝产业循环经济示范区，重点打造“水-电-铝-材”产业链，兼顾其他有色金属加工、生物资源加工和承接东部产业转移项目。沪浙毗邻地区农业合作交流中心由上海枫泾镇与浙江嘉善县姚庄镇两个接壤乡镇联合成立，两地共同建设“黄桃生态经济圈”，开展黄桃产业的对接、品种交流和技术共享、品牌合作营销，以桃为“媒”协同推进农旅一体化发展，助力乡村振兴。渝黔合作先行区以綦江、芙蓉江、洪渡河为先行区域，加快推动角木塘等一批水电站和藻渡大型水库建设，共同开发水电清洁能源高效利用；协作共建渝南黔北沿边生态旅游度假带，建设沿边生态康养旅游合作先行区。上海市金山区、浙江省嘉善县以及平湖市三个毗邻地区成立了金嘉平“绿水青山就是金山银山”议事堂，共同制定交界区域项目联审制度，共同参与新建项目评审，联合把关项目准入，促进产业高质量发展。

（二）生态环境治理

在生态环境治理领域，毗邻地区合作平台打破跨界环境管理的区域壁垒，实行污染共治、监测共享、执法共管。江宁—博望、顶山—汊河、浦口—南谯跨界一体化发展示范区位于长三角区域，是皖苏省际毗邻区域一体化发展的3块“试验田”[①]。在环境跨界治理上，江宁—博望示范区位于江苏南京江宁区和安徽马鞍山博望区交界，两地签订《石臼湖生态环境保护合作框架协议》，启动跨区域河道水系综合治理方案编制工作，实现水质监测数据共享、污染源共查、联合执法；浦口—南谯示范区位于南京浦口区与安徽

① 其中江宁—博望示范区定位为长三角省级产城融合同城化发展先行示范区和长三角省际毗邻地区社会治理体制创新示范区，浦口—南谯示范区战略定位是长三角省际毗邻地区绿色发展示范区与苏皖跨界城乡融合发展试验区，顶山—汊河示范区战略定位为长三角产业协同发展示范区。

滁州南谯区交界，两地探索滁河、清流河等跨界河道联合河长协调机制和跨区域联防联治机制，共同制定流域治理方案，协同保障防洪安全和水生态环境；顶山—汊河示范区位于南京江北新区与滁州来安县交界，两地协同开展滁河水环境综合治理，加强防洪保安协调调度，落实城镇开发边界、生态保护红线及永久基本农田控制线的管控要求，保育生态空间，推动城镇空间紧凑发展。红古—民和创新发展先行区位于甘肃兰州红古区和青海海东民和县毗邻地区，两地联合制定了一系列联防联控方案，合作推进湟水河沿岸综合治理，联合开展水电站检查和水源地水质监测，共同推进智慧河湖建设，探索区域水权交易制度。

（三）生态保护修复

生态保护修复是守住自然生态安全边界、促进自然生态系统质量整体改善的重要保障，毗邻地区以合作平台为载体，联合推进生态系统保护和修复。新杭镇独立工矿区位于苏浙皖三省交界，通过矿山地质环境生态修复和土地再利用、加强工业遗产保护利用等举措，着力打造长三角区域绿色发展创新实践平台。明光—盱眙省际毗邻地区新型功能区位于滁州明光市与江苏淮安盱眙县毗邻地区，区域内凹凸棒石黏土矿产资源丰富，两地协同推进矿山生态修复工作，促进凹凸棒黏土矿资源规模化、集约化利用。

（四）生态产品价值转化

毗邻地区合作平台践行“绿水青山就是金山银山”“生态优先、绿色发展”理念，探索生态产品价值实现路径。潮涌浦江示范区地跨上海青浦、江苏吴江、浙江嘉善，聚焦生态绿色建设了江南圩田展示园、元荡岸线生态修复及功能提升、竹小汇零碳科创聚落等 8 个综合项目，以元荡岸线为例，其打通了断头路连接上海青浦和江苏吴江，将元荡湖两岸的湿地景观和环湖绿道对接，串联起周边生态旅游资源和人文资源，提升了滨水景观空间功能。杭黄毗邻区块生态旅游合作先行区由浙江杭州市与安徽黄山市共建，先行区依托千岛湖—新安江、浙皖一号旅游风景道水陆双线，合力打造美丽田园体验区、乡愁记忆旅居地，协同推出精品旅游线路，推进全域旅游发展。浦口—南谯示范区以生态经济为导向，依托滁河风光带等生态旅游资源，积极发展休闲观光、旅游度假、创意农业产业。

四、加快以高水平保护和高质量发展为导向的省域毗邻地区合作平台建设的对策建议

建设以高水平保护和高质量发展为导向的省域毗邻地区合作平台，是推动四川同各毗邻省（区、市）共建共保共享生态环境的创新举措，除川渝外，大多数四川省域毗邻地区位于国家重点生态功能区（表 1），承担水源涵养、水土保持、生物多样性保护等重

要生态功能，应重点在川黔赤水河流域保护、川滇生物多样性保护、川陕秦巴山脉保护、川甘青藏“三江源”保护4方面下功夫，通过建立完善高效的生态环境共建共保新体制、新机制，推动形成毗邻地区差异化绿色协同发展新格局。

表1　川黔毗邻地区

四川 / 贵州	泸州市
毕节市	叙永县（川）、古蔺县（川）、七星关区（黔）、金沙县（黔）
遵义市	古蔺县（川）、纳溪区（川）、合江县（川）、仁怀市（黔）、习水县（黔）*、赤水市（黔）*

注：加“*”地区为国家重点生态功能区。

（一）川黔协作平台：协同打造人与自然和谐共生的美丽赤水河样板

赤水河作为长江上游重要支流，流经四川、贵州，有“英雄河”“美酒河”“美景河”“生态河”之称。建议围绕川东南黔西北地区赤水河流域一体化保护发展布局建设功能平台，推动泸州、遵义、毕节等赤水河流经地区，协同打造人与自然和谐共生的美丽赤水河样板，共同实现赤水河流域高水平保护，协同推进流域高质量发展，共享赤水河流域生态文明，推动形成“一廊两片”区域发展新格局：“一廊”即赤水河流域绿色发展廊道，“两片”即赤水河两侧毗邻区域。

一是协同推进赤水河生态环境修复治理。建立赤水河流域区域合作省际协商机制，推动泸州、遵义、毕节三地建立政府联席会议和会商机制，科学划定赤水河流域管理各方职责边界，共商共议流域重大问题。深化赤水河水生态联合保护修复，联合研究制定赤水河流域水生态环境保护修复的整体预案和行动方案，针对赤水河干支流珍稀濒危和特有鱼类资源产卵场、索饵场和洄游通道等关键生境保护，共同实施赤水河鱼类栖息地修复、人工浅滩建设、人工鱼巢建设、流域原生水生植被恢复等一系列重要生态系统保护和修复重大工程。加强石漠化联合治理，在古蔺、叙永、金沙等县共同实施毗邻地区荒山荒坡生态修复，推进退耕还林还草还湿，增加林草植被。完善赤水河流域生态环境观测监测网络，推进叙永、古蔺、合江、仁怀、习水、赤水等市（县）共建水质监测站、生态观测试验站和实验室，共享环境监测数据，共商监测结果运用。加强突发水污染事故应急处置能力建设，成立联合应急救援队伍、共建共享应急资源，联合开展日常演练，协同处置突发环境事件。

二是共同建设赤水河流域绿色发展廊道。联合编制赤水河流域绿色发展廊道建设方案，立足泸州、遵义、毕节资源禀赋和产业基础，把握生态系统整体性和流域系统性，统筹谋划一张流域绿色发展廊道建设蓝图。严把环境准入关口，共同开展流域内重大项目环评，联合制定流域项目准入“负面清单”，协同推动流域内落后产能有序退出，推进流域产业结构优化升级。加强赤水河两岸白酒产业生态化合作，共同规划布局白酒生产空间，合力推进赤水河流域白酒企业园区化改造，加强酿酒企业生态环境管理，协同构建清洁酿酒体系；推进流域特色酿酒行业绿色发展，将酒庄与自然生态深度结合，实现观光旅游、餐饮、康养融合发展，打造川黔白酒绿色发展区域合作先行区。协同发展特色生态农业，以赤水河两岸农业龙头企业为载体，合力培育马铃薯、茶叶、林竹等生态特色农林产品，联合创建特色鲜明的生态农产品区域公用品牌。

三是联合发展赤水河生态文旅。依托赤水河流域“丹霞地貌”等自然生态优势、“四渡赤水”等革命历史文化优势以及“苗彝文化”等优秀传统文化优势，突出赤水河流域地域、生态、历史、文化特色，重点打造红色文化旅游、白酒文化旅游、特色民俗文化旅游、自然文化体验旅游等赤水河流域旅游线路，共同创响赤水河生态文旅品牌，发展旅游与康养休闲、自然体验融合发展的生态旅游，打造具有一定影响力的赤水河流域文化旅游带。

（二）川滇协作平台：探索共建全球生物多样性保护热点区域典范

四川、云南境内既有连接南北、横贯东西的横断山脉，还有长江上游金沙江从中穿流，具有独特的生态系统和丰富的生物多样性（表 2），建议围绕川南滇北、川西南滇西北等地区生物多样性一体化保护布局建设功能平台，推动甘孜、凉山、攀枝花、宜宾、迪庆、丽江、楚雄、昆明、昭通等青藏高原东南缘及金沙江流经区域，共同建立全球生物多样性保护热点区域典范，深入开展跨省域生物多样性保护合作，共同加强对野生珍稀动植物保护，推动形成“一屏五廊”生态安全格局：“一屏”即青藏高原东南缘生态屏障，“五廊”即 5 条生物多样性保护廊道和生态廊道。

表 2　川滇毗邻地区

四川 云南	甘孜藏族自治州	凉山彝族自治州	攀枝花市	宜宾市	泸州市
迪庆州	稻城县（川）*、乡城县（川）*、得荣县（川）*、香格里拉市（滇）*、德钦县（滇）*	木里藏族自治县（川）*、香格里拉市（滇）*	—	—	—
丽江市	—	盐源县（川）*、木里藏族自治县（川）*、宁蒗彝族自治县（滇）*、玉龙纳西族自治县（滇）*	西区（川）、盐边县（川）、华坪县（滇）、宁蒗彝族自治县（滇）*	—	—
楚雄州	—	会理市（川）、武定县（滇）、元谋县（滇）	仁和区（川）、永仁县（滇）*	—	—

四川 云南	甘孜藏族自治州	凉山彝族自治州	攀枝花市	宜宾市	泸州市
昆明市	—	会理市（川）、会东县（川）、东川区（滇）*、禄劝彝族苗族自治县(滇)	—	—	—
昭通市	—	雷波县（川）*、金阳县（川）*、布拖县（川）*、宁南县（川）*、绥江县（滇）*、永善县（滇）*、鲁甸县（滇）、巧家县（滇）*	—	珙县（川）、兴文县（川）、筠连县（川）、高县（川）、叙州区（川）、屏山县（川）、威信县（滇）、盐津县（滇）*、水富市（滇）、彝良县（滇）、绥江县（滇）*	叙永县（川）、镇雄县（滇）、威信县（滇）

注：加“*”地区为国家重点生态功能区。

一是合力筑牢青藏高原东南缘生态安全屏障。协同构建生态空间格局，在甘孜藏族自治州、凉山彝族自治州、迪庆州、丽江市等地，加强生态功能重要区域与生态脆弱敏感区保护，共同划定自然保护地类型和范围，构建统一的自然保护地分类分级管理体系。共同推进横断山地带性森林、草原、河湖湿地等重要生态系统保护修复，联合实施森林生态系统休养生息和天然林保护修复工程，联合推进小微湿地试点和湿地保护修复，共建高寒草地生态保护系统，联合实施退化草原修复工程及沙化土地治理，保护高山高原草甸植被，加强横断山脉森林资源保护利用。

二是协同推进金沙江、横断山脉生物多样性保护。在金沙江流域，联合建立金沙江水生生物多样性调查、评价和监测预警指标体系，共同开展金沙江水生生物多样性中长期跟踪调查评估，共建生物多样性区域大数据库，共享生物多样性数据。在甘孜藏族自治州、迪庆州、丽江市等金沙江上游区域，以及攀枝花市、宜宾市、凉山彝族自治州、楚雄州、昆明市、昭通市等金沙江中下游区域，分别联合建设金沙江上游、中下游生物多样性保护廊道，协同制订区域生物多样性保护行动计划，共同实施生物多样性保护重大工程。在位于德钦、得荣两县交界的金沙江上游旭龙水电站项目建设过程中，注重生物多样性保护，避开重要鱼类产卵场、索饵场，适当调整导流洞和泄洪洞出口位置，共建鱼类增殖站和生态鱼道，最大限度保护水生生态。针对溪洛渡、向家坝、白鹤滩、乌东德水库群水体富营养化联合开展调查研究和协同治理。在泸沽湖所在地盐源、宁蒗两县，联合建设泸沽湖环湖生态廊道，共同开展泸沽湖水生生物多样性调查研究，联合建立泸沽湖特有鱼类保育繁殖基地。在沙鲁里山脉、云岭山脉等横断山脉区域，联合规划建设白唇鹿、雪豹、四川雉鹑、豹猫、滇金丝猴等野生动物迁徙扩散的生态廊道，加强马麝、藏马鸡等珍稀濒危野生动植物栖息地、原生境保护区（点）的保护、修复，合作共建针叶林生态系统自然保护区，协同实施重点保护野生动植物和极小种群野生植物保护工程。

三是联合探索培育生物多样性经济。开展生物多样性保护、乡村振兴与生态产品价值实现试点示范。发掘整理传承川滇两地与生物多样性相关民族文化，创新民族文化与生物多样性协同保护，协同探索在森林、湿地、草甸、野生动物栖息地、传统民族村落等保护区域开展生态文化旅游。共同创新发展生物经济，联合推动绿色生物产业发展，通过保护、培育具有特殊利用价值的物种，推动物种保护与利用紧密结合。

（三）川陕协作平台：合作共建秦巴山脉乡村生态振兴标杆

秦巴山脉横跨四川、陕西，是长江、黄河的分水岭区，也是川陕革命老区所在地，是我国重要生态功能区（表 3），建议围绕川东北陕西南地区秦巴山脉一体化保护发展布局建设功能平台，推动广元、巴中、达州、汉中、安康等秦巴山脉区域，共同打造秦巴山脉乡村生态振兴标杆，加强秦巴山脉生态环境共建共保，协同推进区域绿色低碳发展，共同构建“一屏两带三廊一园”的功能布局：“一屏”即秦巴山脉重要生态屏障，“两带”即汉中—广元—巴中产业绿色发展带和达州—安康产业绿色发展带，“三廊”即秦巴山森林生态廊道和嘉陵江、渠江两条流域生态廊道，“一园”即大熊猫国家公园。

表 3　川陕毗邻地区

四川 陕西	广元市	巴中市	达州市
汉中市	朝天区（川）、旺苍县（川）*、青川县（川）*、宁强县（陕）*、南郑区（陕）*	南江县（川）*、通江县（川）*、南郑区（陕）*、镇巴县（陕）*	万源市（川）*、镇巴县（陕）*
安康市	—	—	万源市（川）*、紫阳县（陕）*

注：加“*”地区为国家重点生态功能区。

一是共建秦巴山脉重要生态屏障。共同规划秦巴山脉区域生态系统保护与修复，建设以国家公园为主体的秦巴山脉自然保护地体系，协同实施森林质量提升、高质量国土绿色、历史遗留矿山生态修复和采煤沉陷区治理等重点生态工程，协同推进森林、耕地等重要生态系统生态保护补偿。深化生物多样性保护合作，共建秦巴山脉自然保护区缓冲带和森林生态廊道，建设统一的区域生态数据库，持续开展外来入侵物种防治，加强大熊猫、朱鹮、羚牛、川金丝猴、林麝、珙桐、台湾水青冈等珍稀濒危野生动植物及其栖息地保护。在青川县、宁强县两地共同推进大熊猫国家公园建设，加强跨省域联防共管，共同开展反盗猎联合巡护、清理整顿非法登山入区等行动，川陕两地共同制定大熊猫国家公园管理条例，联合建立大熊猫国家公园重点实验室，共同开展科技成果研发和转化。

二是协同开展跨界流域综合治理修复。提升跨界流域协同治理能力，联合制定重点跨（共）界水体治理方案，共建嘉陵江、渠江流域生态廊道，开展沿岸生态修复工程，鼓励在流域上下游创新开展横向生态补偿。建立统一监测监控监管体系，深入开展跨界水体水环境质量、污染排放、风险预警等生态监测合作，常态化开展跨区域环境监管联合执法，共同打击环境违法行为。建立应急联动工作长效协作机制，协同开展流域突发环境污染事件应急综合演练。

三是共同推进秦巴山区乡村生态振兴。结合秦巴山区生态脆弱、经济社会发展相对滞后等特点，统筹经济开发开放与生态保护，践行“绿水青山就是金山银山”理念，协同推进区域绿色低碳发展。在汉中、广元、巴中三地打造汉中—广元—巴中产业绿色发展带，重点发展生物医药、食品饮料、农产品等产业，协同推进现代农业园区建设、生态茶园建设、区域农产品品牌建设等现代农业重点项目，合作推进现代生物医药产业园区等先进制造业重点项目。在达州、安康两地建设达州-安康产业绿色发展带，重点发展新材料、汽车汽配、特色富硒农产品等产业，围绕新能源汽车、汽车零部件总成等方向，推动两地配套零部件生产企业转型升级，积极承接成渝地区相关产业转移，共同盘活两地硒资源，联合建立富硒食品开发工程实验室、富硒产业研究院和富硒产品科技创新孵化器。共同打造汉中—广元—巴中—达州—安康川陕革命老区红色生态旅游环线，深入挖掘秦巴山区革命老区红色文化的精神内涵，结合秦巴山区自然风光和民俗文化，集中连片发展“生态+红色”文化旅游，以革命历史类纪念设施、遗址和爱国主义教育基地为载体，开发特色鲜明的红色生态旅游精品景区。

（四）川甘青藏协作平台：协同打造“三江源”生态文明高地先行区

四川、甘肃、青海、西藏同处青藏高原，作为长江、黄河、澜沧江源头和上游，对长江黄河中下游地区的生态安全和全国水资源保护有着决定性影响（表4～表6），建议围绕川北甘南、川西北青东南、川西藏东等地区“三江源”（长江、黄河、澜沧江）一体化保护布局建设功能平台，推动甘孜藏族自治州、阿坝藏族羌族自治州、甘南州、果洛州、玉树州、昌都等“三江源”核心区及毗邻区协同打造“三江源”生态文明高地先行区，共同筑牢长江黄河上游生态屏障，共守“中华水塔”，形成“一区三廊多组团”空间格局：“一区”即“三江源”保护拓展区，“三廊”即长江、黄河、澜沧江三条清洁能源沿江走廊，“多组团”即各地区联动发展的功能组团。

表4　川甘毗邻地区

四川 / 甘肃	阿坝藏族羌族自治州	绵阳市	广元市
甘南州	阿坝县（川）*、若尔盖县（川）*、九寨沟县（川）*、玛曲县（甘）*、碌曲县（甘）*、卓尼县（甘）*、迭部县（甘）*、舟曲县（甘）*	—	—

四川 甘肃	阿坝藏族羌族自治州	绵阳市	广元市
陇南市	九寨沟县（川）*、文县（甘）*	平武县（川）*、文县（甘）*	青川县（川）*、文县（甘）*

注：加“*”地区为国家重点生态功能区。

表 5 川青毗邻地区

四川 青海	甘孜藏族自治州	阿坝藏族羌族自治州
果洛州	色达县（川）*、石渠县（川）*、玛多县（青）*、达日县（青）*、班玛县（青）*	壤塘县（川）*、阿坝县（川）*、班玛县（青）*、久治县（青）*
玉树州	石渠县（川）*、称多县（青）*、玉树市（青）*	—

注：加“*”地区为国家重点生态功能区。

表 6 川藏毗邻地区

四川 西藏	甘孜藏族自治州
昌都市	巴塘县（川）*、白玉县（川）*、德格县（川）*、芒康县（藏）、贡觉县（藏）*、江达县（藏）*

注：加“*”地区为国家重点生态功能区。

一是协同开展“三江源”毗邻区生态保护修复。将“三江源”生态保护和建设工程的范围扩展到川甘青藏接合部，联合制定“三江源”保护拓展区总体规划和方案。联合开展洁净“三江源”行动，共同规划实施“三江源”保护拓展区重点生态工程，以保护和恢复植被为核心，加强草原、森林、荒漠、湿地、河湖生态系统，以及生物多样性保护和建设，合作构建跨省域生态监测预警预报体系，推动长江源、黄河源、澜沧江源等生态保护和修复带系统治理。协同建立以三江源国家公园为主体、三江源国家级自然保护区为基础的自然保护地体系，合力探索将石渠县、色达县、壤塘县、阿坝县等“三江源”毗邻区融入三江源国家级自然保护区，将与三江源国家级自然保护区海拔高度、地形地貌、气候物种、民俗文化相同或相近，因省级行政区划原因未被纳入保护区范围的地区，如甘孜藏族自治州石渠县、色达县，纳入保护区范围，将同“三江源”具有同等重要生态功能作用的长江、黄河上游重要支流发源地，如甘孜藏族自治州、阿坝藏族羌族自治州、昌都市、甘南州纳入保护区范围。

二是联合打造“三江源”清洁能源沿江走廊。依托长江、黄河、澜沧江流域，联合探索“三江源”毗邻区新能源开发新模式，以生态保护为前提，共同规划培育清洁能源产业及其支撑、应用产业，依托甘孜藏族自治州、阿坝藏族羌族自治州、玉树州、昌都市等地水能、太阳能、风能和地热等资源优势，因地制宜、科学布局，共同推进区域水、风、光多能互补一体化发展，推进“三江”水电基地绿色开发，以及区域光伏发电和风电基地化规模化开发，联合共建锂电新能源材料基地，发挥“三江源”毗邻区之间资源互补、调节能力互补、系统特性互补的优势，加强省际电网互联。

三是合力培育高原绿色生态文化。共同建立健全以生态价值观为准则的生态文化体系，把培育高原生态文化作为生态文明高地建设的重要支撑，探索制定出台“三江源”生态文明高地先行区生态文化建设规划，推进生态文化融入经济社会发展全面绿色转型的全过程。协同发展绿色低碳优势产业，依托各区县城区、工业园区（高新区、经开区），推动形成多个联动发展的功能组团，加快集聚优势要素资源，承接转移“三江源”腹心区和生态极端脆弱区的人口，重点打造特色生态农牧业（如中药材、藏香猪）、现代服务业、生态文旅产业、民族特色手工业、新能源、数字经济等产业组团，形成层次丰富、功能互补的绿色产业发展格局。加强生态文化公共设施共建共享，建设配套齐全的图书阅览室和文体活动中心，鼓励支持图书馆、博物馆、自然保护区、旅游景区等发挥载体作用，宣传“三江源”和青藏高原生态文化知识。加强生态文化宣传教育，共同弘扬中华优秀传统文化和青藏高原各民族共同生态价值观，倡导全社会践行绿色生活方式，鼓励宗教、民俗活动符合绿色生态理念，引导宗教活动方式和消费方式绿色化。

文本挖掘在中央生态环境保护督察业务中的应用浅议

摘　要：文本挖掘方法与生态环境业务的融合应用研究可以有效助推环境治理能力现代化，而在实际督察整改调度业务中，较少对中央生态环境保护督察业务的文本载体进行广泛有效的文本挖掘和分析。在督察突出问题识别分析、整改调度等关键环节开展文本信息挖掘与应用，可以为突出问题的精准研判、高效调度及整改处置提供有效支撑。本文总结文本挖掘分析的一般数据处理流程，提出在督察业务中的具体应用方向，并对加强生态环境领域文本挖掘应用提出相关建议。

关键词：生态环境；文本挖掘；生态环保督察；大数据

随着云计算、大数据、人工智能等新一代信息技术快速发展，基于大数据的管理和决策模式日益成熟，为国家治理体系和治理能力现代化广泛赋能。生态环境大数据具有高维特性[1]，生态环境监测、治理、研究过程中产生大量的结构化、半结构化及非结构化数据。借助图像识别、遥感信息处理等大数据技术方法，已实现生态环境质量、环境污染、自然生态、环境执法监管等海量结构化生态环境信息的集成分析和挖掘应用，推进生态环境治理体系和治理能力现代化。生态环境非结构化大数据包括环境政策、生态环境舆情数据、科学文献等数据资源，数据更新快、信息含量大，具有生态环境领域鲜明的专业特征和独特的语言模式，能够为环境治理提供有效的信息和独特的分析视角。随着自然语言处理技术的发展应用，相关学者积极探索文本分析技术、大规模知识图谱等更多技术方法与生态环境业务的融合应用研究，其中，生态环境政策文本量化分析文献较多[2-5]，为地方环境治理提供了政策建议，陈安琪等[6]对地方政府工作报告开展文本挖掘分析，探究地方政府对环境重视程度与环境质量改善之间的关系，黄国鑫等[7]基于自然语言处理和机器学习，对兴趣点（POI）数据进行中类行业预测和污染企业识别。

中央生态环境保护督察是解决重大环境问题和推进环境治理现代化的科学手段[8]。各地普遍将督察工作作为重大政治任务、重大民生工程、重大发展问题来抓[9]，中央生态环境保护督察反馈意见后，及时研究制定并公开整改方案，构建督察整改台账，梳理形成整改措施清单，明确整改问题与任务、标准及责任，定期跟踪调度，系统推进整改落实。清单式管理制度切实推动了突出问题的整改，但目前在实际督察整改调度业务中，采用的分析方法和手段，大多是基于标准化和结构化的数据实现数据填报、查询检索和统计分析等基础应用，较少对督察业务的文本载体进行广泛有效的文本挖掘和分析。由于督察业务特性，不同于数值型生态环境数据，其问题描述、问题类型、整改进展等信息均以文本描述性语言记录，具有信息构成复杂、呈现多样、价值隐含等特点，导致实际业务中易出现问题重复记录、问题分类不规范、整改进展难以量化对比分析等问题。文本挖掘技术的引入及其与大数据结合，为解决这类问题提供了新的途径，在督察突出问题识别分析、整改调度等关键环节开展文本信息挖掘与应用，可以为突出问题的精准研判、高效调度及整改处置提供有效支撑。

一、文本挖掘分析的数据处理流程

文本挖掘是指借助机器学习、统计和语言学相关方法，从大量非结构化文本数据中发掘关键概念、趋势和隐藏的关系，抽取有价值并组织成有效信息的过程。从原始文本资料到最终可用于开展文本分类、聚类、主题提取等文本分析的数据，一般包括文本预处理、特征提取、文本建模等过程（图 1）。

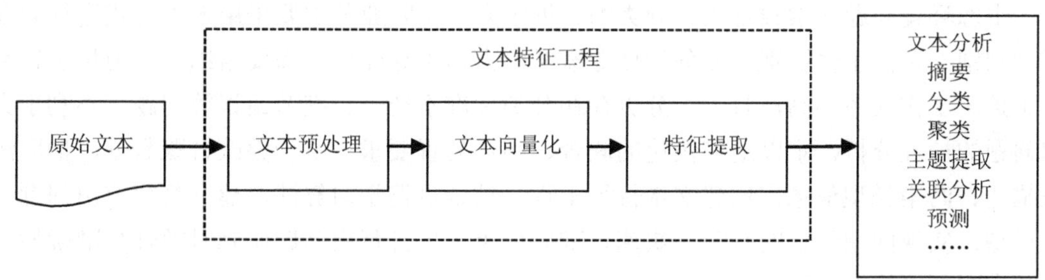

图 1　文本挖掘分析流程

（一）文本预处理

包括文本数据清洗、文本分词等。原始文本经过去除重复值、缺失值处理等数据清洗后开始分词。精准分词是开展文本挖掘分析的重要前提条件[10]，通过选择合适的算法，结合专业词库、用户词典、停用词运用，往往可以获得较好的分词效果，为后续开展文本分析提供高质量的数据。

（二）文本向量化

将文本字符串数值化，目的是将文本转换成计算机可以理解的数据结构。文本表示方法众多，包括词袋模型、独热编码、Word2Vec 等，总体分为离散表示和分布式表示。离散表示方法忽略文本上下文关系，每个词之间彼此独立，并且无法表征语义信息，数据呈离散、高维、稀疏特点。分布式表示也叫作词向量或词嵌入，是一种基于语义的文本表示方法，数据呈连续、低维、稠密。根据文本挖掘应用需求可选择相应的文本表示方法。

（三）文本特征提取

指从文本中抽取出能够体现文本特点的关键特征，抓取特征到类别之间的映射。开展文本特征提取的目的是减少文本向量维度过高带来的复杂计算。影响特征词权重的因素众多，包括词频、词性、文档频次、标题、位置、语法结构、专业词库、信息熵、文档/语句长度、词语间关联等。常用的特征提取方法包括基于统计的特征提取［如基于词频、词频-逆文档频率（TF-IDF）、互信息、信息熵等］和基于语义的特征提取。

二、文本挖掘技术在生态环保督察业务中的具体应用

（一）构建生态环境问题分类模型

生态环境问题线索数量大、分类细、诉求多，实际业务主要采用人工方式进行问题类型判别、责任主体识别，业务领域专家经验占据主导作用，需要组织专业力量进行数据维护，工作效率不高，且人工分类存在分类标准不统一、细节错误等问题，不利于突出问题的梳理分析，难以适应快速的联合、闭环处置要求。基于整改台账数据，抽取污染描述、污染类型信息，构建文本特征工程，结合机器学习算法，建立督察突出问题分类模型，实现问题线索的有效、快速、准确分类，提升督察问题研判时效性与准确性，强化生态环境治理效能。

（二）辅助突出生态环境问题研判

1. 问题画像

生态环境问题蕴涵信息丰富，既包含问题发生时间、区域、类型、责任主体等基本属性信息，也包含整改进展、调度轮次、重复次数等多维度动态信息。基于文本摘要技术，提取问题描述、整改进展中关键信息进行数据建模，以简短文本标签标注问题特性，构建360°全景问题画像、全方位刻画问题特征，可助力突出问题精细化管理、精准施策。

2. 词频分析

群众信访举报等问题带有明显区域、时空、类型特征，在海量的督察问题数据中，传统统计手段难以有效识别，通过机器方式抽取生态环境问题描述中出现频次较高的词汇，可辅助挖掘、呈现生态环境问题分布规律与发展趋势。基于文本分词技术，结合生态环境专业词库和停用词，开展词频统计分析，以词云图形式进行可视化直观呈现，辅助突出问题研判。

3．共现网络

生态环境问题统计数据显示，黑臭水体、工地扬尘、餐饮油烟、垃圾乱堆、噪声扰民等问题较为突出，严重影响了人民群众的获得感、幸福感、安全感。从污染来源及表现来看，呈现点面源污染交织，工业和生活污染共存，新老污染叠加，水、大气和噪声多污染重合形势，对开展污染协同治理提出了紧迫需求。对污染类型进行共现统计分析，直观展示各类污染重叠程度，有利于开展污染问题成因分析，查明问题根源，精准制定整改方案，推进整改成效。

4．文本挖掘

某些生态环境问题实质上存在一定关联关系，但体现不够明显，采用主题提取算法模型，对生态环境问题进行聚类分析，可得到不同主题语义关联词汇及主题间关联关系，有助于进一步实现精细化分级分类施策，加快问题整改。

（三）支撑生态环境问题整改调度管理

1．问题查重

部分生态环境问题具有长期性、复杂性、顽固性特点，整改周期较长，形成问题积压、反弹重复；部分问题整改不力，导致群众重复举报；举报方式的便捷多样，使一信多投比较普遍，重复举报件数量多。对于同一问题或同一类型问题，采用不同记录方式，导致生态环境问题重复录入、重复核实，常规数理统计分析方法难以从海量问题数据中捕获、鉴别。结合问题区域、点位、具体描述等信息，开展文本相似性计算，即使描述不完全相同，也可科学、高效定位重复问题，方便制定有效管用的整改措施，深化推进重复问题化解工作，确保督察整改要求落到实处，有效减少问题反弹，推动环境质量持续改善。

2．进展研判

生态环境问题整改过程中，部分地区存在敷衍整改、弄虚作假、流于形式等问题。各单位上报的整改进展信息多为定性描述文本，传统数据处理技术难以实现整体推进情况的横纵向比较，即无法对不同整改单位的整改措施力度差异、同一整改单位的整改进度进行量化分析，影响整改高效动态调度。结合文本相似性分析，对各单位不同阶段上报信息开展比对分析，辅助识别落实决策部署不深入、推进整改措施不用力、取得进展成效不明显等情形，并督促相关单位采取更为强硬有力的措施。

3．措施推荐

我国历经多年中央生态环境保护督察实践，在督察体制机制建设、整改技术方法等方面积累了丰富的经验，部分地区在扎实推进生态环境保护督察整改过程中，多措并举，整改工作取得显著成效，一大批生态环境领域的顽瘴痼疾得到及时有效解决。通过系统梳理生态环境问题台账中共性问题和个性问题，分类构建典型问题库，并进一步抽取整改进展快速、成效明显的部分，作为正面清单、典型案例，充分借鉴吸纳其中创新举措和鲜活经验，结合区域特点分类构建政策措施库。在新一轮督察整改方案制定工作中，基于典型问题库、政策措施库，融合运用语义分析、文本相似分析等技术开展关联分析，结合区域特性，实现方案措施优选推荐，充分发挥典型案例、经验做法的示范引领作用，有助于相似区域相近类型生态环境问题的及时、高效解决。

三、加强生态环境领域文本挖掘应用的建议

（一）推进生态环境文本数据采集、汇聚、整合、建库

结合网络爬虫、OCR 等技术方法，实现生态环境政策、法规标准、业务文档、科学文献及互联网数据等文本资料的长效采集与整合，分类构建生态环境政策标准库、业务库及互联网舆情动态感知数据库，实现数据统一集中存储与管理；建立健全生态环境文本数据标准规范与管理机制，明确编码规则、分类结构及信息模型体系，按照环境要素、业务领域、文体类型、空间层次等多维度实现生态环境文本数据的分级分类管理。

（二）构建并持续扩充完善生态环境语料库、词库

丰富的专业语料库、精准的分词、准确的标注可以为实体识别、关系抽取、分类、聚类等文本挖掘任务提供有效的底层数据支持，对提高生态环境文本模型准确率具有重要意义。围绕政策自动分类、业务图谱构建、舆情分析等具体应用目标，构建内容有代表性、体量成规模、时空分布平衡、结构规范的专业语料库，并结合人工方式与自动标注工具实现业务语料数据的规范化标注。以生态环境政策法规信息为基础语料，对现有生态环境业务和资源进行梳理与拆解，获取核心关键词，进一步结合新词发现算法与人工补充修正，构建环境管理专业词库，实现精准分词应用，为模型训练优化提供精确有效的原材料，促进文本挖掘技术在生态环境政策分析与管理中的深度应用。

（三）加强技术创新及融合应用

自然语言处理与知识图谱、智能语音、图像识别、计算视觉技术等新一代信息技术集成创新，构建生态环境智能知识库，驱动生态环境业务知识自动标签、查重、聚类、归类、摘要，实现“智搜”应用。以生态环境应用需求为导向，深度挖掘业务场景，推动文本挖掘技术在生态环境全域融合应用。在环境政策研究方面，深入探索政策画像、政策推荐、政策分类、智能检索、辅助规划编制、媒体关注和倾向分析等应用场景。在污染防治方面，研究构建生态环境知识仓库、业务图谱，实现全业务可视化关联分析、智能问答、语义检索。在环保督察方面，进一步深度拓展突出生态环境问题研判、整改等应用场景。在环境执法方面，重点关注案件画像、类似案例推荐等场景应用。在公众服务方面，积极探索生态环境满意度分析、公众舆情分析等场景应用。

参考文献

[1] 蒋洪强，卢亚灵，周思，等. 生态环境大数据研究与应用进展[J]. 中国环境管理，2019，11（6）：11-15.

[2] 顾莹莹，蒋稷康，吴怡. 区域生态环境治理注意力测度及其差异研究——基于五大城市群地方政府工作报告（2003—2023）文本分析[J]. 环境生态学，2023，5（8）：54-60.

[3] 郭军涛，周定财. 乡村环境治理的政策演变、影响因素与政策建议——基于扎根理论的政策文本分析[J]. 环境科学与管理，2023，48（8）：10-14，61.

[4] 俞立平，周朦朦，张运梅. 基于政策工具和目标的碳减排政策文本量化研究[J]. 软科学，2023，37（10）：61-69.

[5] 刘宋瑄，毛春梅. 农村水污染治理相关政策工具优化策略——以河北省为例[J]. 四川环境，2023，42（6）：180-186.

[6] 陈安琪，李永友. 环境质量因地方政府的重视得到改善吗？——基于文本挖掘的经验分析[J]. 财经论丛，2021（10）：3-14.

[7] 黄国鑫，朱守信，王夏晖，等. 基于自然语言处理和机器学习的疑似土壤污染企业识别[J]. 环境工程学报，2020，14（11）：3234-3242.

[8] 孙瑶，孟宪策，娄红新，等. 中央第二轮环保督察中固体废物存在的问题及对策建议[J]. 环境工程，2023，41（S2）：1218-1221.

[9] 徐必久. 深入推进中央生态环境保护督察建设人与自然和谐共生的美丽中国[J]. 环境与可持续发展，2023，48（3）：13-18.

[10] 王芷筠，常杪，周黎，等. 基于新词发现的环境管理专业词库构建及其实证应用[J]. 环境工程技术学报，2021，11（2）：385-392.

生态环境问题常态化发现与整改工作建议

摘　要：精准发现问题，是解决问题的前提。本文通过分析各省（区、市）第二轮中央生态环境保护督察整改落实情况，总结各地特色经验做法，从不断完善常态化长效工作机制、做好重点领域问题自查自纠、建立省、市、县、街道四级生态环境问题接诉即办工作体系、压紧压实各方责任等方面提出了生态环境问题常态化发现与整改工作建议。

关键词：生态环境保护督察；发现；整改

一、四川省第二轮中央生态环境保护督察反馈问题及整改情况

（一）第二轮中央生态环境保护督察反馈问题

第二轮中央生态环境保护督察向四川反馈问题主要包括：部分地方和部门思想认识还不到位、部门履职尽责不力、工作作风不严不实；第一轮督察指出的问题仍未落实整改或整改不到位；多轮清理排查均未指出问题，致使违法问题长期存在；推动群众举报问题整改不力，敷衍应对；“两高”项目管控不力，一些“两高”项目未批先建，能耗双控要求未得到有效落实；一些沿江工业园区违规“上马”化工项目，开发建设突破红线，风险隐患突出；尾矿库环境问题整治不力，“三磷”治理任务依然艰巨；部分小流域治理水平不高，多次被披露仍整治不到位，部分流域水质不升反降；流域违法问题禁而不止，一些地方长江干流以及重要支流违法采砂、侵占岸线现象较为普遍；环境基础设施建设短板依然突出，污水收集处理能力不足，污染防治水平有待提高；农业面源问题突出；大气污染治理存在薄弱环节，四川省仍有 7 个城市 $PM_{2.5}$ 浓度不达标，部分地区环境空气质量优良天数比率较 2015 年不升反降；自然保护区监管、矿山生态修复等方面还存在问题，违规开发建设侵占自然保护地的现象频发。

（二）督察反馈问题整改落实情况

四川省全面践行习近平生态文明思想，地方各级党委、政府始终把中央生态环境保护督察反馈问题整改作为重大政治任务、重大民生工程，以坚决的态度、务实的举措推进整改。对督察反馈问题逐项分解细化，制定了 69 项整改任务，建立了生态环境问题发

现、整改销号、约谈等长效工作机制，把省级环保督察作为中央生态环境保护督察的延伸和补充，强化例行督察、专项督察、派驻监察，持续传导压力，压紧压实责任。严格落实“清单制+责任制+销号制”，综合运用调度通报、暗访督导、行政约谈、区域限批、移送追责等方式，有力推动督察反馈问题整改。率先在出台生态环境保护督察问题整改销号办法，细化整改标准，明确销号职责和流程，实行省级核查验收，形成闭环管理，生态环境部和全国多个省份前来调研学习。截至 2023 年 8 月，69 项整改任务已整改完成 47 项，其余 22 项正按序时加快推进，督察组进驻期间移交的 6 532 个信访举报问题，已整改完成 6 392 个，完成率 97.9%。

二、各省（区、市）第二轮中央生态环境保护督察整改落实情况数据分析

（一）整改情况总体分析

1. 整改任务总数分析

依据各省（区、市）贯彻落实第二轮中央生态环境保护督察报告整改方案，对各省（区、市）整改任务数进行统计并排名（图 1），整改任务数较多的依次为河南、辽宁、安徽等地。综合考虑各省（区、市）土地面积，四川土地面积在 31 个省（区、市）中排名第二，单位面积整改任务数排名较靠后，而上海、天津、北京等地单位面积整改任务数较多。

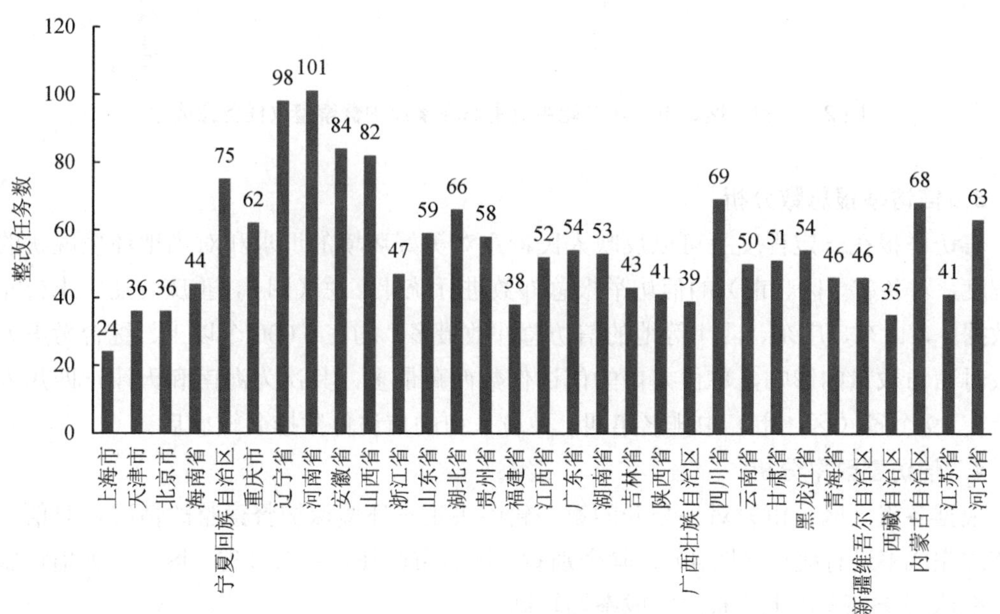

图 1　各省（区、市）第二轮中央生态环境保护督察整改任务总数统计

2. 任务数整改完成率分析

根据各省（区、市）公开的第二轮中央生态环境保护督察整改情况，对各省（区、市）整改完成率进行统计并排名（图 2）。由于各省（区、市）对整改任务的时限安排不同，且存在需长期坚持的整改措施，造成各省（区、市）整改完成率存在较大差异。各省（区、市）自督察报告反馈至公开督察整改落实情况，期间整改完成率最高的前 6 个地区依次为河南、北京、甘肃、山西、河北、四川，整改完成率均在 60%以上，而西藏、广东、陕西等地整改任务完成率未达到 20%。

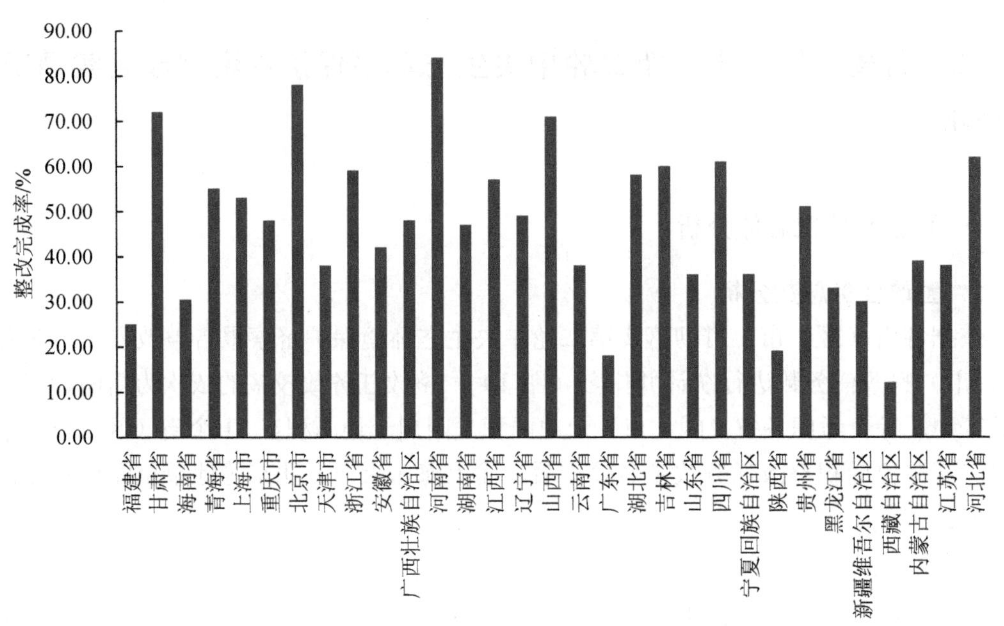

图 2　各省（区、市）第二轮中央生态环境保护督察整改任务完成率

3. 信访举报总数分析

信访举报在一定程度上可以反映人民群众对美好环境的诉求和对当地环境现状的满意程度，对各省（区、市）的信访举报总件数进行统计汇总（图 3，重庆、辽宁未公布相关数据），山东、广东、四川等地的信访总件数最多，均在 6 000 个以上。综合考虑人口总数对信访数量的影响，单位人口的信访件数西藏最多，其次为海南和天津，四川人口数量在 29 个省（区、市）中排名第四，单位人口的信访件数排名较靠后。

4. 信访整改率分析

根据各省（区、市）对外公开的第二轮中央生态环境保护督察整改情况，对信访举报整改完成率进行统计（图 4），除个别省（区、市）外，大部分省（区、市）信访整改完成率达到 95%及以上，整改完成率均较高。

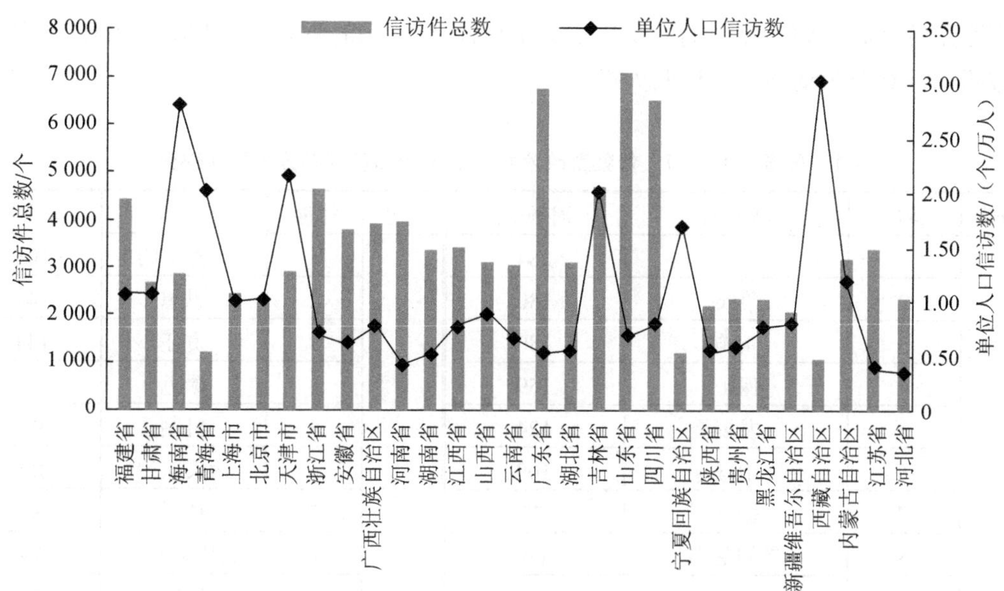

图 3　各省（区、市）信访件总数及单位人口信访数

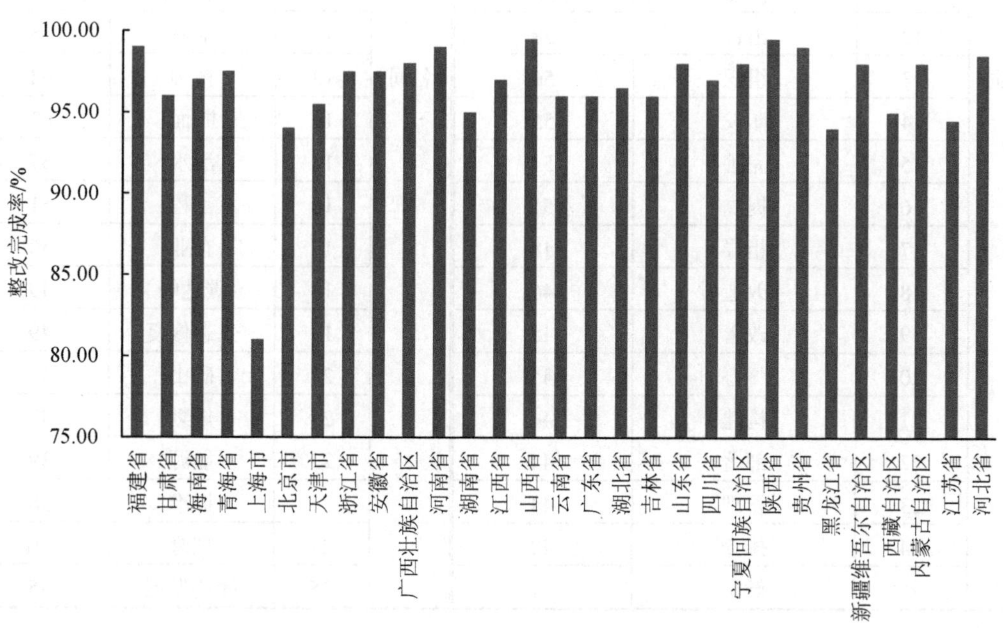

图 4　各省（区、市）信访整改完成率

（二）整改重点任务分析

为进一步归纳提炼各省（区、市）在贯彻落实第二轮中央生态环境保护督察整改过程中的重点举措，对各省（区、市）公开的整改落实情况进行词频统计分析（表 1、图 5）。

在剔除无意义高频词（停用词）及自定义用户词典后，得到排序前 100 位的高频词并将其按照词性划分为动词、名词两大类。

表 1　各省（区、市）督察整改落实情况高频词及词频分布表（部分）

词性	排序	高频词	词频/次	词性	排序	高频词	词频/次
动词	1	建设	264	名词	1	生态文明	206
	2	落实	180		2	思想	147
	3	实施	180		3	责任	144
	4	保护	159		4	绿色	117
	5	发展	124		5	机制	97
	6	治理	109		6	污染防治	89
	7	提升	77		7	体系	83
	8	贯彻落实	66		8	高质量发展	79
	9	建立	66		9	制度	70
	10	统筹	63		10	专项	68
	11	修复	58		11	攻坚战	67
	12	出台	58		12	水质	65
	13	组织	56		13	精神	64
	14	印发	55		14	断面	62
	15	完善	54		15	污水	57
	16	提高	51		16	工程	51
	17	指导	48		17	企业	50
	18	改造	46		18	碳达峰	49
	19	改善	45		19	生态修复	49
	20	督办	45		20	矿山	49
	21	构建	44		21	规划	43
	22	部署	44		22	能源	39
	23	管理	44		23	标准	38
	24	排查	42		24	理念	36
	25	健全	41		25	绿色发展	35

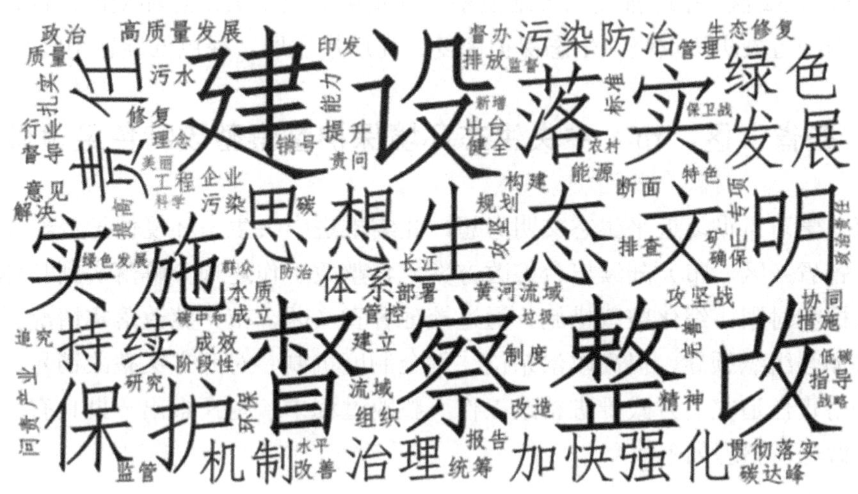

图5　各省（区、市）督察整改落实情况词云图

动词中词频排在首位的是“建设”，共 264 次，相关的举措包括“生态文明建设”“生态屏障建设”“治理能力建设”“美丽中国建设”等，督察整改任务的完成离不开因地制宜的建设，各地在完成督察整改任务过程中“建设”涉及的具体工程项目依然是重要一环。排在第 2 位的动词是“落实”，共 180 次，一分部署，九分落实，整改任务的全面完成不仅需要全局统筹谋划，更需要脚踏实地与真抓实干，不仅包括在思想与责任主体上的落实，也包括对“双碳”目标、高质量发展战略、节能审查、河湖长、生态环境损害赔偿等一系列制度的落实。“实施”以 180 的词频数排在动词词频榜的并列第 2 位，计划方案、建设战略、防治工程的实施是各省（区、市）完成督察整改任务的必经之路。“保护”和“发展”依次排在动词词频榜的第四位与第五位，正确处理好发展与保护的关系，是推进生态文明建设、建设美丽中国必须解决好的重大课题，各省（区、市）立足本地区特色资源与成效优势，探索出一系列创新机制举措，努力实现产业发展经济效益、社会效益、环境效益的有机统一。

在名词词频表中出现的高频词可以划分为 3 个类别，一类围绕体制建设展开，包括“思想”“责任”“机制”“体系”“制度”“标准”等，分别映射“提升思想认识”“落实政治责任”“建立健全机制”“完善治理体系”“强化制度建设”“优化法规标准体系”等一系列机制体制建设目标。第二类名词与具体环境领域紧密相关，包括“污水”“矿山”“产业”“能源”“垃圾”“农村”等，涉及“污水处理”“矿山修复”“能源结构优化调整” “固体废物处置”“美丽乡村建设”等多项群众高关注度问题。第三类名词代表了具体的督察整改任务，包括“污染防治”“高质量发展”“生态修复”“碳达峰”“绿色发展”等，其中“污染防治”出现 89 次；“高质量发展”与“绿色发展”分别出现 79 次、35 次；“生态修复”出现 49 次；与碳相关的“碳达峰”“碳中和”分别出现 49 次、32 次，据此推测出各地在整改落实第二轮中央生态环境保护督察反馈问题过程主要围绕污染防治攻坚、生态保护修复、高质量发展、绿色低碳转型等方面展开。

三、各省（区、市）中央生态环境保护督察整改特色经验做法

为深入学习贯彻习近平生态文明思想，扎实推进中央生态环境保护督察反馈问题整改工作，各省（区、市）陆续出台整改方案，将整改工作逐项分解落实到具体单位，明确整改目标和时限，细化整改措施。通过梳理各省（区、市）整改落实情况报告，各地主要采取加强组织领导、提高政治站位、健全制度机制、对照方案整改销号、强化信息公开、严格责任追究等方式推进整改工作。整改过程中，也探索出一批具有示范价值的特色经验做法，整理如下：

（一）压紧压实，不断加强组织领导

内蒙古自治区设立综合协调、案件查办、督查督办、宣传报道 4 个专项工作组，统筹协调推进整改工作。天津市设立常态化生态环境保护督察组，围绕推动经济社会高质量发展、生态环境高水平保护开展例行督察。湖北省对涉及全局性、系统性、跨流域（区域）的生态环境问题和资金投入量大、持续时间超过 2 年的整改任务及督察组曝光的典型案例等重点整改事项，明确由各市（州）、省直有关单位主要负责同志担任第一责任人，并可增加 1 名同级班子成员作为责任人。

（二）做细做实，建立健全长效工作机制

福建省建立健全第三方监督评估机制，把群众满意作为督察整改成效的评价标准，组建由人大代表、政协委员、业内人士、有关专家、群众代表组成的第三方监督评估小组，强化整改方案咨询、过程监督、结果评估，设立群众监督电话，专人值守，及时接收和研究吸纳群众对整改工作的意见建议。湖南省建立完善“半月一调度、一月一通报、三月一评议”工作机制，健全情况调度、联合督查、考核问责等督促机制，完善通报、预警、约谈、挂牌督办等推进措施。山西省印发《整改工作推进机制》，对督察整改任务实施每月全口径调度、每季度全覆盖核查，以确保整改取得实效，并实行提级验收、挂账督办，跟踪核实整改效果。

（三）创新举措，切实推进问题整改

江苏省将督察整改作为“一把手”工程纳入“七张问题清单”（重大巡视问题、重大审计问题、重大督查问题、重大生态环保督察问题、重大安全生产问题、重大网络舆情问题、重大信访问题），通过数字赋能一体推动整改落实。河北省坚持市场导向，着力强化经济手段在生态环境保护领域创新应用，落实环境保护、节能节水等企业所得税

优惠和绿色电价政策，加大生态环境保护财政保障力度。山西省制定《山西省经济生态生产总值核算技术指南（试行）》，建立了经济生态生产总值（GEEP）核算体系，是全国唯一一个在四川省域探索开展经济生态生产总值核算的省份。

（四）高质高效，积极回应群众关切

对群众信访投诉举报，北京市出台《北京市接诉即办工作条例》，建立市、区、街道（乡镇）三级生态环境接诉即办"管家"体系，推行"未诉先办"，对媒体曝光、"12345"市民服务热线反映的问题，加大工作力度，切实有效解决；广西壮族自治区要求对整改过程中存在不作为、乱作为的信访问题进行精准督办，对效果不理想、群众不满意的，要求"回炉"整改，并要求各级各部门主要负责同志做好定点接访、重点约访、带案下访工作，有针对性地解决群众反映强烈的信访突出问题。

四、举一反三，地方推动生态环境问题常态化发现与整改工作建议

（一）不断完善常态化长效工作机制

一是健全和完善生态环境问题发现机制。拓宽生态环境问题线索来源渠道，不定期公开征集问题线索，定期和不定期查找、分析区域（流域）生态环境问题线索。针对重点领域、重点行业，细化现场检查各环节的内容和方法，提高现场检查人员精准发现问题的能力水平。日常检查中发现的重大生态环境问题，应当按照相关要求上报所属地方人民政府和上一级生态环境部门，严禁谎报、瞒报。

二是建立生态环境问题整改任务分解落实机制。对日常检查中发现的生态环境问题，建立问题清单，拉条挂账，逐项分解至责任单位，明确整改要求和整改时限。对于跨行政区的生态环境问题，应通报相关地区协商办理，协商不成的，由共同的上一级生态环境部门协调解决。

三是建立生态环境问题整改调度工作机制。对发现的生态环境问题建立整改任务调度工作台账，定期调度，逐一销号。调度发现即将逾期的，应当及时进行预警提醒；未达序时进度的，应当致函督办或开展约谈；久拖不改、造成严重后果且涉嫌违纪违法的，应当依据干部管理权限移交相关纪检监察机关依纪依法追责问责。

四是建立生态环境问题整改情况评估机制。适时对已完成整改任务的问题进行调研评估，探索建立第三方监督评估机制，检验整改成效，防止问题反弹，对虚假整改、敷衍整改行为依规依纪依法进行严肃问责。

（二）做好重点领域问题自查自纠

一是全面排查本行政区域内的建设项目，依法依规查处违法侵占基本农田、林地、

自然保护地、饮用水水源保护区等行为。严格落实“三线一单”，依法依规进行项目审批，严禁突破规划限制为违规项目“开绿灯”。

二是严格落实节能审查办法，严把新上项目能效关，坚决遏制“两高一低”项目盲目发展。建立健全能源管理制度，对重点用能工业项目进行摸底排查，建立项目台账，实施动态调整、分类管理，强化能耗管控。

三是加强区域内磷矿开采、尾矿库渗滤液收集生态环境问题排查，实行清单制管理，通过在线监控、日常巡查等方式强化磷石膏开采、渗滤液有效收集处理监管，及时发现并处理环境问题。

四是建立区域内河道采砂、非法侵占岸线巡查机制，常态化开展河道采砂违法违规行为排查整治。实行采砂总量控制，核定年度采砂总量并监督实施，严格控制采砂区域、采砂总量和采砂区域内的采砂船舶数量。

五是建立健全自然保护区巡护机制，加强对自然保护区的日常巡查和监管，深入开展自然保护地内违法违规矿产、水电、旅游等方面问题排查，依法清退违规建设项目，整顿、规范自然保护区内各类活动。

六是加强草原管理，依法依规开展各类草原项目建设，加强草原执法监督管理，严厉打击毁草开垦、非法征占用草原行为，及时制止和纠正违反草原禁牧、草畜平衡规定等行为，保护草原资源。

七是加强生态系统保护修复治理，以重点生态功能区、生态保护红线、自然保护地等为重点，谋划实施生态系统保护和修复重大工程，严守保护红线，持续推进矿山生态修复治理。

（三）切实解决群众身边的环境问题

一是建立省、市（州）、县（市、区）、街道（乡镇）四级生态环境问题接诉即办工作体系。各级分别成立接诉即办工作专班，对群众投诉的各类生态环境问题，做到立接立转、立接立办。

二是建立生态环境问题全时段接收响应机制。依托“12345”政务服务热线、“12369”环保举报热线，24 小时全时段接收群众投诉举报，做到有报必接、违法必查。在接收到群众投诉举报后，按照属地管理、分级负责的原则，将投诉举报案件精准派单至相应处（科）室或街道（乡镇），并做好投诉举报案件台账。此外，还可依托官方微信、微博、在线留言板等多渠道响应公众诉求，确保全面接收群众诉求。

三是建立“清单式、动态化”投诉举报案件调度管理机制。接诉即办工作专班派专人每日对案件办理情况进行梳理，按照“建账、对账、查账、销账”的思路，实施动态管理，并对临近办理时限的案件进行预警提醒，催促承办单位按时办理。

四是严格落实案件回访机制。对所有举报案件实行 100%回访，对群众不满意、问题未解决的案件实行升级办理，切实把群众的诉求解决到位，杜绝敷衍应对。

五是建立以群众满意为标准的考核评价机制。将群众投诉举报案件的响应率、解决率、满意率作为考核评价指标，在回访中，由群众进行评价打分，考核结果纳入年度综合考核，作为表彰奖励的重要依据。

六是加强接诉即办工作调度。组织相关人员对重复举报、群众反映强烈、疑难突出的生态环境问题开展会商研究，提出解决方案。同时紧盯案件办理进度，督促滞后案件及时办理，做到措施到位、责任到位，确保诉求及时合理解决。

（四）压紧压实各方责任

一是压紧压实领导干部责任。各级领导干部要带头落实生态环境保护责任，常态开展生态环境问题暗查暗访，及时研究解决分管领域生态环境问题。将领导干部生态环境保护履职尽责情况，纳入党委巡察、审计和考核考察内容，对出现重大失职失责行为，导致被全国文件通报批评、国家各类生态环境警示片曝光或中央主流媒体曝光，造成严重不良影响的领导干部，依规依纪依法启动问责程序。

二是压紧压实属地管理和行业主管部门责任。坚决落实“党政同责、一岗双责”和“三管三必须”要求，切实压实属地管理主体责任和行业主管部门直接监管责任。因生态环境问题整改不力被中央和省级主流媒体曝光，造成社会不良影响的，按照“三管三必须”原则，一律追究当地党委政府主要领导和行业主管领导责任。被中央领导，省委、省政府主要领导批示，经查办属实的，一律追究当地党委、政府和行业主管部门领导责任。

三是压紧压实生态环境部门综合监管责任。各级生态环境部门要加强统筹协调，履行好牵头抓总、统筹谋划、综合协调和指导监督职责，常态化严抓生态环境问题整改。对问题整改进展情况及时开展调度，定期督导，挂账督办，适时组织现场核查，确保问题如期整改到位。

四是压紧压实企业生态环境保护主体责任。企业是市场经济的主体之一，也是生态环境保护的主体之一，应当主动防污治污，依法依规开展生产经营活动。对企业环境违法行为，应当依法予以查处。对严重破坏生态环境的违法行为应当从严从重予以处罚。对环境违法行为涉嫌犯罪的，应当及时移送司法机关，依法追究刑事责任。

决策咨询篇

四川省加强生物安全管理，防治外来物种侵害的建议

摘　要：外来物种入侵防控事关国家粮食安全、生物安全和生态安全。四川省位于中国西南地区内陆，地域广阔，地形和气候类型复杂多样，生物资源丰富，同时也适宜大多数外来生物的生存，是全国外来入侵有害生物重点防控区域。为此，本文通过梳理国内外外来入侵物种管理基本情况以及四川省外来物种侵害现状，研究提出四川省外来入侵物种防治的指导思想和基本原则，并提出分阶段目标，从加强源头防控、推进综合治理、夯实各方责任、强化组织保障等方面提出重点任务，以期为四川省外来物种侵害防治工作提供参考。

关键词：外来物种入侵；生物安全；防治对策

2020 年 2 月 14 日，中央全面深化改革委员会第十二次会议首次将生物安全纳入国家安全体系范畴。2021 年 9 月 29 日，中共中央政治局第三十三次集体学习，习近平总书记在主持学习时强调，“生物安全关乎人民生命健康，关乎国家长治久安，关乎中华民族永续发展，是国家总体安全的重要组成部分，也是影响乃至重塑世界格局的重要力量”“对已经传入并造成严重危害的，要摸清底数，‘一种一策’精准治理，有效灭除”。2022 年 10 月 16 日至 22 日，防治外来物种侵害内容首次被写入中国共产党第二十次全国代表大会报告，报告强调“加强生物安全管理，防治外来物种侵害”，这为我国下一步生物安全防治工作明确了方向。

一、国内外形势和重要性

（一）国内外形势

从国际形势看，防范外来物种入侵一方面能保护人类、动植物的健康以及生态系统的稳定性，另一方面也为各国采取的直接或间接限制甚至禁止某些进出口贸易提供正当理由。如美国在墨西哥牛油果中检查到象鼻虫、疮痂病等病虫害，影响本国牛油果种植业，对墨西哥牛油果实施了进口禁令。

从国内形势看，我国面临的外来物种入侵风险形势日益严峻，据统计近年来的入侵物种新增频率是 20 世纪 90 年代的 30 多倍。随经济高速发展，人员交流日益频繁，提高

了外来物种成功入侵可能性，丰富了扩散途径；同时，我国幅员辽阔，生态系统类型丰富，气候类型复杂多样，为外来入侵物种定殖提供了有利条件。

（二）重要性

外来入侵物种防治事关人民群众身体健康。外来物种入侵以后，会进行迅速繁殖与扩张，某些入侵生物成为传播病毒的媒介，在其传入后会形成大面积的疾病流行，严重影响人类健康和生存，一定情况下会暴发成灾。例如，豚草花粉会造成“枯草热”，入侵动物福寿螺是一些寄生物的中间宿主，红火蚁叮咬对人体的生命健康构成威胁等。

外来物种入侵防治事关国家粮食安全。多数入侵物种可在我国找到适宜生存环境，一旦定殖，彻底根除难度大，严重影响入侵地生态环境，损害农林牧渔业可持续发展。如，入侵昆虫美国白蛾、松突圆蚧和入侵植物豚草等对农田生产，菜豆象、烟粉虱等对仓储、果蔬等生产，入侵植物水葫芦等对渔业生产，入侵植物少花蒺藜草、入侵昆虫蝗虫对畜牧业生产等均造成巨大的损失。

外来物种入侵防治事关生物安全。外来物种在新入侵地早期几乎没有天敌，通常具有强大的繁殖能力和竞争力，其能快速生长繁殖抢占其他物种的生态位，致使周围生物多样性丰富度降低。如空心莲子草具有强大的营养繁殖能力，早期缺少天敌调控，暴发式生长，导致物种多样性降低。

外来物种入侵防控事关生态安全。外来物种往往会造成本地物种的死亡，影响生态系统的稳定性，改变其结构和功能，最终导致生态系统功能退化，服务能力丧失。如薇甘菊入侵到广东伶仃岛导致本地物种枯死，生态系统类型由灌木丛反向演替为草丛。

二、我国外来入侵物种管理基本情况

（一）我国外来入侵物种现状

我国是世界上遭受生物入侵危害和威胁最为严重的国家之一，每年造成的直接经济损失超过 2 000 亿元，其中农业领域受到的生物入侵危害最为严重，其次是林业与草原领域，园林、水利等其他领域也受到不同程度的影响。《2020 中国生态环境状况公报》记载，全国已发现外来入侵物种 660 多种。2022 年，农业农村部、自然资源部、生态环境部等编制的《重点管理外来入侵物种名录》显示，我国有包含植物、昆虫、爬行动物等 59 种外来入侵物种。

（二）我国外来入侵物种防控工作现状

1. 建立外来入侵物种防控法律法规体系

我国有多部法律法规和部门规章中的条款涉及外来物种的管理，但其侧重点有所不同（表 1）。例如，《中华人民共和国动物防疫法》《植物检疫条例》等多部法律法规，从动植物检疫检验的方面提出了外来物种的管理规定；《中华人民共和国农业法》《中华人民共和国草原法》等法律法规从资源利用和环境保护的角度提出了外来物种的管理规定；《中华人民共和国野生动物保护法》《野生植物保护条例》等从生态环境保护的角度提出了外来物种的管理规定；《中华人民共和国生物安全法》则直接提到了外来入侵物种的防控。

表 1　我国有关外来入侵物种管理的法律法规

法律法规	侧重点
《中华人民共和国进出境动植物检疫法》《中华人民共和国国境卫生检疫法》《中华人民共和国动物防疫法》《植物检疫条例》等	动植物检疫检验
《中华人民共和国环境保护法》《中华人民共和国农业法》《中华人民共和国海洋环境保护法》《中华人民共和国草原法》《中华人民共和国渔业法》等	资源利用和环境保护
《中华人民共和国野生动物保护法》《野生植物保护条例》等	生态保护及建设
《中华人民共和国生物安全法》	防控外来入侵物种

2．健全外来入侵物种防控管理政策体系

我国历来十分重视外来入侵物种防治，2004 年成立了全国外来入侵生物防治协作组，统筹外来入侵物种防治工作。农业农村部建立外来入侵生物防治预防与控制中心，牵头组织开展外来入侵物种管理和研究工作。党的十八大以来，党中央高度重视生物安全工作，建立了农业农村部牵头、自然资源部、生态环境部、海关总署等部门分工负责的防控管理体系（表 2），后印发了《进一步加强外来物种入侵防控工作方案》《关于进一步加强生物多样性保护的意见》《外来入侵物种管理办法》等指导性文件（表 3），建立了由农业农村部、自然资源部、生态环境部、海关总署等 10 部门组成的部际协调机制，成立了防控专家委员会，分省制定了外来入侵物种清单和图库以及《农业外来入侵物种调查技术规定》等系列技术规范，并在全国 10 省 20 个县开展普查试点，至此，我国外来入侵物种防治工作重心由“外防输入”转变为“遏增量”与“清存量”相结合。

表 2　外来入侵物种管理职能分工

部门	职能
农业农村部	负责农田、渔业水域
生态环境部	负责生物多样性保护优先区域
住房和城乡建设部	负责城市公园绿地
海关总署	负责口岸、边民互市等入境渠道
国家林业和草原局	负责森林、草原、湿地、自然保护区等

表 3　党的十八大以来有关外来入侵物种防治的政策文件

时间	政策文件	相关内容
2021 年 2 月	农业农村部、自然资源部、生态环境部、海关总署、国家林草局联合印发了《进一步加强外来物种入侵防控工作方案》（农科教发〔2021〕1 号）	从外来入侵物种普查和监测预警，外来物种引入管理、口岸防控、治理、科技攻关、体制机制建设、教育培训等方面，提出进一步加强外来物种入侵防控工作
2021 年 3 月	农业农村部、财政部、自然资源部、生态环境部、住房和城乡建设部、海关总署、国家林草局联合印发了《关于印发外来入侵物种普查总体方案的通知》（农科教发〔2021〕2 号）	开展外来入侵物种普查，到 2023 年年底摸清我国外来入侵物种状况
2021 年 5 月	农业农村部印发了《关于建立外来入侵物种防控部际协调机制和专家委员会的函》（农科教函〔2021〕4 号）	建立由农业农村部、自然资源部、生态环境部、海关总署、国家林草局、教育部、科技部、财政部、住房和城乡建设部、中国科学院等 10 部门组成的部际协调机制，成立防控专家委员会
2021 年 10 月	中共中央办公厅、国务院办公厅印发了《关于进一步加强生物多样性保护的意见》	明确提出持续提升外来入侵物种防控管理水平，完善外来入侵物种防控部际协调机制，开展外来入侵物种普查，完善外来物种入侵防范体系等内容
2022 年 1 月	农业农村部、自然资源部、生态环境部、海关总署、国家林草局联合印发了《加强外来物种入侵防控 2022 年工作要点》（农科教发〔2022〕1 号）	对重大危害物种治理、源头管控、技术攻关等方面提出了要求
2022 年 5 月	农业农村部办公厅和自然资源部办公厅联合印发了《农业外来入侵物种普查面上调查技术规程（试行）的通知》（农办科〔2022〕8 号）	以地方事权组织开展面上调查，全面掌握农业外来入侵物种的种类数量、分布范围、发生面积等基本信息
2022 年 7 月	农业农村部科技教育司印发了《农业外来入侵植物重点调查技术规范》等普查相关文件的通知［农科（资环）函〔2022〕1 号］	以中央事权开展了重点调查，选择部分重大危害物种（164 种）在其暴发区、新发区和高危区等重点区域，布设调查点位，设置调查样地，开展重点调查，测算危害程度、经济影响、生态影响与潜在扩散风险
2022 年 8 月	农业农村部、自然资源部、生态环境部、海关总署联合颁布实施了《外来入侵物种管理办法》	从源头预防、监测与预警、治理与修复等方面提出了外来入侵物种管理的办法
2022 年 12 月	农业农村部、自然资源部、生态环境部、住房和城乡建设部、海关总署、国家林草局联合组织制定了《重点管理外来入侵物种名录》	名录包括植物、昆虫、植物病原微生物、植物病原线虫、软体动物、鱼类、两栖动物、爬行动物等 8 个类群 59 种重点管理外来入侵物种

（三）我国外来入侵物种防治技术体系

目前，我国初步形成了早期以预防预警、检测监测为主，中期以扑灭拦截为主，后期以联控减灾为主的防控体系（图 1），并分别对入侵物种传入、种群定殖、潜伏时滞、群落扩散和系统爆发多个环节，设计针对性的行动方案。

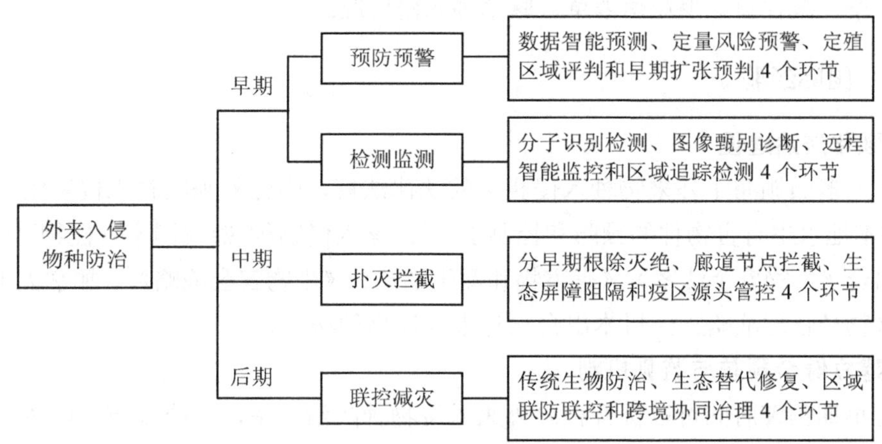

图 1　外来入侵物种防治技术体系

三、外来入侵物种管理国内国际经验

（一）国内经验

1. 加强口岸防范

沙漠蝗是全球性的农牧业害虫，具有强大的飞行能力、迅猛的繁殖速度、广泛的食性以及对高温干旱的耐受力。2020 年年初，沙漠蝗在东非等部分地区肆虐，其入侵我国的风险逐渐加大。为了筑起一道防线，农业农村部迅速行动，组建边境监测预警网络和应急防治队伍，时时追踪境外沙漠蝗的动态，准确评估风险，并灵活调整、精准布控。同时，与海关总署、国家林草局等部门形成合力，建立起联防联控的工作机制，防止沙漠蝗从口岸传入。

2. 科学长效监测

草地贪夜蛾是来自美洲的农业害虫，迁飞距离远、繁殖能力强，危害性极重。目前，针对草地贪夜蛾，四川采取“地面空中协同，生防性诱配套，应急防治补充”的策略进行防控。具体而言，先是监测——在金沙江流域和盆地东南缘筑起了两道监测防线，在其常规飞行的 900～1000 m 高空，应用高空测报灯打出光束监测虫情，在地面则利用自动虫情测报灯、性诱监测设备等开展监测，同时安排技术人员进行拉网式排查；再是防治——零星发生点防点治，大面积发生则联防联治。

3．强化科技支撑

利用无人机遥感与卫星遥感结合的方法，开展外来入侵物种监测，如我国利用遥感技术监测南方重点水域水生入侵植物情况；采用无人机智能化精准监测技术，自动识别空心莲子草、薇甘菊、少花蒺藜草、豚草等入侵情况。

（二）国际经验

1．强化法治建设

目前，多国颁布了外来物种入侵相关的法律法规，强化外来物种入侵管治，如美国出台《非本地水生有害物种的预防和控制法》《国家入侵物种法》《国家入侵物种战略》，新西兰出台《生物安全法案》《有害物和新生物法》《生物安全战略》，加拿大出台《加拿大外来物种管理战略》，日本出台《外来入侵物种法》。

2．建立健全预防与监测机制

缩短早期预警时间可以提升根除外来入侵物种防治效率，并降低防治成本。美国加利福尼亚州通过早期识别，并采取有效措施，在 6 个月内消除了太平洋藻类入侵；澳大利亚通过建立全国性监测网络，防控水生物种入侵。

3．加强综合管理和治理

外来入侵物种一旦真正入侵并扩散蔓延，治理就会变得非常困难。日本对外来物种进行分类管理，根据威胁程度将外来入侵物种进行归类，并采用相应的措施进行管控。美国国家环境保护局、陆军工程兵团和五大湖渔业委员会通过安装电网来防止亚洲鲤鱼从密西西比河流域入侵五大湖，投入特效药控制亚洲鲤鱼繁殖。澳大利亚为消除野兔的侵害，使用多种手段来遏制野兔繁殖，如传统的猎杀、布网、堵洞等手段，修建 3 条贯穿澳洲大陆的篱笆，开发具有靶向性的黏液瘤病毒，引入天敌等。

4．鼓励公众参与

监测外来物种的任务往往需投入大量的人力与物力资源，这无疑增加了工作的难度与成本。公众参与可以降低成本，也能提高防控效率。以美国加利福尼亚州为例，他们成功地建立了一个由生物学家与经过专业训练的农民、志愿者共同构成的团队，能快速发现入侵物种，缩短响应时间；欧洲则通过印发《欧洲保护区及外来入侵物种指南》，发动游客、社区居民、科学家和志愿者等社会各界力量参与外来入侵物种的管理。同时，他们还开放了一个数据上传的信息平台，为访客和志愿者提供了便捷的参与渠道。这一平台不仅实时更新入侵案例，还通过生动的案例介绍，提高了公众对生物多样性和生态系统服务的认识，进一步增强了公众的环保意识和责任感。

四、四川省外来入侵物种状况分析

（一）四川省外来入侵物种现状

四川位于中国西南地区内陆，地域广阔，地形和气候类型复杂多样，生物资源丰富，是全国外来入侵有害生物重点防控区域。据不完全统计，目前已发现的列入《重点管理外来入侵物种名录》的外来入侵有害生物有 25 种，呈现外来入侵有害生物种类多、分布范围广且部分地区危害程度深等特点。

以紫茎泽兰为例，四川省于 1978 年首次在攀枝花市发现，目前已扩散到省内 7 个市（州）49 个县，发生面积在 80 万 hm^2 以上。再如空心莲子草（俗称水花生），20 世纪 30 年代传入我国上海，目前分布在四川省 21 个市（州）海拔 2 500 m 以下的所有区、市、县，是四川省危害最严重的杂草。福寿螺，1981 年引入我国，目前分布在四川省除川西高原外的所有市（州），特别是水稻种植区域，发生面积至少在 33 万 hm^2。草地贪夜蛾，2019 年 5 月首次在西昌市发现，当年在四川省发生面积超过 7 万 hm^2，直接经济损失上亿元。这些外来入侵有害生物，不仅给农业生产带来巨大的经济损失，也严重危害生物多样性和生态系统的结构与功能。

（二）四川省外来入侵物种管理存在的问题

1. 外来入侵物种底数不清

2022 年，四川省先后启动农业外来入侵物种普查和林草湿地生态系统外来入侵物种普查等工作，但总的来说，四川省外来入侵物种普查尚处于起步阶段，入侵物种种类、数量、分布区域、危害面积、危害程度等情况不清，缺乏开展精准防控的基础数据。

2. 外来入侵物种监测预警体系不完善

四川省现有的外来入侵物种监测站点不足，监测“盲区”较多，始料未及的外来有害生物突发事件时有发生。从省内近几年发生的三裂叶豚草、假臭草、柠檬黄脉病、红火蚁等情况来看，发现外来物种入侵事件时，发生面积往往已达上千亩甚至几万亩，给封锁、扑灭带来很大困难，导致控制成本高昂，财政负担加重。同时，如水盾草、飞机草、五爪金龙，银胶菊，红脂大小蠹等重点管理外来入侵物种，已在周边省份出现，但目前四川省尚未对其开展预警监测。

3. 综合治理能力亟待提升

目前四川省专门从事外来入侵生物研究的科研人员较少，科研力量薄弱，相关科研的设施设备等缺乏，尚未形成系统研究成果。在治理过程中，采用最广泛的方式还是人工铲除，人工铲除费时、费工、费力，大面积治理缺乏快速、有效、成本合理的技术方法，应急扑灭和综合治理技术等研究处于摸索之中。

4. 公众意识不到位

公众对外来物种入侵普遍缺乏科学认识，防控意识淡薄，如马缨丹、鳄雀鳝和巴西龟等被当作观赏植物和宠物购买，福寿螺等随意乱丢乱弃，导致这些外来入侵生物的人为传播扩散。

五、四川省加强生物安全管理、防治外来物种侵害的对策建议

（一）指导思想

以习近平新时代中国特色社会主义思想为指导，按照总体国家安全观的全局部署，深入贯彻党的二十大精神，加强生物安全管理，认真落实党中央、国务院关于外来物种入侵防治工作的决策部署，进一步遏增量、清存量，强化制度建设、引种管理、监测预警、防控灭除、科技支撑、责任落实，不断健全四川省外来入侵物种管理规章制度体系，维护四川省人民群众身体健康、粮食安全、生物安全和生态安全。

（二）主要目标

到 2023 年，初步摸清四川省外来入侵物种的种类数量、分布范围、发生面积、危害程度等情况，构建外来入侵物种信息数据库，为加强生物安全管理，科学防治外来物种入侵提供基础数据支撑。

到 2025 年，外来入侵物种状况基本摸清，法规标准和政策体系基本健全，联防联控、群防群治的工作格局基本形成，重大危害入侵物种扩散趋势和入侵风险得到初步遏制。

到 2035 年，外来物种入侵防治体制机制更加健全，重大危害入侵物种扩散趋势得到有效遏制，外来物种入侵风险得到有效管控。

（三）基本原则

——坚持底线思维。从保护人民健康、保障生物安全、维护国家长治久安的总体国家安全观高度，做好外来物种入侵防治工作。加快健全四川省外来入侵物种管理规章制度体系，用严的机制、实的举措防治外来物种入侵。

——坚持源头预防。依法严格外来物种引入审批，强化引入后使用管控。提高海关口岸把关能力，筑牢外来入侵物种口岸检疫防线。加强农田、果园、渔业水域、森林、草原、湿地等区域外来入侵物种普查和监测预警，对新发生的外来物种入侵，抓早抓小，有力阻截，坚决扑杀。

——坚持综合治理。建立外来入侵物种防控厅际协调机制，实行外来入侵物种防治分级管理责任制，落实外来物种入侵治理属地责任，加强组织领导，完善政策措施，加强经费保障，落实防控要求。

——坚持全民参与。加强外来物种入侵防控科普宣传，强化相关法律法规和政策解读，普及外来物种入侵防控知识。牢固树立以人民为中心的发展思想，为了人民、依靠人民做好外来物种入侵防控工作，形成全民参与的格局。

（四）加强源头防控

加强外来物种引入管理。禁止擅自引进、释放或者丢弃外来物种，依法严格外来物种引入审批。加强外来物种引入风险评估，建立健全风险评估机制，实施外来物种分级分类管理。

做好境外入侵的口岸防范。健全风险警示与紧急处置体系，加强进出境商品、交通工具、快递、邮寄、旅游行李、跨境电商等渠道的检测监督，对截获的境外入侵生物实施严格处理。

加快推进外来入侵物种普查。按照“部门分工协作、地方分级负责、各方共同参与”的原则，四川省统一部署建立协调机制，扎实推进普查工作。整县推进外来入侵物种普查，查明外来入侵物种的种类数量、分布范围、危害程度等基础情况。以紫茎泽兰、喜旱莲子草、凤眼蓝、福寿螺、红火蚁等为重点，建立“一种一策”防治方案。划分外来入侵物种风险等级，对水盾草、飞机草、五爪金龙、银胶菊、薇甘菊等潜在外来入侵物种开展入侵风险评估。

（五）着力推进综合治理

加强农业外来入侵物种管理。做好对耕地、果园、渔业水面等重要地方外来入侵物种管理，进一步加强对四川省重要地区外来入侵物种的监控，完善阻截防治措施，切实守住粮食安全底线。强化草地贪夜蛾、红火蚁等严重危害种植业入侵物种阻截防控。因地制宜采取生物、物理、化学等方法，分类施策稳妥消除入侵物种。加强早期、局部新发入侵物种阻截灭除，加强对较强迁飞性、流行性入侵物种监测预警，对定殖的外来入侵物种，采取生物、物理、化学等方法，分类施策稳妥消除。

加强林草外来入侵物种治理。以生态修复工程项目为抓手，做好松材线虫、松疱锈病等重大林草外来入侵物种治理。以大薸、凤眼蓝、空心莲子草等危害森林草原湿地生态系统的恶性入侵杂草为重点，开展湿地入侵物种排查和综合治理。强化自然保护地、生物多样性保护优先区域等重点区域入侵物种治理外来入侵物种治理。

加强宠物、观赏植物外来入侵物种治理。加强对花鸟虫鱼市场等交易场所监督检查力度，清理规范相关的网络社区、论坛、贴吧等网络购买渠道。加强鳄雀鳝、清道夫、罗非鱼、巴西龟、大鳄龟等高危性弃养、放生宠物的治理，抓早抓小，坚决扑杀。加强本土植物在园林绿化中的应用，限制火炬树、圆叶牵牛、加拿大一枝黄花、美女樱、五色梅等观赏性外来入侵植物种植，推进城乡绿化区域外来入侵物种治理。加强与野生动物救护机构和动植物保护机构合作，探索建立弃养外来物种的集中收治、救助体系。

（六）着力提升治理能力

完善规章制度体系。在国家颁布的《中华人民共和国生物安全法》《中华人民共和国农业法》《中华人民共和国野生动物保护法》等相关法律的基础上，开展省内有害入侵物种立法补充，建立健全责任追究制度。结合四川省实际，参考国家外来物种防治相关技术标准，制定《四川省重点外来入侵物种防治名录与图鉴》，制定、修订四川省有关技术标准。推动修订完善四川省进出境动植物检疫等有关法规，加强外来物种检疫监管。制定农业、林业外来物种入侵突发事件应急预案，健全应急处置机制。制定相关弃养物种管理措施方法，降低因弃养造成的入侵生物扩散定殖。规范引进许可制度，严禁高风险入侵物种的引进。

提升监测预警能力。依托国土空间基础信息平台等构建监测预警网络，在入境口岸、粮食主产区、自然保护地等区域布置监测点位，建立农业、林业重大有害外来入侵物种监测平台。依托国家大数据智能分析预警平台，加强跨境、跨区域外来物种入侵预警。强化部门间数据共享，规范预警信息管理与发布。常态化组织开展基层人员外来物种入侵防控技术培训，提升专业能力。

实施外来入侵物种防治示范工程。在外来入侵物种普查方面，开展普查试点示范，探索建立普查工作机制，凝练有效做法，组织交流共享工作成果和经验。研究部署综合防控技术、天敌繁育基地、社会化治理等集成示范应用，探索可操作、可推广的综合治理方法，并加强应用转化。

强化科技支撑。建设口岸检疫实物库、标本库及信息库，推动基因鉴定在外来入侵物种鉴定中的运用。加强无人机遥感与卫星遥感结合的方法，监测水葫芦、加拿大一枝黄花等重点危害入侵物种分布。利用环境 DNA 监测手段，加强重点湖泊、流域外来入侵水生生物的监测。加强外来入侵物种生态替代技术研发，科学治理修复外来物种侵害。

（七）着力夯实各方责任

完善部门职责分工。各级农业农村部门牵头管理外来入侵物种防控，具体负责农田、果园、渔业水域内外来入侵物种的普查、监测与防治；各级自然资源、林草部门负责森林、草原、湿地等自然生态系统及重要自然保护地、城乡绿化带等区域内的外来入侵物种普查、监测与防治；各级住建部门负责配合做好城市公园绿地和园林绿化带外来入侵物种的普查、监测与防治；各级生态环境部门依据职责做好生物多样性保护优先区域等的普查、监测与防治；各隶属海关依据职责负责主要入境口岸区域的普查、监测与防治；其他有关部门根据各自职责做好外来入侵物种防控工作。

实行分级管理责任制。外来入侵物种防控实行分级管理责任制，各级人民政府对本辖区内外来入侵物种防控负总责。落实外来入侵物种防控属地责任制，原则上，零散分布的由属地乡（镇）政府（街办）负责组织防控；成片分布的由属地县（市、区）政府负责组织防控；跨县（市、区）成片分布的由设区市政府负责组织防控；跨设区市成片分布的由省政府负责组织防控。各级政府要强化组织领导，严格执行政策要求，落实防控要求，加强跨区域联动协作，建立联防联控协助机制。

建立责任追究制度。压实外来入侵物种的属地管理责任，建立健全责任追究制度。严惩擅自引进、释放或者丢弃外来物种行为。积极发挥公益诉讼的多元功能，监督行政机关履职。强化外来物种引入后使用和经营行为的监督管理，降低引入物种逃逸、扩散风险。采用刑事附带民事环境公益诉讼的方式，严惩故意放生、释放、丢弃外来入侵物种导致严重生态环境损害的责任人，形成一批外来入侵物种防治司法指导性案例与典型案例，规范、指导地方办案。

（八）保障措施

加强组织领导。建立四川省外来入侵物种防控厅际协调机制，由农业农村厅牵头，教育厅、科技厅、财政厅、自然资源厅、生态环境厅、住房和城乡建设厅、四川海关、林业和草原局等部门单位共同组成。农业农村厅定期组织各单位联合会商，统筹协调解决外来物种入侵防控工作。成立外来物种入侵防控专家委员会，强化防控工作智力、技术保障。

加大资金投入。采取专项资金支持、政府统筹安排的方式，强化资金保障，大力支持外来入侵物种防治技术研发和工程项目建设，大力支持重点生物入侵区域的生态修复资金保障。加强监督管理，规范经费使用，确保经费使用规范、合理、有效。

鼓励公众参与。鼓励市民积极参与。充分运用网络、移动终端、广播等各类媒体，做好外来生物侵袭防治科普传播，形成全社会共同参与的良好氛围。结合全民国家安全知识日、全球生物多样性日、世界环境日等主要国际宣教活动，加强对有关法律法规和政策解读，进一步普及境外生物入侵防治的科学知识。把外来物种入侵防治列为大、中、小学国家安全课程的重点课程，进行活动型、实战式培训，以增强广大少年儿童对外生物侵害防治能力。

关于重点生态功能区加快绿色发展助推四川省“五区共兴”的几点思考

摘　要：四川省重点生态功能区生态环境质量优异，生态本底优越，能源资源与文旅资源丰富，发展绿色经济有着得天独厚的优势，但也面临着生态系统敏感脆弱、经济发展内生动力不足、保护与发展矛盾突出等严峻形势。鉴于此，本文针对重点生态功能区全面加强生态环境保护、培育壮大特色优势产业、加强特色资源开发与利用、加快推进生态产品价值转化、完善差异化政策体系 5 个方面提出政策建议，为四川省重点生态功能区进一步加强保护优先、绿色发展，助推四川省“五区共兴”提供参考。

关键词：重点生态功能区；绿色发展；特色优势产业

一、重点生态功能区制度背景

重点生态功能区政策最早源于 2000 年国务院印发的《全国生态环境保护纲要》所提出的“建立生态功能保护区，实施保护措施，防止生态环境的破坏和生态功能的退化”。2003 年初形成划分四大主体功能区的初步构想。2006 年的“十一五”规划纲要明确提出“在天然林保护区、重要水源涵养区等限制开发区域建立重要生态功能区”。2010 年，国务院发布《全国主体功能区规划》，确定了覆盖 436 个县（市、区、旗）的 25 个国家重点生态功能区，重点生态功能区制度由此正式建立。2014 年新修订的《中华人民共和国环境保护法》提出“国家在重点生态功能区、生态环境敏感区和脆弱区等区域划定生态保护红线，实行严格保护”的要求。截至目前，全国国家重点生态功能区涉及县（市、区、旗）已增至 810 个，数量占全国县级行政区的 28.49%，面积占全国国土面积的 1/2 以上。

四川省全面落实国家主体功能区战略，坚定不移推进重点生态功能区生态环境保护和管理。2013 年 4 月，四川省人民政府印发《四川省主体功能区规划》，明确四川省重点生态功能区主要包括若尔盖草原湿地生态功能区、川滇森林及生物多样性生态功能区、秦巴生物多样性生态功能区、大小凉山水土保持及生物多样性生态功能区等，共涉及 10 个市（州）、58 个县（市、区）。其中 56 个县（市）纳入国家重点生态功能区，2 个县（区）纳入省级重点生态功能区，数量居全国第一，面积约占四川省土地面积的 65.4%（表 1）。

表 1　四川省重点生态功能区类型及分布

<table>
<tr><th>区域</th><th>市（州）</th><th>重点生态功能区涉及县域（58 个）</th><th>重点生态功能区名称及类型</th></tr>
<tr><td rowspan="4">成都平原经济区</td><td>绵阳市（2 个）</td><td>北川羌族自治县、平武县</td><td>川滇森林及生物多样性生态功能区</td></tr>
<tr><td>乐山市（4 个）</td><td>沐川县、峨边彝族自治县、马边彝族自治县、金口河区（省级）</td><td>大小凉山水土保持和生物多样性生态功能区</td></tr>
<tr><td rowspan="2">雅安市（3 个）</td><td>天全县、宝兴县</td><td>川滇森林及生物多样性生态功能区</td></tr>
<tr><td>石棉县</td><td>大小凉山水土保持和生物多样性生态功能区</td></tr>
<tr><td>川南经济区</td><td>宜宾市（1 个）</td><td>屏山县（省级）</td><td>大小凉山水土保持和生物多样性生态功能区</td></tr>
<tr><td rowspan="3">川东北经济区</td><td>达州市（1 个）</td><td>万源市</td><td>秦巴生物多样性生态功能区</td></tr>
<tr><td>巴中市（2 个）</td><td>通江县、南江县</td><td>秦巴生物多样性生态功能区</td></tr>
<tr><td>广元市（2 个）</td><td>旺苍县、青川县</td><td>秦巴生物多样性生态功能区</td></tr>
<tr><td rowspan="2">攀西经济区</td><td rowspan="2">凉山彝族自治州（12 个）</td><td>木里藏族自治县、盐源县</td><td>川滇森林及生物多样性生态功能区</td></tr>
<tr><td>宁南县、普格县、布拖县、金阳县、昭觉县、喜德县、越西县、甘洛县、美姑县、雷波县</td><td>大小凉山水土保持和生物多样性生态功能区</td></tr>
<tr><td rowspan="3">川西北生态示范区</td><td rowspan="2">阿坝藏族羌族自治州（13 个）</td><td>马尔康市、汶川县、理县、茂县、松潘县、九寨沟县、金川县、小金县、黑水县、壤塘县</td><td>川滇森林及生物多样性生态功能区</td></tr>
<tr><td>阿坝县、若尔盖县、红原县</td><td>若尔盖草原湿地生态功能区</td></tr>
<tr><td>甘孜藏族自治州（18 个）</td><td>康定市、泸定县、丹巴县、九龙县、雅江县、道孚县、炉霍县、甘孜县、新龙县、德格县、白玉县、石渠县、色达县、理塘县、巴塘县、乡城县、稻城县、得荣县</td><td>川滇森林及生物多样性生态功能区</td></tr>
</table>

2017 年与 2018 年陆续印发两批《四川省国家重点生态功能区产业准入负面清单》，实现重点生态功能区产业准入负面清单全覆盖。同时，为有效激励重点生态功能区妥善处理保护与发展的关系，确保产业准入负面清单落地实施，对重点生态功能区实行了差别化区域发展政策，明确取消了对重点生态功能区涉及县域的 GDP 考核。而后，省财政厅印发《四川省重点生态功能区转移支付办法》，进一步规范了重点生态功能区转移支付资金分配、使用和管理。

二、重点生态功能区保护优先、绿色发展的机遇与挑战

（一）基础现状

环境质量优异。58 个县域环境质量大多数位列四川省前列，生态环境状况均为“优”

与“良”。2022 年 58 个县域空气质量优良天数率平均为 99%，90%县域 $PM_{2.5}$ 年平均浓度已达到世界卫生组织标准 AQG2021 版 IT-2（25 μg/m³）要求，70%县域 $PM_{2.5}$ 年平均浓度达到 AQG2021 版 IT-3（15 μg/m³）要求，其中红原县 $PM_{2.5}$ 年平均浓度达到世界卫生组织标准准则值（5 μg/m³）要求。地表水国（省）考断面水质达标率，集中式饮用水水源地水质达标率均为 100%，形成了以Ⅱ类水为主体的水环境治理体系并不断巩固工作成果。

自然生态优越。区域内森林、草原、湿地等生态资源丰富，2020 年，58 个县域森林面积达 1 330 万 hm²，约占四川省森林总面积 68%，森林覆盖率达 41.8%，分别高于四川省、全国平均水平 1.8 个百分点和 18.8 个百分点；区域是四川省天然草原的主要分布区，天然草原分布面积占四川省天然草原面积 80%以上；拥有若尔盖、长沙贡玛、泥拉坝等 3 处国际重要湿地。生物多样性丰富，其中川西北生态示范区是世界高山带物种最丰富的地区之一，有着“珍贵生物基因宝库”之称。立足自然资源禀赋，已成功创建国家生态文明建设示范县（市、区）的 10 个，“绿水青山就是金山银山”实践创新基地 6 个，省级生态县 19 个。

能源资源丰富。川西北生态示范区 31 个县域均属国家重点生态功能区，也是四川省水能、太阳能、地热能等清洁能源资源最丰富的地区之一，水能资源理论蕴藏量超 6 900 万 kW，太阳能理论蕴藏量超 1.3 亿 kW，是国家“西电东送”的重要能源基地、全国清洁能源示范基地，并且拥有国内现有探明储量最大的伟晶岩型锂辉石矿区——甲基卡锂辉石矿区。大小凉山地区的水能、太阳能、风能等资源充足丰富，拥有白鹤滩、溪洛渡两座世界级巨型梯级水电站，同时也是中国南方地区国家级风电基地。

文旅资源丰厚。重点生态功能区是多彩的“民族走廊”，民族文化、茶马文化、摩梭文化、红色文化、生态文化相互交融。旅游资源得天独厚，不仅有着稻城亚丁、海螺沟等高原自然风光，还有着光雾山、螺髻山等崇山峻岭，拥有九寨沟、黄龙、大熊猫栖息地等 3 处世界自然遗产，以及两大国家公园、7 个 5A 级旅游景区、10 个国家级地质公园、9 个国家级湿地公园和 20 多个国家级自然保护区，是四川省文化强省、旅游强省建设的重要组成部分。

（二）问题与挑战

自然生态系统敏感脆弱。重点生态功能区大部分区域属地质灾害易发多发区、位于地质断裂带，生态极其脆弱，地震、滑坡、泥石流、洪涝、干旱等自然灾害频发，各类生态环境风险叠加交织，导致地区生态系统水土流失、荒漠化、石漠化严重，生态保护与修复任务尤为繁重。

经济发展内生动力不足。重点生态功能区多远离中心城市，受区位条件、地理位置、交通等因素影响，多以传统产业为主，对资源依赖程度过高，粗放型发展方式仍未实现根本转变，整体呈现出“一产不优、二产不强、三产不活”的产业结构状况，加之市场竞争力和创新意识较弱，对外开放程度不高，进而导致经济社会发展内生动力严重不足。

保护与发展矛盾突出。重点生态功能区承担着水源涵养、水土保持、防风固沙和生物多样性维护等重要生态功能，肩负着维护生态安全的重要使命，受其主体功能定位要求，区域内限制大规模、高强度的工业化城镇化开发，导致地区发展滞后且缓慢，生态资源“变现”能力不足，生态产品价值实现路径仍需不断探索。

（三）面临机遇

一是贯彻落实省委“四化同步、城乡融合、五区共兴”战略部署的必然选择。省委十二届二次全会指出，要更加注重革命老区、脱贫地区、民族地区、盆周山区高质量发展，注重未纳入成渝地区双城经济圈规划范围的区域发展，要聚焦基础设施建设、优势产业培育、特色资源开发、公共服务保障、生态价值转化等领域，研究制定差别化支持政策，增强欠发达地区“造血”功能和内生动力。四川省重点生态功能区所涉县域均属于“四区”，且仅有 6 个县（区）被纳入成渝“圈内”，是四川实现全域协调发展的短板地区。精准识别 58 个县域在基础设施建设、优势产业培育、特色资源开发、生态价值转化等方面的特色与重点难点，以发展绿色经济助推经济社会高质量发展，对于深入贯彻落实省委“四化同步、城乡融合、五区共兴”战略部署、持续缩小城乡区域发展差距、实现省内先发地区同欠发达地区协同共兴具有重要意义。

二是贯彻落实特殊类型地区振兴发展的重要体现。《“十四五”特殊类型地区振兴发展规划》中提出特殊类型地区振兴发展应坚持生态优先促进绿色发展。四川省重点生态功能区大多属欠发达地区、革命老区、生态退化地区、资源型地区等特殊类型地区，同时也是长江黄河上游生态屏障重要组成区、生态文明建设中的脆弱地区，加强生态文明建设，壮大特色生态产业，推进绿色发展，对于保障国家生态安全、巩固拓展脱贫攻坚成果、促进特殊类型地区振兴发展具有重要的战略意义。

三是实现重点生态功能区高质量发展和高水平保护的现实路径。《全国主体功能区规划》提出重点生态功能区“要以保护和修复生态环境、提供生态产品为首要任务，因地制宜地发展不影响主体功能定位的适宜产业”。重点生态功能区生态保护与经济发展矛盾尤为突出，要想在现代化进程中不掉队，必须牢固树立“绿水青山就是金山银山”理念，持续加大生态环境保护力度，切实做好绿色生态“加法”和环境污染“减法”，因地制宜发展绿色经济，使“绿水青山”产生巨大的生态效益、经济效益、社会效益，从而实现生态环境高水平保护和经济社会高质量发展协同共进。

三、关于加强重点生态功能区保护优先、绿色发展的建议

（一）全面加强生态环境保护

深入打好污染防治攻坚战。加快补齐环境基础设施建设和运维短板，加强城乡污水

处理设施及雨污管网配套建设与提升，探索适合高寒高海拔地区污水处理设施和管网的设计与建设，重点推进三州建制镇生活污水收集处理设施全覆盖；积极探索实施小型生活垃圾焚烧处理设施建设试点，加快建设石棉县国家大宗固体废物综合利用基地、宝兴县全国农村生活垃圾分类和资源化利用示范县，推进石渠、德格、九龙等偏远县医疗废物集中处置设施建设。更加突出精准治污、科学治污、依法治污，深入打好蓝天、碧水、净土保卫战，持续提升生态环境质量，巩固提高以Ⅱ类水为主体的水环境治理体系和治理能力，强化农牧业面源污染综合治理，推进汶川、茂县等县农业面源污染综合治理试点；强化重点生态功能区县域生态环境质量与生态系统保护成效监测、评估与考核，按季度调度县域考核指标及工作推进情况；夯实环境应急基础能力，建立健全环境污染联防联控长效工作机制，开展跨区域联合执法检查。

全面加强生态保护修复。践行“山水林田湖草沙冰生命共同体”理念，以“因地制宜、标本兼治、分类施策”为核心，科学制定重点生态功能区生态保护修复方案与措施。加强长江廊道、黄河上游水源涵养区、秦巴山区、乌蒙山区等重点区域生态保护与修复，科学推进荒漠化、石漠化、水土流失综合治理。严格执行全生命周期管理模式，加快构建黄河、雅砻江高寒草原沼泽生态保护管理体系。探索基于自然解决方案的生态保护和修复模式，提高区域生态韧性，提升生态系统应对气候变化、抵御自然灾害等抗干扰能力。加强矿山生态修复，以大小凉山、大巴山南麓等区域为重点，积极推进历史遗留矿山生态环境综合治理与修复，探索实施“生态修复+矿山土地综合修复利用+废弃资源利用+产业融合”的历史遗留矿山生态修复新模式。

建立多层次生物多样性保护空间体系。完善自然保护地监管制度，推进自然保护地整合优化，着力解决自然景观破碎化、保护区域孤岛化、生态连通性降低等突出问题。完善国家公园管理体制和运营机制，高质量建设大熊猫国家公园、若尔盖国家公园，推动石渠长沙贡码、理塘海子山创建国家公园前期工作。实施生物多样性保护重大工程，构建生态廊道和生物多样性保护网络，推进“五县两山一线”（黄河流域 5 个县，青藏高原贡嘎山、海子山，川藏铁路沿线）生态敏感地区生物多样性调查，开展极小种群野生植物拯救保护、特有珍稀物种种群及栖息地保护，加快设立五小叶槭等极小物种保护小区。

（二）培育壮大特色优势产业

明晰特色经济发展方向。立足既有基础，调配各类资源要素禀赋，因地制宜培育发展壮大地区特色产业，形成具有独特竞争力的优势产业。川西北地区聚焦优势畜牧业、中藏药材、食用菌、特色经果等，大力发展绿色有机农牧产品；利用特有的雪山冰川、原始森林、高山草甸、海子等高原风光，结合藏羌等少数民族文化，加大力度开发文化旅游资源，发展生态旅游、民族文化风情旅游；依托丰富的水能、锂资源，发展水电、新能源等产业。大小凉山地区依托优质蔬果、烟叶、特色经济林及林下经济等，发展特色生态农林业；利用高山河谷、阳光充沛的地理环境优势，开发太阳能、风能、水能等清洁能源产业，发展阳光生态经济；盆周山区主要依托茶叶、冷水渔业、竹林等，做强特色农产品精深加工业，加快构建完整完备的农业全产业链。

以农业为牵引推进三产融合。持续改善农业生产条件，贯彻落实《四川省高标准农田建设规划（2021—2030年）》建设分区和建设任务要求，北川县、平武县、沐川县等成都平原经济区县域应加强农田排涝能力，提高农业灌溉用水效率，优化高标准农田空间布局；通江县、万源市、旺苍县等川东北经济区县域应重点改良土壤、提高梯田化率和道路通达率、加强坡面水系；盐源县等攀西经济区县域应重点配套小型水源工程，大力发展节水灌溉；汶川县、阿坝县、康定市等川西北生态示范区县域应重点完善农田基础设施、培肥地力、加强农田防护，提高农业综合生产能力。推进传统农业向规模化、产业化、现代化发展，提升农业产业化水平，构建现代农业产业体系，以现代农业园区建设为重点，梯次培育“县（市、区）、市（州）、省和国家”四级现代农业园区。发挥盐源苹果、通江银耳、万源硒茶等特色农产品优势产区的带动作用，延长农业产业链条，集聚发展第二、三产业，做优做强食品制造、木材加工、烟草加工、酿酒加工等农产品精深加工业，以及农业观光、文旅康养、科普教育、文化传承等农业生产性服务业。

推动经济开放式协同发展。广元、巴中、阿坝、凉山、甘孜等成渝“圈外”的重点生态功能区，要积极融入和服务成渝地区双城经济圈建设，扩大特色农产品输出规模，建设成渝地区“菜篮子”“果盘子”“米袋子”“能源库”，打造成渝地区优质生态产品供应基地与能源供应基地；川西北生态示范区产业应加快融入成渝地区产业链，推动飞地园区成为融入双循环的主阵地，以“飞地经济”实现地区间的合作共建、资源共享、互利共赢。全面加强长江流域、黄河流域沿线地区文化旅游、特色农业和清洁能源开发等产业合作，共同打造流域精品旅游环线与特色经济带。持续做好对口支援和东西部协作及省内对口帮扶，加强完善产业规划、优化产业结构、发展特色产业、培育市场主体等领域的受援对接。

（三）加强特色资源开发与利用

有序推进清洁能源开发利用。有序开发水电资源，加快雅砻江、金沙江、大渡河“三江”水电基地建设，优化水电结构，优先建设季以上调节能力水库电站。加快发展风电和太阳能发电，推进建设凉山彝族自治州风能发电基地、“三州一市”光伏发电基地，打造金沙江上游、金沙江下游、雅砻江、大渡河中上游等水、风、光一体化可再生能源综合开发基地。因地制宜发展就近消纳的分布式光伏、分散式风电，合理开发利用德格—巴塘—乡城地热带、甘孜—理塘地热带和炉霍—康定地热带丰富的中高温地热资源，建设地热能利用示范项目。

科学推进矿产资源节约与高效利用。合理开发利用和保护矿产资源，科学划定与布局矿产资源重点勘查开采区，加快制定“一矿一策”绿色矿山创建方案。进一步提升矿产资源对经济社会高质量发展的保障能力，提高能源矿产、金属矿产及非金属矿产的供应能力和开采管理，加强九龙县里伍铜矿、白玉县呷村银多金属矿、康定市甲基卡—雅江德扯弄巴锂铍钽矿、马尔康市可尔因—金川李家沟锂铍矿、马边县六股水—老河坝磷矿等国家级能源资源基地建设，推进木里县梭罗沟金矿、南江县尖山—旺苍大河坝石墨矿等国家规划矿区建设，加快建设川西北有色稀有贵金属矿产资源绿色发展示范区。有效盘活矿山存量资源，探索打造“矿地+农业”“矿地+平台”“矿地+旅游”等多元化使用场景。

推动文旅资源深度融合。坚持以文塑旅、以旅彰文，充分开发利用好区域内丰富的文旅资源。依托四川“长征丰碑”“伟人故里”等五大红色旅游品牌，加强达维会师、彝海结盟、两河口会议、强渡大渡河等重大事件历史遗存展览展示，重点推进飞夺泸定桥、红军过雪山草地等长征革命历史步道示范段，以及阿坝藏族羌族自治州红军长征遗址等长征文化线路展示利用示范段建设，提升长征文化公园四川段建设历史韵味。充分发掘长江流域丰富的藏族文化、彝族文化、游牧文化、高原文化、茶马文化、摩梭文化、三线建设文化、移民文化、皮洛遗址等历史文化内涵，塑造新的生态旅游景观，加快推动长江国家文化公园建设。深入挖掘四川黄河文化的时代价值，保护传承四川黄河河源文化，建设“黄河天路”国家旅游风景道和黄河大草原文化旅游区、大唐松州文化旅游区、石渠唐蕃古道石刻文化旅游区，构建“一廊三区”空间格局，大力弘扬四川黄河文化。依托区域内的水电开发、水风光多能互补重大项目，打造全国水电旅游开发及新能源产业生态旅游线路。深入挖掘川西、秦巴山区冰雪资源，依托当地自然、民俗和人文资源，发展形式多样、富有地域特色的冰雪健身项目，建设一批集滑雪、戏雪、避暑、休闲、度假养生于一体的四季旅游休闲运动场所。

（四）加快推进生态产品价值转化

创新生态产品价值实现机制。加快开展重点生态功能区生态产品基础信息普查和动态监测，形成生态产品目录清单。推进生态文明示范创建、“绿水青山就是金山银山”实践创新基地建设与生态产品价值实现机制的有机融合。继续深入开展生态产品价值实现机制试点示范，加快宝兴县、色达县等已纳入省级生态产品价值实现机制试点建设，打造一批重点生态功能区生态产品价值实现机制试验基地及样板。加速推进生态产品市场化机制，完善环境资源权益交易体系，持续推进碳排放权、排污权、用能权、用水权交易制度建设，探索可再生能源强制配额和绿证交易制度。

探索构建生态产品价值核算体系。借鉴国内外先进地区生态产品总值（GEP）综合利用经验，加快制定生态产品价值核算规范，构建生态产品价值核算体系，科学核算生态产品的生态效益与经济效益。支持重点生态功能区探索推行 GEP 与 GDP 双核算、双运行、双提升的“双轨”机制。积极推动核算结果在生态文明建设目标评价考核、生态保护补偿、生态环境损害赔偿、政府决策等方面的应用，在九寨沟县、稻城县、泸定县、沐川县、汶川县等“绿水青山就是金山银山”实践创新基地，探索开展基于GEP核算的“绿水青山就是金山银山”成效评估。

拓宽生态产品价值实现路径。梳理分析四川省重点生态功能区主要特征以及生态产品价值实现成功案例，总结出主要有以下四类实现模式。依托“山歌水经”，因地制宜、因势利导发展高原特色农牧业、绿色低碳产业、清洁能源产业、生态旅游等特色产业，推动生态优势转化为经济发展优势。以“品牌塑造”为核心，充分利用“圣洁甘孜”“净土阿坝”“大凉山”“水润天全·中国川鱼”“羌食荟”“峨岭云边”“屏山炒青”“真硒万源”“青川山珍”等区域公共品牌，发展绿色食品、有机农产品和地理标志农产品，提高产品附加值，实现生态与发展协同互促。以“文化铸魂”为关键，深挖藏羌彝民族文化、红色文化、三国文化、巴人文化、茶马文化、丝绸文化、农耕文化等文化资源，让绿水青山焕发人文的生命力与活力，创造出人在精神享受、知识获取、休闲娱乐和美学体验等方面的综合惠益。以“制度创新”为保障，革新思想观念，创新应用林业碳汇、国家公园园地共建、生态环境导向的开发模式（EOD）等多元化管理方式，实现生态效益、经济效益和社会效益复合提升。

（五）完善差异化政策体系

一是健全完善重点生态功能区财政转移支付制度。加快完善重点生态功能区转移支付办法，规范资金分配，确保各项补助资金落实到位，继续加大重点生态功能区转移支付力度。加强转移支付资金监管，设立资金使用明细台账，明确转移支付仅用于保护生态环境和改善民生，不得用于形象工程建设和竞争性领域。加强转移支付资金项目安排及完成情况考核评估，加快建立省对下转移支付资金奖惩调节机制，结合中央对地方重点生态功能区转移支付，对相关县域进行转移支付资金的增减。

二是健全生态保护补偿机制。加大对重点生态功能区生态补偿力度，积极推进森林、草原、湿地等重要生态系统生态保护补偿全覆盖。深化公益林生态保护补偿机制，研究建立森林管护费稳步增长机制，探索收储、置换、改造提升、租赁和入股等多种形式的赎买资金筹集机制。探索跨界生态补偿，建立与下游地区的沟通磋商机制，根据交界断面水质达标和改善情况、生态保护收益情况，推动资金补偿、产业转移、共建园区等方式进行横向生态保护补偿。积极推进汶川县、若尔盖县、红原县、白玉县、色达县生态综合补偿试点工作。完善生态补偿利益再分配制度与社会共享机制，实现生态环境保护的共建、共治、共享。

三是建立政策协同机制。综合考虑重点生态功能区主体功能定位、发展方向及管制原则，推进重点生态功能区相关政策制定与易地扶贫搬迁后续扶持、巩固拓展脱贫攻坚成果有效衔接，同时注重与乡村振兴、农业农村现代化、城乡融合发展、新型城镇化等城乡发展宏观调控政策协同并进。加强区域政策与财政、货币、投资等政策的协调配合，优化政策工具组合，推动各项政策精准落地。

站在人与自然和谐共生的高度谋划推进美丽四川建设

摘　要：本文梳理分析了人与自然和谐共生和美丽中国建设的关系，即追求人与自然和谐共生是建设美丽中国应遵循的重要原则，要调整心态尊重自然、提高认识顺应自然、转变行为保护自然，其中尊重自然是美丽中国建设的意识前提，顺应自然是美丽中国建设的认知遵循，保护自然是美丽中国建设的实践要求。从实现中国式现代化的角度剖析了站在人与自然和谐共生的高度谋划推进美丽中国建设，能够有效应对我国人口规模巨大的挑战，助力实现全体人民共同富裕，促进物质文明和精神文明协调发展，推动构建人类命运共同体，从而持续推动中国式现代化实现。提出了如何站在人与自然和谐共生的高度谋划推进美丽四川建设，即营造美好家园，建设共同富裕的幸福四川；保护和谐生态，建设环境宜人的秀丽四川；赋能高效治理，建设以文化人的魅力四川。

关键词：人与自然和谐共生；中国式现代化；美丽四川建设

习近平总书记在党的二十大报告中指出："大自然是人类赖以生存发展的基本条件。尊重自然、顺应自然、保护自然，是全面建设社会主义现代化国家的内在要求。必须牢固树立和践行绿水青山就是金山银山的理念，站在人与自然和谐共生的高度谋划发展。"这一重要论述，为在新时代新征程上推进美丽中国建设提供了根本遵循。

一、人与自然和谐共生与美丽中国建设的关系

坚持人与自然和谐共生是美丽中国建设应遵循的重要原则，要调整心态尊重自然、提高认识顺应自然、转变行为保护自然。

（一）尊重自然是美丽中国建设的意识前提

环境伦理学的重要奠基人利奥波德（Aldo Leopold）曾提出"大地伦理"的思想，认为我们"要把人类在共同体中以征服者的面目出现的角色，变成这个共同体中平等的一员和公民。它暗含着对每个成员的尊敬，也包括对这个共同体本身的尊敬"。马克思、恩格斯认为，"人靠自然界生活"，人类在同自然的互动中生产、生活、发展，人类善待自然，自然也会馈赠人类，但"如果说人靠科学和创造性天才征服了自然力，那么自

然力也对人进行报复”。人类来源于自然，与自然的命运是天然地连在一起的。正如恩格斯在《反杜林论》中所指出的：“人本身是自然界的产物，是在自己所处的环境中并且和这个环境一起发展起来的。敬畏自然，保护环境，从某种程度上来说，既是保护自然，让自然万物得以充分地、自由地生长；也是保护我们人类自己，保证人类整体的生命延续。”

在新时代新征程美丽中国建设中，我们需要转变资本主义工业化视角下对自然的征服心理，心怀敬畏，从意识上重新审视人类发展与自然生态的关系，寻找同生共荣之路。

（二）顺应自然是美丽中国建设的认知遵循

《易经》中说：“观乎天文，以察时变；观乎人文，以化成天下”“财成天地之道，辅相天地之宜”。《老子》中说：“人法地，地法天，天法道，道法自然。”《孟子》中说：“不违农时，谷不可胜食也；数罟不入洿池，鱼鳖不可胜食也；斧斤以时入山林，材木不可胜用也。”《荀子》中说：“草木荣华滋硕之时，则斧斤不入山林，不夭其生，不绝其长也。”《齐民要术》中有“顺天时，量地利，则用力少而成功多”的记述。这些观念都强调要把天地人统一起来、把自然生态同人类文明联系起来，按照大自然规律活动，取之有时，用之有度。

在新时代新征程美丽中国建设中，我们要自觉地顺应自然，认知遵循普遍联系、循环转化、系统和谐等自然法则，在工业文明和信息革命的更高起点上重建人与自然和谐相处的关系，为人民群众提供良好的生态环境。

（三）保护自然是美丽中国建设的实践要求

生态环境没有替代品，用之不觉，失之难存。“天地与我并生，而万物与我为一”。“天不言而四时行，地不语而百物生”。当人类合理利用、友好保护自然时，自然的回报常常是慷慨的；当人类无序开发、粗暴掠夺自然时，自然的惩罚必然是无情的。人类对大自然的伤害最终会伤及人类自身，这是无法抗拒的规律。“万物各得其和以生，各得其养以成”。但保护自然绝不是弃发展于不顾，习近平总书记明确指出，“经济发展不应是对资源和生态环境的竭泽而渔，生态环境保护也不应是舍弃经济发展的缘木求鱼”，既要实现高水平保护，也要实现高质量发展。

在新时代新征程美丽中国建设中，我们要遵循实践要求，把良好的生态环境作为重要的生产要素，探索以生态优先、绿色发展为导向的高质量发展路径，建设富强、民主、文明、和谐、美丽的社会主义现代化强国。

二、为什么要站在人与自然和谐共生的高度谋划推进美丽中国建设

站在人与自然和谐共生的高度谋划推进美丽中国建设，能够有效应对我国人口规模

巨大的挑战，助力实现全体人民共同富裕，促进物质文明和精神文明协调发展，推动构建人类命运共同体，从而持续推动中国式现代化实现。

（一）有助于应对人口规模巨大的挑战

习近平总书记强调，“我国14亿人口要整体迈入现代化社会，其规模超过现有发达国家的总和，将彻底改写现代化的世界版图，在人类历史上是一件有深远影响的大事”。

人口规模巨大是美丽中国建设的现实基础，这给实现人与自然和谐共生的现代化带来了巨大的挑战。站在人与自然和谐共生的高度来看，在人口规模巨大的现实基础上实现现代化的艰巨性和复杂性前所未有，人均资源拥有相对匮乏，资源能源消耗总量加速，大量生态空间被挤占，对自然资源的索取和对环境的影响越大，最后造成的结果是环境风险隐患凸显，资源和环境所承受的压力越大，生态环境系统的自我恢复能力逐步被削弱。

坚持人与自然和谐共生是实现人口规模巨大的现代化的必经之路。在现代化的进程中，遵循生态优先、绿色发展的总体要求，推进生产生活方式全面绿色转型，合理配置资源能源，加强生态保护与污染防治，进一步纾解资源环境压力，有效应对在推进美丽中国建设中人口规模巨大带来的压力和挑战。

（二）有助于实现全体人民共同富裕

习近平总书记指出，“中国式现代化是全体人民共同富裕的现代化，不能只是少数人富裕，而是要全体人民共同富裕” “共同富裕是中国特色社会主义的根本原则，所以必须使发展成果更多更公平惠及全体人民，朝着共同富裕方向稳步前进”。

全体人民共同富裕是美丽中国建设的本质要求，是建设人与自然和谐共生的现代化的目标指向。站在人与自然和谐共生的高度来看，必须充分认识生态产品价值转换蕴含的巨大经济价值，把生态产品价值实现机制作为缩小地区差距、城乡差距的重要抓手，推动良好生态成为高质量发展的增长点和高品质生活的支撑点，重点推动相对落后区域在新发展格局中提高发展质量，创造和积累财富，奠定共同富裕的物质基础。

坚持人与自然和谐共生是实现全体人民共同富裕的现代化的重要抓手。要牢固树立和践行绿水青山就是金山银山理念，以生态产品价值实现为切入点，积极探索“绿水青山”向“金山银山”转化通道的现实路径，为人民群众提供更加美好更加充分更加多样的生态环境产品，着力推进美丽中国建设和促进全体人民共同富裕。

（三）有助于推动物质文明和精神文明协调发展

习近平总书记指出，“实现中国梦，是物质文明和精神文明均衡发展、相互促进的结果”“要推动物质文明和精神文明协调发展，不断提升人民文明素养和社会文明程度”。

物质文明和精神文明相协调是美丽中国建设的必然要求，是推动人与自然和谐共生的现代化的内生动力。站在人与自然和谐共生的高度来看，物质文明和精神文明相协调就是要求让人民在优美自然生态环境中享受丰富的物质财富和精神财富。具体来看，一方面是在前述的共同富裕基础上提供了优美的生态环境和优质的生态产品、解决了人民群众关心的突出环境问题；另一方面则体现在人与自然和谐共生蕴含的生态智慧是精神文明的内涵之一，在推进人与自然和谐共生的现代化过程中应强调人人都是美丽中国的保护者与建设者，以此来引导人民群众认识生态规律，自觉践行绿色消费行为，不断提升人民的绿色生态素养。

坚持人与自然和谐共生是物质文明和精神文明相协调的现代化的实践要求。要坚持尊重自然、顺应自然、保护自然，加强生态文明宣传教育，持续改善生态环境，不断增强人民群众的获得感、幸福感和安全感，为美丽中国建设奠定丰富并且坚实的物质基础和精神基础。

（四）有助于构建人类命运共同体

习近平总书记指出，“中华民族历来秉持‘亲仁善邻’的理念。作为负责任大国，中国坚守和平、发展、公平、正义、民主、自由的全人类共同价值，坚持共商共建共享的全球治理观，坚定不移走和平发展、开放发展、合作发展、共同发展道路”。

走和平发展道路是美丽中国建设的重要保障，是推动人与自然和谐共生的现代化的外部支撑。走和平发展道路的重要内涵之一就是“坚持绿色低碳，推动建设一个清洁美丽的世界”。中国始终倡导并坚持环境友好，提出了“2030年前实现碳达峰、2060年前实现碳中和”的宣言，努力推动达成兼具雄心和务实平衡的“2020年后全球生物多样性框架”，为保护好人类赖以生存的地球家园树立了大国典范。走和平发展道路的现代化厚植绿色底色，呼吁全球秉持生态文明理念，为建设人与自然和谐共生的美丽地球提供了强大动力，为推动人类可持续发展贡献了中国智慧、中国方案、中国力量。

坚持人与自然和谐共生与走和平发展道路的现代化相互促进。要树立“人与自然是生命共同体”意识，遵循可持续发展理念，推动形成人与自然和谐共生新格局，以共建地球生命共同体的认识持续推进美丽中国建设，构建经济社会与生态环境协同共进的地球家园。

三、如何站在人与自然和谐共生的高度谋划推进美丽四川建设

中国式现代化是人与自然和谐共生的现代化，促进人与自然和谐共生是中国式现代化的本质要求。站在人与自然和谐共生的高度推进美丽四川建设，要以持续优化国土空间布局为统领，保障生产生活，保护生态环境，宣扬生态文化。

（一）营造美好家园，建设共同富裕的幸福四川

着力建设城乡宜居环境。科学制定城市规划，有序开展城市更新，分类探索建设美丽城市路径，提升城市功能，注重细节提升。注重城镇科学规划，分类推进美丽城镇建设，加强县域中心镇环境综合整治，保护修复具有民族特色、文化内涵的建构筑物。实施农村人居环境整治提升行动，系统保护历史文化名村、传统村落、田园景观和历史文化资源等，建设各具特色的美丽乡村，打造各具特色的农业全产业链，丰富农村文化生活。支持多渠道灵活就业，推进公共教育优质均衡发展，加快便民服务设施数字化改造提升，优化城旅一体的空间结构、活力休闲生活的感知体验、主客共享的旅游休闲服务，营造绿色低碳的生活氛围。

推动发展低碳循环经济。全力推进碳达峰行动，加快调整产业结构、能源结构、交通运输结构和用地结构。加强近零碳排放园区试点示范建设，建设世界级优质清洁能源基地，构建多能并举、协同发力的新能源体系。加快构建“一横五纵多线”航道网，创新绿色低碳、集约高效的配送模式，推广新能源、清洁能源在交通运输领域的应用，加快推进交通基础设施建设，提升铁路系统电气化水平。加快制造业数字赋能，提升资源要素配置效率，推动生产过程清洁化。深入推进资源能源节约利用，全面开展传统产业绿色低碳化改造。因地制宜发展绿色农业模式，培育生态特色农产品，适度发展环境敏感型产业，发展全域生态旅游。探索建立自然资源资产与生态保护修复产品的交易渠道，促进生态产品价值实现。

（二）保护和谐生态，建设环境宜人的秀丽四川

统筹推进生态系统保护。筑牢“四区八带多点”生态安全格局，加强两大生态走廊生物多样性保护，加强四大重点生态功能区建设，加强长江—金沙江、黄河等重要江河生态带系统保护和综合治理。推进以国家公园为主体的自然保护地体系建设，加强生态保护红线管控。提升森林生态系统功能，开展草原生态保护建设，实施湿地保护与恢复工程，统筹实施国土空间生态修复。持续开展珍稀濒危物种保护，开展生态系统、重点生物物种及重要生物遗传资源调查等生物多样性本底调查，完善生物多样性观测监测预警体系，加强外来入侵物种防控。加强国际（地区）合作，宣传推广山水林田湖草沙冰一体化生态保护与修复、大熊猫国家公园建设等生物多样性保护经验和成果，提供全球多边生态环境治理四川案例。

持续改善环境质量。构建“源头严防、过程严管、末端严治”的大气污染闭环治理体系，加强细颗粒物和臭氧协同控制，强化大气污染协同治理，持续强化机动车污染防治。开展重点河湖内源污染治理和生态修复，严格落实河湖岸线管控和入河污染物总量控制要求，持续提升黄河上游水源涵养功能，推进水系连通和水美乡村建设，加快形成美丽河湖新格局，建设层次分明、错落有致的沿江、环湖风光带。实施土壤污染家底“精

准掌控”行动、农用地重金属污染源头“集中防治”行动、企业土壤污染联防联控行动，开展长江黄河上游土壤风险管控区建设，严格建设用地土壤污染风险管控和修复名录地块准入管理，深入推进农业面源污染防治，开展“无废城市”建设，提升城市声环境质量，实施噪声污染防治行动，加强核与辐射安全监管，加强环境风险防范与化解。

（三）赋能高效治理，建设以文化人的魅力四川

创新完善现代治理体系。健全领导责任体系，落实全社会的主体责任，引导公众参与美丽四川建设。完善美丽四川建设法规标准，研究建立美丽市县、美丽乡镇建设标准体系，鼓励开展各类涉及生态保护、环境治理的绿色认证。完善生态保护补偿机制，创新生态产品价值实现机制，打造一批生态产品价值实现机制示范基地。提升监测监管和执法能力，统一规划建设生态环境要素感知系统，逐步建立生态环境网格化监管体系，健全执法信息化管理体系。提升风险管控能力，加强生态环境风险防控常态化管理，加强环境安全隐患排查和整治。深化产学研协作，围绕长江经济带、黄河流域、成渝地区双城经济圈等重要区域，开展环境经济政策、减污降碳协同增效、环境污染防治、生态保护修复、农业农村生态环境保护等领域研究，提高智慧环境管理及治理技术水平。

繁荣丰富巴蜀文化。提高出土文物和遗址保护能力，强化非物质文化遗产传承保护，推进红色文化创作发展，加强民族文化保护，促进生态文化与巴蜀文化融合。促进文化遗产活化利用，加强黄河流域、巴蜀文化和旅游走廊非物质文化遗产保护，振兴传统节日，开展民俗活动。提升建筑雕塑魅力，选取特色鲜明的地方启动雕塑雕刻建设。创作文学艺术精品，鼓励创作反映巴蜀文化和精神特质的书画、工艺美术、现当代艺术作品，推动传统舞蹈、民族舞蹈、民俗文化等创新发展，创作一批精品话剧，展现巴蜀儿女的勤劳智慧和精神风貌。加大剧场、美术馆、电影院等艺术场地建设力度，完善跨区域文化艺术交流合作机制，加快构建跨区域文化大市场，开展国际交流推广，完善国际文化合作机制，积极参与国家重大文化交流活动，策划组织交流展演。

推进生态环境基础设施建设，提升生态环境治理能力

摘　要：为进一步推进四川省生态环境基础设施建设，全面提升生态环境治理能力现代化，助力经济社会高质量发展，本文分析了四川省生态环境基础设施建设现状及存在的问题和不足，提出城乡污水收集处理、一般固体废物利用处置、危险废物利用处置等 7 个方面的政策建议，为加快美丽四川建设提供政策支撑。

关键词：生态环境；基础设施；治理能力

推进生态环境基础设施建设，不仅能为生态环境高水平保护提供坚实支撑，盘活存量环境资源，为发展提供更多环境容量，助力经济社会高质量发展，还将有力拉动投资、扩大需求、促进经济增长。未来 5 年，四川省将通过推进生态环境基础设施建设，加快补齐重点地区、重点领域短板弱项，优化基础设施空间布局，保障生态环境领域基础设施的有效供给，全面提升污染治理能力，增强生态环境监管效能，为全面提升生态环境治理能力现代化水平夯实物质保障和硬件基础。

一、生态环境基础设施建设现状

（一）大力提升污水处理能力

城镇污水处理能力不断提高，截至 2021 年年底，城市（县城）生活污水处理能力达到 1 028 万 t/d、污水处理率达到 96.2%，建制镇生活污水处理能力 162 万 t/d、污水处理率达 52.7%，累计建成城市（县城）生活污水处理厂 274 座、建制镇生活污水处理设施 1 794 个，建成排水管网 6.1 万余 km，城市污水集中收集率达到 50.4%。2020 年年底，《四川省岷江、沱江流域水污染物排放标准》适用范围内 333 个污水处理设施完成提标改造任务（总规模 676 万 t/d）。工业污染治理不断深化，134 个省级及以上开发区建成污水集中处理设施。农村生活污水治理不断强化，四川省 63.6%的行政村生活污水得到治理，农村卫生厕所普及率达 87%。

（二）扎实推进固体废物处置能力建设

生活垃圾治理水平不断提升，深入实施生活垃圾分类，开展有害垃圾分类投放试点，截至 2021 年年底，累计建成城市生活垃圾无害化处理厂（场）150 座（其中焚烧发电厂 43 座）、处理能力 5.98 万 t/d（其中焚烧发电处理能力 4.48 万 t/d），城市、县城生活垃圾无害化处理率分别达到 100%、99.8%，厨余垃圾处理能力达到 5 431 t/d。农村生活垃圾收运处置体系覆盖四川省 96%的行政村，四川省农村生活垃圾分类及资源化利用示范县达到 9 个。危险废物集中处置能力逐步提升，截至 2021 年年底，危险废物利用处置能力达到 375.8 万 t/a，医疗废物集中处置能力达到 13.2 万 t/a，四川省危险废物利用处置率达到 90%以上，四川省重点县（市、区）废铅蓄电池集中收集网络基本实现全覆盖。

（三）持续推进能源结构优化调整

加快建设清洁能源示范省和国家天然气（页岩气）千亿立方米产能基地，乌东德、白鹤滩等重大水电工程建成发电，清洁能源装机和发电量占比分别达 86.6%、94.2%，水电总装机 8 947 万 kW，装机容量和年发电量均稳居全国第 1 位；国家天然气（页岩气）千亿立方米级产能基地建设成效初显，2021 年，规模以上企业天然气产量达到 522.2 亿 m^3，占全国总量的 25.2%、居全国第 1 位。推动实施电能替代、清洁能源替代工程，煤炭消费稳步压减，2021 年，煤品燃料消费占能源消费总量的 25.9%，一次电力及其他能源消费量占 40.4%，其中非化石能源占能源消费比重达到 39.5%，比重超过全国平均水平 20 个百分点，基本形成以清洁能源为主体的能源消费结构。

（四）不断完善监测监控体系建设

环境监测机构体制改革初步完成，明确调整市、县两级生态环境监测机构管理体制，出台配套文件。环境监测网络更加完善，按照“一网两体系”架构，2021 年四川省共建成生态环境监测点位 2.8 万余个，比 2015 年增加了 30%，其中环境质量监测点位近 2.5 万个，生态质量监测点位 100 余个，污染源监测点位 3 000 余个，实现四川省基本覆盖，要素基本完整。环境监测能力水平大度提升，2021 年，四川省共有生态环境监测管理与技术机构 163 个，监测用房面积达到 34.2 万 m^2，其中实验室面积 23.6 万 m^2，监测人员约 4 600 人；另有各行业及社会监测机构约 300 家。夯实四川省环境监测信息化基础支撑能力，建成生态环境监测大数据中心。

（五）切实加强环境风险防控和应急能力建设

处理突发环境事件能力不断提升，省级环境应急物资储备逐年充实，持续开展“天府卫士-突发环境事件应急演练”，“十三五”时期以来四川省没有发生特别重大突发环境事件，其中 2021 年共参与处置突发环境事件 9 起，同比下降 40%。核与辐射安全及放射性污染防治成效明显，建立省级核安全工作协调机制，出台《四川省辐射污染防治条例》，布设辐射监测点位 382 个，覆盖各市（州）、主要水系和重点风险源；四川省放射源和射线装置 100%纳入许可证管理，报废放射源得到 100%安全收贮。环境应急联动机制不断健全，与周边 7 个省（区、市）均建立了联防联控机制，联合重庆开展隐患排查和应急演练，共建环境应急物资库。

二、存在的主要问题与不足

（一）污水收集处理能力不足

城镇、农村仍存在生活污水收集和处理能力不足，2021 年，四川省城市生活污水集中收集率仅 50.4%，低于全国平均水平（68.6%）；因城镇生活污水收集管网建设滞后，四川省城市污水处理厂处理能力仅为 930 万 m^3/d，与常住人口数量相当的江苏省（1 596 万 m^3/d）差距近 1 倍（666 万 m^3/d，约为成都全市城市污水处理厂处理能力的 1.7 倍）。部分城市污水管网不配套，雨污混流现象普遍，污水处理厂进水污染物浓度偏低等问题。如宜宾屏山县、筠连县、兴文县等城镇污水处理设施及管网短板仍然比较突出，乡镇及县级生活污水处理厂污泥无害化处理能力不足导致二次污染。达州市本级、大竹县等污水处理厂超负荷运行现象突出，乡镇污水处理设施及配套管网建设亟待加强，292 个乡镇生活污水处理设施仅有 91 个达标运行。2021 年，行政村生活污水有效治理率 63.6%，农村生活污水处理设施覆盖面依然不足，已建部分设施非正常运行，存在工艺、规模、标准等“水土不服”情况。

（二）固体废物收集处理利用能力有待提高

生活垃圾无害化处理能力偏低，2021 年，四川省城市生活垃圾无害化处理能力 6.0 万 t/d，与常住人口数量相当的江苏省（8.3 万 t/d）差距较大。生活垃圾填埋场渗滤液收集和处置能力不足，生活垃圾填埋场容量有限，集中焚烧设施处理能力仍有不足，其中 2021 年城市生活垃圾焚烧处理能力占比 82.1%，较浙江（90%）等省份还有一定差距。固体废物收运渠道管理仍存在不规范、水平低等现象，上规模、技术强的回收利用骨干企业数量偏少。固体废物回收利用水平有待提升，大量堆积、难以利用，其中 2020 年一般工业固体废物综合利用率仅 38%，低于全国平均水平 17 个百分点左右。历史遗留工业固体废物堆场整治难度较大，部分区域有色金属开发遗留矿渣、冶炼渣、尾矿库等数量多、分布广，存在重金属污染风险。高效综合利用技术亟待开发，固体废物综合利用产品品质及附加值较低，个别领域尾矿、工业副产石膏等综合利用技术尚不成熟，综合利用率不高。固体废物管理机制不够健全，管理手段较为单一，信息化水平较低，监管水平亟待进一步提升。

（三）清洁能源供给设施有待完善

电力装机类型结构失衡，难以满足极端天气下能源安全保供需求。风、光、水等清洁能源的供给能力、本地消纳能力和输送利用规模有待提高。能源调节能力有待加强，具有季及以上调节能力的水库电站装机不足水电总装机的 40%，调节能力不足，丰枯矛盾突出。输电通道建设滞后，电网适应资源逆向分布的能力需进一步提升，源网发展需进一步协调，与构建以新能源为主体的新型电力系统尚有差距。储气调峰能力不足，地下储气库和专门用于储气调峰的地面大型 LNG 储备库尚未建成，迎峰度冬天然气供应存在阶段性短缺。供电配网、燃气管网等基础用能设施存在短板，部分地方电网供区、高原地区、边远山区配网建设相对滞后，供电可靠性有待进一步提高。农村天然气普及率与城市存在较大差距，农村燃气配网建设需进一步加强。

（四）生态环境监测监控体系有待完善

监测网络体系感知能力不足，现有监测网络感知数据覆盖不全面、不精准、代表性不够，部分已建自动监测监控设备陈旧老化，自动监测数据异常率高。大气 $PM_{2.5}$ 与 VOCs 组分站建设数量偏少，饮用水水源地自动监测监控体系建设滞后、跨界水质自动站监测指标不全，成渝跨界小流域水质自动站能力不足，污染源自动监测监控体系不完善，新污染物和多污染物、多要素协同的监测能力不足，遥感监测能力欠缺。各地监测执法能力发展不平衡，技术水平差异较大，现有监测执法装备已不能满足管控的规范化和精准性。各驻市（州）监测机构能力不平衡，普遍缺少地下水现场采样设备，运用无人机、走航车等科技手段水平不够。

（五）生态环境安全防控能力有待加强

部分园区和重点流域的环境风险防控与应急设施建设仍较薄弱，突发生态环境事件应急响应能力不足。四川省生态环境事件应急体系建设尚不健全，难以实现预案管理、信息报送、应急资源调度等信息化管理。环境应急物资储备种类不全，应急装备购置、维护、更新的主动性较差，应用效果有所欠缺。辐射环境监测网络有待完善，核与辐射安全监管水平有待提升。四川省除成都、泸州等 8 个市单独成立了环境应急管理机构外，其余 13 个市（州）中大多数地方承担环境应急管理职能的机构为环境监察执法机构。

（六）设施管理运行水平现代化亟须强化

环境治理体系和环境治理能力现代化建设相对滞后，环境执法、监控、监测等领域现代化、科技化、数字化水平不高，大数据平台建设和污染溯源解析等监测数据深度应用水平有待提升，数字化、智能化的生态环境基础设施体系尚不完善，生态环境领域科研创新及成果转化水平不高，科技支撑生态环境治理的能力亟待提升，生态环境基础设施管理运行现代化水平较浙江、江苏等东部沿海地区还有较大差距。

三、“十四五”时期生态环境基础设施建设的建议

（一）提升城乡污水收集处理质效

一是持续推进城镇污水处理设施建设。加快推进城镇污水处理设施建设，以岷江、沱江、川渝跨界河流等流域内城镇以及污水处理率较低的城镇为重点，统筹城镇发展规划，按照因地制宜、适度超前的原则，加大力度推进城镇污水处理设施建设。着力提高釜溪河自贡城区、姚市河安岳县城、流江河营山县城等小流域城镇污水处理能力。到2023年年底，基本实现城市污水“零直排”，所有建制镇具备污水处理能力；到2025年，四川省新增污水处理能力300万t/d。持续推进县级及以上城市和建制镇污水处理提标增效工程，在长江干流、岷江、沱江等重点流域、重点敏感区域实施城镇污水处理厂提标改造升级，通过合理改造溢流口、增加人工湿地、增设调蓄设施等技术措施进行污水处理低成本改造。因地制宜建设城镇污水处理设施尾水生态湿地，进一步净化排水水质，对九曲河、蒲江河、姚市河、釜溪河、铜钵河、小阳化河等小流域实施人工湿地水质净化工程。加强生活污水再利用设施建设，在成都、自贡、资阳、眉山等区域实施一批中水回用工程，到2025年，四川省新增污水再生利用能力33.8万t/d。

二是加快推进城镇污水管网建设及改造。加快实施城镇生活污水管网建设和改造工程，合理规划建设新区管网，补齐老旧城区、城中村、空白区污水管网建设短板，推进城镇污水管网全覆盖。到2025年，四川省新（改）建污水管网1.3万km。深入开展市政排水管网排查检测，重点围绕城中村、老旧城区等开展老旧破损管网改造修复，加强支线管网和出户管的连接建设，实施混错接、漏接、老旧破损管网更新修复。因地制宜开展合流制排水系统雨污分流改造，针对现有进水生化需氧量（BOD）浓度低于100 mg/L的城市生活污水处理厂，围绕服务片区管网开展“一厂一策”系统化整治，因地制宜采取溢流口改造、截流井改造、破损修补、管材更换、增设调蓄设施、雨污分流改造、快速净化等措施，降低合流制溢流污染。实施初期雨水截留纳管、初期雨水处理设施建设，强化初期雨水污染控制，形成防洪与面源污染控制并重的城市雨水综合管理体系。

三是持续完善工业废水集中处理设施。不断完善工业园区废水处理设施，推进天邛产业园区、西南航空港组团工业集中发展区、绵竹市物流园、四川（赤水河） 古蔺酱香酒谷生态产业园区等工业集中区污水处理设施建设。深入实施工业企业污水处理设施升级改造，重点开展电子信息、造纸、印染、化工、酿造等行业废水专项治理，推进成都彭州、眉山东坡、资阳乐至等泡菜主产区高盐废水集中处理设施实施改造，全面实现工业废水达标排放。推进工业园区污水管网老旧破损、混接错接改造，实施开发区污水集中处理设施升级改造和污水管网排查整治。完善园区及企业雨污分流系统，推动医药、

化工等行业初期雨水收集处理，鼓励有条件的园区实施“一企一管、明管输送、实时监测”。加快现有企业和园区节水及水循环利用设施建设，加快推进自贡沿滩高新技术产业园区、眉山高新技术产业园区、广安经济技术开发区等重点园区中水回用工程建设，鼓励企业使用再生水，促进企业间串联用水、分质用水、一水多用和循环利用。

四是深入推进农村生活污水治理设施建设。持续开展农村生活污水治理“千村示范工程”建设，治理类行政村以设施建设为主推进农村生活污水治理，因地制宜，优选技术路线，具备纳管条件的地区，优先考虑就近接入城镇污水管网；建设处理设施的农村地区，应合理选择处理工艺，环境敏感区内行政村可根据治理需求选择高级处理工艺，非环境敏感地区应采用低成本、低能耗、易维护、高效率的技术，并根据村庄格局、地形地貌等因素合理确定管网布设方案。到 2025 年，完成 4 500 个行政村污水收集与治理，乡（镇）政府驻地村和其他治理类行政村分别于 2022 年年底和 2025 年年底全面完成农村生活污水治理。加快非正常运行设施改造，开展已建农村生活污水处理设施排查整改专项行动，针对问题分类制定不正常运行及停运设施整改方案，推动设施正常运转，2023 年年底前全面完成整改工作。推进农村生活污水资源化利用设施建设，具备条件的地区可一体化推进粪污还田，实施农田沟渠、塘堰等灌排系统生态化改造，鼓励有条件的地区开展小微湿地建设，栽植水生植物和建设植物隔离带。

（二）提高一般固体废物利用处置水平

一是持续完善生活垃圾分类设施。合理布局建设生活垃圾分类收集设施，按照分类类别合理布局居民社区、商业场所和其他公共场所生活垃圾分类收集容器、箱房、站点等设施，推进收集能力与收集范围内人口数量、垃圾产生量相协调。统筹推进收集点和中转（压缩）站新（改）建项目建设，配套完善分类收集、分类运输设施设备。完善生活垃圾分类运输系统，地级及以上城市和具备条件县城加快建立完善的生活垃圾分类运输系统，有效衔接分类投放端和分类处理端，建制镇逐步提高生活垃圾收运能力并向农村地区延伸。到 2025 年，四川省新增生活垃圾转运能力 3.9 万 t/d。完善生活垃圾收运机制，根据区域生活垃圾分类类别要求和相应垃圾产生量，合理确定收运站点、频次、时间和线路，配足标识规范、清晰的分类运输车辆。健全完善厨余垃圾收运系统，结合厨余垃圾产生量及其分布情况，合理配置厨余垃圾收集容器和收运车辆。统筹规划布局中转站点，提高分类收集转运效率，有条件的地区可推行“车载桶装，换桶直运”等密闭、高效的厨余垃圾运输方式。

二是推进再生资源回收利用设施建设。完善可再生资源回收站点建设，以便利居民交售废旧物资为原则，结合城市、农村不同特点，合理布局回收交投点和中转站，深入推进生活垃圾分类网点与废旧物资回收网点“两网融合”，推动街道、乡镇、社区规范建设兼具垃圾分类与再生资源回收功能的交投点和中转站，加快建设再生资源回收集散中心。加快推进绿色分拣中心建设，合理布局分拣中心，因地制宜新建和改造提升绿色分拣中心，分类推进综合型分拣中心和专业型分拣中心建设。推进静脉产业工业示范园区和循环产业工业示范园区建设，在成都、德阳、广元、乐山、南充等地开展国家级及省级资源循环利用基地建设，支持再生资源加工利用企业园区化、产业化集聚发展，不断延伸和完善产业链。

三是强化生活垃圾利用处置设施建设。全面推进生活垃圾焚烧设施建设，统筹规划生活垃圾焚烧发电处理设施布局，加强城市建成区生活垃圾日清运量超过 300 t 的地区生活垃圾焚烧处理设施建设，加快实施内江、乐山、广安、巴中等地垃圾焚烧发电项目，科学有序推进适应中小城市垃圾焚烧处理的技术和设施。到 2025 年，新建和扩建万兴三期、成都金堂、德阳中江、绵阳江油、宜宾兴文等 24 个生活垃圾焚烧发电项目，四川省新增焚烧处理能力 1.5 万 t/d。稳妥推进生活垃圾填埋场建设，具备焚烧处理能力的地区，原则上不再新建原生生活垃圾填埋场，现有生活垃圾填埋场主要作为应急保障，到 2023 年基本实现原生生活垃圾“零填埋”。积极推进既有生活垃圾焚烧处理设施和填埋场提标改造，同步加快飞灰、渗滤液、残渣处置设施和可回收物分拣、大件垃圾处理设施建设。稳妥有序推进厨余垃圾处理设施建设，充分运用“集中规模化+分布小型化”建设模式，加快补齐厨余垃圾处理设施短板。统筹规划建设污泥无害化处理处置设施，加快现有未达标污泥处理处置设施改造，鼓励采用热水解、厌氧消化、好氧发酵、干化等方式进行污泥无害化处理。到 2025 年，新增污泥无害化 3 000 t/d。推进生活垃圾协同利用处置设施建设，在有条件的地区采取生活垃圾焚烧发电与餐厨垃圾、污泥处理协同处置等有机结合的综合处理方式，建设一批城市废弃物资源循环利用基地。

四是推进工业固体废物和建筑垃圾利用处置设施建设。推进资源综合利用基地建设，加快推进钒钛磁铁矿尾矿（共伴生矿）、粉煤灰、煤矸石、冶炼渣、工业副产石膏等一般工业固体废物在有价组分提取、建材生产、市政设施建设、井下充填、生态修复、土壤治理等领域的规模化利用，在德阳、内江、绵阳开展磷石膏综合利用试点，支持攀枝花、乐山、雅安、凉山等地开展冶炼渣、尾矿综合利用试点，在攀枝花、德阳、广元、雅安、凉山等地推进大宗固体废物综合利用基地、工业资源综合利用基地建设项目，在攀枝花、绵阳、宜宾等地实施粉煤灰、煤矸石资源化利用项目。到 2025 年，建设 2～4 家国家级大宗固体废物综合利用基地和工业资源综合利用基地，基地废弃物综合利用率力争达到 75%以上。推进工业固体废物处置设施建设，聚焦尾矿库和渣场，以电解锰渣、磷石膏、赤泥、铅锌冶炼渣、钛石膏等为重点，全面排查、分级管理、分类整治，加快解决历史遗留问题，在自贡、攀枝花、泸州、乐山等地新建一批高标准管理规范的工业固体废物填埋场。推进城市建筑垃圾资源化利用设施建设，鼓励在政府投资的市政基础设施、海绵城市建设、房屋建筑中，优先使用符合质量标准或取得绿色建材标识的建筑垃圾再生产品，到 2025 年，具备条件的市（州）全面建成城市建筑垃圾资源化利用设施，城市建筑垃圾综合利用率达到 50%以上。

（三）提升危险废物利用处置能力

一是优化危险废物和医疗废物收贮运设施。持续完善危险废物收运设施，支持危险废物专业收集转运和利用处置单位建设区域性收集网点和贮存设施，开展小微企业、科研机构、学校等产生的危险废物有偿收集转运服务，开展工业园区危险废物集中收集贮存试点。推进小微企业危险废物收运设施建设，以产生量小于 10 t 的工业企业、机修行业、实验室废物产生单位和其他社会源危险废物为重点，积极推进在小微企业集中区域建设小微企业危险废物集中收集试点，建立全过程规范管理模式，有效打通小微企业等产生的危险废物收集“最后一公里”，探索形成一套可推广的小微企业危险废物收集模式。推动实验室危险废物收运设施建设，鼓励在有条件的高校集中区域开展实验室危险废物分类收集和预处理示范项目建设，推动实验室危险废物分类、包装、贮存、运输等各环节规范化、标准化管理。不断完善医疗废物收运设施，推进农村及偏远地区医疗废物收集体系建设，视区域、地域特点建设收运处置设施，推动县（市、区）医疗废物收运处置全覆盖。

二是完善危险废物和医疗废物利用处置设施。推进危险废物综合利用设施建设，加快废铅蓄电池、含铅废物、含汞废物、油基岩屑等危险废物综合利用设施建设，逐步形成“市场调控、类别齐全、区域协调、资源共享”的综合利用格局。持续推进危险废物集中处置设施建设，将危险废物集中处置、医疗废物处置设施纳入公共基础设施统筹建设，支持大型企业内部共享危险废物利用处置设施，推进自贡、广安等市水泥窑协同处置项目建设，科学制定并实施危险废物集中处置设施建设规划，推动省域内危险废物处置能力与产废情况总体匹配。到 2025 年，新建成 12 个危险废物集中处置项目和 10 个医疗废物处置中心。补齐医疗废物处置设施短板，各地级以上城市应尽快建成至少一个符合运行要求的医疗废物集中处置设施，鼓励发展移动式医疗废物处置设施，按照“五区协同”原则，分片区配建移动式医疗废物移动处置设施，到 2025 年为 25 个偏远县配建移动式医疗废物处置设施。完善医疗废物协同应急处置机制，保障突发疫情、处置设施检修等期间医疗废物应急处置能力。

（四）提升清洁能源储存和本地消纳能力

一是完善清洁能源供给设施。加快推进国家清洁能源示范省建设，科学有序开发水电，优化水电结构，优先建设季以上调节能力水库电站，重点推进金沙江、雅砻江、大渡河“三江”水电基地建设，“十四五”期间新增投产水电装机规模 2 400 万 kW 左右。加快发展风电、太阳能发电，重点推进凉山彝族自治州风电基地和“三州一市”光伏发电基地建设，规划建设金沙江上游、金沙江下游、雅砻江、大渡河中上游水、风、光一体化可再生能源综合开发基地，推进分布式光伏发电和盆周山区风电开发，推动水电与风电、太阳能发电协同互补。“十四五”期间，新增风电 600 万 kW 左右、太阳能发电

1 000 万 kW 左右。因地制宜发展生物质能、地热能等新能源，统筹规划建设生活垃圾焚烧发电处理设施，在川西等高温地热资源丰富地区规划建设地热能利用示范项目。“十四五”期间，新增生物质发电约 74 万 kW，地热能发电 3 万 kW。有序建设氢能设施，支持成都、攀枝花、自贡等氢能示范项目建设，加快构建成渝氢走廊及成都氢能产业生态圈，开展氢能技术攻关，推动制氢产业发展。

二是推进清洁能源储运设施建设。加快推进水电蓄能电站建设，加强电力系统调节能力建设及灵活性改造，增强夏、冬季用电高峰电力供应保障及调峰能力，优先在负荷中心、新能源大规模开发基地规划建设抽水蓄能电站，推动大邑、道孚抽水蓄能电站建设，提升电力系统调节能力。优化电力输送通道布局，推动成都都市圈、成都东部新区、宜宾三江新区、南充临江新区、绵阳科技城新区电网建设。加快省内油气输送管网建设，按照适度超前的原则，围绕主要产气区、消费区和薄弱区，统筹优化管网布局，构建供应稳定、运行高效、安全可靠的输配系统，推进川气东送二线（四川段）、威远和泸州区块页岩气集输干线工程、攀枝花—凉山等天然气管道建设。到 2025 年，形成输气能力 700 亿 m^3/a。加强天然气应急储备和调峰能力建设，推进储气设施集约化、规模化布局，建成以地下储气库为主、地面 LNG 储罐为辅的天然气储气设施。到 2025 年，四川省建成储气能力 32 亿 m^3。

三是推进清洁能源消费设施建设。推进工业清洁能源利用设施建设，结合四川省气源分布和负荷增长情况，布局新建一批燃机电站项目，支持工业园区燃气热电联产项目规划建设，推广园区集中供热。加快推进工业绿色微电网建设，鼓励园区和企业加快光伏、风电、生物质能、储能、余热余压利用等一体化系统开发，推进产业园智能微电网建设。推进分布式能源利用设施建设，积极推动具备条件的建筑楼宇、产业园区充分利用分布式天然气、分布式新能源，实现冷热电能源就地高效利用，提升能源综合服务水平和综合能效水平；稳步推进户用光伏发电建设，推动分布式能源发展和乡村振兴有效衔接。科学布局 LNG 加注站、压缩天然气（CNG）加气站，推进长途重卡等交通领域燃料气化改造。加快电动汽车充电桩、换电站等设施建设，全面优化充（换）电基础设施布局，基本形成电动车充电网络体系。到 2025 年，力争建成充电桩 12 万个，总充电功率 220 万 kW。

（五）健全生态环境监测监控体系

一是完善水环境自动监测网络。拓展水环境自动监测覆盖范围，加快沱江、岷江等重点治理流域，黄河、嘉陵江等重点保护流域水质自动监测站建设，推动十三大流域干流及重要支流“双覆盖”，到 2025 年，在上述流域新建 37 个左右水质自动监测站。进一步拓展自动监测指标，针对省界、重点流域交界等重点区域，增加重金属、有机物、营养化指标等水质自动监测指标。开展集中式饮用水水源地水质预警监控，推进市级或县级集中式饮用水水源地新建和升级改造水质自动监测站 200 个左右，补充部分水质监测站重金属自动监测能力。开展四川省重点流域水生态监测，推进长江流域水生态考核监测与评价，在省控以上断面及黄河流域断面完成一轮水生态监测。推动安宁河、大渡河、涪江、黄河、嘉陵江、岷江、青衣江、渠江、沱江、雅砻江、长江（金沙江）等流域规模以上入河排污口试点建设自动监测设备和视频监控系统，覆盖主要污染物监测指标。推进重点化工园区下游监控断面建设水质自动监测站，实现园区下游地表水质量变化监控。推进农业面源污染监测网建设，构建陆源污染无人机高空监测、地面水体污染通量监测和多尺度评估模型核算一体化的面源监测体系。加快建设嘉陵江李子口面源污染防治评估基地，开展面源产排特征研究，摸清典型流域面源来源构成，跟踪评估一批面源污染防治技术成效。

二是加强大气自动监测网络建设。巩固城市空气质量监测，因地制宜建设综合标准站、微型站、单指标站、移动站等，推进县城和污染较重乡镇全覆盖。构建重点区域大气复合污染自动监测网络，推进地级及以上城市开展非甲烷总烃（NMHC）自动监测，推动 15 个地级城市建设大气复合污染自动监测站，形成水溶性离子、碳组分、重金属、117 种挥发性有机物（VOCs）组分等自动监测能力。提升颗粒物和 VOCs 全组分源解析能力，新增颗粒物、NO_x 和 VOCs 组分移动式监测能力，完善 VOCs 走航、单颗粒飞行时间质谱、颗粒物激光雷达等自动监测能力。强化重点工业园区污染物监测监控，推进工业园区设立园区站、边界站、传输站，开展空气、水等特征污染物监测，开展重点工业园区红外遥测、走航监测和视频监控，完善重点工业园区监测监控体系。构建移动源监测感知网，在成渝交界、成都平原、川南及川东北等重点区域主要干道和国家高速公路沿线设立路边空气质量监测站，开展 $PM_{2.5}$、NMHC、NO_x 和交通流量一体化监测。推进四川省空间垂直立体监测能力建设，在四川省盆地区域 3 条主要传输通道各选取 2 个城市建设 6 个环境空气空间垂直立体监测站。搭建基于多模式的空气质量预测预报系统，进一步提升短期数值预报准确率。升级改造空气质量自动监测站，分批完成 327 个城市环境空气自动监测站和 10 个省控区域（农村）环境空气质量自动监测站老旧设备更换。

三是持续完善温室气体全体系监测。在现有省级温室气体监测网络基础上，加快推动火电、钢铁、石油天然气开采、煤炭开采、废弃物处理等重点行业企业开展二氧化碳、甲烷等温室气体排放监测试点工作，加强与统计部门合作，协同完善温室气体统计监测核算报告体系，加快推动建设天府永兴实验室减污降碳监测模拟评估研究中心，提升多污染物与温室气体综合立体监测能力，建立碳监测评估体系。在省级九寨沟温室气体综合背景监测站基础上，分期分批在成都（龙泉山）、广元（秦巴山脉）、乡城稻城（青藏高原）、攀枝花（攀西高原）、广安（川东平行岭谷）、宜宾（大娄山）、安宁河谷、大熊猫国家公园、大巴山等地区建设温室气体地面监测、碳通量监测及生态系统碳汇监测站点，建成西南地区最先进的温室气体天空地一体化监测系统，推动有序实现碳达峰碳中和和环境空气质量持续改善，为有力应对气候变化提供更科学、更精准的科学管理支撑。

四是完善噪声及辐射监测网络。继续推进功能区声环境质量自动监测点位建设，推进地级及以上城市192个省控声环境功能区建设噪声自动监测系统，2023年年底实现省控声环境功能区噪声自动监测全覆盖。加强城市敏感区噪声自动监测站建设，在工业园区、部分交通干道建设噪声自动监测站点，设置主干道交通噪声自动监测子站60个、工业园区边界噪声自动监测子站40个，逐步加密现有重点区域、重点点位噪声自动监测站网。完善四川省辐射环境监测网络，优化辐射环境质量监测点位和监测项目。加强对省内重要核设施、辐照场、高危放射源、稀土冶炼企业、大型电磁辐射等核与辐射设施外围辐射环境的监测，加强辐射环境自动监测站建设以及现有老旧自动监测站的升级换代。

五是加强生态质量监测体系建设。建立生态质量监测体系，建立天地一体的生态质量监测网络和指标体系，涵盖生态格局、生态功能、生物多样性、生态胁迫等内容，总体反映区域生态系统质量状况及变化。大力推动生态质量监测部门合作与央地共建，统筹规划、联合组建生态质量地面监测网络，在黄河流域（若尔盖）、龙门山脉（彭州龙门山）、大熊猫国家公园（雅安）建立3～5个生态质量综合观测站，按照国家统一要求布设生态质量监测样地样带，探索建立省级生态质量监测样地样带，覆盖四川省典型生态系统和重要生态空间，提升生态系统结构与功能监测、生物多样性监测、生态科研观测和遥感地面验证能力。

六是完善固定污染源执法监测。开展固定污染源监测监控体系建设，综合运用污染物排放自动监测、视频监控、用水用电监控、工况监控、震动监控等手段，对规模以上工业污染源、污水垃圾等处理设施、危险废物处置单位、规模以上畜禽养殖单位等固定污染源的排放情况实施远程实时监测监控。整合排污单位全周期、多渠道监测数据、信息平台，探索建立固定污染源智能化收集、汇总、分析及应用体系。强化县级监测机构应急、执法监测设备配备，提升污染源监测和执法快速响应能力。

（六）强化生态环境风险防范能力

一是推进应急监测基础设施建设。持续完善生态环境应急监测设备，按照统筹规划、分步实施、分级分区原则，逐步配齐配强生态环境应急监测设备，初步建立四川省应急监测设备管理、调度信息、应急监测图库、风险物质知识库等应急监测信息化平台。推进环境应急监测指挥系统建设，建设包括重点污染源数据、重点流域水系分布、敏感点位置分布、应急指令下达、数据报送等功能的应急监测智能指挥系统，探索建设归口统一、分工明确、方案科学的应急监测指挥平台，建设雅安市环境应急监测中心，提升大渡河流域在危险化学品、重金属等方面的环境应急处置能力。推动建设成渝地区环境应急监测中心，提升跨省应急监测支援效能。建设生态环境监控预警指挥中心，在岷江、沱江、长江干流等重点流域建设一批水环境风险预警平台。

二是加强应急管理和储备设施建设。开展环境应急预案数据库建设，推进突发环境事件应急指挥决策数据平台建设。推进环境应急实训基地建设，完善生态环境系统内部、跨部门、跨行政区域协同联动机制，推动在成都平原、川南、川东北经济区建设省级环境应急实训基地。推动建设国家生态环境应急技术实验室。健全环境应急物资储备体系，加强省—市（州）—县（市、区）三级环境应急物资储备建设，在成都建设省级环境应急物资储备中心库，在甘孜、阿坝新建省级环境应急物资储备子库，建设21个市级环境应急物资储备库，鼓励有条件的区域建设县级环境应急物资储备库。加强泸州、内江、广安、达州等川渝交界区域环境应急物资储备以及绵阳、广元等川甘、川陕交界区域环境应急物资储备库的建设。建立四川省环境应急物资信息管理系统，实行物资储备信息动态化管理，掌握常用应急处置物资生产商和产能信息。推动黄河流域所在县建设环境监测用房和应急物资库。

（七）推进生态环境治理能力现代化

一是加强生态环境监管设施建设。建设省级特色专业实验室，依托省级站、科研院所现有的基础，补充部分硬件设备和软件条件，建立持久性有机污染物监控分析、环境健康、土壤重金属污染防控与修复、环境司法鉴定、水生态监测等专业实验室，逐步扩大生态环境监测领域。强化驻市（州）监测机构预警预报、风险评估和实验室基础能力建设，建立一批生态状况、土壤、重金属、地下水、新污染物等特色专项监测实验室。强化县级监测机构应急、执法监测设备配备，选取一批重点区域流域所在县（市、区），开展65个县级重点站标准化建设，逐步配备执法监测设备和车辆，提升污染源监测和执法快速响应能力。全面推进省级、市（州）辐射环境监测能力建设，重点提升成都、绵阳、宜宾、广元、乐山、南充等6个区域站监测能力。

二是推进工业企业环保基础设施共建共享。持续推动园区循环化改造，以省级以上各类园区为重点，推进供热、供电、废水资源化处理、固体废物收集处置、中水回用、储能等公共基础设施共建共享。推进园区废气集中收集处理设施建设，探索“绿岛”等环境治理模式，针对家具制造、汽车制造、汽车维修等重点行业，鼓励建设废气集中处置设施、抑尘喷洒工程中心、集中喷涂工程中心、溶剂回收中心、活性炭回收中心等基础设施。推进水资源循环利用和废水处理回用项目建设，鼓励工业园区、经济技术开发区、高新技术开发区采取统一供水、废水集中治理模式，实施专业化运营，实现水资源梯级优化利用和废水集中处理回用。加强“无废园区”建设，推进一般工业固体废物、危险废物集中贮存和处置。

三是推进环保智慧化治理设施建设。加快生态环境数据平台建设，推动污染源排放、生态环境质量、环境执法、环评管理、自然生态、核与辐射等数据整合集成、动态更新和共建共享，提升生态环境数据处理能力，拓展数据应用场景。加快构建天地一体、上下协同、信息共享的生态环境监测网络，实现污染源、环境质量和生态状况监测全覆盖，提升环境质量预警精准预报能力，完善四川省生态环境监测大数据平台建设。提高智慧环境管理及治理技术水平，利用新一代信息数字技术，重点提升精细化服务感知、环境污染治理工艺自动化、固体废物（含危险废物）管理信息化、污染治理设施运行监控智能化、环境污染及风险隐患识别智能化等方面技术水平。

四是加强环保科研创新能力建设。深化产学研协作，组织开展生态环境领域科技攻关和技术创新，加快推进环保公共创新服务平台、环保共创空间、环境技术研发中心、国家级和省级环保重点实验室建设，积极推动天府永兴实验室、中国环境科学研究院成都创新研究院、成都平原大气复合污染研究和防控院士工作站的建设。培育建设一批绿色技术国家技术创新中心，联合重庆打造绿色技术创新中心和绿色工程研究中心。加强生态环境技术评估，筛选一批实用性强、效果好、易推广、适合解决四川突出生态环境问题的技术，发布目录并示范推广。鼓励科研机构、高校、企业、社会团体等采取联合建立创新研究开发平台、技术转化机构等方式，推动科研成果转化应用，打通“研发—工程化—产业化”创新链条。

以水为脉、以人为本、以文为韵，四川省多彩江河塑造及高质量发展的建议

摘　要：四川省是长江和黄河上游重要的生态屏障和水源涵养地，处于“中华水塔”和东亚水循环的“心脏”地带，有着“千河之省”的美誉，是“一带一路”建设和长江经济带发展的重要节点，肩负着推动成渝地区双城经济圈建设的重任。本文通过对四川省13条主要江河的河流形态、经济社会发展、人文风光等进行梳理，创新构建了各流域水生态环境保护空间格局和重点保护举措，并提出了各流域高质量发展的主要路径，以生态环境高水平保护推动流域高质量发展。

关键词：流域治理；高质量发展；政策建议

四川省是长江和黄河上游重要的生态屏障和水源涵养地，有“千河之省”的美誉，据统计四川省境内总计8 643条河流、7 817座水库、2 458条常年流水渠道和393个天然湖泊。俯瞰川蜀大地，有“江声月色那堪说，肠断金沙万里楼”的金沙江，“九曲黄河万里沙，浪淘风簸自天涯”的黄河，“蜀国春与秋，岷江朝夕流”的岷江，“千里雪山开，沱江春水来”的沱江，“嘉陵江上万重山，何事临江一破颜”的嘉陵江，“君不见赤虺河源出芒部，虎豹之林猿猱路”的赤水河，“流接西泸渡，源寻朔浪山”的雅砻江，“大渡河边瘴雾浓，邛崃关下木兰红”的大渡河，“峨眉山月半轮秋，影入平羌江水流”的青衣江，“烟沙分两岸，露岛夹双洲”的琼江，“九十九峰梵云间，涪江亦有富春山”的涪江，“渠江明净峡逶迤，船到明滩拽山迟”的渠江，“诗人喜雨快登楼，忽见宁河翠网收”的安宁河，13条河水网交错纵横，以水为串联各具特色的自然风光、资源禀赋和人文风貌，为四川的发展标下了不同注脚，描绘出一幅人与自然和谐共生的美丽四川画卷。

本文基于对13条河流的差异化分析研判，构建各流域独具魅力的水生态环境保护空间格局，提出各流域特色鲜明的高质量发展路径，对推动保护和建设美丽河湖，筑牢长江黄河上游生态屏障，切实守护好一江清水浩荡东流具有重要意义。

一、彰显金沙江长江大美风景

旧志载：“日色与水光争射，灿成五色飞霞”[1]。金沙江（长江干流）流域带着丰富

多元的民族文化从远古流淌而来，茶马古道和南丝绸之路在这里血肉交融，聚成“民族走廊”；红色长征在这里书写奇迹，树立“精神丰碑”；四座世界级巨型梯级水电站在这里连珠成串，铸就“国之重器”。金沙江与岷江以“泾渭分明”之势相汇相融，始称“长江”。习近平总书记指出：“长江造就了从巴山蜀水到江南水乡的千年文脉。”[2]在宜宾考察时，习近平总书记再次强调，保护好长江流域生态环境，是推动长江经济带高质量发展的前提，也是守护好中华文明摇篮的必然要求。满含着总书记深深的牵挂，长江携雪山、冰川、峡谷、森林、草甸、湖泊之大美风光，在悠远的历史长河中沉淀出独有的母亲河特质。

在金沙江（长江干流）流域构建“四区、四库、五河、十六片”的流域水生态环境保护空间格局。“四区”即金沙江上游川青共界区、金沙江上游川藏共界区，金沙江下游川滇共界区，长江干流四川区，应着力于加强金沙江上游水源涵养能力建设，推进水生生物多样性恢复，优化长江干流沿江产业结构、交通运输结构，加快城乡污水的收集与治理等生态环境保护工作。“四库”即金沙江干流乌东德、白鹤滩、溪洛渡和向家坝4座水电站形成的水库群，应着力于实施金沙江水库群联合生态调度，保障下泄流量，开展库区消落区生态修复，推进湖岸生态缓冲带建设等生态环境保护工作。“五河”即南广河、长宁河、永宁河、御临河、大洪河，应着力于深化川渝跨界河流联防联治，完善乡镇污水处理设施管网，综合整治散养式畜禽养殖污染，加强流域矿产开发及尾矿库风险防控等生态环境保护工作。“十六片”即亚丁、海子山、察青松多等 12 个天然湿地，大洪河、龙溪河、鲹鱼河等 3 个国家级及省级水产种质资源保护区，1 个长江上游珍稀特有鱼类国家级自然保护区，应着力于加强天然湿地的保护，修复受损滩涂，恢复退化湿地，提升湿地生态功能及固碳能力；加强水生生境及特色水产种质资源保护，开展长江鲟等重点保护物种种群恢复、鱼类栖息地保护和人工繁殖研究等生态环境保护工作。

结合金沙江（长江干流）流域的资源禀赋、水体功能、水生态环境质量现状、沿线用地功能布局、产业现状等，其高质量发展的路径重点体现在：一是加快清洁能源开发。建成投产金沙江乌东德（1 020 万 kW）、白鹤滩（1 600 万 kW）、苏洼龙（120 万 kW）等电站，加快推进金沙江叶巴滩（224 万 kW）、拉哇（200 万 kW）等电站建设；推动水电与风电、太阳能发电协同互补，统筹推进金沙江上游清洁能源基地近 4 000 万 kW 风光电资源、1 700 万 kW 抽水蓄能规模开发，加快风、光、水一体化可再生能源综合开发基地建设。二是加快构建大数据核心产业链。依托电力资源优势，围绕攀西数字经济港、仁和电子信息产业园等园区为载体，着力培育一批大数据及云计算、人工智能等关联产业的龙头企业；推动新一代信息技术与实体经济深度融合，鼓励钒钛、钢铁、能源化工、装备制造等传统行业企业进行数字化改造。三是推进战略资源产业化发展。以挺进千亿元级钒钛产业为目标，做大做强钒钛稀土产业，提升产业链现代化水平，推动产业迈向中高端，积极打造发展质量高、经济效益好、资源消耗低、生态环境优的战略资源开发基地。四是推进宜泸沿江协同发展。突出省级副中心城市带动作用，发挥重要节点城市支撑作用，加强区域协调互动，推进产业结构优化调整，优化和提升产业链供应链，协同塑造产业竞争新优势；发挥以五粮液集团为龙头的49家规模以上白酒企业、270余家中小酿酒企业、120余家配套企业组成的千亿元级产业集群平台作用，加快推动宜宾白酒产业高质量发展，与泸州共同打造世界级优质白酒产业集群。五是进一步提升长江黄金水道功能。实施航道提升工程，有序推进长江（水富—彩溪口）生态航道建设，建设向家坝、溪洛渡、白鹤滩、乌东德四级翻坝运输体系；加快发展铁水、公铁联运；推动宜宾港、果园港等主要港区节点资源深度融合、高效集约发展，打造全国性综合交通枢纽。

二、突现黄河壮美风景

“君不见黄河之水天上来，奔流到海不复回”[3]。黄河自青藏高原发源，一路平和从容，从四川的西北角“一闪而过”，在逶迤曲回间将阿坝藏族羌族自治州若尔盖县、红原县、阿坝县一揽入怀。对于万里黄河来说，川内的黄河干流看似一段短短的“路过”，润育出了流域内主要的水源涵养地，涵养着无垠的湿地和丰饶的草原，黄河母亲河的绝世风华展露无遗。这里夏观花海，看水天一色；冬赏雪景，见天地一白；起伏和缓，河谷宽浅；水草丰茂，草甸丛生。黄河变得一顾一回首，十里一婉转，斗折蛇行的别样姿态造就了壮美的“九曲黄河第一弯”，承载着许多可歌可泣的红色记忆，镌刻着中国革命史上艰苦卓绝的长征史诗。

在黄河流域（四川段）构建“一区、三片”的流域水生态环境保护空间格局。“一区”即若尔盖丘状高原生态维护水源涵养区，应重点采取退牧还湿、填沟保湿、增加植被等措施加快恢复湿地生态系统。“三片”即月亮湾湿地、若尔盖花湖湿地、黄河九曲第一弯，应实施生态水位提升工程，开展退牧还湿和季节性禁牧还湿，对中度及以上退化区域实施封禁保护，恢复提升退化沼泽和湖泊湿地功能，增强黄河上游水源补给能力。加强湿地资源监测，完善高寒草原沼泽湿地生态保护管理体系。

结合黄河流域的资源禀赋、水体功能、水生态环境质量现状、沿线用地功能布局、产业现状等，其高质量发展的路径重点体现在：一是推动建立黄河干流生态补偿机制。依法依规统筹整合生态补偿等资金，完善生态保护成效与资金分配挂钩的激励约束机制，建立纵向与横向、补偿与赔偿、政府与市场有机结合的流域生态产品价值实现机制。二是聚焦资源优势发展生态产品交易市场。积极参与全国碳排放权市场交易，探索开展水权、用能权等市场交易，依托高原泥炭沼泽湿地资源优势发展碳汇经济，试点构建阿坝藏族羌族自治州林草碳汇交易市场。三是大力发展特色生态产业。以牦牛、藏羊、藏猪等优势畜牧业和中藏药材为重点，加快生态资源转化，推动产业生态化、生态产业化；推进农产品产地初加工和精深加工，强化产业协作，培育区域公用品牌，提升阿坝黑青稞、若尔盖唐古特大黄、红原麦洼牦牛、松潘川贝母等特色农产品知名度。四是发展高品质“全域旅游”。立足“中国最美藏区”“世界级旅游目的地”发展定位，依托红原大草原、若尔盖湿地等景区，串珠成线，融合羌藏民族文化、红军文化和黄河文化，打造国家全域旅游示范区。

三、织就岷江妍美风景

作为长江上游最大的一条支流，岷江从“天上”奔赴“人间”，她穿越阿坝藏族羌族自治州的高山峡谷，流淌在一望无际的成都平原上，润泽着两岸的山水文化，哺育着相依相存的巴蜀儿女。在上游，岷江顺着阿坝藏族羌族自治州松潘县一路南下，在羌族与藏族的聚居地——茂县旖旎穿行，随后绕山东去，冲出龙门山，进入辽阔宽广的成都平原。在中游，岷江激荡出让巴蜀“水旱从人，不知饥馑”[4]的都江堰水利工程和“琳崖盘玉霄，彩翠接步武”[5]的青城山，传唱着眉山“千载诗书城”的美名。下游的岷江则带来“青冥倚天开，彩错疑画出”[6]的峨眉山和“泉镜正涵螺髻绿，浪花不犯宝趺尘”[7]的乐山。蜿蜒辗转至宜宾时，层层渗透的冰川雪水与沿途优质生态环境中的植被、土壤发生奇妙的反应，酝酿出一支“得汤郁郁，白云生谷”[8]的地下良泉“安乐泉”，优质的酿酒水源为宜宾这座“万里长江第一城”再冠以酒香之都的美誉。

在岷江流域构建“一区、一干、两库、六河”的流域水生态环境保护空间格局。“一区”即岷江上游水源涵养区，该区域应着力加强源头生态系统保护，提升水资源供给能力，修复干支流水生生境，保障岷江上游干流水质稳定达到Ⅱ类标准，来水水量稳中有升。“一干”即岷江中下游干流，该区域应着力于加强水资源统一调度管理，推进城镇“污水零排区”建设，推动重点地区沿江 1 km 内化工企业搬、改、关，加快沿江企业绿色发展和提质升级，保障岷江中下游干流水质稳定达到Ⅲ类标准并持续向好。“两库”即紫坪铺水库、黑龙滩水库，应着力于加强饮用水水源地保护，推进水源地规范化建设，严控面源污染，提升饮用水水源地水质监测和预警能力。“六河”即府河、新津南河、毛河、醴泉河、茫溪河、越溪河，应着力于持续深化“三水统筹”，强化小流域水生态环境综合治理，加快推进一批城镇污水处理设施尾水生态湿地、沿线河湖岸线修复、农业面源治理等水生态环境保护工程。

结合岷江流域的资源禀赋、水体功能、水生态环境质量现状、沿线用地功能布局、产业现状等，其高质量发展的路径重点体现在：一是推动沿线新型城镇化建设。协同推进以人为核心的新型城镇化，深入实施乡村振兴战略，促进流域大、中、小城市和小城镇协调发展优化。提升成都中心城区功能，完善眉山宜居宜业功能，主动承接成都功能疏解和产业转移，支持乐山打造以光伏全产业链为重点的“中国绿色硅谷”。二是协同建设流域产业生态带。依托岷江港航电综合开发项目，畅通运输大通道，推动成都带动眉山、乐山等城市，加快产业成链集群发展及产业协作配套，做强电子信息、重大装备、航空航天、先进材料等高能级产业集群，协同构建产业生态圈。以成都电子信息产业功能区、乐山电子信息半导体产业园等平台载体为带动，协同发展电子信息制造和软件信息与服务；以天府智能制造产业园、青神经开区等平台载体为带动，加快装备制造产业链上下游配套协作；以双流航空经济区平台载体为带动，强化航空航天研发与设计协同发展。以成都新材料产业功能区、甘眉工业园、天府新区新能源新材料产业功能区等平台载体为带动，培育先进材料制造产业集群。三是建设都市现代高效特色农业示范区。重点发展精品粮油种植和现代都市农业，大力推进“天府粮仓”建设；围绕四川省现代农业“10+3”产业体系，加快推动成都市新津区粮油现代农业园区、丹棱县柑橘生猪种养循环现代农业园区、乐山市市中区水产现代农业园区、汶川县樱桃现代农业园区等星级现代农业园区高质、高效发展，共同培育川猪、川果、川菜、川味、川茶、川酒、川药等特色优势农业。四是实现生态产品价值供给新突破。创新生态服务产品供给，依托山水林田湖特色，通过“绿道+”“公园+”“川西林盘+”“森林+”“大地景观+”等模式，以生态环境高水平保护推动旅游产业、文化产业、农业产业等的高质量发展。

四、筑就沱江秀美风景

岷江导江，东别为沱。九曲回肠的沱江流域，含“瀰漫而委佗”[9]的自然风光之秀丽，展“退岸还绿、拆乱植绿、治污兴绿、留白增绿”的滨水景观之宜人，蕴“卷帘吟眺水云宽”[10]的公园城市之惬意……从九顶山南麓发源，沱江上游段——绵远河潺潺抚过有“古蜀之源，重装之都”的工业城市德阳，“德孝文化”清泉流芳；顺水而下，在“天府花园水城”金堂，鳖灵拓峡治水的传说意味隽永，九龙长湖和云顶山风景区展现了成都平原地区山水融城的水生活文化；放眼资水（今沱江）之北，金雁常住，因水而生、因水而兴，始得“雁城”资阳。这条优美婉转的曲线上充分浸润着内江的甜、自贡的咸与泸州的醇，丰富的文化内涵、优美的自然风光与活力的城镇生态筑就秀美沱江流域。

在沱江流域构建“一干、三源、四库、九支”的流域水生态环境保护空间格局。“一干”即沱江干流，该区域应着力于坚持“以水定城、以水定产”，优化沿江产业布局，大力推进节水工程和再生水循环利用体系建设，完善沱江流域生态补水方案，建设沱江干流生态廊道，加强沿江水环境风险防控。“三源”即沱江上游绵远河、鸭子河、石亭江 3 条源头河流，应着力于结合大熊猫国家公园建设，实施矿山综合生态修复，提升水源涵养能力。“四库”即老鹰水库、双溪水库、长沙坝—葫芦口水库、三岔水库，应着力于推进生态缓冲带划定，构建恢复岸坡生境和消落带生态功能，加强库区上游及集雨区生活污染和农业面源污染防治，开展水体富营养化防治，实施河湖沉积物污染治理及水生生态系统调控，确保水质稳定达标。“九支”即青白江、毗河、球溪河、釜溪河、濑溪河、阳化河、大清流河、濛溪河、九曲河，应着力于实施小流域综合治理与生态修复，补齐基础设施短板，强化农业面源管控，落实生态流量，加强区域节水，强化区域再生水循环利用。

结合沱江流域的资源禀赋、水体功能、水生态环境质量现状、沿线用地功能布局、产业现状等，其高质量发展的路径重点体现在：一是构建一体化发展新格局。突出区域中心城市带动作用，发挥重要节点城市支撑作用，加强区域协调互动，拓展城市发展空间，推动形成优势互补高质量发展的区域经济布局。加快共建成德临港经济产业带，推动资阳与成都东部新区联动发展，推进内自同城化发展。二是合力推进产业转型升级。强化流域 42 个工业园区载体和配套设施建设，高质量承接成渝双核、东部地区和境外产业转移，共同打造绿色集约、梯次联动、集聚高效的先进制造业集群。围绕电子信息、汽车制造、无人机制造、装备制造、白酒等产业，强化产业链、供应链协作配套，着力提升高端化、智能化、绿色化水平，提升高端产品供给能力。三是培育现代高效农业。加强流域耕地保护和利用，保障粮食等重要农产品有效供给，打造国家优质高产高效粮油保障基地、国家优质商品猪战略保障基地、国家特色水产基地和全国绿色优质蔬菜产业带、长江上游柑橘（柠檬）产业带、全国优质道地中药材产业带。四协同完善流域基础设施建设。强化公路、铁路与空港、陆港、水港、物流园区紧密衔接，打造沱江流域一体化枢纽布局；有序推进资中至铜梁、自贡至永川、内江至南溪、乐山至资中、三台经乐至至犍为高速公路和成渝、成自泸赤高速公路扩容改造等项目实施；着力增强成都天府国际机场、成都国际铁路港疏运功能；加快沱江内江至自贡至泸州段航道等级提升工程，重点发展 500～1 000 t 级货船。

五、凸显嘉陵江优美风景

嘉陵江古以“嘉陵”而名，意蕴“美丽之水、祥瑞之江”。嘉陵江水“上穷碧落下黄泉”，以其翩跹曼妙的线条外连“天河之水”天水，告别巍巍秦岭从高山峡谷飞驰而下，穿过集古今六道于一峡的广元月明峡，纳白龙江，在剑阁沉淀出“强渡嘉陵江”等一段段历史记忆；越过“嘉陵第一江山”古城阆中，嘉陵江在南充以其最婀娜柔美的身段展“千里嘉陵江水色，含烟带月碧于蓝”[11]美好颜色，孕“万家灯火春风陌，十里绮罗明月天”[12]人间烟火；随后，嘉陵江在广安曲流回肠，而千里嘉陵，武胜最长，64 个天然的弯道讲述着自然奇观的折回激扬……麻柳刺绣、川北灯戏、武胜剪纸，由北向南一路流淌的嘉陵江，以“一江通天地”连通南北地域文化。

在嘉陵江流域构建“三区、三库、二十九片”的流域水生态环境保护空间格局。“三区”即上游川陕甘交界区、中游四川区、下游川渝交界区，应着力于提升跨界河流环境监管能力，健全跨界水体联防联控机制，加强上游西秦岭区域铅锌矿产区尾矿库输入性风险防控，保障下游出川断面水质稳定。“三库”即亭子口水库、升钟水库、白龙湖，应着力于加强库区岸线保护，提高生态岸线比例，削减集雨区内面源污染。“二十九片”包括九寨沟、唐家河、构溪河等 16 个天然河流、湖泊湿地，以及嘉陵江岩原鲤、中华倒刺鲃、焦家河重口裂腹鱼等 13 个国家级及省级水产种质资源保护区，应着力于强化岸线管控，限制区域人类活动对生态环境的干扰，对重要湿地开展常态化生态监测；实施生物多样性保护重大工程，加强特有鱼类、珍稀鱼类保护，开展重点外来入侵物种防控。

结合嘉陵江流域的资源禀赋、水体功能、水生态环境质量现状、沿线用地功能布局、产业现状等，其高质量发展的路径重点体现在：一是构建协调高效的流域城镇体系。促进产业、人口合理流动和高效集聚，做大做强南充省级副中心城市，全面提升发展能级和综合竞争力；大力发展广元等片区中心城市，壮大特色优势产业，发挥片区重要节点支撑引领作用；做强做优阆中、仪陇、蓬安等节点城市，引导县域人口和产业集聚，强化电子信息、汽车汽配、生物医药、蚕桑原料、食品饮料等优势特色产业发展，提升公共服务水平。二是推进制造业绿色发展。依托广元机电产业园、嘉陵工业集中区等平台，全力打造千亿元铝产业集群，推进铝材加工梯级发展，延长铝加工产业链条；着力构建绿色家居产业集群，推动绿色家居智能制造；优化汽车汽配产业布局，深度融入成渝汽车汽配产业集群，构建完善共生共聚、优势互补、集约发展的产业链条；以广元经济技术开发区、南充经济开发区为载体，积极承接四川石化下游产业，重点发展高附加值的化工新材料产业。三是促进文化旅游深度融合。依托三国文化、丝绸文化、红色文化，以及沿线良好的生态环境质量，以山、水、城和谐共生为主题，打造嘉陵江流域旅游带，建设大蜀道三国文化生态旅游目的地。整合挖掘嘉陵江生态康养资源，发展具有地域特色的康养服务，建设成渝北部康养高地。四是提升嘉陵江通航能力建设。按照三级标准推进建设水东坝枢纽、亭子口通航建筑物，加快推进南充港都京、河西作业区和阆中码头建设，规划建设南部、仪陇、蓬安港区，推动南充港与广元港、广安港、重庆寸滩保税港区协作发展，打造长江水运物流网络重要节点，共建长江上游航运中心。

六、展现赤水河醇美风景

“此水奔流似飞箭，缚筏乘桴下蜀甸”[13]。赤水河位于川江南岸，作为川盐入黔的主要通道，毛泽东率领中央红军转战于赤水河流域和乌蒙山地区，在四川南部的崇山峻岭和急流险滩中书写了一幕幕威武雄壮的史诗，因红军“四渡赤水”之壮烈而称“英雄河”；身怀“不出百里必有好酒”的酒香文化密码，享有“中国版图上最为香醇的一条河流”的美誉，含两岸盛产名酒之芬芳而称“美酒河”；其水色端午赤浪，重阳碧波，红绿交替，周而复始，展纯净无污染之庇护而称“生态河”；逶迤的河岸延伸出平畴沃野、峰峦竞秀，流淌着红色信仰与醇美芬芳，展多元文化符号而称“美景河”。

在赤水河流域构建“一干、三区、四支”的流域水生态环境保护空间格局。“一干”即赤水河干流，应着力于统筹山水林田石系统治理，提高植被覆盖质量，持续开展矿山复绿行动；保护珍稀鱼类水生生境，落实水生态环境保护修复；强化跨界河流联保联防，提升重点工业行业废水治理水平和清洁生产水平。“三区”即画稿溪国家级自然保护区、古蔺黄荆自然保护区、长江上游珍稀特有鱼类国家级自然保护区（赤水段），应着力于推进以国家公园为主体的自然保护地体系建设，加强水生生境及珍稀特有鱼类保护，构建串联山体、水系的生态绿廊，实现生态廊道连通，保证流域生态系统的完整性。“四支”即倒流水、古蔺河、大同河和习水河，应着力于加大叙永县、古蔺县石漠化综合治理力度；加强赤水河支流小水电站清理整顿，拆除效能低下的小水电工程及拦河坝，在确定保留的水电站增设生态鱼道，恢复河流纵向连通性及水生生物天然物理生境。

结合赤水河流域的资源禀赋、水体功能、水生态环境质量现状、沿线用地功能布局、产业现状等，其高质量发展的路径重点体现在：一是推动世界级酱香酒核心产区建设。打造川黔区域合作先行区，推动郎酒吴家沟生产基地建设和四川古蔺酱香酒谷产业园区建设，加强中国白酒“金三角”、赤水河酱香酒谷等跨区域品牌塑造和协同机制建设。二是大力发展特色生态产品。做强合江荔枝、真龙柚等地理标志产品品牌，重点发展古蔺马蹄甜橙、茅溪杨梅和叙永石坝甜橙等特色水果，打造叙永乌蒙山片区现代特色农业基地。三是全面发展生态旅游。利用赤水河流域“丹霞地貌”等自然生态优势、“四渡赤水”等革命历史文化优势以及“苗彝文化”等优秀传统文化优势，建设长征国家文化公园（赤水河段），着力打造红色文化旅游、白酒工业文化旅游、生态康养旅游、乡村生态旅游等赤水河流域精品旅游线路。

七、绘就雅砻江炫美风景

雅砻江从川西北高原由北向南奔向西南山地，是川内各大江河中最洁净的大江，含沙量小，终年保持着风清水碧的迷人面貌。雅砻江流域千岩竞秀，万壑争流，奔腾咆哮的江水有如康巴汉子的彪悍不羁，经幡飘扬之间展雪域、冰川、牧场、湖泊、湿地之多元奇观，“茶马古道第一渡”雅江在雅砻江水与悬崖的怀抱中传承着古韵悠悠的历史风情，六世达赖喇嘛仓央嘉措“洁白的仙鹤，请把双翅借给我，不飞遥远的地方，到理塘转一转就飞回”至今还在流传；两河口、锦屏、二滩 20 余个梯级水电站现鬼斧神工之奇迹……自然风光与人文盛景交织成雅砻江的炫美风景。

在雅砻江流域构建“两段、四湖、十八区”的流域水生态环境保护空间格局。“两段”即雅砻江上中游段、雅砻江下游段，应着力于加强生态保护修复，提升上游水源涵养能力，维护优良水体水生态环境有效治理，加强中下游城镇及工业污染控制，保障干流水质稳定达到Ⅱ类标准。“四湖”即泸沽湖和两河口、锦屏一级、二滩 3 座水库，应着力于联合云南加强泸沽湖保护，有序推进生态搬迁，加快实施岸线退出、人工湿地、生态隔离带、水生态系统修复等工程；开展库区消落带生态治理，提高植被覆盖度，恢复土著鱼类种群。“十八区”包括海子山、卡莎湖等 7 处以湿地为主的自然保护区以及雅砻林卡、石渠邓玛等 11 处国家级及省级湿地公园，应着力于加强高原湖泊湿地保护和生物多样性维护，加强湿地资源监测，完善高寒草原沼泽湿地生态保护管理体系，确保流域内湿地面积不减少，功能不降低。

结合雅砻江流域的资源禀赋、水体功能、水生态环境质量现状、沿线用地功能布局、产业现状等，其高质量发展的路径重点体现在：一是打造川西新能源基地。利用雅砻江水能资源丰富、水流落差大、水电开发成本低、移民数量少、电源点密集、综合效益显著等特点，有序发展清洁能源业，加快太阳能、风电、抽水蓄能、地热能资源开发，推进卡拉（102 万 kW）电站建设，加快雅砻江柯拉光伏电站等水光互补电站建设，推进建设国家级水、风、光一体化可再生能源基地。二是促进生态文化旅游融合发展。推进高寒草甸、特色农牧业、民族风情等深度融合，合理开发以自然观光、农牧结合、深度体验为主的旅游产业，打造生态观光、文化体验、康养休闲、户外运动、低空旅游、科普研学等旅游产品，推动藏羌彝文化走廊、川藏铁路世界级黄金旅游走廊和“丝路甘孜·康藏秘境”建设，提升中国最美景观大道、大香格里拉、大贡嘎、茶马古道等精品旅游线路。三是推进流域农牧产业高质量发展。以青稞、花椒、春油菜和中藏药材等为重点，推进农产品产地初加工和精深加工，培育发展市场前景好、附加值高的特色农产品品牌。

八、构建大渡河绮美风景

大渡河流域物华天宝，人杰地灵，囊贡嘎山“山中之王，蜀地之巅”的高耸丰饶之壮美；蕴金口大峡谷“地质天书、旷世幽谷”的壁立千仞之奇观；含 14 座梯级水电站“高峡出平湖，当今世界殊”的巧夺天工之奇迹；承泸定桥“大渡桥横铁索寒”的红军飞夺天险之壮举；袭成昆铁路“为有牺牲多壮志，敢教日月换新天”的中国铁道兵之伟迹；展乐山大佛“莲身凭岸起，鹫岭倚云开”的三江汇流之和谐……这数不完的风光与人文交结在一起，构建大渡河的绮美风景。

在大渡河流域构建“三源、一干、六库、四区”的流域水生态环境保护空间格局。“三源”即梭磨河、绰斯甲河、足木足河 3 条源头河，应着力于实施山水林田湖草沙冰一体化综合治理与生态修复，提升生态脆弱地区生态系统稳定性，提高上游水源涵养能力，保护和提升源头区水质。“一干”即大渡河干流，应着力于开展川陕哲罗鲑、青石爬鮡等重点鱼类栖息地的保护，实施河道连通性恢复工程，推进小水电的分类整改，营建鱼类产卵场，开展河道生态修复；加强中游土壤保持和水土流失综合治理；科学有序开采流域矿产资源，建设绿色矿山；开展涉危涉重企业、工业园区及沿江固体废物堆场环境风险排查治理。“六库”即大渡河干流的双江口、大岗山、猴子岩、长河坝、瀑布沟、安谷 6 座大型水电站，应着力推进绿色水电站建设，大力实施库区边坡生态恢复；建立健全流域上下游水电站协同调度机制，统筹考虑防洪、生态安全及电力供应需求，优化水资源调度方案。“四区”即南莫且省级湿地自然保护区、多美林卡国家湿地公园、大瓦山国家湿地公园、莲宝叶则省级湿地公园 4 个天然湿地，应着力于全面保护高原高寒湿地，科学修复退化湿地，恢复并扩大湿地范围，增强湿地生态功能，保护生物多样性。

结合大渡河流域的资源禀赋、水体功能、水生态环境质量现状、沿线用地功能布局、产业现状等，其高质量发展的路径重点体现在：一是科学开发可再生能源资源。科学有序推进水能资源开发，加快开发太阳能、风能、地热等清洁能源，提升能源输送能力，推进水电消纳产业示范区建设，加速推进大渡河干流双江口（200 万 kW）、金川（86 万 kW）、硬梁包（111.6 万 kW）等 9 级水电站共 647 万 kW 水电项目开发建设，打造水风光多能互补的国家级清洁能源综合开发基地。二是有序发展绿色矿产业。整合规范大渡河沿岸金矿开发，有序开发石膏、石灰石等非金属矿资源，积极打造绿色矿山。支持水泥、石膏等建材业发展，推动传统建材向节能、环保新型方向转型。三是推进大渡河乡村振兴示范带建设。分类推进康养休闲型村庄、集聚提升型村庄、城镇郊区型村庄、文旅融合型村庄建设，因地制宜推进农区、牧区、半农半牧区乡村振兴，集中力量打造一批特色产业基地、特色小镇、田园综合体、度假乡村和特色村落。四是加快流域文旅走廊建设。上中游宜结合康巴文化、红色文化、藏药文化等，打造大渡河阳光康养旅游度假区；下游宜深入挖掘峨眉山—乐山大佛文化内涵，打造国际知名旅游目的地。五是加快流域特色农业带建设。重点发展甜樱桃、酿酒葡萄、食用菌、茶叶、花椒、核桃和错季蔬菜，争创一批国家级、省级现代农业园区。

九、抒写青衣江婉美风景

“青衣江上，正层层苍霭，翠岚欲泻”[14]。青衣江源自夹金山上的涓涓细流，收纳玉溪河、天全河和荥经河，晕染古代“青衣羌国”翩跹之韵，以舒缓柔和之姿袅袅而来。古有蚕丛着青衣、教民栽桑养蚕，而今青衣江畔宜人也宜居。硗碛水库水天一色、飞仙湖畔四季如画，一幅幅烟雨朦胧的山水画卷是青衣江在蜀地婉约如诗的江南风韵；“宜居养生之都”洪雅，在青衣江一江碧水的润泽下生生不息；“两岸青山相对出，一江碧水自中流”的绝妙景观是青衣江赋予夹江的形胜与名由。

在青衣江流域构建“一园、一干、六支”的流域水生态环境保护空间格局。“一园”即大熊猫国家公园，应着力于保护自然生态系统完整性和原真性，提升森林系统质量，提高水源涵养能力；全面退出公园范围内小水电及与保护无关的其他设施。“一干”即青衣江干流，应着力于加强青衣江干流生态廊道建设及水土流失综合治理，严格防范沿江化工企业、工业园区、尾矿库坝水环境风险。“六支”包括周公河、天全河、宝兴河 3 条设置珍稀鱼类省级、市级自然保护区的河流以及荥经河、玉溪河、名山河，应着力于保护恢复周公河、天全河、宝兴河珍稀鱼类及水生生物多样性，实施小流域水生态修复，因地制宜建设河岸生态缓冲带，加强污水处理设施尾水人工湿地建设。

结合青衣江流域的资源禀赋、水体功能、水生态环境质量现状、沿线用地功能布局、产业现状等，其高质量发展的路径重点体现在：一是建设成渝地区大数据产业基地。依托“中国·雅安大数据产业园”，打造成渝地区超大规模绿色数据中心、综合算力供应中心、特色应用示范中心、大数据应用人才培训中心，加快共建成渝大数据产业“合作示范园区”，积极培育数据存储、数据计算、数据应用、数据交易、数智制造等产业生态链，力争2025年数字经济规模突破500亿元。二是建设成渝地区双城经济圈高品质农产品供给基地。围绕柑橘、葡萄、猕猴桃、生猪、茶叶、蔬菜、中药材、冷水鱼等产业，以建设农业种植基地、生态农业观光示范基地、康养文化创意产业基地为抓手，引进农产品加工企业，培育发展新型农业经营主体，加快擦亮一批有影响力的农产品牌，形成地标农产品矩阵式发展。三是全面发展优质生态文旅。依托“大熊猫”“川西竹海”特色资源优势与“茶马古道”等文化优势，推动生态文化旅游融合发展，大力发展康养旅游，促进红色旅游和乡村旅游提档升级，深度融入巴蜀文化旅游走廊，打造以大熊猫文化和茶文化为特色的国际旅游目的地。四是推进生态禀赋优势转化为资产优势。巩固林草固碳成果，充分依托国土绿化、生态修复、国家战略储备林和竹林风景线等生态建设工程项目开发林草碳汇，支持天全大熊猫栖息地恢复等林草碳汇项目示范。鼓励将生态保护修复与生态产品经营开发权益挂钩。

十、描摹琼江韵美风景

琼江，水波温润如琼瑶碧玉，浪花翻涌似琼花献瑞，深深印染“陈毅故里”乐至之沧海桑田、红色记忆，细细滋养“佛雕之都”安岳之千年石刻、百年柠香，潺潺吟诵遂宁安居“连山风竹远层层，隔水人家唤不应”[15]之蜿蜒清丽。在琼江之滨，杜甫草堂的“蓝本”琼花草堂曾静待少陵先生幸临，油菜花海如金色织毯铺陈于江水两岸，而穿越安逸闲适的悠悠诗韵，如锦如织的绵绵花海，只见琼江如玉，如切如磋，如琢如磨，连接古今、融通川渝，闪耀着幸福美丽的光泽。

在琼江流域构建“一区、三河、四库”的流域水生态环境保护空间格局，“一区”即琼江翘嘴红鲌省级水产种质资源保护区，该流域应加大对产卵场、索饵场、越冬场、洄游通道等关键栖息地保护力度，提升水生生物资源养护管理水平，开展增殖放流效果评估，加强水产种质资源的保护。“三河”即蟠龙河、姚市河、龙台河，应着力于加强跨界流域联防联控，加强沿河农业种植面源污染防控，推进化肥减量增效和有机肥替代部分化肥，推进畜禽养殖户粪污处理设施装备配套，推广水产健康养殖模式。“四库”即跑马滩、麻子滩、蟠龙河、书房坝4座水库，应着力于加强湖滨带水生态修复，实施河湖滨岸生态拦截、内源治理、人工湿地水质净化工程，综合治理湖库区域周边农村生活源、种植业和畜禽养殖业污染。

结合琼江流域的资源禀赋、水体功能、水生态环境质量现状、沿线用地功能布局、产业现状等，其高质量发展的路径重点体现在：一是加强城镇和乡村规划建设。加快安岳、乐至县城提质发展，完善功能配套服务，支持安岳建设成渝中部重要节点城市，支持乐至建设全国县城新型城镇化建设示范县。实施乡村振兴示范工程，打造一批示范村、样板镇、示范园，培育琼江美丽巴蜀宜居乡村示范走廊。二是加快开展天然气综合利用。依托“安岳气田”资源，推动安岳-安居加强清洁能源产业合作，加大天然气下游市场开发培育力度，通过不断补链、延链、强链，构建一条健全的天然气全产业链，到2025年，力争实现年产气量80亿～100亿 m^3、综合产值200亿元以上、转化利用10亿 m^3 以上。三是共建成渝现代高效特色农业带。推进生猪提质发展、提升蔬菜生产加工水平、推动柠檬全产业链发展、推动柑橘产业集聚发展、推进蚕桑产业综合开发，夯实现代农业种业、装备、冷链物流支撑。发挥安居区3家大米现代农业园、安岳县粮经复合现代农业园区、乐至县粮油现代农业园区等星级现代农业园区示范作用，加快建设国家优质粮油保障基地。

十一、呈现涪江尚美风景

涪江自阿坝藏族羌族自治州雪宝顶发源，从雪域高原到丘陵平坝，一条涪江，万千风景，含“寺下春江深不流，山腰官阁迥添愁”[16]的青山绿水之秀丽，兴涪江六峡国家水利风景区匠心独运之风光，藏观音湖“目极烟波浩渺间”[17]浩浩汤汤之壮阔，造公园城市“城水相融、人水相亲”的生态格局之宜人，聚红嘴鸥、金雕、马鹿、四川羚牛等自然精灵之悠然自得，……涪江孕育了“涪源古道·三舍驿站”的特色文化，“涪水荡荡，绵山丽丽”的钟灵毓秀，有“吾爱孟夫子，风流天下闻”的诗仙太白和“行吟涪水畔，千年古郡换新姿”的子昂故里，“美化涪江、绿化涪江、柔化涪江、文化涪江”交织成一幅尚美风景。

在涪江流域构建“一干、三库、四河、八区”的流域水生态环境保护空间格局。“一干”即涪江干流，应着力于加强干流沿线工业集聚区集中式污水处理设施建设及管理，补齐沿线基础设施短板，严控河道采砂，强化水土流失综合治理及河道生态修复，保障干流出川水质稳定达到Ⅱ类标准。“三库”即沉抗水库、鲁班水库、武都水库，应着力于加强库区沿岸生活垃圾收集处理及农业农村面源污染防治，治理湖库沉积物污染，保障水质稳定达标。“四河”即凯江、郪江、梓江、芝溪河，应着力于实施小流域综合治理，保障生态流量，加强农业面源污染防控，持续改善小流域水质。“八区”包括平通河裂腹鱼类、郪江黄颡鱼、凯江、梓江、潼江河5个国家级、省级水产种质资源保护区以及绵阳三江湖、江油让水河、遂宁观音湖3个国家湿地公园，应着力于开展水生生境修复，保护裂腹鱼类、黄颡鱼等水产种质资源的栖息地；加强本土水生植物引入栽培，强化城市湿地生态功能，提升固碳能力。

结合涪江流域的资源禀赋、水体功能、水生态环境质量现状、沿线用地功能布局、产业现状等，其高质量发展的路径重点体现在：一是加快形成现代城镇体系。坚持以人为核心的新型城镇化，壮大沿涪江城镇发展带，推动绵阳、遂宁等重点城市实施公共服务设施提标扩面、环境卫生设施提级扩能、市政公用设施提档升级、产业培育设施提质增效，不断完善城市风貌管控体系，构建“蓝绿交织、水城共融”的空间形态。二是加快发展现代产业体系。推动电子信息、汽车、新材料、节能环保、高端装备制造、食品饮料、油气盐化工、冶金建材、纺织服装、造纸印染重点产业加速转型升级，培育壮大新一代信息技术、新型显示、北斗卫星应用、生物技术等战略性新兴产业；聚力发展锂电及新材料产业，支持射洪锂电高新产业园培育成为省级特色产业园区，推动流域全产业链发展。三是加强川渝毗邻地区合作共建。抢抓成渝地区双城经济圈建设重大机遇，依托遂潼川渝毗邻地区一体化发展先行区的建设；加快实施涪江复航工程，规划研究涪江上游（射洪段）分段复航，以涪江为纽带，在现代产业共育共兴、农业高质量发展、乡村振兴、创新平台建设等方面加强协作；加快遂潼涪江创新产业园区建设，推动打造成渝地区承接产业转移示范区、绿色食品供给基地、创新示范高地等。

十二、映现渠江柔美风景

“牵车又到渠江畔，漾漾翻波意尤美”[18]。渠江流域以山区为主，注定是一条波澜起伏、荡气回肠的河流。江水流经高山深谷，贯米仓古道、荔枝古道，接百里峡、八台山、渠县龙潭等，谓之大山之河。汹涌奔腾的渠江与达州相遇后变得安静和顺，在人力的奇迹下防洪引水育一方水土，谓之丰沛之河。流经伟人故里、红色热土广安，15 岁的邓小平顺渠江而下重庆，自此投身革命；宣汉“一县成军”，中国共产党最早的党员之一王维舟在这里点燃革命火种，谓之革命之河。

在渠江流域构建“两带、四河、十一区”流域水生态环境保护空间格局。“两带”即川渝交界带、川陕交界带，应着力于加强川渝、川陕跨界小流域综合治理，补齐基础设施短板，加大水生态修复，保障生态用水，确保跨界河流水质稳定达标。“四河”即渠江干流、巴河、通江、州河，应着力于提高巴河、通江两条源头及州河上游水源涵养能力，补齐污水收集处理设施短板，加强农业农村污染防治，推进河湖（库）生态缓冲带修复和建设。“十一区”即大通江河、渠江黄颡鱼、白甲鱼、巴河岩原鲤、华鲮等 11 个国家级水产种质资源保护区，应着力于加强保护区管理，保护重要鱼类“三场”，保障鱼类洄游通道通畅，开展水生态跟踪调查评估，保护土著鱼类及生境。

结合渠江流域的资源禀赋、水体功能、水生态环境质量现状、沿线用地功能布局、产业现状等，其高质量发展的路径重点体现在：一是推动流域城市协调发展。加快区域中心城市建设，支持达州组团培育川东北省域经济副中心，加快建设万达开川渝统筹发展示范建设；推动重要节点城市建设，支持巴中开展川陕革命老区核心城市高质量发展试点，支持广元建设川陕甘接合部区域中心城市。二是强化基础设施建设。推动铁路大通道建设，加快渠江航运升级改造，推进建设渠江（达州—丹溪口）风洞子枢纽；加大天然气勘探、页岩气资源调查力度，重点推进普光、罗家寨、龙岗、元坝等高含硫气田开发，充分发挥达州、巴中、广元等地天然气资源优势，加快推动天然气就地转化利用。

三是加快发展优势产业。加快传统产业绿色化、绿色产业规模化改造，推动钢铁、建材、化工、医药等传统行业转型升级；深度开发特色农产品、畜禽肉食品、白酒及软饮料，建立食品饮料全产业链溯源体系，延伸产业链、提升价值链、畅通供应链，建设西部绿色农产品供给地。推进海相富锂钾资源矿勘探开发，打造集锂、钾等元素提取及电池级碳酸锂生产等于一体的全产业链。四是加快革命老区振兴发展。抢抓川陕革命老区核心城市振兴发展的重大机遇，积极争取国家支持，深挖红色文化内涵，整合红色文化资源，依托丰富的文化、旅游、生态资源，大力推进“旅游+”，不断提升文旅康养品质、打响文旅康养品牌，推进“巴山新居”、蜀道古柏保护环线建设，推动旅游发展全域化。

十三、绘制安宁河怡美风景

“春色远连天，江流一线穿”。安宁河河如其名，安宁祥和、静美怡人，其羽状分布的水系格局，冲刷出了丰饶宜居的安宁河谷平原。这里气候适宜，物产丰富，花团锦簇，舒适宜居，享有四川省“第二天府”和“第二粮仓”的美誉。拥有“太阳城”和“小春城”美称的西昌，安宁河穿城而过，带来世外桃源的美好静谧。以花命名的攀枝花市在安宁河畔亭亭玉立，花开半城浪漫清新。安宁河谷孕育着特殊的自然禀赋，其温度、空气湿度、海拔高度、农作物优产度、空气洁净度和森林覆盖度“六度皆宜”，打造了攀西最明媚、最温暖的阳光康养胜地，“诗与远方”触手可及。

在安宁河构建“一谷、两湖、四支”的水生态环境保护空间格局。“一谷”即安宁河河谷，应着力于提升安宁河河谷水土保持及水源涵养能力，加强安宁河流域面源治理，提升沿河涉重企业、尾矿库风险防范水平。“两湖”即大桥水库、邛海，应着力于开展天然湿地保护与修复、环湖库防护林带、生态隔离带、生态景观林带等工程，强化面源污染综合治理，保障水质稳定达到Ⅱ类标准。“四支”即孙水河、海河、茨达河、锦川河，主要应着力于完善茨达河、锦川河水功能区划定，科学确定水质管理目标；提升孙水河下游植被覆盖度，减少入河泥沙量；加强海河流域入河排污口排查整治，完善污水收集管网，建设河岸缓冲带，开展河道生态修复。

结合安宁河流域的资源禀赋、水体功能、水生态环境质量现状、沿线用地功能布局、产业现状等，其高质量发展的路径重点体现在：一是巩固拓展脱贫攻坚成果同乡村振兴有效衔接。全面巩固拓展脱贫攻坚成果，健全农村低收入人口帮扶机制，坚决防止发生规模性返贫现象，争取将流域 11 个脱贫县纳入乡村振兴重点帮扶县，支持安宁河流域县（市）创建乡村振兴示范县。二是推进建设“天府第二粮仓”。坚持最严格的耕地保护制度，大力开展安宁河流域水资源配置工程建设，促进耕地增量提质，力争到 2035 年建成高标准农田 167.29 万亩；加快建设安宁河流域国家级现代农业示范区。推进建成全国重要的烤烟、蚕桑、石榴、苹果、花椒、马铃薯、蔬菜、中药材和绿色畜产品等基地。三是构建各具特色的产业体系。充分利用本区域丰富的水、风、光资源，统筹开发流域清洁能源，力争规划风电装机规模达到 500 万 kW 以上，不断延伸清洁能源产业链，打造国家级清洁能源基地；聚焦打造世界级钒钛、稀土产业基地，进一步加强基础研究和技术创新，着力延伸产业链，加快资源优势向发展优势的转化步伐。四是打造阳光康养旅游度假目的地。推进安宁河谷农文旅阳光生态走廊建设，依托红军长征历史文化，结合旅游康养项目，沿会理—德昌—西昌—冕宁打造红色文化旅游康养发展带。精心打造一批天府旅游名镇名村，做大做强“彝族村”“悬崖村”“傈僳村”“画家村”“米易梯田”等乡村旅游品牌。

参考文献

[1] 周国兴，刘昌富. 积极打造元谋特色旅游的思考[J]. 创造，2001（7）：17-18.

[2] 习近平在全面推动长江经济带发展座谈会上强调 贯彻落实党的十九届五中全会精神 推动长江经济带高质量发展[N]. 人民日报，2020-11-14（1）.

[3] 李白. 李白全集校注汇释集评[M]. 天津：百花文艺出版社，1996.

[4] 常璩. 华阳国志校补图注[M]. 上海：上海古籍出版社，1987.

[5] 吴立友. 北宋文同古体诗韵考[J]. 西南民族大学学报：人文社会科学版，2009（9）：4.

[6] 李白. 唐宋词简释[M]. 上海：上海古籍出版社，1981.

[7] 陆游. 陆放翁全集[M]. 北京：北京市中国书店，1986.

[8] 黄庭坚. 黄庭坚诗集注（第一册）[M]. 北京：中华书局，2003.

[9] 何忠盛. 南宋学者度正生平著述考辨[J]. 古籍整理研究学刊，2013（2）：89-91.

[10] 罗亨信. 北京图书馆古籍珍本丛刊[M]. 北京：书目文献出版社，1999.

[11] 刘学锴. 李商隐诗歌研究[M]. 合肥：安徽大学出版社，1998.

[12] 周忍. 宋代邵伯温研究[D]. 南充：西华师范大学，2022.

[13] 高小慧. 杨慎文学思想研究[D]. 北京：北京大学，2005.

[14] 游帅. 从张慎仪《续方言新校补》、《方言别录》看清人方言辑佚的得失[J]. 古籍整理研究学刊，2018（2）：61-65.

[15] 洪钟. 论张船山的诗[J]. 社会主义研究，1980（6）：104-109.

[16] 杜甫. 杜工部诗集辑注[M]. 保定：河北大学出版社，2009.

[17] 金东勋. 晚唐著名朝鲜诗人崔致远[J]. 中央民族学院学报，1985（1）：75-82.

[18] 袁说友. 成都文类（上册）[M]. 北京：中华书局，2011.

2023 年全国两会代表委员关于生态环境保护建言热点主题分析及对四川省的启示研究

摘　要：2023 年《政府工作报告》全面回顾了过去一年和五年的工作，对生态环境保护的成效及问题短板作了系统分析总结，并定下今年生态环境保护工作的主基调是“生态环境质量要稳步改善”，明确了深入推进环境污染防治，实施重要生态系统保护和修复重大工程，推进能源清洁高效利用和技术研发等重点任务。围绕重点任务，全国两会代表委员积极建言献策，大部分建言的焦点内容与四川省政府工作报告关于 2023 年工作安排高度契合。为系统梳理提炼和学习借鉴不同地区的创新理念、典型经验，更好助推四川省生态文明建设与环境保护工作，课题组通过各大互联网入口，组合业务高频词与场景限定词，检索并筛选采集到 139 条高价值建言信息，通过多维量化分析、可视化呈现，归纳提炼出两会代表委员建言的聚焦方向和热点主题，并结合四川省实际情况适当延伸和细化，提出七大对策建议。

关键词：生态环境；热点主题；主题强度；词频统计

党的十八大以来，我国坚持以习近平新时代中国特色社会主义思想为指导，深入贯彻习近平生态文明思想，牢牢把握“美丽中国”的社会主义现代化强国目标，开展了一系列根本性、开创性、长远性工作，我国生态环境发生历史性、转折性、全局性变化。2023 年《政府工作报告》（以下简称《报告》）在“过去一年和五年工作回顾”部分作出总结，我国“生态环境明显改善，在污染防治攻坚、美丽中国建设、绿色低碳发展等方面成效显著”。其中单位国内生产总值能耗、二氧化碳排放、细颗粒物平均浓度均得到明显下降；优良天数、优良水体比例持续上升；国家公园及各类自然保护地建设稳步增长；水土流失、荒漠化、沙化土地面积显著减少；可再生能源装机规模、清洁能源消费占比持续攀升。

《报告》同时也指出，尽管我国的生态文明建设和生态环境保护已取得了显著成效，但与“生态环境根本好转，美丽中国目标基本实现”的美好愿景仍存在较大差距，生态环境保护工作任重道远。2023 年是全面贯彻落实党的二十大精神的开局之年，也是实施“十四五”规划承上启下的关键之年，为此《报告》提出 2023 年发展的主要预期目标之一是“生态环境质量要稳步改善”，具体包括深入推进环境污染防治，加强流域综合治理和城乡环境基础设施建设，实施重要生态系统保护和修复重大工程，推进能源清洁高效利用和技术研发，加快建设新型能源体系，提升可再生能源占比，发展循环经济，推动重点领域节能降碳减污等，为2023年全国生态环境保护工作定好了主基调。

聚焦生态优先、绿色发展，围绕《报告》提出的环境污染防治、生态保护修复、能源清洁高效利用、重点领域节能降碳减污等各项重点任务，全国两会代表委员们积极献策畅言，大部分建言关注的焦点和主要内容与四川省政府工作报告关于2023年工作安排所提出的“协同推进降碳、减污、扩绿、增长”高度契合。“他山之石，可以攻玉”，为系统梳理提炼和学习借鉴不同地区的创新理念、典型经验，更好地助推四川省生态文明建设与环境保护工作，通过综合利用搜索引擎和微信公众平台等不同互联网入口，主要面对各主流媒体、官方账号，以“两会”“代表”“委员”等限定词与“双碳”“生态”“绿色”“农村”等业务高频词相结合，采用关键字模糊交叉检索并识别、筛选和采集相关性较高的检索结果，经规范化处理得到高价值建言信息139条。

在此基础上，进一步利用Python集成开发环境，及相对成熟的开源自然语言处理模型算法、中文词库和统计语料库等，对“两会”建言进行主题强度、词频统计等多维量化分析和可视化呈现，归纳提炼全国不同地域、不同职业方向“两会”“代表”“委员”的聚焦方向和建言，并按照“对标全国水平、符合四川实际”的思路，应用相关建言提出适用于四川省生态文明建设和生态环境保护工作的对策建议。

一、两会代表委员建言总体情况剖析

总体来看，本次采集的139条建言覆盖广泛、内容全面、重点突出。主题主要包括环境污染防治、生态保护修复、高质量发展、新能源、绿色低碳、美丽乡村建设、环境法治建设等七大方面；地域上既有面向全国的，也有面向华北、东北、华东、华中、华南、西南、西北不同地理分区的；涉及的行业有石化、畜牧、钢铁、水泥等诸多领域；代表委员有政府工作者、科研工作者及企业高管与技术人员等。

根据热点主题占比图（图1），系统地看代表委员建言主题的七大方面，核心还是发展（低碳发展、能源转型、高质量发展等）与保护（污染防治、生态保护修复等）。建言普遍关注发展既是全体代表委员对习近平总书记在党的二十大报告中强调的“高质量发展是全面建设社会主义现代化国家的首要任务。发展是党执政兴国的第一要务”。的深入领悟，也是对习近平总书记“必须完整、准确、全面贯彻新发展理念”重要指示精神的贯彻落实。建言同时强调保护，则是针对《报告》提出的“生态环境质量要稳步改善”年度目标，衔接《中共中央　国务院关于深入打好污染防治攻坚战的意见》《全国重要生态系统保护和修复重大工程总体规划（2021—2035年）》（发改农经〔2020〕837号）、《减污降碳协同增效实施方案》（环综合〔2022〕42号）等重大政策部署，对重点任务创新思路、分解细化。

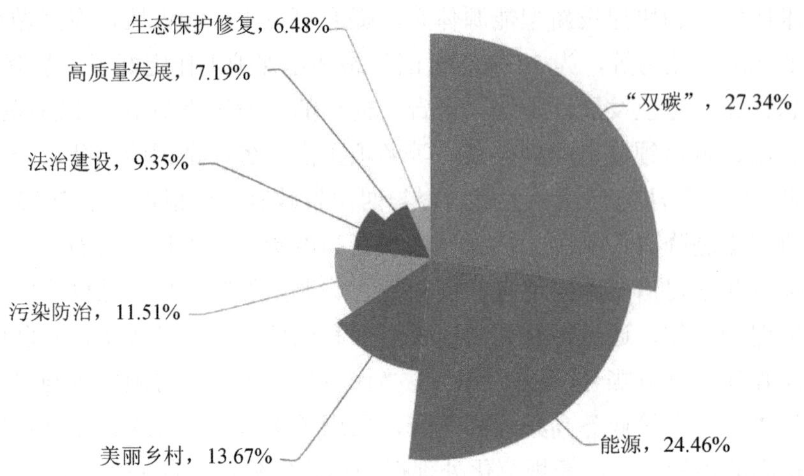

图 1　两会代表委员建言的热点主题占比

不同区域代表委员的建言带有较为明显的地域特点（图 2），其中东北地区自然禀赋得天独厚，是我国分布最集中的天然林区和最主要的木材产地，具有显著的生态地位及经济价值，"双碳"背景下新一轮经济发展模式为林区经济振兴提供了更多的机会，因此代表委员对"固碳增汇"关注度较高；华东地区作为我国经济的龙头区域，经济发达、产业兴盛，但随之而来平衡经济发展与生态保护的压力也与日俱增，习近平总书记在 2020 年 8 月扎实推进长三角一体化发展座谈会上强调长三角地区"不仅要在经济发展上走在前列，也要在生态保护和建设上带好头"，统筹推进生态保护和高质量发展、探索

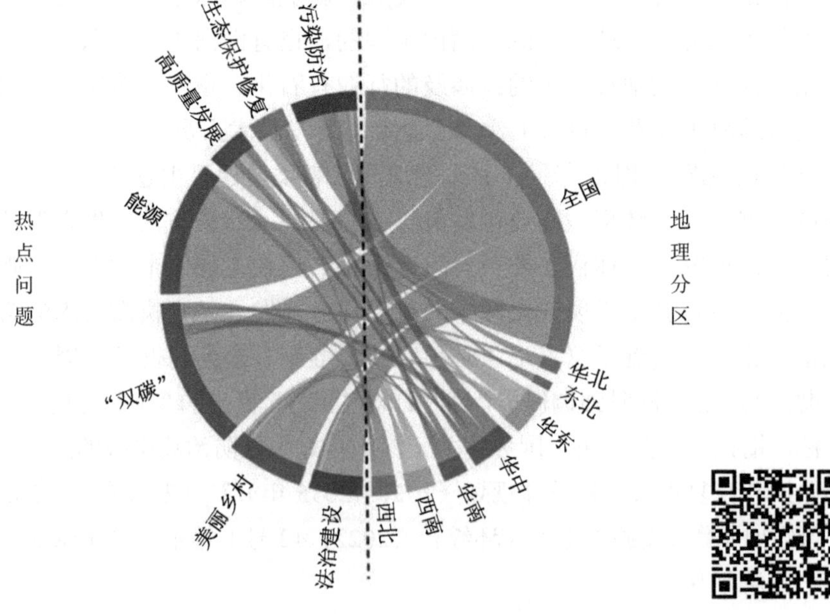

图 2　不同地区两会代表委员建言的热点主题关注分布图

可持续发展的绿色生态之路成为华东地区面临的最紧迫任务，因此该地区代表委员的建言主要围绕“高质量发展”与“生态保护修复”展开；西北地区是我国重要的新能源基地，区域内风电、光伏以及氢能资源潜力和储量巨大，因此该地区代表委员对“能源”的关注度较高，同时由于西北地区农村发展相对较为滞后，因此对“美丽乡村”建设也给予了更多关注。

根据 139 条建言提出者的工作职务（岗位）将代表委员大体划分为“政府机构”“科研机构”和“企业”三大类，通过对代表委员职务类别与七大建言主题进行关联分析（图 3），可以看出，政府机构工作者对“高质量发展”“污染防治”“生态保护修复”等问题均保持较高关注度，这也是地方各级人民政府把思想和行动统一到党中央关于推动高质量发展贯彻到经济社会发展的全过程各领域，深入打好污染防治攻坚战，加快推进山水林田湖草沙一体化保护和修复等重大决策部署上的具体体现；而企业作为发展低碳经济的重要主体，既有主动承担生态环保社会责任，积极适应国家对能源绿色低碳发展等总体部署，助力实现碳达峰碳中和的必然要求，也有优化能源结构，加快低碳转型升级，进一步提升核心竞争力的内生动力，因此对“双碳”“能源”方面的问题关注度极高；科研机构工作者对各类主题均有所关注，但对不同主题的关注度差异较大，明显对“双碳”及“美丽乡村建设”方面的关注更为集中。

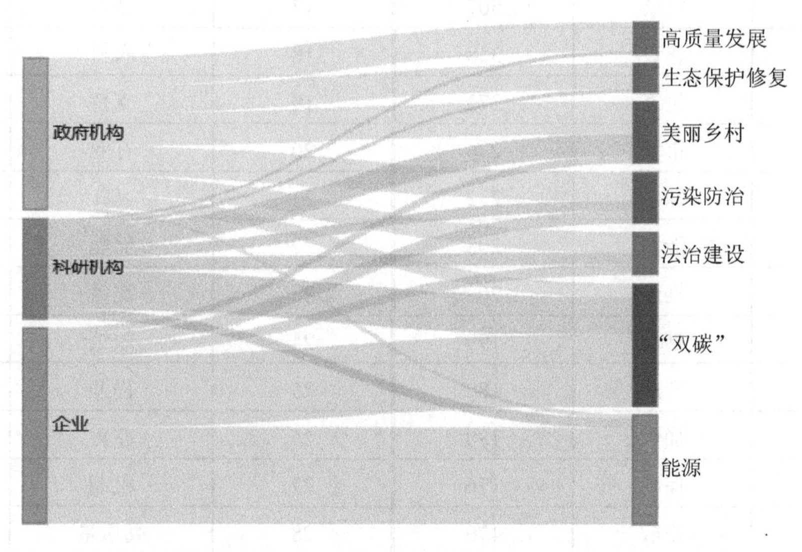

图 3 不同职务（岗位）类别代表委员建言的热点主题分布图

注：“政府机构”包括国家部委、各省（区、市）人民政府及其组成部门、基层单位等；“科研机构”包括高等院校、科研院所；“企业”包括央企、国企、民营企业等。

从词频统计表（表 1）和词云图（图 4）可以看到，与代表委员建言的主题分类结果基本一致，“碳”“绿色”“发展”“能源”“生态”“排放”“农村”等词频排名都较为靠前。其中“碳”出现高达 512 次，充分表明了实现碳达峰碳中和已经成为全社会的共识，同时由于碳达峰碳中和是一项系统工程，既是自然科学问题也是社会科学问题，既是近期问题也是长远问题，众多高校、科研机构和企业等纷纷采取行动，在技术、政策、市场等各方面呈现出百家争鸣的繁荣景象。仅次于“碳”的热词是“发展”，共 507 次，相关的建言内容涉及“绿色发展”“高质量发展”“低碳发展”“可持续发展”等，既是全国上下贯彻落实习近平总书记强调的“坚持以推动高质量发展为主题”的高度体现，也是全国各地结合本地区特色、定位，积极探索以生态优先、绿色发展为导向的高质量发展新路子的生动展示。排第 3 位的热词是“建设”，共 358 次，相关的建言内容涉及“美丽中国建设”“生态文明建设”“法律法规体系建设”“自然保护地体系建设”“国家公园群建设”等，表明在当前及今后较长一段时期我国的生态环境保护任务中“建设”依然是重要一环，着力在“补短板、强弱项、固底板”上下功夫，解决区域之间、区域内部发展不平衡、不充分的问题。

表 1　代表委员建言高频词及词频分布表（词频排前 30 位的词汇）

编号	高频词	频率/次	编号	高频词	频率/次
1	碳	512	16	资源	132
2	发展	507	17	技术	131
3	建设	358	18	农村	128
4	生态	272	19	支持	127
5	市场	236	20	行业	125
6	绿色	232	21	新	124
7	能源	208	22	储能	123
8	推进	202	23	交易	122
9	推动	199	24	政策	118
10	产业	180	25	提升	118
11	加快	180	26	完善	116
12	保护	176	27	机制	113
13	排放	170	28	高质量	108
14	体系	166	29	保障	107
15	企业	153	30	新能源	97

图 4　代表委员建言的热点主题词云图

在形容词的使用上，“加快”一词出现频次最高，表现了全国上下加快建成天更蓝、山更绿、水更清美丽中国的决心和积极性。从“清洁用能补贴政策”“生态保护补偿政策”到“碳达峰碳中和‘1+N’政策”“绿色发展政策”，“政策”一词出现 118 次，预示今后我国在生态环境保护相关政策体系制定与健全完善方面仍需投入更大力度，保障各项工作有序推进、规范开展。

二、对四川省近期工作方向及重点的建议

通过上述对两会代表委员建言的梳理分析和归纳提炼，结合四川省实际从深入打好污染防治攻坚战、生态保护修复、绿色转型发展、能源绿色低碳转型、参与全国碳市场建设、美丽乡村建设以及生态文明法治建设等七大方面进行适当延伸和细化，提出如下对策建议。

（一）深入打好污染防治攻坚战

一是深化生态环境保护协作，持续推进区域联动执法。加强上下游、部门间协调联动，推动部门间共同建立水环境质量保障联防联控方案。进一步扩展雨情、水情、汛情、旱情等信息共享深度和广度，与水利、气象、应急等部门建立及时高效的信息交换网络系统和信息共享业务平台，推进信息充分共享共用，建立生态环境突发事件防御矩阵。健全测管协同响应机制，常态化开展水质下降、超标排放预警提示，持续开展季度水生态环境形势分析会议。强化枯期、汛期水质达标管控，开展水生态环境突出问题专项暗访暗查，持续推进“双随机、一公开”检查，强化各类涉水问题整改调度。

二是突破水质改善“瓶颈”，加快推进“三水共治”。加快补齐基础设施短板，加

大城镇污水处理厂运维监管，落实城镇污水处理中政府、运营单位和纳管企业三方的责任义务。持续推进工业园区水污染整治专项行动，强化工业园区和城镇污水处理厂监管。实行最严格水资源管理制度考核，鼓励市（州）结合当地污水处理厂实际运行情况和上游污水情况，对属地上游企业污水作为污水处理厂外加碳源开展可行性研究，制定科学合理的污水资源化利用方案和监督机制。建立完善水生态考核体系，完善水生态监测能力。加快实施长江干支流重要滩涂湿地生态修复工程，有序实施水生生物多样性保护，推进长江、嘉陵江、赤水河等流域原生土著鱼类重现。

三是系统提升河湖健康程度，协同推进美丽河湖创建。对流域面积 50 km^2 以上的小流域开展排查，形成小流域“三水现状”清单。推动成都、乐山、德阳、内江、南充、达州、泸州、资阳、遂宁等地选取 1～2 条小流域，制定实施小流域“三水共治”方案，开展“三水共治”示范试点，形成具有地方特色、代表性的治理经验，打造一批四川特色的小流域综合治理典范。将小流域综合治理与美丽河湖创建工作相结合，系统性推进美丽河湖创建。

（二）稳步系统推进生态保护修复

统筹推进生态系统保护修复。一是探索基于自然解决方案的生态修复治理模式。以重点生态功能区、生态保护红线区、生态环境敏感脆弱区为重点，遵循自然修复为主，科学、积极和适度的人工干预措施为辅的原则，因地制宜开展保护与修复，构建“生态修复行动—生态系统功能与服务提升—社会经济福祉共赢”的生态修复路径。二是推进城乡“扩绿”“护绿”。在城市功能疏解、更新和调整中，将腾退空间优先用于留白增绿，促进生态空间的均衡分布。建设以绿道为脉络的生态绿网体系，推进小游园、微绿地、微湿地建设，打造集生境保护、文化景观、休闲游憩于一体的城市多功能“绿道”系统。三是提升生态资源安全保护能力。在川西高原、大小凉山等森林、草原防灭火高风险区，探索建立林火自动监测预警系统，加强防火基础设施建设，构建科学高效火灾防控体系。加强松材线虫、草地贪夜蛾、鼠兔等林草病虫害防控，加大早期诊断等技术攻关，常态化开展有害生物监测。

加快实施生物多样性保护重大工程。一是推动生物多样性保护优先区域建设。探索设立四川生物多样性保护专项资金，建立生物多样性保护重大工程项目储备库。系统推进生物多样性本底调查、迁地保护、就地保护等生物多样性重大工程。二是统筹建设四川植物园体系。抓住国家植物园体系建设新机遇，以西南地区植物迁地保护为重点，构建特色鲜明、全国一流的四川植物园体系。三是实施系列生物多样性精品宣教工程。立足四川生物多样性保护成效，策划创作一部保护大事记，成立“生物多样性保护四川论坛”，扩大四川的学术影响力。

创新生态价值实现体系。一是扩宽生态产品价值实现路径。立足四川省特色资源优势，在保护好生态环境的前提下，进一步挖掘生态资源优势，大力发展生态农业、生态旅游业，探索发展生态人居业和生态知创业，鼓励采用生态环境导向的开发（EOD）模式，探索将生态环境治理项目与生态旅游、城镇开发等产业融合发展，打造生态优势向发展优势转变的四川路径。二是推进以单要素补偿向以生态环境质量为核心的综合补偿转化。完善横向与纵向互补互促的生态保护补偿制度，探索建立生态产品“存量”“增量”与资金分配相挂钩的纵向补偿机制，深化开展上下游流域横向生态保护补偿，探索大气等其他生态环境要素横向生态保护补偿方式。

（三）全面加快发展方式绿色转型

一是深化结构调整，加快传统产业提级转型。坚持“双碳”引领，以节能降碳、绿色转型为目标，以“贡嘎培优”行动等为抓手，推动能源化工、食品轻纺、装备制造等行业做精、做强，向绿色化、高端化发展。推动产业园区循环化、生态化改造，促进废物综合利用、能量梯级利用、水资源循环利用。坚决遏制“两高一低”项目盲目发展，对存量项目积极有序开展节能降碳技术改造，加快淘汰落后产能。2023 年，实施制造业技术改造项目 5 000 个以上。提升农业绿色发展水平，围绕投入品减量化、生产清洁化、废弃物资源化、产业模式生态化，实现农业现代化。

二是发挥资源优势，推动新兴产业发展成势。坚持科技创新引领，以提升产业绿色竞争力为目标，以“珠峰攀登”行动等为抓手，加快培育清洁能源、动力电池、钒钛稀土、大数据等新兴绿色低碳产业。发挥川西北水电、川南页岩气、攀西阳光等资源优势，稳步推进世界级优质清洁能源基地建设，培育全国大数据产业重要增长极。统筹川西北锂辉石矿、攀西钒钛资源高效开发集约利用，提升四川锂电材料、钒钛钢铁等优势产业竞争力。启动国家级先进制造业集群发展“三年行动计划”，提升生物医药、轨道交通装备、节能环保等国家级战略性新兴产业集群发展水平，加快建设首批 23 个省级集群。

三是发展生态经济，推动实现生态产品价值。坚持擦亮生态底色，以生态“含绿量”提升发展“含金量”为目标，积极拓展“生态+”开发利用模式，深度挖掘生态产品价值，拓宽转化路径，从生态附加值溢价、生态产业发展、生态产品开发、环境资源交易等维度，推动生态优势转化为经济发展优势。依托雪域高原、攀西阳光、川西林盘等，发展生态旅游，壮大“美丽经济”，实现“发展”与“美丽”共生共赢。

四是完善支持政策，营造绿色发展良好环境。坚持绿色发展理念，以鼓励各领域绿色低碳转型为目标，以绿色金融、绿色税收、绿色交易市场、绿色产品认证、差异化收费等一系列政策体系为抓手，提高地方政府、企业发展循环经济、强化清洁生产、提高资源利用效率的主动性，推动绿色生产、促进绿色消费。加大对绿色低碳、节能环保、资源综合利用等产业的财税扶持力度，落实所得税、增值税等优惠政策。加快绿色产品认证制度建设，推进地方绿色标准制定，强化政策制度支撑。

（四）持续推进能源绿色低碳转型

一是大力发展清洁能源。推进水电、风电、太阳能发电、氢能高质量发展。加快氢能发展，探索多元化氢源供给模式，推动可再生能源绿氢发展，出台财税等相关支持政策，制定完善氢能行业规范、制度法规框架体系和技术规范，形成统一的行业标准体系。推进光伏产业快速发展，提高晶硅生产清洁能源使用比例，创新“光伏+”模式，推进分布式光伏发展，鼓励对参与风沙源地光伏治沙等类项目，在土地流转、税收减免等方面给予政策支持。

二是推动重点领域清洁能源替代。深入推进工业、交通、建筑领域电能替代，组织实施工业园区用能系统再造专项行动，推广综合能源站、源网荷储一体化、新能源微网等绿色高效供用能模式。加大清洁能源替代政策支持力度，提升石化、钢铁等传统行业新能源使用比例。健全完善有利于消费侧绿色发展的政策机制，实施重点用能产业升级再造工程，提升企业用能精细化管理水平，提升重点用能单位能源利用效率。

三是加快建设新型电力系统。构建新能源占比逐渐提高的新型电力系统，推动清洁电力资源大范围优化配置。积极发展“新能源+储能”、源网荷储一体化和多能互补，支持分布式新能源合理配置储能系统，加快新型储能技术研发和推广应用，健全新型储能政策体系，积极探索创新各种类型的新型储能价格机制。推进农村电网建设升级，鼓励社会资本参与，加快农村电网改造进程，开展变压器扩容、增容、升压改造。

四是推动锂动力电池产业高质量发展。统筹“资源一盘棋”，强化对锂资源的整体调控与管理，统筹规划锂资源开发。出台相关政策，对利用市场优势地位不正当竞争、利用无创新性专利恶意诉讼等引发的行业内卷及过度消耗行为进行规范。建立健全高效电池回收体系，高起点、高标准推进废旧动力电池回收管理，促进废旧动力电池循环利用健康发展。完善行业标准规范体系，组织制定行业能耗、污染、碳排放标准，推动构建衔接国家层面的产品碳足迹认证体系。

（五）积极参与全国碳市场建设

一是深度参与碳排放权交易市场。推动建立碳市场地方管理制度，强化碳市场数据质量日常监管，充分利用全国碳市场信息平台，不断提高碳市场数据管理信息化水平，推动建立省、市（州）两级联审的碳排放数据质量日常管理工作机制。压实发电等重点行业控排企业主体责任，加强碳排放企业“双随机、一公开”日常监管。强化重点行业、企业主动布局应对国内、国际碳约束挑战，引导水泥、钢铁、电解铝等行业开展低污染物低能耗原料替代、可再生能源替代等技术工艺改进，推动行业节能减排。

二是积极开展国家核证自愿减排（CCER）项目储备和开发。落实以国家温室气体自愿减排交易机制为基础的碳排放权抵消机制，促进国家核证自愿减排量消纳。稳定运行温室气体自愿减排交易市场，积极参与建设全国统一的自愿减排注册登记系统和交易系统。发挥四川林草碳汇、清洁能源等生态环境资源禀赋优势，抓住 CCER 项目开发机制重启机遇，推动林草碳汇、可再生能源、农村沼气等类别的碳信用项目储备和开发，抢占发展先机。

三是探索建立区域和个人碳普惠创新模式。开展碳普惠机制建设研究，推动制定地方碳普惠体系相关管理办法，通过政策鼓励与市场激励，营造多元化减污降碳积分兑换、奖励场景，对小微企业节能减排、城乡社区屋顶光伏、生活垃圾分类回收利用、新能源车使用等减污降碳行为进行量化，营造绿色低碳生产生活方式。支持成都市深化“碳惠天府”机制建设，推动成都都市圈碳普惠生态圈建设，激发个人和家庭的绿色低碳消费理念和节能减碳行为，引导全社会共同实现绿色低碳发展。

（六）助力宜居宜业和美乡村建设

保护农村生态环境。一是优化乡村生态空间管控。严格落实生态保护红线管控要求，科学利用生产空间，优化生活空间，严守耕地红线，压实耕地保护党政同责，带位置逐级分解下达“三区三线”划定的耕地保护目标和永久基本农田保护任务。二是保护农业文化遗产。在生态功能区和自然保护地，发掘农业文化遗产对于生物多样性保护、水土保持与水源涵养、应对气候变化的重要性，将以传统生态农业模式为代表的农业文化遗产纳入省级生态保护补偿机制建设，探索传统农业的生态产品价值实现路径，提高农业生产的可持续性。三是提升村容村貌。推进美丽乡村建设，以生态优美、环境宜居为前提，综合考虑生态宜居美丽乡村建设，大力发展“一镇一特、一村一品”，着力抓好路肩恢复、沟渠贯通、堤坡修缮，建好田间防护林，再现美丽田园风光。

整治农村人居环境。一是补齐农村环境保护基础设施短板。因地制宜推进农村生活污水设施和农村有机废弃物综合处置利用设施建设，实施河湖水综合整治，开展小流域水生态综合治理，塑造环境生态宜居的良好村庄形态。二是打造舒适安全的居住环境。加快推进生态及地质灾害避险搬迁工程，深入开展农村房屋安全隐患排查治理，落实四川省农村低收入群体等重点对象危房改造和地震高烈度设防地区农房抗震改造。结合四川地域特色深度挖掘乡村乡土历史文化遗产，尤其是红色文化及民俗文化资源，加强历史文化名镇名村、传统村落、传统民居保护与利用。三是落实公共服务基础设施保障。持续推进“四好农村路”建设，完善农村水、电、路、气、通信、物流等方面基础设施，解决基础设施“缺位”“断链”“瓶颈”等问题，推动水、电、路、气、信等基础设施补缺升级。

改善农村生产环境。一是加快农村能源绿色低碳转型。因地制宜高质量推广低碳农村可再生能源技术，推广热解炭气联产、规模化沼气工程供气等，提升农村清洁用能比例，实现化石能源替代、减污降碳。统筹农村地区社会经济发展水平、能源发展需求和城乡一体化发展要求，制定出台农村清洁用能补贴政策，探索建设一批以绿色清洁可再生能源为基底的低碳乡村试点。二是推动农业生产方式绿色化转型。推动有机肥替代化肥，优选养殖饲料，推广整县高标准农田建设试点建设经验，建立健全种养循环型农业模式，使绿色防控等环境友好型技术得到普遍应用。三是促进农村业态健康发展。深入把握四川省多元化自然环境、文化脉络、地方资源和产业基础等优势特点，科学布局旅游、康养、美食等适宜本地且有后续运营保障的新业态，形成布局合理、城乡互补、协调发展的农村产业体系。

（七）夯实生态文明建设法治基石

以立法为基，健全生态文明法律体系。一是基于“五位一体”总体布局，实现生态文明法治统一。现有生态文明建设法律呈现出一定的“碎片化”现象，造成不同法律法规之间交叉、冲突。从法治统一的角度出发，将现有生态环境法律通过环境法典的系统性整合，实现生态文明领域各个位阶法律之间的相互协调配套。二是面向绿色低碳发展要求对现有生态环境法律进行改良。当前的绿色低碳发展规范主要表现为政策推动，相关领域的法律体系和法律制度基本为空白，亟须通过生态环境重点领域立法、污染防治立法修改、绿色低碳发展法律制度设计，全面推进生态文明法治化进程。

以制度为引，构建现代环境治理体系。根据推动绿色发展、建设美丽四川的要求，结合推进环境治理体系和治理能力现代化的现实需要，从治理主体多元、治理手段多样和治理能力现代化 3 个方面着手，优化制度设计。一是构建政府主导、多元化主体共同参与的环境治理格局。政府作为环境治理的主导者，要积极完善顶层设计和内部监督责任评价机制；公民作为环境治理的主体，要提高社会责任意识，主动承担社会责任；企业作为市场主体，要自觉贯彻绿色发展原则，实现自我规制。创新包括“两法衔接”、多方联动在内的现代环境治理体系。二是创新治理方式、丰富治理手段。在继续完善“两法衔接”等行政管理制度的同时，大力发挥市场手段的作用，加快建设完善碳排放权市场、水权市场、碳汇市场等，引导各类企业和资本参与环境治理，形成治理环境污染、推动绿色转型的强大合力。三是提升治理能力现代化，加快构建水陆统筹、天地一体、上下协同、信息共享的生态环境监测网络，确保生态环境监测数据“真、准、全”，有效支撑经济社会发展全面绿色转型。

以司法为力，筑牢生态文明法治保障体系。一是树立现代环境司法理念引领环境审判工作。在审判工作中统筹处理好人与自然、经济与环境、当前与长远等多重关系，要正确认识保护和发展的辩证关系，把保护优先放在首要位置，实现可持续发展。着力构建审判专门化深化环境司法改革。二是推进审判机构和审判机制的专业化。顺应生态文明建设与绿色发展新形势，实现更为严密的诉讼程序保障、更为严谨的法律逻辑推演、更为丰富的环境责任承担、更为有效的强制执行措施，通过司法确认、恢复性执行、刑事追责等程序进一步强化司法效力，加大环境污染等行为的违法成本，起到良好的威慑效果。

四川省统筹推进生态环境保护与“宜居宜业和美乡村”建设的政策建议

摘　要：党的二十大报告论述“加快构建新发展格局，着力推动高质量发展”时强调全面建设社会主义现代化国家，最艰巨最繁重的任务仍然在农村，要坚持农业农村优先发展，坚持城乡融合发展，统筹乡村基础设施和公共服务布局，建设宜居宜业和美乡村。四川省作为农业大省，2022 年第一产业生产总值占比 10.5%，年末农村常住人口 3 487.8 万人，占比 41.65%，未来城镇化率达到 70%以上时还将有 2 500 余万人生活在农村，广大农民与城镇居民一样，也向往在山间地头就能过上“宜居宜业和美”的现代生活。本文分析了“宜居”是乡村美的先决条件、“宜业”是乡村富的主要途径、“和美”是乡村强的最终体现的“宜居宜业和美乡村”基本内涵，结合 2022 年国家及各部委推动宜居宜业和美乡村建设的政策要求，提出了四川省统筹推进生态环境保护与“宜居宜业和美乡村”建设的政策建议。

关键词：宜居宜业和美乡村建设；农村人居环境改善；农村业态与生态健康；农村生态文明建设

一、“宜居宜业和美乡村”的内涵分析

（一）“宜居”是乡村美的先决条件

在全面建设社会主义现代化国家的进程中，“宜居”为农村实现具备现代化生活条件提出了更高的要求。一是要加强村庄规划建设，合理确定村庄布局、建设边界和生态环境发展空间布局，提升村庄整体风貌与住房安全，打造舒适安全的居住环境，筑牢“宜居”基础。二是要抓好普惠性、基础性、兜底性民生建设，推动基本公共服务资源下沉，着力加强薄弱环节，加快养老、教育、医疗等方面的公共服务设施建设，进一步完善农村社会保障体系，提供方便快捷的公共服务和公共卫生环境，保障农村“宜居”质量。三是要持续加强农村人居环境改善，推进农村“厕所革命”、生活污水和垃圾治理，消灭农村黑臭水体，建设与自然生态相融的亲民设施，塑造优美宜人的生态环境，进一步提升农村“宜居”水平。

（二）“宜业”是乡村富的主要途径

促进乡村产业兴旺，推动物产资源与优质的生态环境持续供给，营造“宜业”的高质量发展环境，才能使农村建设有活力、有奔头。一方面，农村拥有独具地方特色的产业是“宜业”的基础，要以农副产品、民风民俗、生态旅游等乡村“土特产”为产业发展突破口，从良好的生态环境保护出发，带动传统农业产业升级，促进优质农业产品持续输出，逐步构建完成现代化乡村产业体系。另一方面，农村产品走得出去、资源与技术引得进来是“宜业”的动力，要推进以县域为基本单元的城乡融合发展，强化交通运输、物流与信息传递渠道建设，以城乡接合部带动农村经济发展，在县域内打破城乡的界限，淡化市民、农民概念，让农民既要有条件走出去参与到新兴行业，又要愿意留下推动家乡农业发展，还要让更多青年人才到乡村创业、搞建设、促环保，持续推动农村财富创造。

（三）“和美”是乡村强的最终体现

“和”字在流淌了中华几千年的文化长河中，表达着中华民族对时代的美好期盼，从“美丽”到“和美”，是对乡村振兴战略目标的进一步丰富和拓展。一方面，要紧抓乡村物质文明建设的“美”，在“宜居宜业”基础设施建设的过程中融入建筑美学，加强设施、设备运维管理及经费保障，提升乡村治理效能，让广大农民投身乡村生态环境保护中来，实现乡村“美”的长效永存。另一方面，要强调乡村精神文明建设的“和”，从农民的切身需求和兴趣喜好出发，提升蕴含民风民俗、农趣农味的乡村文化产品和服务供给水平，让农民发自内心地喜欢自己的家乡，以生活在依山傍水、自给自足、宜居宜业的乡村为傲，提升农民的自我认同感，实现乡村由表及里、形神兼备的全面提升。

二、国家及各部委推动“宜居宜业和美乡村”的政策体现

（一）中共中央、国务院

2023 年 2 月 13 日，中共中央、国务院发布了《关于做好 2023 年全面推进乡村振兴重点工作的意见》，与 2022 年中央一号文件相比，2023 年的乡村振兴工作部署不再把美丽乡村建设相关重点任务分解到其他章节，而是从村庄规划建设、农村人居环境整治提升、乡村基础设施建设、基本公共服务能力提升 4 个方面形成“扎实推进宜居宜业和美乡村建设”专章，着重强调优质的农村生活生产环境供给和增强农村精神文明建设，进一步突出和美乡村建设的重要性。

（二）农业农村部

农业农村部出台《关于落实党中央国务院2023年全面推进乡村振兴重点工作部署的实施意见》，工作布局从2022年的“四稳四提”[①]转变为“三个协同”，从注重保障粮食供应和农业经济发展，转变为坚持物质文明和精神文明两手抓，提升乡村基础设施建设和公共服务质量，加强农村精神文明建设，努力实现宜居宜业和美乡村建设有新落点。

（三）农业农村部、住房和城乡建设部

农业农村部、住房和城乡建设部联合出台《关于开展2023年美丽宜居村庄申报认定工作的通知》，明确2023年“美丽宜居村庄”评选标准在2016年自然景观、田园风光、村镇风貌、居住环境、公共设施、传统文化、乡村要素、经济发展8项的基础上，新增环境保护、街巷院落、基础设施、共建共治4项评选指标，突出农村生态环境治理和人居环境改善，推动村民自治和党民共治，弘扬乡村文明，推动村落文化保护与传承。其在乡村治理效能和农村精神文明建设方面提出的新要求已初步体现“和美乡村”的韵味，使得“美丽宜居村庄”内涵从“美丽”“宜居”向“和美”拓展，为“宜居宜业和美乡村”建设探索先行示范。

（四）水利部

水利部出台《关于加快推进生态清洁小流域建设的指导意见》，提出着力打造“生态清洁小流域”，以“水美乡村”建设体现“宜居宜业和美乡村”中的河湖元素。要求突出治山保水，统筹水污染防治，推动岸线修复和水土保持，提升水安全保障和水生态产品供给能力。并结合乡村风光和乡土文化优势，推进以水兴业，强化农村水文化输出，因地制宜打造水源保护型、生态旅游型、绿色产业型、和谐宜居型、休闲康养型等特色小流域产业综合体，助力乡村振兴。

（五）交通运输部、文化和旅游部

交通运输部、文化和旅游部联合出台《关于加快推进城乡道路客运与旅游融合发展有关工作的通知》，以运旅融合为宜居宜业和美乡村建设注入持久动力，提出城乡道路客运与旅游融合，增强城乡道路客运网络旅游保障能力，提升枢纽节点旅游服务功能，加强运游融合服务产品创新，推动形成城乡道路客运和旅游同频共振、互促共进的发展新局面，更好满足人民群众多层次、个性化、品质化需求，打造“互联网+”运旅融合发展模式，在城镇大力宣传农旅游目的地、乡村红色文化等资源，让优质的乡村产品“走出去”，让外界资源“走进来”。

---

① “四稳四提”：粮食生产稳面积提产能；产业发展稳基础提效益；乡村建设稳步伐提质量；农民收入稳势头提后劲。

（六）文化和旅游部、农业农村部

文化和旅游部、农业农村部联合出台《“大地欢歌”全国乡村文化活动年工作方案》，以乡村文化活动丰富“宜居宜业和美乡村”的精神文明建设内容。“大地欢歌”全国乡村文化活动年采取“主体活动+系列活动”形式，以“一县一品”特色文化典型案例征集、网络书香乡村阅读推广活动等12项重点全国活动为引导，鼓励农村百姓展示农村精神风貌，传承中国民间文化艺术等非物质文化遗产和自然遗产，推动乡村文化博物馆、智慧图书馆、网络直播间等文化传播载体建设，提高乡村社会文明程度。

三、统筹推进生态环境保护与“宜居宜业和美乡村”建设的政策建议

（一）目标愿景

到2027年，农村基础设施短板基本补齐，人居环境大幅改善，食物、饮用水、居住安全得到充分保障，乡村“宜居”水平显著提升；农业产业绿色发展成效进一步体现，农产品供给质量充分保障，农业经济循环渠道全面打通，乡村“宜业”效能充分释放；农村精神文明建设要求进一步落实，乡村生态环境治理有序、高效开展，农民的生态环境获得感、幸福感、安全感进一步增强，乡村“和美”愿景初步实现。到2035年，宜居宜业和美乡村建设持续深入，农村生活、生产、生态基础设施全面保障，乡村生态环境治理体系和治理能力持续提升，推动美丽四川建设目标基本实现。

（二）推进乡村国土空间规划，优化生态、生产、生活空间

生态优先，留足绿色空间。系统识别乡村生态空间优势和问题，践行“山水林田湖草沙生命共同体”理念，严格乡村生态空间保护，衔接乡村国土空间规划，落实生态保护红线管控要求。优化乡村生态空间，守好乡村振兴生态基底，维护乡村生态系统健康，协调乡村发展空间与自然保护区、森林公园、地质公园、世界自然遗产地、湿地公园、饮用水水源保护区、水产种质资源保护区等法定保护区域的保护平衡关系，加强乡村周边极小种群物种分布栖息地、重要湿地、雪山冰川、高原冻土、重要水生生境等各类保护地保护力度，让乡村成为衔接大自然与城镇的关键纽带，让四川省横跨五大地貌单元的丰富自然地质条件、1 400余种野生动物和1万余种野生植物成为助推宜居宜业和美乡村建设的坚实基础。

产业带动，强化生产空间。科学利用生产空间，统筹村庄发展定位和主导产业选择，强化农业种植用途管控，严守耕地红线，坚决落实674.71万hm^2耕地和519.53万hm^2永久基本农田保护目标任务，严禁违规占用耕地和违背自然规律绿化造林、挖湖造景、超标准建设绿色通道，严控耕地转为林地、园地等其他类型农用地，严禁占用永久基本农

田扩大自然保护区，深入推进农村乱占耕地建房问题整治行动，坚决遏制耕地“非农化”、防止“非粮化”。以四川盆地、安宁河谷两大粮油主产区为重点，加快探索耕地种植用途管控的法律、政策、技术体系，着力构建以粮为主、粮经统筹、农牧并重、种养循环、绿色生态、高质高效的现代农业体系，打造更高水平“天府粮仓”和“天府第二粮仓”，做大、做强、做优“川字号”特色产业。

民生保障，美化生活空间。因地制宜、因时制宜推动村庄规划，优化调整生活空间，尊重民俗习惯，发扬四川民居轻灵、秀雅、素朴、亲切的特点，在川北发扬“廊坊式”或“骑楼式”外观，在川中丰富“封火墙”特色，在川西平原弘扬“庭院式”风格。利用好原有空间二次塑形机会，重构乡村记忆馆、乡村会客厅等乡村公共空间，打造乡村记忆点。新建农房顺应原有地形地貌和自然形态，合理规划人工湿地建设、矿山复绿、土壤沙化治理等生态修复工程与生活空间布局，不随意切坡填方弃渣，不挖山填湖、不破坏水系、不砍老树，塑造山水田园与乡村聚落相融合的空间形态。

（三）建设“宜居”乡村，促进农村人居环境持续改善

改善房前屋后生活环境。一是深入推进农村生活污水治理设施建设。持续开展农村生活污水治理“千村示范”工程，扎实开展农村改厕“提质”工作，尊重民俗习惯，突出资源化利用，因地制宜推进农村生活污水治理，重点关注污水收集管网，强化建成设施运维经费和人员保障，到 2025 年，完成 4 500 个行政村污水收集与治理。二是提高固体废物处理处置水平。持续健全农村生活垃圾收集、转运、处置体系，在人口集中的地方修建垃圾池，每家每户摆设垃圾桶，方便村民收集生活垃圾。推动垃圾焚烧、热解设备建设应用。试点开展农村生活垃圾分类收集处理，以片区中心镇（村）为单位建设一批区域农村有机废弃物综合处置利用设施。三是积极推进农村黑臭水体整治，深入问题排查，以县为单元，以房前屋后较大面积水体为重点，动态更新农村黑臭水体清单，深入开展排查，摸清面积、位置及污染来源或隐患等基本信息，逐一建档立卡；强化源头污染防控，以广元、德阳、达州等农村黑臭水体治理试点市为重点，积极推动黑臭水体断源控污、活水清淤，及时总结试点经验；完善监管机制，全面推进河（湖）长制体系向村级延伸，将属于河道、湖库类型的农村黑臭水体排查整治纳入河（湖）长制管理。

加强区域性生态环境治理。一是持续推进小流域综合治理。以全年年均水质未达标的以及处于Ⅲ类临界达标（在标准限值 10%以内）的断面所在小流域为重点，将小流域纳入县级水生态环境管理的重点，突出综合施策，多措并举，采取“污染成因分析—政策资源聚集—三水统筹治理—责任压实考核—监管协同保障”的治水思路，实施乡村小流域达标行动，改善农村水生态环境质量。二是强化农村大气环境治理。各县（市、区）持续深化秸秆禁烧，强化腊肉集中熏制管控，降低冬季及春节期间细颗粒物（$PM_{2.5}$）污染浓度，改善农村庭院空气质量。三是维护耕地土壤环境质量安全。以第三次全国土壤普查为契机，结合农用地土壤污染现状详查成果，深入开展耕地污染“人为—自然”影

响分析，关注攀西、川东北和川西北重金属高背景影响，适时开展补充详查。

完善生态环境基础设施保障。一是提升农村饮用水安全保障能力。因地制宜加快推进城乡供水一体化建设，以县为单元，以乡村为基础，以“大水源”为依托，建设“大水厂”，配套“大管网”，强化“水源地—输水工程—水厂—水龙头”全链条农村饮用水安全保障，让农村的老百姓也喝上与城市水质标准一致的饮用水。加强农村分散式农村饮用水水源地监管能力，牢牢守住农村供水安全底线，逐步实现分散水源地一般化学指标、毒理性指标和生物指标常态化监测。到2025年，四川省农村自来水普及率达到90%，水质达标率大于 80%。二是加强畜禽及水产养殖污染防治配套设施建设。完善乡村畜禽养殖粪污贮存设施防雨、防渗配套建设，建立水产养殖场管理责任清单，汛期内严禁清塘排水。推广“生态养殖业+沼气工程+高效种植业”生产模式，推动四川省24个绿色种养循环模式农业试点县建设，带动县域内农村粪污基本还田，推动化肥减量化。三是完善乡村公共卫生体系。依托乡村医疗卫生提升工程建设，建设一批县域医疗卫生次中心，在提高乡村医疗卫生发展水平的同时，健全医疗卫生次中心、村卫生室等机构医疗废物收集、转运体系，持续开展“爱国卫生运动”，预防疫情及其他重大传染性疾病发生。

（四）建设“宜业”乡村，推动农村业态与生态健康发展

推动农业生产方式绿色化转型。一是加强农村水利工程建设。把保障农业和农村现代化用水作为水利工作的重中之重，打造骨干水网，抓紧向家坝灌区、亭子口灌区、蓬溪船山灌区建成。推进重点水源工程建设，在川西北片区，积极布局建设中阿坝水库、三垭引水等中型水利工程；在秦巴山片区，尽快开工建设斑竹沟水库、渔洞河水库等水利工程；在乌蒙山片区，抓紧建设永宁水库、观文水库、新坝水库等工程，构建农村现代化灌溉网络体系。二是推进农业生产清洁化。选种高捕碳、高固碳作物种类，减少农业碳排放的同时增加农业生产过程中的碳汇。推进测土配方肥料厂入镇、入乡、入村，持续推广测土配方施肥，依托都江堰灌区整区域、南充市蓬安县整县高标准农田建设试点，按照大型灌区—平原区—丘陵区—山区分批推动四川省整县高标准农田建设。三是促进农业生产后端的废弃物资源化利用。建立种养循环型农业模式，采取向有机肥生产企业、专业合作组织购买服务、降低用电用水生产成本等方式，加快有机肥替代推广。建立健全秸秆、农膜、果套、化肥农药包装等农业废弃物收集利用处理体系，构建农业废弃物资源化利用的优质市场环境。

完善农业生产环保配套设施建设。一是推进涉水企业及产业污水零直排。以改善小流域水环境质量为重点，聚焦重要污染因子，围绕工业污染、小型生产作坊、农家乐、大型种植园等涉水生产经营主体，强化污水处理设施配套建设及执法监督，严格废水达标排放，倒逼产业转型升级。二是加强耕地土壤环境风险管控。深入开展耕地污染成因排查，以德阳市、彭州市、朝天区、五通桥区、会东县等为重点开展耕地污染成因排查，实施断源控污。积极推动重点行业污染物管控，以绵竹、筠连、珙县、兴文、长宁、古

蔺等土壤污染面积较大的县（市、区）为重点，加强耕地周边涉镉等重金属行业企业排查整治，在重点监管单位内设土壤及地下水环境监测点，试点建立受污染耕地农作物正、负面清单，全面管住新增污染源。三是优化乡村道路建设。持续开展“四好农村路”示范创建，基本消除农村土路，推进村内道路硬化、绿化。进一步规范完善农村道路交通标志标识、照明设施、信号灯等基础设施，结合道路、水系和农田空间位置关系，在稳固路基的同时，采取有效工程措施拦截径流污染物入河。川西北地区公路建设充分研究动物迁徙规律，预留通道，保护野生动物。

促进乡村服务产业绿色发展。一是打造区域性农产品品牌。依托农业农村资源，突出“土特产”要求，加大以传统生态农业模式为代表的农业文化遗产保护力度，支持建设一批田头冷藏保鲜设施和产地冷链技培中心，推动农业从种养环节向农产品加工、流通、销售等第二、三产业延伸。到2025年，带动培育100个具有市场竞争力的农业企业品牌和 200 个特色优质农产品品牌。二是健全旅游景区生态环保设施。以农科村景区、邛酒文化风情旅游村落、康巴汉子村旅游景区等四川省78个村级4A级旅游景区为重点，强化公厕运维管理，优化垃圾桶空间分布及收运时间，推动各大景区公共交通、物流运输等公共服务设施全部实现能源清洁化。三是持续推动乡村生态资源价值转化。深入推进乡村旅游目的地、乡村旅游重点镇（乡）重点村、天府旅游名镇名村建设，立足不同区域编制生态产业发展指引，打造“生态+红色文化”“生态+农业”“生态+旅游”“生态+康养”等“生态+”系列产品。

（五）建设“和美”乡村，开创农村生态文明建设新篇章

建立健全乡村生态环境治理体系。一是建立乡村生态环境治理组织体系。县级党委、政府做好“一线总指挥”，镇、村级基层党组织把“和”的理念融入乡村生态环境治理建设中，统筹“绿水青山”和“金山银山”、农业和自然生态、建设和保护和谐发展。二是完善乡村生态治理制度体系。建立健全领导干部考核制度，加强“和美”乡村建设实绩考核。建立“和美”乡村年度报告发布制度，各县（市、区）按年度总结“和美”乡村建设、乡村生态环境保护工作及成效，推动“和美”乡村建设落实落地。强化负面清单制度落实，对“三线一单”实施严格监督检查，并将结果公开。三是鼓励乡村生态环境治理村民自治。推动“和美”乡村建设和农村生态环境保护长效管护机制由政府性向社会性转化，全面落实“四议两公开”制度，充分发挥村民委员会、村务监督委员会、集体经济组织作用。引导和鼓励愿意的个人、社会组织、志愿者等社会力量投入乡村生态建设，不断加大扶持力度。

推动乡村生态文化体系建设。一是打造特色生态文化乡村。鼓励各地积极参与“水美乡村”“美丽休闲乡村”“传统村落”等建设，发挥四川省多样的地貌和丰富的人文优势，发掘川西北“原野山居乡村”、成都平原及川东北丘陵“田园采摘乡村”、攀西“阳光康养乡村”、川南“美酒水情乡村”品牌价值，厚植四川农村乡土气息。二是提升

村容村貌。开展“三清两改一提升”村庄清洁行动，着力拆除残垣断壁，开展电力线、通信线、广播电视线“三线”整治，整治农村户外广告，实行田、土、水、路、林、电、管、线综合配套，促进村庄庭院清亮、厕所卫生、厨房干净、路面整洁，再现“田成方、树成行、林成网、路相连、渠相通、管线顺”的美丽田园风光。三是加强生态环境保护宣传教育。各县级生态环境部门定期开展环保知识讲堂，培养壮大美丽乡村生态环保推介员队伍，宣传科学施肥优势与价值，推进乡镇污水处理厂纳入“环保设施向公众开放”系统，引导农民认识到环保设施的公益性，消除“邻避”心理，从“要我环保”到“我要环保”，主动宣传家乡生态美。

深入推进乡村精神文明建设。一是培育和谐乡风。通过建设文化广场、乡村书屋、运动场地等公共设施，设立村规民约、家风家训展示墙，点缀历史、红色文化景观，发挥广大农民对生活的淳朴热爱，重塑乡村价值，利用特色民俗文化、乡村景观凝聚人心、留住乡愁，提升村民荣誉感。二是积极开展乡村文化活动。发挥四川省多民族文化优势，突出地域特色和乡村特点，盘活乡村农业、文化、旅游资源，创新活动载体，丰富内容形式，切实调动农民的积极性、主动性、创造性，让农民乐于参与、便于参与，带动乡村文化活动广泛开展。

关于美丽河湖保护与建设规划的思考与建议

摘　要：本文通过研究美丽河湖保护与建设的必要性，总结提炼了首批国家级和省级美丽河湖优秀案例的经验做法，提出各市（州）应强化组织，全面开展美丽河湖保护与建设规划编制工作，开展调查，梳理形成“美丽、基本美丽、不美丽”分类信息清单，编制市级“美丽河湖保护与建设规划”、县级“美丽河湖保护与建设方案”，实施构建美丽河湖和谐空间、建设美丽河湖安澜稳定、优化美丽河湖资源配置、维护美丽河湖生态健康、打造美丽河湖宜居环境、发展美丽河湖经济文化、推动美丽河湖高效建设的“七美”任务体系，分批有序推进各地美丽河湖保护与建设，努力提供更多优质生态产品、创造更多更好的亲水空间，充分发挥河湖生态、经济和人文综合效益，不断增强人民群众的获得感、幸福感、安全感，打造美丽河湖四川样板，助推美丽四川建设走深走实。

关键词：美丽河湖；保护与建设；经验启示；规划建议

保护与建设美丽河湖是贯彻落实习近平生态文明思想、推进生态文明建设的重要实践，是美丽中国在水生态环境领域的集中体现和重要载体。《中华人民共和国国民经济和社会发展第十四个五年规划和2035年远景目标纲要》提出“要推进美丽河湖保护与建设”。《中共中央　国务院关于深入打好污染防治攻坚战的意见》明确“十四五”时期要“建成一批具有全国示范价值的美丽河湖”。“十四五”时期是水生态环境领域由污染治理向水生态系统保护转变的关键时期，面向2035年美丽中国建设目标，需要用规划的形式进一步厘清地方美丽河湖保护与建设的目标和路径。

美丽河湖保护与建设是党中央、国务院重要工作部署，生态环境部明确将美丽河湖保护与建设作为“十四五”水生态保护的重点任务之一。四川作为“千河之省”，资源禀赋得天独厚，流域治理工作稳步推进，河流水质稳步提升，开展美丽河湖建设正当其时，一定要抢抓机遇，争做全国美丽河湖保护与建设的“排头兵”。

一、开展美丽河湖保护与建设的必要性

（一）美丽河湖保护与建设是深入贯彻落实习近平生态文明思想，实现人与自然和谐共生的客观需要

河湖是自然生态中最重要的组成部分。对于素有“千河之省”美誉的四川来讲，美丽河湖作为老百姓能切实感受到的民生福祉，是深入贯彻落实习近平生态文明思想的现实呈现，是实现人与自然和谐共生的客观需要。开展美丽河湖保护与建设，就是将河湖生态环境保护与治理同人民群众的获得感、幸福感、安全感紧密融合，提升生态环境保护意识，将滨水城乡打造成为人与自然和谐共生的高品质宜居地，实现“清水绿岸、鱼翔浅底、人水和谐”的根本目标。

（二）美丽河湖保护与建设是推动生态价值转化，实现美丽四川的重要载体

党的十九大提出，到 2035 年，美丽中国目标基本实现。美丽河湖是绿水青山就是金山银山理念的现实具现，是美丽中国在水生态环境领域的集中体现和重要载体。开展美丽河湖保护与建设，就是将河湖绿色生态带建设同两岸绿色经济带打造紧密联系，激活生态产品价值转化新动能，完善生态产品价值实现机制，拓宽“绿水青山”向“金山银山”转化通道，助推美丽四川加快建设。

（三）美丽河湖保护与建设是落实“十四五”治水新要求，深化“三水统筹”的重要举措

“十三五”期间，全面落实打好碧水保卫战要求，四川省流域治理工作稳步推进，河湖水质明显改善。进入“十四五”时期，国家对水生态环境保护工作有了进一步要求，水环境工作以持续改善水生态环境质量为核心。开展美丽河湖保护与建设，就是落实“十四五”治水新要求，深化“三水统筹”的重要举措，通过保障主要河湖生态水量、补齐污水治理基础设施短板、增强河湖生态系统韧性，实现河湖水资源更丰沛、水质量更优质、水风光更美丽的目标。

二、美丽河湖保护与建设实践案例经验启示

2021 年，生态环境部首次开展美丽河湖优秀案例征集活动，在各省（区、市）推荐的基础上，组织筛选出美丽河湖 9 个优秀案例和 9 个提名案例。2022 年，四川省生态环境厅首次开展美丽河湖优秀案例征集活动，在各市（州）推荐的案例中，组织筛选出 9 个美丽河湖优秀案例。这些案例在美丽河湖保护与建设上取得了积极成效，提供了可推

广、可复制的建设经验。

（一）注重生态保护与绿色低碳发展、生态产品价值转换等长效机制建设，实现“人水和谐”

案例一：北京密云水库（首批国家级美丽河湖）

突出问题：密云水库位于北京市密云区，是华北地区最大的水库和亚洲最大的人工湖，水生态系统敏感，易受人为活动干扰。随着经济社会发展和城镇化进程加速，城镇生活污染、农业面源污染影响日渐明显，密云水库流域水生态环境保护压力不断增大。

主要做法：一是创新机制体制，构建保水新格局。全面加强党的领导，在全国率先实现特定区域综合性执法，打破市区界限和部门界限。二是建立长效管护机制，确保水质安全。推行网格化管理，密云水库一级保护区 273 km^2 划分为 160 个保水网格，网格化管理与河长制相结合，消除监管盲区；库区全封闭管理，建设 305 km 围网。三是深化流域联动协作机制，提升治理水平。建立密云水库上游潮白河流域横向生态保护补偿机制，构建联建联防联控合作格局，“两市三区”建立了跨界水体联合监测、联合执法、工作会商交流机制和应急联动机制等 8 个方面协作。

治理成效：密云水库水质稳定保持地表水Ⅱ类水平，服务保障首都饮用水安全的职责功能进一步增强。生物多样性显著增加，过境候鸟总量由 2005 年的 53 种增加为 2021 年的 153 种，2021 年密云水库蓄水量达到 35 亿 m^3，突破历史最高纪录。打响了“古北水镇”“山里寒舍”“蜂盛蜜匀”“生态密云”等一系列产业品牌，践行了绿水青山就是金山银山理念，让密云 50 万群众的生活越过越美（图 1）。

图 1　北京密云水库

案例二：内蒙古哈拉哈河（阿尔山段）（首批国家级美丽河湖）

突出问题：哈拉哈河是中蒙国际界河，也是呼伦湖两大源头之一，位于内蒙古阿尔山市。阿尔山市依托丰富的森林资源兴建，但由于环保意识淡薄、保护机制不健全、过度采伐导致流域森林覆盖率由 90%下降到 53%，水土流失加剧，水源涵养能力降低，无序采石挖沙导致哈拉哈河湿地及岸线破坏严重，生态空间被挤占，河道自净能力与河湖生物完整性持续变差。

主要做法：一是完善生态发展保护机制。系统推进林区改革工作，将各林场村纳入全市经济发展统筹规划，成立了阿尔山市国家生态文明示范市创建和绿水青山就是金山银山实践创新基地工作领导小组。二是完善系统治理机制，实施“面、线、点”系统治理。开展环境综合整治，实施禁牧退耕、林区禁伐，实施河流廊道生态修复，打造亲水岸线，规范亲水娱乐等。三是不断促进生态价值转化。建立以旅游业为主体，以环保型工业和特色农牧业为两翼的绿色低碳产业发展格局。打造火山与冰雪特色旅游，新型农业深度融合，流域生态优势逐步转化为“金山银山”。

治理成效：水质连续多年保持优良，流域生态系统全面恢复，全市森林覆盖率由67%恢复到81.2%、林草覆盖率达到95%以上，国家二级保护动物哲罗鲑洄游稳定，生物多样性得到有效保护，“水清岸绿、鱼翔浅底”景象已经展现。生态优势逐步转化为“金山银山”，阿尔山市实现了从资源枯竭到绿色崛起，生态系统生产总值达到535亿元，是内蒙古首个获得国家生态文明建设示范市、“绿水青山就是金山银山”实践创新基地两项殊荣的县级城市，累计获得10余项“国字号”生态荣誉，人水和谐景观全域显现（图2）。

图2　古哈拉哈河流域“人水和谐”场景

案例三：宜宾市江之头（首批四川省美丽河湖）

突出问题：宜宾江之头西起长江零公里处、东至南溪长江第一湾，长约34 km，是长江上游珍稀特有鱼类国家级自然保护区核心区、长江上游重要的生态屏障和水源涵养地。过去化工、造纸等老工业企业“围江”而建，沿江砂石乱采乱堆，江之头成为污水排放的集中地，长江水环境质量下降，岸线遭受严重侵占，水生态功能出现退化。

主要做法：一是完善工作机制，构建长效治水格局。以规划为统领，先后出台《关于加快建设绿色宜宾的决定》《守护好一江清水三年行动方案》《宜宾市长江流域水污染防治规划》等政策文件，以制度为保障，建立河长制督查考核等 12 项工作制度，构建政府统领、企业施治、市场驱动、全民参与的治水格局。二是坚持“三水统筹”，系统治理。加强水生生物多样性保护，水环境污染防治，围绕沿江岸线污染做“减法”，实施沿江污染企业“退城入园”，围绕岸线生态修复做“加法”，大力推进沿岸生态缓冲带建设。三是推动绿色产业发展，促进产业升级转型。推动新旧动能转换，积极发展新能源、新材料、智能制造等新兴产业，创建国家级绿色工厂 10 个、国家级绿色设计产品 26 种，着力形成门类齐全、装备先进、富有活力的绿色产业体系。

治理成效：长江上游珍稀特有鱼类种群数量进一步提升，土著鱼类得以重现，自然岸线率从 2010 年的 25%提升至 2022 年的 97.7%，水质从Ⅲ类改善到Ⅱ类。实现了支柱型产业从“一黑一白”（煤炭、白酒）向“一蓝一绿”（数字经济、新能源产业）的转变，第三产业增加值占地区生产总值比重由 2010 年的 16.2%提升至 2022 年的 44.9%，能耗强度累计下降 34.4%，绿色低碳产业已经成为新的经济增长点。长江零公里地标广场、长江文化公园等已成为老百姓休闲观光康体场所和网红打卡地，实现了生态惠民、生态利民、生态为民（图 3）。

图 3　宜宾江之头

（二）采取立法保障、规划引领、创新生态治理模式等手段，实现河湖和城市品质的整体提升

案例一：四川邛海（首批国家级美丽河湖）

突出问题：邛海位于四川省凉山彝族自治州西昌市，属高原湖泊，是四川省第二大天然淡水湖，作为西昌乃至全凉山彝族自治州人民的“母亲湖”，既调节西昌区域气候，又是城市重要饮用水水源地。20 世纪 60—90 年代，围海造田、填海造塘、餐饮住宿等无序发展，近 2/3 的湖滨湿地遭到严重破坏，滩涂和原生湿地基本消失，水鸟和本土物种减少，邛海湿地生态功能日趋降低。邛海水域面积缩减至不足 27 km^2，水质从Ⅱ类降至Ⅲ类及以下，饮水安全受到严重威胁。

主要做法：一是立法保障、规划引领。颁布实施少数民族地区第一部生态环境保护的地方性法规《凉山彝族自治州邛海保护条例》。高标准编制《邛海流域环境规划》《邛海国家湿地公园总体规划》等数 10 项规划，形成了科学完整的保护、建设、利用规划体系。二是创新流域生态恢复治理模式。实施天保工程人工造林、退耕还林、周边生态修复各类造林项目，同时实施泥沙治理工程、水土保持等综合治理，全面提升邛海流域生态环境质量。三是政策推动生态产品价值实现。通过政策支持引导拆迁群众从事邛海生态保护，推动精品民宿、特色餐饮等产业发展。

治理成效：邛海流域生态环境和生态功能得到显著恢复和改善，促进了城市发展与湿地保护的协同共生。邛海景区收入持续增长，2019 年全年接待游客 1 480 多万人次，同比增长 5.8%，实现旅游收入 49.9 亿元，同比增长 26.9%。西昌市旅游经济高质量发展，助推西昌跻身四川省县域经济首位，使西昌市形成了山、水、城相依相连的景观格局，成为宜居宜业宜游的城市（图 4）。

图 4　四川邛海

案例二：成都市兴隆湖（首批四川省美丽河湖）

突出问题：兴隆湖位于四川天府新区和中国西部（成都）科学城核心区域，水域面积 4.33 km^2，是集观光、休闲、防洪、灌溉、生态于一体的综合性生态湖区。前期受上游污染物输入和内源污染影响，水质长期为Ⅳ类，重度富营养化状态，水生态系统受损。

主要做法：一是立法保障，规划引领。出台《成都市兴隆湖区域生态保护条例》，对兴隆湖周边 14.04 km^2 的区域进行全面法治规范；制定实施《鹿溪河全流域水环境治理总体规划》，有力落实河（湖）长制，探索建立联合巡查机制、民间河长制度和河道警长制。二是“三水统筹”，创新生态治理模式，打造“公园城市典范区”。应用湖库整体修复工法、水生生命系统重建工法、多维湿地系统重建工法、生态水岸修复工法等多项技术方法，实现自然、经济、美观、安全相统一。三是深入推动片区绿色发展，构建“湖城经济生态圈”。环湖布局建设街头篮球场、环湖跑道、路演中心等公共服务设施，配套观鸟、运动、新潮演艺等新消费业态，推动生态价值转化。

治理成效：兴隆湖水质从Ⅳ类提升至Ⅱ类，生物多样性逐渐丰富，目前可观测极濒危鸟类青头潜鸭及多种野生动物鸟类达 148 种，已成为成都平原最大的水鸟越冬栖息地。

兴隆湖目前日均接待游客约 1.5 万人次，单日最高游客量达到 7.5 万人次，正全面构建起以湖为核心人水和谐的“湖城生态圈”，成为成都网红打卡胜地和市民群众美好生活乐园。探索走出了一条以城市湖泊水环境提升为关键、带动绿色低碳高质量发展的天府路径（图 5）。

图 5　成都市兴隆湖

（三）实施系统治理、生态补偿等措施，实现水生态环境质量显著改善

案例一：山东马踏湖（首批国家级美丽河湖）

突出问题：马踏湖是鲁中地区重要的多功能湖泊湿地系统，地处人口密集的北方缺水重化工城市淄博市。20 世纪后期，流域内高强度工业化、城镇化开发活动，严重污染 3 条主要入湖河流化学需氧量浓度一度高达上千毫克每升，是地表水Ⅴ类标准的 25 倍。加之大面积围湖造田，湖区面积逐步萎缩，最终减至不足 20 km^2，湖泊生态功能丧失殆尽。

主要做法：一是实施全流域系统治理。通过分阶段逐步加严的地方水污染排放标准，促进造纸、化工、农药等高污染行业科技创新，突破治污瓶颈。让达标无望的“小散乱”企业逐步自动退出市场，先进企业则直接瞄准最严格的环境标准增强竞争力，有效解决了结构性污染问题。二是通过生态保护与修复，提升流域环境承载力。在污水处理厂下游、孝妇河、猪龙河和乌河等河流河道及入湖口建设 14 000 余亩人工湿地水质净化工程，在此基础上恢复了 3 条入湖河流的历史走向，重获稳定的水源补给；同时治理河道 130 km，在沿河两侧打造水清岸绿的生态廊道，增加 2 200 万 m^3 的湖区蓄水量。三是实现区域再生水循环利用，减少废水排放。将再生水、雨水、矿坑水等纳入水资源统一配置，构建企业和区域再生水循环利用体系。

治理成效：流域水环境质量得到明显好转，湖体水质稳定达到Ⅲ类标准，化学需氧量由 1 000 mg/L 下降到 20 mg/L，近 6 年地下水埋深水位抬升 5.2 m，湖泊蓄水能力从 300 万 m^3 增加到 2 500 万 m^3。生物多样性逐渐丰富，入湖河流乌河、猪龙河出现多年未见的苲草，湖区野生动植物特别是湿地鸟类物种和数量明显增加（图 6）。

图 6　马踏湖治理前与治理后

案例二：浙江下渚湖（首批国家级美丽河湖）

突出问题：下渚湖位于绿水青山就是金山银山理念发源地浙江省湖州市，是浙江省第五大内陆湖，江南最大的天然湿地，集河流型、沼泽型、湖泊型多种湿地类型于一体的典型天然湿地。早在 20 世纪 90 年代，自然保护区相关管理条例出台后，下渚湖就已禁入工业项目，但无序的农业养殖和农家乐成为当地农户主要经济收入来源，曾经的下渚湖成了一个垃圾湖和大型水产养殖场，1/4 水域覆盖水葫芦，1/3 水域进行网箱和珍珠养殖，畜禽养殖污水直排入湖，水质长期为劣Ⅴ类，本土动植物和珍稀鸟类、鱼类罕见踪迹，湿地功能退化严重。

主要做法：一是全面系统治理。以“五水共治”倒逼经济社会转型发展，打出了“截、清、治、修、管”五大组合拳，走出了一条湿地生态修复的新路子，实施源头截污、清淤疏浚、综合治理、生态修复、创新管理五大组合拳。二是建立了湿地生态补偿机制。每年落实 700 余万元对湿地行政村进行奖补，同时为提高全民参与生态保护力度，在全国首创了“生态绿币”机制，建立了“生态绿币基金库”，切实激发群众热情。

治理成效：经过多年治理和修复，下渚湖湿地水环境质量、景观体系、生态系统、生物多样性得到有效改善，2017 年起，下渚湖湿地水质稳定在Ⅱ～Ⅲ类，800 多种动植物在此繁衍生息，鸟类中的“东方宝石”朱鹮在下渚湖野外自然繁衍，先后被命名为朱鹮易地保护暨浙江种群重建基地、国家级野大豆原生境保护点，并获评“中国最美湿地”称号（图 7）。

图 7　下诸湖入河支流治理前与治理后

案例三：阿坝藏族羌族自治州花湖（首批四川省美丽河湖）

突出问题：花湖是全球面积最大的高寒泥炭沼泽湿地，每年为黄河补水量占黄河多年平均天然径流量的7.58%，被誉为“地球之肾”。受人类活动和气候变化双重影响，花湖曾出现生态侵占、湿地萎缩、草地沙化、畜牧超载等问题，水域面积由386 hm^2下降到215 hm^2，畜牧超载率一度达60%，水源涵养能力降低，湿地生态平衡受到破坏，生物多样性受到威胁。

主要做法：一是实施生态系统治理。实施山水林田湖草沙一体化系统治理，建成长1 740 m、高0.6 m的生态堤坝，实施生态脆弱区及沙化项目15个；开展流域农村和景区生活污染治理，安装智慧生态马桶518套，新建三级沉淀池及氧化塘39座，土壤渗滤污水处理设施20处，实现“污水不入湖，脏水不外排”。二是推进生态长效管护，实施生态补偿。形成“州-县-乡-村”四级管护体系、建立草畜平衡长效机制，实现河湖“清四乱”常态化、“洁美花湖”定期化、岸线巡查制度化，实施生态补偿机制。

治理成效：花湖生态环境保护督察反馈问题全面整改完成并销号，生态环境质量显著改善，花湖水位提升了0.52 m，水域面积扩大435 hm^2，周边湿地沼泽恢复892 hm^2，流域沙化土地面积减少2.4万亩，沙化面积2019年开始实现负增长，实现草畜平衡103万亩，畜牧超载率下降至8%以内，连续3年监测发现7种新的珍稀物种。兑现景区生态生计补偿超1亿元，草原生态效益补偿8 960万元（图8）。

图8 花湖治理前与治理后

三、美丽河湖保护与建设规划建议

（一）指导思想

以习近平生态文明思想为指导，全面贯彻党的二十大精神，站在人与自然和谐共生的高度，坚持绿水青山就是金山银山理念，坚持山水林田湖草沙一体化保护和系统治理，以流域生态环境高水平保护助推经济社会高质量发展为导向，以加快全域美丽河湖保护与建设为目标，实施构建美丽河湖和谐空间、建设美丽河湖安澜稳定、优化美丽河湖资源配置、维护美丽河湖生态健康、打造美丽河湖宜居环境、发展美丽河湖经济文化、推动美丽河湖高效建设的“七美”任务体系，努力提供更多优质生态产品、创造更多更好亲水空间，充分发挥河湖生态、经济和人文综合效益，不断增强人民群众的获得感、幸福感、安全感，打造美丽河湖四川样板，助推美丽四川建设走深走实。

（二）基本原则

系统谋划，分批实施。以市（州）为主体，根据全域河湖水网特征和经济社会发展水平进行系统谋划，组织开展辖区内每一个河湖的基础信息调查，梳理形成“美丽、基本美丽、不美丽”分类信息清单，分批有序实现美丽河湖保护与建设目标。优先培育一批具有典型意义和示范引领作用的优秀美丽河湖，探索建设模式、路径、标准体系等，分批次、有重点、多层次、全方位推进美丽河湖保护与建设。

因河施策，各美其美。各县（市、区）政府以县域母亲河、重要湖泊为重点，按照“一河（湖）一策”原则，编制美丽河湖保护与建设方案，坚持污染减排和生态扩容两手发力，强化综合治理、系统治理、源头治理，突出精准治污、科学治污、依法治污，充分挖掘河湖文化内涵，彰显地方历史文化特色，在凸显个性化、本土化的基础上串成链打造地域韵味彰显、记得住乡愁的特色美丽河湖。

全民行动，美美与共。坚持市级生态环境部门主导，县级各部门落实治理责任的多元共治格局，统筹发展改革、经信、水利、自然资源、农业农村、住建、城管、文化和旅游、交通运输等部门，形成合力稳步推进美丽河湖保护与建设工作，共同营造人与自然和谐共生的美丽河湖。以美丽河湖串联美丽城乡，推动美丽四川加快建设。

（三）总体目标

到 2025 年，人与自然和谐共生的河湖空间格局初步确立，河湖防洪减灾与环境应急体系进一步筑牢，重点河湖生态流量得到基本保障，河湖生态环境质量持续改善，河湖文化品质得到进一步彰显，河湖经济活力得到进一步释放，河湖治理水平得到进一步提升，打造一批“有河有水、有鱼有草、人水和谐”的美丽河湖典范。展望 2035 年，人与自然和谐共生的大美河湖空间格局全面呈现，防洪减灾和环境应急体系守护每一寸山河的安澜图景全面实现，河湖资源节约集约利用得到全面保障，主要河流湖泊Ⅱ类水质断面不断增加，河湖生态系统多样性、稳定性、持续性明显提升，河湖生态价值和文化价值得以充分转化，美丽河湖治理能力全面提高，城乡滨水长廊宜居宜业宜游美丽画卷基本绘就，全域基本建成美丽河湖，成为美丽四川的亮丽名片。

构建美丽河湖和谐空间：谱写一幅幅河湖交融的生态长廊风情画卷，建设一条条全民共享的活力长廊幸福水岸，描绘一首首各美其美的文化长廊优美诗篇，奏响一曲曲美美与共的创新走廊时代乐章。

建设美丽河湖安澜稳定：持续筑牢河湖安全底线，坚持织就河湖生态“安全网”，不断完善防洪排涝、防灾减灾与环境应急体系，江河岁岁安澜、社会稳定安宁、人民幸福安康的美丽河湖全面呈现。

优化美丽河湖资源配置：统筹推进流域各级水网建设，健全空间均衡的水资源配置体系，“河湖连通百业兴，一水激活万水流”的水网画卷基本形成，全社会集约节约用水新格局基本构建。

维护美丽河湖生态健康：推动生态保护，岸上筑牢水源涵养区和生态缓冲带等绿色生态屏障，岸边呈现健康自然的河湖岸滨，水里恢复生物多样性，河湖生态系统功能得以全面恢复，河湖生态活力得以充分激发。

打造美丽河湖宜居环境：稳步构建以Ⅱ类水为主体的水环境格局，河湖水质全面达到或优于考核指标，城乡饮用水水源全面稳定达标，城乡黑臭水体得以根除，人民群众身边的河湖水质全面好转。

发展美丽河湖经济文化：充分释放河湖经济活力，全面挖掘河湖文化内涵，丰富完善河湖滨水设施，打造有文化记忆、诗情画意、休闲野趣、观赏游憩、浪漫情怀、健康生态、欣欣向荣的美丽河湖。

推动美丽河湖高效建设：以规划为引领，分步有序推进美丽河湖保护与建设，不断完善激励机制，基层创新美丽河湖保护与建设的生动鲜活榜样作用有效发挥，形成全社会“美丽河湖共保、共建、共享”的良好氛围。

（四）构建美丽河湖和谐空间

构建以水为脉的美丽河湖新格局。以水为脉，突出流域特色，以高水平生态环境保护助推流域经济社会高质量发展，展现区域河湖特色，塑造相得益彰的魅力空间体系。以美丽河湖串联起美丽城乡，将美丽城镇、美丽乡村、美丽田园、美丽景区等串珠成链、连线成网，形成“一村一溪一风景、一镇一河一风情、一城一江一风光”的全域美丽河湖新格局。统筹城乡河湖要素、优化城乡河湖关系、融合城乡河湖功能，分区、分段引导城乡水岸联动发展，实现安全、生态、环境、文化、交通、风貌六大系统各要素的一体化协调，实现城乡与河湖共生发展、城乡与河湖多元融合，塑造人与自然和谐共生的美丽城乡河湖场景，打造生态环境优异、滨水特色突出、历史文化彰显、宜居宜业宜游的滨水复合功能区。

打造生态环境高水平保护的河湖空间格局。系统考虑河湖空间形态，河湖景观自然优美、宜弯则弯，河道岸线弯曲天然。加强自然河湖、湿地等水源涵养空间保护。河道治理断面自然，河道底部无衬护硬化，无高挡墙硬质护岸且生态通透，对直线化、规则化的河湖岸线进行优化调整，修复构建岸、坡、滩、槽形态，优先采用植物措施护坡和天然岸坡，生态岸坡比例达 90%以上。湿地、河弯、深潭、急流、浅滩、江心洲、边滩地、滩林等自然风貌得到有效保留与修复。统筹考虑区域河湖的水生态环境保护特点，分流域、分区域实施差异化的保护政策，科学合理实施陆域保护、岸线修复、水域恢复等政策与工程措施。采取植物措施，构建河岸带缓冲区，宜林地段结合堤岸防护营造防护林带，平原水系、山区河滨带和洲滩、湿地优先选择具有净化水体作用的水生植物、低杆植物、湖泊植物，打造丰富的植物景观。统筹考虑水工设施功能，对严重阻隔鱼类洄游、影响生态的拦河建筑物予以拆除或生态化改造。

打造经济社会高质量发展的河湖空间格局。严格落实岸线空间管控，划定河湖岸线保护范围，制定河湖岸线保护规划，严格控制岸线开发建设，促进岸线合理高效利用。结合生态环境分区管控、国土空间规划、流域污染防治规划等要求，优化流域沿线产业布局、产业结构。因地制宜推进滨水休闲绿道公园、亲水平台建设，形成景观化、景区化、可进入、可参与的开放水岸生态空间，打造步移景异、山水相融、人水和谐的河流生态廊道、城乡滨水廊道，进一步满足居民休闲、娱乐、健身、观赏、垂钓等需求，提升老百姓获得感、幸福感。积极修复城市自然山体，打通生态廊道，有机连接水域、绿地、湿地、森林等重要生态斑块，串联形成城乡复合的河湖生态网络。

（五）建设美丽河湖安澜稳定

全力提升防洪减灾能力。强化水利工程建设，加强骨干河道治理、中小河道治理、病险水闸除险加固、小型病险水库除险加固，提升河道防洪减灾标准，加快补齐防洪减灾基础设施短板。持续开展妨碍河道行洪突出问题整治，确保河道通畅、河势稳定、堤防岸坡牢固、水利工程运行良好。统筹流域全要素管理，加强中小河流、山洪沟、洪患村镇水系综合治理。完善防汛应急、洪水调度等各项预案、方案，加强预警和应急响应，提升雨情、水情和洪水监测预报水平，坚持科学调蓄洪水，建立健全应急协调联动机制，全面提升防洪减灾综合防治水平。在河湖险工险段设置安全警示标识，在旅游开发、水上活动、人类活动密集、学校附近等河湖区域设置安全警示标识，配备必要的安全救生设施设备。到2025年，美丽河湖建成段全面达到国家规定的防洪标准，建成岁岁安澜的平安河湖。

全域推进海绵城市建设示范。推进海绵城市建设，因地制宜，分类施策，制定海绵城市建设方案。以人工湖泊、公园、湿地、广场、城市道路等区域性、标志性、节点性工程为引领，正确处理排水管网、城市竖向空间、雨水径流之间的关系，因地制宜系统性推进海绵城市建设。推行屋顶绿化、透水铺装、雨水花园、植草沟、生物滞留设施、生态绿地等建设，促进雨水就地蓄积、渗透和利用，提高雨水径流控制率。合理构建排水分区，根据城市水脉格局、地势结构、用地布局，结合道路交通、竖向规划及城市雨水受纳水体位置，遵循高水高排、低水低排的原则确定雨水排水分区。推动实现厂网河库“一站式”调度和泵闸等设施“一体化”管控，完善多部门协同的城市防洪排涝体系，完善城市防洪圈、提高城市涝水外排能力，逐步建立与城镇规模、功能地位相适应的现代城市水利工程体系。到2025年，美丽河湖建成段全面完成现有内涝积水点的工程治理。

全面深化河湖专项整治。综合运用实地核查、日常巡查、第三方暗访、群众举报等手段，深入推进河湖清“四乱”常态化、规范化，重点向中小河湖延伸。对于河道管理范围内未经许可的违章建筑物、构筑物，推进拆违治违工作，实现河湖管理范围内无影响防洪安全重大工程建设、重大安全隐患的违法建筑、无新增违法建筑。对非法占用水域、种植阻碍行洪的林木及高秆植物采取恢复原状、责令限期整改等措施全面清理整治。重点查处河湖管理范围内垃圾、固体废物固定堆放点和中转站，发现一处取缔一处。常态化开展河道采砂监管，对禁采区加强管理巡查、执法打击和突发事件处置，切实维护山洪沟行洪安全。完善水污染环境预警应急体系，完善“一企一策”清单，完善环境应急能力保障机制，开展定期演练，加强对各类环境风险源的监管，及时有效地消除环境风险，妥善处置突发环境事件，保障环境安全。

（六）优化美丽河湖资源配置

统筹推进流域各级水网建设。在构建四川省水网主骨架和大动脉的格局下，充分挖掘现有工程的调蓄能力，综合考虑防洪、供水、灌溉、航运、发电、生态等功能，各地结合实际因地制宜编制市、县级水网建设规划，加强流域水工程联合调度，完善市县河湖水系布局，发挥工程综合功能和效益。依托河湖相互交织、复杂多样的河网格局和自然特点，建设生态水网工程。着眼提升生态系统质量和稳定性，根据水生态保护与修复要求，提出河湖生态环境保护修复、水系连通、地下水超采治理、水源涵养与水土保持等重点任务和骨干工程，充分发挥市县联动作用，建立完善水网工程管理体制和运行机制，为美丽河湖建设提供有力支撑。加快实施中小河流治理工程、农村水系连通等建设工程，着力构建兴利除害现代水网体系。

优化河湖水资源配置与调度。加强水资源统一调度管理，实施水系连通工程，变线为网。提高水资源调配能力，保障河道来水充足，增强水体流动性，维护河湖生态流量和水位，重点解决枯水期生态补水不足、水体流动性差等问题，重点完善丘陵山区水资源配置工程，达到生态补水“系统完善、丰存枯补、循环通畅、多源互补”的调度效果。对因采砂等造成河床蓄水能力减退或消失的河段，采用修建低堰等措施恢复蓄水能力，采取引配水、沟通断头河、拓宽卡口、清淤等措施改善水体流动性。持续推进小水电分类清理整改。强化河湖主要断面生态流量监测、预警和考核，落实生态流量保障目标。到 2025 年，美丽河湖建成段生态流量（水位）保障目标满足程度达 90%以上。

提高水资源集约节约利用水平。落实“四水四定”要求，通过科学调度、严格管理，从严从细管好水资源。推动水资源节约集约利用，持续巩固提升国家节水型城市和全国节水型社会建设示范区创建成果。积极开展全域节水行动，实施灌区更新改造工程，提高灌区供水保证率，促进灌区节约用水，持续加强农业节水。推进水资源循环利用，推动农村生活污水、畜禽粪污就近就地资源化利用，鼓励渔业养殖尾水循环利用。推动再生水生产和利用平衡，形成污染治理、生态保护、循环利用有机结合的再生水利用体系。

加强非常规水源利用，开展雨洪资源研究利用，加大污水处理及尾水资源化利用。强化取水许可审批和监管，严格用水总量控制，切实加强取用水过程监督管理，计划用水管理得到全面落实。

（七）维护美丽河湖生态健康

加强水生生物多样性保护。构建河湖水生生物多样性保护网络，加强水生生物资源养护，修复水生生物栖息繁衍环境，打通鱼类洄游通道，采取水生生物增殖放流、迁地保护、生态通道修复等措施，扩大水生生物丰富多样性，注重本土水生生物保护，防范外来入侵物种暴发。优化增殖放流方式，逐步提高具有较高生态价值的土著物种的增殖放流比例，扩展增殖放流对象，将浮游动物、大型底栖动物等水生生物纳入增殖保育计划，促进水生态系统的结构性改善。开展水生态调查，加强珍稀鱼类保护，加大对破坏渔业资源和渔业水域生态环境行为的查处力度，推进珍稀特有鱼类的人工繁殖技术研究，促进珍稀特有鱼类物种的保护和重建。大力恢复水生植被，科学构建水下植物群落，开展重点水生植被修复，着力土著水生植物数量，提升水生植物数量、覆盖度和多样性，构建安全可控的水下生命系统。

加强河湖水域岸线生态保护。依法依规划定河道、湖泊管理范围，进一步加强岸线动态监测，加强日常管理监督检查，确保生态岸线长度不减少，岸线生态功能不减弱。推进岸线综合整治，全面排查河湖岸线范围内生产建设项目情况，整治岸线违法占用行为，逐步清理整治不合理侵占水域岸线、垦坡种植、人为设障等影响生态岸线的突出问题，做好腾退岸线的复原复绿工作。结合岸坡稳定、生态修复和自然景观要求，加强岸线生态化改造，开展沿河生态绿化美化，科学布局沿河生态廊道和湿地建设，推进生态缓冲带修复，优化岸线功能布局，推行节约集约利用，防止过度亮化美化。提高岸线资源利用效率，按照宜宽则宽、宜弯则弯的原则，恢复性重塑健康自然的河湖岸线，在确保防洪安全的前提下，改造硬质护岸，建设生态岸线，提升自然岸线率。到 2025 年，美丽河湖保护与建设段滨岸带植被覆盖完好，河道水陆植物搭配合理，水陆生物栖息繁衍环境良好。

强化陆域生态保护与修复。以山水林田湖草沙一体化保护和修复工程为重点，统筹考虑流域自然地理单元完整性、生态系统关联性、自然生态要素综合性，整合相关重要生态系统保护和修复工程内容，加强四川盆地周边山地、丘陵及森林生态系统保护修复。维护森林生态系统完整性和连通性，修复和建设公益林，推进高质量水源林建设与管护，定期开展生态监测评估，防止生态功能退化，提升水源涵养能力，打造结构优、功能强、碳汇高的水源涵养森林群落，筑牢绿色生态屏障。加强农田防护林体系和生态渠系建设，继续推进高标准农田建设、秸秆科学还田等，增加农田有机质含量，提升农业生态系统固碳增汇能力。加强水土流失治理，开展生态清洁小流域建设，通过封山育林等措施，减轻石漠化和荒漠化程度。开展矿山生态修复和土地综合整治。加强珍稀濒危野生动物等极小种群植物及其栖息地保护修复，开展有害生物灾害防治。

（八）打造美丽河湖宜居环境

持续推进城镇水环境治理。深入开展城镇区域水环境治理，持续开展入河排污口规范整治，实施排污口规范化建设，推进城镇生活污水、工业废水稳定达标排放，巩固提升城市建成区黑臭水体治理成效，持续改善城区人居环境，提升城市品质内涵。完善城镇排水管网，全面推进生活污水全收集、全处理、全覆盖，加强城镇污水处理设施建设和运行管理，确保美丽河湖建设区内全面实现“污水零直排”，因地制宜推进城镇污水处理厂尾水生态湿地建设。持续强化涉水行业污染整治，深入实施工业企业污水处理设施升级改造。全面推进工业园区污水管网排查整治和污水收集处理设施建设，推进化工园区雨污分流改造和初期雨水收集处理。做好船舶生活污水收集处理。加强地下水保护和污染防治，强化垃圾填埋场、工业固体废物堆放场渗漏防治。通过实施生活垃圾焚烧发电项目、餐厨垃圾综合处理项目、医疗废弃物处置项目和生活垃圾填埋场项目，提升固体废物（危险废物）处置及综合利用能力，有效降低地下水污染风险。

加大农村水环境整治力度。结合实施农村人居环境整治提升行动，围绕扎实推进农村区域宜居宜业和美乡村建设，因地制宜推进农村“厕所革命”，推进农村生活污水和农村生活垃圾治理，加大农村区域水环境整治力度助推美丽河湖保护与建设。各地以解决农村污水乱排乱倒等“脏乱差”问题为重点，优先治理乡镇政府驻地、中心村等人口聚集的村庄。鼓励人口较少的自然村，充分借助农村环境消纳能力，结合果园、菜园等用水需求，因地制宜加强污水就近就农资源化利用。加强农业面源污染综合防治，实施农药减量控害工程、化肥减量增效工程和有机肥增施替代工程，禁止使用高毒高残留农药。加强种植业污染防控，退出岸线内种植，建立农业面源污染综合防控体系，建立农业面源污染动态监测网点。加大畜禽养殖污染治理，全面推进粪污资源化利用，优化养殖结构、推广生态健康养殖模式，实施排放尾水治理管控。强化河湖周边农家乐、民宿等经营主体的污水治理，加强对在农村溪河洗衣洗涤、违建倒废、游泳垂钓等行为的日常管理。

加强饮用水水源地保护。巩固饮用水水源地保护与治理成果，加强饮用水水源保护区规范化建设和整治，推进城市饮用水水源全面达标，实施县级以上饮用水水源地安全保障达标建设，加强饮用水水源的多源互补和供水管网互联互通，加强饮用水水源水质监测监控，在有条件的地区开展分质供水试点。加快农村饮用水水源保护进程，不断完善双水源供水和深度处理安全供水体系，推进城乡供水一体化和农村饮水安全工程规范化建设，对暂未达标的乡镇饮用水水源地因地制宜通过提高周边生活污水收集率和处理率、建设生物围栏、完善垃圾收运体系、实施河道（湖库）生态修复、推进畜禽养殖整治等措施。建立健全饮用水水源地管理长效机制，确保美丽河湖建成段饮用水水源地水质全面稳定达标。

（九）发展美丽河湖经济文化

深入挖掘河湖水文化。深入发掘流域古代治水历史、人物、文化、地理、民俗等资源，大力传承弘扬红色文化，将古蜀文化、三国文化、民族文化等特色文化融入美丽河湖保护与建设中，加强水利工程和水文化遗址保护与修复，将具有历史意义、人文意义、政治意义的水利设施建设和保护故事重新演绎，着力提升美丽河湖文化内涵和品质。围绕河湖水系，打造沿河湖水文化主题公园、特色镇、民俗村等历史人文资源点，营造“山水与城乡相融、自然与文化相宜”的滨水文化景观，彰显历史人文氛围浓厚的滨水环境，建设凸显高品质宜居地的现代都市、魅力镇街、宜居村庄的滨水场所。结合各地特色资源现状，提出差异化建设主题，打造丰富多彩的水城、水镇、水乡、水街民俗文化展演活动，增强城市的河湖文化内涵。系统开展宣传和展示，完善水文化标识解说牌和水生态科普教育等基础设施，塑造多样文化展示场景，强调人与自然和谐共生，推进全民水资源水生态水环境保护意识的增强，推动河湖与文化资源协同保护。

推动水休闲产业发展。统筹谋划河道综合治理、乡村振兴和其他相关项目，推进湖库公园、城市河道湖区、入湖湿地美化靓化工程建设，有序发展河湖绿色产业，支撑“美丽+产业”河湖经济发展模式，实现河湖流域生态环境保护和区域经济社会高质量发展双赢，营造全社会共建、共融、共享、共管的美丽河湖新格局。沿河湖串珠成链积极打造4A/3A 级景区、水利风景区、省级休闲农业和乡村旅游示范点，建设富有流域特色的滨水步道、河畔酒馆茶馆咖啡馆、临河烧烤店、水边图书室，推进业态科学布局、强化社会综合治理、补齐基础设施短板、多措并举激发市场活力，促进夜间水经济提档升级、高质量发展。规范化引导水乡湖景民宿建设发展，结合湖滨自然风光，盘活闲置农房及闲置用地，改造民居，完善服务设施配套，发展民宿经济，打造河湖沿岸极具特色的水乡湖景民宿村。

积极探索美丽河湖生态价值转化路径。注重创新驱动和社会参与，不断加强美丽河湖保护与建设，打通并拓展“金山银山”与“绿水青山”的转化路径，形成良性循环，通过美丽河湖保护与建设推动经济社会发展全面绿色转型，为经济社会高质量发展提供更多适配场景和发展空间。以建设美丽河湖为契机，将流域生态环境保护与产业发展深度融合，谋划实施生态环境治理与提升 EOD 项目，依托美丽河湖风光景致，推动土地增值，促进生态旅游、休闲康养、研学游学等相关产业开发，综合运用联防联控、生态补偿等行政、经济手段，创新生态产品价值实现的体制机制，建立绿色生产和绿色消费的政策导向，实现美丽河湖保护与建设和“金山银山”相互支撑发展。

（十）推动美丽河湖高效建设

加强组织领导，强化部门联动。各市（州）要将美丽河湖保护与建设纳入生态文明示范建设和美丽四川试点建设中大力推进，把建设美丽河湖作为推进人与自然和谐共生的现代化的主要抓手和重要目标。市（州）成立美丽河湖保护与建设领导小组，并纳入生态环境保护委员会，联动河（湖）长制，建立党政领导、政府主导、部门联动、属地落实的工作机制。由生态环境部门牵头，组织相关部门各司其职、各负其责、协调联动，定期召开美丽河湖保护与建设工作推进会，加大支持力度，加强行业指导督导，确保美丽河湖建设工作落到实处。

实施统筹规划，分步有序推进。各市（州）统筹开展全市范围内美丽河湖基础信息调查，按照“美丽、基本美丽、不美丽”分类制定信息清单，确定目标，合理安排建设时序，分步有序推进美丽河湖建设。统筹科学编制市级美丽河湖保护与建设规划，突出规划的前瞻性、引领性和指导性，明确本地区美丽河湖建设方向、目标和路径，实行标准化、清单化、项目化管理，统筹全市范围内美丽河湖保护与建设有序推进。结合市（州）规划的重点任务，县（市、区）编制本辖区美丽河湖建设方案，细化制定年度推进任务清单，明确相关单位职责分工，协同推进美丽河湖建设。到2025年，各市（州）基本建成3～5条美丽河湖并择优向省生态环境厅推选。

强化示范引领，重视推广宣传。美丽河湖保护与建设和人民群众生产生活密切相关，是重大为民实事工程。充分发挥基层创新生动鲜活的榜样作用，提炼各地美丽河湖经验成效和特色亮点，总结推广美丽河湖建设的经验做法，发挥以点带面引领作用，加大美丽河湖优秀案例宣传力度，通过媒体、微信公众号、宣传片等，多渠道、多形式开展宣传活动，提高群众的参与性、知晓率和满意度，形成全社会“共建河湖、共治河湖、共享河湖”的良好氛围。

建立激励机制，增强建设积极性。各地建立激励机制，对成效佳、示范强的美丽河湖，以及在推动美丽河湖全域建设成效明显、工作突出的县（市、区）给予正向激励。积极谋划流域水生态修复、入河排污口规范化建设、区域再生水循环利用、农村黑臭水体治理等项目，推动美丽河湖保护与建设的相关项目入库，积极争取专项资金，多渠道全方位保障推动实施方案落实到位。鼓励社会资本参与美丽河湖建设，拓宽融资渠道，拓展资金来源。

关于川中丘陵地区四市助力成渝地区中部“绿色崛起”的研究与思考

摘　要： 成渝地区中部崛起是推动成渝地区双城经济圈建设走深走实的重要突破口。2023 年 5 月，中共四川省委、四川省人民政府印发《关于支持川中丘陵地区四市打造产业发展新高地加快成渝地区中部崛起的意见》，明确打造产业发展新高地。产业发展高地必然是以绿色属性为基础的发展高地，为更好促进川中丘陵地区四市完整、准确、全面贯彻新发展理念，助力成渝地区中部绿色低碳发展，围绕川中丘陵地区四市开展生态环境保护助力绿色发展研究，并针对成渝地区中部（川中丘陵地区）存在的资源环境压力加剧、绿色低碳转型动力不足、环境质量持续改善压力较大等问题提出对策建议。

关键词： 成渝地区中部；川中丘陵地区；绿色崛起

成渝地区中部包括川中丘陵自贡、遂宁、内江、资阳以及重庆的大足、潼南。其中，川中丘陵地区四市面积约 20 835 km^2，约占四川省面积的 4.28%，常住人口约 1 075.2 万人，占四川省的 12.85%，其生产总值占四川省生产总值的比重达 10%，可见，川中丘陵地区四市对于四川乃至成渝地区中部崛起十分重要。2023 年 5 月，中共四川省委、四川省人民政府印发《关于支持川中丘陵地区四市打造产业发展新高地加快成渝地区中部崛起的意见》（以下简称《意见》）明确，支持川中丘陵地区自贡、遂宁、内江、资阳四市打造产业发展新高地，提升生态环境治理能力。成渝地区中部作为成渝地区双城经济圈的“主轴重要节点”，推动川中丘陵地区生态环境共建共保，有利于助推成渝地区中部加快崛起。

一、推进成渝地区中部“绿色崛起”的必要性

中共中央、国务院印发《成渝地区双城经济圈建设规划纲要》提出，成渝地区要推动生态共建共保、加强污染跨界协同治理、探索绿色转型发展新路径。推进生态环境共建共保，增添发展的绿色底色，是成渝地区中部推动实现经济社会高质量发展的重要内容。

——是筑牢长江上游生态屏障的必由之路。成渝地区中部同处长江上游，是休戚与共的生态共同体，是长江上游重要生态屏障，在长江流域生态安全中具有重要战略地位。

区域内拥有多个国家级、省级自然保护区和森林公园、湿地公园，丰富的森林、湿地等多元自然生态系统，植被覆盖率高、物种丰富，生态系统结构和功能较为完善，对维系生物多样性、防止水土流失、调控洪水等发挥着不可替代的生态功能作用。同时，推进成渝地区中部生态环境共建共保，对维护和改善长江流域中下游水环境质量乃至全国水生态环境安全具有重大战略意义。

——是推动区域环境质量持续改善的必然选择。成渝地区中部地域相连、山脉相通、水系相依，有涪江、沱江、琼江等跨界河流，大气、水、土壤环境关联度高，相互联系、相互影响、相互制约。推进成渝地区中部生态环境共建共保，破解跨区域生态环境治理难题，须同向用力保护生态环境，联合开展生态空间管控，协同开展环境污染治理，共同推动区域生态环境治理持续改善。

——是促进区域绿色低碳发展的必要条件。保护生态环境就是保护生产力，改善生态环境就是发展生产力，自然环境资源的可持续利用是保证经济社会可持续发展的物质基础。成渝地区中部是衔接成渝两地的重要节点。推进成渝地区中部生态环境共建共保，有利于深化区县联动，厚植生态优势，优化绿色资源配置，降低区域生态环境负荷，通过破除壁垒、强化统筹，推动成渝地区中部绿色优势产业一体化发展，合力打造优势产业链，壮大产业竞争力，从而实现区域全面绿色协调可持续发展，推动人与自然环境相互依存，相互促进，和谐共生。

二、基本现状

近年来，川中丘陵四市积极融入成渝地区双城经济圈毗邻地区区域发展合作平台建设，不断加强同毗邻地区在生态环境共建共保方面的合作，共同推进环境污染治理、生态保护修复。

（一）自贡市：推动川南渝西融合发展试验区建设，形成共建共治生态保护格局

中共自贡市委十三届四次全会明确，坚定不移实施融圈强极战略，建设成渝地区中部崛起先行市。近年来，根据《成渝地区双城经济圈建设规划纲要》中“共建川南渝西融合发展试验区”的要求，自贡市积极推动川南渝西融合发展试验区建设，形成共建共治生态保护格局。一是多方共治流域水生态。坚持跨区域协调联治，建立河长制联防联控合作关系，与泸州江阳区、泸县、内江隆昌市建立跨区域联合统一清漂保洁机制，落实沱江流域跨界污染生态补偿机制，落实河长制联席会商、信息通报等制度，共同应对和处置跨区域水污染问题。二是开展跨界生态环境联合执法。联合永川区生态环境保护综合行政执法支队，针对跨省处置页岩气钻井废水等开展联合执法检查。加强两地信息互通，进一步推进川渝两地统一执法标准、尺度，积极探索川渝联合执法新方式，形成执法合力。三是共建“无废城市”。自贡市生态环境局同重庆市北碚区生态环境局签订

《生态共保污染共治协同发展合作协议》，就共建“无废城市”工作开展深度合作。2022年，自贡全市 $PM_{2.5}$ 年均浓度为38.6 μg/m^3，同比下降11.3%，优良天数295天，同比增加8天，优良率80.8%，同比增长2.2%，全年未出现重污染天，10个国（省）考核断面达标率100%，成功入围全国“无废城市”建设试点。

（二）遂宁市：推动遂潼川渝毗邻地区一体化发展先行区建设，联合开展流域综合治理

遂宁市委常委会在传达学习省委十二届二次全会精神的会议上指出，努力在推动成渝地区中部崛起中挑大梁、走在前、作表率。近年来，根据《川渝毗邻地区合作共建区域发展功能平台推进方案》（以下简称《方案》）中“推进遂宁、潼南建设一体化发展先行区”要求，遂宁市积极推动遂潼川渝毗邻地区一体化发展先行区建设，联合潼南开展流域综合治理。一是深化水环境联合治理修复。开展琼江流域水生态环境治理，联合编制涪江生态绿色走廊建设方案，实施毗邻地区荒山荒坡生态修复，共同打造“涪江生态绿色走廊”。二是积极编报治理项目。以“遂潼合作”为契机，联合编报流域污染治理、农村环境综合治理等生态环境保护项目，对琼江、西眉河、观音阁等跨界流域开展协同治理。2021年遂宁“涪江遂宁主城区段环境综合整治与城乡一体化融合开发”项目成功申报全国生态环境导向的开发（EOD）模式试点项目，其中，流域生态环境治理修复类项目10个，投资164亿元。三是环境执法联动。围绕涪江、琼江流域治理，常态化开展联合执法、交叉巡河，增加现场联合检查频次，有效杜绝污染转移。2022年，遂宁市全年优良天数为332天，优良天数同比增加3天，优良天数率91.0%，同比增加0.9%，$PM_{2.5}$ 年均浓度为29.8 μg/m^3，同比下降0.3%，6个国考断面平均水质优良率达100%，受污染耕地安全利用率达100%。

（三）内江市：推动内江荣昌现代农业高新技术产业示范区建设，“3+3”模式推进生态环境共建共保

内江市委常委会在传达学习《意见》的会议上指出，以新时代内江振兴崛起助推成渝地区中部崛起。近年来，根据《方案》中“推动内江、荣昌共建现代农业高新技术产业示范区”要求，内江市积极推动内江荣昌现代农业高新技术产业示范区建设，联合荣昌以“3+3”模式推进生态环境共建共保。一是“协议+方案”。建立健全区域合作机制，签订《生态环境保护合作框架协议》，制发两地联络人员名单，建立沟通联络群，强化毗邻地区交流。联合印发《跨界流域上下游突发水污染事件联防联控机制》、商定生态环境共建共保工作要点等文件，确保框架协议落实落地。二是“会商+帮扶”。签订《大气污染联防联控工作协议》，每日对区域未来7天空气质量情况进行会商研判，多次召开大气污染防治联席会议，开展交叉检查，环境信息互通共享。以工业源污染、露天焚烧管控等为重点，常态开展联动帮扶。三是“共管+共治”。联合开展大清流河（包括马

鞍河）流域、渔箭河等跨界流域治理，编制实施《大清流河流域水生态环境保护川渝联防联治方案》，实现污染治理同步，交办问题及时。2022 年，内江城区 $PM_{2.5}$ 年均浓度为 32.1 μg/m^3，同比下降 8.3%，优良天数同比增加 2 天，优良天数率 84.4%，同比上升 0.6 个百分点，全年未出现重度污染天气，12 个国考、省考断面水质全面达标，土壤环境质量保持总体稳定。

（四）资阳市：推动资大文旅融合发展示范区建设，加强跨区域污染防治

资阳市委五届六次全会暨市委经济工作会议明确，加快建设成渝地区中部崛起示范区。近年来，根据《方案》中“推动资阳、大足共建文旅融合发展示范区”要求，资阳市积极推动资大文旅融合发展示范区建设，联合大足加强跨区域污染防治。一是开展大气污染防治联防联控。持续完善大气污染防治联动机制，及时共享空气质量数据、重点涉气企业污染源运行情况、污染物排放信息；加密联合预测预报预警，主动应对重污染天气；对安岳与大足交界区及两地涉气企业重点区域定期开展联合执法检查，深入推进毗邻区域工业企业治理、柴油货车污染防治、秸秆禁烧等工作。二是加强跨区域流域水污染防治。定期组织召开跨界河流联席会议，明确当前跨界河流水资源保护、水生态修复等重点工作，常态化开展联合巡河，共享上下游水质监测数据。三是联合开展毗邻地区环境隐患排查。建立环境风险源清单，精准掌握环境风险点位，细化环境风险防控措施，消除毗邻区域环境安全风险隐患。2022 年，资阳 $PM_{2.5}$ 年均浓度为 33.0 μg/m^3，同比升高 17.9%，优良天数率 86.0%、无重度污染天气，17 个国考、省考断面水质优良率达 100%，土壤环境质量总体稳定。

三、问题与挑战

对标《意见》中“人民生活品质不断提高，对成渝地区双城经济圈建设的支撑作用明显增强”的目标，成渝地区中部（川中丘陵地区）在生态环境质量持续改善、绿色低碳转型发展等方面，还存在资源环境压力加剧、绿色低碳转型动力不足、环境质量持续改善压力较大等问题。

（一）生态的塌陷问题突出，资源环境压力加剧

近年来，成渝地区中部（川中丘陵地区）经济增长带动资源消耗的增长，导致区域生态环境承载能力面临的压力不断加大，资源与环境的制约已成为成渝地区中部发展面临的突出问题。在资源环境承载力方面，区域基础设施建设强度不断增加，开发活动挤占生态空间带来的植被破坏、栖息地侵扰等压力日益增大，成渝地区中部（川中丘陵地区）人口密度大，水环境容量严重不足，总体处于临界超载状态，资源环境承载压力持续上升。例如，位于沱江、涪江两江流域分水岭的资阳市，水资源严重匮乏，年降水时

空分布严重不均，资源性与工程性缺水现象并存，水质受水量影响波动较大。在节约集约发展方面，土地、水、能源等资源节约集约利用程度不高，推动传统“资源—产品—废弃物”线性经济模式转变为“资源—产品—再生资源”循环经济模式的力度不大，全社会尚未形成节约集约发展的生产生活方式。

（二）发展的塌陷问题突出，绿色低碳转型动力不足

近年来，成渝地区中部（川中丘陵地区）持续提升绿色发展水平，但区域产业层级偏低、生态产品开发不足、能源结构性压力尚未根本缓解、绿色金融支持力度偏弱等，造成绿色低碳转型动力不足。在产业结构方面，现有产业结构调整任务较重，产业布局历史遗留问题多，结构性污染问题较为突出，绿色生产方式尚未根本形成。成渝地区中部（川中丘陵地区）产业以传统资源利用型、劳动密集型为主，产业结构相似度高，战略性新兴产业支撑不足，区域经济发展水平仍有较大空间。例如，内江市、自贡市作为典型老工业城市，普遍面临企业技术落后、产品市场竞争力差、新兴产业发展缓慢等问题。在能源利用方面，煤炭占能源消费的比重较大，原煤消费占主导地位的格局短期难以改变，能源资源利用效率偏低，能效水平与先进地区仍有一定差距。例如，内江市以煤炭为主的消费结构目前没有根本改变，产业重化问题仍然突出，单位 GDP 碳排放量、人均碳排放量均高出四川省平均水平。

（三）宜居环境的塌陷问题突出，环境质量持续改善压力较大

近年来，成渝地区中部（川中丘陵地区）生态环境质量明显改善，但生态环境保护面临的结构性矛盾仍然突出，环境质量持续改善压力较大。在大气环境方面，成渝地区中部（川中丘陵地区）地处川中及川南两个污染传输通道上，大气质量持续稳定改善难度大，极易反弹，特别是部分县（市、区）受城市建设施工扬尘、机动车尾气等复合型污染因素影响，细颗粒物仍存在不同程度超标，随着近年来细颗粒物浓度下降，大气主要污染物由细颗粒物逐步转变为臭氧，特别是春夏季节比较突出。在水环境方面，农村生活污水、畜禽养殖以及农业面源污染负荷较重，乡镇污水收集率偏低，环保基础设施建设仍待完善。河流径流量小、水资源短缺、水环境容量小等，造成小流域环境问题突出。国考、省考断面全面稳定达标任务艰巨，例如，资阳市“十四五”时期新增断面所在的阳化河、小濛溪河、索溪河、龙台河、姚市河、蟠龙河水环境质量稳定达标形势严峻。

四、助力成渝地区中部“绿色崛起”的建议

推进成渝地区中部（川中丘陵地区）生态环境共建共保，有利于促进成渝地区中部绿色发展，应重点围绕优化绿色空间共管、推动绿色发展共赢、强化环境污染共治、加

强自然生态共保四方面，提升成渝地区中部绿色低碳发展和生态环境治理整体性、系统性、协同性，切实筑牢长江上游重要生态屏障，助推成渝地区中部一体化高质量发展。

（一）优化绿色空间共管，高质量解决成渝地区中部（川中丘陵地区）塌陷的资源环境问题

一是优化绿色生产空间。积极构建绿色体系，打造集约高效的生产空间，解决成渝地区中部（川中丘陵地区）资源环境承载压力加剧等问题。协作优化区域国土空间开发保护格局，合理规划布局成渝地区中部（川中丘陵地区）重点产业，引导产业合理有序转移，引导产业功能区绿色发展。依托成渝地区中部产业发展轴重点发展成渝装备制造、电子信息、生物医药等产业的薄弱环节和关键配套环节，全面推动产业集群绿色升级。依托沱江、涪江、琼江流域，大力发展生态农业、文化旅游、康疗养生等岸线经济，推动内河产业集聚，打造一批绿色低碳发展区。严格准入清单环境分区管控要求，利用“三线一单”更新契机，强化资阳高新技术产业园区、自贡航空产业园区、威远经开区连界园区、遂宁高新技术产业园区等各类园区环境准入门槛，提升资源利用效率，加强污染物排放控制和环境风险防控。

二是打造宜居生活空间。优化城镇空间结构，中心城区突出“成渝主轴节点城市”特点，以塑造生态宜居景观、厚植城市历史文化底蕴为重点，建设“城在山水中，山水在城中”立体公园城市，打造生态宜居中心城区。鼓励资阳市乐至县推进全国县城新型城镇化示范县建设和宜居宜游生态园林城市建设工作，鼓励自贡市荣县积极推进生态文明示范县创建工作。全面提升中心城市能级，持续推动县域经济高质量发展，构建以中心城市和城市群为主，大、中、小城市协调发展的生活空间。推进交通运输结构调整优化和清洁低碳转型，加快新能源和清洁能源汽车推广应用，合理安排大型交通基础设施与噪声敏感建筑物集中区域之间的布局，支持自贡市深化国家公交都市示范城市创建。

三是保育永续生态空间。强化空间布局约束，严守生态保护红线，严格禁止在生态保护红线内开展开发性、生产性建设活动，严格保护永久基本农田。支持成渝地区中部落实环境敏感区保护要求，共同构建以老鹰水库饮用水水源地、四川安岳恐龙化石群省级地质景观自然公园、四川省千佛寨森林公园、四川遂宁观音湖国家湿地公园、四川射洪硅化木国家地质公园等为主体的自然保护地体系，编制自然保护地整合优化方案，合理整合自然保护地资源，加强自然保护地常态化监管，联合开展自然保护地专项督查，适时开展“回头看”。

（二）推动绿色发展共赢，高标准解决成渝地区中部（川中丘陵地区）塌陷的发展问题

一是推进工业绿色低碳发展。以川南渝西融合发展试验区为重点，推动产业集约集聚发展，推进成资临空经济产业带、成渝中部产业发展轴、自贡（昆山）产业合作示范园区、川南新材料产业基地等建设；大力发展临港经济和通道经济，发挥长江黄金水道优势，依托宜宾志诚港、泸州港、江津珞璜长江枢纽港，构建川南渝西长江生态经济带；联合打造绿色成渝中轴线，协同建立分工协作的现代产业体系，承接重庆主城、成都及东部发达地区产业转移。以遂潼川渝毗邻地区一体化发展先行区为重点，协同推动工业体系循环式发展，推行企业循环式生产、产业循环式组合、园区循环式改造，探索产品全生命周期绿色管理，积极推进遂宁经开区再生资源产业园建设；加快推进锂电产业形成规模化发展趋势，鼓励遂宁等地聚焦锂电、动力电池、晶硅光伏等产业发展，推动重点产业及园区绿色转型，实施绿色制造工程，培育绿色工厂、绿色园区、绿色设计产品和绿色供应链管理企业。

二是构建绿色生态农业体系。以遂潼川渝毗邻地区一体化发展先行区为重点，充分发挥中部地区特色农业优势，共同建设成渝地区双城经济圈绿色农产品生产供给基地，打造“天府粮仓”丘区示范；大力发展生态绿色农业，在遂宁、潼南等地，依托两地现有主导种植资源和经济作物资源，融合发展“潼南绿”“遂宁鲜”等农产品区域公用品牌，共创绿色生态“遂潼”区域品牌，联合打造绿色有机农产品供应基地。以内江荣昌现代农业高新技术产业示范区为重点，大力发展生态低碳农业，统筹农业稳产高产与生态低碳发展，推广水旱轮作种植、粮经作物生态立体种植、稻鱼虾综合种养等模式，减轻成渝地区中部农业资源透支、种养循环不畅、农业生态系统退化等难题；大力共建现代高效特色农业带，依托西南大学荣昌校区、重庆畜科院、内江市农科院、养猪科学国家重点实验室等科技资源，在内江、荣昌等地，围绕生猪、稻鱼等特色优势产业，联合打造绿色有机农产品供应基地、绿色生态农产品出口安全示范区。以资大文旅融合发展示范区为重点，盘活成渝地区中部区域林地资源，以农业生产绿色化、产品特色化、经营融合化、装备现代化、全程科技化、服务便利化为取向，高质量建设“天府森林粮库”。支持资阳等地全方位、多途径开发食物资源，实现森林向“粮库”“油田”转变。

三是推动生态产品价值转化。以遂潼川渝毗邻地区一体化发展先行区为重点，深度挖掘生态产品价值转化路径，支持遂宁等地探索开展生态环境导向的开发（EOD）模式，通过实施涪江、琼江等流域生态环境综合治理，提高水生态环境水平以及生态服务功能，培育形成休闲、餐饮、骑行等特色产业，带动区域价值提升。以资大文旅融合发展示范区为重点，支持资阳等地深化“文旅融合”，共同打造“生态+文旅”精品路线，依托成渝地区中部（川中丘陵地区）沱江、涪江分水岭自然生态优势，充分发挥资阳、大足境内石（刻）窟文化、红色文化、非遗文化等优势资源，联合打造区域生态文化旅游品牌，打造红色文化学习、石窟文化体验、生态康养等文旅路线，联合创办文化艺术节，建设特色石刻文化小镇和文化创意产业基地。以内江荣昌农业高新技术产业示范区为重点，支持内江等地深化“农旅融合”，加快推进成渝地区中部现代农业和乡村旅游融合发展，依托国家优质商品猪战略保障基地、特色稻鱼产业基地等重大产业项目，打造农旅精品旅游线路，共建乡村旅游示范镇和农业主题公园。

（三）强化环境污染共治，高要求解决成渝地区中部（川中丘陵地区）塌陷的环境质量问题

一是强化大气污染标本兼治。聚焦“四大结构”优化调整，深化大气污染防治工作。在能源结构调整方面，加快发展清洁能源，鼓励自贡等地大力推进页岩气等清洁能源开发，提高页岩气就地转化利用率，以川南页岩气田为重点，加强在滚动开发过程中的环境管理，支持自贡市荣县区块打造国家级页岩气循环产业示范基地，鼓励发展天然气分布式能源系统，加快液化天然气（LNG）推广应用。加快发展清洁能源利用产业，支持遂宁推动蜂巢能源动力锂电池等重大项目建设，形成全产业链锂电产业集群。支持内江打造四川省清洁能源生产利用高地，建设成渝氢走廊内江“氢港”，配套培育壮大氢燃料电池及整车制造产业。在产业结构调整方面，以遂宁、内江、资阳等川渝毗邻地区为突破点，联合制订成渝地区中部大气传输通道涉气重点行业、重点污染源整治计划，持续推进水泥、烧结砖瓦等行业企业错峰生产和交界区域“散乱污”企业整治；协同推动成渝地区中部工业污染治理，共同推进重点行业挥发性有机物（VOCs）综合整治，推动低（无）VOCs原辅材料替代工程。在交通运输结构调整方面，加强机动车环保达标监管，全面实施国六排放标准、非道路移动柴油机械第四阶段排放标准。强化在用车监管，加大路检路查、入户抽查力度，加强油品质量联合监督抽查，持续淘汰老旧车辆，加快新能源和清洁能源汽车。支持遂宁深化全国首批绿色出行城市创建，构建绿色出行网络，打造低碳交通城市。在城市环境治理结构调整方面，强化成渝地区中部重污染天气共同应对机制，建设空气质量信息交换平台，联合实施空气质量预警预报，推进应急响应一体联动，实施统一的区域污染天气应急启动标准和应对措施，开展$PM_{2.5}$和臭氧协同控制，加强扬尘污染源协同治理，联合开展建筑工地及道路扬尘污染专项整治。

二是推进水污染精准防治。协同开展水资源、水环境、水生态治理，构建“三水统筹”系统治理新格局。在水资源方面，正视成渝地区中部（川中丘陵地区）水资源短缺等问题，强化区域水网建设，科学规划实施一批水资源配套工程，支持资阳等地实施农田退水和地表径流净化工程。支持自贡、资阳等地创新中水回用方式，推动中水再生循环利用，拓宽再生水利用途径，增强非常规水源收集利用，进一步提升水资源节约集约利用能力和水平。在水环境方面，推进水污染联合防治，共同摸排污染源底数，形成河湖交界地带污染源清单。鼓励遂宁、自贡等地升级改造工业园区污水处理设施，加大城乡生活污水收集和处理设施建设。支持资阳等地加快推进农村生活污水治理“千村示范工程”建设，统筹开展农村黑臭水体整治。在水生态方面，积极推进河湖生态保护修复，聚焦涪江、琼江、沱江、大小清流河、窟窿河、高升河、塘坝河、石羊河等跨界河流，加强水岸沿线深度合作，协同推进小流域综合治理，共同布局谋划、包装实施一批河道清淤、岸坡整治、岸坡绿化、水土流失治理、新建生态湿地等流域一体化治理省际合作示范项目。支持资阳、遂宁等地实施枯水期生态流量保障、河流生态缓冲带建设和人工

湿地建设等项目。

三是加强固体废物协同治理。协同推进成渝地区中部“无废城市”建设，深入落实《川渝危险废物协同处置协议》《危险废物跨省市转移“白名单”合作机制》，推动危险废物跨区域协同处置合作。支持自贡等地高质量推进国家级“无废城市”建设工作，全面启动遂宁等地成渝地区双城经济圈“无废城市”共建，支持自贡、遂宁规划建设国家级或省级城市废弃物资源循环利用基地。加强区域固体废物环境违法犯罪行为联合执法，持续打击固体废物跨界非法转移倾倒等环境违法犯罪活动，协同开展突发环境事件固体废物就近应急处置。

四是推进环境风险联合防范。支持成渝地区中部联合开展区域环境风险评估，摸清环境风险底数。结合环境敏感目标、高风险区域，探索建立成渝地区中部环境风险源信息数据库，绘制区域应急“一张图”。加强涪江、琼江、沱江沿线重点工业园区、化工园区环境风险应急联动。强化企业突发环境事件应急预案管理，实施环境风险企业“一源一事一案”制度，建立健全环境应急联合管理机制。协同开展危险化学品跨区域运输风险联合管控。开展环境应急基础设施建设工程，在成渝地区中部建设区域共享环境应急物资综合储备库，支持遂宁、内江等地建设环境应急物资储备基地。

五是推进环境基础设施共建共享。支持成渝地区中部探索跨行政区生态环境基础设施建设，按照区域共享原则，充分考虑、统筹规划、合理布局交界地区污水处理厂和垃圾焚烧厂规模，辐射周边区域，实现管网互联互通。共同优化农村生活垃圾收运处置体系，深化“户分类、村收集、乡（镇）转运、县统筹处理”处理模式。联合拓宽投融资渠道，注重统筹各类专项资金，加大环境基础设施建设投入力度，吸引社会资本参与四市城乡污水处理、垃圾处理、固体危险废物处理和农业面源污染治理设施建设运营。鼓励遂宁、潼南以遂潼川渝毗邻地区一体化发展先行区的名义，围绕区域环境污染治理，以及城乡污水、垃圾处理等两地环保基础设施项目建设，联合发行生态环境修复治理类专项债券。

（四）加强自然生态共保，高水平解决成渝地区中部（川中丘陵地区）塌陷的生态问题

一是共筑中部城市群“绿心”“绿肺”。依托城市“绿心”“绿肺”建设，切实带动成渝地区中部空气质量提升。以资阳市安岳县为重点，打造成渝地区中部城市群“绿心”，支持安岳深化国家森林城市创建工作，在兴隆镇、永清镇、大平镇等规划建设一批湿地公园。以自贡市双溪湖风景区、金花桫椤谷景区和内江市骑龙坳景区、石板河景区等为重点，打造成渝地区中部城市群“绿肺”，联合实施一系列重要生态系统保护和修复工程，开展天然林资源保护、林草适应气候变化行动、全面停止天然林商业性采伐，进一步提升森林生态系统质量和稳定性。筑牢成渝地区中部生态保护屏障，以水土保持区、沱江中下游城镇生态经济区、低山丘陵农村生态区为重点，统筹治理水土流失、石漠化、矿区修复等生态环境问题，实施封山育林、人工造林、退耕还林还草、水土保持、土地综合整治等工程。

二是共建沿江生态廊道。以涪江、沱江干流及重要支流、湖库、渠系为支撑，加快建设涪江、沱江岸线防护林体系，构建结构合理、功能稳定的沿江、沿河生态系统，形成“一江碧水、两岸青山”的沿江生态廊道。支持遂宁以涪江为重点，联合潼南规划实施一批江河防护林体系建设工程，共同开展“两岸青山·千里林带”等重大生态治理工程。鼓励自贡、内江、资阳等地，以沱江及其他支流为重点，实施河湖岸线修复、滨岸缓冲带生态修复，共同打造水系廊道生态带，联合建设沱江流域生态文化廊道；充分利用、保护沱江沿岸自然景观和植被，串联沿线古街古镇、工业遗址、山水资源等，共同打造自然生态与人文景观交相呼应、兼具城市生态休闲旅游观光功能的复合型景区。联合开展涪江、沱江等流域湿地保护与建设，支持自贡、遂宁等地以双凤湿地公园、观音湖湿地公园等为重点，加强小型溪河、沟渠、塘堰、稻田等小微湿地建设，打造成渝地区中部湿地生态走廊。

三是共推生物多样性保护。联合开展生物多样性调查，以生物多样性功能区、涪江、琼江、沱江流域等区域为重点，开展以植被、物种多样性、遗传资源为重点的本底调查。加强成渝地区中部外来入侵物种区域联防联控，联合开展入侵生物定期定点监测，共同维护区域生态安全和生物安全。联合实施生物多样性保护重大工程，共同制订启动生物多样性保护战略和行动计划，联合开展国际生物多样性日宣传活动。支持遂宁加强郪江黄颡鱼、琼江翘嘴红鲌等国家级、省级水产种质资源保护区管理保护，鼓励自贡加强中华秋沙鸭、黑鹳等鸟类多样性保护。完善生物多样性联合监测预警体系和信息管理体系，综合运用无人机巡查、视频监控等先进技术手段和设置保护站点、定期人工巡护等传统管护手段，强化日常监督管理。

强化耕地土壤污染防治，筑牢新时代更高水平“天府粮仓”土壤安全基底思考与建议

摘　要：耕地是粮食生产的命根子，是中华民族永续发展的根基。土壤污染直接影响老百姓的“米袋子”“菜篮子”“水缸子”，直接关系国家粮食安全和农产品质量安全。2022年6月8日，习近平总书记在四川考察时强调，成都平原自古有“天府之国”的美称，要严守耕地红线，保护好这片产粮宝地，把粮食生产抓紧抓牢，在新时代打造更高水平的“天府粮仓”。2022年12月31日，中共四川省委、四川省人民政府印发《建设新时代更高水平“天府粮仓”行动方案》，提出要牢牢守住粮食安全底线，着力构建以粮为主、粮经统筹、农牧并重、种养循环、绿色生态、高质高效的现代农业体系，持续擦亮农业大省金字招牌，加快建设农业强省。

四川是全国13个粮食主产区之一。但近年来，四川省耕地面积急剧下降，2020年年末，四川省实有耕地面积约7 773万亩，较2018年年末减少面积约2 312万亩[①]，减少约22.92%，其中雅安市、眉山市、乐山市和成都市减少比例居四川省前4位，分别为60.34%、40.83%、40.79%和38.01%。在耕地面积急剧减少和局部耕地土壤环境质量不乐观的“双重压力”下，如何保障粮食数量和质量“双重安全”，成为建设新时代更高水平“天府粮仓”的新命题。

为筑牢新时代更高水平“天府粮仓”土壤安全基底，建议耕地土壤污染防治空间管控、源头管控、多方联动、制度建设和受污染耕地安全利用等方面着手，强化耕地土壤污染防治，持续推进土壤污染防治攻坚行动。

关键词：天府粮仓；耕地；土壤污染防治；安全利用

一、建设新时代更高水平“天府粮仓”对耕地土壤污染防治的要求

（一）建设新时代更高水平“天府粮仓”对“良田”保护的要求

为深入贯彻习近平总书记来川视察重要指示精神，2022年12月31日，中共四川省

① 来源于《2022年四川省统计年鉴》。

省委、四川省人民政府印发《建设新时代更高水平“天府粮仓”行动方案》（以下简称《方案》）提出，到2025年，耕地保有量和永久基本农田保护面积分别稳定在7 550万亩和6 309万亩以上，耕地保有量和永久基本农田保护面积超额完成国家下达目标任务。2020年年末，四川省实有耕地面积约7 773万亩，为实现以上目标，除严格落实“长牙齿”的耕地保护硬措施，确保耕地面积不减少外，还应加强耕地土壤污染源头防治，确保耕地保有良好的土壤环境质量以满足农业生产需要。按照《土壤环境质量　农用地土壤污染风险管控标准（试行）》，若耕地土壤中镉、汞、砷、铅、铬任一污染物含量超过管制值，都将划为严格管控类耕地（农产品辅助判定不满足相关要求），而严格管控类耕地将不再适宜种植食用农产品，必然会导致可用耕地数量减少。因此要加强涉重金属重点行业企业、矿产资源开发、农业投入品和畜禽养殖粪污等土壤污染源头防控，减少重金属向耕地的输入，防范优先保护类耕地受到污染和安全利用类耕地污染恶化为严格管控类。

（二）建设新时代更高水平“天府粮仓”对“粮仓”保障的要求

《方案》提出，到2025年，“天府粮仓”建设取得显著成效，粮食产量提高到3 650万t以上，“菜篮子”产品保障能力明显提升。按照《食品安全国家标准　食品中污染物限量》（GB 2762—2022），若谷物及其制品、肉及制品、蔬菜及其制品、水果及其制品中镉、铅、汞、砷等重金属污染物含量超过相关标准，食用后将对公众健康构成较大风险。据报道，由于化肥施用和工业排放导致的土壤重金属污染，我国粮食每年因此减产1 000多万t，被重金属污染的粮食也多达1 200万t[①]。建设新时代更高水平“天府粮仓”，不但要确保四川省粮食产量，更要确保粮食质量。因此，要加强发展改革、自然资源、生态环境、农业农村、粮食、市场监督管理等多个部门多方联动，强化耕地土壤污染源头防控、土壤污染防治制度建设和受污染耕地安全利用，以保障粮食产量和质量的“双重安全”。

二、四川耕地土壤污染防治成效与问题

（一）耕地土壤污染防治成效

环境底数逐步摸清。完成1 232.21万亩农用地土壤污染状况详查，调查面积约占四川省农用地总面积的4.2%，布设详查单元2 870个，调查点位28 143个，分析测试样品76 388份。详查成果显示，四川省农用地土壤环境质量总体稳定，局部不容乐观，土壤污染因子以镉为主。

源头预防不断强化。按年度更新土壤污染重点监管单位名录，依法开展土壤污染隐

① 来源于中国经济网，http：//district.ce.cn/zg/201206/19/t20120619_23421343.shtml。

患排查、自行监测。“十三五”期间，排查全口径涉重金属重点企业 476 家，实施重金属减排项目 119 个，镉等重点重金属污染物排放量较 2013 年削减 17.35%，超额完成削减 9.5%的目标任务。持续开展涉镉等重金属重点行业企业排查整治，排查重点区域 677 个、重点企业 1 027 家，共排查出问题企业 142 家并完成整治。2021 年，四川省化肥施用量减少到 207.16 万 t，连续五年实现施用量负增长。

风险管控扎实推进。完成四川省耕地土壤环境质量类别划分和国家下达受污染耕地安全利用和严格管控目标任务，实施受污染耕地安全利用示范 6 万余亩、生产障碍修复利用 12 万亩。实施宜宾市兴文县黄家沟、广元市青川县石坝乡、广元市朝天区李家镇、广元市朝天区两河口镇等地农用地土壤污染治理与修复项目 4 个。

管理体系日益完善。规章制度逐步健全，印发《四川省土壤污染防治条例》《四川省农用地土壤环境管理办法》《四川省土壤污染治理与修复规划》等文件。各部门配合日益紧密，生态环境厅联合财政厅、自然资源厅、农业农村厅和省卫生健康委高质量完成农用地土壤污染状况详查，联合财政厅、农业农村厅、省粮食和储备局推进四川省涉镉等重金属重点行业企业排查整治。监测网络不断完善，建立国控和省控土壤环境质量监测网络，布设国控点位 1 953 个、省控点位 2 050 个。

试点示范有序推进。实施叙永县、古蔺县、绵竹市、屏山县、绵阳市安州区农用地土壤污染治理修复技术应用试点项目 6 个，治理修复农用地约 8 300 亩。实施四川省耕地土壤污染成因排查与分析试点项目，完成什邡市和井研县局部区域耕地土壤污染成因排查，查明区域耕地土壤污染成因。

（二）耕地土壤污染防治问题

耕地土壤污染防治责任落实还不到位。省、市、县、乡协同联动的土壤污染防治格局尚未全面形成，基层党委政府重视度不足，存在“上热、中温、下冷”现象。相关职能部门存在职能模糊、职责交叉，监管责任未夯实。重点监管单位土壤污染防治主体责任未压实，土壤污染风险隐患排查整改、自行监测、风险管控等工作不积极、敷衍应付。农业生产者耕地土壤环境质量保护责任意识不强，对耕地污染关注度不够，注重粮食产量而不关注粮食质量。

耕地土壤污染源头防控还存在差距。土壤污染重点监管单位主体责任落实还存在差距。2022 年，对 58 家土壤污染重点监管单位隐患排查与自行监测报告进行抽查，发现隐患排查报告不合格 15 家，自行监测报告不合格 12 家。部分铅锌冶炼企业浮选矿浆液横流，沿着地面裂缝或随地表径流污染周边土壤。部分铅锌冶炼企业大气颗粒物排放时有超标，大部分有色金属冶炼工业园区和企业周边存在较大面积严格管控类和安全利用类耕地。农业生产土壤污染源头防控还需关注。农业生产者为确保农作物产量和经济效益最大化，未按照使用说明或农作物对化肥需求进行合理施用，德阳、遂宁、绵阳等市化肥亩均施用量较四川省平均值分别高出 115.86%、59.84%和 34.35%（表 1），较全国平均值分别高出99.70%、59.84%和24.29%。畜禽粪便中重金属含量较高，四川德阳某地畜禽粪便中镉含量 1.15～23.0 mg/kg，铅含量 8.35～244 mg/kg，按照《有机肥料》标准评价，超标率分别高达94.1%和58.8%。

表1　2021年四川省各市（州）化肥施用量统计表

区域	农用化肥施用量（折纯）/万 t	耕地/万亩	园地/万亩	亩均化肥施用量/（kg/亩）①
德阳市	16.44	328.14	23.97	46.69
遂宁市	11.85	299.56	17.45	37.37
绵阳市	18.33	532.82	98.14	29.06
达州市	18.08	642.70	41.83	26.41
自贡市	8.11	267.73	39.91	26.37
眉山市	10.83	213.95	209.30	25.59
南充市	19.11	671.59	76.58	25.54
巴中市	10.71	388.09	37.33	25.17
内江市	9.39	335.24	43.56	24.78
广安市	9.38	362.55	36.26	23.53
乐山市	7.75	241.21	99.18	22.76
成都市	15.52	486.47	236.03	21.48
雅安市	4.39	60.23	145.1	21.40
广元市	8.87	410.26	42.72	19.57
泸州市	9.55	481.61	44.87	18.14
资阳市	6.00	349.56	67.28	14.39
宜宾市	7.30	535.56	71.33	12.03
凉山彝族自治州	12.19	851.87	273.84	10.82
攀枝花市	2.10	84.09	146.58	9.11
阿坝藏族羌族自治州	0.99	98.71	40.61	7.07
甘孜藏族自治州	0.28	130.64	12.86	1.97
全　省	207.16	7 772.59	1 804.73	21.63
全　国	5 191.30	191 792.90	30 257.33	23.38

受污染耕地安全利用还需加强。老百姓开展受污染耕地安全利用难度大。现有受污染耕地安全利用措施主要为农艺调控技术、钝化修复技术、植物萃取技术、生理阻隔技术和替代种植等，除替代种植外，其他安全技术掌握和应用难度大。受污染耕地安全利用措施投入高。按照生态环境部门、农业农村部门受污染耕地安全利用单价3 000元/亩②、

① 该数据为农用化肥施用量（折纯）/（耕地+园地）。

② 来源于《土壤污染防治专项资金入库项目费用测算相关说明》。

360 元/亩（表 2）测算，四川省受污染耕地安全利用每年需投入资金 12.7 亿～105.9 亿元[①]，地方财力无力承担。受污染耕地安全利用综合监管责任还需加强。生态环境主管部门为综合监管部门，受污染耕地安全利用相关的监督检查工作还不到位，在履职尽责上还需加强。

表 2　2023 年受污染耕地治理试点项目统计表

县（区）	经费/万元	面积/亩	单价/（元/亩）
凉山彝族自治州德昌县	358.00	10 000	358.00
宜宾市叙州区	398.00	12 000	331.67
内江市市中区	386.68	10 000	386.68
平均值			358.78

耕地土壤污染防治监管能力还需提升。耕地土壤环境质量监测指标还不全。农用地土壤污染状况详查、农产品产地重金属污染防治、多目标区域地球化学调查等主要监测了镉、汞、砷、铅、铬、铜、镍、锌等 8 种污染物，“六六六”总量、滴滴涕总量和苯并[*a*]芘 3 类污染物监测较少或未监测。土壤污染防治管理和专业人才严重不足。县级土壤污染防治人员身兼地下水、农业农村、固体废物、大气等污染防治数职，分身乏术。

三、国内耕地土壤污染防治经验

耕地土壤污染源头防控经验。江苏省在全国率先开展区域性农用地土壤污染深度调查溯源，进一步摸清土壤污染底数，更加精准划分农用地土壤环境质量类别，同时为农用地源头防控提供依据，避免“边污染、边治理”。湖南省以土壤重金属问题突出区域为重点，深入开展耕地污染成因排查，完成了耕地土壤加密调查、成因排查试点，识别污染源和污染途径，因地制宜采取源头治理、切断传输途径等措施。浙江省、江苏省分别出台了《关于推行化肥农药实名制购买定额制施用的实施意见》《关于积极探索化肥农药实名制购买定额制使用持续推进化肥农药减量增效的指导意见》，推进了农药化肥减量增效，加快了农业发展方式转变。

政策法规体系建设经验。山东省、湖南省、广东省分别出台了《山东省耕地保护激励办法》《湖南省耕地保养管理办法》《广东省耕地质量管理规定》，健全了耕地保护和质量管理制度，促进了农业可持续发展。深圳市发布实施全国首部《土壤环境背景值》地方标准，安徽省、苏州市、厦门市、珠海市等地开展了土壤环境背景值调查，为识别人为活动对土壤的污染影响程度、土壤污染成因分析、土壤污染防治管理决策提供了支撑。浙江省出台了《土壤健康行动实施意见》，成为全国首个从省级层面研究土壤健康

① 根据《四川省生态环境保护督察工作专报（2020 年第 8 期　总第 29 期）》中受污染耕地面积 352.85 万亩测算。

并部署具体行动的省份，以提升现有耕地质量为抓手，率先实施“土壤健康体检、障碍土壤治理、土壤生态修复、健康土壤培育”四大行动，创新健康土壤培育和保护利用新格局。

受污染耕地安全利用经验。浙江台州温岭市针对重度污染耕地，严格管控其用途，依法划定农产品禁止生产区，全面流转土地，并禁止可食用农产品的种植，实施了种植结构调整、农业工程措施、生物治理修复等 8 种不同手段。针对轻中度污染的耕地，试行“正负面”作物清单制度，引导农户科学布局，鼓励油菜、大豆、玉米等低风险作物替代芋艿、生姜等高风险作物种植，一边帮农民“排雷”，一边教他们盘活土地。贵州铜仁积极探索受污染耕地修复和安全利用，坚决避免和防止过度修复和治理，结合区域农业生产实际，将受汞污染的农田作为农艺调整建设食用菌建设基地，全面推行水田改旱田工作，重点发展黑木耳、香菇、平菇等“非接土”食用菌产业，有效防止水稻种植风险，走出了耕地“重金属污染土壤生态治理+生态产业+生态扶贫”的新土壤污染防治模式。湖南常德建立了受污染耕地边生产边管控模式，石门县等地通过“植物萃取+农作物套作”“钝化+植物阻隔”等措施，推动受污染耕地安全利用，在雄黄矿区通过种植结构调整，发展不易吸收砷的改良柑橘品种，采用柑橘—蜈蚣草间套作技术进行风险管控，取得显著效益。广东韶关突出示范探索，在 3 100 亩重度污染耕地上推行“板上光伏发电、板下土壤治理”模式。

四、强化耕地土壤污染防治，筑牢新时代更高水平“天府粮仓”土壤安全基底的对策建议

（一）加强耕地土壤污染防治空间管控，突出“天府粮仓”区域特色

进一步强化土壤分区管控。全面落实耕地保护“党政同责”，严格落实“三区三线”管控规则和落实耕地占补平衡，严控城乡新增建设用地规模。加强优质耕地保护，在永久基本农田区域，不得规划新建可能造成土壤污染的建设项目，已经建成的，限期关闭拆除。禁止在优先保护耕地集中区域新建排放重点重金属（汞、镉、铬、铅、砷）污染物的项目。

成都平原“天府粮仓”核心区。发展稻麦、稻油、稻菜（菌、药）轮作和稻鱼综合种养等，逐步实现平原地区以粮油生产为主。加强岷沱灌区主产区金属表面处理及热处理加工、无机酸制造、铅锌冶炼等涉重金属行业企业废水、大气颗粒物和农业投入品管控，研究推进严格管控类耕地（安全利用和修复难度大的）与易地搬迁用地、盘活利用农村闲置宅基地等建设用地指标置换，重点发展精品粮油种植和现代都市农业。加强岷大平原主产区金属表面处理及热处理加工、稀土金属冶炼等涉重金属行业企业大气颗粒物管控，提高优质粮油生产耕地产能和利用效率，引导发展现代化农业产业。加强涪江

平原主产区金属表面处理及热处理加工、铁合金冶炼等行业大气颗粒物管控，强化优质粮油和蔬菜种植保护，加快发展精细化粮油产业。

盆地丘陵以粮为主集中发展区。推动以粮为主集聚发展，推广水旱轮作高效种植、旱地粮经复合、粮经作物生态立体种养等模式，逐步实现浅丘地区以粮油生产为主。加强浅丘区金属表面处理及热处理加工、无机酸制造等涉重金属行业企业大气颗粒物管控，因地制宜推广粮经复合发展模式，实现粮经互哺。加强深丘区铁合金冶炼、金属表面处理及热处理加工等涉重金属行业企业土壤污染源管控，严控新建、改建、扩建增加重点重金属污染物排放的建设项目，有序推进耕地综合治理，积极发展立体化特色农业。

盆周山区粮经饲统筹发展区。发展特色粮食和种养循环，实现粮经饲统筹协调发展。加强北部盆周山区铅锌矿采选、铝冶炼、其他常用有色金属冶炼，南部盆周山区铁合金冶炼、其他常用有色金属冶炼、稀土金属冶炼等涉重金属行业企业废水管控。合理布局承接涉重点重金属（汞、镉、铬、铅、砷）污染物排放的项目。加快严格管控类耕地种植结构调整，大力发展饲草（料）产业。

攀西特色高效农业优势区。发展高档优质稻、高原马铃薯、高原饲草、冬春喜温蔬菜、特色水果、优质中药材等，打造“天府第二粮仓”。加强安宁河谷农业发展区稀土金属冶炼、有色金属冶炼等涉重金属行业企业废水和大气颗粒物管控，重点发展高档优质稻、冬春蔬菜等。加强二半山特色农业发展区有色金属冶炼、铁合金冶炼等涉重金属行业企业废水管控，重点发展马铃薯、夏秋蔬菜等。加强南部干热河谷农业发展区铁矿采选、有色金属采选与冶炼等涉重金属行业企业废水管控，重点发展早熟水果、亚热带晚熟水果。加强高山生态农业发展区铁合金冶炼等涉重金属行业企业废水管控，重点发展夏秋蔬菜、优质中药材等。

川西北高原农牧循环生态农业发展区。稳定青稞种植面积，发展高原绿色蔬菜和特色养殖，合理控制畜牧业发展规模，严格落实草畜平衡、禁牧休牧及轮牧制度，推动农牧循环发展。实施耕地数量、质量、生态“三位一体”保护，全面提升高山土壤生产生态功能及可持续发展能力，加强金矿采选与冶炼、铁合金冶炼等涉重金属行业企业废水管控。

（二）加强耕地土壤污染防治源头管控，守牢“天府粮仓”良田数量

加强土壤污染重点监管单位隐患排查及“回头看”。开展土壤污染重点监管单位隐患排查及整改。新增土壤污染重点监管单位应在纳入土壤污染重点监管单位名录后一年内开展，以厂区为单位开展一次全面、系统的土壤污染隐患排查，建立隐患排查台账和编制隐患排查报告。针对发现的土壤污染隐患，因地制宜制定隐患整改方案，明确整改完成期限，建立隐患整改台账，最大限度降低土壤污染隐患。加强土壤污染重点监管单位隐患排查及整改“回头看”。以 2021 年、2022 年已实施土壤污染隐患排查的重点监管单位为基数，以有毒有害物质识别、重点场所和重点设施设备识别、现场排查和隐患排

查台账的完整性、准确性和客观性为重点，2025 年年底前，完成一轮“回头看”工作（省级抽查比例不低于 10%，市级抽查比例不低于 20%）。

加强涉重金属重点行业企业和园区监管。严格涉重金属行业准入。雅安市汉源县、石棉县和凉山彝族自治州甘洛县新（改、扩）建重点行业建设项目应遵循重点重金属污染物排放“减量替代”原则，减量替代比例不低于 1.2：1，其他区域遵循“等量替代”原则。持续开展涉镉等重金属行业企业排查整治。开展涉镉等重金属行业企业排查整治“回头看”和涉镉等重金属排放企业（含关停）排查等工作，2023 年 12 月底前，对 2020 年前已列入涉镉整治清单的污染源完成整治。将符合条件的排放镉、汞、砷、铅、铬等有毒有害大气、水污染物的企业，纳入重点排污单位名录，动态更新重点区域和污染源整治清单。加强园区重金属污染防治。以会理有色产业园区、甘洛铅酸蓄电池集中发展区、汉源万里工业园区、石棉工业园区等涉重金属企业集中园区为重点，按照“一区一策”原则，推进“十四五”重金属污染防控实施方案编制。加强涉重金属排放单位监管。督促涉镉等重金属排放冶炼企业，按照排污单位自行监测技术指南规定开展自行监测，定期分析大气颗粒物中镉等重金属含量，2023 年年底前，对纳入大气重点排污单位名录的涉镉等重金属排放企业，对大气污染物中的颗粒物实现在线自动监测，并与生态环境主管部门的监控设备联网。督促涉重有色金属冶炼企业加强原料堆场、生产车间等区域粉尘、烟气收集处理，有效减少无组织排放。促进重点行业企业绿色化和提标改造。以有色金属冶炼、电镀、皮革鞣制等行业为重点，加强企业管道管线、重点区域、设施设备防腐防渗绿色化改造和污染治理设施升级改造，进一步削减重金属污染物排放总量。

强化耕地土壤污染成因分析与成果运用。突出成因排查关注点。广元市朝天区、古蔺县、筠连县应重点关注重金属高背景影响，乐山市五通桥区、西昌市应重点关注工业企业活动影响，彭州市、米易县、什邡市、安州区、隆昌市、汉源县、会东县应重点关注工业企业活动与重金属高背景共同作用影响。协同推进成因排查与污染源整治。针对成因排查监测出灌溉渠底泥、历史遗留固体废物重金属超标的，所在地生态环境局应加快开展涉重金属源头整治项目包装入库与实施；针对企业周边干湿沉降、灌溉水等重金属含量高的，地方生态环境局应督促企业加快开展提标改造项目包装入库与实施。持续开展污染源整治效果评估。持续开展污染源整治后周边大气重金属沉降、灌溉用水等污染物输入因素及耕地土壤污染状况监测，研判土壤重金属污染物输入的变化趋势及土壤环境质量的变化趋势，评估源头防控成效及成因排查的准确性。

加强矿产资源开发和固体废物污染防治。加强矿产资源开采污染防治。督促重有色金属矿采选企业按照规定完善废石堆场、排土场周边雨污分流设施，完善废水收集与处理设施，处理后回用或达标排放。开展矿产资源开发活动集中区重点污染物特别排放限值执行情况“回头看”。全面开展矿区历史遗留固体废物排查治理。聚焦重有色金属、石煤、硫铁矿、钒钛磁铁矿、稀土矿等矿产资源集中区域，以及安全利用类和严格管控类耕地集中区域周边的矿区，开展历史遗留固体废物排查，到 2024 年，完成全部排查工作。加强涉重金属尾矿库和堆场污染防治。按照《四川省固体废物堆存场所土壤风险评估技术规范》，根据实际情况开展涉重金属尾矿库和堆场固体废物、土壤、大气干湿沉降、地表水、地下水等监测，评估对周边耕地土壤污染风险。

加强农业投入品和畜禽养殖粪污监管。持续推进化肥减量增效。推进减氮、减磷、调钾，配合施用镁、硼、锌、铁、钙等中微量元素，禁止施用重金属含量较高的肥料（如过磷酸钙和不合格各种有机肥）、重金属含量不达标的土壤调理剂和酸性肥料。持续推进农药减量增效。立足农药减量增效，分区域、分作物建立绿色防控技术模式，加速集成推广应用。推广应用天敌昆虫、植物源农药、微生物农药和发酵生物农药，逐步降低化学农药施用强度。合理采用理化诱控技术，采用灯诱、性诱、色诱、食诱等诱集技术。推广地膜覆盖除草、防虫网避害等措施，减少化学农药施用。加强畜禽养殖粪污监管。督促指导规模养殖场制订畜禽粪肥还田利用计划，推动建立畜禽粪污处理和粪肥利用台账。强化畜禽粪污还田利用过程监管，开展规模化畜禽养殖粪污重金属含量监测，严禁不达标畜禽粪污还田。

（三）强化受污染耕地安全利用，保障“天府粮仓”粮食质量

加强受污染耕地安全利用。建立农产品种植正面和负面清单。根据平原区、丘陵区、盆州山区和攀西地区受污染耕地土壤污染物差异、酸碱度值、农业种植习惯和气候条件，分区分类筛选重金属低积累、适应性强、产量高农作物品种，建立农业种植正面和负面清单。加快镉低积累品种推广。以盆地丘陵、成都平原土壤镉中度污染区为重点，加快“德粳 4 号”“德粳 6 号”“莲两优 1 号”等镉低积累粳稻品种推广，以最经济、最可行的手段解决“镉大米”问题。加强受污染耕地产出秸秆管理。以县（市、区）为单位，完善受污染耕地产出秸秆收、运、用管理制度，禁止秸秆还田，鼓励用于生物质发电。加强酸化土壤调节。以宜宾、泸州酸化土壤为重点，根据土壤酸性水平，适量施用石灰等碱性材料，提高土壤 pH，降低土壤中镉等（砷除外）重金属活性。推广稻鱼稻虾种养结合。加强邛崃市稻鱼种养示范基地先进经验总结和推广，以川渝结合区、川南、川北等受污染水田为重点，推广稻鱼、稻虾种养结合，创造连续淹水土壤环境，降低土壤重金属活性和水稻对重金属的吸收。

加强严格管控类耕地风险管控。加强严格管控类耕地监管。依法划定特定农产品禁止生产区域，开展勘界定标，建立台账，推进重点区域视频监控试点，确保严格管控类耕地得到有效管控。结合区域特色调整种植结构。鼓励成都、德阳、绵阳等主要受工业企业影响的严格管控类耕地改种花卉苗木、饲用牧草、青贮专用玉米等农作物，宜宾、泸州、广元等主要受重金属高背景影响的严格管控类耕地改种酿酒专用高粱、烟草等农作物，攀枝花市、雅安市、凉山彝族自治州等受工业企业和重金属高背景叠加影响的严格管控类耕地改种蚕桑和烟草等农作物。试点开展严格管控类耕地遥感监管。推进严格管控类耕地种植结构调整遥感监管试点，开展水稻、小麦等主栽食用农产品生长期、收

获期遥感监测，确保严格管控类耕地种植非食用农产品。

强化受污染耕地安全利用效果评估。开展土壤和农产品对比监测。按照每 100～1 500 亩建立 1 个受污染耕地安全利用综合效果监测点（监测点田块面积不少于 1 亩），在实施安全利用工作前、后分别采集土壤、农产品样品进行重金属检测，分析土壤和农产品中重金属含量变化趋势。加强安全利用效果评价。建立健全受污染耕地安全利用效果评价机制，委托第三方评估机构，按照《耕地污染治理效果评价准则》（NY/T 3343—2018）对各辖区耕地安全利用示范区效果进行评估并编制评价报告。

严把复垦耕地土壤环境质量和农产品质量安全。加强复垦耕地土壤环境质量评价与分类管理。以采矿用地、历史遗留矿山和固体废物堆场复垦地等为重点，参照《矿山土地复垦土壤环境调查技术规范》开展土壤环境质量监测、评价、质量类别划分和分类管理。开展复垦耕地土壤与农产品协同监测。根据复垦耕地主栽农产品情况，开展土壤与主栽农产品协同监测，确保农产品质量符合《食品安全国家标准 食品中污染物限量》标准。

（四）强化耕地土壤污染防治多方联动，压实“天府粮仓”主体责任

压实各级政府责任。地方各级人民政府应当对本行政区域内的土壤污染防治和安全利用负责，加强对土壤污染防治工作的领导，统筹解决本行政区域内土壤污染防治的重大问题和事项，组织、协调、督促有关部门依法履行土壤污染防治监督管理职责。各级人民政府及其有关部门应当加强土壤污染防治宣传教育和科学普及，增强公众土壤污染防治意识，引导公众依法参与土壤污染防治工作。

压实部门责任。财政主管理部门应加大财政投入，完善耕地土壤污染防治财政、税收、金融政策，安排必要的资金用于耕地土壤污染防治，加强使用资金绩效管理和评价。科学技术主管部门应加强耕地土壤污染防治技术研发，依托省内科研院所，建设一批土壤污染防治重点实验室、工程技术中心，支撑储备一批受污染耕地成因分析和安全利用技术。自然资源主管部门应依法将符合条件的优先保护类耕地划为永久基本农田，加强建设占用永久基本农田、永久基本农田储备区内的耕地等表土剥离，将符合条件的土壤就近用于新开垦耕地、劣质地或者其他耕地的土壤改良、被污染耕地的治理、高标准农田建设、土地复垦等。禁止将重金属或者其他有毒有害物质含量超标的工业固体废物、生活垃圾或者污染土壤用于土地复垦。生态环境主管部门负责对耕地土壤污染防治工作实施统一监督管理，编制土壤污染防治规划，制定土壤污染重点监管单位名录并适时更新，开展土壤污染重点监管单位周边土壤监督性监测和农田灌溉用水水质监测，严格可能造成耕地土壤污染的建设项目环境影响报告书或者报告表审批。农业农村主管部门对耕地土壤污染防治实施监督管理，负责受污染耕地安全利用、耕地土壤污染责任人认定、耕地土壤污染防治宣传和技术培训，指导农业生产者合理施用化肥、农药等农业投入品，加强农产品污染物含量超标的、作为或者曾作为污水灌溉区的、用于或者曾用于规模化

养殖的等耕地土壤环境质量监测和复垦耕地土壤环境质量调查与分类管理。

压实重点监管单位和园区责任。严格落实土壤污染重点监管单位法定义务。严格控制有毒有害物质排放，并按年度向所在地生态环境主管部门报告排放情况；建立土壤污染隐患排查制度，保证持续有效防止有毒有害物质渗漏、流失、扬散；制定、实施自行监测方案，按照规定开展土壤和地下水监测，并将监测数据报所在地生态环境主管部门；禁止向农用地排放重金属或其他有毒有害物质含量超标的污水、污泥，以及可能造成土壤污染的清淤底泥、尾矿、矿渣等。压实园区土壤污染防治监管责任。按照相关技术规范以园区为单位开展土壤污染隐患排查，建立大气、地表水、土壤和地下水污染协同预防预警机制，加强园区内的企业监督和管理，督促园区企业严格按照国家规定排放废水、废气、固体废物等。

压实农业生产者责任。严格农药化肥施用。农业生产经营者应当落实耕地保护责任，防止耕地质量下降和造成耕地生态环境损害。落实化肥、农药减量增效措施，减少化肥、农药等化学投入品的施用量，防止因过量或不当施用造成土壤污染；禁止使用镉、铅、铬等重金属超标的化肥、畜禽粪便、有机肥等，禁止施用未经国家或省级农业农村部门登记的肥料等农业投入品，避免对耕地土壤环境造成二次污染。严格受污染耕地安全利用。根据地方农业农村主管部门制定的受污染耕地安全利用方案，严格落实低积累作物替代种植、酸性土壤改良、叶面阻控、水分调控、肥料替代、深翻耕、稻虾稻鱼共作、土壤调理剂施用等措施，保障农产品质量安全。积极配合有关部门监督和管理。农业生产者应当积极配合农业农村、自然资源、生态环境等有关部门的监督管理工作，接受部门的检查、监测和评估，防止耕地土壤污染和保障农产品质量安全。

（五）加强耕地土壤污染防治制度建设，提升“天府粮仓”监管能力

完善管理体系。完善法规标准。修订《四川省农用地土壤环境管理办法》，研究制定《四川省耕地保护条例》，进一步加强耕地的保护，提高耕地质量，改善耕地生态环境，促进农业可持续发展。完善技术规范。加快推进铅锌冶炼、铅蓄电池制造等涉重金属行业隐患排查指南出台，研究制定耕地土壤污染风险评估技术规范、受污染耕地安全利用与治理修复技术指南、受污染耕地安全利用与治理修复评估技术指南等技术规范。强化信息化管理。依托四川省土壤环境信息管理平台，加快完善土壤污染重点监管单位管理、农用地管理等功能，充实农用地土壤污染状况详查、耕地质量类别划分等数据，推进配套 App 开发，实现涉重金属土壤污染重点监管单位、受污染耕地安全利用监督检查等信息化监管。

提升监测能力。提升基层土壤重金属监测能力。加强县（市、区）监测站土壤监测人员引进和技术培训，加大监测设备购置，到 2025 年受污染耕地安全利用面积四川省前 30 位的县（市、区）和石棉、汉源、会理等 6 个矿产资源开发活动集中区域县（市、区）具备土壤、畜禽粪污、化肥中镉、汞、砷、铅、铬、铜、镍、锌、pH 等指标和农产品镉、

汞、砷、铅、铬等指标监测能力。推进大气干湿沉降重金属监测。依托彭州市、什邡市、峨眉山市、古蔺县、汉源县、西昌市等耕地土壤重金属污染成因排查项目，初步构建四川省大气干湿沉降监测网，开展大气干湿沉降长期监测（2023—2026 年），分析大气干湿沉降中重金属含量变化趋势，提出管控对策建议。强化重点区域水气土与农产品监测。强化四川汉源工业园区、四川石棉工业园、双盛禾丰工业集中发展区、新市工业集中发展区等有色金属冶炼企业集中的工业园区、重点区域及周边水、气、土壤、农产品等开展重金属长期跟踪监测。鼓励有色金属冶炼和压延加工业、有色金属采选业、铅蓄电池制造业等重点行业企业在重点部位和关键节点应用重金属污染物自动监测、视频监控和用电（能）监控等智能监控手段。

强化科技支撑。强化重金属迁移转化基础研究。整合高等院校、科研机构、企事业单位等科研技术和人才优势，开展工业企业污染区、重金属高背景区土壤中镉等重金属在土壤、农作物秸秆、农作物籽实中的迁移转化规律研究。开展耕地土壤污染累积变化趋势方法研究。推进重金属自动监测设备研发。推动土壤、大气干湿沉降、灌溉水中镉、汞、砷、铅和铬等重金属自动监测设备研发与应用，提升重金属自动监测能力。开展区域背景值研究与制定。推进川南、攀西和川西北地区土壤重金属环境背景调查与研究，分区、分带（成矿带）出台土壤重金属镉、汞、砷、铅、铬等污染物环境背景值地方标准和区域标准。

关于统筹推进高标准农田建设与农业面源污染防治的政策建议

摘　要：高标准农田建设是巩固和提高粮食生产能力、保障国家粮食安全的关键举措，在全面推进美丽中国建设背景下，对高标准农田的生态友好性要求逐渐凸显，加强农业面源污染防治成为高标准农田建设中的重要一环。本文对高标准农田建设与农业面源污染防治的相关政策、工作成效和存在的问题进行了梳理，分析了统筹推进高标准农田建设与农业面源污染防治的必要性与可行性，并提出五点建议。

关键词：高标准农田；农业面源污染；统筹

一、高标准农田建设与农业面源污染防治相关政策

（一）高标准农田建设政策背景

党的十一届三中全会以后，家庭联产承包责任制全面推行和农副产品收购价格大幅提高，极大地调动了农民的积极性，解放和发展了农村生产力。到 1984 年，全国粮食产量由 1978 年的 3 000 亿 kg 左右跃上了 4 000 亿 kg 的台阶。但 1985 年以后，农业生产徘徊不前，连续几年粮食产量停留在 4 000 亿 kg 左右，农业发展面临着新的挑战。为解决农业生产徘徊不前的问题，在总结以往商品粮棉油基地建设经验的基础上，国务院决定自 1988 年开始设立土地开发建设基金，专项用于农业综合开发。农业综合开发通过改造中低产田、建设高标准农田，改善农业生产条件，为粮食增产、农业增效、农民增收，为推动农业发展方式转变、促进农业可持续发展作出了突出贡献。

2010 年 10 月，党的十七届五中全会明确提出“大规模建设旱涝保收高标准农田”。2010 年年底召开的中央农村工作会议部署“抓紧制定实施全国高标准农田建设总体规划”，“力争到 2020 年新建 8 亿亩高标准农田”。2012 年中央 1 号文件再次强调要“制定全国高标准农田建设总体规划和相关专项规划”。党的十八大以后，国家发展改革委会同有关部门编制的《全国高标准农田建设总体规划》于 2013 年 10 月发布，对 2010—2020 年高标准农田建设目标、建设标准、建设内容、建设任务、建设监管和后续管护等进行规划指导。2021 年 9 月，农业农村部印发《全国高标准农田建设规划（2021—2030 年）》，

明确了又一时期高标准农田建设、改造提升的相关要求。高标准农田建设相关政策文件及主要内容见表 1。

表 1 高标准农田建设相关政策文件

文件名称	发布时间	部门	主要内容
《全国高标准农田建设总体规划》	2013 年 10 月	国家发展改革委、原国土资源部等	到 2020 年，建成集中连片、旱涝保收的高标准农田 8 亿亩，亩均粮食综合生产能力提高 100 kg 以上。其中，“十二五”期间建成 4 亿亩。建成的高标准农田集中连片，田块平整，配套水、电、路设施完善，耕地质量和地力等级提高，科技服务能力得到加强，生态修复能力得到提升
《全国高标准农田建设规划（2021—2030 年）》	2021 年 9 月	农业农村部	到 2022 年建成 10 亿亩高标准农田，到 2025 年建成 10.75 亿亩高标准农田，改造提升 1.05 亿亩高标准农田，到 2030 年建成 12 亿亩高标准农田，改造提升 2.8 亿亩高标准农田
《高标准农田建设 通则》（GB/T 30600—2022）	2022 年 3 月	国家市场监督管理总局、国家标准化管理委员会	对高标准农田田块整治、灌溉与排水、田间道路、农田防护与生态环境保护、农田输配电工程等农田基础设施建设工程，土壤改良工程、障碍土层消除工程、土壤培肥工程等农田地力提升工程，以及高标准农田建设管理要求进行规范。GB/T 30600—2022 代替 GB/T 30600—2014
《高标准农田建设评价规范》（GB/T 33130—2016）	2016 年 10 月	国家质量监督检验检疫总局、国家标准化管理委员会	规定了高标准农田建设评价的目的任务、内容、工作程序、评价原则、方法和成果要求等，适用于各级行政区内高标准农田建设完成后的整体评价工作，项目和地块的评价可参照执行。该规范目前正在修订中

（二）农业面源污染防治政策背景

在我国农业连年增产增收的背景下，实现农业可持续发展、加强生态文明建设，都迫切需要加强农业生态环境保护与治理。2015 年 7 月，农业部在四川召开了全国加快转变农业发展方式现场会和全国农业生态环境保护与治理工作会，这在我国农业发展新阶段中具有里程碑的意义，标志着我国进入了更加合理利用农业资源、更加注重保护农业生态环境、加快推进农业可持续发展的历史新阶段。同年，农业部会同有关部门先后出台了《全国农业可持续发展规划（2015—2030 年）》、《农业环境突出问题治理总体规划（2014—2018 年）》和《打好农业面源污染防治攻坚战的实施意见》，这“两规划一意见”基本厘清了农业面源污染防治工作的思路、目标和重点任务，其根本就是“一控两减三基本”，即严格控制农业用水总量，减少化肥、农药用量，实现畜禽粪便、农作物秸秆、农膜基本资源化利用。

2018 年 3 月，国务院机构改革后，农业部的监督指导农业面源污染治理职责整合至生态环境部。2018 年 11 月，生态环境部、农业农村部联合印发《农业农村污染治理攻坚战行动计划》，要求加快解决养殖业污染、种植业污染等农业农村生态环境突出问题。2021 年 3 月，生态环境部、农业农村部联合印发《农业面源污染治理与监督指导实施方案（试行）》，要求降低农业面源污染负荷，建立农业面源污染监测网络和监管制度，完善农业面源污染治理体系和治理能力。2022 年 9 月，生态环境部印发《全国农业面源污染监测评估实施方案（2022—2025 年）》，在全国 173 个农业面源污染监测区开展监测工作，以完善全国农业面源污染监测评估系统。2023 年，农业农村部印发了《国家农业绿色发展先行区整建制全要素全链条推进农业面源污染综合防治实施方案》，在国家农业绿色发展先行区，探索整建制全要素全链条推进农业面源污染综合防治机制。农业面源污染防治相关政策文件及主要内容见表 2。

表 2　农业面源污染防治相关政策文件

文件名称	发布时间	部门	主要内容
《农业环境突出问题治理总体规划（2014—2018 年）》	2015 年初	农业部、国家发展改革委等	提出在三峡库区等重点区域建设农业面源污染综合治理示范区，并对治理路线、农业面源污染治理工程的主要建设内容、保障措施等作出安排
《打好农业面源污染防治攻坚战的实施意见》	2015 年 4 月	农业部	明确了打好农业面源污染防治攻坚战的工作目标为力争到 2020 年农业面源污染加剧的趋势得到有效遏制，实现“一控两减三基本”
《全国农业可持续发展规划（2015—2030 年）》	2015 年 5 月	农业部、国家发展改革委等	提出 2015—2030 年农业可持续发展目标、重点任务、区域布局和重大工程等，将推广节水灌溉、防治农田污染、综合治理养殖污染等内容列入重点任务
《重点流域农业面源污染综合治理示范工程建设规划（2016—2020 年）》	2017 年 3 月	农业部办公厅	以“一控两减三基本”为目标，选择受农业面源污染影响突出的重要水源区和环境敏感流域，推动各地从流域尺度进行农业面源污染综合防控
《农业农村污染治理攻坚战行动计划》	2018 年 11 月	生态环境部、农业农村部	加快解决农业农村突出环境问题，主要任务为加强农村饮用水水源保护、加快推进农村生活垃圾污水治理、着力解决养殖业污染、有效防控种植业污染、提升农业农村环境监管能力等
《农业面源污染治理与监督指导实施方案（试行）》	2021 年 3 月	生态环境部办公厅、农业农村部办公厅	推进重点区域农业面源污染防治，完善农业面源污染防治政策机制，加强农业面源污染治理监督管理，形成齐抓共管、持续推进的农业面源污染治理体系和治理能力
《全国农业面源污染监测评估实施方案（2022—2025 年）》	2022 年 9 月	生态环境部办公厅	指导各省份开展农业面源污染监测评估工作，到 2025 年年底，全国至少完成 173 个农业面源污染监测区的监测工作，初步建立省级农业面源污染监测能力和评估系统，基本形成天地协同、多级联动的全国农业面源污染综合监测评估体系

文件名称	发布时间	部门	主要内容
《国家农业绿色发展先行区整建制全要素全链条推进农业面源污染综合防治实施方案》	2023 年 3 月	农业农村部办公厅	加快推进农业发展全面绿色转型，在国家农业绿色发展先行区，从资金、科技、主体等全要素，从源头减量、农业废弃物全量利用、末端治理、农业生态系统循环的全链条，探索整建制全要素全链条推进农业面源污染综合防治机制

二、统筹推进高标准农田建设与农业面源污染防治的必要性与可行性

高标准农田建设是巩固和提高粮食生产能力、保障国家粮食安全的关键举措，在全面推进美丽中国建设背景下，对高标准农田的生态友好性要求逐渐凸显，加强农业面源污染防治成为高标准农田建设中的重要一环。统筹高标准农田建设与农业面源污染防治，有利于提升高标准农田绿色发展水平，有助于农业面源污染防治工作的整体推进，是实现农业生产与生态保护相协调的有效措施，可促进农业的可持续发展，对于保障国家粮食安全和生态安全具有重要意义。

（一）必要性

1．农业面源污染防治是高标准农田建设的内生要求

《全国高标准农田建设规划（2021—2030 年）》中提出，在规划期内，集中力量建设集中连片、旱涝保收、节水高效、稳产高产、生态友好的高标准农田，坚持产能提升与绿色发展相协调。农业面源污染是农业种植引发的突出生态环境问题，加强农业面源污染防治，是建设生态友好的高标准农田的内生要求。《全国高标准农田建设规划（2021—2030 年）》中也明确提出，开展绿色农田建设示范，通过开展农田生态保护修复、集成推广绿色高质高效技术，提升农田生态保护能力和耕地自然景观水平。

农田既是粮食生产的基础，又是生态系统的重要组成部分，但目前部分高标准农田建设中存在重产能、轻生态的现象，未能充分体现绿色发展理念。一些地区高标准农田建设中过度强调新增耕地面积指标，导致农田中小片林地、灌丛、边角地、池塘等生物栖息地丧失，农田生态系统功能受损，同时使这些空间丧失了作为生态工程发挥生态环境效益的可能性。此外，过度工程化对河溪、沟渠等半自然生境造成扰动与破坏，也降低了农田生态系统内水体的自净能力。统筹农业面源污染防治与高标准农田建设，将农业面源污染防治需求与生态治理的理念融入高标准农田建设中，是实现农业生产与生态保护相协调的有效措施，是助推耕地数量、质量、生态“三位一体”保护的重要手段。

2．高标准农田建设是农业面源污染防治的重要抓手

长期以来，农田经营主体分散、耕地碎片化，导致农田退水等种植业面源污染难收集、难治理、难监管。高标准农田通过集中连片开展田块整治，解决了耕地碎片化问题，

有效促进了农业规模化经营，加快了新型农业经营主体培育，为农业面源污染防治奠定了良好的基础条件。

目前，农业面源污染防治工程开展范围小、规模小，单兵推进多、整体推进少。高标准农田建设以农产品主产区为主体，以永久基本农田、粮食生产功能区、重要农产品生产保护区为重点区域，这些区域同时也是农业面源污染防治的主战场。《全国高标准农田建设规划（2021—2030 年）》提出，到 2030 年累计建成高标准农田 12 亿亩，累计改造提升高标准农田 2.8 亿亩。统筹高标准农田建设与农业面源污染防治，是系统推进农业面源污染防治的重要手段。

（二）可行性

高标准农田建设与农业面源污染防治在工作内容上具有较强的关联性。高标准农田建设内容主要包括“田块整治、土壤改良、灌溉和排水、田间道路、农田防护和生态环境保护、农田输配电、科技服务、管护利用”8 个方面。其中 6 个方面与农业面源污染防治密切相关，可与农业面源治理“源头减量-循环利用-过程拦截-末端治理”的全过程治理思路有效衔接。

高标准农田“田块整治”主要内容为合理划分和适度归并田块，在山地丘陵地区因地制宜修筑梯田等，田块归并有助于推进规模化种植，有利于面源污染防治工作开展，梯田修筑则可减少山地丘陵地区农业面源污染流失。“土壤改良”主要是治理退化耕地、改良土壤结构，提升土壤肥力，通过土壤改良措施，可以起到增强农田保土、保水、保肥能力的作用，减少生产过程中农田养分流失产生污染。“灌溉和排水”主要是完善农田灌溉排水系统，而农业面源污染的过程拦截和养分循环利用很大程度上依赖于灌排系统的合理设计。“田间道路”建设时因地制宜开展设计，合理采用泥结石、碎石等材质和轨迹路、砌石间隔铺装等生态化结构，可以有效避免不透水地面的不良生态影响。“农田防护和生态环境保护”主要措施为建设农田防护林工程、岸坡防护工程、坡面防护工程和沟道治理工程等，合理布局这些工程措施不仅可以防止农田水土流失，对于农业面源污染也可以起到良好的拦截作用。“科技服务”主要内容为推进数字农业、良种良法、科学施肥、病虫害综合防治等农业科技的应用，与农业面源污染防治中化肥减量增效、农作物病虫害绿色防控工作紧密相关，是促进农业面源污染源头减量的重要手段。可见，高标准农田建设与农业面源污染防治在工作内容上存在较强的关联性，具有统筹推进的基础条件。

三、工作成效及存在的问题

（一）工作成效

截至 2020 年年底，全国已完成 8 亿亩高标准农田建设任务，高标准农田建设成效显著。一是改善农业生产条件，提高了国家粮食综合生产能力。建成后的高标准农田，基础设施进一步完善，防灾抗灾减灾能力增强，亩均粮食产能增加 10%～20%，为我国粮食连续多年丰收提供了重要支撑。二是推动农业生产方式转型升级，有效促进农民增收。高标准农田通过集中连片开展田块整治、土壤改良、配套设施建设等措施，有效促进了农业规模化、标准化、专业化经营，推动了农业生产方式转型升级，提高了水土资源利用效率和土地产出率，有效促进了农民增收。三是改善农田生态环境，促进农业可持续发展。高标准农田通过田块整治、沟渠配套、节水灌溉、林网建设和集成推广绿色农业技术等措施，改善了农田生态环境，建成后的高标准农田，节水、节电、节肥、节药效果明显，农业绿色发展水平显著提高。

农业面源污染防治工作也取得重要进展。一是种植业化肥农药施用量实现负增长。截至 2020 年，农用化肥用量下降到 5 250.7 万 t，较 2015 年降幅达 12.8%，同期粮食产量稳定提升；农药施用量 131 万 t，较 2015 年下降 26.5%。三大粮食作物化肥、农药利用率分别提高到 40.2%、40.6%，较 2015 年分别增加 5 个百分点、4 个百分点。二是畜禽水产养殖污染防治取得明显进展。截至 2020 年年底，全国 13.3 万家大型畜禽规模养殖场已全部配套畜禽粪污处理设施装备，畜禽规模养殖场粪污处理设施装备配套率超过 95%，畜禽粪污综合利用率达 75%以上。水产养殖生产空间布局得到优化，全国 1 544 个水产养殖主产县全部发布养殖水域滩涂规划。三是秸秆农膜综合利用成效明显。2020 年，全国秸秆综合利用率达 86.72%，农膜回收率达 80%。

（二）存在的问题

高标准农田建设成效显著，但在建设、管护等方面仍然存在一些问题。一是高标准农田建设和改造提升任务艰巨。我国已建成高标准农田占耕地面积的比例仅约 40%，且部分已建成高标准农田也不同程度存在着建设内容不完善、工程不配套、设施损毁等问题，现有高标准农田无论是数量规模还是质量等级，都仍不足以适应农业高质量发展的要求。二是高标准农田建后管护机制亟待健全。部分地区存在重建设、轻管护的问题，日常管护不到位，后续监测评价和跟踪督导机制不完善，设施设备损毁后得不到及时有效修复，导致工程使用年限明显缩短。三是高标准农田绿色发展需进一步加强。早期建设的高标准农田侧重产能提升，对改善农田生态环境重视不足，未能将生态理念充分融入高标准农田项目设计、施工等各个环节，存在沟渠、道路过度硬化等问题，不利于农田生态系统的良性循环。此外，一些高标准农田建成后，仍然沿用传统粗放的生产方式，良种良法、病虫害绿色防控、节水节肥减药等技术推广使用不足，未能充分发挥支撑现代农业绿色发展的作用。

尽管农业面源污染防治在化肥农药减量、畜禽养殖污染治理、秸秆农膜综合利用等方面取得了一定成效，但在源头防控、系统性治理及监督管理等方面仍存在不足。一是源头防控压力仍然较大。尽管我国农用化肥用量连续 6 年下降，但农作物亩均化肥用量仍然偏大，是欧美发达国家的 2～3 倍，化肥减量增效空间较大。此外，全国仍有一半左右的县未开展化肥减量增效示范，已开展有机肥替代化肥的试点县仅占全国的 10%左右。二是系统性治理技术与工程不足。农业面源污染治理小范围、小规模、单项污染防治技术示范多，支撑区域或流域层面的系统性、集成性示范工程少，单兵推进多、整体推进少。相关技术标准尚未对已建成的技术工程措施进行统一规范，示范工程可推广性较差，且缺乏工程长效运行机制，大多数农业面源污染治理设施建成后，由于在管理、运行、维护等方面缺少必要的经费支持，难以长期发挥作用。三是监督管理基础薄弱。农业面源监测能力不足，目前尚未形成多部门协同的农业源-空间传输-受纳水体的农业面源污染全过程监测网络，难以为农业面源污染负荷评估和治理绩效考核提供有力的基础数据支撑。现有农业面源污染防治成效评估缺乏刚性约束和行为引导，以水环境质量改善为导向的农业面源污染防治评估考核技术难度较大。

四、统筹推进高标准农田建设与农业面源污染防治的政策建议

截至 2020 年，四川省已建高标准农田面积仅占耕地面积的 57.3%。2022 年 12 月，中共四川省委、四川省人民政府印发了《建设新时代更高水平“天府粮仓”行动方案》，提出逐步把永久基本农田全部建成高标准农田。四川省高标准农田建设工作任重道远。基于高标准农田建设和农业面源污染防治工作中存在的问题及其在工作内容上存在的紧密联系，提出统筹推进高标准农田建设与农业面源污染防治的政策建议。

（一）指导思想

以习近平新时代中国特色社会主义思想为指导，全面贯彻党的二十大精神，深入贯彻习近平生态文明思想，统筹推进高标准农田建设与农业面源污染防治，以优化高标准农田建设项目、农业面源污染防治项目工程布局为基础，以推进高标准农田绿色生产和生态化建设为抓手，建设集耕地质量保护提升、面源污染防治、农田生态系统保护和田园生态景观改善为一体的生态型高标准农田，进一步完善相关政策体系与体制机制，统筹高标准农田建设与农业面源污染防治设施建后管护、后期监测评估，形成长效机制，逐步形成高标准农田建设与农业面源污染防治统筹推进的格局，促进农业绿色发展，为全面推进乡村振兴和美丽中国建设提供有力支撑。

（二）基本原则

系统设计，统筹推进。统筹高标准农田建设与农业面源污染防治工作，将区域农业面源污染情况纳入高标准农田建设布局考量因素，以高标准农田作为农业面源污染防治工程布局的优先选择，通过系统设计，使其在总体空间布局上相互衔接，在具体工程开展上协同推进，形成工作合力。

突出重点，示范融合。以永久基本农田、粮食生产功能区、重要农产品生产保护区为高标准农田建设和农业面源污染防治的重点区域，在潜力大、基础条件好、积极性高、环境敏感的地区，整区域统筹推进高标准农田建设和农业面源污染防治，推动相关领域试点示范工作的融合，打造生态型高标准农田样板。

健全机制，强化保障。统筹高标准农田建设与农业面源污染防治工程建后管护及监测评估，完善相关体制机制，加强部门配合协作，强化资金投入保障，加大宣传教育力度，保障高标准农田建设与农业面源污染防治统筹推进。

（三）目标愿景

到2025年，建成一批集耕地质量保护提升、面源污染防治、农田生态系统保护和田园生态景观改善为一体的生态型高标准农田，高标准农田建设与农业面源污染防治统筹推进的工作体系基本建立。到2030年，高标准农田建设与农业面源污染防治相关政策法规、标准规范有效衔接，相关工作统筹推进的格局总体形成，高标准农田农业面源污染防治水平显著提升，为全面推进乡村振兴和美丽中国建设提供有力支撑。

（四）加强规划衔接优化工程空间布局

加强高标准农田建设与农业面源污染防治相关规划衔接，优化相关工程空间布局，加强统筹协调，形成工作合力。一是优化高标准农田建设任务空间布局。结合农业面源监测评估成果，各地区高标准农田建设任务适度向农业面源污染优先控制区倾斜，如加大水土流失易发的丘陵地区农田坡改梯力度，优先推动水质受农业面源污染影响显著的河流两岸区域生态型高标准农田建设等。二是优化农业面源污染综合防控相关工程布局。开展农田面源污染综合防控工程项目规划时，以农产品主产区为重点，优先布局已建成或正在建设的高标准农田，率先推广测土配方施肥、病虫害绿色防控等农业面源污染源头防控措施，同时结合高标准农田灌排系统、农田防护等基础设施，开展农田径流及排水拦截、集蓄、净化、利用的农业面源污染防治工程。三是推动试点示范统筹融合。统筹绿色农田建设示范与农业面源污染综合防治试点示范，打造集耕地质量保护提升、面源污染防治、农田生态系统保护和田园生态景观改善于一体的生态型高标准农田；统筹数字农田示范与农业面源污染治理监管试点示范，推进信息技术在农田建设、生产、管护及农业面源监测的一体化应用。

（五）进一步推进高标准农田绿色生产

协同农业面源污染源头减量与循环利用，进一步推进高标准农田绿色生产，全面推广节水节肥减药、病虫害绿色防控、农业废弃物资源化利用，支撑现代农业绿色发展。一是推广高标准农田节水技术。依托高标准农田配套建设和改造的输配水渠（管）道、排水沟（管）道、泵站及渠系建筑物等农田灌溉排水设施，因地制宜推广渠道防渗、管道输水灌溉和喷灌、微灌等节水措施，提高农业灌溉保证率和用水效率，减少农田灌溉退水导致的农业面源污染输出。二是推进高标准农田化肥农药减量增效。重点改进高标准农田施肥方式，推广机械施肥、种肥同播等措施，示范推广缓释肥、水溶肥等新型肥料。培育扶持专业化服务组织，开展肥料统配统施社会化服务，鼓励农企合作推进测土配方施肥，提升高标准农田测土配方施肥技术覆盖率。在高标准农田推广应用智慧化虫情监测、高效节约型施药机械和精准施药技术，提高农药利用率，集成推广生物防治、物理防治等绿色防控技术，促进农药减量。扶持病虫害防治专业化服务组织，推行农业病虫害统防统治，提高防治效率。三是提升高标准农田农业废弃物资源化利用率。健全秸秆农膜收集、储运、利用体系，完善高标准农田秸秆收集处理节点工程设施，培育秸秆还田、资源化利用等服务组织，全面推进秸秆综合利用，促进秸秆肥料化、饲料化、燃料化、基料化、原料化。推进高标准农田加厚高强度地膜、全生物降解地膜应用，健全农膜回收激励机制，推进农膜专业化回收利用。

（六）探索开展生态型高标准农田建设

将农业面源污染防治需求与生态治理的理念融入高标准农田建设，系统设计、协同推进，探索开展生态型高标准农田建设，增强农业面源污染防治能力，同时提升农田生态系统生境多样性，避免农田生态系统结构失衡、功能退化。一是合理保留和规划农田生态用地。在开展高标准农田设计、建设过程中，合理布置项目区内的生产用地和生态用地，在保障粮食生产的基础上，允许适量的生态环境保护设施占地。对农田中原有的小片林地、灌丛、边角地、池塘等进行合理保留利用，通过系统设计，使其作为生态空间，发挥农业面源污染净化、生物多样性保护、农田景观多样化等生态效益。二是开展农田灌排系统生态化改造。在保证高标准农田灌排系统“旱能灌、涝能排”的前提下，通过对排水沟渠进行生态化改造，拦截净化农田排水，并通过合理规划灌排单元内的水系及灌排设施，实现农田排水循环利用和末端净化。结合高标准农田小型水源工程建设，收集农田退水、拦截农田径流，配合泵站等设施回用于农田灌溉，促进农田排水在灌排单元内的有效蓄滞和循环利用，减少污染物外排。因地制宜利用农田中保留的原有洼地、池塘等建设生态塘，通过水系设计，利用生态塘对无法回用的农田退水进行净化后再排入河流。三是构建农业生态安全缓冲体系。结合高标准农田建设“农田防护和生态环境保护”工作，通过生态田埂建设实现农业面源污染物的初步拦截，联合生态灌排系统内的生态沟渠、生态塘，并建设河流植被缓冲带，共同构建农田生态安全缓冲体系，发挥生态系统对污染物的消纳净化作用，形成农业区与河湖水体之间的生态安全屏障。四是开展生态型高标准农田试点。结合绿色农田建设示范、国家农业绿色发展先行区农业面源综合防治试点示范等工作，开展生态型高标准农田建设试点，形成不同区域条件下生态型高标准农田建设模式，逐步固化推广试点经验做法。

（七）完善政策体系与体制机制

一是完善政策标准体系。完善农业面源污染防治、高标准农田保护相关政策，推进农业面源污染防治工作的制度化、规范化，解决部分高标准农田建设质量不高、资金投入分散、后期管护不足等问题，为高标准农田规划、建设、管理、保护提供保障。推动农业面源污染防治领域标准化建设，建立完善农业面源污染防治领域标准体系，与农业面源污染防治标准体系衔接，基于试点示范工作经验，逐步建立生态型高标准农田建设标准体系，推动高标准农田农业面源污染防治逐渐趋于规范。二是健全建后管护机制。统筹高标准农田基础设施与农业面源污染防治设施建后运行管护，对灌排设施、道路等农田基础设施和生态田埂、生态沟渠、生态塘、植被缓冲带等农业面源污染防治设施进行统一维护管理，保障高标准农田各类设施正常运行，长期发挥使用效益。建立政府引导，行业部门监管，村级组织、受益农户、新型农业经营主体和专业管理机构、社会化服务组织等共同参与的管护机制和体系。明确管护主体，落实各级管护职责，实施“田长制”等长效监管机制，实行网格化管理，层层压实监管责任。积极探索和总结推广成熟的管护经验和模式，提升高标准农田及农业面源污染防治设施建后管护水平。三是建立协同监测体系。加强部门间协同，结合农业绿色发展长期固定观测试验站建设、高标准农田建设数字农田示范、全国农业面源污染监测评估等相关工作，开展高标准农田建设、生产、管护和农业面源污染协同监测，充分利用遥感、物联网、大数据、智能控制等现代信息技术，建成多部门协同的天空地一体化监测网络，对工程建后运行情况、农田利用状况、农业面源污染全过程进行持续监测，以高标准农田为突破口，逐步破解农业面源污染分散、随机、隐蔽、难以量化等难点问题，为农业面源污染负荷评估和治理绩效考核提供数据支撑。四是完善成效评估体系。开展高标准农田建设成效评价时，适当增加生态效益权重，并纳入农业面源防治相关指标，引导高标准农田建设过程中更加关注生态环境保护，并与农业面源污染防治相衔接。在高标准农田建设的基础上，以规模化农田灌溉区为切入点，结合农业面源污染全过程监测工作，探索以农田退水质量为抓手的农业面源污染防治评估考核方法。

（八）加强统筹协调与保障措施

一是加强部门配合协作。生态环境部门履行监督指导农业面源污染治理职责，农业农村部门履行高标准农田建设集中统一管理职责，联合发展改革、财政、水利、林业草原等相关部门，加强信息共享、定期会商、督导评估，统筹开展高标准农田建设与农业面源污染防治工作，在项目谋划、项目实施、监测评估等方面密切配合，达到“1+1>2”的叠加效应，更好地为促进农业绿色发展、全面推进乡村振兴作出贡献。二是强化资金投入保障。多渠道筹措资金，积极探索农田建设融资的新途径，以中央财政投入为引导，推行政府投资与金融信贷投贷联动，利用土地出让收益、新增耕地指标调剂收益、专项债券等，有效增加高标准农田建设投入，保障高标准农田建设与管护资金需求。加强不同渠道资金的有机整合，整合涉农资金、生态修复资金、财政专项资金和土地出让收益等，统筹安排、整合使用，协同开展高标准农田建设和农业面源污染防治项目，提高资金使用绩效。三是加快培育新型农业经营主体。高标准农田建设降低了农业劳动强度，提高了农业劳动效率，为新型农业经营主体和服务主体发展创造了条件。在此基础上，加快培育高质量新型农业经营主体和服务主体，提升新型农业经营主体和服务主体经营者队伍总体文化素质、技能水平和经营能力，鼓励新型农业经营主体参与到高标准农田建设管护与农业面源污染防治工作中，解决高标准农田资金投入不足、设施建后管护主体不清晰、农业面源污染防治责任主体不明确等难题，加速推动农业农村现代化。四是加大宣传教育力度。面向家庭农场主、农民合作社带头人等新型农业经营主体经营者开展生态文明教育培训，提升其生态环境保护意识，使其充分发挥带头模范作用。深入乡镇开展高标准农田建设及农业面源污染防治宣传活动，宣传高标准农田建设相关政策，讲解测土配方施肥、病虫害绿色防控、秸秆综合利用、农膜回收利用等知识，增强广大农民群众的参与积极性。

建设美丽中国先行区，谱写新时代生态文明建设四川新篇章

摘　要：本文系统回顾了“十四五”时期以来四川省全面落实习近平生态文明思想和习近平总书记对四川工作系列重要指示精神，总结凝练四川省及 21 个市（州）积极推进生态文明建设的重要实践经验。在总结回顾基础上，结合四川省生态环境保护大会的部署要求，协同推进高质量发展和高水平保护，对推进美丽中国先行区建设提出政策建议。
关键词：生态文明；美丽四川建设；绿色低碳转型

一、生态文明建设经验总结

“十四五”时期以来，四川省上下全面落实习近平生态文明思想和习近平总书记对四川工作系列重要指示精神，坚定不移执行党中央、国务院和省委、省政府关于生态文明建设和生态环境保护各项决策部署，坚持把生态文明建设摆在治蜀兴川事业全局的重要位置，立足地区生态资源特点，协同推进生态环境高水平保护和经济社会高质量发展，推动上游责任担当自觉肩负，生态安全屏障不断夯实，环境质量持续改善，绿色动能有效激发，美丽四川建设共识广泛凝聚，制度机制更加健全，生态文明建设各项工作取得显著成效，为加快建设美丽中国先行区探索出若干地方工作亮点和典型经验做法。

（一）统一思想认识，强化上游责任担当

1. 四川省主要经验总结

一是坚决扛起生态文明建设重大政治责任。省第十二次党代会和省委十二届二次、三次全会均对四川省生态文明建设工作作出系统安排部署。召开省委常委会会议、省政府常务会议，专题学习贯彻习近平生态文明思想、习近平总书记来川视察作出的重要指示精神。二是系统规划部署生态文明建设。深入贯彻落实习近平总书记关于“谱写美丽中国的四川篇章”重要指示精神，省委、省政府印发《美丽四川建设战略规划纲要（2022—2035 年）》。省委、省政府出台《关于深入打好污染防治攻坚战的实施意见》，召开四川省生态环境保护大会，系统安排部署污染防治攻坚和美丽四川建设工作。三是压紧压实各地各部门责任。优化完善党政同责工作考评和污染防治攻坚战成效考核，落

实乡镇生态环境保护职责，对重点生态功能县（区）的 289 名党政领导干部开展自然资源资产离任审计。四是深化生态环境保护督察。强力推进中央生态环境保护督察反馈问题整改。截至 2023 年 6 月，两轮中央生态环境保护督察及“回头看”224 项整改任务完成 198 项，国家移交长江黄河生态环境问题 84 个完成整改 65 个。

2．市（州）主要经验总结

各市（州）党委、政府高度重视生态文明建设和生态环境保护工作，及时传达学习习近平总书记重要指示批示精神，并结合省委、省政府部署要求，认真研究贯彻意见，全力推动工作落实，以实际成效践行“两个维护”。

一是坚定担好生态文明建设政治责任。各市（州）委、市（州）政府专题研究生态环境保护工作，主要领导带队深入基层，现场调研、督导生态环保工作，高位推动生态文明建设和环境保护工作。宜宾市印发实施《贯彻落实习近平总书记来川来宜视察重要指示精神“牢固树立上游意识、守护好一江清水、筑牢长江上游生态屏障”三年行动方案》。雅安市率先启动编制《美丽雅安建设战略规划纲要（2023—2035 年）》，着力打造“人与自然和谐共生”的雅安样板。

二是狠抓生态环保责任落实。各市（州）充分发挥市环委会、市污染防治攻坚战领导小组等议事协调机构作用，将生态环境保护责任落实情况作为党政领导干部考核评价、奖惩任免的重要依据。资阳市将 5 个绿色生态指标纳入全市经济社会发展约束指标；阿坝藏族羌族自治州根据县（市）区域实际、行业部门职能，差异化设置生态环境保护考核评价指标任务。

三是强化生态文明理论培训。巴中市多次举办市级领导干部和县级主要负责同志读书班、生态文明建设专修班，深入学习贯彻习近平生态文明思想。泸州市将习近平生态文明思想纳入各级党校培训计划，坚持长期学习、定期研究生态文明建设。

四是抓实督察发现问题整改。眉山市成立由市委、市政府主要负责同志任“双组长”的整改工作领导小组，坚定抓好第二轮央督反馈问题及黑龙滩生态环境问题典型案例整改。内江市实行“双月调度、双月通报、半年交账、年度考核”等制度，沱江流域综合治理入选全国突出生态环境问题整改正面典型案例。南充市开展全覆盖暗访督导，对整改滞后和整改质量不高的及时通报提醒。

（二）强化用途管控，筑牢生态安全屏障

1．四川省主要经验总结

一是强化生态空间管控。调整生态红线面积至 14.87 万 km^2，增量位居长江经济带省份前列。划定 1 128 个环境管控单元，初步建立覆盖四川省的生态环境分区管控体系。二是切实强化生态系统保护。持续推进国家公园建设，出台《四川省大熊猫国家公园管理办法》，修复大熊猫栖息地 26.56 km^2。科学推进高质量国土绿化，与国家林草局合作共建科学绿化试点示范省，四川省森林覆盖率提高至 35.72%、草原综合植被盖度达 82.3%。

三是生物多样性保护水平进一步提升。印发《四川省生物多样性保护优先区域规划（2022—2030 年）》，在“五县两山两湖一线”[①]等重点区域启动生物多样性调查，持续推进长江“十年禁渔”，野生大熊猫保护等级已从濒危降为易危。四是防范生态环境风险。修订四川省突发生态环境事件应急预案，与周边 7 个省（区、市）签订联防联控协议，举行川滇渝长江流域突发生态环境事件应急综合演练。从严开展核与辐射环境安全监管，编制印发《四川省“十四五”核与辐射安全及放射性污染防治规划》。

2．市（州）主要经验总结

各市（州）坚持山水林田湖草沙一体化保护和系统治理，加强自然保护地保护，实施生态系统保护和修复重大工程、生物多样性保护重大工程，不断筑牢长江黄河上游生态屏障。

一是扎实推进生态保护。阿坝藏族羌族自治州高质量创建若尔盖国家公园，启动建设若尔盖山水工程[②]，加快打造全球高海拔地带重要的湿地生态系统和生物栖息地。甘孜藏族自治州加强长沙贡玛、理塘海子山湿地保护，色达县泥拉坝湿地成功入围国际重要湿地推荐名单。广元市贯彻落实习近平总书记“要把古树名木保护好”的重要指示精神，全面推行古树名木保护行政首长离任交接制度。广安市强化山水林田湖草沙一体化保护和修复，华蓥山区山水林田湖草生态保护修复试点工程通过验收。

二是系统实施生态修复。阿坝藏族羌族自治州持续深化生态“七大保护”行动和“七大治理”工程，创新实施黄河干流生态护岸工程。雅安市扎实推进修复治理，实施大熊猫国家公园（雅安片区）历史遗留废弃矿山生态修复示范工程。攀枝花市排查整治尾矿库环境问题 255 个，完成生态修复面积 9 058.2 亩，整改滤液设施建设 33 座。宜宾市推进江河岸线修复，累计建成长江生态廊道 82 km、长江绿廊竹林风景线 48.2 km，治理水土流失 200 km^2。

三是强化生物多样性保护。雅安市在四川省率先编制完成《雅安市生物多样性保护行动计划》，推进大熊猫国家公园园地共建先行区建设，“荥经县大熊猫国家公园创新示范区建设”案例入选生态环境部“2022 年生物多样性优秀案例”。南充市在四川省率先建立外来物种入侵防控工作联席会议制度，保护嘉陵江水生生物多样性，严禁投放外来物种。成都市推进岷江、沱江干流及重要支流生态修复，增殖放流 175 万尾鱼苗，获评首届全球“生物多样性美丽城市”。

四是筑牢生态环境安全防线。凉山彝族自治州强化伴生放射性矿开发利用企业辐射环境管理，编制辐射事故应急演练方案。成都市深入推进国家生态环境健康试点，出台《成都市环境健康先行区建设方案》，制定累积环境风险指标体系。泸州市实施古叙地区历史遗留 45 个尾砂磺渣堆场应急风险管控工程。

---

① “五县两山两湖一线”指：黄河流域5县，青藏高原贡嘎山、海子山、泸沽湖、邛海自然保护地，川藏铁路沿线等区域。

② 若尔盖山水工程指：黄河上游若尔盖草原湿地山水林田湖草沙一体化保护和修复工程。

（三）污染防治攻坚，提升环境治理效能

1．四川省主要经验总结

一是大气环境质量持续改善。推进工业源、移动源、扬尘源污染综合整治，持续实施臭氧和颗粒物攻坚，推动挥发性有机物治理，优化重污染天气应急管控。实施大气污染防治精准帮扶，深入开展“千名专家进万企”活动，组织专家 3 000 余人次对 15 个重点城市驻点指导。2022 年四川省优良天数比例为 90.6%，优良天数比例连续三年保持在 89%以上；$PM_{2.5}$ 平均浓度 31 μg/m^3，同比 2021 年下降 2.5%，实现 $PM_{2.5}$ 和重度污染天数“双下降”。二是地表水水环境质量明显改善。全面严格落实河（湖）长制，持续推进入河排污口排查整治，扎实开展“清河护岸净水保水禁渔”5 项行动，推动长江流域水生态考核试点。2022 年，四川省 203 个国考断面水质优良率达 99.5%，位居全国第二、创近 20 年来最好水平，全国重要江河湖泊水功能区达标率达 99.6%，县级及以上城市集中式饮用水水源地水质达标率 100%，行政村生活污水有效治理比例达 66.05%、居全国前列。三是土壤环境质量总体保持稳定。深化土壤污染调查评估，围绕攀西、川东北等重点区域，开展重金属高背景区土壤环境质量调查。大力推进受污染耕地安全利用，支持 18 个县(市、区)开展 19.2 万亩生产障碍耕地治理试点，四川省受污染耕地安全利用率达 92%。联合重庆市共推“无废城市”建设，联合印发《关于推进成渝地区双城经济圈“无废城市”共建的指导意见》，提升固体废物管理水平。启动新污染物治理，在全国率先完成抗生素等新污染物环境赋存、风险评估和环境耐药性等系列研究。

2．市（州）主要经验总结

各市（州）坚决贯彻落实中共中央、国务院关于深入打好污染防治攻坚战的决策部署，坚持精准治污、科学治污、依法治污，持续深入打好蓝天、碧水、净土保卫战，四川省各地生态环境质量持续改善。

一是持续深入打好蓝天保卫战。成都市秋冬季深化“工业源、移动源、扬尘源”细颗粒物分类防治，夏季分类制定工业、工地、汽修、商混站等企业臭氧污染防控精细管控和科技帮扶措施。德阳市综合治理涉 VOCs 工业园区和企业集群，完成高新区、广汉工业集中区等 15 个园区和产业集群涉 VOCs 企业排查整治。达州市达钢易地搬迁及原厂超低排放改造有序推进。自贡市加大大气环境科技支撑力度，投资 5 800 万元建成秸秆露天焚烧可视化系统。资阳市深入推进“工地蓝天行动”，建立“互联网+视频监控”扬尘在线监测系统。

二是持续深入打好碧水保卫战。雅安市全面实行河（湖）长制，创建并全国推广基层河湖管护“解放模式”。广元市强化水环境精细化监管，对国（省）考断面水质实行分级分类管理，全市 6 条主要河流 5 条出境断面水质达 I 类水质。南充市大力实施城镇污水治理两年攻坚行动，营山县南北两河治理工作获省委王晓晖书记高度肯定。资阳市实施水质达标攻坚“五大行动”，协同成都建立季度联席会议、联合执法长效机制，加

强饮用水水源地老鹰水库保护。各市（州）扎实开展美丽河湖建设，阿坝藏族羌族自治州花湖、宜宾市江之头等 9 个河湖入选省级美丽河湖优秀案例，凉山彝族自治州邛海入选全国第一批美丽河湖建设优秀案例。

三是持续深入打好净土保卫战。泸州市强力推动土壤污染防治先行区建设工作，出台《泸州市“十四五”土壤污染防治先行区建设方案》。遂宁市狠抓土壤污染防治问题整改，开展全国首个土壤污染责任人认定试点示范项目。攀枝花市东区、钒钛高新区入选全国 40 个大宗固体废物综合利用示范基地。南充市开展 31 家重点危险废物产生和经营单位全流程物联网监管试点，在四川省率先实现医疗废物处置全过程在线闭环管理。各市（州）稳步推进“无废城市”创建，成都、自贡、泸州、德阳、绵阳、乐山、眉山、宜宾等 8 地作为四川省首批确定的“无废城市”，均已印发实施“无废城市”建设实施方案。

（四）聚焦绿色转型，推动经济高质量发展

1. 四川省主要经验总结

一是有序组织开展碳达峰行动。出台《关于完整准确全面贯彻新发展理念做好碳达峰碳中和工作的实施意见》，加快构建碳达峰碳中和“1+N”政策体系。稳定运行温室气体自愿减排交易市场，累计成交国家核证自愿减排量（CCER）突破 3 600 万 t。二是加速推动绿色低碳产业发展。深入推进新型工业化建设，印发《关于深入推进新型工业化加快建设现代化产业体系的决定》《关于以实现碳达峰碳中和目标为引领推动绿色低碳优势产业高质量发展的决定》，推动产业发展绿色化低碳化转型。2022 年，四川省规模以上高技术产业增加值同比增长 11.4%，动力电池、晶硅光伏、钒钛、存储等绿色低碳优势产业同比增长 24.4%。三是加快实施能源革命。推进全国优质清洁能源基地建设，推动水风光多能互补开发。有序推动重点领域电动化，实施“电动四川”行动计划。2022 年，四川省清洁能源装机占比提高到 85%以上，清洁能源消费比重达 55%以上。

2. 市（州）主要经验总结

各市（州）全面贯彻新发展理念做好碳达峰碳中和工作部署，有计划、分步骤实施碳达峰行动，产业结构不断优化，促进各类资源循环和节约集约利用，加快实现生产生活方式绿色变革，实现降碳、减污、扩绿、增长协同推进。

一是稳妥推进碳达峰碳中和。各市（州）成立碳达峰碳中和工作委员会，加快编制碳达峰碳中和实施方案，着力构建碳达峰碳中和“1+N”政策体系。深入开展绿色低碳试点，四川天府新区成功获批国家气候投融资首批试点，成都市、广元市加速推进国家低碳城市、气候适应型城市建设，攀枝花仁和区、米易县开展零碳村庄试点项目建设。

二是加快构建现代产业体系。自贡市聚力打造新能源、新型化工、无人机及通航三大千亿级产业集群，科学确定七大园区“一主两辅”产业定位。宜宾市加快完善“1+N”动力电池产业生态圈，全力打造以动力电池、晶硅光伏为重点的绿色新能源产业。遂宁

市加快建设“锂电之都”，锂电产业入列四川省首批特色优势产业试点和省战略性新兴产业集群。资阳市加快低碳产业技术攻关，国内首台齿轨电车下线，填补了我国齿轨交通领域空白。

三是推进产业优化转型。攀枝花市规范高耗能产业用电管理，建成西南地区最大的100 MW余热余能发电项目。广元市持续推进7个省级及以上经济技术开发区循环化改造，剑阁县入选国家农业绿色发展先行区创建单位。内江市开展火电企业碳排放权交易试点，积极培育页岩气综合利用循环经济千亿元产业集群。宜宾市建成20万亩绿色种养循环示范区、48.5万亩病虫害绿色防控示范区，高质量推进国家级资源循环利用基地建设。

四是培育壮大清洁能源优势产业。攀枝花市大力发展清洁能源优势产业，建成投运国内首个管道输氢母子加氢站和西南首座工业副产制氢生产线，有序推进银江水电站、米易龙肘山风电场、仁和抽水蓄能电站项目。凉山彝族自治州因地制宜发展分布式光伏发电，积极推进凉山彝族自治州风电基地建设，白鹤滩水电站全部机组投产发电。宜宾市积极打造全国重要的页岩气生产基地，页岩气产气量居四川省第一、全国第二。德阳市加快推进世界级清洁能源装备制造基地建设，成功举办2022年和2023年世界清洁能源装备大会。

（五）凝聚绿色共识，合力共建美丽四川

1．四川省主要经验总结

一是深化示范试点创建。启动美丽四川建设试点，在县（市）层面开展先行试点，探索各美其美的实践路径。生态文明示范创建成效突出，建成32个国家生态文明建设示范区、8个“绿水青山就是金山银山”实践创新基地，建成30个省级生态县。二是建立健全生态产品价值实现机制。建立四川省生态产品开发运营平台，推广“三九大”[①]品牌效应。开展省级生态产品价值实现机制试点，启动大邑县等14个地区生态产品价值实现机制试点。加快推动川西北生态示范区建设，对阿坝、甘孜两州及31个县（市）持续开展生态示范区建设水平评价考核。三是推动转变健康绿色生活方式。推进健康四川行动·健康环境专项促进行动，有序推进生活垃圾分类。深入开展“四川省绿色学校”创建，四川省学校绿化率达98%以上。大力推动绿色出行，推广新能源车辆达55万辆，新增和更新的公交车中新能源车辆占比超过70%。

2．市（州）主要经验总结

各市（州）深入践行“绿水青山就是金山银山理念”，挖掘释放生态产品价值，增强生态文明宣传教育，提升公众生态文明意识，营造“全民参与、共建共享”的生态文明建设良好氛围，汇聚形成共建美丽四川社会合力。

一是加强生态文明建设示范引领。巴中市成为四川省首个成功创建“国家生态文明

① “三九大”指：三星堆、九寨沟、大熊猫。

建设示范区”的地级城市，实现市级和 5 个县（区）国、省生态文明示范创建命名授牌全覆盖。阿坝藏族羌族自治州九寨沟县在四川省率先获得“国家生态文明建设示范县”“‘绿水青山就是金山银山’理论实践教育基地”双称号。

二是积极推进生态产品价值实现。加快推动川西北生态示范区建设，以生态功能区为主体，加强生态保护与修复，大力发展生态经济，提升特色文化旅游功能，累计成功创建国家全域旅游示范区 1 个、5A 级景区 5 个，川西北生态示范区成为绿水青山就是金山银山资源转化的典范。南充市、乐山市坚持生态优先，以生态为导向积极引导社会资本，分别包装投资 60 亿元的嘉陵江（顺庆段）流域综合治理项目、投资 71 亿元的峨眉山市生态环境质量提升与绿色产业融合发展 EOD 项目，均获批全国第二批生态环境导向的开发（EOD）试点项目。

三是加快形成绿色生活方式。自贡市落实全面节约战略，成功创建国家公交都市建设示范城市。成都市强化“轨道+公交+慢行”，中心城区绿色出行分担率达 67%。宜宾市强力推动“电动宜宾”工程，建成光储充检充电站 12 座、重卡换电站 8 座、充电基础设施接口超 8 500 个。泸州市打造西部首个个人绿色生活积分系统——泸州“绿芽积分”，产生绿芽积分 783 万，累计减碳量达 34 t。广安市举办“共建清洁美丽世界”环保设施面向公众开放线上直播活动。巴中市试点开设中小学校生态环保教育课程，推动习近平生态文明思想核心要义入脑入心。

（六）加强能力建设，提高现代化治理水平

1. 四川省主要经验总结

一是深入开展生态文明体制改革创新。出台生态环境领域省与市县财政事权和支出责任划分改革实施方案，出台全面推行林长制的实施意见。二是建立健全生态环境法治体系。加快推进生态环境地方立法，制修订四川省水资源条例、固体废物污染环境防治条例、土壤污染防治条例、大熊猫国家公园管理条例等地方性法规。深化区域协同立法，云贵川三省共立赤水河流域共同保护决定和保护条例。三是持续落实生态保护补偿和生态环境损害赔偿制度。深入开展生态综合补偿试点，省内流域横向生态保护补偿实现 21 个市（州）全覆盖，若尔盖县在湿地核心区开展生态保护补偿等入选全国生态综合补偿试点工作总结及典型案例。四川省累计办理生态环境损害赔偿案件 590 件，涉及赔偿金额 1.99 亿元。

2. 市（州）主要经验总结

各市（州）党委、政府始终高度重视抓建章立制，大力推进生态文明体制机制改革，注重完善生态文明建设长效机制，不断完善生态环境保护的制度体系，推动生态环境治理体系和治理能力现代化。

一是持续完善法治制度保障。阿坝藏族羌族自治州、甘孜藏族自治州、眉山市、广元市等发布构建现代环境治理体系的实施方案。成都市印发《成都建设践行新发展理念

的公园城市示范区行动计划（2021—2025 年）》《关于以实现碳达峰碳中和目标为引领优化空间产业交通能源结构促进城市绿色低碳发展的决定》等文件，着力构建生态文明制度政策体系。宜宾市出台《宜宾市蜀南竹风景名胜区保护条例》、四川省首部农村生活环境保护地方性法规《宜宾市农村生活环境保护条例》。

二是持续落实生态环境损害赔偿制度和生态补偿制度。广安市梳理排查和接收移交的案件线索 454 条，启动生态损害赔偿案件 16 件。绵阳市实施涪江流域水质超标扣缴和生态补偿制度，筹集生态补偿资金 4 400 万元。甘孜藏族自治州全面开展农牧民奖补政策，实施草原禁牧补助 4 500 万亩、草畜平衡奖励 7 963 万亩。乐山市建立生态环境损害赔偿案件办理联席会议制度，成立四川省首个损害赔偿鉴定评估专家库。

三是提升环境治理能力。各市（州）深化工业污染源噪声专项整治，加大噪声污染执法检查力度，坚决查处违法企业，督促工业企业噪声达标。成都市建立完善智慧生态环境、智慧工地、智慧水务等系统监管平台，应用卫星遥感、走航观测、在线监测等多手段构建天空地一体环境监测体系，创建全国首个“环税”数据互通体系，推进污染源精准管理。自贡市、乐山市等地不断夯实移动源信息化监控能力，建成省控黑烟车智能抓拍点，完善移动源监测网络。

四是强化区域协同联动。广安市、达州市主动参与成渝地区双城经济圈生态廊道建设，与重庆 7 个县（区）携手共建明月山绿色发展示范带。遂宁市、内江市等地召开川渝跨界河流联防联控工作会、开展联合巡河，积极推动川渝跨界河流联防联控形成合力。成都市建立大气污染防治联防联控会议机制，推动区域空气质量预测预报与联防联控工作取得实效。

二、建设美丽中国先行区的几点建议

2023 年 7 月，习近平总书记在全国生态环境保护大会上发表重要讲话，系统部署了全面推进美丽中国建设的战略任务和重大举措，为新时代新征程生态文明建设、加快推进人与自然和谐共生的现代化提供了根本遵循。2023 年 9 月，四川省委书记王晓晖在四川省生态环境保护大会强调，要以更高水平写好生态文明建设这篇大文章，在筑牢长江黄河上游生态屏障上持续发力，加快建设美丽四川。今后五年是四川省美丽四川建设的重要时期，必须以更高站位、更宽视野、更大力度来谋划和推进新征程生态文明建设工作，要紧扣高质量发展和高水平保护、重点攻坚和协同治理、自然恢复和人工修复、外部约束和内生动力、“双碳”承诺和自主行动的“五个重大关系”，要守护丰富多彩自然，打造天蓝地绿环境，构筑人与自然和谐共生家园，实施加快发展方式绿色低碳转型、推动生态环境持续好转、提升生态系统多样性稳定持续性、积极稳妥推进碳达峰碳中和、维护区域生态环境安全、健全美丽四川建设保障体系等措施，为建设美丽中国先行区提供坚强保障。

（一）加快发展方式绿色低碳转型

一是优化国土空间规划布局。完善国土空间规划体系，加强省级空间规划研究，以主体功能区规划为基础统筹各类空间性规划，推动市县“多规合一”，统一编制市县生产、生活、生态空间规划。全面推进生态环境分区管控，发挥源头约束及指引作用，形成节约集约资源和保护生态环境的空间格局。严格红线监督管理，四川省重点生态功能区、生态环境脆弱区和敏感区等生态保护红线面积不低于14.68万km^2，确保生态功能不降低、性质不改变。

二是促进产业绿色转型升级。推进产业高质量发展，积极推动六大优势产业①、五大战略性新兴产业②等智能化、绿色化、融合化发展，着力推动互联网、大数据、人工智能等新兴技术与绿色低碳产业深度融合。持续精准调整产业结构，坚决遏制高耗能、高排放、低水平项目盲目发展，以市场化法治化方式淘汰平板玻璃、水泥等行业落后产能，大力培育清洁能源、节能环保等绿色低碳产业，积极发展再生有色金属行业。实施制造体系绿色化改造，大力实施绿色低碳技术创新，支持成都、德阳、绵阳、自贡、宜宾等地建设节能环保、清洁能源装备研制基地，促进攀西钢铁、川南酿造、川东北建材等传统产业清洁低碳循环发展，培育一批能效、水效“领跑”企业。提高农业绿色发展水平，着力促进农业经营、生产、资源利用和管理方式绿色化，推进高标准农田建设，积极发展稻鱼综合种养、鱼菜共生等多层次综合水产养殖模式。提高服务业绿色低碳发展水平，优先发展先导型服务业，加快发展生产性服务业，促进服务型制造业发展，促进生态环境修复、碳资产管理、环境污染责任保险等新兴服务业发展。

三是做精、做强文旅产业。实施“绿色四川”旅游行动计划，提升大成都、大九寨、大峨眉、大香格里拉、大贡嘎、川藏线、攀西、大巴山、蜀道、川南等旅游目的地国际化水平，实施藏区、彝区全域旅游战略，打造世界重要旅游目的地。加强文化品牌保护和传承，实施巴蜀文化品牌工程、巴蜀文化名家培养工程、巴蜀优秀传统文化传承工程。建好藏羌彝文化产业走廊等重点文化产业带。积极推进蜀道申报世界自然文化遗产。培育文旅融合新业态，推动传统文化产业转型升级，加快发展新兴文化产业，促进文化与旅游、科技、生态、体育等深度融合。

四是加快推广绿色生活方式。促进交通运输绿色化，构建绿色高效的交通运输体系，推广节能低碳型交通工具，创新绿色低碳、集约高效的物流配送模式，实施城市公交优先发展战略，加快提升绿色出行比例。在川西北生态示范区及遂宁、乐山、雅安、南充等城市试点推进交通近零碳示范区建设，持续降低交通运输能耗和二氧化碳排放强度。推动城乡建筑绿色化，推动城镇新建建筑全面执行绿色建筑标准，推进城镇既有建筑和市政基础设施节能改造。在天府新区、绵阳科技城、宜宾三江新区等地加快推进超低能

---

① 六大优势产业：电子信息、装备制造、食品轻纺、能源化工、先进材料、医药健康等产业。

② 五大战略性新兴产业：人工智能、生物技术、卫星网络、新能源与智能网联汽车、无人机等产业。

耗、低碳建筑规模化、循环化发展。推动乡村绿色建设，推进绿色农房建设和既有农房节能改造。实施绿色生活创建行动，倡导简约适度、绿色低碳、文明健康的生活方式和消费模式，推广绿色低碳产品，持续推进“光盘”行动，开展绿色家庭、绿色学校、绿色出行等。

（二）推动生态环境持续好转

一是持续深入打好蓝天保卫战。实施全域达标攻坚战。深入实施重污染天气消除、臭氧污染防治、柴油货车污染治理三大攻坚，21 个市（州）空气质量全面达标。实施协同治理攻坚战，以细颗粒物控制为主线，协同臭氧污染防治，推进挥发性有机物和氮氧化物减排，完成钢铁、水泥、焦化行业超低排放改造，推动玻璃、陶瓷、铁合金、有色等重点行业深度治理。持续强化移动源和面源污染治理，加强柴油车排放路检路查、集中停放地和维修地尾气排放监督抽检，全面落实汽车排放检验和维护制度。加快建筑施工绿色化、智慧化管控能力建设。加强秸秆综合利用和禁烧管控，加大烟花爆竹管控，加强城市建成区餐饮油烟排放监管。打好重污染天气消除攻坚战，以成都平原、川南和川东北地区为重点，加强秋冬季细颗粒物防治，加强省、市、县三级重污染天气联动应对，严格重点行业绩效分级管理，完善重污染天气应急管控清单。突出夏秋季臭氧污染防治，系统推进石化、化工、工业涂装、包装印刷、油品储运销等行业挥发性有机物综合治理，提升挥发性有机物收集率、去除率和治理设施运行率。

二是持续深入打好碧水保卫战。深入推进长江保护修复，严格执行长江经济带发展负面清单管理制度，持续实施“三磷”专项排查整治，完成长江入河排污口排查整治，实施好长江十年禁渔。巩固提升沱江、岷江水环境整治成效，深化川渝跨界河流联防联治、共建共享。持续黄河生态保护治理，严格黄河流域各类开发活动强度控制和全过程监管，补齐环境保护基础设施建设和运维短板。巩固提升饮用水水源地保护水平，加快推进饮用水水源地规范化建设，保障城乡饮用水安全。巩固拓展黑臭水体治理成效，加强控源截污，推动城镇污水管网全覆盖、全收集、全处理，消除城乡黑臭水体。扎实抓好小流域水质达标提升，因河施策，以城镇生活污染控制、面源污染防治和河道岸线生态修复为重点，以流域为单元，有力有序整体推进小流域保护和治理。持续开展江河湖排污口和污染源排查整治，常态化、规范化开展河湖“清四乱”。全面推进美丽河湖建设，争创一批国家级美丽河湖。实施环湖截污、还湖还湿、生态保育、水土资源调控等重点工程，在邛海、泸沽湖、汉源湖等重要湖库封闭水域率先实行船舶污水零排放。

三是持续深入打好净土保卫战。强化土壤污染源头防控，全面排查土壤环境风险隐患，开展重点行业、重点区域土壤污染精细化调查评估，深化典型行业企业用地和农用地高背景区调查。制定四川省土壤风险分区管控方案，落实“一区一策”风险管控措施，推进长江黄河上游土壤风险管控区建设。加强农用地分类管控，推进农用地安全利用示范工程，推行农产品“生产—流通—消费”全过程管理。严格落实受污染耕地安全利用措施，推动严格管控类受污染耕地植树造林增汇。严格建设用地土壤污染风险管控，在成都市、德阳市、凉山彝族自治州等地区实施区域土壤污染管控与修复工程。完成危险化学品生产企业搬迁改造，推进腾退地块土壤污染风险管控和治理修复，开展历史遗留矿山生态修复，加强工矿废弃地植被恢复探索开展工程示范。推进地下水协同防治，持续推进四川省地下水环境调查评估，健全地下水“双源”①基础数据库，建设四川省地下水环境信息管理平台，加强土壤、地表水、地下水污染协同防治。

四是强化固体废物和新污染物治理。在成渝地区双城经济圈全面开展“无废城市”建设，推进城市固体废物精细化管理。深入推进固体废物申报登记制度，建立并动态更新固体废物重点监管点位清单。大力推进生活垃圾减量化资源化，因地制宜推行生活垃圾分类，实现四川省地级及以上城市居民小区垃圾分类全覆盖，推动成都、攀枝花、宜宾、达州等地开展示范建设。加强餐厨垃圾资源利用，加强塑料污染全链条治理。加强工业固体废物综合利用，以尾矿、冶金渣、化工渣等大宗固体废物为重点，建设大宗固体废物综合利用基地，加强资源综合利用产品推广。加强医疗废物分类管理，补齐医疗废物处置短板。加强新污染物治理，制定实施新污染物治理行动方案，积极推进长江经济带持久性有机污染物、环境激素、微塑料等新污染物治理，争取新污染物治理全国试点。

五是打造美丽宜居家园。加快建设美丽宜居城市，科学合理规划城市用地规模和开发建设强度，有序改造提升城市和城镇布局形态，保护历史文化和自然景观，延续城市文脉，优化绿地空间，提高城市综合治理水平。建设美丽宜居乡村，持续推进“美丽四川·宜居乡村”建设，统筹推进改厕和污水垃圾处理，大力改善乡村人居环境。突出乡土文化和地域民族特色，加强传统村落保护和乡村风貌引导，系统保护历史文化名村、传统村落、田园景观和历史文化资源，提升村庄绿化美化水平。实施宁静城乡工程。深入实施《中华人民共和国噪声污染防治法》和《噪声污染防治行动计划》，强化噪声源头、过程、末端管控，着力解决人民群众身边突出的噪声污染问题。

（三）提升生态系统多样性稳定性持续性

一是筑牢“四区八带多点”生态安全格局。推进以国家公园为主体的自然保护地体系建设，高质量建设大熊猫国家公园，加快创成若尔盖国家公园，谋划贡嘎山国家公园创建工作，以自然保护区为基础、各类自然公园为补充，确保重要生态系统、自然遗迹、自然景观和生物多样性得到有效保护。加强重点区域监测评估，推进黄河上游、岷江上游等重点流域生态评估，对长江干流及其主要支流、邛海、泸沽湖等开展遥感监测评估。开展川西北生态示范区建设水平评价考核。加强自然保护地和生态保护红线监管，开展生态系统保护成效评估，持续推进“绿盾”自然保护地强化监督专项行动。

① 地下水“双源”指：集中式地下水型饮用水水源和地下水污染源。

二是实施山水林田湖草沙一体化保护修复。推行森林草原河流湖泊湿地休养生息，有序推进重要生态系统保护和修复重大工程，高水平实施若尔盖山水工程，恢复自然生态承载力。保护修复森林生态系统，深入推行林长制，科学开展国土绿化，加大古树名木保护力度，继续实施天然林保护工程。开展长江、黄河流域水源涵养林、水土保持林建设，完善森林防火体系建设。加强草原生态系统保护，严格保护川西北高原天然草原，以甘孜、阿坝为重点区域，对严重退化、沙化草原实施禁牧封育，持续推进高原牧区减畜计划，加强草原鼠虫害防治，遏制草原退化，恢复生态功能。实施湿地保护工程，加强若尔盖、泸沽湖等湿地保护，加强长江干支流河岸滩涂保护修复。开展水土流失综合治理，加强岩溶地区石漠化综合治理，开展旱河谷地区生态治理，因地制宜推进矿山生态修复。

三是加强生物多样性保护。推动政策法规健全，落实“昆明-蒙特利尔全球生物多样性框架”，更新《四川省生物多样性保护战略与行动计划》，推动生物多样性立法，研究制定《四川省生物多样性保护条例》，实施一批生物多样性保护重大工程。进一步摸清生物多样性本底，以生物多样性保护优先区域为重点，持续开展重点生物物种专项调查和评估；以岷江、赤水河、嘉陵江等为重点，开展水生生物调查和评估。加强物种保护，保护修复大熊猫、川金丝猴、雪豹等珍稀濒危野生动物栖息地，实施重点保护野生动植物和极小种群野生植物保护工程。保护长江和黄河流域珍稀濒危水生生物。高水平建设天府动植物园，提升迁地保护水平。强化科普教育，推动阿坝、甘孜、成都、巴中、雅安等地积极建设一批生物多样性科普宣教基地；加强城乡生物多样性保护，建设一批生物友好城市、乡镇。

（四）积极稳妥推进碳达峰碳中和

一是分步骤科学实施碳达峰行动。深入实施《四川省碳达峰实施方案》，科学制定重点行业领域碳达峰方案、减污降碳协同增效行动方案，有计划、分步骤实施“碳达峰十大行动”，确保2030年前如期实现碳达峰。强化碳排放强度控制，加速推动碳排放总量控制基础能力和制度建设，制定实施甲烷及其他非二氧化碳温室气体排放控制行动方案。对标全国碳市场，完善省域内碳市场制度体系，逐步丰富交易主体、品种和方式，适时开展配额有偿分配，积极参与全国温室气体自愿减排交易市场建设。

二是加快构建清洁低碳安全高效能源体系。科学规划建设新型能源体系，以凉山彝族自治州风电基地和“三州一市”光伏发电基地建设为重点发展风电、光伏发电，加快智能光伏产业创新升级和特色应用，积极发展氢能产业，支持成都、攀枝花打造氢能产业示范城市，深入推进国家清洁能源示范省建设。科学有序开发水电，加快金沙江、雅砻江、大渡河“三江”水电基地建设，统筹水电开发和生态保护。加大天然气（页岩气）勘探开发力度，加快建设国家天然气（页岩气）千亿立方米级产能基地，重点实施川中安岳、川东北普光和元坝、川西、川南页岩等气田滚动开发等项目建设，有序引导天然气消费。构建多元协同储能与输配体系，统筹布局电源、电网、用户侧储能设施，推进新型储能研发应用，实施“新能源+储能”创新试点示范工程；构建新型电力系统，完善电力输送通道，支持建设微电网、智能电网。

三是构建减污降碳协同创新立体格局。突出领域协同，以结构调整和绿色产业与动能升级为主要措施，全面推进工业、能源、交通运输、城乡建设、农业等重点领域减污降碳协同增效。突出区域协同，开展区域、城市、园区、企业等多层次协同创新试点，推进减污降碳协同度评价，加大对污染严重、生态环境敏感地区的结构、布局的合理调整。突出技术协同，统筹环境各要素、多领域减排要求，优化治理目标和技术路线，提升大气、水、土壤、固体废物等领域污染物与温室气体协同治理水平；逐步建立固定源污染物与碳排放核查协同管理制度，编制重点区域大气污染物和温室气体排放融合清单，协同推进城市空气质量达标与碳达峰。

（五）维护区域生态环境安全

一是健全区域生态安全体系。构建区域联动、高效立体的生态安全防护体系，加强与经济安全、资源安全、能源安全等领域协作，提升区域生态安全监测预警、风险评估、应急处理能力，维护区域的生态安全。健全环境应急响应和管理机制，进一步完善和严格落实突发环境事件应急预案体系，建设四川省环境应急预警指挥平台，强化环境应急物资储备库建设，推进国家环境应急实训基地建设。

二是确保核与辐射安全。提升核与辐射安全水平，持续落实高风险移动放射源在线监控全覆盖，加强核与辐射环境监测大数据分析应用，推进核与辐射环境安全监管、监测和应急能力现代化建设。严格核与辐射安全监管，加强重点电磁设施、设备和伴生放射性矿利用中的辐射安全监督管理。持续开展核与辐射安全隐患排查。推进放射性污染治理，加快废旧（退役）放射源和放射性废物的最终处置，确保废旧（退役）放射源安全收贮率达到100%。

三是提升生物安全管理。积极防控外来物种入侵，开展四川省外来入侵物种普查、监测和评估，加强福寿螺、松材线虫、紫茎泽兰等外来入侵物种防控，建立外来物种入侵风险指数评估体系，制定外来入侵物种灾害防控应急预案。加强野生动物疫病防控，完善野生动物疫源疫病的监测、监控体系，建立快速检测技术平台和预测预警系统。建立四川生物遗传资源及其相关传统知识保护和利用制度，系统调查编目四川生物遗传资源，加大研究投入，保护利用 DIS（遗传资源数字序列信息），建立共享机制，遏制遗传资源流失和丧失。

四是有效应对气候变化。开展气候变化风险监测评估，以冰冻圈和高原生态系统为重点，加强全球气候变暖对大熊猫国家公园、川西北泥炭地、干热河谷、川藏铁路沿线等地区气候变化观测网络建设。提升气候风险管理和防灾减灾能力，加强高温热浪、持续干旱、极端暴雨、低温冻害等极端气候事件及其诱发灾害的监测预警预报，全面提高灾害防御能力。开展气候变化与重点领域的影响评估研究，评估极端天气气候带来的重大工程建设与运行风险。推广气候友好型技术应用，采用基于自然的解决方案应对“热岛效应”和城市内涝等问题，因地制宜探索城市低影响开发模式，建设气候适应型城市。加强极端天气气候健康风险和流行性疾病监测预警，提高脆弱人群防护能力。

五是严密防控环境风险。强化流域环境风险防范，在岷江、沱江、长江干流等重点流域建设一批水环境风险预警平台，统筹推进重点河流环境应急“一河一策一图”全覆盖。加强重点领域管控，开展涉危、涉重企业、化工园区等重点领域环境风险调查评估，建立重点环境风险企业清单。加强尾矿库、渣场环境风险管控，以攀西地区和嘉陵江上游为重点开展尾矿库污染治理，以成都平原和地质灾害高易发区为重点推进工业固体废物堆场（渣场）整治，推动工业固体废物规范管理，逐步消除历史遗留环境风险隐患。加强有毒有害化学物质风险防控，开展现有化学物质环境信息统计，强化新化学物质环境管理登记。

（六）健全美丽四川建设保障体系

一是完善体制机制架构。强化美丽四川建设法治保障，研究制定四川省深化生态文明体制改革方案，推动符合本土实际的应对气候变化、生物多样性保护等相关法律法规制修订。健全生态环境行政执法和刑事司法联动机制，统筹推进生态环境损害赔偿。建立全要素全流程的自然资源资产管理制度体系，坚决落实领导干部自然资源资产离任审计。完善环评源头预防管理体系，全面实行排污许可制。

二是配置有效激励政策。发挥政府投资调控引导作用，加大对生态修复、节能环保、新能源、低碳交通运输装备、碳捕集利用与封存等项目的支持力度。完善支持社会资本参与政策，激发市场主体绿色低碳投资活力，建立生态保护修复多元化投入机制，积极开展低碳、零碳、负碳技术研发应用，推进生态环境导向的开发（EOD）模式创新。深入实施“绿色金融专项行动”，发挥“绿蓉融”平台服务支撑作用，引导银行创新开发绿色金融、转型金融、绿色保险、绿色债券等产品，支持成都申建国家级绿色金融改革创新试验区，鼓励天府新区创新开展全国气候投融资。落实资源环境税收政策，全面落实企业环保项目减免所得税等优惠政策，研究出台减免生产和使用低挥发性有机物含量产品企业的税收政策，落实各项节能节水环保、资源综合利用、新能源等税收优惠政策。构建环保信用监管体系，深入开展信用评价，建立企业生态环保费用提取使用制度。推进生态综合补偿试点，建立重要江河湖库生态产品和服务创新。

三是加强能力建设和科技支撑。创新生态环境科技体制机制，制定科技支撑美丽四川建设实施方案，完善绿色低碳技术创新体制机制，开展低碳、零碳、负碳关键核心技术攻关。强化企业科技创新主体地位，加强企业主导的“产学研用”深度融合，引导企业、高校、科研单位共建一批绿色低碳产业创新中心，发展一批绿色技术创新龙头企业。推进生态环境智慧治理，深化人工智能、大数据、区块链、云计算等数字技术应用，实施生态环境信息化工程，建设绿色智慧的数字生态文明。建设现代化生态环境监测体系，健全“五基”①协同天空地一体化生态环境监测网络，推进卫星环境载荷研发。提升生态环境质量预测预报水平，加强温室气体、生态、新污染物、噪声、农村环境、辐射等监测能力建设，实现降碳、减污、扩绿协同监测全覆盖。

四是积极促进全民行动。建立多元参与行动体系，深化环境信息依法披露制度改革，探索开展环境、社会和公司治理（ESG）评价；充分发挥行业协会商会桥梁纽带作用和群团组织广泛动员作用，完善公众生态环境监督和举报反馈机制；发展壮大生态环境志愿服务力量；持续推动示范性环保设施向社会开放。加快公共机构绿色低碳转型，持续推动“节约型机关”建设，充分发挥公共机构示范引领作用。构建绿色低碳产品标准、认证、标识体系，探索建立“碳普惠”等公众参与机制，大力发展绿色消费，提升绿色低碳产品在政府采购中的比例。

五是培育弘扬生态文化。做强主题日活动，依托世界环境日、世界地球日、全国节能宣传周、全国低碳日等开展绿色低碳主题活动，增强社会公众绿色低碳意识。培育生态文明主流价值观，建立健全以生态价值观念为准则的生态文化体系，加快形成全民生态自觉。鼓励生态文化精品创作，推动中华优秀传统生态文化创造性转化和创新性发展，传承巴蜀文化、大江大河文化、少数民族优秀文化，促进生态文学繁荣发展。提升文化产品绿色低碳内涵，创作反映提倡绿色低碳理念题材的文艺作品，制作文创产品和公益广告。加强生态文明宣传教育，建设“体验美丽四川”主题参访观摩地，将生态文明教育纳入国民教育全过程，开展多种形式的资源环境国情教育。

① “五基”指：天基卫星、空基遥感、航空无人机、移动巡护监测车和地面观测设备。

基于“四水四定”内核的四川省水生态环境高质量发展思路

摘　要：2021 年 10 月 22 日，习近平总书记在深入推动黄河流域生态保护和高质量发展座谈会上发表重要讲话，强调“要坚决落实以水定城、以水定地、以水定人、以水定产，走好水安全有效保障、水资源高效利用、水生态明显改善的集约节约发展之路”。本文通过梳理国家层面和各地贯彻落实“四水四定”的具体做法，提出新时代“四水四定”2.0 模式的内涵及具体举措，即坚持以水定地，以高效能配置优化国土空间格局，加快推进现代水网建设，加强用地规划用途管理，推进绿色农业节水建设；坚持以水定产，以高标准管理构建绿色产业格局，合理规划流域产业结构和规模，推进工业节水行动促进产业绿色转型，强化水污染治理要求倒逼产业绿色转型；坚持以水定城，以高水平治理支撑城市可持续发展。科学制定城镇化发展战略，筑牢城市水安全底线，提升城市污水治理水平；坚持以水定人，以高品质提升打造人水和谐幸福生活，积极推进水文化建设，打造人水和谐河湖岸线，构建节水型社会，以高品质水生态环境支撑四川省经济社会高质量发展。
关键词：“四水四定”；水生态环境；高质量发展

2021 年 10 月 22 日，习近平总书记在深入推动黄河流域生态保护和高质量发展座谈会上发表重要讲话，强调“全方位贯彻‘四水四定’原则，要坚决落实以水定城、以水定地、以水定人、以水定产，走好水安全有效保障、水资源高效利用、水生态明显改善的集约节约发展之路”。“四水四定”的提出是习近平总书记对黄河流域生态环境高水平保护和经济社会高质量发展的深刻认识，通过坚持水资源节约和保护环境的基本国策，践行绿水青山就是金山银山的理念，实施山水林田湖草沙一体化保护和系统治理，形成节约资源和保护环境的空间格局、产业结构、生产生活方式，对于推动经济社会绿色发展，促进生态环境持续改善，实现人与自然和谐共生的现代化具有重要意义。

一、“四水四定”的政策要求与具体做法

（一）国家层面

2021 年 10 月，为推动黄河流域生态保护和高质量发展，国务院印发《黄河流域生态

保护和高质量发展规划纲要》。该纲要将“坚持以水定城、以水定地、以水定人、以水定产”作为黄河流域生态保护和高质量发展的一项重要原则，明确要求“在规划编制、政策制定、生产力布局中坚持节水优先，细化实化以水定城、以水定地、以水定人、以水定产举措”，并从强化水资源刚性约束、科学配置全流域水资源、加大农业和工业节水力度、加快形成节水型生活方式等方面推动黄河流域“四水四定”的落地实施。

2021 年 12 月，为贯彻落实《黄河流域生态保护和高质量发展规划纲要》，国家发展改革委联合多部门印发《关于印发黄河流域水资源节约集约利用实施方案的通知》，该实施方案进一步明确了贯彻“四水四定”的相关要求，提出“坚持以水定城、以水定地、以水定人、以水定产，以水资源刚性约束倒逼发展方式转变”，同时从“强化水资源刚性约束、优化流域水资源配置、推动重点领域节水、推进非常规水源利用、推动减污降碳协同增效”等几个方面分别提出提升水资源节约集约利用水平具体目标和任务。该实施方案的制定，为打好黄河流域深度节水控水攻坚战，提升水资源节约集约利用水平，突破黄河流域经济社会发展的瓶颈制约提供了思想指引和根本遵循。

2021 年 10 月，国家发展改革委联合多部门印发《“十四五”节水型社会建设规划》。该规划明确“贯彻落实习近平总书记提出的‘节水优先、空间均衡、系统治理、两手发力’的新时期治水思路”，坚持以水定城、以水定地、以水定人、以水定产，合理规划人口、城市和产业发展。落实水资源消耗总量和强度双控，推动用水方式由粗放低效向节约集约转变，同时提出“围绕‘提意识、严约束、补短板、强科技、健机制’5 个方面部署开展节水型社会建设”，布局“提升节水意识、强化刚性约束、补齐设施短板、强化科技支撑、健全市场机制”五大重点任务以及“聚焦农业农村、工业、城镇、非常规水源利用等重点领域”，全面推进节水型社会建设。

2022 年 6 月，生态环境部联合多部门印发了《黄河流域生态环境保护规划》。该规划明确“全方位贯彻‘以水定城、以水定地、以水定人、以水定产’原则，推进产业全面绿色发展，促进流域高质量发展”，以黄河流域水生态环境保护为出发点，进一步提出“强化城镇开发边界管控，根据水资源承载状况确定土地用途，促进人口科学合理布局，构建与水资源承载能力相适应的现代产业体系”等 9 项落实“四水四定”的具体工作。

（二）地方层面

1．宁夏回族自治区

宁夏回族自治区作为典型加快推进黄河流域生态保护和高质量发展先行区，2023 年 6 月，出台了《“四水四定”实施方案》《关于开展全面落实“四水四定”方案试点示范工作的指导意见》等文件。从省级层面明确了取水和耗水总量、万元 GDP 用水量、万元工业增加值用水量、农业灌溉面积、城镇开发边界等主要指标，提出 6 个方面重点任务。宁夏将水资源承载能力评价要求落实到国土空间规划体系中，限制新建各类开发区，合理规划人口、城市和产业发展，精打细算用好每一滴黄河水。将宁夏作为黄河流域“四水四定”工作示范区，是切实保障国家生态安全、能源安全、粮食安全和黄河安澜的重要举措，也是为黄河流域全面贯彻落实国家战略探索经验，为共同抓好大保护、协同推进大治理提供样板。

2．山东省

山东省全方位践行“四水四定”原则，强化水资源节约集约利用，在山东省范围内开展“四水四定”战略研究，将“水资源集约节约利用成效”纳入省委、省政府督查激励事项，会同人民银行济南分行开展“节水贷”融资服务政策，系全国首个专门性节水激励政策。其中，东营市委、市政府印发了《东营市贯彻落实“四水四定”原则工作方案》，全方位贯彻“以水定城、以水定地、以水定人、以水定产”，重新界定 9 个部门涉及落实“四水四定”原则的 29 条职责，明确政府部门职责分工，实现了对发展改革、水务等承担水资源综合管理利用职责部门的统一指挥、统筹调度，把水资源作为最大的刚性约束，确保经济社会适水发展，全力助推黄河流域生态保护和高质量发展工作。

3．陕西省

陕西省全面贯彻落实习近平总书记“节水优先、空间均衡、系统治理、两手发力”的治水思路及在黄河流域生态保护和高质量发展座谈会上的重要讲话精神，把“以水定城、以水定地、以水定人、以水定产”要求落到实处，修订出台《陕西省节约用水办法》，规定了水资源的保护、节约与合理利用的原则，明确了用水单位和个人应履行的义务，对违反规定者也作出了相应的处罚，进一步厘清了各级政府及相关部门的节水工作职责，对节约用水规划编制、开展节水评价、合理确定用水规模和结构、促进水资源合理开发利用等进行了明确规定。《陕西省节约用水办法》的出台，标志着陕西省节约用水工作迈入法治化、规范化的新阶段，将有力推进水资源保护和节约利用工作的开展，促进水资源可持续利用，建设资源节约型社会。

4．甘肃省

甘肃省是黄河流域重要的水源涵养区和补给区。近年来，甘肃省统筹落实黄河流域生态保护和高质量发展涉水任务，印发实施《甘肃省黄河流域水安全保障规划》《甘肃省黄河流域生态保护和高质量发展条例》，成为保障黄河流域生态保护和高质量发展战略的基础性、综合性依据。同时，甘肃省坚持“四水四定”，落实最严格水资源管理制度。黄河流域生态保护和高质量发展战略实施以来，甘肃印发《甘肃省黄河流域水资源节约集约利用实施方案》《甘肃省黄河流域深度节水控水行动实施方案》《甘肃水利“四抓一打通”实施方案》等文件，强化水资源刚性约束，坚持节水优先、大力开源，通过推进工程抓续建，巩固拓展抓配套，提质增效抓更新，优化提升抓改造，构建甘肃省供水网络体系。

二、“四水四定”2.0 的内涵与意义

（一）“四水四定”2.0 的内涵

“四水四定”是指把水资源作为最大的刚性约束，坚持以水定城、以水定地、以水定人、以水定产，合理规划城市、人口和产业发展，是以保护水资源为主要目的。“四水四定”2.0 作为“四水四定”的延展模式，是从水资源保护单一目标保护向水资源、水生态、水环境、水安全、水文化等多目标保护与多效能提升的转变，是从外在约束（如用地指标、城市规模、人口规模、产业规模等）向内在提升（如城市管理、开发方式、生活方式、产业转型、文旅融合等）的转变，具体表现为：

就“以水定地”原义而言，是指根据水资源情况对土地规划用途进行严格管制。但在 2.0 版角度，“以水定地”既要通过实施水网建设，缓解水资源短缺与土地开发的矛盾；又要管控土地用途，优化国土空间格局，优化土地开发方式；还要提高集约节约土地利用水平，形成清洁、节水的农业生产方式。

就“以水定产”原义而言，是指通过水资源的刚性约束来确定流域产业结构和产业规模。但在 2.0 版角度，“以水定产”既要以水资源刚性约束来优化调整流域产业规模与结构，又要控制新水取水量，提高废水循环利用率，还要提升水污染治理水平，严控环境风险，逐步构建绿色产业体系的新格局。

就“以水定城”原义而言，是指根据城市所在区域可利用水资源量确定城镇的发展规模。但在 2.0 版角度，“以水定城”既要控制城市开发规模与强度，防止城市“摊大饼”式无序扩张，又要筑牢城市水安全底线，完善城市防洪排涝防灾减灾体系，还要提升城市污水治理水平，推进城市可持续发展。

就“以水定人”原义而言，是指根据城市水资源最大可利用量确定城市各阶段的人口规模。但在 2.0 版角度，“以水定人”在根据水资源条件控制人口规模的基础上，既要赋予水文化内涵，又要加强河湖岸线生态保护与修复，构建人水和谐河湖岸线，还要建设节水型社会，形成节水生活方式，构建人水相亲的和谐关系。

（二）四川开展“四水四定”2.0 的意义

四川素有“千河之省”的美誉，水资源总量较丰富，四川省多年平均水资源总量 2 616 亿 m^3，人均水资源占有量 2 900 m^3，略高于全国平均水平，但水资源时空分布不均，区域性、季节性、工程性、水质性缺水现象较为突出。

同时，部分小流域水质仍不稳定，容易反弹。水污染治理设施短板依然存在，城市污水收集率较低，工业和城镇生活污染治理成效仍需巩固深化。农业面源污染防治瓶颈亟待突破。

再者，部分河湖水生态功能退化严重，水生植被普遍遭到破坏，分布面积萎缩严重，水系“荒漠化”，河湖滩地、湿地等水生态空间被挤占。水生生物群落结构发生显著变化，结构单一、完整性低，浮游植物、底栖动物的生物量和生物多样性急剧下降。原生生态系统受到强人工干扰后，沉水植物种子库匮乏，自我修复能力较差。一些流域鱼类捕捞产量持续降低，渔获物小型化趋势明显。水生外来物种影响日益突出，福寿螺、鳄雀鳝、红耳彩龟等频现，对当地水生物种的种类、种群结构、食物链结构、生物多样性等产生一系列的威胁。

水安全保障存在隐患，城市排水防涝设施不完善，雨污分流不彻底，城区内涝问题未完全消除。水源地规范化建设有待巩固提升，水源地监督管理长效机制尚未健全，精细化管理水平亟待加强。岸线建设过度强化工程化修复和景观化美化，对自然修复重视不够。生态修复工程设计多关注局部，区域整体协调性不强。具有地方特色水文化彰显不足，自然岸线保护、生态河道建设、人与自然和谐的河岸文化空间建设等还存在一定差距。

通过实施“四水四定”2.0 的各项举措，不仅可以解决四川省水资源时空分布不均、调配利用效率不高等问题，而且通过水生态环境保护的刚性约束，倒逼形成高效用水、治水、节水的空间格局、生产方式、生活方式及文化自觉，对于开创水生态环境保护新局面，推进经济社会高质量发展，助推美丽四川建设具有重要作用。

三、推进“四水四定”2.0，用高品质水生态环境支撑经济社会高质量发展的政策建议

（一）指导思想

以习近平新时代中国特色社会主义思想为指导，深入贯彻习近平生态文明思想及对四川工作系列重要指示精神，立足新发展阶段，完整、准确、全面贯彻新发展理念，服务和融入新发展格局，强化上游意识、担当上游责任，围绕美丽四川建设的总要求，以“四水四定”为引领，坚持生态优良、生产低碳、生活宜居，统筹推进高效能配置、高标准管理、高水平治理、高品质提升，着力解决用地格局、产业发展、城市建设、生活方式与人民日益增长的优质水生态环境需求之间的矛盾，筑牢长江黄河上游生态安全屏障，推动流域绿色可持续发展，致力建设造福人民的美丽河湖，用高品质水生态环境支撑经济社会高质量发展。

（二）基本原则

坚持生态优先、绿色发展。牢固树立绿水青山就是金山银山的理念，顺应自然、尊重规律；优化国土空间开发格局，调整区域产业布局，发展新兴产业，推动清洁生产；

坚定走绿色、可持续的高质量发展之路。

坚持空间均衡、协同推进。立足于全流域和生态系统的整体性，统筹实现上下游、干支流、左右岸的空间均衡，促进水资源、水环境、水生态、水安全、水文化等多要素的协同共治。建立健全统分结合、协同联动的工作机制，守好改善生态环境生命线。

坚持因地制宜、分类施策。充分考虑区域流域与资源禀赋人口特点、特征，突出重点，分类施策，提高政策和工程措施的针对性、有效性，分区分类推进保护和治理，加快形成面向“四水四定”的高效空间格局、产业结构、生产方式和生活方式。

（三）总体目标

到2027年，水资源利用与区域经济社会发展更相适配，重点河湖生态流量得到基本保障，水生态环境质量持续改善，水安全得到进一步保障，人水和谐的城乡风貌得到进一步改善，以“四水四定”为内核推进水生态环境高水平保护及经济社会高质量发展的格局基本形成。

高效能配置空间格局基本构建。国、省骨干水网建设加快推进，市、县水网建设有序实施，水资源优化配置能力进一步提高，自然资源节约集约利用水平有效提升，耕地的数量、质量、生态实现“三位一体”提升，农业生产方式绿色转型取得积极成效。

节水型、低排放的绿色产业体系基本形成。初步形成与区域水生态环境匹配的产业结构、产业规模与空间布局，重点涉水行业清洁生产水平显著提高，工业用水重复利用率进一步提升，水污染物排放强度进一步降低，绿色生产方式基本建立。

高水平城市治水体系基本形成。与水生态环境保护匹配的城镇发展格局基本形成，城市水资源保障更加有力，城市水安全底线进一步筑牢，城市水生态环境质量明显改善，城市可持续发展能力明显增强。

高品质人水和谐生活方式基本形成。与水资源相适应的人口规模进一步优化，具有地方特色的水文化进一步彰显，水生态保护修复有效推进，水岸空间成为富有吸引力的高品质生活娱乐休闲场所，节水型社会建设取得显著成效，人水关系进一步改善。

（四）坚持以水定地，以高效能配置优化国土空间格局

加快推进现代水网建设。一是完善水资源配置网络体系。充分发挥长江、黄河等国家重要江河干流行洪、输水、生态等综合功能，立足流域整体和水资源空间均衡，以自然河湖为基础、引调水工程为通道，加快构建“一主四片”现代化四川水网主骨架和大动脉，完善省、市（州）、县（市、区）水网布局，提高水资源保障能力。二是加强水网互联互通。聚焦流域区域发展全局，推进引大济岷、引雅济安、引水入盐等重大引调水工程，加快建设向家坝灌区、大桥水库灌区工程，加强互联互通，增强流域间、区域间水资源调配能力和城乡供水保障能力。三是提升河湖水网调控能力。充分发挥已建蓄、引、提、调、拦、排等各类水工程调控水流的能力，加强水网工程联合调度，进一步增

强调控能力，发挥水网综合调控作用。加快重要江河干流及主要支流、中小河流监测站网优化与建设，提升数字化、网络化、智能化水平，推进水网智慧化建设。加快水网调度指挥体系建设，强化预报、预警、预演、预案措施，提供精准化决策支持，提高水网综合调度管理水平。

加强用地规划用途管理。一是以水资源限定土地用途。严守基于水资源约束的土地资源安全底线、优化国土空间格局，科学划定城镇空间、农业空间、生态空间。以水资源量对土地规划用途进行严格管制，科学确定土地利用的规模和方式，宜农则农、宜牧则牧、宜林则林、宜草则草。二是合理优化农业用地空间布局。结合资源利用的高效性以及水资源承载能力，在保证基本农田、耕地保护利用和粮食安全的前提下，因地制宜发展特色农业，优化种植业、畜牧业、养殖业等农产品主产区空间布局。优化农作物种植结构，适度压减高耗水作物种植面积，扩大优质耐旱高产农牧品种种植面积。对于水资源匮乏地区，加快推进土地流转和土地整理，实现规模化经营，集中种植，减少耕地的碎片化现象，减少农业用水损耗。三是推进高标准农田建设。推进高标准农田区域布局与土地、水资源和气候等自然资源条件相匹配，重点在粮食生产功能区和重要农产品生产保护区加快推进高标准农田建设。加快建设一批“集中连片、旱涝保收、宜机作业、节水高效、稳产高产、生态友好”的高标准农田。分类分级改造升级和高水平建设一批现代设施农业基地，发挥示范带动作用。

推进绿色农业节水建设。一是推进农业节水设施建设。统筹规划、同步实施高效节水灌溉与高标准农田建设，加大田间节水设施建设力度。开展大型灌区续建配套与现代化改造、中型灌区续建配套与节水改造，完善渠首工程和骨干工程体系，加固改造或衬砌干支渠道。二是推广节水灌溉。持续推进骨干灌排设施提档升级，提高工程输配水利用效率。分区域规模化推广喷灌、微灌、低压管灌、水肥一体化等高效节水灌溉技术。加强灌溉试验和农田土壤墒情监测，推进农业节水技术、产品、设备使用示范基地建设。加快选育推广抗旱抗逆等节水品种，发展旱作农业，推行旱作节水灌溉，大力推广集雨补灌、土壤深松农业节水技术。三是推进农村生活节水。结合城乡融合发展和乡村振兴战略，实施农村集中供水管网节水改造，配备安装计量设施，推广使用节水器具。推进农村“厕所革命”。因地制宜推进农村污水资源化利用，推广“生物+生态”等易维护、低成本、低能耗污水处理技术，鼓励农村污水就地就近治理回用。

（五）坚持以水定产，以高标准管理构建绿色产业格局

合理规划流域产业结构和规模。一是做好顶层设计。充分发挥规划引导作用，在规划产业结构和产业布局时，以实现水资源与产业结构相协调、水资源配置与产业布局相适应为前提，统筹考虑本地水资源、水生态与水环境，科学优化产业结构、规模和布局。二是合理规划产业结构。在水资源短缺地区，严格限制火电、钢铁、纺织印染、造纸等高耗水产业发展，支持新一代信息技术、高端装备、生物技术、新能源等低耗水、高产

出产业发展。推动印染、造纸、食品等高耗水行业在工业园区集聚发展，对现有高耗水和低效用水传统产业实施转型升级。三是严格控制产业规模。将各行业用水控制性指标作为刚性约束，严控相应产业的规模、产量，严格限制新上高耗水项目取水许可。水资源超载地区、严重缺水地区，依法依规有序压减高耗水产业规模。

推进工业节水行动促进产业绿色转型。一是推动重点行业水效提升改造。鼓励钢铁、石化、纺织、造纸等重点行业开展绿色低碳升级改造，优化生产工艺，采用先进节水设备，深挖节水潜力，从源头减少新水取水量及废水排放量。推动高用水企业、园区对已有数字化平台进行升级改造，实现工业用水精准控制和优化管理。二是开展节水型工业园区建设。支持有条件园区对园区集中污水处理设施实施升级改造，建设中水回用工程，将再生水回用于企业生产、园区降尘及绿化、景观用水等，提高资源利用效率。鼓励园区建设智慧水管理平台，优化供用水管理。鼓励企业、园区建立完善雨水集蓄利用、雨污分流等设施，加强管网建设，有效利用雨水资源，减少新水取用量。三是提高废水循环利用率。稳步推进废水循环利用改造升级，采用成熟、高效的废水处理技术工艺，提高企业尾水排放标准，并将处理达标后的废水用于自身生产，减少企业新水取用量。鼓励企业间串联用水、分质用水，实现一水多用和梯级利用，推行废水资源化利用。四是加快节水技术标准推广。参照国家鼓励的工业节水工艺、技术和装备目录，加快推广应用先进适用节水工艺、技术和装备，提升工业用水效率。引导和鼓励企业采用先进节水型器具和设备，推动重点用水工业行业水效提升。加快制修订工业废水循环利用技术、管理、评价等标准。

强化水污染治理要求倒逼产业绿色转型。一是完善污染排放标准。立足区域流域环境容量，结合重点行业污染防治技术水平，充分考虑标准科学性、引领性、技术经济可行性和区域适用性，以化工、冶金、中医药、酿造、页岩气等行业为重点，依法依规研究出台一系列更严格、更具前瞻性的地方水污染物排放标准，减少主要污染物排放，淘汰落后生产方式，倒逼提升行业绿色化水平。二是强化源头减量、过程控制。减少有害物质源头使用，减少铅、汞、镉、六价铬、持久性有机污染物的使用量。重点针对轻工、制药、造纸、化工、印染等行业中水污染物产生量大的工艺环节，研发推广过程减污工艺和设备，减少重金属、化学药品、有机溶剂在生产过程中的使用，提升其回收使用率。三是提升末端污染治理水平。根据废水不同类别，实施废水分类分质处理，提升处理效率，严控外排污染物。聚焦涉重金属、高盐、高有机物等高难度废水，开展深度高效治理应用示范，逐步提升印染、造纸、化学原料药、有色金属等行业废水治理水平。四是强化环境风险管控。加强对可能产生环境风险的石化、化工、印染、有色金属等企业的风险评估及管控，严格落实有效防止泄漏物质、消防水、污染雨水等扩散至外环境的收集、导流、拦截、降污等环境风险防范设施的建设及管理维护，完善环境风险源在线监控预警系统。

（六）坚持以水定城，以高水平治理支撑城市可持续发展

科学制定城镇化发展战略。一是构建科学合理的城镇格局。充分考虑资源环境承载能力，科学布局城市群，大、中、小城市和小城镇，因地制宜推进城市空间布局形态多元化，推动城市组团式发展，形成多中心、多层级、多节点的网络型城市群结构。推动具有一定水资源承载空间、发展潜力的城镇分类建设一批集聚城市功能、优势产业、特色资源的卫星城。二是优化城市空间布局。强化水资源刚性约束，合理布局城镇空间，以水资源要素决定土地利用规划中土地利用的规模与方式，优化城市功能结构、产业布局和环境基础设施布局。在水资源短缺，水资源、水环境超载地区，充分利用大尺度生态空间牵引城市功能载体建设和内部空间布局优化，有序疏解高耗水产业。三是优化城市发展规模。以区域水资源承载能力为基础，科学设定城市功能定位，合理规划人口发展规模、产业发展规模，强化城镇开发边界管控，将开发方式由大规模增量建设向存量提质改造和增量结构调整并重转变。大力实施城市有机更新和老旧小区改造，合理降低建设开发强度、人口密度、建筑尺度。

筑牢城市水安全底线。一是提升城市防洪减灾能力。统筹干支流、上下游、左右岸防洪排涝等要求，合理确定城市防洪标准、设计水位和堤防等级。完善城市堤线布置，优化堤防工程断面设计和结构，因地制宜实施防洪堤和护岸等生态化改造工程，确保能够有效防御相应洪水灾害。二是推进海绵城市建设。遵循科学规划、生态优先、因地制宜、统筹建设的原则，综合采用渗、滞、蓄、净、用、排等措施，推进新老城区海绵城市建设，最大限度地控制城市雨水径流和面源污染，治理和保护城市水环境，综合利用雨水资源缓解城市内涝，提升城市韧性。三是保障城市饮用水水源安全。实施集中式饮用水水源水质提升整治工程，因地制宜开展生态涵养林、生态沟渠、生态浮岛、生态护坡及人工湿地等建设。强化水源地精细化管理，提升水源地水质信息化监管水平，建立集中式饮用水水源地联防联控应急机制，强化风险应急防控。

提升城市污水治理水平。一是着力补齐污水处理能力短板。推进城镇“污水零排区”建设，以污水处理率较低的城镇为重点，统筹城镇发展规划，按照因地制宜、适度超前的原则，加快推进污水处理设施及管网建设，地级及以上城市基本消除生活污水直排。持续推进县级及以上城市和建制镇污水处理提标增效工程，因地制宜建设城镇污水处理设施尾水生态湿地，进一步净化出水水质。二是全力推进再生水资源化利用。坚持集中处理利用与分散处理利用相结合，以现有污水处理厂为基础，结合污水处理设施提标升级扩能改造，根据实际需要建设再生水生产设施，提升再生水生产能力。将非常规水纳入城市供排水规划进行统一配置，不断提高再生水、雨水等非常规水利用量。三是建立健全城市污水处理监管体系。加强对污水处理设施建设和运行的监督管理，切实减少对环境的污染。加大执法力度，严肃查处污水偷排、设施闲置等问题并依法追究相关责任。积极引入第三方专业机构，提高科学监管水平。持续开展环境基础设施评估、考核工作。

（七）坚持以水定人，以高品质提升打造人水和谐幸福生活

积极推进水文化建设。一是充分挖掘巴蜀河湖水文化。开展水文化基础理论与实践研究，加强民族水文化研究，形成一批专题研究成果。推动以江河为纽带的水文化建设及地域水文化挖掘与利用，重点推进黄河文化、长江文化的传承与弘扬并与城市开发、生态环境保护等紧密结合，凸显本土化、个性化，使河湖成为彰显地方历史文化、人文风情的新载体。二是加强古代水利工程和当代水文化设施保护修复和开发利用。阐释、传承和发扬都江堰、乐山东风堰、眉山通济堰等世界灌溉工程遗产等生态水利工程文化内涵，夯实水文化基础。对新中国成立后建设的重要治水工程开展系统研究，深入阐释党领导人民治水的经验与优势，从治水角度生动传播红色文化。三是推进水文化宣传与弘扬。拓宽水文化宣传教育渠道，积极开展水文化进社区、进机关、进企业、进基层等活动。构建蜀水文化宣传平台，综合运用微信公众号、微博等基于互联网与移动互联的新媒体形式，形成种类齐全、优势互补的水文化现代传播体系，增强人们对于水文化的获得感、幸福感。加强水文化阵地建设，举办治水、护水等水文化展览活动，多渠道开展水文化传播、加大对外宣介力度。

打造人水和谐河湖岸线。一是加强河湖生态缓冲带修复。严格水域岸线等水生态空间管控，依法划定河湖管理范围，尽量维持河湖岸线自然状态。落实规划岸线分区管理要求，强化岸线保护和节约集约利用。推进河岸缓冲带建设及修复，结合生态沟渠、滞留塘、湿地建设，逐步恢复河岸带生态系统功能，增强对面源污染的拦截、净化功能。二是开展湿地保护与恢复。严格控制占用湿地，建设项目选址、选线应当避让湿地，无法避让的应当尽量减少占用，并采取必要措施减轻对湿地生态功能的不利影响。根据河湖湿地受损情况，针对湿地面积萎缩、重要物种生境受损等问题，采取不同的保护与修复措施。推进河湖净化湿地建设，在重点排污口下游、河流入湖库口、支流入干流处等关键节点因地制宜建设人工湿地水质净化工程设施。三是打造滨水休闲景观带。坚持尊重自然，突出区域水岸生态与文化特色，实施生态河道建设工程，改善滨水生态景观环境。以水为载体，合理布局亲水便民设施，打造群众可看、可感、可互动并具有水文化底蕴、彰显地方滨水文化特色的公共活动水岸空间。依托河湖优质的生态环境，推动土地增值，促进生态旅游、休闲康养、研学游学等相关产业开发，积极拓展生态产品价值实现路径。

构建节水型社会。一是加强节水宣传教育。结合世界水日、全国城市节约用水宣传周等主题宣传，加大节水公益性宣传力度，普及节水知识，倡导绿色消费。建设节水教育社会实践基地，推进节水教育进校园、进社区，引导广大群众增强节约保护水资源的思想认识和行动自觉。二是深入开展公共领域节水。以老城区供水管网改造为切口，制定和实施公共供水管网改造建设实施方案，有计划、分步骤实施城镇供水管网漏损治理工程。推广水利行业节水机关、节水型高校建设经验模式，逐步将党政机关、事业单位、

团体组织等不同类型公共机构，以及高速公路、铁路、机场等服务场所等，纳入公共领域节水载体建设范围。三是全面推进节水器具普及。严禁新（改、扩）建公共建筑使用不符合节水标准的用水器具，实施机场、车站、服务区、宾馆、高校等重点场所非节水器具改造，城市公共园林绿化优先选用喷灌、微灌等节水设备，在城镇居民家庭推广普及节水器具。四是形成节约用水生活方式。养成计划用水、节约用水的好习惯，提高用水效率，积极使用节水器具，做到一水多用、重复利用。避免水资源浪费，尽量缩短用水时间，随手关闭水龙头，做到人走水停。从一点一滴做起，努力培养科学、文明、节约的用水习惯。

以“查-测-模-评”为主线系统性开展农业面源污染治理监督的政策建议

摘　要：《四川省第二次全国污染源普查公报》显示，四川省农业面源污染占污染负荷总量的一半左右。本文通过文献可视化软件对农业面源污染研究领域文献开展分析，在3 046 篇 SCI 论文以及 1 324 篇中文核心论文中一共解析出“监测”“模拟”“治理”3 个主要研究方向，对各研究方向的研究现状和存在的问题开展分析，并从农业面源污染治理监督指导的角度提出开展农业面源污染调查监测模拟评估的建议。

关键词：农业面源污染；监测；模拟；治理；评估

《四川省第二次全国污染源普查公报》显示，四川省农业面源污染贡献的化学需氧量、氨氮、总氮、总磷的排放量占污染负荷总量比例分别为 37.00%、14.37%、40.19%、58.40%，农业面源总磷排放已经超过城市污染和工业污染。与点源污染不同，农业面源污染时空差异大、影响因素多，其产排迁移过程仍不清楚，治理措施成效难以评估，无法有效支撑相关面源污染防治政策的针对性、精细化制定。本文基于文献可视化工具，运用文献计量分析方法对40余年来国内外农业面源污染领域的研究热点与前沿趋势进行分析与讨论，分析我国在农业面源污染监测评估的成效与问题，并提出相关对策建议。

一、对农业面源污染的认识与研究现状

在 Web of Science（缩写为“WoS”）核心合集数据库和中国知网数据库检索1980—2023 年发表的农业面源污染相关论文，共检索获取 SCI 文献数据 3 046 条、中文核心文献数据 1 324 条。通过对 4 370 篇文献的发文时间、关键词进行分析，解读国内外对农业面源污染的认识和研究现状。

（一）农业面源污染领域发文量

1980—2023 年，WoS 核心合集 SCI-Expanded 数据库相关研究文献量共有 3 046 篇，呈现持续增长趋势（图 1）。农业面源污染防治领域研究可分成 3 个阶段：一是起步阶段（1995—1999 年），国内农业面源污染相关研究的核心文献数量保持在低位。20 世纪70 年代，国际上提出“农业面源污染”概念，而这一阶段农业面源污染作为一个全新概

念未在我国引起广泛关注，我国的相关研究尚处于讨论阶段，发文数量相对较少。二是快速发展阶段（2000—2010 年），国内农业面源污染相关发文量呈现快速增长态势，尤以 2006—2010 年文献数量增长最为明显，主要是因为长期粗放的农业生产方式使农业环境问题日益凸显。三是深化研究阶段（2011—2023 年），这一时期国内农业面源污染研究发文量基本平稳在 60～70 篇，国际相关热点领域发文量持续提升。在这一时期，农业面源污染研究方向分化明显，区域研究和模型模拟研究逐渐成为热点。

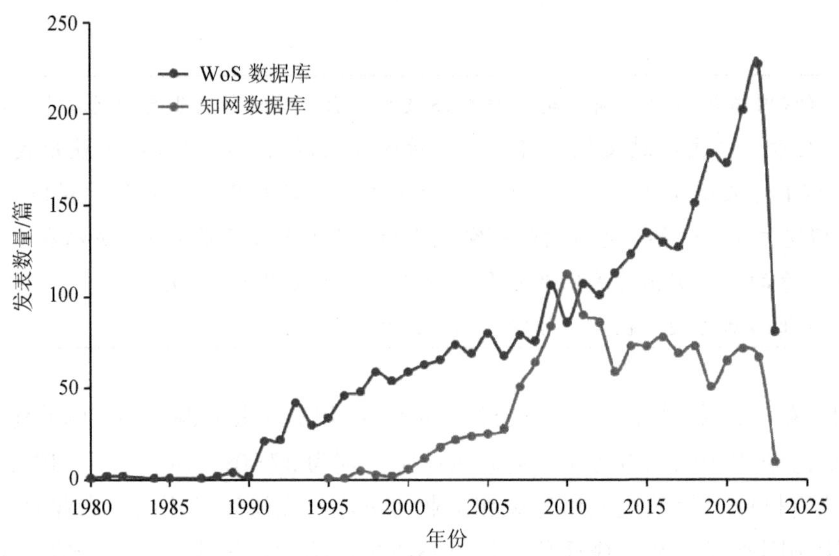

图 1　WoS 核心数据库和中国知网数据库 1980—2023 年农业面源污染领域文献量

（二）农业面源污染相关领域及现状

应用 VOSviewer 文献可视化软件工具对农业面源污染防治领域的文献关键词开展聚类分析，不同颜色表示不同的聚类。由图 2 可知，农业面源污染防治领域研究主要分为 3 个聚类，分别指示农业面源污染监测（红色）、模拟（绿色）和治理（蓝色）3 个主要方向。这 3 个聚类紧密结合为一个圆形，不同因子之间相互关联，表明在农业面源污染防治领域各个研究方向相互交叉、相互影响。从时间序列来看，农业面源污染研究领域从前期的监测逐渐转为污染模拟和治理（图 3）。

监测、模拟、治理是农业面源污染防治相互融合、相互促进、不可分割的有机组成部分。农业面源污染精准监测为模拟评估提供关键驱动数据，同时为农业面源污染治理成效评估提供基础支撑；农业面源污染监测的科学模拟为合理优化监测点位和频率提供依据，同时为不同区域、不同治理措施的搭配选择提供情景模拟；农业面源污染治理是监测与模拟的最终落脚点，共同服务于农业农村生态环境保护与流域水环境的持续提升。

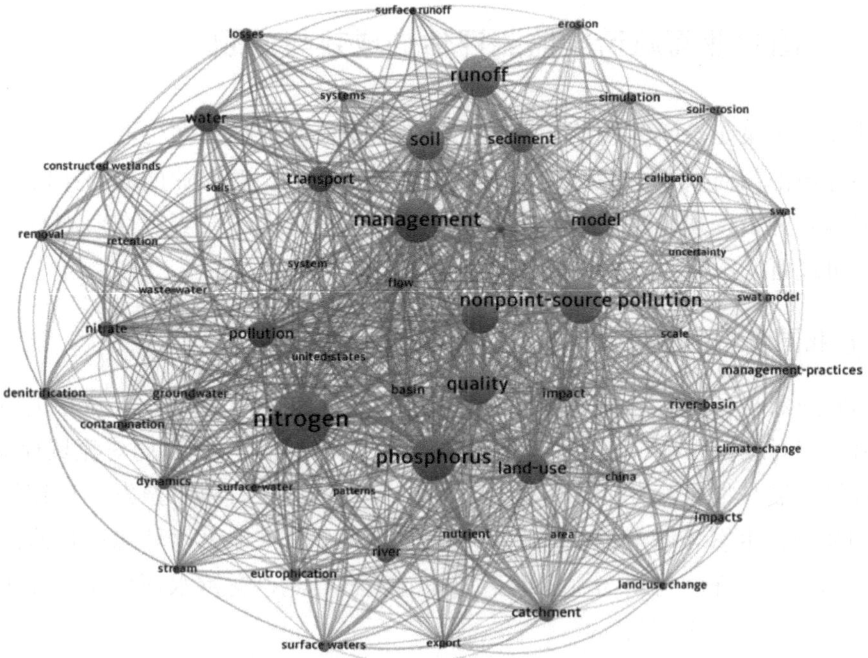

图 2　WoS 核心数据库 1980—2023 年农业面源污染防治领域研究聚类

注：不同颜色代表不同的主题聚类；圆球大小表示主题出现频次的高低，圆球越大该主题出现的频次越高；圆球间连线的长短和粗细表示两者间的关联性，圆球间连线越短、越粗，表示两者之间的关联性越大。

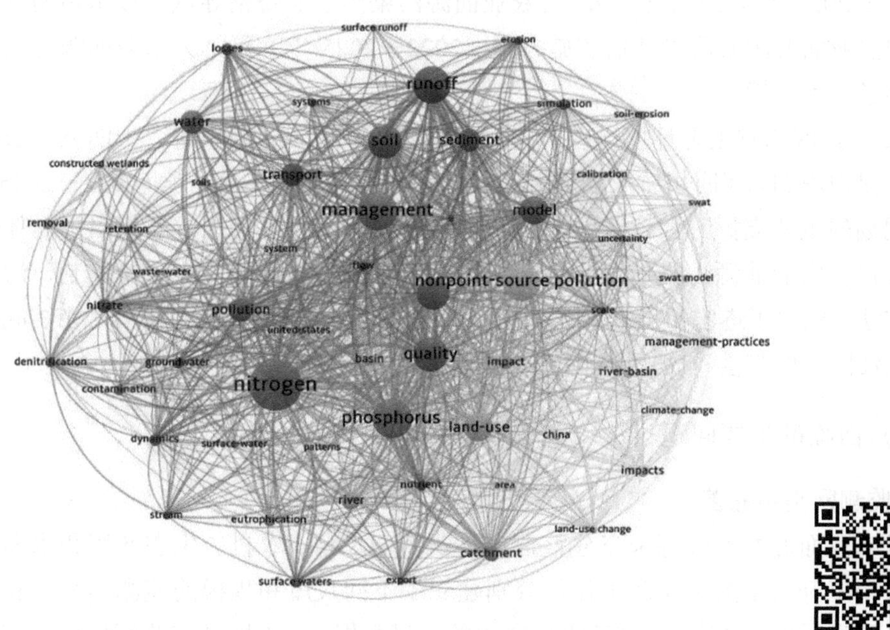

图 3　WoS 核心数据库 1980—2023 年农业面源污染防治领域研究聚类的时间序列

二、我国农业面源污染监测评估的成效与问题

农业面源污染防治研究长期保持较高热度，在监测评估方面也取得了大量成果。立足于生态环境部门对农业面源污染治理的监督指导职责，对农业面源污染防治领域相关文献开展综合分析发现仍存在一些不足，在监测评估方面主要表现在监测网络不完善、迁移转化机理研究不深入、治理成效难评估等方面。

（一）我国农业面源污染监测评估的进展

我国农业农村、生态环境、水利等部门“十三五”期间均开展了大量相关监测工作。农业农村部门对农田种植、畜禽养殖等开展长期监测评估。水利部门对流域径流、泥沙、水土保持等开展长期监测评估。气象部门对降雨、气压、气温、蒸发、风速等气象要素进行长期观测。生态环境部门在全国共设置 3 646 个国家地表水环境质量监测断面，其中四川省 203 个，开展自动为主、手工为辅的融合监测，支撑水环境质量评价、排名与考核。

2021 年，生态环境部从“农业面源污染治理工作监督指导”主责出发，联合农业农村部组织开展农业面源污染的治理和监督指导，印发了《农业面源污染治理与监督指导实施方案（试行）》，坚持“突出重点、试点先行”的总基调，逐步削减土壤和水环境污染负荷，促进土壤和水环境质量改善。另外，为配合该实施方案的贯彻落实，生态环境部分别于 2021 年和 2022 年印发了《农业面源污染治理监督指导试点技术指南（试行）》和《全国农业面源污染监测评估实施方案（2022—2025 年）》，为农业面源污染的监督指导提供了技术支撑。

2022 年，四川省生态环境厅联合省直相关部门印发了《四川省“十四五”农业农村生态环境保护规划》。《四川省农业面源污染治理与监督指导实施方案（2021—2025 年）》作为该规划的重要支撑方案，对农业面源污染的治理和监督指导方面作出了具体布置，规定了四川省农业面源污染地面监测、卫星遥感监测、调查监测、质量控制、污染评估的技术方法，确定了遂宁市安居区、简阳市、南部县、仁寿县、荣县、万源市、武胜县、资阳市雁江区、中江县、资中县 10 个农业面源污染监测区。

（二）面临的主要问题

1. 监测网络不完善

一是农业面源数据资源未充分整合。长期以来，农业农村、生态环境和水利部门等根据职责分工开展了大量监测工作，分别建立了不同尺度和规模的监测体系，获取了包括种植业流失系数、水质、水文等指标在内的大量数据。但不同部门监测体系各有侧重，现有监测体系未能系统刻画农业面源污染特征和迁移转化过程，各个部门的监测数据仅

能获取农业面源污染的一面，如盲人摸象般难见全貌，存在水质、水量监测时空不同步，污染源监测与断面监测不匹配，监测断面空间分布密度低，监测频次未兼顾农业面源污染发生规律等问题，监测信息常态化共享机制尚不健全，数据壁垒仍未完全打通，数据碎片化情况依然存在。

二是系统性的农业面源污染监测网络尚未建立。我国已开展的农业面源污染过程监测工作主要集中在大学和科研机构，零散分布于全国一些小流域，但尚未建立全国层面的农业面源污染监测体系，无法开展流域内农业面源污染的系统评估。虽然《全国农业面源污染监测评估实施方案（2022—2025 年）》明确要求开展农业面源污染监测网络的建设，但更侧重于利用遥感等方法对面源污染负荷进行评估，如何开展通过评估推动面源污染的治理仍有很大挑战。不同地区自然地理与经济发展水平差异较大，有效设立监测站点并持续开展农业面源污染的监测评估难度较高。

2. 迁移转化机理研究不深入

一是研究领域难以交叉。农业面源污染涉及水文过程、水土侵蚀过程、水质过程、陆面过程、河道过程、地表过程、地下过程等因素。由于农业面源污染物受到降水、地形等因素驱动后在土石界面、土水（地下水）界面、水陆界面尚缺乏可靠的监测手段，相关研究一般仅覆盖部分因素，难以对农业面源污染的整体过程开展研究，无法清晰描述农业面源污染产排整体机制。相关研究也会受到研究者知识面和研究兴趣限制，如水土保持领域研究者一般仅关注水文、水土侵蚀以及土壤颗粒在陆面和河道的迁移过程等，对水质以及地表地下水交互作用难以涉及。

二是研究尺度难以融合。农业面源污染领域研究尺度十分丰富，从实验室土柱、试验小区、农田地块到小流域、区域、大流域均有涉及，不同尺度对农业面源污染治理的需求不同、研究角度也不同，缺乏不同研究尺度农业面源污染物迁移转化的监测手段，农业面源污染从土柱和田块尺度到大流域尺度的变化特征尚不明晰不同尺度研究之间的数据难以统一，可能存在田块尺度农业面源污染负荷偏大而流域尺度负荷偏小的情况，难以指导治理效果评估。

三是国内自主模型较少。目前国内研究者仍以吸收消化国外面源污染模型为主，通过对关键参数进行实测、对关键过程进行改进形成本地化特色模型。但受限于监测数据较少，模型精度一般难以满足农业面源污染的精准评估。另外，我国自然地理条件复杂，特别是四川省高原山地丘陵平原等地貌多样，农业面源污染过程也千变万化，已有的农业面源污染模型很难考虑到面源污染物迁移转化的全过程，而国内尚未开发有完全自主产权的流域农业面源污染评估模型。

3. 治理成效难评估

一是成效评估抓手不足。生态环境部门只有水质监测数据，尽管监督指导农业面源污染治理的职能划转到生态环境部，但是相关监测支撑能力还较为薄弱。部门间沟通协商壁垒尚未完全打通，监测信息共享不充分，农业农村部门的农业污染源头监测数据、水利部门的水量监测数据等未能有机结合，无法评估区域农业面源污染物排放量，也无法充分支撑农业面源污染治理考核。

二是监测评估与治理的尺度不匹配。生态环境部门断面监测一般以流域为主要抓手，与田块或小流域治理措施的尺度不匹配，断面水质同时受到区域农业面源污染、城市面源污染、工业点源污染等多种污染源的影响，难以定量评价农业面源污染治理措施对断面水质的影响。从流域控制单元出发制定相关的治理措施一般也较为宏观，如化肥农药减量、畜禽粪污资源化利用等，与具体区域或点位治理措施实施落地仍有距离。

三是农业面源污染治理措施需进一步评估比选。农业面源污染治理措施中坡改梯、生态沟渠、生态塘等工程措施资金需求量大，无法全面铺开实施，且往往需数年后植被长成后才能充分发挥成效，与工程项目实施的时间不匹配，难以在短期内通过分析污染物削减量评估项目成效。目前缺乏快速评估工程措施对农业面源污染削减成效的监测评估方法和技术标准。减肥减药、测土配方施肥等非工程措施需要农民积极配合，推广难度高。基于成本和成效的不同农业面源污染治理措施的评估比选仍需进一步研究。

三、突出技术引领，遵循空间管理要求，以“查-测-模-评”为主线系统性开展农业面源污染调查监测模拟评估的建议

针对上述农业面源污染监测评估存在的不足，未来应加强全面调查、科学监测、精准模拟、分类评估，建立农业面源污染防治实践基地系统化推进“查-测-模-评”，全过程、多尺度、多管齐下补齐农业面源污染监测评估短板，为农业农村生态环境保护、治理以及流域水生态环境的持续改善贡献力量。

（一）全面调查，找准农业面源污染源头

一是定期开展农业面源污染大尺度遥感调查。以土壤养分、酸碱度、湿度等关键土壤参数为重点，实时遥感监测农田的土壤质量和水资源利用情况，为区域肥料和水资源的合理利用、降低农业面源污染和土壤侵蚀提供依据。以植被覆盖度等关键作物生长参数为重点，实时遥感监测农田植物生长情况，评估农田生态环境状况，为农业面源污染的科学评估提供依据。以土地利用类型为重点，定期开展遥感影像分析水田、旱地、林地、草地以及建设用地等空间分布及变化趋势。通过遥感影像数据和多光谱图像分析，识别农田周围水体环境质量，分析农业面源污染的热点区域。综合土壤、植被覆盖、土地利用类型、水体环境等遥感数据，与地面观测数据开展核对校验后形成大尺度农业面源污染数据库。

二是深入开展农业面源污染小尺度问卷调查。以施肥量、农药用量、畜禽养殖量、水产养殖量、常住人口等为重点，开展各地区农业面源污染源统计，分析区域农药化肥减量增效、畜禽粪污处置、水产养殖尾水等排放情况及趋势。在大尺度遥感或统计调查

的基础上，根据地形地貌、土壤类型、种植方式等选择成都平原“天府粮仓”核心区、盆地丘陵以粮为主集中发展区、攀西特色高效农业优势区等典型小流域或乡镇开展农业面源污染踏勘及问卷调查，包括耕地、果园、菜地、茶园等地类的地块面积、播种期及作物类型、施肥期及施肥量、灌溉期及灌溉量、收获期及作物产量等种植业相关指标，畜禽养殖种类和养殖量等养殖业指标，以及水产养殖种类、养殖量、投饵量等水产养殖业指标，核实区域作物减肥减药、测土配方施肥、秸秆资源化利用、畜禽粪污资源化利用情况、水产养殖尾水处置情况等，形成典型小流域或乡镇农业面源污染调查数据库，为重点小流域农业面源污染防治提供依据。

（二）科学监测，摸清农业面源污染家底

一是深入农田尺度农业面源污染监测。在南充、达州、宜宾等种植面积大或德阳、遂宁、绵阳等单位面积施肥量大的农业面源污染热点排放区域，以区域典型种植类型、施肥方式、地形坡度、土壤类型、田块尺度为重点，开展田块尺度农业面源污染监测，分析不同影响因素下种植业农业面源污染物的输出量及随季节、降水的变化特征，摸清农业面源污染源头、整治重点和方向。

二是细化小流域农业面源污染监测。在成都、南充、达州、绵阳等农业面源污染热点排放区域，以区域典型农业种植、农林复合、种养结合、村镇社区交杂等不同污染源类型以及深丘、浅丘、平原等不同地貌特征的小流域为重点，开展小流域出口以及支沟农业面源污染物浓度及水量监测，分析沟渠-支沟-河道出口农业面源污染物的影响因素及时间特征，与农田尺度监测相对比，查明农业面源污染物在小流域的变化趋势，摸清农业面源污染物入河热点时间和热点区域。在传统氮、磷等农业面源污染物监测基础上开展农村地区新污染物试点监测研究，探索重点养殖场周边抗生素、农药兽药长期跟踪监测研究，初步摸清重点区域抗生素污染特征和变化趋势。

三是整合搭建四川省农业面源污染监测网络。推动现有生态环境部门地表水质监测断面（水质监测）、农业农村部门的监测站点（田块污染源的监测）、气象部门监测站点（降水量、风速、太阳辐射等的监测）、水利部门水文监测站（水量和泥沙输送）以及中国生态系统研究网络（生态系统环境要素监测）等在监测技术、数据以及基础信息网络方面的共享与合作，建立农业面源污染监测数据平台。

（三）精准模拟，构建农业面源污染监督数字化平台

一是构建典型小流域农业面源污染模型。以农田和小流域尺度农业面源污染监测为基础，开展农业面源污染的全过程机理研究。在典型小流域开展农业面源污染物在水、气、土界面的迁移转化机理研究，分析污染物产排对水文、水质等过程的响应。研究地块-景观-小流域等尺度下农业面源污染物产排特征和迁移转化规律，打通田块-小流域尺度农业面源污染模拟界限，构建小流域农业面源污染模型，结合监测数据的更新和丰富

对模型进行优化改进。

二是建立区域农业面源污染模型。以土地利用类型、植被覆盖、地形、地质、施肥等地理数据，降水等驱动数据，小流域水质水量等监测数据为基础集成构建农业面源污染评估数据库，吸收国内外污染物运移相关机理研究成果，构建多尺度（小流域、大流域）、多界面（大气、土壤、岩石、地表水、地下水）、多污染物（氮、磷、有机物、新污染物等）的流域农业面源污染模型。以国（省）考断面水质监测数据为基准开展模型的校验和调整，协调推进点源污染、城市面源污染评估，打通小流域-区域农业面源污染模拟的界限，并通过数据库的不断更新和丰富对模型进一步改进和本地化。

三是构建省级农业面源污染监测预警大数据平台。统筹考虑农业面源污染“查-测-模-评”要求，基于农业面源污染基础数据库与监测成果，科学构建涵盖省内各大流域和市（州）的省级农业面源污染防治监测预警大数据平台，服务于各级生态环境、农业农村等部门农业面源污染治理监督指导的决策管理，服务于各级监测单位农业面源污染监测调查，服务于各类研究机构农业面源污染科学研究，服务于农户耕作模式和施肥方式的改善，实现多部门数据及时互联互通、信息上传下达快捷高效，进一步支撑农业面源污染治理和管理。

（四）分类评估，精确指导农业面源污染治理

一是加强田块尺度农业面源污染治理技术评估。针对农业面源污染源头，开展测土配方精准施肥、合理的轮作和间套作制度、秸秆还田、畜禽粪污资源化施用等田间管理措施，以及生态田埂、果园生草技术、坡面植物篱等田间阻隔措施对农业面源污染物输出量的削减效果评估。在以杂交水稻、杂交油菜为主的川西平原、以杂交玉米为主的安宁河流域深入开展不同区域的化肥、农药科学施用标准研究。推进分散式农村生活污水、畜禽粪污、秸秆、农业固体废物等方面资源化利用标准制定，如农田消纳量，“种植-养殖-有机肥-种植”的生态回用模式推荐。

二是加强小流域尺度农业面源污染治理技术评估。针对水体岸线，开展生态沟渠、生态护岸边坡、生态塘等过程阻隔与末端消纳措施对农业面源污染物入河量的阻隔效果评估。推进大竹县平滩河、安岳县小濛溪河等重点小流域农业面源污染综合治理技术成效评估，推动相关成套技术推广。研究制定不同地形的缓冲带建设标准与地区植物搭配推荐手册，加强农业面源污染治理技术标准的制定与推广应用，分区域和流域制定低成本、高效能的农业面源污染治理技术标准，以养殖大户、种植大户为重点开展技术培训，推动种植养殖大户主动开展农业面源污染治理。

三是推动区域农业面源污染治理成效评估。以国（省）考断面水质监测数据、流域水文监测数据为基础，以模型模拟数据为辅，评估各行政区农业面源污染物排放量和入河量，分年度（规划期）开展行政区农业面源污染治理成效评估。将河流污染物削减治理成效与化肥农药施用量、畜禽粪污综合利用率、秸秆综合利用率等农业面源污染治理

重点任务完成情况并重，共同作为生态环境保护“党政同责”目标考核以及水污染防治资金分配的重要依据，推动农业面源污染治理从任务目标到任务与成效目标的转变。

（五）系统研究，建立农业面源污染防治评估实践基地

为加强生态环境部门在农业面源污染治理监督指导方面的研究和实践，四川省环境政策研究与规划院、南充市生态环境局、四川省升钟水利工程运管中心合作共建李子口小流域农业面源污染防治评估实践基地。李子口小流域位于南充市南部县，为嘉陵江的二级支流小流域，是典型的深丘型农林复合小流域。小流域主要观测设施包括不同坡度、面积、种植方式的径流小区 15 个，以及小流域出口水质自动监测站 1 个，主要研究农业农村面源污染产排特征、迁移转化规律及其影响因素，助力嘉陵江流域农业面源污染负荷的大尺度模拟和精准评估，力求支撑嘉陵江流域乃至四川省农业面源污染防治和流域生态环境保护。

一是开展农业面源污染产排特征长效跟踪研究，系统优化调查监测方法。深入调查典型小流域农用地、畜禽养殖、水产养殖等农业面源污染源的分布及施肥量、养殖量、水产养殖量等相关影响因素，摸清污染源基本情况。以径流小区等水文独立单元为基础研究土地利用类型（自然林地、水田、旱地、果园）、农业种植结构、地形坡度、田块尺度对农业面源污染强度的影响，分析农业面源污染的排放污染物浓度、负荷及影响因素，摸清典型小流域农业面源污染的空间排放特征。以出口水文水质联合监测研究典型小流域农业面源污染浓度和负荷的时间排放特征。根据农业面源污染时空排放特征推动优化农业面源污染精准监测和评估技术。

二是开展典型流域农业面源污染负荷模拟研究，系统优化分析评估模型。以不同种植方式、坡度、地块大小径流小区农业面源污染长序列与降水驱动下的瞬时监测数据为基础，建立农田尺度农业面源污染产排机理模型。以不同土地利用类型农业面源污染监测数据为基础，结合地形地貌、土壤类型、降水等关键数据集成农业面源污染评估数据集，以典型小流域出口水环境质量和水文监测数据为基础开展模型参数的校验和率定，建立小流域农业面源污染负荷评估模型。以中大流域尺度不同断面水文水质监测数据为补充，构建更大尺度的流域农业面源污染评估模型，并随着监测数据的丰富以及污染物产排迁移机理的深化而不断优化，为农业面源污染治理监督评估提供关键平台支撑。

三是开展农业面源污染治理工程技术效果评估，系统优化污染防治措施。开展工程措施和技术措施在小流域的试点实施，研究源头减量、过程阻隔、末端治理及其技术组合情景下农业面源污染强度差异。开展小流域农业面源污染治理工程和技术的科学搭配和参数优化，形成工程技术推广建议，分类、分区域提出农业面源污染最佳管理措施，支撑相关面源污染防治政策的针对性、精细化制定。将工程技术推广至大流域尺度，开展推广成效的再评估和工程技术的再优化，为流域水生态环境质量的持续改善贡献力量。

关于创建最美国家公园，建设若诗若画若尔盖的思考建议

摘　要：若尔盖地处青藏高原东北边缘，平均海拔 3 500 m，是青藏高原与四川盆地的过渡地带，地形地貌丰富，有全世界面积最大、最原始的高原高寒湿地若尔盖湿地的主体区域，蕴藏了丰富的高寒沼泽泥炭资源。同时，若尔盖还是黄河上游的储水池，蓄水总量达 100 亿 m^3，黄河流经若尔盖后，雨季径流量将增加 29%，枯水季节径流量将增加 45%，是黄河上游重要生态屏障。为全力守护母亲河长久安澜，推进建设若诗若画若尔盖，本文以美丽若尔盖建设为切口，系统分析若尔盖保护与发展取得的成效、面临的问题与挑战，并提出相应的对策建议。

关键词：国家公园；若尔盖；美丽建设

若尔盖地处青藏高原东北边缘，平均海拔 3 500 m，是青藏高原与四川盆地的过渡地带，地形地貌丰富。其辖区面积 10 620 km^2，植被类型以草原、湿地为主，是全世界面积最大、最原始的高原高寒若尔盖湿地的主体区域，蕴藏了丰富的高寒沼泽泥炭资源。同时，若尔盖还是黄河上游的“储水池”，蓄水总量达 100 亿 m^3，黄河流经若尔盖，径流量增加 29%，枯水季节径流量增加 45%。特殊的地理位置、独特的地貌、典型的高原寒温带湿润季风气候和湿地资源，使若尔盖湿地成为高原高寒湿地生态系统的典型代表、我国生物多样性丰富而独特的关键地区之一、黄河上游的主要水源补给地与水源涵养区、具有世界意义的“碳汇”区域。若尔盖作为黄河上游重要生态屏障，全力守护母亲河长久安澜，推进若尔盖高水平保护与高质量发展势在必行，

一、美丽若尔盖建设的基础条件

一是生态本底持续筑牢。若尔盖坚持山水林山田湖草沙冰一体化保护修复，积极开展“七大保护”行动，扎实推进“七大治理”工程，推动生态本底持续筑牢。截至 2022 年，若尔盖土壤侵蚀强度显著下降，水土保持率稳步提高，沙化实现历史性负增长。林地保有量增加到 574.75 万亩，森林覆盖率提高到 10.3%，森林蓄积量增加到 2 891.5 万 m^3，草原综合植被覆盖度达到 85%以上。河湖生态流量 100%达标，水源涵养量保持稳定。推动以创建若尔盖国家公园为主体自然保护地体系建设，若尔盖县建立五个自然保护区和

一个国家级湿地公园，保护区占若尔盖县土地面积的54%，促进野生动植物保护率达97%以上，特有性或指示性水生生物物种保护率在95%以上。

二是环境质量持续稳定向好。聚焦污染防治“八大战役”，大力开展生态环境治理，“十四五”时期以来，若尔盖环境空气质量优良天数比例达100%，细颗粒物（$PM_{2.5}$）浓度为11.2 μg/m^3。成立省内首支“黄河护卫队”，推动河湖“清四乱”常态化、制度化，县域内河流监测断面水质Ⅱ类及以上比例达 100%。积极推进花湖的美丽河湖申报工作，成功入选“2022年四川省美丽河湖优秀案例”。县城饮用水水源地和乡镇集中式饮用水水源地水质全部达到或优于Ⅲ类标准，取得合格饮用水的农村人口占农村常住人口的比例达到100%。高效建成黄河生态防护带121.7 km，黄河含沙量较2018年下降21%。农用地、建设用地土壤安全利用率达100%，土壤环境保持稳定。

三是高原特色产业发展迅猛。农业加快发展，探索形成“轮牧、圈养、补饲”三结合养殖集成技术，促进每头牦牛的草场承载从25亩降至10亩、额外增收2 000元，有效减轻草场压力，达到草畜平衡。打造万亩饲草、万亩油菜“三万工程”和中药材等10个“万千百”亩基地。培育优势农产品生产主体企业，切实加强“三品一标”工作，若尔盖县成功申报11个“三品一标”农产品，获得全国有机示范基地县荣誉称号。建成若尔盖南湖飞地园区、秀洲飞地园区、生态产业融合发展园区，依托园区加速构建“5+N”生态工业产业新体系。2022年，生态产业融合发展园区入驻企业8家，投产企业2家，实现税收分利1 950万元。文旅融合发展取得突破，充分利用“互联网+”优势，加强“线上+线下”文旅推介，举办寻迹长征路、文学采风、抖音打卡等活动，开展县长带货、网红促销、云推介等各类直播，组织安多藏棋、赛马等文化活动，有力推动非遗文创、电子商务、冷链物流、红色研学、教育基地等业态蓬勃发展。

四是人居环境持续改善。加强基础设施建设，完成唐克、红星等10个乡镇市政基础设施提升，铺设供暖管网、改造污水管道，推动县城生活污水处理率达到 94%，建制镇生活污水治理率达到70%以上，建成5个生态公园和62处微景观。深化农村环境治理，在农牧区开展人居环境提升改造项目，推动64个行政村的污水有效治理率达到72.7%，农村一体化污水处理设施运行率达到 92%。配备清运车厢、垃圾桶，采用“户分类—村组收集—县清运处理”处理模式，实现农村生活垃圾收转运处置覆盖率达到 90%，推动生活垃圾无害化处理率达98%，大幅提升农牧民居住环境质量。

五是人文精神建设进步明显。依托花湖湿地科普教育基地和各类环境保护活动，持续宣传习近平生态文明思想，开展生态文明理念和绿色发展价值观教育，广大人民群众思想认识和行动自觉不断提高。推动生态环境保护意识从小培育，将生态文明宣传教育纳入中小学教育体系，组织学生参观环保设施、开展主题班会、观看教育视频、举办六五环境日宣传活动，公众对生态环境满意度大于90%。

二、美丽若尔盖建设存在的问题

一是生态环境保护难度较大。受地形地貌、全球气候变化加剧、自然灾害频发等因素影响，若尔盖地区日益趋向暖干化，地区湿地萎缩、草地退化、水土流失等重要生态屏障功能下降的趋势还未得到根本改变。受现代化进程影响，若尔盖农牧民消费方式、生活方式发生转变，但受限于区域地理位置和本地情况，农牧民收入来源单一，且转产转业困难，对草原依赖程度高，加之草原鼠害问题严重，沙地面积存量大、治理难，草原生态本底治理存在较大难度。

二是基础设施建设相对滞后。县域内仅 2 座污水处理厂，1 座生活垃圾卫生填埋场，管网覆盖不全面，且已建成的污水处理厂存在进水浓度低、处理难度大、运行费用高等情况，农牧区存在已建设施弃用等现象。城乡生活垃圾收运体系存在运处不规范、渗滤液处理不达标，容易导致环境风险隐患等问题。交通基础设施不完善且受气象条件影响较大，一方面，若尔盖路网密度低且通行能力日渐饱和，青海、甘肃方向进出若尔盖的路线较为单一；另一方面，已建公路受限于地质条件和自然灾害，县域内道路逢灾必损、大灾必断的现象依然存在。

三是生态价值转化能力不足。若尔盖生态产品价值的实现主要依托于农牧业、旅游业，但现行发展方式仍然较为粗放，农文旅产业融合深度不足。同时，对隐性资源的挖掘利用不足，如草地、湿地等生态系统所蕴含的大量碳汇价值，但由于生态产品价值核算体系不成熟，实现路径较为单一，未进行有效利用；生态文化旅游资源开发受交通制约，资源禀赋和低碳优势转化为发展优势不充分。

四是支柱产业发展程度偏低。近年来，若尔盖打造现代化园区与产业基地，但产业整体规模不大，且缺乏有影响力的龙头领军企业，龙头企业带动力不足。产业同质化竞争严重，若尔盖毗邻县域和省域生态本底、产业基础类似，以“旅游+”“农业+”“生态修复+”“电商+”为主，产业趋同性高。产业发展支撑不足，若尔盖虽与科研院所建立合作关系加强技术支撑，但仍存在技术应用面窄、推广阻力大等问题，如草地合理放牧利用、智慧牧场建设、品牌打造与运营等方面的能力和技术支撑不足。

三、美丽若尔盖建设面临的机遇

美丽中国建设为美丽若尔盖建设注入强大动力。习近平总书记在全国生态环境保护大会上强调，今后 5 年是美丽中国建设的重要时期，把建设美丽中国摆在强国建设、民族复兴的突出位置。这为新征程上建设美丽中国提供了行动纲领和科学指南。美丽四川是美丽中国的重要组成部分，习近平总书记一直深情牵挂并寄予厚望，要求“谱写美丽中国四川篇章”。四川作为西部第一个出台美丽建设战略规划纲要的省份，围绕美丽四川建设、打造美丽中国先行区已经开展了初步实践，为推进美丽县域建设奠定了良好的基础。

区域发展战略为美丽若尔盖建设提供有利条件。国家西部大开发、“一带一路”和成渝地区双城经济圈建设、黄河流域生态保护和高质量发展等重大战略，为若尔盖加快发展特色优势产业、实现生态产品价值转化、释放内需活力带来了重大契机。四川省委“四化同步、城乡融合、五区共兴”战略布局、阿坝藏族羌族自治州委“一屏四带、全域生态”等重大决策，为若尔盖推进现代草原畜牧业、绿色工业、全域旅游发展绘制了蓝图，为区域高质量发展赋予了全新优势、创造了更为有利的条件。

国家公园创建是美丽若尔盖建设的亮丽名片。国家公园是一个国家的自然资源和文化资源的象征，承载着保护自然生态和景观的使命。推动若尔盖国家公园的创建，不仅是对长江黄河上游重要水源涵养地和重点生态功能区、高原湿地生物多样性和文化的保护，也是对于生态治理体系和治理能力现代化新的开拓，更是对“世界最美高原湿地国家名片”的全力打造与全方位展示。高质量推动国家公园建设管理，维持生态系统稳定，保护生物多样性，提供优质的生态产品和生态服务，不仅是高水平生态保护的使命，也是高质量发展的重大机遇，更是需要新时代生态文明建设具有基础性和统领性的重大制度创新。

文化建设为美丽若尔盖建设“增红添绿”。黄河是中华民族的母亲河，是中华文化保护传承弘扬的重要承载区，是民族精神的重要象征。若尔盖是红军长征雪山草地驻留时间最长、自然环境最艰苦的地区，留下了宝贵的红色文化资源。历史的长河为若尔盖积淀了丰富的游牧文化、农耕文化、草原文化和民族文化。《四川省黄河流域生态保护和高质量发展规划纲要》明确要建成黄河国家文化公园（四川段）、长征国家文化公园（四川阿坝段），明显提升黄河河源文化影响力，打造成为国际知名生态文化旅游目的地，为若尔盖擦亮长征、黄河、生态“红黄绿”三个鲜明底色指明了方向。

四、推动最美国家公园建设若诗若画若尔盖对策建议

作为黄河上游重要的生态屏障，若尔盖应乘势而上，按照黄河流域生态保护和高质量发展新要求，统筹发展与保护，兼顾生态与民生，以美丽县域建设为统揽，坚持筑牢湿地本底、补齐湿地短板、用好湿地资源、强化湿地治理，念好“湿地保护经”，吃上“湿地保护饭”，持续推动若尔盖高水平保护与高质量发展。

（一）聚焦“国家公园建设”，打造万物和谐、美轮美奂的自然生态空间

加快推动若尔盖国家公园创建。加强与国省两级林草局、阿坝藏族羌族自治州及湿地相关县等沟通衔接，做好国家公园范围论证、综合科学考察调查、自然资源确权等工作。加快建立以若尔盖国家公园为主体的自然保护地体系，严格落实生态保护红线，整

合若尔盖湿地现有各级各类保护地空间布局，优化国土空间保护格局，为生物栖息地留足空间。强化生物多样性保护，加强黑颈鹤、雪豹、藏野驴、白唇鹿、红花绿绒蒿等珍稀野生动植物保护，强化黄河上游特有鱼类、珍稀鱼类就地与迁地保护，繁衍扩大珍稀濒危动植物的基因及其种群；加强重点保护野生动物野外巡护，严禁非法猎捕和采集珍稀濒危野生动植物。

加强湿地、岸线生态修复与保护。加大湿地生态修复力度，遵循"流域特征+生态功能+生态问题"原则，持续在麦溪乡、辖曼镇、唐克镇、达扎寺镇、阿西镇等区域，建立生态拦水坝、填堵排水沟，遏制湿地退化萎缩。统筹部署实施生态补水、水量调节、播草补肥、治沙固沙、退化草地和黑土滩综合治理等生态工程，恢复提升退化沼泽和湖泊湿地水位。严格落实流域岸线保护，实施黄河干流防洪治理工程，加快河岸"格宾网石笼护坡+抛石护脚"结构形式的推广使用。采取堤防建设与河道疏浚相结合的方式，开展流域黑河、白龙江、哈曲等中小河流域河道综合治理，全面推动长江黄河上游干支流、左右岸生态防护带建设和生态护岸治理。

加快推动草原、矿山等陆域生态治理。实施退化草原修复工程，坚持以草定畜，加强草原的用途管控，严格控制放牧强度，降低草原超载率，提升草原承载力。开展退化草地和沙化草地、黑土滩改良工程，选择适宜的农作物和经济作物进行种植，推广有机肥料和生态农业技术。在辖曼镇、麦溪乡等区域，因地制宜采用"高原柳沙障+灌草复合种植""防风林带+草障植物网格+灌草间种"等治沙模式，统筹实施退化草原修复工程，因地制宜建设灌草相结合的防护林体系。加强草原鼠虫害治理，采取人工安装鼠夹、配置毒饵投放鼠洞、招引或投放天敌等方式，全域开展草原鼠害防治工作。推动历史遗留矿山复绿，采用植被恢复、椰丝毯生态防护技术等手段，加快推动唐克镇、巴西镇、红星镇等区域历史遗留矿山以及县域主干道两侧生态修复，促进黄河流域自然生态系统的融洽和协调。

（二）围绕"家园守护"，绘就天蓝地绿、诗意栖居的城乡和美画卷

加强城镇环保基础设施建设。推进若尔盖县城、景区生活污水处理厂和唐克镇、阿西镇、辖曼镇等重点城镇污水处理一体化设施的改扩建和提标改造。持续推进城镇污水管网建设，建设排污、雨污分流管网及配套设施，提高城镇生活污水收集率。推进污水管网的防冻改造，优先采用适应性强、运维简易、成本低的成熟工艺，探索"生物+生态"的分季处理模式。加大污水处理力度，加快城市再生水管网和配套设施的建设，推动道路浇洒、街道绿化、城市景观、湿地优先使用再生水。健全污水和垃圾处理设施运行保障机制，完善财政支持政策和人才支持，支持市场主体参与运营维护，保证环保基础设施常态化运营。

改善农牧区人居环境。有序推进农牧区生活垃圾收集和转运，以重点乡镇、重点行政村为单位建设一批区域农村有机废弃物综合处置利用设施。分类推进农村生活污水治

理，分区分类推进治理，重点整治县域内水源保护区和城乡接合部、乡镇政府驻地、中心村、旅游风景区等人口居住集中区域农村生活污水。强化农牧区“厕所革命”，探索推广适用于高寒高海拔地区厕所新（改）建的工艺及技术模式，合理规划布局农村公共厕所，分类实施农村户用厕所建设，加强厕所粪污无害化处理与资源化利用。科学规划农牧区牛羊集中养殖点和养殖规模，配套完善畜禽粪污和动物尸体无害化处理设施，推进养殖粪污、屠宰肚粪资源化利用。深化农牧业面源污染治理，实施化肥农药减量增效行动，开展农牧区黑臭水体治理，加强畜禽、水产养殖污染防治。

提升城乡人居风貌。统筹开展县域内主干道沿线绿化美化、环境整治、风貌改造、路面修复等工作。选择适宜高原生长、易活美观的花草苗木，打造层次分明、处处皆景、路景相融的生态景观，全面提升道路沿线和重点城镇颜值气质。系统推进集镇商铺、群众住房风貌改造，积极融入特色文化元素，形成区域特色。持续开展“草原是我家、保护靠大家”环境综合治理专项行动，创新开展“三清三拆三治”专项行动，全面整治乱排乱放、乱采乱挖、乱搭乱建、乱砍乱伐等“四乱”问题。采取分区域负责机制，实行“乡、村、组、户”四级网格化常态管理，走出一条“合力共建、高效保障、常态治理”的农村人居环境整治新路子。

（三）着力“生态经济”，壮大特色鲜明、业兴绿盈的绿色低碳产业

做细、做优绿色循环生态农业。统筹县域农业和牧业发展，针对青稞、油菜、高原果蔬等区域特色产品，做细产品分类，大力推进种植基地建设与发展，推动产业链延伸至加工环节。持续探索适宜高原种植的新品类农产品，实现与周边县域错位发展。开展优质饲草饲料种植和人工草地建植，建设高产人工饲草地，解决牧区畜草矛盾。加快推动传统农牧业向现代农牧业转型升级，针对区域特色的高原牦牛、藏戏绵羊、藏香猪、跑山鸡等畜牧业发展，开展品种改良和标准化养殖。推进唐克镇牦牛现代农业园区、标准化示范牧场、可追溯牧场、集体经济标准化养殖基地、优质奶源基地建设，支持创建国家和省级现代农业园区。鼓励牧民实行适度放牧、科学补饲、冬春圈养“三结合”，大力推广“半舍饲”标准化顺势养殖，提升养殖质量、缩短养殖周期、提高养殖收益。充分挖掘种植业与养殖业的潜力，带动种养循环发展和旅游等产业发展。

做实、做大清洁低碳新型工业。充分利用河流、太阳能、风能资源，推广适宜高原环境光热、光电、风能等新产品和新技术，合理规划布局输电通道与设施，统筹推进清洁能源示范基地和分布式光伏利用。做长产业链条，坚持“生产+加工+销售”一体化发展，充分利用现有“若尔盖牦牛现代农业园区”、秀洲飞地园区和南湖飞地园区，延长农业、畜牧业产业链，提升产品附加值。引入精深加工、青储饲料、饲草精料、牦牛银行等业态，丰富园区产业类型。鼓励企业深度开发，培育行业龙头企业，引进先进加工、保鲜、储藏等技术，建立牧草+养殖定点屠宰厂、深加工车间、冻库，持续推进牦牛藏绵羊屠宰精深加工全产业链一体化。依托中药材种植基地，联合飞地园区，发展中药材精

深加工。依托唐克油菜基地，开发高原油菜“油”“花”“蜜”“菜”“饲”“肥”六大功能，充分挖掘油菜产业链。依托“互联网+农畜产品”行动，运用新媒体+电商模式，构建“短视频+农特产品”“网络直播+农特产品”等网络销售体系，打造新业态、新模式。

做好、做强高原特色生态旅游业。围绕“最美高原湿地生态旅游目的地”建设，充分挖掘湿地生态旅游资源，提档升级喀哈尔乔湿地公园、俄尼山公园等生态湿地景观，打好湿地牌；加快推进旅游配套设施建设与旅游服务提升，以花湖、黄河九曲第一湾等相对成熟的景区为试点，开展智慧景区建设，推动生态旅游示范区的创建。优化观光旅游路线设计，串联巴西、黄河九曲第一湾、铁布梅花鹿保护区、扎降格、花湖、热尔大草原等景点，打造全域旅游观景平台，构成的生态旅游环线，创新网红打卡点，提供慢节奏休闲服务。推动体验式旅游发展，加强生态旅游与若尔盖特色种养殖业融合，积极推广藏家体验游、特色农产品认养体验游等服务，积极探索“星空牧场”“花湖之眼”房车自驾游营地等旅游新业态，提供沉浸式游览服务。探索研学式旅游，加强与大学、研究院等科研机构的合作，利用若尔盖地理位置优势与科普教育基地，开展物理、地理、历史、生态等学科的体验式教学，提供科考式旅游服务。

（四）突出“文化涵养”，彰显独特多元、红绿交错的人文韵彩

加强文化分类保护。传承黄河文化，以“黄河国家文化公园”为核心推动组建黄河河源文化旅游联盟，全面加强与青海、甘肃等沿黄省（区）相关县域文化交流合作和旅游精品线路建设，共同打造具有国际影响力的黄河文化旅游带。以黄河九曲第一湾景区为载体，将黄河九曲第一湾故事化、景观化、标志化，打造唐克镇黄河文化游览区。保护湿地文化，以良好的自然本底为依托，结合生物多样性保护和牧场，建设集保护、科普、休闲等功能于一体的湿地生态休闲区，打造湿地保护典范和科普教育的基地，推动湿地生态系统保护。保护民俗文化，以“文化+旅游+X”模式为开发理念，以安多藏族文化、藏医药文化、格萨尔王文化等民俗文化以及非物质文化遗产元素为主题，建设集参观、体验、食宿、休闲于一体的创意园区或风情体验区；以藏哇艺术村和索格藏寺为核心，联合高校、民族艺术家打造藏文化艺术集聚地。弘扬红色文化，以“长征国家文化公园”等建设为依托，以班佑红军过草地第一村、巴西会议遗址为代表的红色文化遗址为载体，加强遗址保护与修复，建立红军长征文化纪念馆，建立红色文化体验区、爱国教育基地，打造红色文化旅游景观带。

加强文化宣传与推介。以“若尔盖草原国际旅游文化节”活动为突破口，组织对口支援城市、文创产业较好的城市开展文旅推介会，通过“黄河带动、会议拉动、业态联动”等，展示若尔盖文化特色。借力互联网和新媒体平台，以宣传片、纪录片、知识科普等类别的视频为载体，大力宣扬若尔盖“红黄绿”文化。推动文化宣传进入中小学教育课程体系，推动农牧民在文化发扬中享受红利，从受益人逐步转化为文化坚定的传承

者、讲述者、践行者，培育本土文化宣传大使。打造包装若尔盖自身文化消费品牌，挖掘若尔盖特有文化元素，加强文化与时代新潮产物的结合（如联名奶茶、联名服装等），激活主流市场人群的向往欲望，培育文化粉丝。持续创新优质文旅融合项目和特色文旅产品，打造“出圈”“出彩”的文化产品和文旅融合样板，加深受众文化推介印象。

（五）紧抓“制度体系”，建立科学高效、支撑有力的保障机制

完善制度体系保障。加大禁牧补助和草畜平衡奖励力度，参考周边青海、甘肃相邻区县，探索开展适合若尔盖湿地的减畜直接补贴、转产转业补贴等方式，建立适合当地的草原共管机制。建立完善黄河横向生态保护补偿机制，因地制宜建立生态补偿资金补助标准，配套生态管护岗位职业化制度、野生动物肇事保险制度、社会资本参与生态补偿制度；整合各类补偿资金，建立若尔盖湿地绿色发展基金，推动市场化、多元化、长效化的生态保护补偿机制；采用信托、债券等多种模式进行投融资，鼓励社会资本参与国家公园建设，扩大生态补偿资金来源。开展若尔盖湿地生态系统生产总值核算，加快完成自然资源确权。落实环境资源权益交易制度，推进用能权、水权、碳排放权交易，依托高原泥炭沼泽湿地资源优势发展碳汇经济。完善环境保护责任体系，加快形成党委领导、政府负责、部门协同、公众参与的工作格局，全面落实“党政同责、一岗双责”制度、自然资源离任审计制度，做实美丽建设责任体系建设。

加强科技与人才供给。推动县相关部门与学校和科研机构的合作，加强对若尔盖种养殖业的技术支持，持续开展农副产品的改良与创新。强化绿色发展科技支撑，鼓励在高原城乡生活污水处理、草原土地沙化治理、湿地生态保护修复等方面的技术研发，加强科技成果示范应用。强化若尔盖生态环境监测科技支撑，引入现代化监测设备和专业监测人才，构建集视频监控、云巡检、AI 智能识别预警、决策智慧于一体的智能化监管系统，整合优化草原湿地生态环境质量监测网络，完善生物多样性监测体系。引入先进运营团队，推动成立投资运营公司，增加专业人才配置，以专业化的运营方式，促进若诗若画若尔盖等特色品牌和文旅产品出圈。引入专业化社会组织，积极参与美丽县域生态保护，同步为生态振兴发力。

完善利益联结机制。建立完善股份型、服务型、订单型等利益联结机制，加快培育壮大合作社，优化村级集体经济发展模式，带动农牧民增产增收。依托诺尔宗合作联社、曙光牧业、善为供应链等农牧业龙头企业，持续完善“园区引领，企业、基地、合作社、家庭牧场等产业集群”协同发展的利益联结机制，着力解决牧民“周期较长、销路不畅、价格不好”问题。保障农牧民的出行、教育、医疗等公共服务供给，设立“公益性岗位”，引导原住居民参与生态保护与积极参与生态价值实现实践，充分发挥原住居民了解熟悉湿地优势，鼓励参与文旅融合、生态保护科普、传统手工艺品加工等多形式实践活动获得收入。

用好“千万工程”经验，推动发展不均衡区域建设宜居宜业和美乡村的政策建议

摘　要：本文在系统梳理浙江“千万工程”历经的三个阶段和相关政策体系、实践案例的基础上，结合四川实际，聚焦“怎么干”，课题组提出建设宜居宜业和美乡村的总体思路应以“城乡融合”为主线，参照浙江“千村示范、万村整治”“千村精品、万村美丽”“千村未来、万村共富”三个阶段对应的乡村背景（经济状况、生态环境质量、人居品质等），以空间换时间将四川省符合各个阶段背景特征的乡村划分为“三个区域”，即基础巩固区、优化发展区、品质提升区，借鉴“千万工程”经验，有针对性地提出分区建设宜居宜业和美乡村的重点任务，实现“村容整洁环境美、乡风文明内在美、留住故土乡愁美、现代绿色发展美、创业增收生活美”五大愿景，最终建设产业兴旺、就业充分、村民富裕、治理有效、乡风文明、安宁和谐、特色鲜明、绿色生态、环境优美的宜居宜业和美乡村。
关键词：千万工程；宜居宜业和美乡村；美丽四川

一、“千万工程”历经的三个阶段

“千村示范、万村整治”工程（以下简称“千万工程”）是习近平总书记在浙江工作时亲自谋划、亲自部署、亲自推动的一项重大决策。20 年来，“千万工程”经历了从温饱型生存需求向小康型发展和共富型发展需求的演变，实现了从“千村示范、万村整治”向“千村精品、万村美丽”，再向“千村未来、万村共富”的迭代升级。截至 2022 年年底，浙江的森林覆盖率超过 61%，位居全国前列；规划保留村生活污水治理覆盖率 100%、主要河道水质常年保持在Ⅱ类以上、农村供水工程供水保证率超过 95%、水质达标率超过 92%；农村生活垃圾基本实现“零增长”“零填埋”，浙江省 90%以上的村庄达到新时代美丽乡村标准，成为首个通过国家生态省验收的省份。

（一）“千村示范、万村整治”阶段：从“脏乱差”迈向整洁有序

2003 年，习近平同志到任浙江的 118 天跑遍 11 市、25 县，在深刻了解省情农情之后，针对“如何协调经济发展和生态环境保护”“如何统筹城乡发展”两大问题，作出“千万工程”的总体部署，同年 6 月，省委、省政府印发《关于实施“千村示范、万村整

治”工程的通知》，提出用 5 年时间，从浙江省 4 万个村庄中选择 1 万个左右的行政村进行全面整治，把其中 1 000 个左右的中心村建成全面小康示范村。

“千村示范、万村整治”是基于城乡发展不平衡、乡村人居环境脏乱差等背景下，提出的乡村治理战略决策，以改善农村生态环境、提高农民生活质量为核心，从治理“脏乱差”入手，从试点抓起，以点带面，主要举措包括农村人居环境整治、农村公共设施建设、提升公共服务能力等，实现了广大乡村由“脏乱差”向整洁有序的重大转变。

（二）“千村精品、万村美丽”阶段：推动整洁有序迈向美丽宜居

2010 年 12 月，为接续深化“千万工程”，浙江省委、省政府制定《浙江省美丽乡村建设行动计划（2011—2015 年）》，在全国率先开展美丽乡村建设，以推进乡村规划科学布局美、村容整洁环境美、创业增收生活美、乡风文明身心美为总要求，努力建设一批全国一流的美丽乡村。2016 年 4 月，浙江省委、省政府印发《浙江省深化建设美丽乡村建设行动计划（2016—2020 年）》，在整体区域全面改善农村人居环境和群众生活品质。

“千村精品、万村美丽”是基于浙江省完成了村庄环境从“脏乱差”到整洁有序整治的背景下，提出的从“新”到“美”，即从新农村到美丽乡村战略决策，主要举措包括优化空间布局，提升村庄整体风貌，产业融合发展，乡风文明建设等，推动广大乡村由整洁有序迈向美丽宜居。

（三）“千村未来、万村共富”阶段：推动美丽宜居迈向共富共美

2021 年，浙江成为全国首个高质量发展建设共同富裕示范区，省委、省政府印发《浙江省深化“千万工程”建设新时代美丽乡村行动计划（2021—2025 年）》，深化“千万工程”高水平建设新时代美丽乡村，全面推进乡村振兴。2022 年 1 月印发《关于开展未来乡村建设的指导意见》等政策文件，计划到 2025 年建设 1 000 个以上未来乡村，加快构建“千村未来、万村共富、全域和美”乡村振兴新格局。

“千村未来、万村共富”是基于浙江省实现全省广大乡村由整洁有序迈向美丽宜居背景下，提出擘画农业高质高量、乡村宜居宜业、农民富裕富足的浙江乡村“富春山居图”，主要举措包括全链条促进乡村共同富裕、推进乡村生态价值转换、推动现代乡村产业融合发展等，推动美丽宜居迈向共富共美。

二、学习推广“千万工程”的政策要求和地方案例

（一）国家及各部委关于学习推广“千万工程”的政策要求

浙江“千万工程”起步早、方向准、举措实、成效好，对全国各地实施乡村振兴战

略、推进农村人居环境整治具有重要示范带动作用。2018 年 6 月，中央农办、农业农村部联合印发《关于学习推广浙江“千村示范、万村整治”经验深入推进农村人居环境整治工作的通知》，强调深入推进农村人居环境整治工作，打好实施乡村振兴战略第一仗。2019 年 3 月，农业农村部办公厅发布《关于印发推进长江经济带农业农村绿色发展 2019 年工作要点的通知》，提出农村人居环境整治工作从典型示范总体转向面上推开，指导沿江省、市组织实施好各具特色的“千万工程”，提炼推广一批经验做法、技术路线和建管模式。2019 年 11 月，农业农村部办公厅会同有关部门印发《关于扎实有序推进贫困地区农村人居环境整治的通知》，明确提出贫困地区农村人居环境整治要因地制宜、积极稳妥、有力有序扎实推进。2023 年 5 月，农业农村部办公厅印发《关于深入学习浙江“千万工程”经验的通知》，强调进一步学深学透、用好用活“千万工程”经验，扎实推进农村人居环境整治提升五年行动，建设宜居宜业和美乡村，全面推进乡村振兴。2023 年 6 月，中央财办会同有关部门印发《关于有力有序有效推广浙江“千万工程”经验的指导意见》，提出有条件的地方有力有序有效推广浙江“千万工程”经验，加快城乡融合发展步伐，积极推动美丽中国建设，全面推进乡村振兴，着力补齐中国式现代化短板。国家及各部委关于学习推广“千万工程”的相关政策文件见表 1。

表 1　国家及各部委关于学习推广“千万工程”的相关政策文件

文件名称	发布时间	部门	主要内容
关于学习推广浙江“千村示范、万村整治”经验深入推进农村人居环境整治工作的通知	2018 年 6 月	中央农办、农业农村部	落实《农村人居环境整治三年行动方案》，深入推进农村人居环境整治工作，打好实施乡村振兴战略第一仗
关于深入学习浙江“千村示范、万村整治”工程经验扎实推进农村人居环境整治工作的报告	2019 年 3 月	中央农办等	浙江“千万工程”起步早、方向准、举措实、成效好，对全国各地实施乡村振兴战略、推进农村人居环境整治具有重要示范带动作用
农业农村部办公厅关于印发推进长江经济带农业农村绿色发展 2019 年工作要点的通知	2019 年 3 月	农业农村部办公厅	推动农村人居环境整治工作从典型示范总体转向面上推开，指导沿江省市组织实施好各具特色的“千万工程”，提炼推广一批经验做法、技术路线和建管模式
关于扎实有序推进贫困地区农村人居环境整治的通知	2019 年 11 月	农业农村部办公厅等	深入学习浙江“千万工程”经验，因地制宜、积极稳妥、有力有序扎实推进贫困地区农村人居环境整治
农村人居环境整治提升五年行动方案（2021－2025 年）	2021 年 12 月	中共中央办公厅、国务院办公厅	以农村“厕所革命”、生活污水垃圾治理、村容村貌提升为重点，巩固拓展农村人居环境整治三年行动成果，全面提升农村人居环境质量
关于深入学习浙江“千万工程”经验的通知	2023 年 5 月	农业农村部办公厅	进一步学深学透、用好用活“千万工程”经验，扎实推进农村人居环境整治提升五年行动，建设宜居宜业和美乡村，全面推进乡村振兴

文件名称	发布时间	部门	主要内容
关于有力有序有效推广浙江“千万工程”经验的指导意见	2023 年 6 月	中央财办等	有条件的地方有力有序有效推广浙江“千万工程”经验，推动深入贯彻新发展理念，加快城乡融合发展步伐，积极推动美丽中国建设，全面推进乡村振兴，着力补齐中国式现代化短板
国家发展改革委办公厅等关于补齐公共卫生环境设施短板开展城乡环境卫生清理整治的通知	2023 年 6 月	国家发展改革委办公厅等	推广运用浙江“千万工程”经验，补齐公共卫生环境和城乡环境卫生设施短板，提升社会健康综合治理能力，营造干净、整洁、舒适的宜居环境
关于推广浙江“千万工程”经验进一步推进美丽移民村建设的通知	2023 年 7 月	水利部办公厅	聚焦美丽移民村建设，持续改善移民村生产生活条件，加快基本公共服务均等化进程，开展移民村人居环境综合整治，提升乡村治理水平，推动移民村产业发展，建立健全发展长效机制
关于持之以恒推动乡镇综合文化站创新发展的实施方案	2023 年 8 月	文化和旅游部办公厅	聚焦实施乡村振兴战略，充分学习借鉴浙江“千万工程”经验，坚持以人民为中心，以优化资源配置为重点，持续用力，久久为功，进一步强化乡镇综合文化站在乡村文化建设和基层治理中的阵地作用

（二）学习推广“千万工程”的地方案例

1．江苏：推动特色田园乡村建设从点上延伸到区域建设——如诗美景入画来，鱼米之乡展新颜

江苏积极对标“千万工程”，“苏”写和美乡村，大力改善农村生产、生活、生态环境。以农房改善为杠杆，撬动乡村发展。江苏同步配套基础设施，并将农房改善、现代农业与乡村旅游业发展结合起来，同步谋划产业发展，大力培育特色产业、特色生态、特色文化，重塑田园风光、田园建筑、田园生活，建设美丽乡村、宜居乡村、活力乡村。2017 年以来，累计建成 593 个江苏省特色田园乡村，实现 76 个涉农县（市、区）全覆盖，同时，省、市、县三级联动开展示范建设，建成 1 万多个美丽宜居乡村。2018 年以来，江苏省超 40 万户农房得到改善。2023—2025 年江苏省还将组织不少于 1 万名设计师、工程师等下乡服务农房改善和乡村建设，启动实施“乡村建设工匠能力提升工程”，持续为乡村发展注入人才“活水”。

2．广西：运用“千万工程”经验，推动乡村振兴提质增效

2013 年，广西壮族自治区党委、政府学习借鉴浙江“千万工程”经验，部署开展“美丽广西”乡村建设行动，2013—2020 年，广西用 8 年时间开展“美丽广西”乡村建设行动，分“清洁乡村”“生态乡村”“宜居乡村”“幸福乡村”四个阶段梯次推进。“美丽广西”乡村建设行动累计完成 13 万个基本整治型村庄、5 000 个设施完善型村庄、3 707 个精品示范型村庄改造建设。全区卫生厕所普及率 95%以上，广西首创的“三个两、无动力、低成本”黑灰污水集中处理模式在全国推广，农村生活垃圾收运处置体系覆盖率保持在95%以上，村庄绿化覆盖率达41.12%，比全国平均高9.1个百分点。“美丽广西”乡村建设，使得农村生产生活生态条件明显改善，擦亮了广西山清水秀生态美的底色，广大农民群众的获得感、幸福感、安全感日益增强。

3. 云南玉溪：启动农村人居环境整治清洁行动，擦亮了玉溪市的村村寨寨，让生活与美丽同行

玉溪市认真学习借鉴浙江省“千村示范、万村整治”经验，启动了农村人居环境整治村庄清洁行动。全市高位推动，实施“一把手工程”，落实乡村振兴“千名领导挂千村”责任制，针对行路难、如厕难、村容村貌差等农村环境“短板”，开展农村人居环境整治，打造美丽乡村。通过专项整治行动，农村生产生活垃圾村庄规划管控率达80%以上，村庄生活垃圾治理率达90%以上，农村生活垃圾分类和资源化利用工作全面推进；农村生活污水村庄生活污水治理率达80%以上，“三湖”径流区村庄生活污水基本得到有效治理；农村公厕、户厕管理制度覆盖率达100%，全市完成户厕改造示范2 000户，100%的镇区旱厕和90%以上的村庄旱厕得到消除。通过整合各项村庄建设项目资金、广泛吸引各种社会投资，全市2019年开工建设60个旅游特色型、美丽宜居型、提升改善型、自然山水型、基本整洁型“五型”示范村建设，全面提升农村生态环境和人居环境，助力乡村发展。

三、四川宜居宜业和美乡村建设情况

（一）人居环境全面改善

近年来，四川省大力推进“美丽四川·宜居乡村”建设，农村人居环境质量持续提升，全面完成2 329个村，64.5万户农村“厕所革命”示范村建设任务，农村卫生厕所普及率达到91%，四川省98%的行政村生活垃圾、65.6%的农村生活污水得到有效治理，畜禽粪污综合利用率达96.36%、规模养殖场设施装备配套率达99%。截至2022年年底，累计建成81个中国美丽休闲乡村，20个县获评全国村庄清洁行动先进县，数量均位居全国第一，农村人居环境整治工作连续5年获国务院督查激励。

（二）乡村风貌逐步美化

聚力“靓丽村容”，推进农房风貌整治提升，从新建农房风貌管控、数字农房建设、老旧农房风貌整治等6个方面着手，完善农房建设信息化管理服务体系，改善村容村貌。印发《四川省农房风貌指引导则》，根据四川实际，分汉族、藏族、彝族、羌族等6个特色风貌区因地制宜提出农房风貌整治与设计标准，大力提升农村建筑风貌和田园环境品质，辅以“四川民居”公众号推广应用，进一步提高农房建造水平，突出乡土地域特色。

（三）城乡融合不断深化

大力实施乡村建设行动，实施路水电气讯“五网”建设，农村自来水普及率达到 89%，建制村 100%通硬化路、100%光纤通达、100%4G 网络覆盖，基本实现“快递下乡进村”覆盖率 100%，农村生产生活条件得到了大幅改善，美丽乡村展现新的面貌。城乡居民收入比从 2018 年的 2.49 缩小到 2022 年的 2.32。“城市有乡村更美好、乡村让城市更向往”正逐渐成为四川城乡融合发展的真实写照。

（四）乡村产业稳步发展

休闲农业、农村电商、文化创意等新业态不断涌现，带动农民收入持续较快增长，四川省农村居民人均可支配收入由 2018 年 13 331 元提高到 2022 年 18 672 元。生态旅游产业建设成效显著，四川省现有乡村旅游景点 1 363 处，其中国家 A 级旅游景区 462 处、全国乡村旅游重点村镇 55 个，有天府旅游名镇 60 个、名村 60 个，发展各类经营户 5.3 万余户。

（五）治理效能持续提升

党组织领导的自治、法治、德治“三治”体系逐步健全，着力构建“党建+网格化+数字化”治理模式，推进高额彩礼、大操大办等突出问题专项治理，培育形成文明乡风、良好家风、淳朴民风。乡村治理机制逐步健全，乡村治理体系和治理能力现代化水平不断提高。

四、用好“千万工程”经验建设宜居宜业和美乡村的政策建议

（一）总体思路

四川区域和城乡发展不平衡，各地自然条件、资源禀赋差异巨大，近年来四川省大力推进“美丽四川・宜居乡村”建设，在人居环境整治、基础设施建设、公共服务提升等多方面取得了一定的成效，但四川地域辽阔，现阶段四川省乡村仍存在发展基础各不相同、发展水平差异较大、发展空间不够均衡的特点，不同区域分别对应着浙江“千万工程”的三个阶段，因此立足四川省实际，应充分考虑乡村基础设施、人居环境、公共服务、产业发展和治理水平等因素，科学分类分区，兼顾当前和长远推进宜居宜业和美乡村建设。在深入学习浙江“千万工程”经验的基础上，结合四川实际，聚焦“怎么干”，课题组提出分区建设宜居宜业和美乡村的总体思路应按照“一条主线、三个区域、五大愿景”来推进（图 1）。

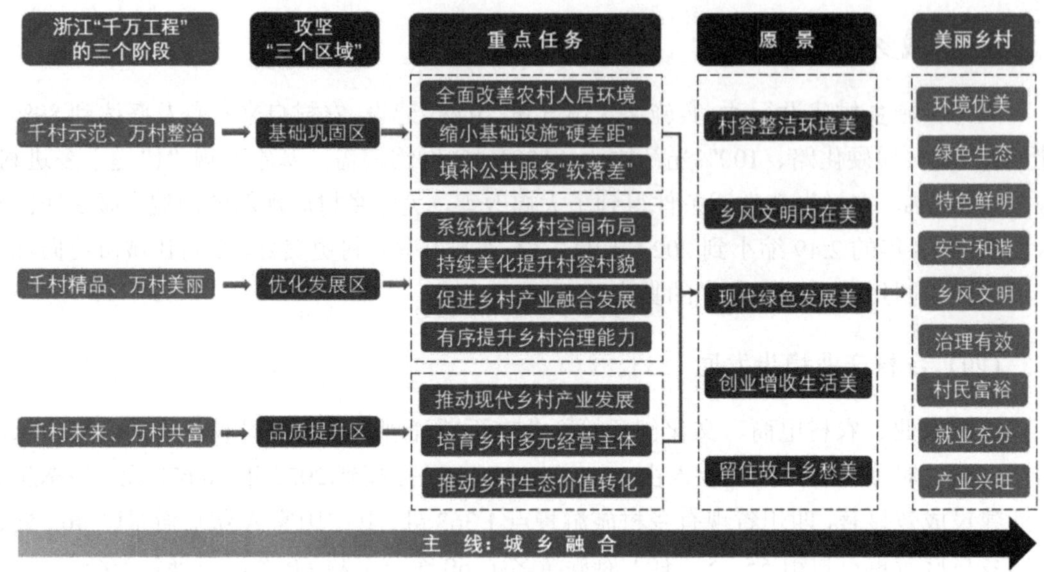

图 1　四川省分区推进宜居宜业和美乡村建设的总体思路

一是坚持“一条主线”，久久为功。紧扣美丽四川建设要求，以“城乡融合”作为主线，统筹推进宜居宜业和美乡村建设与城乡融合发展。

二是攻坚“三个区域”，因地制宜。根据四川省乡村发展程度的空间不均衡特征，参照浙江“千村示范、万村整治”“千村精品、万村美丽”“千村未来、万村共富”三个阶段分别对应的乡村背景因素（经济状况、生态环境质量、人居品质等），“以空间换时间”将符合各个阶段背景特征的乡村建设划分为“三个区域”，即基础巩固区、优化发展区、品质提升区。其中基础巩固区的美丽乡村建设处于浙江“千村示范、万村整治”阶段，优化发展区的美丽乡村建设处于“千村精品、万村美丽”阶段，品质提升区的美丽乡村建设处于“千村未来、万村共富”阶段。同时借鉴“千万工程”经验，并结合区域特点，有针对性地提出分区建设宜居宜业和美乡村的重点任务。

三是实现“五大愿景”，美美与共。以实现村容整洁环境美、乡风文明内在美、留住故土乡愁美、现代绿色发展美、创业增收生活美为目标，坚持“绿水青山就是金山银山”理念贯穿始终，注重产业生态化与生态产业化相结合；坚持文化建设贯穿始终，注重传承弘扬优秀的传统文化；坚持发展美丽经济贯穿始终，将美丽乡村建设与发展美丽经济紧密结合；坚持城乡融合发展贯穿始终，推进基础设施建设从城市向乡村延伸，走出一条城乡共同发展之路；坚持乡村改革贯穿始终，凝聚乡村发展内在动力，最终建成产业兴旺、就业充分、村民富裕、治理有效、乡风文明、安宁和谐、特色鲜明、绿色生态、环境优美的宜居宜业和美乡村。

（二）用好“千村示范、万村整治”经验，奏响基础巩固区整洁有序进行曲

参照浙江实施“千村示范、万村整治”阶段对应的乡情村貌，四川省基础巩固区主要包括以盆地周边、甘孜、阿坝和凉山等地处偏远、经济欠发达地区乡村，该区域重点工作以“强基础、补短板”为主，推动农村基本具备现代生活条件，具体任务包括：

1．全面改善农村人居环境

一是持续开展“厕所革命”，实施好农村“厕所革命”整村推进示范村项目建设，提升农村卫生厕所普及率，推进农村厕所粪污处理与农村生活污水治理衔接。二是开展平原、山地、丘陵、缺水、高寒和生态环境敏感等典型地区治理试点，推广城乡生活污水处理“一体化”，逐步实现污水处理厂站设施对乡镇政府驻地全覆盖。行政村生活污水治理率达到 80%以上。三是加强农村生活垃圾处理，完善农村生活垃圾收集、转运、处置设施，推动农村生活垃圾源头减量化和资源化利用，生活垃圾收集率和无害化处理率分别达到 100%和 80%。四是推动农业面源污染治理提升，继续在畜禽养殖主产区整县推进粪污资源化利用，畜禽粪污实现无害化处理；开展秸秆综合利用，逐步提高秸秆产业化，秸秆综合利用率 90%以上；推进农业投入品回收利用，废旧农膜回收率达到 85%。全面消除农村黑臭水体。

2．缩小基础设施“硬差距”

一是优化乡村道路建设。持续开展“四好农村路”示范创建，实施自然村组通硬化路工程，推进通组、入户路面硬化率达到 100%，实现户户通。二是提升农村饮用水安全保障能力，因地制宜加快推进城乡供水一体化建设，实现农村自来水普及率不低于 95%，生活饮用水安全率不低于 98%。三是巩固提升农村供电能力，提升供电能力和供电质量，农网供电可靠率达到 99.8%。四是因地制宜发展太阳能、风能、地热能、生物质等可再生资源，有条件地方建设燃气供气设施。五是农村地区光纤宽带、4G（5G）网络、电话、邮政实现全覆盖，广播电视入户率 90%。

3．填补公共服务“软落差”

一是深入实施文化惠民工程，开展乡村数字文化建设行动，推进乡镇公共文化服务提质增效和乡村文化振兴样板村镇建设。二是补齐农村教育、医疗短板，深入实施教育强国推进工程和义务教育薄弱环节改善与能力提升工程，加快提升乡村教育信息化水平；加强乡村两级医疗卫生、医疗保障服务能力建设，保持村级医疗卫生服务全覆盖。三是实施农村“一老一小”和残疾人服务提升工程，建立健全县乡村相衔接的农村三级养老服务网络，实施留守儿童关爱“童伴计划”。四是加强困难家庭、残疾人、农村留守妇女儿童、失独家庭等群体救助和帮扶，农村特困人员救助供养目标对象覆盖率达到 100%。

（三）用好“千村精品、万村美丽”经验，绘就优化发展区生活宜居新画卷

参照浙江实施“千村精品、万村美丽”阶段对应的乡情村貌，四川省优化发展区主

要包括市域或县域周边的经济发展水平较高的地区乡村，该区域重点工作以“促宜居、更美丽”为主，推动乡村从整洁有序迈向美丽宜居，具体任务包括：

1. 系统优化乡村空间布局

一是强化规划引领，有序进行“多规合一”实用性村庄规划，或以片区为单元编制乡村国土空间规划，合理确定村庄布局、建设边界和生态环境发展空间布局，提升村庄整体风貌与住房安全，打造舒适安全的居住环境。二是谋划推进市、县域层面美丽乡村建设布局，根据各区域地形地貌、文化底蕴、资源禀赋、产业特色，突破行政区划，连片建设美丽乡村。三是合理规划建设时序，因时制宜推动村庄规划，优化调整空间布局，尊重民俗习惯，打造平原、丘陵、山地、高原各具特色的美丽乡村。

2. 持续美化提升村容村貌

一是实施乡村绿化美化行动，以村庄清洁行动为抓手，推动家园清洁、田园清洁、水源清洁“三清”，在“净化”的基础上推进硬化、绿化、亮化、美化“四化”。二是加强乡村风貌引导，立足川西林盘、彝家新寨、藏区新居、巴山新居、乌蒙新村等不同区域乡土风情、建筑风格和农耕文化，构建具有巴山蜀水特色的乡村风貌，促进村庄形态与自然环境、传统文化相得益彰，打造一批乡村旅游目的地、乡村旅游重点村镇。三是开展重点生态功能区、重要自然生态系统、小微湿地保护修复，推进森林村庄建设。

3. 促进乡村产业融合发展

有效整合各类农业产业链，推动上、中、下游各环节衔接，促进农业产业链延伸，提升农业产业链整体竞争力。完善农产品加工政策，支持主产区发展农产品、畜产品和林产品初加工和精深加工。支持茶叶、中药材、水果、木本油料、花椒、花卉等功能成分提取技术研究，打造一批特色优质产品，实现农产品多环节、多层次转化增值。培育乡村新产业新业态，根据乡村资源禀赋，因地制宜发展种养业、农产品加工业、乡村（民族）手工业、乡村休闲旅游业、乡村生活生产服务业等，推进第一、二、三产业融合，同步完善联农带农机制。

4. 有序提升乡村治理能力

一是构建乡村治理体系，健全党组织领导的自治、法治、德治相结合的乡村治理体系，推行基层党组织精准化、精细化网格化管理服务，以“积分制、清单制+数字化”乡村治理试点为核心，持续推广运用“川善治”乡村治理平台，推进乡村治理体系和治理能力现代化。二是深化“三治”结合，健全基层群众自治机制，深化村级民主决策和议事协商实践，引导农民参与乡村建设项目谋划、建设、管护的全过程。强化农村精神文明建设，以持续提升乡村治理效能和农民精神风貌。

（四）用好“千村未来、万村共富”经验，制定品质提升区共富共美路线图

参照浙江实施“千村未来、万村共富”阶段对应的乡情村貌，四川省品质提升区主要包括成德眉资、川渝两地的中心城区周边等基础条件最好的地区，以及峨眉山、海螺

沟、九寨沟等风景名胜区周边地区乡村，该区域重点工作以“促融合、奔共富”为主，推动乡村从美丽宜居迈向共富共美，具体任务包括：

1. 推动现代乡村产业发展

聚力做好“土特产”文章，持续推进特色优势产业体系建设。守牢建好天府良田，并与良机、良种、良法和良制实现“五良融合”，强化耕地保护和用途管制，实施高标准农田建设工程。加快生猪产业转型升级，推动国家优质商品猪战略保障基地建设。做优盆地外销加工蔬菜、盆周山区高山蔬菜、川南早春蔬菜和攀西冬春喜温蔬菜，打造优质蔬菜产业带。打造全国领先的牛羊（畜禽饲草）生产基地，建设西南禽兔产业基地，做强川西北高原牦牛、藏猪、藏绵羊产业。打造晚熟柑橘、道地药材等产业集群，做强优势特色高效产业带。建设长江上游特色渔业产业带，不断增强乡村发展活力。加快发展现代农业园区，支持有条件的园区争创国家级园区，大力发展产业强镇。推动优势特色产业集群建设，加快建成一批全产业链发展的现代农业产业集群。

2. 培育乡村多元经营主体

坚持以市场为导向，激发各地培育出一批带动作用突出、产业功能互补、综合竞争力强的农村产业融合经营主体，不断提高产业融合发展的规模和水平。做强龙头企业发挥引领作用，实施农业产业化龙头企业“排头兵”工程。做大专业合作社发挥带动作用，深入开展农民专业合作社示范社建设行动，创新经营机制，规范运作行为，鼓励支持创建层次更高的联合社。做优家庭农场发挥基础作用，深入开展示范场建设行动，在不同产业领域培育一批家庭农场示范典型，加快培育社会化服务组织，支持农村集体经济组织领办创办农民合作社、土地股份合作社，高效提供农业生产性服务。

3. 推动乡村生态价值转化

打造特色文化旅游乡村，发挥四川省多样的地貌和丰富的人文优势，发掘川西北“原野山居乡村”、成都平原及川东北丘陵“田园采摘乡村”、攀西“阳光康养乡村”、川南“美酒水情乡村”品牌价值，厚植四川农村乡土气息。鼓励企业、公益机构等在重点生态旅游目的地建设生态文明教育场馆，以“微改造”为手段提升现有旅游景区、度假区、酒店等的生态文化内涵。创新生态旅游资源产品转化方式，利用川西林盘、巴蜀村寨、藏羌碉楼等载体，适度开展天府农耕文化体验、天府田园度假、民族文化体验、山地户外运动等，构建高品质、多样化的生态产品体系。培育具有四川乡村特色的新产业、新业态，深入推动“互联网+农业”的业态发展，加快发展休闲农业和乡村旅游精品工程，推动科技、人文、乡土、传统等元素深度融入农业产业发展。

（五）保障机制

1. 建立高位推动，多方协同的责任机制

落实“五级书记”抓宜居宜业和美乡村建设的要求，推动形成一级抓一级、层层抓落实的工作格局。由“一把手”总体负责“千万工程”的部署落实和示范引领，每年召开一次四川省现场会进行专项部署。省、市、县、乡各级建立“千万工程”领导小组，由农业农村主管部门组织推动，相关部门各负其责、分工协同，人大、政协和社会各方积极参与，推进“千万工程”的点定到那里，相关部门的扶持政策、项目资金、指导服务就配套到那里，合力推进城乡共管的工作模式。把“千万工程”纳入党政领导绩效考核。发挥农民主体作用，把村庄整治建设的主动权、话语权交给农民，引导千百万农民为建设自己的美好家园和幸福生活而共同努力。

2. 建立因地制宜，分类施策的引导机制

根据平原、丘陵、山区等不同的地形地貌，按照村庄功能定位、区位条件、产业特色、人文底蕴、资源禀赋，分类确定村庄的发展方向、建设模式，保持传统风貌、乡愁文化，建设具有鲜明特色的美丽乡村。推进以“中心城市—县城—中心镇—中心村”为骨架的城乡空间布局体系建设，形成以县域美丽乡村建设规划为龙头，村庄布局规划、中心村建设规划、农村土地综合整治规划、历史文化村落保护利用规划为基础，土地利用、城乡体系、基础设施建设、公共服务发展等相关规划相互衔接配套的规划体系。

3. 建立党建引领、长效运行的管理机制

实施“农村头雁工程”，采取上级下派、乡贤回请、跨村任职等方式，以乡情为纽带，吸引有知识、有头脑、有热情的人到村任职兴业，鼓励川商、乡贤等成功人士回乡参与建设。积极整合各类资金，建立政府投入引导、农村集体和农民投入相结合、社会力量积极支持的多元化投入机制，省级财政设立专项资金、市级财政配套补助、县级财政纳入年度预算。合理划定政府、村级组织和农户的管护责任，建立乡镇综合管护、村级自行管护、专业第三方管护互为补充的长效管理机制，在乡镇设立公共设施管护机构，有条件的地方推行第三方物业管护。

关于推动四川履行青藏高原生态保护义务的建议

摘　要：2023 年 4 月 26 日，中华人民共和国第十四届全国人民代表大会常务委员会审议通过了《中华人民共和国青藏高原生态保护法》，并自 2023 年 9 月 1 日起施行。借鉴青藏高原各省（区）贯彻落实生态保护责任的特色做法，结合四川实际，提出四川履行高原生态保护义务的建议：一是推进四川省青藏高原生态保护立法衔接，加快推进青藏高原生态保护省级、市（州）级地方立法；二是提升四川青藏高原生态保护执法效能，围绕准入管理、执法监督、环保督察、综合执法等方面全面提升执法效能；三是建立青藏高原生态保护司法协作机制，推动设立青藏高原生态保护法庭，建立青藏高原生态环境执法与环境司法的衔接机制；四是围绕守法需要，建立健全青藏高原生态保护成效评估与考核机制、资金保障机制、科技创新机制和生态保护宣传教育机制。

关键词：青藏高原；生态保护义务；生态保护法治建设

一、《中华人民共和国青藏高原生态保护法》适用范围

（一）青藏高原的行政区域范围与面积

我国青藏高原涉及西藏、青海、新疆、四川、甘肃、云南六省（区）的 212 个有关县（市、区），总面积约 258 万 km^2。西藏自治区和青海省位于青藏高原的核心区域，西藏境内的 74 个县（市）和青海省境内的 40 个县（市）全部位于青藏高原地区。此外，四川有 47 个县（市）、甘肃有 27 个县（市）、新疆有 14 个县（市）、云南有 10 个县（市）都完全或部分包括在青藏高原范围内①（图 1）。青藏高原在四川省面积约 25.49 万 km^2，分布在 47 个县（市），占四川省面积约 53%，占整个青藏高原面积约 10%②（图 2）。四川省 47 个县（市）全部位于川西高原的 3 个少数民族自治州，即甘孜藏族自治州［18 个县（市）的全部］、阿坝藏族羌族自治州［13 个县（市）的全部］和凉山彝族自治州

① 张镱锂，李炳元，郑度.《论青藏高原范围与面积》一文数据的发表——青藏高原范围界线与面积地理信息系统数据[J]. 地理学报，2014，69（s1）：65-68.

② 四川省人大城环资委办公室，省人大城环资委组织召开《中华人民共和国青藏高原生态保护法（草案征求意见稿）》讨论会，四川人大网. https：//www. scspc.gov.cn/hybd/202205/ t20220523_41592.html.

［除位于云贵高原的会东县以外的 16 个县（市）］。

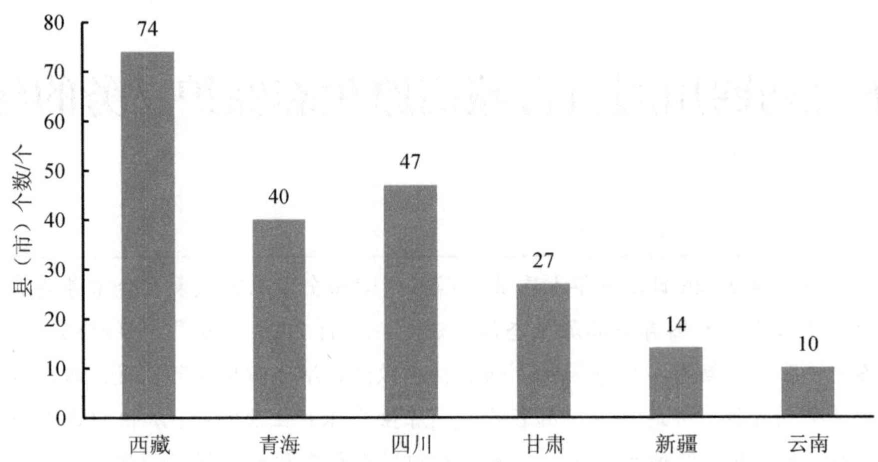

图 1　青藏高原六省（区）的县（市）分布情况

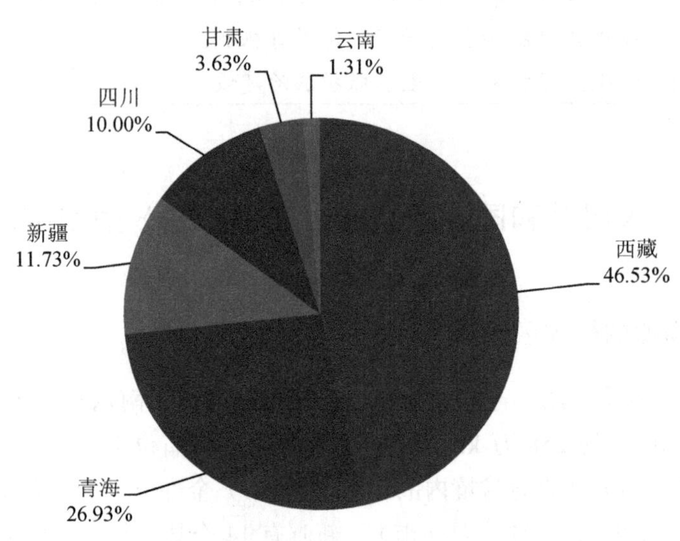

图 2　青藏高原六省（区）的面积占比情况

（二）法律适用范围

综合考虑青藏高原生态系统完整性、法律可操作性等因素，《中华人民共和国青藏高原生态保护法》对法律适用范围界定为“从事或涉及青藏高原生态保护相关活动，应当遵守本法”“本法所称青藏高原，是指西藏自治区、青海省全域以及青藏高原区域涉及的新疆维吾尔自治区、四川省、甘肃省、云南省的相关县级行政区域，具体范围由国务院授权的部门确定”。四川位于青藏高原东南缘，是长江、黄河上游重要生态屏障，立法涉及的法律适用范围具体如下（表 1）。

表 1 《中华人民共和国青藏高原生态保护法》在四川省内的法律适用范围

法律适用范围	具体内容
行政区域范围	甘孜藏族自治州（18 个县级人民政府的全部）、阿坝藏族羌族自治州（13 个县级人民政府的全部）和凉山彝族自治州（除位于云贵高原的会东县以外的 16 个县级人民政府）。四川省面积约 25.49 万 km^2，分布在 47 个县（市），占四川省面积约 53%，占整个青藏高原面积约 10%
生态保护区域	主要包括川滇森林及生物多样性生态功能区、若尔盖草原湿地生态功能区、川西北水源涵养与生物多样性保护区、岷江—邛崃山—凉山生物多样性保护与水源涵养区[①]
主要保护对象	立足青藏高原系统保护、协同保护、特殊保护的需要，主要针对高原冻土、高寒草甸、若尔盖草原湿地、川西北天然林、水资源、珍贵濒危或者特有野生动植物、雪山、冰川等重要生态系统进行保护
绿色发展保障	从促进减污降碳、助力草畜平衡、服务绿色工程、推动产业转型等方面发挥保障功能
司法保障建设	设立大熊猫国家公园法庭等集中管辖机构，结合青藏高原地区地广人稀的特点，构建以中心法庭为主，以巡回法庭、巡回审判点、法官工作室为辅的多层次、立体化司法服务网络。依法审理比特币“挖矿”案、“五小叶槭”保护案等标志性案例[②]

二、青藏高原各省（区）贯彻落实生态保护责任的特色做法

（一）坚持系统观念，整体推动《中华人民共和国青藏高原生态保护法》的贯彻实施

《中华人民共和国青藏高原生态保护法》是在深入学习领会习近平生态文明思想和习近平总书记关于青藏高原生态保护的重要讲话精神，系统梳理党中央发布的文件、政策和现行法律法规基础上制定的，其在起草过程中采纳吸收了《西藏自治区国家生态文明高地建设条例》《青海省生态文明建设促进条例》等地方立法成功经验，其贯彻实施需要坚持系统保护、协同保护、特殊保护，根据青藏高原特殊的地位和生态环境保护的任务需求整体推动。

西藏：提出“着力创建国家生态文明高地，努力做到生态文明建设走在全国前列”的战略目标，把贯彻实施《中华人民共和国青藏高原生态保护法》与创建国家生态文明高地结合起来，系统构建生态文化体系、生态经济体系、目标责任体系、生态文明制度体系、生态安全体系，坚持在保护中发展、在发展中实现更高水平的保护。具体包括：

① 认真贯彻实施中华人民共和国青藏高原生态保护法 推动环境资源审判工作高质量发展——青藏高原生态司法保护调研座谈会综述，人民法院报，2023 年 9 月 1 日。

② 同上。

推动制定《西藏自治区国家生态文明高地建设条例》《西藏自治区大气污染防治条例》《西藏自治区动物防疫条例》等地方性法规，完成《西藏自治区环境保护条例》修编，建立健全河（湖）长制、林长制等系列规章制度，出台《西藏自治区关于构建现代环境治理体系的实施意见》《西藏自治区生态环境保护督察工作实施细则》《西藏自治区江河源保护行动实施方案》等70余个指导性文件，基于法律实施的需要系统构建青藏高原生态保护制度体系。

青海：将保护"中华水塔"的重大使命、全面贯彻习近平总书记"把青藏高原打造成为全国乃至国际生态文明高地"的重大要求以及《中华人民共和国青藏高原生态保护法》"立足建设国家生态文明高地"的立法定位相结合，全方位打造生态安全屏障、绿色发展、国家公园示范省、人与自然生命共同体、生态文明制度创新、山水林田湖草沙冰保护和系统治理、生物多样性保护等领域的新高地，系统构建了以《青海省生态文明建设促进条例》为保障，以国家批复的《青海省生态文明先行示范区建设实施方案》为载体，以《青海省创建全国生态文明先行区行动方案》《青海省建设国家循环经济发展先行区行动方案》《青海省生态文明制度建设总体方案》《贯彻落实中央生态文明体制改革总体方案实施意见》4个文件为支撑的"一个载体、四个支撑、一个保障"高原生态文明建设制度体系，整体推动《中华人民共和国青藏高原生态保护法》贯彻落实。

（二）推动立法衔接，体现和回应地方青藏高原生态保护的特殊需求

《中华人民共和国青藏高原生态保护法》出台后，青海、西藏及时梳理各自生态环境保护立法需求，统筹推进生态环境保护领域地方性法规立改废释工作，积极推进体现地方特色和特殊需求的青藏高原生态保护法治建设。

西藏：一是将《中华人民共和国青藏高原生态保护法》和《西藏自治区国家生态文明高地建设条例》贯彻落实结合起来，统筹推进生态环境保护领域地方性法规立改废释。二是出台《西藏自治区人民代表大会常务委员会关于全面贯彻实施中华人民共和国青藏高原生态保护法的决定》，并在此基础上研究制定《中华人民共和国青藏高原生态保护法实施办法》。三是从法治层面保护冰川资源，起草《西藏自治区冰川资源保护条例》，编制实施冰川（冰雪）资源保护总体规划，明确冰川资源保护开发生态管控边界，强化冰川资源开发建设活动源头管控，并对涉冰川矿泉水、冰雪旅游、冰雪运动等开发活动进行规范，最大限度保护好西藏珍贵的冰川冰雪资源。四是协同推进青藏高原生态保护法治建设，在总结拉萨、日喀则、林芝、山南4个市同步颁布《雅鲁藏布江保护条例》经验基础上继续探索推进青藏高原生态保护协同立法。

青海：青海省在《中华人民共和国青藏高原生态保护法》出台前，已建立了具有青海特色的生态文明制度体系。一是积极参与国家生态法治建设，《中华人民共和国青藏高原生态保护法》充分吸收《青海省生态文明建设促进条例》"坚持生态保护第一，正确处理保护与发展的关系，把生态文明建设放在优先地位"等立法成功经验。二是建立

完善生态文明领域引领性和重点领域地方性法规，出台《青海省生态环境保护条例》《青海省循环经济促进条例》《青海省野生动物保护条例》等，适时修订《青海省生态文明建设促进条例》。三是全力打造国家公园示范省新高地，及时修正《三江源国家公园条例》，从公园本底调查、保护对象、产权制度、资产负债表、生物多样性保护、生态环境监测、文化遗产保护、生态补偿、防灾减灾、检验检疫等方面对公园管理做出明确规定。四是打造山水林田湖草沙冰保护和系统治理新高地，结合青海特有的高原生态系统保护需求，构建了《青海湖流域生态环境保护条例》《青海省湟水流域水污染防治条例》《青海省可可西里自然遗产地保护条例》《青海省湿地保护条例》等高原生态保护与污染防治法律制度体系。

（三）强化执法力度与执法检查，落实《中华人民共和国青藏高原生态保护法》的制度设计

西藏：一是加大执法力度。西藏各级人民政府及其有关部门要将青藏高原生态保护工作纳入国民经济和社会发展规划，加快建立和完善青藏高原生态保护规划体系。建立青藏高原生态保护协调联动机制和联合执法机制，实行生态环境保护责任制、绩效评价考核及主要负责人约谈制度；落实好本行政区域的生态保护修复、生态风险防控、优化产业结构和布局、维护青藏高原生态安全等责任；加强信息公开，完善生态保护公众参与机制；建立表彰和奖励机制，对在青藏高原生态保护工作中作出突出贡献的单位和个人予以表彰奖励。二是强化依法监督。从 2024 年开始，西藏自治区县级以上人大或者其常委会依法定期听取审议本级人民政府关于青藏高原生态保护工作情况的报告，完善执法检查等监督工作机制，督促有关部门及其工作人员依法履职，确保青藏高原生态保护法得到有效贯彻实施。

青海：一是按照“三江源草原草甸湿地、祁连山冰川与水源涵养国家重点生态功能区屏障，河湟谷地生态环境综合治理区、泛共和盆地生态保护修复区、柴达木盆地生态环境综合治理区”“两屏三区”生态安全格局，落实规划方案政策制度举措，强化系统保护治理，推进县域重点生态功能区监测评估。二是开展保护“中华水塔”行动，组织实施三江源、青海湖、祁连山等重大生态保护建设工程和祁连山区山水林田湖生态保护修复试点项目。重点生态治理区域覆盖四川省面积的 68%，涵盖水面、湿地、林草的蓝绿空间占比超过 70%，青海湿地总面积居全国首位，可可西里成为我国面积最大的世界自然遗产地。三是深入开展“绿盾”自然保护区强化监督工作，生物多样性得到有效保护，雪豹、藏羚羊等珍稀濒危物种种群数量逐年增加。

（四）突出司法保障，建立青藏高原生态保护跨区域司法协作机制

2021 年 12 月，西藏、四川、云南、青海、甘肃、新疆六省（区）及新疆生产建设兵团检察院联合出台《关于建立青藏高原及周边区域生态检察司法保护跨省际区划协作机

制的意见》，形成跨省际区划司法协作机制。

协作机制内容：一是建立信息协作机制。实现生态环境检察信息共享，探索建立信息互通平台。针对部分自然保护区的案件线索，通过层报省级检察院进行统一管理。二是建立办案协作机制。对涉及冰川、大气污染、河湖生态、森林草地、生物多样性保护等案件进行协同办理，及时会商，共同研讨，统一事实认定标准。三是建立生态修复协同机制。针对跨区域的生态修复工作齐抓共管、协同共治。

司法保障主要措施：一是严厉打击破坏青藏高原及五大自然保护区生态环境资源刑事犯罪。涉及污染河流湖泊、土壤和破坏生物多样性等犯罪活动。二是强化检察监督。通过检察建议、支持起诉、抗诉等手段，加大监督力度。三是发挥公益诉讼职能。聚焦青藏高原及五大自然保护区的生态环境损害案件，积极提起公益诉讼，跟踪公益诉讼生效判决的执行情况。四是积极践行恢复性司法理念。督促犯罪嫌疑人、被告人或者相关单位通过补植复绿、消除污染等方式，保护和修复青藏高原及周边区域生态环境。

三、关于四川省履行青藏高原生态保护义务的建议

（一）聚焦《中华人民共和国青藏高原生态保护法》的地方立法衔接，强化四川省青藏高原生态保护法治建设

以《中华人民共和国青藏高原生态保护法》贯彻实施为契机，围绕筑牢长江黄河上游生态屏障，加快推进青藏高原生态保护省级、市（州）级地方立法。一是加强省级青藏高原生态保护法治建设。制定《四川省雪山冰川资源保护条例》解决四川省雪山、冰川资源保护面临经济发展与保护矛盾突出、开发利用不规范、保护底数不明、执法依据不充分、部门职责分工不清、与民族习惯存在冲突、保护措施碎片化等问题，回应四川省关于青藏高原生态保护的特殊需求。在《四川省生物多样性保护条例》《四川省环境保护条例》等省级地方性法规制、修订过程中，体现和衔接上位法关于青藏高原生态安全格局、生态保护修复、生态风险防控等方面的要求。出台《四川省青藏高原生态保护管理办法》政府规章，明确各级各部门职责分工，加强沟通协作，建立事权清晰、职责分明的高原生态保护管理体制，推进政策规划相统一、数据信息可共享。二是推进青藏高原市（州）级协同立法和特色立法。一方面，推动甘孜、阿坝、凉山三州协同立法。甘孜、阿坝、凉山可分别制定《筑牢长江黄河上游生态屏障条例》，在该条例的核心内容、基本标准、关键举措等规定上保持一致，实现“一个立法框架，三家通过”，推动实现青藏高原生态保护跨区域协同“共治”。另一方面，推动贡嘎山、若尔盖国家公园特色立法。《四川省大熊猫国家公园管理条例》已于 2023 年 7 月 31 日发布，甘孜、阿坝可以通过制定《贡嘎山国家公园保护条例》《若尔盖国家公园保护条例》，从国家公园建设本底调查、生物多样性保护、生态环境监测、文化遗产保护、生态补偿、防灾减

灾等方面对四川省青藏高原重要生态系统进行特殊保护。同时践行生态文明理念，针对国家公园内部及周边社区的协调发展明确提出减畜降牧、推进农牧业高质量绿色发展等要求。

（二）聚焦《中华人民共和国青藏高原生态保护法》督察执法落实，提升青藏高原生态保护执法效能

结合《中华人民共和国青藏高原生态保护法》的贯彻落实，围绕人民群众高度关注的高原生态环境问题，全面提升青藏高原生态环境执法监管效能。省生态环境主管部门对青藏高原地区生态环境执法工作进行统一领导和部署，每两年开展一轮青藏高原生态环境保护专项执法行动。围绕准入管理，针对青藏高原生态保护、国家公园建设不断完善以“三线一单”为核心的生态环境分区管控体系，并动态更新，严格履行空间、总量和环境准入管控要求。强化雪山、冰川资源开发建设活动源头监管，对涉雪山冰川矿泉水、冰雪旅游、冰雪运动等开发活动进行规范。围绕执法监督，针对高原地区盗挖泥炭、盗猎野生动物以及违规占用草原、破坏湿地、开矿、修路等生态破坏突出问题联合开展执法督查。持续开展“绿盾”行动强化自然保护地监督检查。严格生态保护红线管理，定期组织开展高原地区生态保护问题现场核查。围绕环保督察，健全四川省级生态环保督察整改、督导、评估、验收闭环体系。依托省级环保督察机制，持续传导压力，压实责任。重点督察四川省青藏高原地区各级党委、政府贯彻落实国家、省、市（州）关于青藏高原生态保护的各项法律、法规和政策情况，以及解决突出环境问题和落实高原生态保护主体责任情况。围绕综合执法，重点解决“九龙治水”，执法监管“碎片化”问题，探索实现贡嘎山、若尔盖等国家公园范围内自然资源资产管理、生态保护修复、生态环境综合执法职责的“统一行使”。参照《四川省大熊猫国家公园管理条例》，将国家公园所在县涉及自然资源、林业草原等执法职责依法划转国家公园管理机构；将公园内现有各类保护地管理职责依法并入管理机构；对国家公园所在县生态资源环境执法机构和人员进行整合，授权管理机构统一行使生态环境综合执法职责并接受生态环境部门指导和监督。

（三）聚焦《中华人民共和国青藏高原生态保护法》司法保障，建立青藏高原生态保护司法协作机制

建立四川省青藏高原地区跨区域司法保护协作机制，充分发挥司法保障功能，凝聚司法合力，筑牢青藏高原生态安全屏障。一是推动设立青藏高原生态保护法庭。在拟推动设立的以四川省为主体的长江上游生态保护法院中内设专门的青藏高原生态保护法庭，集中统一行使四川省青藏高原地区环境资源案件管辖权，集聚有效审判资源，依法解决青藏高原地区在资源环境承载能力、灾害风险防范、绿色发展途径等方面存在的问题，统筹推进山水林田湖草沙冰一体化保护和系统修复，确保《中华人民共和国青藏高原生态保护法》等法律法规的统一实施。二是建立青藏高原生态环境执法与环境诉讼活动的衔接机制。加强四川省各级司法机关与青藏高原当地河（湖）长制、林长制办公室、生态环境、水利、林草、自然资源、农牧等部门的衔接配合。建立青藏高原生态环境损害赔偿、环境公益诉讼案件线索和信息通报、共享机制，强化执法部门案件线索意识和案情取证手段。对案情重大、复杂和社会影响较大的案件，由行政执法部门会同公安部门联合办理，必要时邀请检察院、法院等单位进行事前风险评估研判。

（四）聚焦《中华人民共和国青藏高原生态保护法》守法需要，强化青藏高原生态保护保障机制

围绕《中华人民共和国青藏高原生态保护法》“坚持生态保护第一”的基本原则，健全保障机制，高水平构建生态环境治理体系。一是建立健全青藏高原生态保护成效评估与考核机制。建立青藏高原生态保护成效评估制度，制定年度评估方案，围绕青藏高原地区生态系统多样性、稳定性、持续性、完整性以及生态保护修复成效、生态系统服务、生态环境质量、生态承载力等要素定期开展评估。同时，定期对青藏高原生态保护有关责任单位进行考核，将生态保护成效评估、生态环境保护综合行政执法以及日常监管情况，作为有关单位干部综合评价、责任追究、离任审计的重要依据。二是建立健全青藏高原生态保护资金保障机制。贯彻落实国家鼓励和支持社会资本参与生态保护修复意见，促进社会资本参与青藏高原地区生态建设。创新完善四川省青藏高原地区生态综合补偿制度，推动建立基于 GEP 核算的综合生态补偿转移机制，探索建立重点生态保护区补偿标准动态调节长效机制，推进生态综合补偿试点。建立健全四川省青藏高原地区生态产品价值实现机制，建立生态产品价值评估定价机制，构建生态系统服务价值及生态资产动态评估体系。建立川西天然林碳汇储备评估，完善青藏高原地区森林、湿地、草原等碳汇形成机制。三是建立健全科技创新和宣教能力建设机制。统筹实施青藏高原地区生态领域重大科技专项，开展退化生态系统综合修复、功能提升、绿色可持续发展、地灾防治与风险防控等关键技术集成示范。加强青藏高原地区资源综合利用、碳达峰碳中和、清洁能源、绿色有机农牧业等领域适用技术攻关。健全生态文明宣传教育体系，加强青藏高原生态保护宣传教育和科学普及，传播生态文明理念，倡导绿色低碳生活方式，提高全民生态文明素养，鼓励和支持单位、个人参与青藏高原生态保护相关活动。四是推动完善生态环境监测体系。加快建设生态环境观测站点，对青藏高原重要生态安全区域开展监测评估，分析生态环境变化对区域生态安全的影响。

关于生态环境高水平保护支撑成渝地区双城经济圈经济社会高质量发展，建设美丽中国先行区的思考与建议

摘　要：为推动成渝地区双城经济圈以生态环境高水平保护支撑成渝地区双城经济圈经济社会高质量发展，本文结合党的二十大报告要求及成渝地区双城经济圈发展实际，提出深入推进成渝地区双城经济圈环境污染联防联治，协同提升成渝地区双城经济圈生态系统多样性、稳定性、持续性，共同加快成渝地区双城经济圈发展方式绿色转型，积极稳妥推进成渝地区双城经济圈碳达峰碳中和等四条建议。

关键词：成渝地区双城经济圈；美丽中国先行区；生态环境高水平保护

成渝地区双城经济圈建设是以习近平同志为核心的党中央促进新时代区域协调发展战略之举，蕴含着在西部形成带动全国高质量发展重要增长极的战略考量。2022 年印发的《成渝地区双城经济圈生态环境保护规划》明确指出，到 2035 年基本建成美丽中国先行区；同年生态环境部又明确提出“成渝地区双城经济圈要共建绿色低碳高品质生活宜居地，构建人与自然和谐共生的美丽中国先行区”。生态环境部《2023 年生态环境工作要点》明确，要聚焦区域重大战略打造美丽中国先行区，谋划以生态环境高水平保护支撑重大战略区域高质量发展的具体举措。因此，建设美丽中国先行区既是成渝双城经济圈筑牢长江上游重要生态屏障的现实需要，也是探索美丽中国地方实践的战略任务。

一、以生态环境高水平保护支撑成渝地区双城经济圈高质量发展，构建人与自然和谐共生的美丽中国先行区

（一）站在人与自然和谐共生的高度推动美丽中国建设，是实现中国式现代化的本质要求之一

党的二十大报告（以下简称“报告”）指出“中国式现代化是人与自然和谐共生的现代化”，将人与自然和谐共生的现代化作为中国式现代化 5 个方面中国特色之一，进一步丰富和拓展了中国式现代化的内涵和外延，为在社会主义现代化建设中正确处理人

与自然的关系提供了根本遵循。中国式现代化的生态观强调人与自然是生命共同体，人类是自然的一部分，必须尊重自然、顺应自然、保护自然。中华文明历来崇尚天人合一、道法自然，无论是庄子提出的“天地与我并生，而万物与我为一”，还是北宋张载提出“天人合一”“民吾同胞，物吾与也”思想，均指出人与天地万物是相互联系、相互依存的，人与自然和谐共生是对中华传统智慧的持续探索与升华。当前，由于人口规模巨大和中国实现现代化的后发性，我国实现现代化面临着更强的资源环境约束和更高的生态环境诉求，必须摒弃大量消耗资源能源、严重破坏生态环境的老路，努力走人与自然和谐共生的现代化新路，守好良好生态环境这个最普惠的民生福祉。

“报告”将推进美丽中国建设作为促进人与自然和谐共生的本质要求，强调“我们要推进美丽中国建设，坚持山水林田湖草沙一体化保护和系统治理，统筹产业结构调整、污染治理、生态保护、应对气候变化，协同推进降碳、减污、扩绿、增长，推进生态优先、节约集约、绿色低碳发展”。党的十八大以来，习近平总书记站在中华民族永续发展的高度，亲自谋划、亲自部署、亲自推动建设人与自然和谐共生的美丽中国。党的十九届五中全会提出，“到二〇三五年基本实现社会主义现代化远景目标，美丽中国建设目标基本实现，到本世纪中叶把我国建成富强民主文明和谐美丽的社会主义现代化强国。”美丽中国是社会主义现代化强国目标实现的重要标志之一，是现阶段到21世纪中叶生态文明建设过程与建设成果的集中体现，建设美丽中国回应了人民群众对美好生活的期待，描绘了社会主义生态文明新时代的美好蓝图，同时也顺应了人与自然和谐共生的本质要求。

（二）坚持以生态环境高水平保护支撑成渝地区双城经济圈高质量发展，打造美丽中国先行示范区

2022年，生态环境部印发《关于加强生态环境保护推进美丽中国建设的指导意见》，明确要求要聚焦区域重大战略打造美丽中国先行区，并对成渝地区双城经济圈（以下简称成渝地区）提出了“要共建绿色低碳高品质生活宜居地，构建人与自然和谐共生的美丽中国先行区”的重要任务。生态环境部部长黄润秋在2023年全国生态环境保护工作会议上的工作报告中强调，要积极推进美丽中国建设实践，聚焦区域重大战略打造美丽中国先行区，谋划以生态环境高水平保护支撑重大战略区域高质量发展的具体举措。

高质量发展是全面建设社会主义现代化国家的首要任务，绿色发展理念为高质量发展提供了更加丰富、广泛的内涵。良好生态环境是检验一个国家、一个地区高质量发展的重要标准，也是实现高质量发展的一个重要途径。实践表明，发展不能以破坏生态为代价，保护生态环境就是保护生产力、改善生态环境就是发展生产力。以生态环境高水平保护支撑区域高质量发展，应该按照“报告”提出的“加快发展方式绿色转型，深入推进环境污染防治，提升生态系统多样性、稳定性、持续性，积极稳妥推进碳达峰碳中和”，不断增添高质量发展的“绿色含量”，推动实现经济社会高质量的跨越式发展。

成渝地区双城经济圈是习近平总书记亲自部署的国家重大区域协调发展战略，地处长江流域上游，生态地位突出、资源禀赋优良、产业基础雄厚、开放程度较高，具备建设美丽中国先行区的基础和条件。对于成渝地区而言，全面、完整、准确理解“报告”对美丽中国的建设要求，谋划以生态环境高水平保护支撑成渝地区高质量发展，是建设人与自然和谐共生的美丽中国先行区的重要举措。

二、协同推进生态环境高水平保护

（一）深入推进成渝地区环境污染联防联治

习近平总书记强调：“要巩固污染防治攻坚成果，坚持精准治污、科学治污、依法治污，以更高标准打好蓝天、碧水、净土保卫战，以高水平保护推动高质量发展、创造高品质生活，努力建设人与自然和谐共生的美丽中国。”党的十八大以来，推动污染防治的措施之实、力度之大、成效之显著前所未有，党和国家的重大决策部署从“坚决打好污染防治攻坚战”到“深入打好污染防治攻坚战”，意味着当前攻坚战触及的矛盾问题层次更深、领域更广、要求更高，这就需要我们保持力度、延伸深度、拓宽广度，以更高标准打好蓝天、碧水、净土保卫战，集中兵力采取更切实有效的举措。

1．发展现状

成渝地区共同推动环境质量持续改善，在大气污染防治方面，两省（市）多次召开川渝重点区域大气污染联防联控会议、毗邻城市联防联控专题会议和成都平原、川南、川东北三大重点区域联防联控会，协同开展川渝地区水泥常态化错峰生产工作。2022年，四川省环境空气优良天数比例为89.3%，重污染天气7天，同比减少8天；重庆市空气质量优良天数率为91%，无重污染天气。在水污染防治方面，联合发布《川渝跨界河流管理保护联合宣言》，推行“河长+检察长”协作，确定流域面积50 km^2以上的81条跨界河流基础数据，协同开展琼江、铜钵河、大清流河等流域水污染防治和水生态环境修复。2022年，川渝跨界河流25个国控断面水质达标率为100%，四川203个国考断面水质优良率达99.5%，Ⅱ类以上水质断面占比75.4%；重庆74个国控断面水质优良率达98.6%，长江干流四川及重庆段水质持续保持为Ⅱ类。在土壤污染防治方面，两省（市）共同研究毗邻区域土壤污染重点监管单位清单，开展隐患排查和自行监测，在全国率先开展跨省“无废城市”共建，联合印发《关于推进成渝地区双城经济圈“无废城市”共建的指导意见》。在全国首创危险废物跨省（市）转移“白名单”制度，并拓展延伸到贵州、云南，川渝两省（市），直接审批转移300余批次超14万t。但同时应注意到，成渝地区因自然地理因素和产业结构原因大气污染治理难度较大，四川盆地秋冬季$PM_{2.5}$和春夏季臭氧防治难度较大，区域内仍有超过一半的城市$PM_{2.5}$年平均浓度超标，臭氧污染呈恶化态势。川渝两地跨界河流纵横交错，跨界、共界、往复游动情况复杂，水环境治理及持续保持难度较大，部分小支流存在富营养化现象。

2．对策建议

一是持续深入打好蓝天保卫战。加强重污染天气联合应对，针对冬季$PM_{2.5}$、夏季臭氧持续污染问题，重点在成都平原、川南和渝西片区加强污染成因机理和排放特征分析。建设跨省（市）空气质量信息交换平台，实现四川15个市、重庆27个区县空气质量监测数据实时共享，实施联合预报预警，提升臭氧预报能力。实施污染综合整治，不断强化VOCs污染联动治理，深化移动污染源协同治理。推进川渝地区大气环境标准统一制定工作，联合出台玻璃、陶瓷行业地方标准，助力重点行业高质量发展。持续开展川渝毗邻地区大气污染联防联控专项行动，协同开展大气污染联动帮扶。二是联合开展重要江河湖库生态保护治理。以沱江、嘉陵江、渠江、涪江、长江等跨界流域为重点，健全上下游联动协作、左右岸协同统一的流域联防联治机制，持续开展涪江、琼江、铜钵河等跨界河流联防联治试点，加大日常监管力度，加大联合排查、联动执法密度和频次，共同打造美丽河湖示范区。加强城宣万、遂潼、合广长等毗邻地区污水处理设施、污水污泥无害化处置设施共建共享，着重补齐县级、乡镇污水管网短板，解决污水管道错接、断头、堵塞等问题。三是稳步推进土壤污染共治与“无废城市”共建。联合建立土壤污染调查、评估制度，开展土壤污染信息收集和分析，分析确定污染地区的危险指数和安全等级，建立成渝地区土壤环境质量预警档案。强化土壤污染源协同监管，制定毗邻区域土壤污染重点监管单位清单，实施建设用地风险管控和修复和农用地土壤污染分类管控。持续推进成渝地区“无废城市”建设，深化危险废物跨省转移“白名单”，拓展危险废物跨省转移“白名单”覆盖范围。全面推行垃圾分类和减量化、资源化，完善生活垃圾分类投放、分类收集、分类运输、分类处理系统。四是防范和化解重大生态环境风险。严密排查和防范各类环境风险隐患，编制风险隐患清单并定期调度。加强应急预案对接、应急资源共享、应急处置协作，强化毗邻地区联合开展突发环境事件应急演练、辐射事故应急演练。以跨省界河流为重点，编制“一河一策一图”，健全跨流域突发水污染事件联防联控机制。共同建设环境应急物资储备基地，建立信息库动态更新机制，实现两省（市）信息互通和资源共享。

（二）协同提升成渝地区双城经济圈生态系统多样性、稳定性、持续性

习近平总书记强调：“要统筹山水林田湖草沙系统治理，实施好生态保护修复工程，加大生态系统保护力度，提升生态系统稳定性和可持续性”。党的十八大以来，我国推动实施山水林田湖草沙一体化保护和修复工程，有力提升了重点生态地区的生态系统质量和稳定性。成渝地区是关系长江上游生态安全的核心区，也是长江上游生态屏障的重要组成部分，两省（市）应携手强化上游意识、共担上游责任，统筹推进生态系统保护，提升长江上游生态功能承载能力，提供更多优质生态产品，为中国式现代化和人民群众更加美好的生活夯实生态基础。

1. 发展现状

成渝地区着力提升生态系统稳定性和连通性，在生态环境分区管控方面，联合印发《四川省、重庆市长江经济带发展负面清单实施细则》，建立实施成渝地区双城经济圈“三线一单”生态环境分区管控制度，并于成都、乐山开展“三线一单”减污降碳协同管控试点。探索建立跨界生态保护红线管控协调机制，四川划定生态保护红线 14.92 万 km^2。在生态保护和修复方面，累计共同实施“两岸青山 • 千里林带”建设超 340 万亩，四川、重庆森林覆盖率分别提高到 40.2%、54.5%。推进长江重点生态区生态保护和修复重大工程建设，完成长江干支流沿岸 10 km 范围废弃露天矿山生态修复面积超 1 800 hm^2、新增治理水土流失面积超 850 km^2，完成岩溶地区石漠化综合治理超 10 km^2。在生物多样性保护方面，建成水生生物自然保护区和水产种质资源保护区 53 个，协助编制长江上游珍稀特有鱼类国家级自然保护区总体规划，保护长江鲟等珍稀水生动物 40 余种。共同编制《川渝共商省级重点野生动物保护名录》，建立长江上游珍稀特有鱼类国家级自然保护区川渝司法协作生态保护基地，在长寿、潼南、开州、遂宁、广安、达州等地建立川渝协作司法保护公益诉讼增殖放流基地。严格落实长江“十年禁渔”，建立跨省交界水域联合执法机制，两省市 15 599 艘渔船、26 969 名渔民提前完成退捕上岸。在生态补偿方面，川渝两地在长江干流、濑溪河流域建立跨省流域横向生态保护补偿机制，每年共同出资 3 亿元设立川渝流域保护治理资金，专项用于相关流域的污染综合治理、生态环境保护、环保能力建设，目前重庆市潼南区、资阳市、遂宁市正在商讨拟定《琼江流域上下游横向生态补偿协议》。但同时应注意到，成渝地区生态系统脆弱，生态功能退化趋势尚未根本遏制，水土流失、石漠化等问题突出，两地共筑长江上游生态屏障任务迫切。

2. 对策建议

一是加快实施重要生态系统保护和修复重大工程。深入推进长江、嘉陵江、岷江、涪江、沱江等生态廊道建设，针对岷山—邛崃山—凉山区域、米仓山—大巴山区域、大娄山区域等成渝地区重要生态系统，实施长江上游干旱河谷生态治理工程、长江干支流防护林和人工林森林质量精准提升工程。强化万达开、明月山、川南渝西等毗邻地区自然保护地和生态保护红线监管，制定成渝地区矿山生态修复技术规范，共同推进嘉陵江等重点区域水土流失治理，实施三峡库区腹心地带山水林田湖草沙一体化保护和修复工程。提升区域内长江沿岸城镇生态韧性，实施滨江岸线治理，开展城市山体保护提升，完善城市绿地系统，提升绿地品质和功能。强化生态用水保障，依托长江、嘉陵江自然水系及供水设施布局，统筹配置本地水、过境水和外调水，增强区域水资源调配能力，构建两江互济、河库联调的水资源配置格局，保障成渝地区生态流量。二是加强成渝地区生物多样性保护。联合针对秦巴山区、武陵山区等生物多样性保护生态功能区开展生物多样性调查，围绕生态系统现状、物种资源现状、生物多样性分布特征、生物多样性保护状况对生物多样性现状进行评估。强化毗邻地区生物多样性安全监测管理，依托现有各级各类监测站点和监测样地，新建一批生态监测观测站点，构建“空天地一体化”

的生物多样性监测网络。加强长江水生生物联合保护，加强长江鲟、呼氏华鲮、短身白甲鱼等长江上游特有珍稀物种种群及栖息地保护，联合建立上游水产种质资源保护区，系统评估“十年禁渔”成效，探索在长江干流、金沙江、岷江等流域开展水生生物完整性评价试点。三是完善生态产品价值实现机制和生态保护补偿制度。联合探索构建生态产权制度，协同推进自然资源确权，建立生态产品价值统一核算制度；建立区域性生态产品交易中心，实现生态资源交易平台信息共享。建立生态产品价值评价体系，建立生态产品经营联合开发机制，重点在明月山、城宣万、遂潼、内江荣昌等生态本底良好、生态地位突出的毗邻地区探索“农业+”“乡村+”“文化+”“数字+”相互促进的跨区域生态产业体系，以生态农林业、生态旅游、森林康养、低碳产业等多产业协同模式，联合打造区域特色生态产品，协同构建区域一体品牌生态圈，实现生态资源的保值增值。扩大川渝两地跨省（市）横向生态补偿范围，逐渐将渠江、嘉陵江、涪江等重要支流纳入生态补偿范围，研究制定流域横向生态补偿方案。

三、携手服务经济社会高质量发展

（一）共同加快成渝地区发展方式绿色转型

习近平总书记强调：“推动经济社会发展绿色化、低碳化是实现高质量发展的关键环节。”高质量发展就是要加快发展方式绿色转型，按照促进人与自然和谐共生的要求，改变物质资源消耗、规模粗放扩张、高能耗高排放的发展模式，构建资源消耗低、环境污染少、科技含量高的产业结构，提高经济绿色化程度，让绿色成为发展的普遍形态。成渝地区是我国西南腹地人口最密集、产业基础最雄厚、创新能力最强的区域，应贯彻落实习近平总书记关于成渝地区双城经济圈建设要“在西部形成高质量发展的重要增长极”的重要指示精神，探索绿色转型发展路径，打造高质量发展样板，支撑建成美丽中国先行区。

1．发展现状

成渝地区积极建设“绿色经济圈”，在绿色低碳产业发展方面，川渝两地政府联合印发《推动川渝能源绿色低碳高质量发展协同行动方案》，共推川渝能源一体化发展。启动建设成渝“电走廊”“氢走廊”“智行走廊”，举办 2022 世界清洁能源装备大会。推进川渝电网一体化，川渝间已建成 11 条省际高速公路“电走廊”。建设川渝千亿方天然气基地，2022 年产气超 483 亿 m^3。在绿色低碳高质量发展示范区建设方面，重庆经济技术开发区、四川自贡高新技术产业开发区纳入国家首批绿色产业示范基地，成都、泸州、自贡 3 市获“国家公交都市建设示范城市”称号，重庆、宜宾被列入国家首批新能源汽车换电模式应用试点。成都建设践行新发展理念的公园城市示范区获国务院批准。在生态环保宣传方面，川渝两地借助六五环境日等联合开展宣传活动，采取生态环境志愿服务活动、主题摄影、少儿绘画比赛、环保打卡活动、环保讲座、“美丽中国 我是行动者——云倡议”等方式，通过线上线下相结合的活动形式，推动绿色低碳生活理念深入人心。但同时应注意到，成渝地区仍面临着产业结构调整压力大、区域新兴产业发展不足、绿色消费意识普及程度不高等挑战。

2. 对策建议

一是共同促进重点行业产业转型。全面推进成渝地区绿色制造，重点推动食品、轻工、纺织、玻璃、陶瓷、机械、化工等传统产业绿色化升级改造，构建全生命周期绿色制造体系。鼓励企业采用清洁生产技术装备改造提升，从源头促进工业废物“减量化”，强化能源资源高效利用，升级节能技术和设备，减少污染物泄漏，提升污染捕集能力。推动装备制造、汽车摩托车、冶金建材等传统优势产业集群化发展。促进煤炭清洁高效利用，加快推动燃煤替代，有序淘汰落后煤电，加快推进现有煤电机组优化升级，协同有序推进两省（市）“煤改电”“煤改气”工程。严格成渝地区转移产业的环境准入管理，从产品种类、工艺水平、污染物排放绩效等方面提出环境准入要求，推动能源消费绿色转型。二是培育壮大绿色新兴产业。联合打造节能环保装备产业集群，支持重庆中心城区、万州、潼南、成都、自贡、德阳等地，协同培育壮大节能环保产业集群，重点突出烟气脱硫脱硝、VOCs 深度治理、高浓度高难度污水治理等技术研发和装备制造产业绿色发展。协同开发油气资源，推动共建全国重要的清洁能源基地，加快创建清洁能源高质量发展示范区。加大力度打造以成都—内江—重庆发展轴为重点的“成渝氢走廊”，支持潼南、乐山等地发展光伏全产业链集群，鼓励璧山、宜宾等地发展动力电池、新能源汽车产业，推动重庆经开区、自贡高新区等开展国家绿色产业示范基地建设。联合发展具有国际竞争力的清洁能源装备产业，打造具有全国影响力的清洁能源沿江走廊和流域生态经济绿色发展轴，形成一批“川渝造”世界品牌。三是加快发展绿色消费。共同完善企业绿色生产的经济激励政策，出台绿色产品政府采购、绿色金融、信贷和补贴等政策，助力企业在技术创新、资源循环再生利用、绿色基础能力提升等方面获得更多资金支持，鼓励扩大绿色产品的供给。协同开展绿色低碳消费理念宣传，结合六五环境日、全国节能宣传周等重要节点，通过川渝两地名人采访采风活动、节能宣传知识竞赛、公益电影制作、环保骑行活动等，强化公众生态保护与资源节约意识，增强绿色消费的行为自觉。制定绿色产品消费激励办法，通过发放消费券、绿色积分、直接补贴、降价等方式，激励公众选择绿色的产品和服务。

（二）积极稳妥推进成渝地区碳达峰碳中和

习近平总书记强调：“实现碳达峰碳中和，是贯彻新发展理念、构建新发展格局、推动高质量发展的内在要求，是党中央统筹国内国际两个大局作出的重大战略决策。”实现碳达峰、碳中和是我国向世界作出的庄严承诺，同时也是破解资源环境约束突出问题、实现可持续发展的迫切需要、推动高质量发展的内在要求。成渝地区双城经济圈具备天然气和水电等可再生能源的双重优势，新能源产业和新能源基建有着较为深厚的基础，应抓住机遇率先实现“双碳”目标。

1．发展现状

成渝地区实施碳达峰、碳中和联合行动，在政策制定方面，两省（市）联合印发《成渝地区双城经济圈碳达峰碳中和联合行动方案》，明确了10项重点任务。四川编制了《四川省减污降碳协同增效行动方案》《四川省碳排放统计核算体系实施方案》。在平台建设方面，启动建设重庆市碳捕集与利用技术创新中心、四川省碳中和技术创新中心，完成天府永兴实验室建设，成都市“碳惠天府”绿色公益平台和重庆市“碳惠通”生态产品价值实现平台建成投用。在环境权益交易方面，截至2022年，四川成交国家温室气体自愿减排量3 614万t、成交金额逾2亿元，重庆碳排放权交易累计成交量3 999万t、成交金额8.35亿元。在低碳发展试点方面，重庆市两江新区、四川省天府新区被列入国家首批气候投融资试点，四川省17个园区开展近零碳排放园区试点，两省（市）积极开展绿色家庭、绿色学校、绿色社区创建。但同时应注意到，成渝地区经济总量的快速增长和城市人口不断聚集，导致能源消费总量增加较快，能源双控工作形势依然较为严峻，仍面临着环境管理存在标准差异、环境权益交易市场联动不足、绿色低碳创新驱动能力有待提高、低碳人才受到制约等问题。

2．对策建议

一是建立统一的绿色低碳标准体系。统筹考虑成渝地区“双碳”工作实施进展，重点关注毗邻地区问题，围绕绿色低碳产业发展和产业绿色低碳化改造，结合“双碳”和节能标准制定修订，建立健全区域绿色低碳重点标准清单，坚持一套标准管两省（市）。完善可再生能源标准，开展碳排放总量调查，研究制定生态碳汇、碳捕集利用与封存标准。突出标准引领，协同提升“两高”项目能效水平，降低碳排放总量和强度。滚动开展绿色低碳工艺、绿色低碳产品、绿色低碳工厂、绿色低碳供应链和绿色低碳园区认定，建立绿色低碳名优特新产品目录发布机制，同时在政府采购中加大绿色低碳认证产品采购力度。二是联合建立绿色低碳权益交易机制。共同探索推进川渝两地环境权益交易市场共建机制，打造绿色低碳市场要素平台，统筹两地已有排污权、用能权、用水权、碳排放权等环境权益类市场基础，共建西部环境资源交易中心；发挥川渝地区天然气资源优势，推动重庆石油天然气交易中心建设全国性天然气中心市场。探索水权、排污权等初始分配和跨省交易制度，开展碳排放权跨区域交易联合调研，健全完善自愿减排交易机制，推进地方自愿减排工作。三是联合推动绿色低碳技术创新。强化美丽中国先行区建设目标引领，共同开展减污降碳科技攻关，建设统一的绿色低碳技术评估体系，联动打造绿色技术创新中心、绿色工程研究中心，聚焦低碳与零碳工业流程再造技术、建筑交通低碳零碳技术、温室气体减排技术、新能源应用技术、资源综合循环利用技术等领域，开展绿色技术攻关和示范应用，不断提升创新成果转化率。加强两省（市）人才队伍联合培养，围绕碳达峰碳中和、能源绿色开发与低碳利用、清洁生产与减排等绿色低碳技术领域，强化两省（市）科研机构、高校、企业人才的合作交流，合力构建生态环境保护学术、科普、人才和智库体系。四是联合建设美丽中国先行区之美丽巴蜀城市。围绕美丽中国建设要求，统筹推进重点区域试点示范生态环境美丽城市建设，鼓励高竹新区、合广长、遂潼、资大、泸永江等毗邻地区建设绿色低碳、形式多样、特色鲜明的美丽城市等各类美丽细胞，在产业结构调整、污染治理、生态保护和应对气候变化等方面加大协作力度。联合开展绿色建筑创建行动，加强节能改造鉴定评估，对具备改造价值和条件的居住建筑实现应改尽改。提高基础设施运行效率，推进基础设施体系化、智能化、生态绿色化建设和稳定运行，有效减少能源消耗和碳排放。

政策法治篇

四川省 2030 年前碳达峰政策解读和对策研究

摘　要：制定地方碳达峰实施方案是贯彻落实党中央碳达峰碳中和重大战略决策的关键举措。2022 年年底，四川省人民政府印发《四川省碳达峰实施方案》，标志着四川省碳达峰行动从顶层设计迈向推进实施阶段。本文紧扣《四川省碳达峰实施方案》，对方案在绿色低碳顶层设计中的定位以及方案编制思路、总体框架、目标设置、行动布局等开展了分析，在此基础上从配套政策、结构性降碳、治理体系等方面提出贯彻落实的对策建议。

关键词：碳达峰；2030 年前；四川省；对策

力争 2030 年前实现碳达峰、2060 年前实现碳中和，是党中央经过深思熟虑作出的重大战略决策，也是一场广泛而深刻的经济社会系统性变革。制定地方碳达峰实施方案是贯彻落实党中央碳达峰碳中和重大战略决策的重要举措。2022 年 12 月 31 日，四川省政府印发《四川省碳达峰实施方案》（以下简称《实施方案》），标志着由“决定+实施意见+实施方案”组成的四川省碳达峰碳中和顶层设计基本完成（表 1），碳达峰行动进入了全面推进阶段。

表 1　四川省碳达峰碳中和顶层设计文件

序号	文件名称	印发机构	印发时间
1	《中共四川省委关于以实现碳达峰碳中和目标为引领推动绿色低碳优势产业高质量发展的决定》	中共四川省委	2021 年 12 月 2 日
2	《中共四川省委　四川省人民政府关于完整准确全面贯彻新发展理念做好碳达峰碳中和工作的实施意见》	中共四川省委 四川省人民政府	2022 年 3 月 14 日
3	《四川省碳达峰实施方案》（川府发〔2022〕37 号）	四川省人民政府	2022 年 12 月 31 日

一、内容架构及编制思路分析

《实施方案》包括总体要求、重点行动、对外合作、政策保障、组织实施五大部分、22 项内容（表 2），公开版有近 1.5 万字。《实施方案》总体架构与国家方案基本一致，在“加大天然气（页岩气）勘探开发力度”“推动工业领域绿色低碳发展”方面更加翔实，实现了既贯彻国家大政方针又充分体现四川特点。编制过程中坚持“三个统筹”。

表 2　国家和四川省“碳达峰十大行动”比较

国家“碳达峰十大行动”	四川省“碳达峰十大行动”
能源绿色低碳转型行动	围绕建设世界级优质清洁能源基地，实施能源绿色低碳转型行动
节能降碳增效行动	围绕全面提高能源资源利用效率，实施节能降碳增效行动
工业领域碳达峰行动	聚焦构建现代工业体系，实施工业领域碳达峰行动
城乡建设碳达峰行动	围绕推进新型城镇化和乡村振兴，实施城乡建设碳达峰行动
交通运输绿色低碳行动	加快交通强省建设，实施交通运输绿色低碳行动
循环经济助力降碳行动	聚焦全面提高资源利用效率，实施循环经济助力降碳行动
绿色低碳科技创新行动	推动科教兴川和人才强省，实施绿色低碳科技创新行动
碳汇能力巩固提升行动	筑牢长江黄河上游生态屏障，实施碳汇能力巩固提升行动
绿色低碳全民行动	围绕践行生态文明理念，实施绿色低碳全民行动
各地区梯次有序碳达峰行动	坚持四川省“一盘棋”思维，实施市（州）梯次有序碳达峰行动

（一）坚持“加法”与“减法”统筹

当前，四川正处于工业化中期向中后期过渡、城镇化加速期，发展不平衡、不充分问题仍较突出。从全国来看，四川人均 GDP、城镇化率等发展指标低于全国平均水平，甚至远低于重庆；从省内来看，除成都、攀枝花外，其他市（州）发展依然不充分，统筹发展与减排更具挑战性。省委十一届十次全会提出，要统筹做好“减法”和“加法”，一手抓减污降碳协同增效，一手抓绿色低碳产业发展。《实施方案》实现与《中共四川省委关于以实现碳达峰碳中和目标为引领推动绿色低碳优势产业高质量发展的决定》分工、衔接和融合，突出清洁能源生产、支撑和应用产业发展导向，有利于实现发展与减排统筹兼顾。

（二）坚持“全国”与“四川”统筹

实施碳达峰行动既需坚持全国“一盘棋”，也需发挥各地的优势和作用。在能源方面，四川可再生能源资源和天然气（页岩气）禀赋得天独厚，2020 年水电发电量和装机量均位居全国第一，是全国最大的天然气（页岩气）生产基地，每年均有较大比例电力和天然气东送；在产业方面，光伏晶硅、动力电池等绿色低碳产业优势突出，已经且将继续为全国降碳作出贡献。《实施方案》开篇明义，要求牢牢把握将清洁能源优势转化为高质量发展优势的着力方向，加快建成全国重要的实现碳达峰碳中和目标战略支撑区，为全国实现碳达峰贡献四川力量。

（三）坚持“减排”与“安全”统筹

近年来，气候异常和极端天气频发，能源供需失衡时有发生，保障能源安全稳定运行挑战巨大。2022 年 7—8 月，四川面临历史同期最高极端高温、最少降水量、最高电力负荷的“三最”叠加局面，电力保供遭遇严峻挑战，暴露出电力系统存在突出短板弱项。《实施方案》要求，优先建设具有季以上调节能力的水库电站，统筹规划建设抽水蓄能电站，补齐储气调峰能力短板，加快保供调峰天然气机组建设，增强火电托底保供能力，持续优化完善电网主网架，有利于增强发展、减排、安全的协同性，实现可持续发展和安全降碳。

二、碳达峰行动目标分析

目标是碳达峰行动总体要求的核心内容，也是评估碳达峰行动的重要指标。《实施方案》提出近 40 个定性、定量指标，既有衔接国家方案目标的量化细化，也有体现地方特点的新增指标。

（一）降碳核心指标

《实施方案》明确了碳达峰时间、煤炭和石油消费、非化石能源消费比重、可再生能源发电装机、单位 GDP 能源消耗降低、单位 GDP 二氧化碳排放降低等目标（表 3）。

表 3　国家和四川省碳达峰行动核心目标比较

项目	指标	国家		四川省		备注
		“十四五”	“十五五”	“十四五”	“十五五”	
核心指标	碳达峰时间	2030 年前		2030 年前		
	煤炭消费	增长得到严格控制	逐步减少	持续下降（到 2025 年原煤消费量不超过 7 000 万 t）	逐步减少（到 2030 年原煤消费量不超过 6 500 万 t）	严于国家
	石油消费	—	力争进入峰值平台期	—	力争进入峰值平台期	—
	非化石能源消费比重	20%左右	25%左右	41.5%左右	43.5%左右	分别高于国家 21.5 个百分点、18.5 个百分点
	水电、风电、太阳能发电装机	—	—	1.38 亿 kW 以上	1.68 亿 kW 左右	新增指标
	单位 GDP 能源消耗降低	13.5%（较 2020 年）	—	14%（较 2020 年）	—	高于国家 0.5 个百分点
	单位 GDP 二氧化碳排放降低	18%（较 2020 年）	65%以上（较 2005 年）	完成国家下达指标	70%以上（较 2005 年）	“十四五”高于国家

在达峰时间方面，要求 2030 年前如期碳达峰，表述与国家方案一致。用好优越的清洁能源资源禀赋，在工业化、城镇化发展阶段滞后于全国平均水平且省内发展较为不平衡的基础上，实现自身碳达峰并为全国降碳作出更大贡献，是 21 世纪 20 年代四川实现高质量发展的“必答题”和“挑战赛”。

在化石能源消费方面，四川煤炭消费已达峰，且需通过减煤为其他领域碳排放增长腾挪空间，因此要求“十四五”“十五五”用煤持续减少，预计将压减原煤消费 1 000 万 t，可减少二氧化碳排放 1 900 万 t。石油消费碳达峰时间与国家方案表述一致。

在非化石能源消费方面，消费占比保持高于全国平均水平 20 个百分点左右且有小幅降低趋势。可再生能源（包括水电、风电、太阳能发电，不含农林生物质发电、垃圾风电、地热发电）装机“十四五”“十五五”分别年均增长 9.7%、4.0%左右，其中“十四五”目标较《四川省“十四五”可再生能源发展规划》多增加 1 000 万 kW 左右，加大了开发利用力度。

在能耗和碳排放强度方面，“十四五”降幅均高于全国平均水平，将继续为全国节能降碳作更大更多贡献。其中，2030 年碳排放强度较 2005 年降低 70%以上，高于全国 5 个百分点，主要考虑是因为“十二五”“十三五”时期存量降幅较大，仅“十三五”就降低了 29.9%。因此，实现碳排放强度累计降低 70%的目标是有基础、有条件、可实现的。

（二）重点领域指标

重点领域主要涉及能源发展、工业发展、城乡建设、交通运输、循环经济、生态碳汇等方面近 32 个指标目标（表 4），其中天然气（页岩气）年产量、具备季以上调节能力的水电装机、电炉钢比重、主要港口港作机械及物流枢纽和园区场内车辆装备电动化、高速公路服务区充（换）电设施覆盖率和公路客运枢纽站充（换）电设施覆盖率为新增指标。

表 4　国家和四川省碳达峰行动重点领域目标比较

<table>
<tr><th rowspan="2">项目</th><th rowspan="2">指标</th><th colspan="2">国家</th><th colspan="2">四川省</th><th rowspan="2">备注</th></tr>
<tr><th>“十四五”</th><th>“十五五”</th><th>“十四五”</th><th>“十五五”</th></tr>
<tr><td rowspan="6">能源发展</td><td>新增水电装机</td><td>4 000 万 kW 左右</td><td>4 000 万 kW 左右</td><td>2 500 万 kW 左右</td><td>1 300 万 kW 左右</td><td>分别占全国的 63%、33%</td></tr>
<tr><td>风电装机</td><td>—</td><td rowspan="2">12 亿 kW 以上</td><td>约 1 000 万 kW</td><td rowspan="2">5 000 万 kW 左右</td><td rowspan="2">2030 年占全国的 4.2%</td></tr>
<tr><td>光伏发电装机</td><td>—</td><td>约 2 200 万 kW</td></tr>
<tr><td>天然气（页岩气）年产量</td><td>—</td><td>—</td><td>630 亿 m³</td><td>850 亿 m³</td><td>新增指标</td></tr>
<tr><td>新建通道可再生能源电量比例</td><td colspan="2">原则上不低于 50%</td><td colspan="2">原则上不低于 50%</td><td>—</td></tr>
<tr><td>新型储能装机</td><td>3 000 万 kW 以上</td><td>—</td><td>—</td><td>—</td><td>—</td></tr>
</table>

项目	指标	国家		四川省		备注
		“十四五”	“十五五”	“十四五”	“十五五”	
能源发展	抽水蓄能电站装机	1.2 亿 kW 左右	—	—	—	—
	具备季以上调节能力的水电装机	—	—	—	4 900 万 kW 左右	新增指标
	省级电网尖峰负荷响应能力	—	基本具备 5%以上	—	基本具备 5%以上	—
工业发展	电炉钢比重	—	—	—	40%以上	新增指标
	国内原油一次加工能力	10 亿 t 内	—	1 500 万 t 内	—	占全国的 1.5%
	主要产品产能利用率	80%以上	—	80%以上	—	—
城乡建设	城镇新建建筑绿色建筑标准	全面执行	—	全面执行	—	—
	城镇建筑可再生能源替代率	8%	—	8%	—	—
	新建公共机构建筑、新建厂房屋顶光伏覆盖率	50%	—	50%（太阳能资源丰富且具备条件的地区）		限定区域
交通运输	当年新增新能源、清洁能源动力的交通工具比例	—	40%左右	—	40%左右（不含摩托车）	—
	营运交通工具单位换算周转量碳排放强度降低	—	9.5%左右（较 2020 年）	—	9.5%左右（较 2020 年）	—
	国家铁路单位换算周转量综合能耗降低	—	10%（较 2020 年）	—	10%(较 2020 年)	—
	陆路交通运输石油消费	力争 2030 年前达到峰值		力争“十五五”末进入峰值平台期		—
	集装箱铁水联运量年均增长	15%以上	—	15%以上	—	—
	城区常住人口 100 万人以上的城市绿色出行比例	—	70%	—	70%	—
	主要港口港作机械、物流枢纽和园区场内车辆装备电动化	—	—	—	基本实现	新增指标
	高速公路服务区充（换）电设施覆盖率	—	—	80%	全覆盖	新增指标
	公路客运枢纽站充（换）电设施覆盖率	—	—	50%	—	新增指标
	民用运输机场场内车辆装备电动化	—	全面实现	—	全面实现	—
循环经济	省级以上重点产业园区循环化改造	—	全部实施	全部实施	—	国家全部实施目标已调至“十四五”

项目	指标	国家		四川省		备注
		“十四五”	“十五五”	“十四五”	“十五五”	
循环经济	大宗固体废物年利用量	40 亿 t 左右	45 亿 t 左右	1.95 亿 t 左右	2.2 亿 t 左右	分别占全国的 4.9%、4.9%
	9 种主要再生资源循环利用量	4.5 亿 t	5.1 亿 t	2 000 万 t	2 300 万 t	分别占全国的 4.4%、4.5%
	生活垃圾资源化利用比例	60%左右	65%	60%左右	65%	—
生态碳汇	森林覆盖率	—	25%左右	41%左右	—	—
	森林蓄积量	—	190 亿 m^3	21 亿 m^3	—	—
其他	碳达峰试点	100 个		—	—	—

在能源发展方面，水电、风电、太阳能发电装机“十四五”和“十五五”新增将超过 8 000 万 kW，新增水电装机占到全国的 47.5%，四川仍将是我国水电开发的“主阵地”；风电、太阳能发电装机“十四五”和“十五五”分别年均增长 39.0%、9.3%，将是增长最快的主要能源品种。天然气（页岩气）年产量年均增长 7%，川渝共建的国家天然气（页岩气）千亿立方米级产能基地将加快成型。

在工业发展方面，除国内原油一次加工能力、主要产品产能利用率指标外，四川将发挥电炉短流程炼钢产业基础好、清洁能源丰富、废钢资源禀赋突出等优势，实施电炉短流程炼钢高质量发展引领工程，力争 2030 年电炉钢比重提升至 40%以上，预计比重仍将明显高于同期全国平均水平。

在城乡建设方面，城镇新建建筑绿色建筑标准执行率、城镇建筑可再生能源替代率、新建公共机构建筑和新建厂房屋顶光伏覆盖率目标与全国一致。但由于四川人口、城镇、产业分布集中的四川盆地光照条件和经济性欠佳，《实施方案》明确了太阳能资源丰富且具备条件的地区（主要分布在“三州一市”地区）新建公共机构建筑、新建厂房屋顶光伏覆盖率目标。

在交通运输方面，共有 10 项指标，是指标最多的重点领域，其中 3 项为地方增加指标。多数指标目标值与全国一致，也有部分目标值进行了调整。考虑到四川地域广阔、地势起伏，以及发展阶段相对滞后、高原和山地电动车推广受限、水运和铁路交通制约等因素，明确陆路交通运输石油消费力争“十五五”末进入峰值平台期（国家为力争达峰），给予一定的时间缓冲。

在其他方面，在循环经济领域，四川作为工业经济和资源大省，“十四五”和“十五五”时期大宗固体废物年利用量分别占全国的 4.9%、4.9%，主要再生资源循环利用量分别占全国的 4.4%、4.5%。在生态碳汇领域，明确了 2025 年森林覆盖率、森林蓄积量目标。

三、碳达峰行动重要举措分析

（一）碳达峰十大行动

与国家方案一致，《实施方案》提出将实施能源绿色低碳转型行动、节能降碳增效行动、工业领域碳达峰行动、城乡建设碳达峰行动、交通运输绿色低碳行动、循环经济助力降碳行动、绿色低碳科技创新行动、碳汇能力巩固提升行动、绿色低碳全民行动、市（州）梯次有序碳达峰行动等“碳达峰十大行动”，共计有40项具体措施（图1）。

“碳达峰十大行动”中，既提出了地方细化举措，也有一些创新措施。例如，能源绿色低碳转型行动中明确，加快打造金沙江上游、金沙江下游、雅砻江、大渡河中上游4个水风光一体化可再生能源综合开发基地，加快建设国家天然气（页岩气）千亿立方米级产能基地；在工业领域碳达峰行动中明确，聚力发展清洁能源、晶硅光伏、动力电池、钒钛、存储等绿色低碳优势产业，鼓励发展电炉短流程炼钢；在交通运输绿色低碳行动中明确，加快推进出川战略大通道建设和运能紧张线路扩能改造，推进长江、沱江、嘉陵江、岷江、渠江航道等级提升；在绿色低碳科技创新行动中明确，建成全国重要的先进绿色低碳技术创新策源地，支持天府永兴实验室建设发展，制定绿色低碳优势产业技术攻关路线图；在绿色低碳全民行动中明确，支持“碳惠天府”碳普惠机制适时在四川省推广，倡导碳中和活动。

（二）其他方面举措

在对外合作方面，发挥四川清洁能源装备、动力电池等方面优势，支持新能源开发龙头企业、能源装备生产企业参与国际产业链供应链合作，扩大新能源技术和产品出口，将为全球应对气候变化提供技术、产品等解决方案。

在政策保障方面，统一管理四川省碳排放相关数据，探索开展出口工业品碳足迹认证；建立健全促进可再生能源规模化发展的价格形成机制；鼓励有条件的地方、金融机构、企业设立低碳转型基金，支持成都开展绿色金融改革创新，支持天府新区开展国家气候投融资试点工作；健全企业碳排放报告和信息披露制度，创新推广碳披露和碳标签。

在组织实施方面，充分发挥省碳达峰碳中和工作委员会作用，加强对各项工作的整体部署和系统推进，研究重大问题、制定重大政策、组织重大工程，强化碳达峰碳中和任务目标落实情况考核，将有关落实情况纳入省级生态环境保护督察内容。

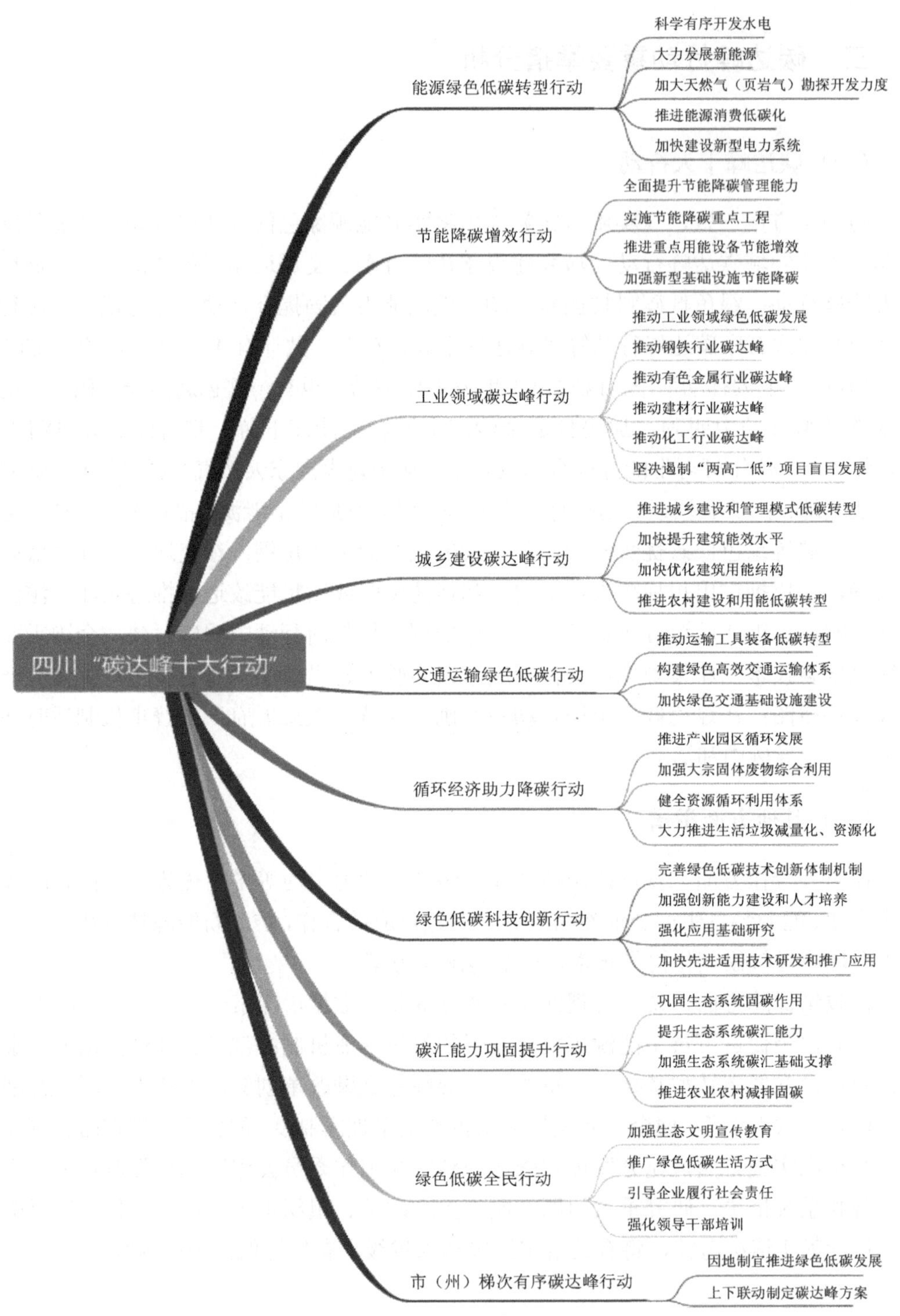

图 1　四川省“碳达峰十大行动”

四、碳达峰行动贯彻落实建议

实施碳达峰行动是一项长期而艰巨的系统性工程，既不能搞简单粗暴的“运动式”减碳，也不能不切实际搞“冲高峰”，需统筹发展、减排和安全，推动经济社会渐进式低碳转型。建议坚持四川省“一盘棋”，抓住实施碳达峰行动的主要矛盾和矛盾的主要方面，重点从以下 5 个方面发力。

（一）强推动，健全碳达峰配套政策

推动制定出台能源、工业、建筑、交通等重点领域、冶金、建材、化工、道路交通等重点行业碳达峰实施方案，以及金融、财政、价格、科技、人才培养、统计核算、计量标准、督察考核等支撑保障方案，完善降碳配套政策。指导 21 市（州）、重点企业因地因企研究制定碳达峰实施方案，探索差异化降碳路径，形成四川省“一盘棋”、上下联动、兼顾长短期的政策体系。

（二）调结构，推动结构性提效降碳

坚持完整、准确、全面贯彻新发展理念，加快转变高耗能、高排放、低水平的粗放式发展方式，持续推动产业结构、能源结构和交通运输结构纵深调整。统筹绿色新动能培育和传统产业转型，构建项目准入、源头替代、过程清洁、末端治理的全过程绿色产业链。先立后破推动能源供给侧和消费侧绿色转型，推动供能低碳化、网络化和用能电动化、高效化。加快交通结构低碳化和交通用能电动化，发展公共交通、多式联运和智慧交通。

（三）作贡献，提升综合性支撑能力

充分发挥清洁能源和战略性资源禀赋优势，大力发展清洁能源产业、清洁能源支撑产业和清洁能源应用产业，为成渝地区、中东部地区稳定输送可再生能源和天然气。做强清洁能源装备、新能源汽车全产业链，推动光伏晶硅、动力电池、绿色氢能、新型储能等绿色低碳产业建圈强链和技术迭代，提升产业市场占有率和出口竞争力。创新发展碳咨询、碳金融、碳会展等绿色低碳服务业，提升西部和“一带一路”综合服务能力。

（四）补短板，夯实现代化治理基础

研究制定市、县、园区、企业二氧化碳排放监测统计体系和核算方法，增强及时性和准确性。加快绿色低碳地方性法规、政府规章和标准制修订，探索建立产品碳足迹和碳标签评价、认证、推广机制。推动产业金融和转型金融、绿色金融、气候投融资协同发展，推动更多公共资金和社会资本投入降碳领域。积极运用市场化机制，推动更多行

业有序参与全国碳排放权和区域用能权交易市场，形成有效的定价机制和价格信号。

（五）防风险，应对能源产业链挑战

立足水电高占比的电力系统实际，统筹推动煤炭和天然气储备、燃气发电应急调峰、季以上调节性水电站、抽水储能、消费侧储能、水风光储融合互补、电网互联互通等项目建设，建设更具气候韧性的电力系统。加强绿色低碳产业和节能降碳关键技术研发，提升生产设备、关键部件、大宗原材料等的多样化保障能力。以出口产品为重点，创新政策标准和服务模式，完善绿电消纳和碳定价机制，积极应对“碳边境调节机制”。

贯彻落实黄河保护法，履行生态环境保护职责的建议

摘　要：《中华人民共和国黄河保护法》（以下简称《黄河保护法》）的制定实施，为黄河流域生态保护和高质量发展奠定了“良法”基础，也是深入贯彻黄河流域生态保护和高质量发展重大国家战略的重要体现。《黄河保护法》充分体现了流域作为自然地理单元和社会经济发展载体，内容涉及四级政府、十一个政府部门以及多个行业产业。通过梳理流域管理职权配置和生态环境保护职能部门职责，进一步厘清相关部门权责，为落实《黄河保护法》贡献四川力量。

关键词：黄河保护法；生态环境保护职责；建议

一、《黄河保护法》的流域管理职权配置

（一）强化地方政府监管责任

《黄河保护法》以法律形式全面贯彻落实党中央关于黄河流域生态保护和高质量发展的决策部署，以流域各级政府作为治理主体，规定国务院、省级人民政府、县级以上地方人民政府和城市人民政府职责共计 80 项（图 1）。其中县级以上地方人民政府职责共 55 项，约占总数 69%，进一步压实了地方政府主体责任，体现了中央统筹、省负总责、市县抓落实的流域保护管理机制（附表 1）。

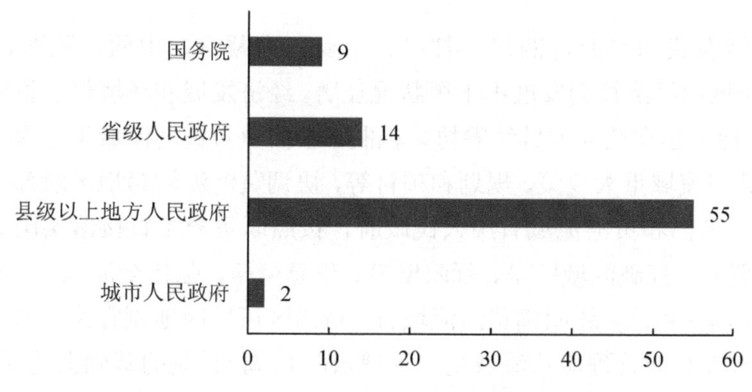

图 1　《黄河保护法》政府职权配置情况

（二）建立多部门协调治理机制

《黄河保护法》明确了水行政、生态环境、文化和旅游、自然资源、发展改革、林业和草原、农业农村、住房和城乡建设、标准化、野生动物保护、应急管理 11 个政府职能部门共计 100 项职责（附表 2）。其中，职权较多的政府职能部门为水行政主管部门和生态环境主管部门，分别有 38 项和 24 项职责（图 2）。除以上职能部门外，《黄河保护法》明确规定了黄河流域管理机构和黄河流域生态环境监督管理机构的职责，分别负责依法行使流域水行政监督管理职责和依法开展流域生态环境监督管理相关工作，并对两大机构分别规定 16 项和 4 项具体职责（附表 3）。

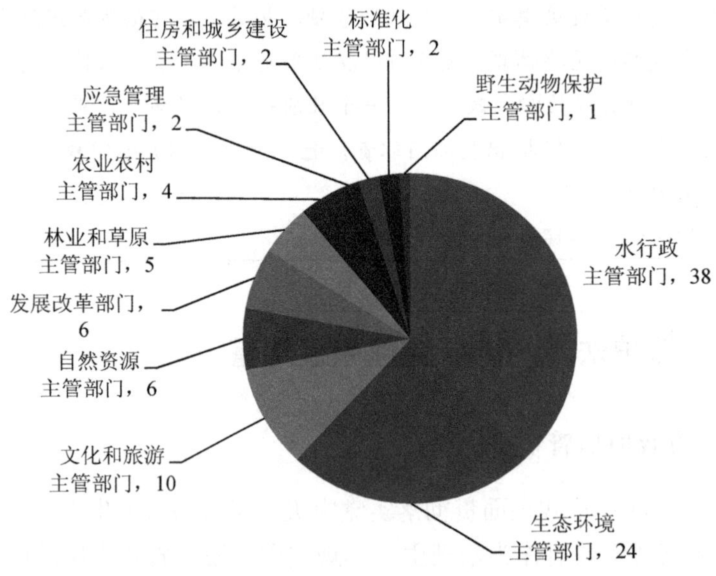

图 2　《黄河保护法》政府部门职权配置情况

（三）实行流域管理与行政管理相结合的管理体制

黄河流域涉及我国青海、四川、甘肃、宁夏、内蒙古、山西、陕西、河南、山东 9 个省（区），流域内经济社会发展不平衡状况显著，经济发展和环境保护诉求各有不同。《黄河保护法》通过建立黄河流域统筹协调机制，全面负责黄河流域生态保护和高质量发展工作，审议黄河流域重大政策、规划和项目等，协调黄河流域跨地区跨部门重大事项。协调国务院有关部门和黄河流域省级人民政府，按照职责分工直接落实国家黄河流域统筹协调机制的要求，打破区域壁垒、行政壁垒、信息壁垒，强化全流域“一盘棋”理念。

同时，《黄河保护法》还明确黄河流域省、自治区可以因地制宜建立省级协调机制，但行政区域管理及行业管理服从流域统一管理。在河（湖）长制的基础上建立省际河（湖）长联席会议制度，推进不同省、区之间分工合作和信息共享，破除了长期以来黄河流域分散管理的弊端，真正实现统一保护和协同推动高质量发展。

二、《黄河保护法》的生态环境保护职能部门职责分析

（一）生态环境主管部门职责分析

一是强化流域生态环境保护制度系统设计。从生态环境主管部门职责的分配层级来看，国务院生态环境部门的职责共 15 项，省级生态环境部门的职责共 3 项，设区的市级以上生态环境部门职责 5 项，具有管辖权的生态环境部门职责 1 项。充分体现了黄河流域生态环境管理从顶层发力、向纵深推进，强化国务院生态环境主管部门对地方生态环境主管部门的监督指导。

二是多措并举助推流域水环境质量改善。从生态环境主管部门职责的具体内容来看，主要围绕黄河流域水环境质量改善，具体包括制定黄河流域水环境质量标准，实施更加严格的水污染物排放总量削减措施，批准黄河流域河道、湖泊新（改、扩）建排污口，制定并发布地下水污染防治重点排污单位名录，划定地下水污染防治重点区等内容。在污染防治方面，坚持问题导向，构建全流域环境准入、隐患排查、风险管控综合体系，深入打好污染防治攻坚战，持续改善流域生态环境质量。

三是凝聚流域生态环境协同治理合力。从生态环境主管部门与其他部门的协作来看，主要涉及会同国务院有关部门和黄河流域省级人民政府，协同推进黄河流域突发生态环境事件应急联动工作；会同本级人民政府水行政、自然资源等主管部门划定地下水污染防治重点区；会同国务院卫生健康等主管部门开展黄河流域有毒有害化学物质环境风险评估与管控，体现了在应急联动、划定地下水污染防治重点区等工作中生态环境主管部门的协调和统筹衔接作用。

（二）其他职能部门职责分析

水行政主管部门涉及的职责共 38 项，从职责的分配层级来看，国务院涉及 22 项，省级涉及 7 项，县级以上为 9 项；从职责内容来看，主要集中在水资源保护和利用方面，具体负责黄河流域生态流量管控、水量分配、河道管理、饮用水水源安全保障以及对违法行为的行政处罚等工作。

文化和旅游主管部门涉及的职责共 10 项，从职责的分配层级来看，国务院涉及 8 项，县级以上为 2 项；从职责内容来看，主要集中在黄河文化的保护传承发扬方面，具体包括编制黄河文化保护传承弘扬规划、提供优质公共文化服务、整合利用黄河文化资源、建设国家公园等工作。

自然资源主管部门涉及的职责共 6 项，从职责的分配层级来看，国务院涉及 5 项，县级以上为 1 项；从职责内容来看，主要集中在黄河流域的国土空间规划、管控以及生

态修复方面，具体包括自然资源调查监测评价、建立并实施国土空间规划体系以及国土空间生态修复方面。

发展改革主管部门涉及的职责共 6 项，从职责的分配层级来看，都集中在国务院；从职责内容来看，主要集中在黄河流域高质量发展方面，具体包括编制黄河流域生态保护和高质量发展规划、审查黄河水量分配方案、制定黄河流域高耗水工业和服务业强制性用水定额等工作。

林业和草原主管部门涉及的职责共 5 项，从职责的分配层级来看，都集中在国务院；从职责内容来看，主要集中在土地荒漠化防治以及森林、草原、湿地生态保护修复等方面，具体包括土地荒漠化和沙化调查监测、开展黄河三角洲湿地生态保护与修复等工作。

农业农村主管部门涉及的职责共 4 项，从职责的分配层级来看，都集中在国务院；从职责内容来看，主要集中在水生生物保护方面，具体包括组织开展黄河流域水生生物完整性评价、制定黄河流域重点水域禁渔期制度等。

其他部门职责包括应急管理主管部门 2 项，住房和城乡建设主管部门 2 项，标准化主管部门 2 项，野生动物保护主管部门 1 项。

三、贯彻落实黄河保护法，推动职能部门做好生态环境保护工作的建议

（一）准确把握流域生态环境治理任务

黄河上、中、下游河段的治理重点各异，上游是水源涵养、中游是水土流失、下游是水资源不足。四川省地处黄河上游，省内黄河流域主要支流有白河、黑河、贾曲，涉及阿坝藏族羌族自治州阿坝县、红原县、若尔盖县、松潘县和甘孜藏族自治州的石渠县 5 个县，是重要的水源涵养地和补给地，应积极承担起维护上游水源涵养功能的职责，提升黄河上游若尔盖湿地等水源涵养区“水库、粮库、钱库和碳库”功能。

地方人民政府应当结合实际制定完善当地有关职能部门落实《黄河保护法》的生态环境保护权力清单和责任清单，梳理确定生态环境保护各具体事项的权力类型、权力名称、行使层级、责任主体以及责任事项等，并进行动态更新。通过梳理细化，把黄河流域生态环境保护工作事项细分落实到具体部门。

（二）强化水资源保护与利用，筑牢水安全防线

一是统筹水资源保护。组织编制水资源保护和水源地保护规划，指导饮用水水源保护工作，依法制定并公布饮用水水源地名录。指导地下水开发利用和地下水资源管理保护，对地下水的水量实施监测，对地下水超采区实施综合治理。

二是加强水资源节约集约利用。落实最严格水资源管理制度，制定和调整本行政区

域水量分配方案，强化取水许可和水资源统一调度管理，保障河湖生态流量和生态水位。落实国家节水行动，指导工业、农业和生活节水，提升全民节水意识。因地制宜推进水利工程建设，增强黄河上游水资源调控能力。建设生态引水工程和水系连通工程，对具备条件的生态脆弱河流河段、草原沙化地区和退化湿地实施生态补水。推进县城和重点乡镇集中供水工程建设，巩固提升牧民定居点、农牧区学校、寺庙、远牧点等区域供水保障水平。积极推动污水、雨水资源化利用，将再生水、雨水等非常规水纳入水资源统一配置。

三是推进河道保护与治理。编制岸线保护和开发利用规划，促进岸线合理利用。依法划定河道保护范围，加强河道岸线保护修复、退耕还湿。强化涉水空间管控，严格控制岸线开发和涉水建设项目许可，依法划定禁采区、规定禁采期，加强河道采砂监督管理。学习和推广适宜高寒地区河道治理的成功经验和模式，因地制宜采取河道清障、岸坡整治、岸线保护、河湖管护等治理措施，提升重点河段水源涵养和水土保持能力。

（三）推进水生态环境系统治理，深入打好污染防治攻坚战

一是分类实施水污染治理，持续推进生态环境保护。根据水污染物来源，分类制定农牧业面源污染、工矿污染、城乡生活污染防治措施。科学规划农牧区牛羊集中养殖点和养殖规模，推进养殖粪污、屠宰肚粪资源化利用，配套完善畜禽粪污和动物尸体无害化处理设施。督促牛羊屠宰、农副食品加工、中成药制造业等行业企业实施清洁生产改造并配套完善环保设施，加强对废水的深度处理回用，实施主要污染物排放总量控制；提高矿产开发废弃物资源化利用水平，严格管控新建、改建、扩建尾矿库，推进工矿污染防治。因地制宜加快县城、重点城镇和景区污水处理设施配套管网建设；推进阿坝县、若尔盖县等县城生活污水处理厂改（扩）建工程项目，补齐城镇环境治理设施短板，加强城乡生活污染防治。有序推进入河排污口“排查、监测、溯源、整治”工作，开展黄河干支流排污口专项整治行动，规范入河排污口设置，实现排污口重点污染源在线监测系统全覆盖。

二是开展环境风险调查与评估，维护生态环境安全。定期组织开展水、气、土以及生物中有毒有害化学物质调查监测以及环境风险评估与管控，依法严厉打击持久性有机污染物非法生产和使用等违法行为，加强对持久性有机污染物等新污染物的管控、治理。加强饮用水水源风险管控，定期对饮用水水源保护区等区域以及供水单位周边区域的环境状况和污染风险进行调查评估，建立一源一档的风险源档案，实行动态分类管理，及时消除风险隐患。加强土壤地下水污染协同防治，完善土壤和地下水环境监测体系建设。建立健全流域突发水污染事件应急联动工作机制，加强突发水污染事件风险排查、预警、监测、信息通报、应急响应等工作。

（四）推进生态保护修复，夯实大美黄河生态根基

一是定期开展自然资源状况调查。建立四川黄河流域土地、草原、湿地等资源基础数据库，按规定向社会公布黄河流域自然资源状况。定期开展资源环境承载能力评价，将黄河流域具有重要生态功能的高山草甸、草原等生态系统纳入生态保护红线管控范围，加强保护与开发，加强用途管制措施，严格规范各类黄河流域开发建设活动。

二是落实黄河流域国土空间规划。进一步优化国土空间结构和布局，科学有序统筹安排四川黄河流域农业、生态、城镇等功能空间，划定永久基本农田、生态保护红线、城镇开发边界。组织开展黄河流域生态现状调查、生态风险隐患排查，组织编制四川省黄河流域生态保护红线、环境质量底线、自然资源利用上线和生态环境准入清单“三线一单”，强化生态环境分区管控。

三是开展黄河流域国土空间生态修复。坚持自然修复为主、工程治理为辅的原则，科学实施重大生态保护修复工程，提升水源涵养能力。加强若尔盖、长沙贡玛、喀哈尔乔等重要湿地生态保护修复，增强湿地水源补给功能。加强森林资源管护，加大天然林保护力度，实施营造林工程，加强退化林修复，因地制宜建设乔灌草相结合的防护林体系。实施退化草原修复工程，开展退化草地改良和沙化草地、黑土滩、鼠荒地治理。全面调查历史遗留矿山，开展矿区植被恢复、土地复垦、地质环境治理、地形地貌重塑等生态修复工程。

四是推进生物多样性保护。开展黄河流域生物多样性保护管理，加强黑颈鹤、雪豹、藏野驴、白唇鹿、红花绿绒蒿等珍稀野生动植物保护。定期评估生物受威胁状况以及生物多样性恢复成效，开展黄河流域水生生物完整性评价，强化黄河上游特有鱼类、珍稀鱼类就地与迁地保护，加强水生生物“三场一通道”等重要栖息地的生态保护与修复。建立常态化监测外来入侵物种、生态风险预警和应急响应机制，加强对外来入侵物种的调查、监测、预警、控制、评估、清除以及生态修复等工作。

（五）转变发展方式，推进高质量发展

一是落实黄河流域生态保护和高质量发展规划，统筹推进黄河流域保护和治理。积极推进《四川省黄河流域生态保护和高质量发展规划》的贯彻落实，统筹实施黄河流域生态保护和高质量发展战略与乡村振兴战略、新型城镇化战略和主体功能区等区域协调发展战略，研究制定四川省黄河流域高质量发展实施方案，明确发展目标、具体任务措施和责任主体，做好统筹协调、督促落实等工作。

二是加快发展方式绿色转型，积极发展高原特色农牧业和特色加工业。立足四川黄河流域高原禀赋和资源优势，因地制宜建设青稞、油菜、高原果蔬、牦牛等特色农畜产品生产基地和产业带。不断培育并壮大绿色农产品、有机农产品和地理标志农产品品牌，提升阿坝黑青稞、松潘川贝母、石渠白菌等特色农产品知名度。支持发展与黄河流域生

态系统和资源环境承载力相适应的农牧产品产地加工业，如开发市场前景好、附加值高的青稞、牦牛、奶制品、食用菌等特色产品，培育壮大农特产品加工企业。推进冬虫夏草、贝母、雪莲等特色药材向特色藏药产业发展等，提高藏医院医药产品生产能力，完善服务和流通体系。

三是推进新能源开发与利用。统筹考虑高原可再生资源开发和电网建设，推进水、风、光一体化可再生能源综合开发基地建设，为全国碳达峰、碳中和作出四川贡献。加快建设太阳能光伏发电基地，推进太阳能资源开发利用，科学开展测风工作，推进高原风电试点建设。有序推进地热资源勘探开发，因地制宜开展地热资源综合利用试点示范。

（六）协力传承保护，实现黄河文化时代价值

一是建设黄河国家文化公园，加强藏、回、汉、羌等多民族与红军长征等特色文化保护利用。加快推进长征国家文化公园（四川阿坝段）和黄河国家文化公园（四川段）建设，充分挖掘和展示长征文化精神，推动民族文化遗产和历史文化遗产系统保护利用。系统研究四川黄河流域革命史，加强重要文化资源传承利用，参与实施中华文明探源工程，推动黄河河源主题文化博物馆和特色文化公园建设。综合运用信息化手段，统筹红军文化博物馆、教育基地、水工程等资源以及文化遗迹，进行数字化展示。

二是打造特色品牌，推进文旅融合发展。在充分考虑资源环境承载力、严守生态保护红线的基础上，聚焦红色旅游、生态文化旅游、民族风情体验三大主题，推动文化旅游融合发展。利用亚克夏红军烈士墓、甘孜白利寺等丰富的红色旅游资源，建设长征红色旅游走廊。积极建设黄河大草原生态旅游区，依托河源文化与丝绸之路、茶马古道、藏羌彝走廊等黄河上游独特的文化资源，开展全域旅游。推进旅游基础设施建设，完善生态环保厕所、自驾游营地、旅游标识标牌等公共服务设施。加大旅游宣传营销力度，打造黄河文化旅游品牌。

三是加大宣传力度，讲好黄河故事。积极打造宣传平台，宣传推广黄河文化。深入挖掘黄河文化时代价值，以喜闻乐见的方式讲好黄河故事，焕发黄河文化的生机，丰富城乡居民精神文化生活。充分利用微博、微信等新媒体，促进黄河文化多渠道传播、多平台展示、多终端推送，提升国内国际知名度和影响力。

（七）加强保障和监督，推进流域生态环境共保联治

一是坚持规划引领，发挥规划对推进黄河流域生态保护和高质量发展的引领、指导和约束作用。积极构建“以国家发展规划为统领，以空间规划为基础，以专项规划、区域规划为支撑”的“1+N+X”黄河流域规划体系。围绕贯彻落实《黄河流域生态保护和高质量发展规划纲要》《四川省黄河流域生态保护和高质量发展规划》，针对四川省黄河流域特点、特色和问题，根据相关部门职责分工组织编制若尔盖国家公园建设、水安全保障、文化保护传承弘扬等相关专项规划。研究出台生态综合补偿、草原禁牧减畜与

草畜平衡、高原特色产业发展等配套政策。

二是强化法治保障，在立法、执法、司法、普法全过程中履行生态环境保护职能职责，全面贯彻落实《黄河保护法》。积极研究制定黄河保护条例或者实施细则等地方性法规或规章，推进跨区域协同立法，结合地方实际进一步细化落实《黄河保护法》；及时清理与黄河保护法不相适应的地方性法规、规章以及政策文件，进行修改或者废止。加强流域生态环境监督执法，建立执法协调机制，对重大违法案件以及跨区域、生态敏感区域，依法开展联合执法。加强流域司法协作，强化执法机关与司法机关协同配合，发挥检察公益诉讼职能作用，依法依规查处重大环境污染、生态破坏等行为，鼓励有关单位为黄河流域生态环境保护提供法律服务。结合“八五”普法要求，深入推进法律“七进”，积极宣贯《黄河保护法》，提升相关企业和社会公众的保护意识。

三是强化科技支撑，提高科学化水平。建立健全黄河流域信息共享系统，组织建立智慧黄河信息共享平台，推进黄河流域生态环境、自然资源、水土保持、防洪安全以及管理执法等信息共享。积极开展黄河流域水源涵养功能提升、水安全保障、环境污染治理、生态产业高质量发展等重点领域的重大科技问题研究，如开展高寒沼泽湿地生态修复等关键技术攻关，开展高原花卉等特色种质资源保护和利用研究。持续推进四川若尔盖草原野外观测研究站等平台建设，加强高校院所合作，推广应用先进适用技术，提升科技创新支撑能力。

四是发挥政府引导和市场调节作用。加大对四川省黄河流域生态保护和高质量发展领域的财政投入，如推进若尔盖—甘南等重点区域生态保护和修复重点工程建设。积极参股黄河流域生态保护和高质量发展基金，专项用于生态修复、污染防治、水土保持、防灾减灾等重点领域。健全黄河干流和主要支流横向生态保护补偿机制，鼓励社会资金设立市场化运作的黄河流域生态保护补偿基金。积极参与全国碳排放权市场交易，探索开展水权、用能权、排污权、用水权等市场交易，依托高原泥炭沼泽湿地资源优势发展碳汇经济，建立健全生态产品价值实现路径。

五是严格监督管理和保障公众参与。严格落实党政同责、一岗双责，强化生态环境保护主体责任，把黄河生态保护治理作为省级生态环境保护督察的重要内容。实施黄河流域生态环境保护专题报告制度，地方有关职能部门每年向同级党委和政府报告黄河流域生态环境保护情况，并依法向社会公开。可以约谈对黄河保护不力、问题突出、群众反映集中的地区人民政府及其有关部门主要负责人，要求其采取措施及时整改。黄河流域县级以上地方人民政府及其有关部门依法监督检查黄河流域各类生产生活、开发建设等活动，依法查处违法行为。充分保障社会公众对黄河流域的知情权、表达权和监督权，公开黄河保护工作相关信息，完善公众参与程序，为单位和个人参与和监督黄河保护工作提供便利。广泛开展对黄河流域生态保护和高质量发展的宣传报道。

附表 1

《黄河保护法》政府职责规定的条款

政府	职责内容	条文依据
国务院（9）	将黄河流域生态保护和高质量发展工作纳入国民经济和社会发展规划	第二十一条第一款
	批准黄河流域国土空间规划	第二十二条第一款
	在重要生态功能区域、生态脆弱区域划定公益林，实施严格管护	第三十一条第一款
	在黄河流域重要典型生态系统的完整分布区、生态环境敏感区以及珍贵濒危野生动植物天然集中分布区和重要栖息地、重要自然遗迹分布区等区域，依法设立国家公园、自然保护区、自然公园等自然保护地	第三十八条第一款
	批准黄河水量分配方案	第四十六条第二款
	批准黄河防御洪水方案	第六十三条第一款
	加大对黄河流域生态保护和高质量发展的财政投入	第一百条第一款
	安排资金用于黄河流域生态保护和高质量发展	第一百条第二款
	定期向全国人民代表大会常务委员会报告黄河流域生态保护和高质量发展工作情况	第一百零七条第一款
省级人民政府（14）	组织开展黄河流域建设项目、重要基础设施和产业布局相关规划等对黄河流域生态系统影响的第三方评估、分析、论证等工作	第十四条第二款
	共享黄河流域生态环境、自然资源、水土保持、防洪安全以及管理执法等信息	第十五条
	制定生态环境分区管控方案和生态环境准入清单	第二十六条第一款
	在重要生态功能区域、生态脆弱区域划定公益林，实施严格管护	第三十一条第一款
	根据本行政区域的实际情况可以规定小于二十五度的禁止开垦坡度	第三十二条第二款
	在黄河流域重要典型生态系统的完整分布区、生态环境敏感区以及珍贵濒危野生动植物天然集中分布区和重要栖息地、重要自然遗迹分布区等区域，依法设立国家公园、自然保护区、自然公园等自然保护地	第三十八条第一款
	按照深度节水控水要求，可以制定严于国家用水定额的地方用水定额；国家用水定额未作规定的，可以补充制定地方用水定额	第五十二条第二款
	组织划定饮用水水源保护区，加强饮用水水源保护，保障饮用水安全	第五十七条第二款
	加强黄河干支流控制性水工程、标准化堤防、控制引导河水流向工程等防洪工程体系建设和管理，实施病险水库除险加固和山洪、泥石流灾害防治	第六十一条第二款
	有序安排滩区居民迁建，严格控制向滩区迁入常住人口，实施滩区综合提升治理工程	第六十六条第一款
	可以制定严于黄河流域水环境质量标准的地方水环境质量标准	第七十三条第二款
	对没有国家水污染物排放标准的特色产业、特有污染物，以及国家有明确要求的特定水污染源或者水污染物，补充制定地方水污染物排放标准	第七十四条
	按照中央与地方财政事权和支出责任划分原则，安排资金用于黄河流域生态保护和高质量发展	第一百条第二款
	对黄河保护不力、问题突出、群众反映集中的地区，可以约谈该地区县级以上地方人民政府及其有关部门主要负责人，要求其采取措施及时整改	第一百零六条

政府	职责内容	条文依据
县级以上地方人民政府（55）	负责本行政区域黄河流域生态保护和高质量发展工作	第六条第一款
	按照国家有关规定，在本行政区域组织实施水资源刚性约束制度	第八条第二款
	健全完善生态环境风险报告和预警机制	第十二条第二款
	加强黄河流域生态保护和高质量发展的宣传教育	第十八条第一款
	将黄河流域生态保护和高质量发展工作纳入国民经济和社会发展规划	第二十一条第一款
	组织编制本行政区域的国土空间规划，按照规定的程序报经批准后实施	第二十二条第二款
	严格控制黄河流域以人工湖、人工湿地等形式新建人造水景观	第二十五条第四款
	对黄河流域已建小水电工程，不符合生态保护要求的水电开发项目组织分类整改或者采取措施逐步退出	第二十七条
	加强黄河流域重要生态功能区域天然林、湿地、草原保护与修复，开展规模化防沙治沙，科学治理荒漠化、沙化土地	第三十一条第三款
	划定并公布禁止开垦的陡坡地范围	第三十二条第二款
	组织推进小流域综合治理、坡耕地综合整治、黄土高原塬面治理保护、适地植被建设等水土保持重点工程，开展生态清洁流域建设	第三十三条第二款
	组织开展淤地坝建设，加快病险淤地坝除险加固和老旧淤地坝提升改造，建设安全监测和预警设施，减少下游河道淤积	第三十四条第二款
	组织开展黄河流域生物多样性保护管理，定期评估生物受威胁状况以及生物多样性恢复成效	第三十九条第二款
	按照国家有关规定做好禁渔期渔民的生活保障工作	第四十二条第二款
	组织开展退化农用地生态修复，实施农田综合整治	第四十四条第一款
	组织复垦因历史原因无法确定土地复垦义务人以及因自然灾害损毁的土地	第四十四条第二款
	加强对矿山的监督管理，督促采矿权人履行矿山污染防治和生态修复责任，组织开展历史遗留矿山生态修复工作	第四十四条第三款
	据本行政区域取用水总量控制指标，制定本行政区域用水量控制指标	第四十九条第二款
	制定水资源超载治理方案或采取限制性措施，实施综合治理，防止水资源超载	第五十一条第二款
	组织发展高效节水农业，加强农业节水设施和农业用水计量设施建设，降低农业耗水量	第五十五条第一款
	组织推广应用先进适用的节水工艺、技术、装备、产品和材料	第五十五条第三款
	组织实施城乡老旧供水设施和管网改造，推广普及节水型器具，开展公共机构节水技术改造，控制高耗水服务业用水，完善农村集中供水和节水配套设施	第五十五条第四款
	加强节水宣传教育和科学普及	第五十五条第五款
	合理布局饮用水水源取水口，加强饮用水应急水源、备用水源建设	第五十七条第二款
	组织实施区域水资源配置工程建设，提高城乡供水保障程度	第五十八条第二款
	推进污水资源化利用	第五十九条第一款
	将再生水、雨水、苦咸水、矿井水等非常规水纳入水资源统一配置，提高非常规水利用比例	第五十九条第二款
	加强防洪工程的运行管护，保障工程安全稳定运行	第六十一条第三款
	执行黄河流域管理机构水沙调度指令	第六十二条第二款

政府	职责内容	条文依据
县级以上地方人民政府（55）	组织编制和实施黄河其他支流、水工程的洪水调度方案，并报上一级人民政府防汛抗旱指挥机构和有关主管部门备案	第六十三条第三款
	有防凌任务的县级以上地方人民政府应当把防御凌汛纳入本行政区域的防洪规划	第六十四条第二款
	依法科学划定并公布河道、湖泊管理范围	第六十七条第一款
	依法划定禁采区，规定禁采期，并向社会公布	第六十九条第二款
	加强和统筹污水、固体废物收集处理处置等环境基础设施建设，保障设施正常运行，因地制宜推进农村厕所改造、生活垃圾处理和污水治理，消除黑臭水体	第七十五条第二款
	对本行政区域河道、湖泊的排污口组织开展排查整治，明确责任主体，实施分类管理	第七十六条第三款
	对沿河道、湖泊的地下水重点污染源及周边地下水环境风险隐患组织开展调查评估，采取风险防范和整治措施	第七十七条第一款
	加强油气开采区等地下水污染防治监督管理	第七十八条第二款
	加强黄河流域土壤生态环境保护，防止新增土壤污染，因地制宜分类推进土壤污染风险管控与修复	第七十九条第一款
	加强黄河流域固体废物污染环境防治，组织开展固体废物非法转移和倾倒的联防联控	第七十九条第二款
	加强对持久性有机污染物等新污染物的管控、治理	第八十条第二款
	加强农药、化肥等农业投入品使用总量控制、使用指导和技术服务，推广病虫害绿色防控等先进适用技术，实施灌区农田退水循环利用，加强对农业污染源的监测预警	第八十一条第一款
	推进黄河流域生态保护和高质量发展战略与乡村振兴战略、新型城镇化战略和中部崛起、西部大开发等区域协调发展战略的实施	第八十三条
	强化生态环境、水资源等约束和城镇开发边界管控，严格控制黄河流域上中游地区新建各类开发区，推进节水型城市、海绵城市建设	第八十四条
	科学规划乡村布局，加强农村基础设施建设，推进农村产业融合发展，鼓励使用绿色低碳能源，加快推进农房和村庄建设现代化，建设生态宜居美丽乡村	第八十五条
	推动企业实施清洁化改造，组织推广应用工业节能、资源综合利用等先进适用的技术装备，完善绿色制造体系	第八十六条第三款
	推动制造业高质量发展和资源型产业转型，因地制宜发展特色优势现代产业和清洁低碳能源，推动产业结构、能源结构、交通运输结构等优化调整，推进碳达峰碳中和工作	第八十七条第二款
	组织调整农业产业结构，优化农业产业布局，发展区域优势农业产业	第八十八条第二款
	鼓励、支持黄河流域科技创新，引导社会资金参与科技成果开发和推广应用，提升科技创新能力	第八十九条第一款
	提高城乡居民对本行政区域生态环境、资源禀赋的认识，支持、引导居民形成绿色低碳的生活方式	第九十条
	加强黄河文化保护传承弘扬，提供优质公共文化服务	第九十一条第二款

政府	职责内容	条文依据
县级以上地方人民政府（55）	将黄河文化融入城乡建设和水利工程等基础设施建设	第九十七条第二款
	推动文化产业发展，促进文化产业与农业、水利、制造业、交通运输业、服务业等深度融合	第九十八条第一款
	加强对黄河题材文艺作品创作的支持和保护	第九十九条第一款
	加大对黄河流域生态保护和高质量发展的财政投入	第一百条第一款
	加强黄河保护监督管理能力建设，提高科技化、信息化水平，建立执法协调机制，对跨行政区域、生态敏感区域以及重大违法案件，依法开展联合执法	第一百零五条第一款
	定期向本级人民代表大会或者其常务委员会报告本级人民政府黄河流域生态保护和高质量发展工作情况	第一百零七条第二款
城市人民政府（2）	统筹城市防洪和排涝工作，加强城市防洪排涝设施建设和管理，完善城市洪涝灾害监测预警机制，健全城市防灾减灾体系，提升城市洪涝灾害防御和应对能力	第七十一条第一款
	加强洪涝灾害防御宣传教育和社会动员，定期组织开展应急演练，增强社会防范意识	第七十一条第二款

附表 2

《黄河保护法》部门职责规定的条款

部门	职责内容	层级	条文依据
水行政主管部门（38）	按照职责分工，建立健全黄河流域水资源节约集约利用、水沙调控、防汛抗旱、水土保持、水文、水环境质量和污染物排放、生态保护与修复、自然资源调查监测评价、生物多样性保护、文化遗产保护等标准体系	国务院	第七条
	组织开展黄河流域水土流失调查监测，并定期向社会公布调查监测结果	国务院	第十一条第五款
	会同国务院有关部门和黄河流域省级人民政府依法编制黄河流域综合规划、水资源规划、防洪规划等	国务院	第二十三条第一款
	干支流目录、岸线管控范围由国务院水行政、自然资源、生态环境主管部门按照职责分工，会同黄河流域省级人民政府确定并公布	国务院	第二十六条第三款
	会同国务院有关部门加强黄河流域砒砂岩区、多沙粗沙区、水蚀风蚀交错区和沙漠入河区等生态脆弱区域保护和治理，开展土壤侵蚀和水土流失状况评估，实施重点防治工程	国务院	第三十三条第一款
	会同国务院有关部门制定淤地坝建设、养护标准或者技术规范，健全淤地坝建设、管理、安全运行制度	国务院	第三十四条第一款
	会同国务院有关部门和山东省人民政府，编制并实施黄河入海河口整治规划	国务院	第三十六条第一款
	确定黄河干流、重要支流控制断面生态流量和重要湖泊生态水位的管控指标	国务院	第三十七条第一款

部门	职责内容	层级	条文依据
水行政主管部门（38）	确定其他河流生态流量和其他湖泊生态水位的管控指标	省级	第三十七条第一款
	组织编制和实施生态流量和生态水位保障实施方案	省级	第三十七条第二款
	会同国务院自然资源主管部门组织划定并公布黄河流域地下水超采区	国务院	第四十三条第一款
	会同本级人民政府有关部门编制本行政区域地下水超采综合治理方案	省级	第四十三条第二款
	根据黄河水量分配方案和跨省支流水量分配方案，制定和调整本行政区域水量分配方案	省级	第四十六条第三款
	组织黄河流域水资源统一调度的实施和监督管理	国务院	第四十七条第二款
	会同国务院自然资源主管部门制定黄河流域省级行政区域地下水取水总量控制指标	国务院	第四十八条第一款
	会同本级人民政府有关部门，根据本行政区域地下水取水总量控制指标，制定设区的市、县级行政区域地下水取水总量控制指标和地下水水位控制指标	省级	第四十八条第二款
	确定、公布、适时调整黄河指定河段和取水限额标准	国务院	第五十条第二款
	审批黄河干流以及跨省重要支流指定河段以外的取水申请	县级以上	第五十条第二款
	会同国务院自然资源主管部门定期组织开展黄河流域水资源评价和承载能力调查评估	国务院	第五十一条第一款
	会同国务院发展改革部门组织制定黄河流域高耗水工业和服务业强制性用水定额	国务院	第五十二条第一款
	核定取水单位的取水量应当符合用水定额的要求	县级以上	第五十三条第一款
	制定取水规模标准	国务院	第五十三条第二款
	会同国务院发展改革部门制定并发布高耗水产业准入负面清单和淘汰类高耗水产业目录	国务院	第五十四条第一款
	会同国务院有关部门制定黄河流域重要饮用水水源地名录	国务院	第五十七条第一款
	会同本级人民政府有关部门制定本行政区域的其他饮用水水源地名录	省级	第五十七条第一款
	制定纳入水沙调控体系的工程名录	国务院	第六十一条第一款
	组织编制黄河防御洪水方案	国务院	第六十三条第一款
	批准黄河干流和重要支流、重要水工程的洪水调度方案	国务院	第六十三条第二款

部门	职责内容	层级	条文依据
水行政主管部门（38）	接受黄河流域管理机构制定年度防凌调度方案备案	国务院	第六十四条第一款
	批准黄河滩区名录	国务院	第六十六条第一款
	新设、改设或者扩大可能影响防洪、供水、堤防安全、河势稳定的排污口的，审批时应当征求县级以上地方人民政府水行政主管部门或者黄河流域管理机构的意见	县级以上	第七十六条第一款
	黄河流域省级人民政府生态环境主管部门应当会同本级人民政府水行政、自然资源等主管部门，根据本行政区域地下水污染防治需要，划定地下水污染防治重点区，明确环境准入、隐患排查、风险管控等管理要求	省级	第七十八条第一款
	对违反本法规定，在黄河流域禁止开垦坡度以上陡坡地开垦种植农作物的，在黄河流域损坏、擅自占用淤地坝的，在黄河流域从事生产建设活动造成水土流失未进行治理，或者治理不符合国家规定的相关标准的行政处罚	县级以上	第一百一十条
	对违反本法规定，未经批准擅自取水，或者未依照批准的取水许可规定条件取水的行政处罚	县级以上	第一百一十三条
	对违反本法规定，黄河流域以及黄河流经省、自治区其他黄河供水区相关县级行政区域的用水单位用水超过强制性用水定额，未按照规定期限实施节水技术改造的行政处罚	县级以上	第一百一十四条
	对违反本法规定，黄河流域以及黄河流经省、自治区其他黄河供水区相关县级行政区域取水量达到取水规模以上的单位未安装在线计量设施的，在线计量设施不合格或者运行不正常的行政处罚	县级以上	第一百一十五条
	对违反本法规定，黄河流域农业灌溉取用深层地下水的行政处罚	县级以上	第一百一十六条
	对违反本法规定，有下列行为之一的行政处罚： （一）在河道、湖泊管理范围内建设妨碍行洪的建筑物、构筑物或者从事影响河势稳定、危害河岸堤防安全和其他妨碍河道行洪的活动； （二）违法利用、占用黄河流域河道、湖泊水域和岸线； （三）建设跨河、穿河、穿堤、临河的工程设施，降低行洪和调蓄能力或者缩小水域面积，未建设等效替代工程或者采取其他功能补救措施； （四）侵占黄河备用入海流路	县级以上	第一百一十八条
生态环境主管部门（24）	按照职责分工，建立健全黄河流域水资源节约集约利用、水沙调控、防汛抗旱、水土保持、水文、水环境质量和污染物排放、生态保护与修复、自然资源调查监测评价、生物多样性保护、文化遗产保护等标准体系	国务院	第七条
	定期组织开展黄河流域生态状况评估，并向社会公布黄河流域生态状况	国务院	第十一条第三款

部门	职责内容	层级	条文依据
生态环境主管部门（24）	会同国务院有关部门和黄河流域省级人民政府，建立健全黄河流域突发生态环境事件应急联动工作机制，加强对黄河流域突发生态环境事件的应对管理	国务院	第十三条第二款
	黄河流域省级人民政府根据本行政区域的生态环境和资源利用状况，按照生态保护红线、环境质量底线、资源利用上线的要求，制定生态环境分区管控方案和生态环境准入清单，报国务院生态环境主管部门备案后实施	国务院	第二十六条第一款
	干支流目录、岸线管控范围由国务院水行政、自然资源、生态环境主管部门按照职责分工，会同黄河流域省级人民政府确定并公布	国务院	第二十六条第三款
	国务院水行政主管部门确定黄河干流、重要支流控制断面生态流量和重要湖泊生态水位的管控指标，应当征求并研究国务院生态环境、自然资源等主管部门的意见	国务院	第三十七条第一款
	黄河流域省级人民政府水行政主管部门确定其他河流生态流量和其他湖泊生态水位的管控指标，应当征求并研究同级人民政府生态环境、自然资源等主管部门的意见，报黄河流域管理机构、黄河流域生态环境监督管理机构备案	省级	第三十七条第一款
	组织开展黄河流域生物多样性保护管理，定期评估生物受威胁状况以及生物多样性恢复成效	国务院	第三十九条第二款
	制定黄河流域水环境质量标准，对国家水环境质量标准中未作规定的项目，可以作出补充规定；对国家水环境质量标准中已经规定的项目，可以作出更加严格的规定	国务院	第七十三条第一款
	黄河流域省级人民政府可以制定严于黄河流域水环境质量标准的地方水环境质量标准，报国务院生态环境主管部门备案	国务院	第七十三条第二款
	对没有国家水污染物排放标准的特色产业、特有污染物，以及国家有明确要求的特定水污染源或者水污染物，黄河流域省级人民政府应当补充制定地方水污染物排放标准，报国务院生态环境主管部门备案。 有下列情形之一的，黄河流域省级人民政府应当制定严于国家水污染物排放标准的地方水污染物排放标准，报国务院生态环境主管部门备案： （一）产业密集、水环境问题突出； （二）现有水污染物排放标准不能满足黄河流域水环境质量要求； （三）流域或者区域水环境形势复杂，无法适用统一的水污染物排放标准	国务院	第七十四条
	根据水环境质量改善目标和水污染防治要求，确定黄河流域各省级行政区域重点水污染物排放总量控制指标	国务院	第七十五条第一款
	实施更加严格的水污染物排放总量削减措施，限期实现水环境质量达标	省级	第七十五条第一款
	批准黄河流域河道、湖泊新、改、扩排污口	管辖权的	第七十六条第一款

部门	职责内容	层级	条文依据
生态环境主管部门（24）	商本级人民政府有关部门，制定并发布地下水污染防治重点排污单位名录	设区的市级以上	第七十七条第二款
	会同本级人民政府水行政、自然资源等主管部门划定地下水污染防治重点区，明确环境准入、隐患排查、风险管控等管理要求	省级	第七十八条第一款
	定期组织开展大气、水体、土壤、生物中有毒有害化学物质调查监测，并会同国务院卫生健康等主管部门开展黄河流域有毒有害化学物质环境风险评估与管控	国务院	第八十条第一款
	加强对持久性有机污染物等新污染物的管控、治理	国务院	第八十条第二款
	国家加大财政转移支付力度，对黄河流域生态功能重要区域予以补偿。具体办法由国务院财政部门会同国务院有关部门制定	国务院	第一百零二条第二款
	按照职责分工，对黄河流域各类生产生活、开发建设等活动进行监督检查，依法查处违法行为，公开黄河保护工作相关信息，完善公众参与程序，为单位和个人参与和监督黄河保护工作提供便利	设区的市级以上	第一百零四条第一款
	国务院有关部门、黄河流域县级以上地方人民政府及其有关部门、黄河流域管理机构及其所属管理机构、黄河流域生态环境监督管理机构应当加强黄河保护监督管理能力建设，提高科技化、信息化水平，建立执法协调机制，对跨行政区域、生态敏感区域以及重大违法案件，依法开展联合执法	设区的市级以上	第一百零五条第一款
	国务院有关部门和黄河流域省级人民政府对黄河保护不力、问题突出、群众反映集中的地区，可以约谈该地区县级以上地方人民政府及其有关部门主要负责人，要求其采取措施及时整改。约谈和整改情况应当向社会公布	国务院	第一百零六条
	国务院有关部门、黄河流域县级以上地方人民政府及其有关部门、黄河流域管理机构及其所属管理机构、黄河流域生态环境监督管理机构违反本法规定，有下列行为之一的，对直接负责的主管人员和其他直接责任人员依法给予警告、记过、记大过或者降级处分；造成严重后果的，给予撤职或者开除处分，其主要负责人应当引咎辞职：（一）不符合行政许可条件准予行政许可；（二）依法应当作出责令停业、关闭等决定而未作出；（三）发现违法行为或者接到举报不依法查处；（四）有其他玩忽职守、滥用职权、徇私舞弊行为	设区的市级以上	第一百零八条
	违反本法规定，有下列行为之一的，由地方人民政府生态环境、自然资源等主管部门按照职责分工进行行政处罚： （一）在黄河干支流岸线管控范围内新建、扩建化工园区或者化工项目； （二）在黄河干流岸线或者重要支流岸线的管控范围内新建、改建、扩建尾矿库； （三）违反生态环境准入清单规定进行生产建设活动	设区的市级以上	第一百零九条

部门	职责内容	层级	条文依据
文化和旅游主管部门（10）	按照职责分工，建立健全黄河流域水资源节约集约利用、水沙调控、防汛抗旱、水土保持、水文、水环境质量和污染物排放、生态保护与修复、自然资源调查监测评价、生物多样性保护、文化遗产保护等标准体系	国务院	第七条
	会同国务院有关部门编制并实施黄河文化保护传承弘扬规划，加强统筹协调，推动黄河文化体系建设	国务院	第九十一条第一款
	加强黄河文化保护传承弘扬，提供优质公共文化服务，丰富城乡居民精神文化生活	县级以上	第九十一条第二款
	会同国务院有关部门和黄河流域省级人民政府，组织开展黄河文化和治河历史研究，推动黄河文化创造性转化和创新性发展	国务院	第九十二条
	会同国务院有关部门组织指导黄河文化资源调查和认定，对文物古迹、非物质文化遗产、古籍文献等重要文化遗产进行记录、建档，建立黄河文化资源基础数据库，推动黄河文化资源整合利用和公共数据开放共享	国务院	第九十三条
	按照职责分工和分级保护、分类实施的原则，加强对黄河流域历史文化名城名镇名村、历史文化街区、文物、历史建筑、传统村落、少数民族特色村寨和古河道、古堤防、古灌溉工程等水文化遗产以及农耕文化遗产、地名文化遗产等的保护	国务院	第九十四条第一款
	完善黄河流域非物质文化遗产代表性项目名录体系，推进传承体验设施建设，加强代表性项目保护传承	国务院	第九十四条第二款
	组织开展黄河国家文化公园建设	国务院	第九十六条第二款
	会同国务院有关部门统筹黄河文化、流域水景观和水工程等资源，建设黄河文化旅游带	国务院	第九十八条第二款
	结合当地实际，推动本行政区域旅游业发展，展示和弘扬黄河文化	县级以上	第九十八条第二款
自然资源主管部门（6）	按照职责分工，建立健全黄河流域水资源节约集约利用、水沙调控、防汛抗旱、水土保持、水文、水环境质量和污染物排放、生态保护与修复、自然资源调查监测评价、生物多样性保护、文化遗产保护等标准体系	国务院	第七条
	会同国务院有关部门定期组织开展黄河流域土地、矿产、水流、森林、草原、湿地等自然资源状况调查，建立资源基础数据库，开展资源环境承载能力评价，并向社会公布黄河流域自然资源状况	国务院	第十一条第一款
	会同国务院有关部门组织编制黄河流域国土空间规划，科学有序统筹安排黄河流域农业、生态、城镇等功能空间，划定永久基本农田、生态保护红线、城镇开发边界，优化国土空间结构和布局，统领黄河流域国土空间利用任务，报国务院批准后实施	国务院	第二十二条第一款
	依据国土空间规划，对本行政区域黄河流域国土空间实行分区、分类用途管制	县级以上	第二十五条第一款

部门	职责内容	层级	条文依据
自然资源主管部门（6）	会同国务院有关部门编制黄河流域国土空间生态修复规划，组织实施重大生态修复工程，统筹推进黄河流域生态保护与修复工作	国务院	第二十九条第二款
	会同国务院有关部门和山东省人民政府，组织开展黄河三角洲湿地生态保护与修复，有序推进退塘还河、退耕还湿、退田还滩，加强外来入侵物种防治，减少油气开采、围垦养殖、港口航运等活动对河口生态系统的影响	国务院	第三十六条第二款
发展改革主管部门（6）	按照职责分工，建立健全黄河流域水资源节约集约利用、水沙调控、防汛抗旱、水土保持、水文、水环境质量和污染物排放、生态保护与修复、自然资源调查监测评价、生物多样性保护、文化遗产保护等标准体系	国务院	第七条
	会同国务院有关部门编制黄河流域生态保护和高质量发展规划，报国务院批准后实施	国务院	第二十一条第一款
	审查黄河水量分配方案	国务院	第四十六条第二款
	会同国务院水行政、标准化主管部门组织制定黄河流域高耗水工业和服务业强制性用水定额	国务院	第五十二条第一款
	会同国务院水行政主管部门制定并发布高耗水产业准入负面清单和淘汰类高耗水产业目录	国务院	第五十四条第一款
	组织开展黄河国家文化公园建设	国务院	第九十六条第二款
林业和草原主管部门（5）	按照职责分工，建立健全黄河流域水资源节约集约利用、水沙调控、防汛抗旱、水土保持、水文、水环境质量和污染物排放、生态保护与修复、自然资源调查监测评价、生物多样性保护、文化遗产保护等标准体系	国务院	第七条
	会同国务院有关部门组织开展黄河流域土地荒漠化、沙化调查监测，并定期向社会公布调查监测结果	国务院	第十一条第四款
	会同国务院有关部门、黄河流域省级人民政府，加强对黄河流域重要生态功能区域天然林、湿地、草原保护与修复和荒漠化、沙化土地治理工作的指导	国务院	第三十一条第二款
	会同国务院有关部门和山东省人民政府，组织开展黄河三角洲湿地生态保护与修复，有序推进退塘还河、退耕还湿、退田还滩，加强外来入侵物种防治，减少油气开采、围垦养殖、港口航运等活动对河口生态系统的影响	国务院	第三十六条第二款
	会同国务院有关部门和黄河流域省级人民政府按照职责分工，对黄河流域数量急剧下降或者极度濒危的野生动植物和受到严重破坏的栖息地、天然集中分布区、破碎化的典型生态系统开展保护与修复，修建迁地保护设施，建立野生动植物遗传资源基因库，进行抢救性修复	国务院	第三十九条第一款

部门	职责内容	层级	条文依据
农业农村主管部门（4）	按照职责分工，建立健全黄河流域水资源节约集约利用、水沙调控、防汛抗旱、水土保持、水文、水环境质量和污染物排放、生态保护与修复、自然资源调查监测评价、生物多样性保护、文化遗产保护等标准体系	国务院	第七条
	会同国务院有关部门和黄河流域省级人民政府按照职责分工，对黄河流域数量急剧下降或者极度濒危的野生动植物和受到严重破坏的栖息地、天然集中分布区、破碎化的典型生态系统开展保护与修复，修建迁地保护设施，建立野生动植物遗传资源基因库，进行抢救性修复	国务院	第三十九条第一款
	会同国务院有关部门和黄河流域省级人民政府，建立黄河流域水生生物完整性指数评价体系，组织开展黄河流域水生生物完整性评价，并将评价结果作为评估黄河流域生态系统总体状况的重要依据	国务院	第四十条
	制定黄河流域重点水域禁渔期制度	国务院	第四十二条第二款
应急管理主管部门（2）	按照职责分工，建立健全黄河流域水资源节约集约利用、水沙调控、防汛抗旱、水土保持、水文、水环境质量和污染物排放、生态保护与修复、自然资源调查监测评价、生物多样性保护、文化遗产保护等标准体系	国务院	第七条
	黄河流域管理机构应当会同黄河流域省级人民政府根据批准的黄河防御洪水方案，编制黄河干流和重要支流、重要水工程的洪水调度方案，报国务院水行政主管部门批准并抄送国家防汛抗旱指挥机构和国务院应急管理部门，按照职责组织实施	国务院	第六十三条第二款
住房和城乡建设主管部门（2）	按照职责分工，建立健全黄河流域水资源节约集约利用、水沙调控、防汛抗旱、水土保持、水文、水环境质量和污染物排放、生态保护与修复、自然资源调查监测评价、生物多样性保护、文化遗产保护等标准体系	国务院	第七条
	按照职责分工和分级保护、分类实施的原则，加强对黄河流域历史文化名城名镇名村、历史文化街区、文物、历史建筑、传统村落、少数民族特色村寨和古河道、古堤防、古灌溉工程等水文化遗产以及农耕文化遗产、地名文化遗产等的保护	国务院	第九十四条第一款
标准化主管部门（2）	按照职责分工，建立健全黄河流域水资源节约集约利用、水沙调控、防汛抗旱、水土保持、水文、水环境质量和污染物排放、生态保护与修复、自然资源调查监测评价、生物多样性保护、文化遗产保护等标准体系	国务院	第七条
	与水行政主管部门会同国务院发展改革部门组织制定黄河流域高耗水工业和服务业强制性用水定额	国务院	第五十二条第一款
野生动物保护主管部门（1）	定期组织开展黄河流域野生动物及其栖息地状况普查，或者根据需要组织开展专项调查，建立野生动物资源档案，并向社会公布黄河流域野生动物资源状况	国务院	第十一条第二款

附表 3

《黄河保护法》管理机构职责规定的条款

机构	职责内容	条文依据
黄河流域管理机构（16）	行使流域水行政监督管理职责，为黄河流域统筹协调机制相关工作提供支撑保障	第五条第二款
	对可能造成供水危机、黄河断流等情形组织实施应急调度	第十三条第三款
	统筹防洪减淤、城乡供水、生态保护、灌溉用水、水力发电等目标，建立水资源、水沙、防洪防凌综合调度体系，实施黄河干支流控制性水工程统一调度，保障流域水安全	第二十八条
	会同黄河流域省级人民政府水行政主管部门按照职责分工，组织编制和实施生态流量和生态水位保障实施方案	第三十七条第二款
	商黄河流域省级人民政府制定和调整黄河水量分配方案和跨省支流水量分配方案	第四十六条第二款
	审批黄河干流取水，以及跨省重要支流指定河段限额以上取水申请	第五十条第二款
	审批因实施国家重大战略确需新增用水申请	第五十四条第二款
	加强防洪工程的运行管护，保障工程安全稳定运行	第六十一条第三款
	组织实施黄河干支流水库群统一调度，编制水沙调控方案，确定重点水库水沙调控运用指标、运用方式、调控起止时间，下达调度指令	第六十二条第一款
	会同黄河流域省级人民政府根据批准的黄河防御洪水方案，编制黄河干流和重要支流、重要水工程的洪水调度方案，报国务院水行政主管部门批准并抄送国家防汛抗旱指挥机构和国务院应急管理部门，按照职责组织实施	第六十三条第二款
	制定年度防凌调度方案，报国务院水行政主管部门备案，按照职责组织实施	第六十四条第一款
	会同黄河流域省级人民政府依据黄河流域防洪规划，制定黄河滩区名录，报国务院水行政主管部门批准	第六十六条第一款
	科学划定并公布黄河流域河道、湖泊管理范围	第六十七条第一款
	依法划定禁采区，规定禁采期，并向社会公布	第六十九条第二款
	按照职责分工，对黄河流域各类生产生活、开发建设等活动进行监督检查，依法查处违法行为，公开黄河保护工作相关信息，完善公众参与程序，为单位和个人参与和监督黄河保护工作提供便利	第一百零四条第一款
	加强黄河保护监督管理能力建设，提高科技化、信息化水平，建立执法协调机制，对跨行政区域、生态敏感区域以及重大违法案件，依法开展联合执法	第一百零五条第一款

机构	职责内容	条文依据
黄河流域生态环境监督管理机构（4）	依法开展黄河流域生态环境监督管理相关工作	第五条第三款
	批准黄河流域河道、湖泊新、改、扩排污口	第七十六条第一款
	按照职责分工，对黄河流域各类生产生活、开发建设等活动进行监督检查，依法查处违法行为，公开黄河保护工作相关信息，完善公众参与程序，为单位和个人参与和监督黄河保护工作提供便利	第一百零四条第一款
	加强黄河保护监督管理能力建设，提高科技化、信息化水平，建立执法协调机制，对跨行政区域、生态敏感区域以及重大违法案件，依法开展联合执法	第一百零五条第一款

四川省21市（州）2023年政府工作报告中生态环境保护内容研读分析

摘　要：通过对四川省21[①]市（州）2023年政府工作报告（以下简称报告）的文本分析，文章发现，2023年各市（州）将坚持稳中求进工作总基调，全力推动各地高质量发展，大力提振市场信心，突出做好"三稳"[②]工作，全力推动经济运行整体好转，统筹好保护与发展之间的关系。各市（州）均采取不同表述、提法等，对2023年度生态环境保护工作进行了安排部署，总体来看，各地生态环境系统责任分工的目标要求更实，地方经济发展任务传递的压力更大，社会民生关注的环境焦点变多。就此形势，文章提出了若干思考建议。

关键词：2023年政府工作报告；四川省21市（州）；文本分析

一、目标分析：提速"发展"的目标与聚焦"美丽"的保护治理新要求并重

报告中，各市（州）都提出了显著高于2022年的新一年度地区GDP增长速度的预期目标（表1）。各市（州）2023年地区GDP增长预期目标平均值约为7.0%[③]，高于2023年省政府工作报告提出6%的四川省增长预期1个百分点，是去年各市（州）GDP实际增长率平均值的约2.4倍。值得注意的是，在各市（州）2023年地区GDP增长预期目标值中，提升幅度最大的，为上一年度实际增幅的约23.3倍(广安，从0.3%提升为7%)，提升幅度最小的，也为上一年度实际增幅的约1.6倍（凉山，从6%提升为9.5%）。此外，自贡（从0.5%提升为高于四川省平均水平）、广元（从0.3%提升为6.5%）、内江（从1.5%提升为6%）、南充（从1.3%提升为6%）、巴中（从1.3%提升为7%）、阿坝（从1.3%提升为7%以上）等地的地区GDP增长速度预期目标值设定提升明显。

---

① 截至发稿时，2022年乐山市政府工作报告（定稿）尚未公开，研究主要参考其有关新闻通稿、媒体解读等。

② 即"稳增长、稳就业、稳物价"。

③ 该数据为各市（州）GDP增长预期目标的加权（各地GDP在四川省总量的最新占比）平均。

表 1　各市（州）2022 年地区生产总值增速以及 2023 年经济社会发展主要预期目标“专段”中的发展目标

序号	市（州）	2022 年地区生产总值增速	2023 年地区生产总值增速预期目标
1	成都	2.8%	6%以上
2	自贡	0.5%	高于四川省平均水平
3	攀枝花	3.5%	6.5%
4	泸州	4.1%	高于四川省 0.5 个百分点
5	德阳	3.1%	9%
6	绵阳	5%	7.5%、在四川省地级市中率先突破 4 000 亿元
7	广元	0.3%	6.5%
8	遂宁	4.2%	7%
9	内江	1.5%	6.0%
10	乐山	3.8%	6.5%
11	南充	1.3%	6%以上
12	宜宾	4.5%	高于四川省 1 个百分点以上、总量达到 3 800 亿元左右
13	广安	0.3%	7%
14	达州	3.5%	7%以上
15	巴中	1.3%	7%
16	雅安	4%	7%、总量突破 1 000 亿元
17	眉山	3.8%	增速进入四川省第一方阵
18	资阳	3.8%	高于四川省平均水平
19	阿坝	1.3%	高于四川省 1 个百分点，按增长 7%以上安排
20	甘孜	3.5%	7%、突破 500 亿元
21	凉山	6%	9.5%
平均值		2.9%	约 7.0%
省级值		2.9%	6%左右

根据以上数据，进一步结合报告其他部分内容发现，各市（州）2023 年明确传递出全力推动经济增长的决心，各地保发展、促发展、强发展的任务明显增加，全力推动高质量发展在各市（州）2023 年整体工作中占据着特别重要的位置。

同时，绝大多数市（州）在“2023 年主要预期目标”中设定了生态环境工作完成省下达任务等目标；各市（州）也在“2023 年主要工作”内容部分，对生态环境保护工作作出安排，其中 14 个市（州）以专节形式作出安排（表 2），内容涉及生态环境保护各项要素、主要举措等；成都、德阳、绵阳、内江、宜宾、巴中、眉山、阿坝、凉山等 11 个市（州）及时对标对表，明确提出要推进当地的“美丽（含公园）”城市建设。研究认为，各市（州）在 2023 年发展任务明显增加、发展压力明显增大形势下，仍对属地生态环境保护工作给予重点关注，在此基础上应参考各市（州）报告整体内容，结合地方生态环境系统业务特点等，试提出以下思考：一是应深入把握、具体研判属地 2023 年发展与保护的形势，积极应对属地发展形势给2023年生态环境工作带来的新影响新挑战新压力；二是应因时而动、顺势而为，及时合理回应各市（州）对生态环境工作积极融入地方工作全局、服务地方发展、发挥保护治理策应效能等新要求；三是应努力在系统治理基础上，争取科学、合理、精准为地方发展“找空间、争时间、余总量、增质量”，统筹推动高水平保护与高质量发展，同时保证自身工作方向不变、力度不减、目标实现。

表2　各市（州）2023年度生态环境保护总体任务设置情况

序号	市（州）	是否安排	是否专节安排	生态环境保护主要工作安排在报告中的位置
1	成都	是	是	“聚焦‘四大结构’优化调整，加快推进绿色低碳转型发展”专节部署
2	自贡	是	否	“坚定不移拓空间优环境，突破城乡融合关键点”专节单起段落部署
3	攀枝花	是	是	“大力实施绿色示范工程，打造工业城市生态文明建设样板”专节部署
4	泸州	是	是	“持之以恒优生态，更好促进人与自然和谐共生”专节部署
5	德阳	是	是	“狠抓生态文明建设”专节部署
6	绵阳	是	是	“坚持生态美市，筑牢长江上游重要生态屏障推动绿色低碳发展”专节部署
7	广元	是	否	“加速推进城乡融合发展，大力提升区域引领地位”专节单起段落部署
8	遂宁	是	否	“奋力守土扛责，夯实安全稳定基层基础”专节单起段落部署
9	内江	是	是	“推进生态环境保护和绿色发展”专节部署
10	乐山	是	—	—
11	南充	是	是	“坚决筑牢生态屏障，大力推动绿色低碳发展”专节部署
12	宜宾	是	是	“推动绿色低碳发展，坚定不移筑牢长江上游生态屏障”专节部署
13	广安	是	是	“加强生态文明建设，擦亮绿水青山亮丽底色”专节部署
14	达州	是	否	“筑牢安全防线，坚决防范化解重大风险”专节单起段落部署
15	巴中	是	否	“持续提升人民生活品质”专节单起段落部署
16	雅安	是	是	“厚植生态环境优势，大力推进生态文明建设”专节部署
17	眉山	是	否	“超常付出抓民生、办实事，让发展更有温度幸福更有质感”专节单起段落部署（另列出年度十件大事，大气治理为其一）
18	资阳	是	否	“突出融合发展，推动城乡建设呈现新面貌”专节单起段落部署
19	阿坝	是	是	“实施生态‘增绿添彩’行动，在建设美丽阿坝上实现新突破”专节部署
20	甘孜	是	是	“加强生态环境保护，筑牢上游安全屏障”专节部署
21	凉山	是	是	“坚定把人与自然和谐共生作为永续追求，加快建设天蓝地绿水清的美丽凉山”专节部署

二、主要举措：生态环境领域工作任务呈现“1 聚焦 4 围绕”

（一）聚焦美丽城市建设开展工作

多地就美丽城市建设、宜居环境营造及“美丽细胞”示范创建等领域，突出城市更新、基础设施建设完善等方面提出，要因地制宜推进老旧城区提质升级，推动污水处理厂、垃圾焚烧发电厂、雨污管网等环保基础设施更新扩能，开展城市燃气等老旧管网更新改造，深入推进生活垃圾分类设施与机制建设；深入推进村庄清洁、农村面源污染治理，提升农村生活污水覆盖率和处理率，推进畜禽粪污资源化利用等。其中，成都、自贡、泸州、德阳、绵阳、眉山、资阳等地提出要扎实推动“无废城市”建设；绵阳提出深入开展城乡环境综合提质三年行动，持续开展“十佳十差乡镇（街道）”评比；泸州、遂宁、南充、雅安、资阳等地提出加快推进国家森林城市创建；内江、南充、雅安、巴中、甘孜等地积极开展相关各类示范创建。

（二）围绕深入推进环境污染防治开展工作

在大气环境污染防治上，各地积极强化面源污染治理，加强 $PM_{2.5}$ 和臭氧协同控制，抓好重点行业挥发性有机物减排、秸秆禁烧等工作。其中，成都、德阳、眉山、资阳等地提出切实强化联防联控，深入实施大气污染防治专项行动，确保全年优良天数稳定，眉山明确提出确保环境空气质量进入全国重点城市前 100 名；广安提出严格管控机动车尾气、餐饮油烟、工地扬尘等污染，积极应对重污染天气；眉山提出加强大气污染物分区精准管控，开展工业领域大气污染整治提升三年行动；凉山提出科学实施计划烧除，抓好夏季臭氧污染防治和秋冬季大气污染防治攻坚行动。在水环境污染防治上，各地严格落实河（湖）长制，抓好优良水体保护的前提下，加强流域水质达标攻坚行动。其中，攀枝花、南充、遂宁、凉山等地提出推进流域环境风险联防联控和综合治理；泸州、绵阳、宜宾、雅安等地提出改进工作方法、力争全面完成长江干流及重要支流入河排污口整治；绵阳、广安、眉山等地提出大力整治重点小流域，开展小流域深度治理和达标巩固；内江提出推动重点河流环境应急“一河一策一图”项目建设。在土壤环境污染防治上，各地深化土壤污染防治，强化污染源头监管。其中，泸州提出加快建设全国“十四五”土壤污染防治先行区；绵阳、内江、遂宁、广安等地提出开展农用地土壤重金属污染调查和成因分析，推进化肥农药减量增效和农业废弃物资源化利用，强化土壤污染风险分区管控；雅安提出开展土壤环境质量调查评估，加强重点单位监管；资阳强化土壤污染防治纳入排污许可管理；凉山提出加强土壤污染防治项目申报实施，完成安宁河谷冕宁段受污染农用地土壤详查。

（三）围绕提升生态系统多样性、稳定性、持续性开展工作

一是全面从严加强林草管护。各地严格落实、深化林长制，加快国家储备林项目建设，扎实推进天然林管护、人工造林、封山育林、森林抚育、退化林修复。德阳提出推广“林长+警长”“林长+检察长”协作机制；遂宁提出推进首批省级林长制创新试点；甘孜提出深化落实草长制，持续扎实推进退化草地修复。二是持续推动生态修复治理。各地统筹推进山水林田湖草一体化保护和系统治理，坚决守住生态空间红线，强化流域岸线保护，打造流域岸线生态廊道。攀枝花、内江、广元、宜宾、广安、雅安等地提出立足实际，差异化扎实开展矿产资源开发问题整改，抓实矿山地质环境恢复治理和生态修复治理，针对重点区域加强水土流失综合治理和石漠化整治。泸州、绵阳、南充、甘孜、凉山等地提出抓好小水电问题清理整治，稳步推进小水电退出和生态保护红线内矿业权退出；阿坝、甘孜、凉山提出推行草原森林河流湖泊湿地休养生息。三是加速推进自然保护地建设。相关市（州）不断完善以国家公园为主体的自然保护地体系，系统推进自然保护地、河流湖泊湿地保护。德阳、广元、雅安、阿坝等地提出要高质量建设大熊猫国家公园，强化大熊猫国家公园重要栖息地和关键走廊带生态系统修复保护、片区建设，特别是阿坝提出要突出“两园一廊”引领作用，加快创建若尔盖国家公园；甘孜提出加快长沙贡玛国际重要湿地保护建设。四是创新生态产品价值实现。广元、广安、阿坝、凉山等地提出探索建立市场化、多元化生态补偿和生态产品价值实现机制，深入推进生态产品价值实现机制试点。五是抓好生物多样性保护。各地持续实施长江十年禁捕，科学开展增殖放流，提高水生生物多样性。雅安提出深入开展珍稀物种迁地保护和野化放归，修复受损动植物栖息地；阿坝、甘孜、凉山等地提出扎实推进生物多样性保护，加强野生动植物保护率，防治外来物种侵害。

（四）围绕加快发展方式绿色转型开展工作

一是发展绿色低碳优势产业。自贡提出聚焦打造成渝地区新能源产业高地，加快建设氢能装备制造先行区，打造氢能示范市；德阳提出依托成德高端能源装备产业集群创新中心，打造清洁能源装备“源网荷储”全产业链；广元提出依托矿产资源优势，积极培育发展绿色化工、新型建材、硅基新材料、新型储能材料等产业；眉山提出聚力新能源、新材料产业集群发展，打造千亿锂电、晶硅光伏产业。二是统筹加快循环利用体系。德阳、宜宾、遂宁等地提出大力发展循环经济，建设全国资源循环利用基地，推进再生资源产业园建设。攀枝花、泸州等地鼓励大宗工业废渣综合利用，建设大宗固体废物综合利用示范项目。凉山提出完善废弃有色金属资源回收利用体系，提升废钢资源回收利用水平。三是加强资源环境要素保障。德阳、绵阳、广元、广安等地提出强化土地、电力、资金、能耗、环境容量五大要素保障，深化要素市场化配置向纵深改革，优化营商环境，深化“放管服”改革。四是积极建设绿色园区。各地立足实际针对性提出，大力

培育绿色园区、绿色工厂，推动企业节能降耗，支持并有序推进园区绿色化、循环化改造，鼓励企业（园区）入选绿色制造名单。五是推动形成绿色低碳生产生活方式。各地倡导绿色消费、绿色出行，推动形成节约集约、绿色低碳的生活方式。其中，攀枝花提出争创零碳建筑示范城市。遂宁、广安、凉山等地引导企业采用更清洁的生产方式，抓好绿色低碳技术研发和推广应用。南充、巴中、雅安等地深入开展节能降碳宣传教育加强公共机构节能管理，提出创建一批绿色机关、绿色学校、绿色社区。

（五）围绕积极稳妥推进碳达峰碳中和开展工作

一是完善能源消耗总量和强度调控。绵阳、遂宁、南充、阿坝、凉山等地全面落实环境准入制度，强化能源消费总量、强度“双控”和重点企业用能管理，依法依规腾退压减低效产能。绵阳、宜宾、内江、广安、雅安、资阳、阿坝等地加快制定碳达峰实施方案、重点行业领域碳达峰行动方案、“十四五”节能减排工作实施方案等，建立碳达峰碳中和“1+N”政策体系，并推动“双碳”系列方案落地落实。二是大力推进结构调整，深化重点领域节能降碳。自贡、攀枝花、泸州、绵阳、宜宾等地提出抓好能源结构调整和工业节能降碳，推进产业结构、交通、建筑、居民消费、生态建设等低碳发展，推进交通领域新能源清洁化替代行动。三是大力发展清洁能源产业，构建新型能源体系。攀枝花着力推进新能源等新兴产业规模化，加强“水资源配置+抽水蓄能+新能源开发”三结合，加快风电开发布局。广元大力发展清洁能源产业，持续扩大天然气勘探开发规模和增储上产力度。甘孜提出建设国家重要清洁能源基地，全力建设抽水蓄能、水电站、光伏电站，推动建设输变电工程。凉山提出全力打造瀑布沟水、风、光一体化等清洁能源基地，科学布局分布式能源设施，优化电力生产和输送通道布局。四是推动权益交易和生态系统碳汇工作。绵阳提出支持重点企业参与碳排放权、用能权市场交易。泸州推动林竹经营碳汇项目建设。巴中、雅安、甘孜、凉山等地提出推进林草碳汇项目开发试点建设，开发、储备森林经营碳汇项目加快推进碳汇项目实施和碳汇认证。

三、思考建议：加强区域生态共建、环境共保、发展共赢服务“五区共兴”

目前，高质量发展已成为四川省全面建设社会主义现代化的首要任务，省委十二届二次全会进一步强调了要以“四化同步、城乡融合、五区共兴”为全川现代化建设的总抓手。在这一重要形势下，地方生态环境系统做好2023年度工作，应关注好把握好整体与局部、保护与发展、省内区域协同与跨省域联动之间的关系，服务“五区”高质量协同发展、对标报告中工作安排、立足本地实际，加强区域生态共建、环境共保、发展共赢，进一步谋划好相关工作。

（一）重点抓好成都平原经济区联保联控联治

一是突出联动，坚决深入打好污染防治攻坚战。把统筹区域大气污染防治摆在突出位置，“成德眉资”大气污染防控重点区域可借鉴河（湖）长制好经验，创新推动分区精准管控责任制，推动工业领域大气污染专项整治，联合开展重污染天气应急处置。加快推进“三水共治”，在落实河（湖）长制基础上创新推广技术河（湖）长制，深入开展岷江、沱江流域水环境治理合作试点，着力推动黄水河（德阳）、清溪河（德阳）、球溪河（眉山、资阳）、濛溪河（资阳）等小流域综合治理，持续推动重点流域水质达标攻坚，坚决保护好地方饮用水水源地，实现各级各类考核全面达标。开展新污染物调查与治理。协同推动“成德眉资”对标对表共建“无废城市”，着力推动德阳磷（钛）石膏安全综合利用，争取在打通“无废城市”建设的政策机制、运作机制与市场机制上作出四川省示范。二是围绕固本，保障生态系统平衡稳定。联合构建“多规合一”的国土空间规划体系，加强对接落实好“三线一单”。在合理开发中发挥好林长制功能，支持成都、德阳、眉山等地共推龙泉山国家储备林及生态廊道 PPP 项目实施，强化成都、德阳、绵阳协同修复龙门山生态，加快区域内大熊猫国家公园建设。强化跨行政区域流域上下游、左右岸生态保护，联合执行禁捕政策，支持各级各类生态文明建设示范创建。三是强化统筹，着力推动绿色低碳发展。支持成都、德阳、绵阳等地重点企业参与碳排放权、用能权市场交易，着力推动乐山等地做好落后产能退出、高耗能行业节能改造、新兴产能提质效减排放降成本。坚决遏制成都平原经济区“两高”项目盲目发展，推动能耗“双控”向碳排放总量和强度“双控”转变，做强成德高端能源装备先进制造业集群。倡导绿色低碳简约生活方式，在成都、绵阳、雅安等地高质量创建一批绿色机关、绿色学校、绿色社区，科学提高新能源汽车和充电桩保有量。

（二）协同推动川南经济区高水平保护与高质量发展

一是聚焦污染重难点，共推“三个治污”。鼓励联合创新工作机制，用好川南大气污染联防联控机制，抓实重污染天气消除、柴油货车污染治理、$PM_{2.5}$ 和臭氧污染协同治理等，确保天数和排名“双达标”。探索实施技术河长、跨市域联合河长制，以长江、沱江为重点推动四市“一河一策一图”项目建设对标对表。坚持以“酿美酒的标准”统筹“三水”治理，尽快完成长江干流及重要支流入河排污口整治。推进泸州城市污泥处置项目建设，四市共推固体废物源头减量和资源化利用，强化医疗废物危险废物监管。二是聚焦“美丽河湖”建设，加强生态保护修复。推动川南四市长江、岷江、沱江生态综合联治和“两岸青山·千里林带”国家储备林共建，创新发挥林长制功能，支持宜宾凤凰溪生态谷。有序推进工矿废弃地土壤整治，深入开展宜宾筠连、兴文，泸州叙永、古蔺等地石漠化综合治理。持续开展“绿盾”专项行动，巩固天然林资源保护和退耕还林成果，坚决落实“十年禁捕”要求。三是服务高质量发展，着力推动绿色转型。积极服务推动宜宾动力电池产业，泸州、宜宾优质白酒产业，内江特色农业，自贡新能源产业高水平提能升级、绿色转型，加快制定钢铁、焦炭等重点行业达峰行动方案，推动林竹经营碳汇项目建设。支持实施川南油茶、竹、桂圆、甘蔗等经济作物品质提升行动计划。争取国家支持和试点，加快内江高新区、宜宾三江新区、宜宾循环经济产业园等重点近零碳园区、循环经济产业园等建设。结合实际推行电动城市、电动交通、电动河湖（长江）等行动，提升绿电保障，建设好泸州成渝“氢走廊”。

（三）持续强化川东北经济区系统治理联动发展

一是聚焦川东北重点问题，精准提升污染防治质效。坚持以见实效为导向，深化川东北区域内、川渝毗邻地区联防联控，强化与重庆垫江、长寿、渝北、合川等地生态环境预报与应急合作，加强工业废气深度治理，严控机动车尾气、餐饮油烟、工地扬尘、焚烧秸秆等污染，确保区域空气质量“达标、保位”。进一步完善嘉陵江流域跨市域联防联治机制，持续抓好嘉陵江、渠江等优良水体保护，坚决完成中央生态环保督察反馈嘉陵江及其岸线典型问题整改，大力整治川东北重点小流域。统筹考虑回应广安邻水等川渝毗邻地区因高质量发展所需而提出的总量指标。二是突出区域山水联治，加强生态保护修复。支持域内毗邻、川渝毗邻县（区）联合争取资金，打造流域岸线与主要交通干道生态廊道。推进南充顺庆、巴中平昌等地高质量发展示范项目采用EOD模式建设试点，创新抓实巴中等地省级生态产品价值实现机制建设试点。抓好川东北区域内大熊猫国家公园建设、广元蜀道古柏林业资源管理、国家储备林建设等重点工程，合理推进自然保护地和风景名胜区优化整合。加强川东北自然保护地、河流湖泊湿地保护，推进岩溶地区石漠化、水土流失综合治理，稳步推进华蓥山等重点区域历史遗留废弃矿山生态修复及可持续绿色发展。联合健全上下游跨市域、跨省域生态保护补偿制度。三是围绕发展项目提质增效，加快绿色低碳转型步伐。积极培育川东北区域生态产品品牌，开发、储备森林经营碳汇项目，推进巴中林草碳汇项目开发试点出实效。鼓励符合条件的企业（园区）入选绿色制造名单、创建节能降碳标杆企业，支持广元、巴中等地争创四川省绿色园区、近零碳排放园区、绿色低碳化循环化改造试点示范区等，深化广元国家低碳城市、气候适应型城市试点建设。积极发展绿色低碳产业，推动广元、南充、广安等地建材、化工、电力等重点领域企业实施节能降碳技术改造。

（四）努力促成川西北生态示范区保护治理再上新台阶

一是对标更高要求抓好一体化保护。共建长江黄河上游干支流生态保护治理示范区，参考若尔盖国家公园（及其“山水工程”）和大熊猫国家公园建设标准和经验，高水平开展生态系统保护修复，做好长沙贡玛国际重要湿地及其周边区域共保。持续破解“三带”[①]共保共治难题，推动区域生态系统整体巩固提升。以重点生态功能区、生态保护红线、自然保护地等为重点，共同推行草原森林河流湖泊湿地休养生息。共同提高湿地保护率、水土保持率，争取实现两州草原综合植被覆盖度均超过 85%。两州野生动植物保护率均保持在95%以上。二是持续发力打好污染防治攻坚战。共同落实好河（湖）长制，争取实现川西北区域国（省）考全部断面达Ⅰ类水质。常态抓好环保督察反馈问题整改和砂石料场、固体废物危险废物等重点领域专项整治，坚持动态整改、见底清零，确保问题不回潮、不反弹。及时开展新污染物治理，因地制宜推进农村面源污染整治。三是立足良好本底促进绿色发展。共同加快创建全域旅游示范区、生态旅游示范区和天府旅游名县名镇。科学开展森林草原湿地生态系统服务功能价值核算，积极承接国家生态综合补偿试点。以管用有用、可行可干为导向，创新建立市场化多元化的生态补偿和生态产品价值实现机制，畅通生态产品供需对接，打造独具特色的生态产品品牌，争取更多生态价值转换示范试点在阿坝、甘孜落地。坚持以碳达峰碳中和为引领，建设国家重要清洁能源基地，科学合理“建电站、拓通道、强应用”[②]。

（五）积极推动攀西经济区生态环境保护服务转型升级

一是积极推进生态共保。全面落实林长制，切实发挥其监督保护功能，共同做好金沙江、雅砻江流域森林资源保护、水土整治。严格实施禁捕国策，推行生态系统休养生息，巩固小水电清理整改成果。科学选址发展经济林、生态林、旅游林、景观林等，探索生态产品价值实现机制，创新构建区域内高效补偿、互动支撑的交易体系，条件成熟时开展跨市（州）生态补偿。联合加强生物安全管理，防治不良外来物种侵害。二是加强重点流域联合综治。联合实施河（湖）长制，争取区域内上下游所有国考、省考断面水质优良率，县级及以上、乡镇级集中式饮用水水源地水质优良率均保持 100%。统筹实施区域内计划烧除，抓好夏季臭氧污染防治和秋冬季大气污染防治攻坚行动，不放松常态化管控。切实推动因历史积累和现实增量形成的攀枝花尾矿库资源化利用与污染治理，联合谋划两市（州）毗邻地区、河谷等土壤污染防治项目申报实施，支持凉山彝族自治州开展重金属行业企业排查整治。三是以“双碳”目标促进发展转型升级。服务攀西经济区转型升级的发展定位，严格落实产业准入负面清单制度，提升优化环评审批服务工作质效，精准推动安宁河谷全域高质量发展。摸清温室气体排放家底，做好攀枝花攀钢、凉山稀有金属产业等重点排放单位（行业）碳排放报告、核查和信息披露。推进建筑、交通等领域清洁低碳转型，支持攀枝花争创零碳建筑示范城市。加快推进碳汇项目实施和碳汇认证工作，共同筹建攀西碳汇资源收储交易中心。

---

① 即“高原湿地与高寒草原带”“高山峡谷灌丛与高山森林带”“干旱与半干旱河谷带”。

② 此引用自甘孜藏族自治州 2023 年政府工作报告。“建电站”主要指：推动水电、光伏等电站科学规划和开工建设；“拓通道”主要指：加快推动川渝环网特高压交流工程建设和规划布局；“强应用”主要指：发展清洁能源应用产业等。

强化环境信息依法披露与ESG信息披露的衔接的思考建议

摘　要：党的二十大报告指出，要加快发展方式绿色转型，实施全面节约战略，发展绿色低碳产业，倡导绿色消费，推动形成绿色低碳的生产方式和生活方式。加快形成绿色发展方式，促进绿色低碳转型发展，离不开企业的参与。企业既是资源消费的重要主体，也是生态环境保护的重要主体，推动企业进一步培育环境意识、落实环境责任，环境信息披露是一种有效的手段。本文通过梳理环境信息依法披露与ESG信息披露之间的关系，借鉴国内外环境信息披露的发展经验，结合四川推进环境信息依法披露的现状及挑战，提出强化环境信息依法披露与ESG信息披露的衔接，进一步推动企业培育环境意识、落实环境责任的意见建议。

关键词：环境信息依法披露；ESG信息披露；生态环境保护

近年来，在碳达峰碳中和目标引领下，有关应对气候变化、生态环境保护、环境污染治理等相关环境信息披露相关要求也在逐步升级。目前，环境信息披露主要有两种，一种是环境信息依法披露，另一种是环境、社会和公司治理（ESG）[①]信息披露。2021年、2022年，生态环境部陆续印发《环境信息依法披露制度改革方案》《企业环境信息依法披露管理办法》《环境信息依法披露报告格式准则》等系列文件，推动环境信息依法披露制度体系与技术体系建设，引导和督促企业真实、准确、全面、规范披露环境信息，为着重解决环境信息披露不足的问题，打下坚实的制度基础，为主管部门开展环境信息披露监管提供了关键"抓手"，为企业开展环境信息披露提供了规范指南。截至2023年3月15日，四川省21个市（州）共3 738家企业全部完成2022年企业环境信息依法披露年度报告信息披露，信息披露完成率100%，圆满完成生态环境部布置的企业环境信息依法披露年度报告填报工作任务。

① ESG，即环境、社会和公司治理（Environment、Social Responsibility、Corporate Governance），从环境、社会和公司治理三个维度评估企业经营的可持续性与对社会价值观念的影响。

一、深刻认识推动环境信息披露，培育企业环境意识、落实企业环境责任的重大意义

（一）环境信息依法披露概念

环境信息依法披露是重要的企业环境管理制度，是生态文明建设制度体系的基础性内容。企业根据《环境信息依法披露制度改革方案》《企业环境信息依法披露管理办法》等，披露企业环境保护方面的信息，以满足政府监管以及公众、投资者等与企业存在利害关系主体的信息使用需求。披露的环境信息通常与企业生产经营活动及财务活动相关联，主要包括企业基本信息、企业环境管理信息、污染物产生治理与排放信息、碳排放信息、生态环境应急信息、生态环境违法信息等八类信息。深化环境信息依法披露制度改革是推进生态环境治理体系和治理能力现代化的重要举措，依法开展环境信息披露，有利于消除信息不对称导致的市场失灵和监督失焦，有利于社会获取信息、保障公民知情权。

（二）ESG 信息披露概念

ESG 信息披露是指参照一定的标准和指标体系，在体现真实性、准确性、完整性、及时性、公平性原则基础上，对其环境、社会、治理行为信息进行披露。ESG 体系主要包括 ESG 信息披露标准、评估评级以及投资指引 3 个方面。ESG 的 E 指环境，主要针对企业环境管理、污染排放、碳达峰碳中和、生物多样性等是否有效落实政府监管要求、履行企业环境责任等，企业的 E 的表现状况越来越成为影响金融机构的长期价值投资决策行为的关键因素。ESG 信息披露作为 ESG 生态链的开端，是 ESG 行业发展的基础。其中，ESG 信息披露中，E 是最基础，也是最重要的信息，通过 ESG 信息披露充分展示在绿色低碳方面发展的成效（图 1）。

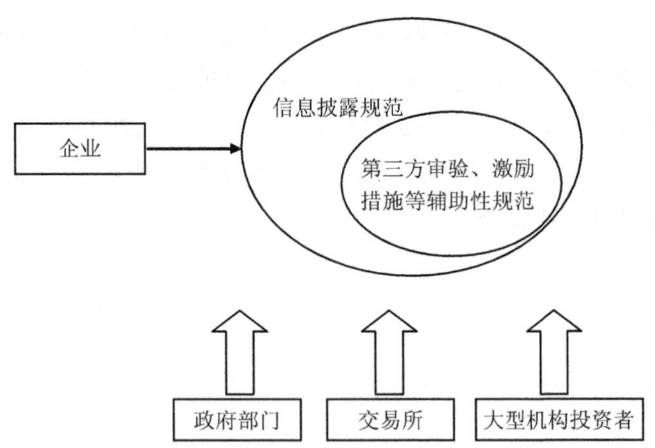

图 1　企业 ESG 信息披露制度建设的主要推动力

二、环境信息依法披露与 ESG 信息披露的关系

（一）环境信息依法披露与 ESG 信息披露的共同点

一是两者均强调通过开展环境信息披露强化企业环保责任。开展环境信息依法披露是压实企业生态环境保护相关责任的重要举措。在压实企业生态环境责任方面，将环境影响大、公众关注度高的企业和重点排污单位、实施强制性清洁生产审核的企业等确定为环境信息披露主体[①]，并明确环境信息强制性披露内容和范围，能有效引导企业自觉履行生态环境责任。

二是两者目的都是通过开展环境信息披露推动形成环境保护的长效市场机制。环境信息依法披露与 ESG 信息披露所追求的最终目标是一致的，通过企业的环境信息披露，对企业的“绿色贡献”表现进行评价和监管，以此达到对企业持续经营能力的准确判断。通过环境信息依法披露，为市场相关方提供全面准确的环境信息，有利于发挥市场对环境资源配置作用，有利于绿色技术的研发应用和环境污染治理第三方市场的发展，有利于推动绿色金融真正发挥好服务经济社会发展全面绿色转型。

三是两者都主张通过开展环境信息披露助推社会公众参与。环境信息依法披露与 ESG 信息披露以一种信息公开的方式，为市场相关方提供全面准确的环境信息，促使公众、投资者更便捷地查询企业落实生态环境保护责任的相关信息，进一步凝聚社会共识，引导社会公众对企业绿色低碳产品的判断与选择，提升公众对企业污染排放监督的积极性和有效性，形成全社会绿色转型合力。

（二）环境信息依法披露与 ESG 信息披露的区别

一是从环境披露主体来看，环境信息依法披露主体多于 ESG 信息披露。环境信息依法披露主要针对重点排污单位，实施强制性清洁生产审核的企业，符合相关规定的上市公司、发行企业债券、公司债券、非金融企业债务融资工具的企业；以及其他应当披露环境信息的企业。ESG 信息披露则主要针对需要上市企业，没有覆盖中小企业。我国中小企业数量占比在 90%以上，是我国实体经济的重要基础，ESG 信息披露要求主体相对较窄，绿色带动作用较小。

二是从环境披露视角来看，环境信息依法披露要求更加全面、严格。环境信息依法披露主要是在中央有关“环境信息依法披露制度改革”的决策部署推动下逐步确立的，聚焦对生态环境、公众健康和公民利益有重大影响，市场和社会关注度高的企业环境行为，关注生态环境各类指标，并以《企业环境信息依法披露管理办法》《环境信息依法

① 《企业环境信息依法披露管理办法》明确，企业是环境信息依法披露的责任主体。

披露报告格式准则》进行细化。ESG 主要从资本市场的投资者角度出发，聚焦企业社会绩效与股东回报的关系，针对不同行业的企业提出不同的建议披露指标，环境指标仅作为参考指标之一，关注的群体比较宽泛。

三是从环境责任约束方面来看，环境信息依法披露是强制性环境信息公开约束性强。环境信息依法披露着重加强对环境信息强制性披露企业的管理，并且定期发布于企业环境信息强制性披露系统，在披露格式上有具体要求，强调政府监管和社会监督，以确保信息披露及时、真实、准确、完整。对于不落实信息披露义务的企业，生态环境主管部门应责令改正，通报批评、罚款；企业 ESG 信息披露在我国还未形成强制性要求，评价的基础多为企业主动披露的报告或主管部门公开的数据，数据规模大、类型多，披露格式多样，披露形式不统一，涉及不同行业和专业领域，数据搜集和维护的难度较大，需要强大的数据治理能力作为支持。

四是从环境公开渠道来看，环境信息依法披露有官方固定渠道进行公开。环境信息依法披露由生态环境部、设区的市级以上地方生态环境主管部门依托政府网站设立企业环境信息依法披露系统，集中公布企业环境信息依法披露内容，供社会公众免费查询。ESG 信息披露的公开渠道主要为上市公司与年报同时发布的 ESG 报告，或体现在企业财报、社会责任报告以及其他资源披露 ESG 信息的企业报告，公开渠道较为分散，不便于公众查询了解。

三、环境信息披露实施现状及经验借鉴

（一）国外环境信息披露实施现状

一是注重建立严格的法律政策保障体系。美国在制度建设方面，以 EPCR 法案为基础，通过了比较严格的法律制度，构建全面的环境信息披露法律体系方面，涉及《清洁空气法》《信息自由法》《环境基本法》等信息披露，对整体信息公开或披露进行了规定，从而搭建起了比较完善的框架。欧盟与相关国家签订《关于污染物排放与转移登记的基辅议定书》，要求企业定期报告化学物质排放、转移情况，由相关部门定期向社会公开发布。同时欧盟努力促进资本流入环境可持续项目和投资，并出台系列条例遏制企业“漂绿”。日本相关机构也在《循环型社会基本法》中阐明环境信息公开的重要性。

二是注重企业环境财务信息披露制度建设。发达国家注重披露环境成本及环境负债。美国上市公司要在财务报告中披露与环境事项有关的财务和会计信息，并制定了与其环保法规相对应的环境会计准则，主要披露因遵循环境法规而形成的环境负债、环境成本和相关环境风险信息。日本相继推出《环境报告书指南》2000 年版、2007 年版两份指南，详细规定了企业环境会计信息披露的内容和有关披露格式的具体要求，囊括了环境成本及环境收益，且描述较为详细，如通过投入一项环境所耗费的成本带来了多少潜在收益，

且相关财务指标采取定量和定性相结合的方法列示。增强了日本企业环境信息披露的可比性和一致性，为日本企业提供了环境会计信息披露的标准和依据。

三是强化环境信息披露监管部门间的分工协作。在环境信息披露监督方面，美国建立了多种数据质量保障机制，每年抽取3%左右的企业开展数据真实性核查，对违规披露行为确立了环保部门行政罚款、法院民事罚款以及公民诉讼等责任追究机制。在监管部门间的分工协作方面，美国环境管理部门、证券监督管理部门和会计准则制定机构间建立高效的分工协作机制。美国环境保护局与美国证券交易委员会建立对话机制，环境保护署通过其下属的环境执法委员会，与美国证券交易委员会进行沟通和协作，证券交易委员会授权财务会计准则委员会制定相应环境会计标准准则，会计职业界、企业界和学术界均参与了准则制定，确保了环境信息披露制度政策体系的协调统一。

表 1　国内外主要的 ESG 信息披露标准/指引

国际		国内	
国际组织	报告/指引	部门/单位	报告/指引
联合国责任投资原则机构（UNPRI）	联合国责任投资原则	国资委	关于国有企业更好履行社会责任的指导意见
联合国环境规划署金融行动机构（UNEPFI）		中国人民银行	金融机构环境信息披露指南
联合国全球合约机构（UNGC）		生态环境部	上市公司环境信息披露指南 企业环境信息依法披露管理办法
全球报告倡议组织（GRI）	可持续发展报告指引	中国标准化研究院	社会责任指南（GB/T 36000）
国际标准化组织（ISO）	ISO 26000 社会责任指导	中国社会科学研究院	中国企业社会责任报告编写指南（CASS-CSR4.0）
经济合作与发展组织（OECD）公司治理指引	公司治理指引	上海证券交易所	上市公司环境信息披露指引 科创板上市公司自律监管规则适用指引第 2 号-自愿信息披露
可持续发展会计准则委员会（SASB）	永续会计准则	深圳证券交易所	上市公司社会责任指引
		香港联合交易所	环境、社会及管治报告指引

（二）国内环境信息披露实施现状

一是环境信息披露制度体系初步建立。党的十九大报告要求，“着力解决突出环境问题，健全信息强制性披露制度”。由此，我国环境信息披露制度与实践进入快车道。2018 年，中共中央、国务院《关于全面加强生态环境保护坚决打好污染防治攻坚战的意见》提出，“完善生态环境监管体系。健全环保信用评价、信息强制性披露、严惩重罚等制度”。2020 年，中共中央办公厅、国务院办公厅《关于构建现代环境治理体系的指导意见》进一步要求，公开环境治理信息。2021 年生态环境部先后印发《环境信息依法披露制度改革方案》《企业环境信息依法披露管理办法》《企业环境信息依法披露格式准则》等文件（表 2），专门针对环境信息披露进行部署，明确了披露主体、内容、时限和监督管理等规定。我国已建立起中国特色的环境信息披露制度，为企业环境信息依法披露工作提供了法制支撑，也规范了企业环境信息依法披露活动。

表 2　我国推动环境信息披露的系列政策

序号	时间	部门	政策名称
1	2002 年 1 月	中国证监会	《上市公司治理准则》
2	2005 年 10 月	国务院	《关于提高上市公司质量意见的通知》
3	2007 年 4 月	国家环境保护总局	《环境信息公开办法（试行）》
4	2007 年 12 月	国资委	《关于中央企业履行社会责任的指导意见》
5	2008 年 2 月	国家环境保护总局	《关于加强上市公司环境保护监督管理工作的指导意见》
6	2010 年 7 月	环境保护部	《关于进一步严格上市环保核查管理制度加强上市公司环保核查后监查工作的通知》
7	2010 年 9 月	环境保护部	《上市公司环境信息披露指南》
8	2014 年 12 月	环境保护部	《企业事业单位环境信息公开办法》
9	2017 年 6 月	环境保护部、中国证监会	签订《关于共同开展上市公司环境信息披露工作的合作协议》
10	2018 年 9 月	中国证监会	修订《上市公司治理准则》
11	2020 年 7 月	中国人民银行	《金融机构环境信息披露指南（试行）》
12	2020 年 10 月	国务院	《关于进一步提高上市公司质量的意见》
13	2021 年 5 月	生态环境部	《环境信息依法披露制度改革方案》
14	2021 年 6 月	中国证监会	修订《上市公司年度报告和半年度报告格式准则》
15	2021 年 12 月	生态环境部	《企业环境信息依法披露管理办法》
16	2022 年 1 月	生态环境部	《环境信息依法披露报告格式准则》
17	2022 年 4 月	中国证监会	《上市公司投资者关系管理工作指引》
18	2022 年 5 月	国务院国资委	《提高央企控股上市公司质量工作方案》

二是政策导向性指标的披露占比相对较高。在环境绩效相关指标中，企业信息披露情况较好的指标主要集中在绿色战略与规划、碳排放等主题上。在绿色发展相关政策的引导下，碳排放等相关指标虽然在应用中尚处于初级阶段，整体披露比例较低，但在“双碳”目标下，企业进行碳排放信息披露的意愿更强。

三是定性指标的披露占比较高，定量指标的披露占比较低。与定性指标仅需进行文字描述相比，定量指标的披露难度更大，企业主动披露的意愿较弱，如废水污染防治、废气污染防治和固体废物处理相关指标的披露率较低。

（三）四川推进环境信息依法披露的现状及挑战

四川省已经基本建立了覆盖生态环境管理各制度、全流程、全要素的环境信息披露体系。2007 年至今，四川省先后印发《关于加强政府环境信息公开工作的通知》《四川省环境保护厅政府环境信息公开办法（试行）》《四川省环境保护厅关于切实做好企业事业单位环境信息公开工作的通知》《关于进一步加强环境信息公开工作的通知》等文件。2023 年 2 月，四川省生态环境厅办公室印发企业环境信息依法披露工作要点、企业环境信息依法披露工作指引等系列文件，加快推动各市（州）开展企业环境信息依法披露工作。一是定期公布重点监管对象名单。四川省各市（州）生态环境部门综合考虑其行政区域的环境容量、重点污染物排放总量控制指标等要求，以及各企业事业单位排放污染物的种类、数量和浓度等因素，于每年 3 月底前确定其行政区域内重点排污单位名录。二是指导督促重点监管对象公布环境信息。生态环境部门负责指导、监督辖区重点监管对象做好环境信息公开填报工作。重点监管对象要求公布排污信息、防治污染设施的建设和运行情况等环境信息。三是明确公布方式、时限。在各地生态环境部门公布重点监管对象名单后，重点监管对象需按规定开展环境信息依法披露工作。

四、强化环境信息依法披露与 ESG 信息披露的衔接，进一步推动企业培育环境意识、落实环境责任的建议

（一）推动以环境信息依法披露政策体系为主导的衔接

一是推动环境信息披露制度衔接。深化环境信息依法披露制度建设，完善政策体系，整合《环境信息依法披露报告格式准则》《企业 ESG 披露指南》等环境信息依法披露制度和 ESG 信息披露的框架性文件，构建强制性与自愿性协同的环境信息披露制度体系与技术规范体系，将 ESG 披露要求纳入环境信息依法披露制度相关法律法规的制修订中。推动量化可比的信息披露框架指引性文件出台。

二是加强环境信息披露对象衔接。推动环境信息依法披露与 ESG 信息披露对象的衔接，ESG 信息披露充分参考环境信息依法披露对象，推动重点排污单位，实施强制性清洁生产审核的企业、上市公司、发行企业债券企业做好环境信息披露。鼓励中小企业开展环境信息披露，把环境信息披露作为中小企业的重要参考指标，并与生态环境保护信用评价挂钩，帮助中小企业提升自身环保信用等级，形成可持续的管理模式，进而解决中小企业融资难、融资成本高的问题。

三是推动环境信息披露内容融合。推动环境信息依法披露与 ESG 信息披露内容以压实企业责任、回应社会关切为主，更加关注生产链上的环境社会风险问题、应对气候变化问题、生物多样性问题等，响应当前及未来长期的碳达峰与碳中和战略目标，契合深入打好污染防治攻坚战、乡村振兴、共同富裕、高质量发展等目标。注重两个体系市场化绿色融资信息发布，加强企业相关投融资的生态环保信息披露，上市公司、发债企业及时详细披露融资所投项目的应对气候变化、生态环境保护、企业环境管理等相关信息，

促进企业推动应对气候变化有关信息内容披露。

（二）探索实施环境信息披露专项管理

一是强化环境信息披露部门协作。鼓励由地方党委政府牵头，生态环境及金融机构等部门协同，加速推动形成环境信息披露统一规范的协作管理机制，推动环境信息依法披露精细化。联合相关部门、行业协会，在现有会计准则体系的基础上，增加制定环境会计准则，出台《环境会计指南》，对环境负债和环境成本等环境会计要素的确认、计量、记录和报告进行明确规定，增强省内企业环境会计信息披露的统一性和规范性。

二是加强环境信息披露数据服务。加强环境信息披露监管部门间的协调配合力度，建立对话机制，及时交流沟通，构建跨地区、跨部门和跨层级的信息资源共享机制，对企业环境信息资源的性质、采集、归属、权益、存储、发布、共享、交换、安全等进行统一规范。充分运用大数据、区块链、人工智能等技术，开发基于大数据、云计算的企业环境信息甄别与校核技术，采集的内容包括名称、披露口径、原始单位、标准化单位、披露口径等信息。采用“人工+技术”并行的方式，重点是通过人工核实，保证采集的数据严格符合标准。

三是强化环境信息披露监管手段。以《企业环境信息依法披露管理办法》为关键“抓手”，将多部生态环境法律法规关于环境信息披露的规定有机整合，对环境信息依法披露主体、披露内容、披露管理、依法监督等基本内容和关键环节进行全面规范，将环境信息依法披露融入监管的各个环节。统筹推进环境信息披露和环保信用评价，将 ESG 信息披露纳入企业环境信息依法披露系统，集中公布企业环境信息依法披露内容，为企业进行 ESG 信息披露提供载体。坚持部门评价和社会评价并行，推动建立以信用为基础的环境监管体系。注重提升环境部门和相关部门监管能力，加强对相关工作人员在环境信息披露方面的业务能力培训。

四是鼓励企业自主开展环境信息披露专项管理。环境信息披露的内容已经从传统的环境污染治理本身转向生态、生产、生活等方面。倡导企业在环境信息披露时要有更强的敏感性去捕捉新兴环境议题，强化环境信息披露的专项管理。一方面，要重点关注生产链上的环境社会风险问题、气候变化问题、生物多样性问题等。另一方面，更要响应当前及未来长期的碳达峰与碳中和战略目标，契合我国深入打好污染防治攻坚战、乡村振兴、共同富裕、高质量发展等目标，围绕这些主题建设环境信息披露的评价指标体系，为国内外投资者在我国境内开展投资提供更为详尽的参考标准。

（三）进一步深化环境信息披露“放管服”改革

一是持续精简环境信息披露相关环节和流程。围绕市场主体关切，及时优化相关管理办法和技术规范，整合相关环境信息填报系统，减少企业网上填报数量，避免企业多次重复披露相关环境信息，进一步提高企业环境信息依法披露效率。建立健全企业合理诉求解决机制，完善问题受理、协同办理、结果反馈等流程，重视企业合理诉求，有效解决企业在披露环境信息时面临的实际困难问题。全面落实“双随机、一公开”制度，实现对不同生态环境守法水平监管对象的差别化管理，对超标企业的环境信息披露情况加大查处力度，对长期稳定达标排放的合法企业披露的环境信息减少监管频次。

二是加强环境信息披露帮扶指导。加强企业层面环境信息披露的宣传和培训，大幅增强企业环境责任意识，提升企业信息披露的主观能动性。开展“送政策”进企业、开设培训班等，帮助企业了解最新政策动态，解决企业不会披露、难以披露的问题。同时，通过宣传培训促进企业充分认识到公开环境信息的企业社会责任，建立有利于增强企业环境形象、树立良好的企业声誉的社会氛围，助力企业在竞争日趋激烈的市场环境下提升企业整体价值和市场竞争力。

三是创新环境信息披露相关经济政策。探索建立环境信息披露“领跑者”制度，出台“领跑者”财政补贴、金融信贷支持等政策。积极发挥绿色消费引领作用，推广环境标志产品，倒逼企业主动开展环境信息披露。充分发挥市场在资源配置中的决定性作用和更好发挥政府引导作用，不断激发市场主体活力，强化环境信息依法披露制度改革对促进产业升级、优化营商环境的正向拉动作用。

（四）进一步强化环境信息披露保障支撑

一是推动开展环境信息披露先行先试。鼓励和指导成都、广元等低碳城市、气候投融资等试点地，率先开展环境信息依法披露与ESG信息披露的衔接工作，积极探索发展路径。加强环境信息披露的落地运用，引导金融机构系统提升识别、评估和管理气候变化相关金融风险的能力。抓住《成都市服务业扩大开放综合试点总体方案》的试点和实施效应，实施补贴、特殊人才政策、提供校企研试点平台等政策性引导措施。

二是积极培育本土环境信息披露服务机构。四川省应当抓住碳达峰碳中和带来的产业变革机遇，考虑超前布局，率先打造成中国绿色投资发展的先锋。鼓励推广第三方认证的方式，引入第三方机构，致力提高披露质量，鼓励第三方机构在遵守法律法规和行业规范基础上，为环境信息披露企业提供信息核实、报告编制、结果评级等市场化服务，让环境信息披露结果以更加直接的方式参与市场经济活动。将环境信息披露服务行业纳入绿色低碳产业重点目录，发挥清洁能源、可再生资源以及低碳能源的优势以及污染物减排指标资源，网络环境信息披露、评级、咨询机构等在川落地。

三是发挥社会监督作用加强公众参与。畅通投诉举报途径，拓宽企业环境污染问题发现渠道，引导社会公众、新闻媒体等对环境信息披露进行有效监督；建立环境信息披露公众教育机制，提高公众对企业环境信息披露重要性的认识。充分发挥行业协会等社会组织的推动作用，鼓励社会组织针对相关行业和相关领域，组织开展环境信息披露系列生态标志、绿色标签活动，对环境行为表现优秀、环境信息披露真实全面的企业，授予相应的标志或称号，并通过网络传播激发公众参与热情，促使企业积极开展环境信息披露。

参考文献

[1] 董战峰. 加快推进 ESG 体系建设，促进企业提升现代绿色治理水平[N/OL]. 新京报，2022-11-17，https：//baijiahao. baidu.com/s？id=1749745729601378638&wfr=spider&for=pc.

[2] 王金南. 加快建立健全环境信息依法披露制度　推动企业落实生态环境保护主体责任[N]. 中国环境报，2021-06-02（3）.

[3] 王琳璘，廉永辉，董捷. ESG 表现对企业价值的影响机制研究[J]. 证券市场导报，2022，358（5）：23-34.

[4] 刘颖，周舟. 中国企业 ESG 信息披露现状及启示[J]. 债券，2022，124（10）：68-71.

[5] 金颖. 国内外环境会计信息披露比较及启示[J]. 中国乡镇企业会计，2021（5）：80-81.

[6] 田翠香，李蒙蒙. 美国环境信息披露管制政策及借鉴[J]. 北方工业大学学报，2015，27（4）：20-25.

[7] 陈心怡. 中日造纸企业环境会计信息披露比较研究[D]. 苏州：苏州大学，2020.

[8] 陆军. 大力推动环境信息披露制度落地实施[N]. 中国环境报，2021-06-18（3）.

绿色发展理念融入立法制度设计的思考与建议

摘　要：党的二十大报告强调，“坚持全面依法治国，推进法治中国建设”“推动绿色发展，促进人与自然和谐共生”。2023年全国《政府工作报告》中提出，“推动发展方式绿色转型”“完善支持绿色发展的政策”。将绿色发展理念贯穿到各领域立法工作中，运用法治化手段推进绿色发展各项任务落实，不仅是探索高质量发展路径模式，以法治力量推动经济社会全面绿色转型的必然要求，更是优化营商环境，促进地方在绿色转型中赢得发展先机的现实需要。

关键词：绿色发展；立法；法律制度设计

一、绿色发展立法的制度需求与法制意蕴

（一）绿色底色：落实环境约束普遍化

绿色作为发展底色，应贯彻于立法制度设计的每一环节。在立法中，要确立“环境极限”理念、“环境底线”思维和“环境目标”导向。以生态环境资源承载力为基础是绿色发展立法的首要前提，遵循科学原理和生态规律，始终考虑生态环境约束，通过立法将政府、企业、社会的行为置于绿色发展的目标导向中，并根据目标要求构建以绿色生产、绿色生活转型为主要特征的绿色发展行为模式。

（二）发展成色：增强高质量发展制度设计成色

绿色反映着高质量发展的成色，绿色发展立法须将环境保护与经济运行规律、社会发展规律、人的行为规律相结合，以符合地区生态文明建设总体情况的务实思维构建具体法律制度。一是立足高质量发展的客观实际，从经济社会发展全局看待环境问题。绿色发展立法要立足客观实际，避免背离“发展”方向，防止因一味追求绿色制度设计或方案构想而缺乏实施基础。二是注重成本与收益，确保公平与效率。绿色发展立法要考虑法律实施成本，坚持公平与效率的法律价值根基，避免成本高昂，造成实施困难。三是坚持以人为本，注重制度激励。绿色发展立法制度设计要坚持以人为本，保障人的各种资源环境产权利益，通过对产权利益的保障来推进生态环境保护，通过刺激社会主体

与绿色发展之间的利害关系来“激励”人的行为模式。

二、促进绿色发展的立法制度设计实践分析

现有的法制体系中，涉及绿色发展的制度设计主要包括确认产权、统筹职能、构建秩序、服务营商四个层面。

（一）建立绿色发展确权制度，促进生态产品价值权利的转化实现

一是树立整体系统绿色发展权利观。立足绿色发展所需的土地、矿产、水、气候、生物多样性、森林、湿地、草原以及生态文化等资源要素，建立整体系统的绿色发展权利体系。以当地绿色发展资源体现“绿色发展权利”的底蕴，统筹满足宜居生活的“生活环境质量权利”和符合经济发展需求的“生态产品价值权利”。二是立法界定生态产品“权利基底”。开展立法对象的“生态调查+生态规划”构成的全要素“权利基底”普查，掌握权力数量、质量、权属、结构、空间分布等基本信息。同时，通过立法建立权利定期清查机制，推行绿色发展权利变更登记制度。编制生态产品变化表，记录当期政府、企业、个人、集体组织等对生态环境资源资产的占用、使用、消耗、恢复活动，及时清理和补充权利名录。三是立法畅通资源产权与经济权利之间的转化路径，促进“绿水青山”向“金山银山”转化。通过明确生态公共产品的指标交易规范、生态补偿及生态农产品的交易规则，来实现生态农产品保值、生态环境资源溢值、生态补偿收益等财产性权利的实现。通过规制政府、企业、社会、集体经济组织投资绿色经济活动的方式、方法，来建立绿色发展投资机制。

（二）统筹绿色发展协同管理职能，推动政府行政权力的规范运行

一是健全跨域联保共治机制。以跨界水体为例，将重点跨界水体联保共治作为抓手，围绕建立相关联合机制，完善联合监测体系、健全共享机制，探索推进上下游、左右岸、跨区域连片联合养护，提升跨界河湖管养的整体效益。二是构建生态环境一体化保护制度框架。以生态环境标准、监测、执法“三统一”为抓手，明确以“一套标准”规范生态环境管理、“一张网”统一生态环境科学监测和评估、“一把尺”实施生态环境有效监管为重点，构建跨域统一的生态环境管理制度体系。三是探索绿色创新融合发展机制路径。如以双碳领域全国首个跨域重点功能片区的专项规划为抓手，创新建立“主项目单元-双碳子单元-地块”三大层级管控体系，为具体地块的项目设计、审批和建设、运营提供约束和指引。

（三）构建绿色发展的法律秩序，系统规制绿色经济社会活动运行的步骤程序

构建绿色发展的法律秩序，需要做到源头严防、过程管理和末端保障。一是通过源

头严防严格绿色发展的产业准入刚性约束。这需要引入、强化规划环评制度的法律约束力，将区域资源禀赋和环境容量作为区域发展的硬约束，从战略源头强化绿色发展，防止生产力布局、资源配置不合理造成的环境问题。二是通过过程管理完善绿色发展的制度和政策引导。构建起激励与约束并重的绿色生产和消费相关规范、标准、政策体系，从绿色工业、绿色农业、绿色服务业、绿色产品消费和绿色生活方式等领域全方位对绿色生产和消费法规政策体系进行顶层设计和具体部署，全领域、全环节、全生命周期管理。三是加强末端保障建立服务绿色发展的法律责任体系。参考恢复性执行、恢复性司法等理念，将对绿色发展违法行为的惩处与生态恢复、生态补偿、绿色发展的具体要求结合，建立系统的绿色发展恢复性责任体系。

（四）打造服务绿色发展的法治营商环境，促进区域管理环境及市场环境的绿色化

打造服务绿色发展的法治营商环境，包括优化市场环境和法治环境。一是优化市场环境。立法强化激励导向的绿色生产和消费制度政策。在价格政策方面，提出完善基于能耗、污染物排放水平的差别化电价政策，提高资源环境绩效。在税收优惠方面，提出落实好节能、节水、环保、资源综合利用产业的税收优惠政策。二是优化法治环境。立法考虑监管责任设置上的尽职免责和鼓励探索。一方面根据优化营商环境要求合理设置环保责任，规定尽责免责内容，同时严格落实部门环保责任。另一方面鼓励探索服务绿色发展的原创性、差异化措施，对探索中出现失误或者偏差，符合规定条件且勤勉尽责、未牟取私利的情况，对有关单位和个人依法予以免责或者减轻责任。

三、关于推动四川省绿色发展立法的建议

结合四川省经济社会全面绿色转型的现实需要，将绿色发展理念贯穿到各领域立法的制度设计中，通过生态环境法制高效能治理全面促进经济社会高质量发展和生态环境高水平保护。

（一）聚焦深入践行绿水青山就是金山银山理念，立法探索加快生态产品价值实现的路径模式

一是运用法制手段建立有利于生态产品价值实现的权利制度模式。通过立法规制产权获取与惠益分享制度，公平、公正分享绿色发展产生的经济效益，促进地方政府和基层群众参与分享绿色发展带来的惠益。鼓励发展生态种植、生态养殖和可持续经营，加强生物资源养护，制定可持续生产标准指南，培育绿色发展的权利载体。二是运用法制手段推动建立环境资源要素市场化配置机制。在生产方面，通过法制推动水资源、能源等资源环境要素市场化配置改革，建立针对企业的绿色发展质量综合评价制度，鼓励工

业企业开展绿色发展设计。在消费方面，通过法制推动实施不同行业的差别化用电、用水、用气价格政策，调整与绿色发展不符的不合理补贴和支持政策，推动制修订产品生产过程的能耗、水耗、物耗标准。在技术创新方面，通过法制推动建立绿色技术清单制度，提出水、能源、交通、建筑、土地利用和规划、食品等相关领域的重大绿色技术清单，结合绿色产业指导目录，制定绿色技术推广目录。在财税方面，通过法律支持对森林、草场、滩涂等征收资源税的具体措施，推动将过度耗费自然资源、严重污染环境的消费品纳入消费税征税范围。三是运用法制手段保障绿色产业发展。立法对绿色产业发展定位和生态产品价值实现进行总体性规定，同时，结合本地绿色发展的优势领域，对旅游、农业、交通等方面的绿色发展作出具体规定。例如，在旅游业发展方面，法制推动实施旅游企业绿色认证制度，推动绿色旅游产品认证，建立健全以绿色景区、绿色饭店、绿色建筑、绿色交通为核心的绿色旅游标准体系，引导企业执行绿色标准。在交通运输方面，通过法制推动构建基础设施、运输装备、运输组织等方面的绿色交通标准体系，配套制定绿色交通相关建设和评价标准，完善交通运输行业重点用能设备能效标准和能耗统计标准。

（二）聚焦协同推进降碳、减污、扩绿、增长的目标任务，立法推动绿色低碳发展

一方面，通过法制手段促进形成绿色低碳的生产方式和生活方式。立法倡导绿色消费，鼓励使用清洁能源、新能源交通工具。从源头减量、清洁生产、资源循环、末端治理，以及绿色产品消费的全过程推进绿色生产和消费方式建立。另一方面，充分发挥法制引领、优化、倒逼作用。立法推动节能降碳先进技术研发和推广应用，鼓励发展以新能源运输装备产业为主导的绿色低碳产业，推动逐步从能源消耗总量和碳排放强度调控转向碳排放总量和强度“双控”，并最终转为温室气体排放总量控制的相关制度。统筹衔接现行环境管理制度，从控制范围、控制模式、目标指标、核算统计以及监督考核等方面进行制度设计，构建以“三线一单”、环评为主的源头防控，以排放许可、总量控制为主的过程管控，覆盖地区总量控制-行业总量控制-企业总量指标分配的全链条减污降碳制度体系。

（三）聚焦打造整体性、系统性绿色发展格局，立法推动成渝地区双城经济圈生态绿色一体化发展

立法推动生态绿色一体化发展，一是需要突出以“一套标准”规范相邻地区绿色发展工作。重点通过法治建设推进“两个同步”，同步落实重点行业全面实施符合绿色发展要求的排放标准，同步推进标准阶段性研究发布，逐步统一相邻两地相关排放标准。二是以监测规范“一张网”统一服务绿色发展的生态环境科学监测和评估体系。通过统一监测规范，在重点区域范围内优化监测点位设置，配置标准化自动监测设备，建立标

准的数据采集传输机制。通过法制规范监测数据标准化建设，推动监测数据的区域互认，实时发布与共享环境监测信息，实现区域环境监测数据管理一体化、监测报告智能化和规范化。三是执法统一，立法强化用“一把尺”服务绿色发展环境监管。以成渝地区为例，推动跨界流域、跨界区域联保共治为抓手，立法固化省级跨界流域联合执法、毗邻地区常态化联合执法、重点点位跨区域交叉执法过程中的体制机制。推动协同建立执法规程，统一服务绿色发展的执法事项、执法程序和裁量标准，建立健全案件证据互认、处罚结果互认机制，推动执法信息互通共享。

（四）聚焦构建绿色发展营商环境，建立政务、用地、法律责任体系

一是法制规范绿色发展政务环境。立法规范生态系统生产总值（GEP）评价管理体系，将 GEP 纳入国民经济统计核算体系，完善 GEP 评价技术标准，明确 GEP 核算范围，统一规范生态产品价值量核算方法。推动建立 GEP 与 GDP 双考核制度，实现区域政绩考核向 GDP 和 GEP 双核算、双评估、双考核的方式转变。通过法制推动形成稳定增长的绿色发展财政支持保障机制、多元投入机制和生态补偿机制，授权市、区人民政府根据绿色发展的现实需要，可以就立法区域生态补偿的范围、标准、方式等作出特别规定，在生态补偿方面对绿色发展重点区域倾斜。二是运用法制完善绿色发展用地机制。立法明确在符合国土空间规划前提下，通过盘活存量、优化结构，科学合理配置绿色发展的土地资源要素。在项目选址方面，立法明确用地涉及耕地、永久基本农田、生态保护红线的，需开展节约集约用地论证分析，推广节地技术和节地模式。在用地审批方面，立法支持绿色发展项目先行用地，简化绿色发展项目用地审批流程。三是关于法律责任。引入尽职免责规范，对绿色发展探索中出现失误或者偏差，符合规定条件且勤勉尽责、未牟取私利的，对有关单位和个人依法予以免责或者减轻责任。按照权责一致原则，明确主管部门的绿色发展责任，对造成生态环境和资源严重破坏的，实行终身追责。同时，规范绿色发展相关的司法保障和公益诉讼机制。

我国六五环境日二十年变迁的政策启示

摘　要：2023 年是第 52 个世界环境日，也是我国自主确定环境日主题的第 20 年。六五环境日主题既是我国生态环境保护重点工作的体现，也是对社会关注焦点的回应，其主题的变迁也是一部我国生态环境政策的演化史。20 年来，六五环境日主题变迁体现了我国生态环境保护工作的“与时俱进”，反映了我国生态环境发展的巨大转变。目前，我国生态环境保护发生历史性、转折性、全局性变化，生态环境政策体系日趋完善，公众对人与自然关系的认知更加深化，正在成长为生态文明建设的重要参与力量，其参与生态文明建设的水平和层次正在实现质的飞跃。本文系统梳理了我国 20 年来六五环境日主题的变迁，分析了这一变迁及背后生态环境政策的关联，归纳了近年来全国各地六五环境日活动的亮点，并提出了加强生态文明建设，推动人与自然和谐共生现代化的政策启示。

关键词：六五环境日；环境日主题；政策

为唤起全球人们对生态环境保护的重视，培育人们的环境保护意识，1972 年 10 月，第 27 届联合国大会将每年的 6 月 5 日确立为“世界环境日”。2004 年，我国首次结合世界环境日主题，针对国内生态环境保护工作实际，提出了符合自身发展需要的六五环境日主题，自此我国每年发布六五环境日主题。2023 年 6 月 5 日是第 52 个世界环境日，其主题为“减塑捡塑”。同时，2023 年也是我国自主设置环境日主题的第 20 个年头，2023 年六五环境日主题为“建设人与自然和谐共生的现代化”，其紧密结合了党的二十大精神和全面建成社会主义现代化强国目标。

一、20 年来我国六五环境日主题变迁分析

分析历年我国六五环境日主题（表 1），在主题设置上，主要聚焦污染防治、节能减排、绿色发展、人与自然和谐共生等生态文明建设内容；在时间序列上，主题实现了从污染防治到绿色发展再到人与自然和谐共生的转变。其中，污染防治主题以 2004 年、2007 年和 2013 年为典型代表，分别针对海洋环境恶化、污染物总量减排、大气污染防治等当下最紧迫和群众最关注的热点问题；绿色发展主题则以 2010 年、2012 年和 2015 年为典型代表，呼吁人人行动起来，树立绿色发展理念；人与自然和谐共生主题以 2021 年、2022 年和 2023 年为典型代表，进一步唤醒全社会生态环境保护意识，积极投身美丽中国建设。

表 1　2004—2023 年我国六五环境日主题汇总

年份	主题	主题主旨	关注的环境要点
2023	建设人与自然和谐共生的现代化	宣传贯彻党的二十大精神，深入宣传习近平生态文明思想，引导全社会深刻把握我国新发展阶段生态文明建设总体要求，动员社会各界积极投身建设美丽中国、实现人与自然和谐共生的现代化的伟大实践	生态文明建设、绿色发展、美丽中国建设、人与自然和谐共生
2022	共建清洁美丽世界	促进全社会增强生态环境保护意识，投身生态文明建设，在共建美丽中国的同时，进一步体现中国在全球生态文明建设中的重要参与者、贡献者、引领者作用	生态文明建设、美丽中国建设、绿色低碳转型、高质量发展、全球环境治理
2021	人与自然和谐共生	进一步唤醒全社会生物多样性保护的意识，牢固树立尊重自然、顺应自然、保护自然的理念，建设人与自然和谐共生的美丽家园	生态文明建设、生物多样性保护、应对气候变化、绿色低碳发展、生态文化、人与自然和谐共生
2020	美丽中国，我是行动者	大力弘扬生态文化和生态道德，倡导生态价值观念，引导和动员社会各界积极参与生态环境保护实践，推动健全全民行动的现代环境治理体系，为打赢污染防治攻坚战、决胜全面建成小康社会、建设美丽中国凝聚力量	生态文明建设、污染防治攻坚战、现代环境治理体系、绿色发展、高质量发展、全民绿色行动、生态文化
2019	美丽中国，我是行动者	聚焦以蓝天保卫战为重中之重的污染防治攻坚战等重点工作，普及生态环境保护政策法规和科学知识，弘扬生态文化，展现打好污染防治攻坚战进展成效，进一步增强公众生态环境保护意识，动员全社会积极参与生态文明建设，以实际行动减少能源资源消耗和污染排放，自觉践行绿色生产和生活方式，共同建设美丽中国	污染防治攻坚战、生态文明建设、美丽中国建设、节约资源、污染减排、绿色发展
2018	美丽中国，我是行动者	进行广泛社会动员，推动人们知行合一，积极参与生态环境事务，在全社会形成人人、事事、时时崇尚生态文明的社会氛围，让美丽中国建设更加深入人心，让绿水青山就是金山银山的理念结出丰硕成果	污染防治攻坚战、生态文明建设、美丽中国建设、绿色低碳生活方式
2017	绿水青山就是金山银山	动员引导社会各界牢固树立“绿水青山就是金山银山”的强烈意识，尊重自然、顺应自然、保护自然，自觉践行绿色生活，共同建设美丽中国	绿色发展方式和生活方式、可持续发展、生态文明建设、环境污染综合治理
2016	改善环境质量推动绿色发展	动员引导社会各界着力践行人与自然和谐共生和绿色发展理念，从身边小事做起，共同履行环保责任，呵护环境质量，共建美丽中国	生态文明建设、美丽中国建设、突出环境问题、补足生态短板、绿色发展
2015	践行绿色生活	增强全民环境意识、节约意识、生态意识，选择低碳、节俭的绿色生活方式和消费模式，形成人人、事事、时时崇尚生态文明的社会新风尚，为生态文明建设奠定坚实的社会和群众基础	生活方式绿色化、生态文明建设、生产方式绿色转型、全民行动体系

年份	主题	主题主旨	关注的环境要点
2014	向污染宣战	体现我们党和国家对治理污染紧迫性和艰巨性的清醒认识，彰显以人为本、执政为民的宗旨情怀和强烈的责任担当精神，倡导全社会共同行动，打一场治理污染的攻坚战，努力改善环境质量，保卫我们赖以生存的共同家园	污染治理、雾霾
2013	同呼吸共奋斗	释放和传递建设美丽中国人人共享、人人有责的信息，倡导在一片蓝天下生活、呼吸的每一个公民都应牢固树立保护生态环境的理念，切实履行好呵护环境的责任，自觉从我做起，从小事做起，尊重自然，顺应自然，增强节约意识、环保意识、生态意识，养成健康合理的生活方式和消费模式，激发全社会持久的环保热情，为改善空气质量、实现天蓝、地绿、水净的美丽中国而奋斗	以防治 $PM_{2.5}$ 为重点的大气污染防治工作
2012	绿色消费，你行动了吗？	强调绿色消费的理念，唤起社会公众转变消费观念和行为，选择绿色产品，节约资源能源，保护生态环境	绿色消费、转变经济发展方式、绿色产业发展、可持续发展
2011	共建生态文明，共享绿色未来	唤起社会公众对环境与发展关系的清醒认识和自觉行动，提高生态文明水平，倡导绿色发展理念和鼓励公众参与	绿色发展理念、生态文明建设、转变经济发展方式
2010	低碳减排，绿色生活	号召公众从我做起，推进污染减排，践行绿色生活，为建设生态文明、构建环境友好型社会贡献力量	绿色经济、低碳经济、节能减排、加快转变经济发展方式
2009	减少污染——行动起来	引导公众关注污染防治，积极参与到节能减排工作中来	节能减排、生态文明建设、中国特色环保新道路、可持续发展
2008	绿色奥运与环境友好型社会	要求各地围绕中国主题，以宣传“办绿色奥运，促节能减排，倡导生态文明，建设环境友好型社会”为重点，动员全社会力量参与环境保护，掀起一次环境宣传热潮	节能减排、环境友好型社会、生态文明建设
2007	污染减排与环境友好型社会	加大宣传力度，鼓励公众参与，充分发挥社会各界的积极性、主动性和创造性，使减少污染物排放、与环境友好相处成为每个单位、每个企业、每个社会成员的自觉行动	减少污染物排放、环境友好型社会
2006	生态安全与环境友好型社会	展示中国政府和人民维护生态安全，建设环境友好型社会的决心和行动，同时普及生态安全知识，进行环境警示教育，提高广大公众的生态安全意识和参与维护生态安全的积极性	绿色创建、绿色学校和绿色社区、绿色生活、绿色消费、环境友好型社会
2005	人人参与，创建绿色家园	旨在号召全社会行动起来，积极投身建设生态省、环保模范城、生态工业园区、绿色社区等环保实践活动，建设人与自然和谐相处的绿色家园	建设人与自然和谐相处的绿色家园
2004	碧海行动，我们对海洋的承诺	展示中国政府和人民在保护海洋环境方面的决心和行动，唤起全社会海洋环境保护的意识	粗放型发展模式、海洋环境恶化、近岸海域污染、循环经济、可持续发展

（一）党的十八大前的环境日主题变迁分析

自《国家环境保护“十五”计划》实施以来，我国环境保护领域不断拓展、力度不断加大，实施了碧海行动计划等一系列战略措施，出现了一批不同类型、不同范围、不同层次的实践典型，2004 年和 2005 年六五环境日我国分别以“碧海行动，我们对海洋的承诺”“人人参与，创建绿色家园”为主题，旨在唤醒全社会环境保护意识，积极投身环保实践活动。党的第十六届五中全会上，党中央正式将“建设资源节约型和环境友好型社会”（以下简称“两型社会建设”）确定为国民经济和社会发展中长期规划的一项战略任务。2006—2010 年六五环境日所提倡的主题内容均围绕“两型社会建设”展开，分别是以构建环境友好型社会为核心的“生态安全与环境友好型社会”（2006 年）、“污染减排与环境友好型社会”（2007 年）、“绿色奥运与环境友好型社会”（2008 年）以及以构建资源节约型社会为核心的“减少污染——行动起来”（2009 年），旨在充分发挥社会各界的积极性、主动性和创造性，鼓励公众参与，推动节能减排与环境友好型社会建设。

（二）党的十八大后的环境日主题变迁分析

进入 21 世纪，我国经济持续高速发展，环境污染、资源紧张等问题相伴而生，以煤炭为主的能源消耗大幅攀升，机动车保有量急剧增加。自 2011 年起，由于 NO_x 和 VOCs 排放量显著增长，$PM_{2.5}$ 污染加剧，灰霾现象频繁发生，2013 年冬季暴发了史上最大范围的雾霾污染，“雾霾”成为年度关键词，为 2014 年环境保护重点工作指明了方向。因此，2013 年和 2014 年六五环境日主题均围绕大气污染防治展开，积极回应了当时人民群众对大气污染环境问题的关切与担忧。“同呼吸 共奋斗”与“向污染宣战”主题体现了国家对治理污染紧迫性和艰巨性的清醒认识，彰显了以人为本、执政为民的宗旨情怀和强烈的责任担当精神，也激发了全社会持久的环保热情。2015 年 10 月，党的十八届五中全会首次提出“创新、协调、绿色、开放、共享”五大发展理念，将绿色发展作为新发展理念的其中之一，推动形成绿色发展方式和生活方式，成为我国发展观的一场深刻革命。2015—2017 年六五环境日主题主要围绕“绿色发展”展开，旨在引导社会各界贯彻落实绿色发展理念，自觉践行绿色生产和生活方式，共同履行环保责任，推动绿色发展取得新突破。

党的十九大把“美丽中国”纳入社会主义现代化强国目标，2018 年 6 月起，生态环境部、中央文明办等部门在全国范围部署开展了为期三年的“美丽中国，我是行动者”主题实践活动。2018—2020 年（全面建成小康社会的收官之年，打赢污染防控攻坚战的决胜之年）的六五环境日主题与实践活动主题一致，旨在动员社会各界积极参与生态环境保护实践，为打赢污染防治攻坚战、决胜全面建成小康社会、建设美丽中国凝聚力量。

“十三五”时期，我国生态环境质量改善成效显著，生态环境保护事业蓬勃发展，为

“十四五”时期生态文明建设实现新进步奠定了坚实基础。党的十九届五中全会提出“推动绿色发展，促进人与自然和谐共生”，为做好“十四五”生态环境保护工作指明了前进方向、提供了根本遵循。2021 年六五环境日以“人与自然和谐共生”为主题，旨在进一步唤醒全社会生物多样性保护的意识，牢固树立尊重自然、顺应自然、保护自然的理念，建设人与自然和谐共生的美丽家园。2023 年六五环境日的主题与 2021 年一脉相承，为“建设人与自然和谐共生的现代化”，相较于 2021 年的主题，2023 年增加了有关现代化建设的内容，既是对党的二十大精神的贯彻落实，也是对习近平生态文明思想的深入宣传，旨在引导全社会深刻把握我国新发展阶段生态文明建设总体要求，动员社会各界积极投身建设美丽中国、实现人与自然和谐共生的现代化的伟大实践。

二、从六五环境日看生态环境政策要求与推动落实情况

20 年来，在生态环境政策体系的规范、约束、引导下，我国生态环境质量得到显著改善。特别是党的十八大以来，通过开展一系列根本性、开创性、长远性工作，生态环境保护发生了历史性、转折性、全局性变化。六五环境日紧跟时事，多次以污染防治、绿色转型、共建共享为主题，以群众关心的生态环境问题为重点，开展了丰富多样的活动，体现了国家对生态环境保护的决心和对生态文明建设的重视。

（一）加强污染防治，共建美丽清洁世界

环境保护是我国基本国策。随着经济发展的腾飞，环境污染、生态恶化等问题日益严重，污染防治一直是我国环境保护的重点工作。我国环境保护工作进入第四阶段[①]，党中央、国务院高度重视生态环境保护工作，打出了一系列政策组合拳，推动我国环境保护实现了从污染物排放总量控制到“坚决向污染宣战”，到全面部署“坚决打好污染防治攻坚战”，再到“深入打好污染防治攻坚战”，环境质量改善逐渐成为我国环境保护的核心目标和主线任务。

《国家环境保护“十五”计划》提出，到 2005 年，环境污染状况有所减轻，环境保护重点任务以工业污染防治、污染物总量排放控制为主，其中渤海是“九五”计划以来的环境保护重点区域，也是“十五”计划重点项目规划区域之一，是我国开展碧海行动计划、推进海洋污染防治的缩影。2004 年六五环境日以“碧海行动，我们对海洋的承诺”为主题，体现了我国在保护海洋环境方面的决心和行动。

① 第一阶段：从 20 世纪 70 年代初到党的十一届三中全会；
第二阶段：从党的十一届三中全会到 1992 年；
第三阶段：从 1992 年到 2002 年；
第四阶段：从 2002 年到 2012 年；
第五阶段：党的十八大以来。

2007 年，党的十七大提出建设生态文明，要求基本形成节约能源资源和保护生态环境的产业结构、增长方式、消费模式；《中华人民共和国国民经济和社会发展第十一个五年规划纲要》[①]提出将“十一五”时期主要污染物排放总量控制指标纳入约束性指标，并在第六篇以“建设资源节约型、环境友好型社会”为题，提出统筹实施结构减排、工程减排、管理减排“三大减排战略”。同年《国家环境保护“十一五”规划》首次以国务院名义印发，要求围绕实现国家“十一五”规划确定的主要污染物排放控制目标，把污染防治作为重中之重。2007—2009 年，六五环境日分别以“污染减排与环境友好型社会”“绿色奥运与环境友好型社会”“减少污染——行动起来”为主题，体现了对党的十七大和国家“十一五”规划关于减污减排要求的落实，也体现了与奥运会等时事的紧密结合。

党的十八大以来，我国生态环境保护工作进入第五阶段。党的十八大报告将“生态文明”纳入中国特色社会主义事业“五位一体”总体布局，首次提出“推进绿色发展、循环发展、低碳发展”和“建设美丽中国”。2011 年冬季，持续时间长、频率高、范围广的严重雾霾事件以及 $PM_{2.5}$ 知识普及，激发了人们对清洁空气的渴望，进一步唤醒了人们对大气环境保护的意识。党和国家紧扣人民关心的问题，推动污染防治重点任务由污染物排放总量控制转向环境质量改善。2012 年年底国家新发布《环境空气质量标准》（GB 3095—2012），首次将 $PM_{2.5}$ 纳入空气质量标准；2013 年国务院印发了史上最严厉的行动计划——《大气污染防治行动计划》，部署大气污染防治十条措施，以此来展开大气污染防治工作，并拉开了我国污染防治攻坚战的序幕。2013 年和 2014 年以国家推动、群众关心的重点工作为主题，开展了六五环境日活动，以此号召更多人参与到环境保护。2016 年，随着我国大气、水、土壤污染防治行动计划的部署完成，环境质量改善正式成为生态环境保护的核心目标和主线任务，当年六五环境日则以此为主题，彰显我国对改善环境质量、推动绿色发展的坚定决心，以及推动全社会积极参与、有力配合以改善环境质量为核心的“十三五”环保工作总体部署的态度。

（二）促进绿色发展转型，践行绿色生活

在人口总量持续增长，工业化、城镇化快速推进，经济体量日趋壮大的同时，我国能源消费总量不断上升，污染物产生量持续增加，经济增长与环境约束的关系日趋紧张。我国清楚地意识到加强环境保护、缓解资源环境危机的关键在于调整经济结构、转变经济增长方式。而广大群众环境意识普遍提高，积极参与环保行动、践行绿色生活的群众越来越多，为促进生产生活方式绿色转型提供了强大的动力，绿色发展成为我国坚定不移的发展之路。

2005 年出台的国家“十一五”规划中，“两型社会建设”首次被单独列为规划中的

---

① 《中华人民共和国国民经济和社会发展第十一个五年规划纲要》简称国家“十一五”规划；《中华人民共和国国民经济和社会发展第十二个五年规划纲要》简称国家“十二五”规划，以此类推。

重要篇章，成为我国绿色行动的方案；首次提出要“建设生态文明，大力发展循环经济，基本形成节约能源资源和保护生态环境的产业结构、增长方式、消费模式”。2006 年第六次全国环境保护大会强调了新形势下环境保护要加快实现“三个转变”[①]，成为我国经济与环境关系的重大转变。2007 年，党的十七大首次将“建设生态文明”写入党代会报告，并将“两型社会建设”写进了党章，从文明的高度来统筹环境保护与经济发展之间的关系，使其成为全党的共同意志。2006—2010 年六五环境日的主题则体现了对“两型社会建设”的回应，进一步呼吁人民群众践行绿色生产生活方式。其中，2008 年六五环境日以“绿色奥运与环境友好型社会”为主题，更是体现了对我国首次举办奥运会的关注以及向世界展示我国坚定走可持续发展之路、推动绿色转型发展的决心与成绩。

为适应当时经济发展和环境保护形势，落实“两型社会建设”要求，国家在法律法规模以上也进行了大量的完善工作：2007 年 10 月《中华人民共和国节约能源法》修订通过，2008 年《中华人民共和国循环经济促进法》表决通过，为我国促进绿色发展转型提供了有力的法律保障。同期内，绿色信贷、绿色保险、绿色证券等环境经济政策相继出台，为市场化手段推动形成绿色发展方式和生活方式，促进环境质量改善发挥了重要的作用。2009 年和 2010 年的六五环境日主题均以“减排”为切口，向全社会大力推广污染减量、节能减排、践行绿色生活等理念与行为。

2010 年，党的十七届五中全会作出了提高生态文明水平的新部署，要求把加快转变经济发展方式作为国家“十二五”规划的主线，把建设资源节约型、环境友好型社会作为加快转变经济发展方式的重要着力点。2011 年，“十二五”规划中再次以基本原则和单独一篇的形式正式提出；《国家环境保护“十二五”规划》同步落实相关要求。两个顶层规划的出台进一步提高了绿色发展、绿色生活在推动经济发展转型工作中的重要性。2012 年环境日从人们生活举手之劳、触手可及的角度，选择“绿色消费”为主题，体现了对规划及其他相关政策文件的回应，也反映了在推动绿色发展转型方面，国家宏微观并举的思路。

2012 年，党的十八大报告将“生态文明”纳入中国特色社会主义事业“五位一体”总体布局，首次提出“推进绿色发展、循环发展、低碳发展”，我国绿色发展的内涵更加深厚、范围更加广泛。2014 年 4 月，《中华人民共和国环境保护法》修订通过，其明确规定：“公民应当增强环境保护意识，采取低碳、节俭的生活方式，自觉履行环境保护义务。”作为新环保法实施后的首个环境日，对人民群众的普法宣传教育刻不容缓，从群众通俗易懂、与生活息息相关的角度，选择以“践行绿色生活”为主题，开展普法教育，倡导绿色生活方式和消费模式，推动形成社会文明新风尚。

---

① “三个转变”即从重经济增长轻环境保护转变为保护环境与经济增长并重；从环境保护滞后于经济发展转变为环境保护和经济发展同步；从主要用行政办法保护环境转变为综合运用法律、经济、技术和必要的行政办法解决环境问题。

（三）共建共享，推动人与自然和谐共生

生态文明建设的核心是正确处理人与自然的关系，公众参与生态文明建设的程度反映着生态文明发展的水平。进入21世纪以来，生态环境问题作为我国现代化建设中的“短板”越来越受到社会各界关注，越来越多的公众迫切希望通过各种形式深入参与到我国生态文明建设进程之中。我国政府愈发重视生态环境社会治理、生态文明建设公众参与，顺势而为推动公众参与生态文明建设向前迈出坚实步伐，促进我国环境保护公众参与经历了一个从少到多、从抽象口号到具体行动、从响应政策号召到自觉主动参与的发展过程；完成了从参与环境保护到尊重自然、顺应自然、保护自然的人与自然的和谐共生，再到建设人与自然的和谐共生的现代化高度的层次递进上升。

随着我国生态文明建设的推进，政府为公众参与提供了越来越多的政策支持。在宏观层面上，国家“十一五”规划到国家“十四五”规划、《国家环境保护“十一五”规划》到《“十四五”生态环境保护规划》均提出要加强公众参与环境保护。在具体方面，2003年，《中华人民共和国环境影响评价法》成为首部以法律形式规定建设项目进行环境影响评价，并充分吸收公众参与评价过程的法律。2004年，国家环保总局出台了《环境保护行政许可听证暂行办法》，首次对环保领域的公众听证进行专门规定，填补了我国环保行政许可中关于公众听证方面的空白。2005年，《环境保护法规制定程序办法》对环境法制定过程中的公众参与作出了原则性的规定，从法律层面确保公众参与原则贯穿于环境立法的全过程，公众参与的法律保障逐步完善。2005年六五环境日以“人人参与，创建绿色家园”为主题，鼓励公众参与环境保护、共创绿色家园，则再次体现了推动绿色发展过程中对公众参与的鼓励与号召。

2014年4月，新环保法表决通过，专门设立了“信息公开和公众参与”章节；次月《关于推进环境保护公众参与的指导意见》审议通过，二者强有力地回应了长期以来公众要求尊重和保障环境知情权、参与权、表达权和监督权的诉求；2015年，《环境公众保护参与办法》审议通过，其作为新环保法修订以来首个专门针对环境保护方面的公众参与作出的部门规章，明确了公众参与的适用范围。同年审议通过的《生态文明体制改革总体方案》等纲领性文件，也非常重视公众参与生态文明建设。2017年，党的十九大报告明确提出“加快生态文明体制改革，建设美丽中国，把我国建设成为富强民主文明和谐美丽的社会主义现代化强国。” 2018年以后，六五环境日主题均体现了人人参与、共建共享的特点，持续开展了系列主题活动，充分体现了我国坚持美丽家园共建共享的原则，有力回应了党的十九大报告“建设美丽中国”目标、“人与自然和谐共生”基本方略的要求。

人与自然和谐共生是人人参与生态文明建设的高阶形态。2006年，党的十六届六中全会提出了“人与自然和谐相处”的重要提法。2007年，党的十七大报告提出建设生态文明，把人与自然的关系明确放在人类文明进程轨道上予以考量，并在大会上将“人与

自然和谐”写入党章。党的十八大以来，习近平总书记在全国生态环境保护大会等各类重要会议和地方调研中，反复强调推进人与自然和谐共生的深刻意义。2017 年，党的十九大正式提出“我们要建设的现代化是人与自然和谐共生的现代化”，同时将人与自然和谐共生作为坚持和发展新时代中国特色社会主义的基本方略之一。2019 年，党的十九届四中全会将人与自然和谐共生进一步上升到制度层面，提出“坚持和完善生态文明制度体系，促进人与自然和谐共生”，为准确把握、科学定位人与自然关系提供了基本遵循和制度保障。2020 年，党的十九届五中全会再次强调“推动绿色发展，促进人与自然和谐共生的现代化”。2021 年六五环境日以“人与自然和谐共生”为主题，回应了推动人与自然和谐共生的时代要求。2022 年，党的二十大胜利召开，提出了“站在人与自然和谐共生的高度谋划发展”“中国式现代化是人与自然和谐共生的现代化”。2023 年六五环境日以“建设人与自然和谐共生的现代化”为主题，为深入学习贯彻党的二十大精神，推动公众参与建设人与自然和谐共生的现代化提供了一个重要平台和契机。

三、近年来六五环境日活动亮点梳理

（一）典型省域

江苏等地突出新技术推广与应用。将六五环境日主题活动与国际环保新技术大会同步举行，充分展示国内外生态环境保护领域新技术、新方法、新业态，进一步加强与各国在生态保护、污染防治等领域的紧密合作，推动形成更多环保科技合作成果，促进更多新技术应用转化。湖北等地聚焦生态环境典型曝光。启动对国、省主要环保法律法规在湖北执行情况的检查，围绕饮用水水源地保护、沿江化工企业和岸线码头整治、城市黑臭水体治理、“散乱污”企业排放整治等方面开展全方位媒体报道，在六五环境日集中宣传一批正面典型、曝光一批典型问题。青海等地号召弘扬生态文化。主题活动提出立足本土积极培育和弘扬生态文化，进一步深化生态文明基础理论研究，加强生态文明宣传产品的制作和传播，讲好生态环保民间故事；强调围绕“以文化人”功能，做生态文明建设的践行者、推动者，积极带动形成简约适度、绿色低碳的生活方式。山东等地坚持把传承红色基因与建设美丽中国相融合。将“红色文化”与“美丽中国，我是行动者”主题相结合，选择济南、青岛、临沂、东营等典型城市，充分发挥共产党员、共青团员、少先队员等先锋模范作用，把传承红色基因的思想认识与建设美丽中国的具体行动有机融合，促进生态文明先锋示范行动在红色精神映照下加快推进。四川等地构建多维度参与、推进的全方位宣传格局。采取线上线下结合方式，联动政府、企业、学校、社会组织等各类主体开展活动。采取创意舞蹈、主题演讲、连线访谈等形式，向公众集中展示生态环境领域积极成效。通过专家畅谈、“大使”履职、名人分享、明星号召等途径，推动公众参与生态环境保护。辽宁等地聚焦碳达峰碳中和话题。辽宁首次实现环境日主场活动碳中和，并提出“减一点、种一点、捐一点、买一点”的多路径碳中和措施，为大型活动实现碳中和提供示范样本。

（二）典型市域

深圳等地力推市民绿色生活方式形成。深圳全面深入开展绿色生活创建，包括节约型机关、绿色家庭、绿色学校（幼儿园）、绿色（宜居）社区、绿色出行、绿色商场、绿色建筑、绿色酒店、绿色医院、绿色企业、自然学校、环境教育基地等 12 项创建行动。截至 2022 年六五环境日，深圳共创建绿色单位 777 家，其中节约型机关 222 个、绿色家庭 18 户、绿色学校 85 所、绿色（宜居）社区 265 个、绿色建筑 162 个、绿色酒店 4 家、绿色企业 6 家、环境教育基地 11 个、自然学校 4 个，命名了一批绿色企业，自然学校和环境教育基地。杭州等地积极借力各类平台功能。对接阿里巴巴公益基金会主办自然嘉年华，邀请绿色商家线下展示绿色生活新时尚；邀请自然教育机构参与，以自然市集、自然乐跑、文艺汇演等喜闻乐见的形式，展现自然教育的魅力与活力；协调“人人 3 小时”公益平台开展以“有爱无痕·共建清洁美丽世界”为主题的线上活动，引导更多公众通过互联网参与巡河守护、环保知识问答、公益义卖等活动；联合杭州市生态文化协会等机构，发起生态环保类作品、钱塘江海塘彩绘活动作品等环保作品现场展示。成都等地创新打造特色宣传点位（地铁）。成都市生态环境局和成都轨道资源经营管理有限公司联合打造主题列车上线运行，六大车厢被划分为“山、川、林、田、湖、草”六大篇章，用古风手绘勾勒绿意盎然、碧水环绕的大美蓉城画卷，以移动“讲解者”、流动“主题展”的方式讲述成都生态环境保护故事，进一步突出了成都在“全社会共建美丽中国”中的重要参与者、贡献者、引领者作用。拉萨等地打造环保宣传“一条街”。结合不同单位职能职责、业务特点等针对性开展宣传活动，为广大市民、商户发放宣传手册、生态文明知识手册等资料，解读环保热点及环保知识。呼吁各类商家共同参与到爱护公共环境的行动中来，做好垃圾分类，做好“门前三包”，营造全社会共同参与美丽中国建设的良好氛围。共组织 64 家单位参加主题宣传，各参与活动的单位在主城区宇拓路两侧设立了若干宣传站，“一对一”发放资料 10 余万份。

（三）典型社会主体

研究机构重点开展科普推介。在京津冀及周边地区秋冬季大气污染综合治理攻坚期间，中国环境科学研究院等专业研究机构走进中国人民大学等高校开展主题科普宣传活动，通过科普展板、技术视频、知识解答等环节推广大气重污染防治知识。现场演示大气重污染应急管理平台，讲述平台的实况数据展示、预报预测、预警应急等模块功能及在大气重污染应对中的实际应用。高等院校创新形式寓教于乐。浙江大学等高等院校主要通过游园互动、专业趣答、志愿服务等形式展开环境日活动，具体围绕生活垃圾分类、水体水质保护、动植物科普等举办系列生态环境保护知识宣传活动。特别组织环保之游、

“环保+校史”翻牌游戏、垃圾分类飞行棋、环保志愿服务等活动，着力提升在校师生对环保知识的了解程度、对建设生态文明的参与程度。国有企业聚焦自身节能减排任务。中铝集团（山东）等企业构建具有自身特色的循环经济产业链，主动向社会展示其长期利用水泥窑配套处置城市污泥，拜耳法赤泥成功应用于高速公路路基建设，利用氯碱副产品生产高端净水剂等情况。在环境日邀请利益相关方代表共同参加，促进各方面更多关注企业生态文明建设，更多把握企业为促进资源循环利用的创新思维、技术投入、资金保障等情况。民营企业结合业务助推公众环保行为养成。新希望乳业和环保伙伴绿巨能回收等企业在昆明发起“盒我一起行动吧！”资源回收计划，搭建低碳生活“研究所”，为消费者讲解垃圾分类、旧物再利用等环保知识，共同推出线上小程序，帮助消费者线上完成奶盒回收、兑换礼品等操作。企业也借助活动推力，进一步升级绿色全产业链，探索低碳绿色可持续发展新路径。社会组织鼓动各界力量参与治理保护。甘肃筑梦慈善公益中心在甘南藏族自治州玛曲县阿万仓湿地开展“社会组织参与山水林田湖草沙系统治理”活动，共组织邀请政府工作人员、环保志愿者、爱心企业家、地方环卫人员、老师、学生、僧众等共 300 余人参加。活动成立了阿万仓环保志愿服务队，向志愿服务队无偿提供 10 000 个垃圾分类分装袋、150 把垃圾捡拾器、150 双橡胶压纹劳保手套、150 套工作马甲，共捡拾遗留建筑垃圾近 2 t，治理面积近 200 亩。

四、六五环境日的政策启示

六五环境日是我国政府治理和公众参与之间的重要桥梁，是完善环境治理体系的重要形式之一，其不仅要及时回应当年工作重点和政策要求，更要站在人与自然和谐共生的高度谋划发展。针对未来的生物多样性保护、“双碳”目标、社会主义现代化强国等近中期规划和远景目标，应更加强化主体意识、加强政策供给、丰富活动形式，动员全社会力量参与生态文明建设，加快建设人与自然和谐共生的现代化。

（一）坚持人与自然和谐共生基本方略，强化意识先行

一是深刻认识人与自然和谐共生的多重内涵。要坚决摒弃人定胜天、人一定能战胜大自然的观念，要始终以自然规律为根本遵循，认识并且正确运用自然规律，尊重自然；要牢固树立绿水青山就是金山银山的理念，加快推动生产方式生态化、生活方式绿色化，坚定走生产发展、生活富裕、生态良好的文明发展道路，顺应自然；要遵循生态系统的整体性、系统性及其内在运行规律，统筹考虑自然生态各要素，坚持山水林田湖草沙一体化保护和系统治理，保护自然；要将人与自然和谐共生根植在意识中，落实到实践中，加快将“尊重自然、顺应自然、保护自然”形成全社会的行为准则。

二是提升治理主体责任意识，促进公众参与。政府要把准生态文明建设方向盘，坚持生态文明建设主导者、生态意识引导者的身份，持续完善公众参与制度、信息公开制

度，保障公众参与权、知情权和监督权；丰富完善公众参与的形式，拓宽公众参与信息表达渠道，开展形式多样的活动，积极主动引导公众参与；完善现行相关社会组织设立登记制度，帮助和支持社会组织发展和开展生态文明建设活动。加强环境教育，分层次培育公众参与意识。充分发挥学校教育优势，大力推进学校的生态文明建设参与意识系统化培育，使之贯穿于学前教育、义务教育、高等教育和继续教育等各个教育阶段；针对群众，引入隐性思想政治教育方法，实践与理论相结合，加强宣传倡议和各级各类的培育形式，以群众喜闻乐见、通俗易懂的方式系统地将主体意识、权利意识、科技和法律知识大众化，提升公众认知水平和参与意识，激发公众参与热情。

三是提高参与主体责任意识，积极主动参与。公众要从理念上强化主体意识，树立主人翁观念，将自己作为生态文明建设的重要主体，积极行使公众参与合法权利，参与生态文明建设各项事务。主动关心生态文明建设，加强对相关法律知识、科普知识的学习与消纳，从身边的小事做起，积极践行绿色生活方式，主动参与各级各类生态文明建设相关活动；规范自身行为，以实际行动潜移默化带动家庭、朋友圈树立生态文明建设观念，积极参与生态文明建设。企业和社会组织要充分意识到在参与生态文明建设事务中的主体力量和组织作用，积极为我国生态文明建设立法、行政决策献策，为监督政府生态文明建设提供主体力量，为宣传生态文明知识、营造生态文明建设理念社会氛围、倡议公众积极参与贡献组织宣传力量。

（二）聚焦重点工作需求，强化政策供给

一是持续完善深入打好污染防治攻坚战各项政策举措。围绕深入打好蓝天保卫战，制定实施重点区域联防联控和重污染天气应急应对方案，推动细颗粒物和臭氧污染协同控制，继续加强挥发性有机物综合治理，持续深化移动源污染防治，出台专项计划保障国家重大文体赛事、活动空气质量。围绕深入打好碧水保卫战，精准、高效推动城市黑臭水体整治，推动出台重点流域水生态考核办法及其实施细则并开展考核试点，具体制定小流域综合治理系列方案。围绕深入打好净土保卫战，制定实施土壤污染源头管控方案，推进农用地土壤污染防治和安全利用，严格建设用地土壤污染风险管控；深入开展农业面源污染治理与监督指导试点，开展农村环境整治重点区域建设；扎实推进“无废城市”建设，完善巩固禁止洋垃圾入境工作方案，科学开展新污染物治理。

二是持续完善强化生态保护各项政策举措。加快实施重要生态系统保护和修复重大工程，科学推进荒漠化、石漠化、水土流失综合治理，开展大规模国土绿化行动，推行草原森林河流湖泊湿地休养生息，扩大环境容量、生态空间，筑牢国家生态安全屏障。推进以国家公园为主体的自然保护地体系建设，切实加强生物多样性保护工作组织协调，实施生物多样性保护重大工程，稳步推动生物物种、遗传资源保护等工作。科学制定重点区域生态保护领域各类规划，聚焦对生态环境有影响的自然资源开发利用活动、重要生态环境建设和生态破坏恢复工作的监督；制定完善各类自然保护地生态环境监管制度，

强化自然保护地、生态保护红线监督执法。

三是持续完善支持引导服务绿色低碳循环发展各项政策举措。优化区域协调发展，促进人口经济和资源环境承载能力相适应，根据主体功能区定位，构建要素流动好、功能约束强、资源环境可承载新格局。推动产业产能结构调整，积极培育绿色增长新动力，有序化解过剩产能，促进优胜劣汰，减少过剩、落后、高排放的产业。推动资源能源节约循环利用，降低发展过程中的能耗、物耗，促进循环经济产业链发展，促进生产、流通和消费过程减量化、资源化、再利用。推动减污降碳协同增效，以源头防控协同为目标，把实施结构调整和绿色产业与动能升级作为减污降碳重点，促进资源能源节约高效利用和低碳转型；以环境治理协同为抓手，统筹环境各要素、多领域减排要求，优化治理目标和技术路线；以举措实施协同为途径，增强质量改善目标对能源和产业布局的约束。

（三）丰富活动开展形式，持续发挥宣教质效

一是积极团结各方力量。创新政府部门间合作形式，以六五环境日、生物多样性日、全国低碳日、世界水日等为契机，借助联合印发文件、共同策划活动、协调组织动员等方式，组织形式新、参与广、影响大、效果好的宣传活动。充分激发企业积极性、主动性，发挥企业资金、产业优势，壮大力量开展环境社会宣传，联合策划打造有影响力的企业环境宣教品牌活动。加强环保社会组织联系和指导，持续引导社会组织等良性健康发展，通过小额资助、设置社会关切环境热点话题等创意，引导社会组织积极参与，支持由环保社会组织辅助各开放点工作。组织、邀请文化艺术界拍摄环保戏剧、微电影、公益广告等，定期更新和发布环保科普视频，鼓励支持社会大众以小说、散文、诗歌、漫画、绘画、摄影等各种形式的创作作品，传播生态文化，讴歌美丽中国。

二是持续丰富活动形式。围绕生态文明建设重点关切，依托新平台新载体新技术，提升活动言之有物、有理、有情水平；搜集生态环境系统真人真事好素材，开展好“最美基层环保人” “绿色先锋”等评选活动，挖掘和选树经得起推敲的优秀典型案例与人物。联合各地知名主播做大生态环境保护影响力，以“小”交流撬动“大”影响，号召人人成为环保践行者、推动者，策划有较强创新性、实践性、示范性的项目。搞好绿色学校、家庭、社区、出行等创建工作，促进千家万户共同参与环保实践；开展环保征文比赛、绘画比赛、废旧物品制作等系列环境宣教活动，提高公众参与度、传播力。适时打造若干集实践性、科技性为一体的各级生态文明宣传教育场馆，积极创建各类型环境教育空间，形成一批免费开放、独具特色的环境教育社会学校，推动环保设施向公众开放，开展浸入式的生态环保科普教育，全方位、多角度展示各地生态环境治理成果。

三是健全工作保障机制。结合实际壮大专业人才队伍，采取教育培训等方式持续提升专业技能水平；强化意识形态学习，坚定弘扬生态环境工作主旋律。加强经费保障，在专项活动中统筹工作经费，积极争取其他部门、有关企事业单位、各类环保社会组织

等支持。落实新闻发布制度，建立健全新闻发布会召开机制与流程，支持有关政府部门、符合条件的企事业单位围绕生态文明建设重要工作、重大活动、重点会议等，依规召开新闻发布会。建立生态环境领域网评体系，构建以部门为核心、以媒体和专家学者为参与者、以环保社会组织为朋友圈的生态环境网评员体系，同时跟进加强培训和管理，壮大网评员队伍、提升网评员质量。完善环境宣教平台管理，进一步完善官方平台运维机制，优化发布内容、发布流程，制定新媒体矩阵管理制度，结合生态环境系统重点民生工作做好公众互动服务。

成渝地区双城经济圈生态环境标准一体化发展现状与建议

摘　要：统一生态环境标准是成渝地区双城经济圈一体化发展的内在要求，也是成渝地区双城经济圈环境治理一体化的必要手段。但两地在标准体系结构、数量和污染物指标控制水平上均存在较大差异，且均体现出领域覆盖不全、系统性不足等问题。鉴于此，建议将标准化理念融入区域生态环境保护，以改善区域生态环境质量为核心，加快推进在研标准尽快出台，并以助力区域品牌打造、共筑长江上游重要生态屏障为目标，有序统一成渝地区双城经济圈生态环境标准。加快建立完善标准全周期协同管理、定期交流通报、标准联合研究等工作机制，有效解决标准一体化过程中存在的问题。共建川渝生态环境标准专家库，加强标准宣贯和实施评估，强化标准制定实施保障措施。

关键词：成渝地区双城经济圈；生态环境标准；一体化

一、统一生态环境标准的重要意义

（一）统一生态环境标准是落实重大战略部署要求的需要

以习近平同志为核心的党中央作出推动成渝地区双城经济圈建设的重大战略部署，是推进共建“一带一路”、长江经济带发展、新时代西部大开发三大国家战略走深走实的重大行动。2020 年，习近平在中央财经委员会第 6 次会议上，强调需统一两地环保标准。2020 年，中共中央、国务院印发《成渝地区双城经济圈建设规划纲要》明确提出，统一环保标准。2022 年，生态环境部、国家发展和改革委员会、重庆市人民政府、四川省人民政府联合印发《成渝地区双城经济圈生态环境保护规划》（环综合〔2022〕12 号）进一步指出，制定实施统一的生态环境标准编制技术规范，联合开展现行生态环境标准差异分析评估，研究制修订统一的大气、水、土壤以及危险废物、噪声等领域的环保标准或技术规范。为贯彻落实成渝地区双城经济圈建设重大战略部署要求，两地亟须加快推进成渝地区双城经济圈生态环境标准一体化。

（二）统一生态环境标准是推动经济社会高质量发展的需要

生态环境标准不仅是生态环境执法监管的依据，也是产业发展指引导向及排污企业和治理产业间相互促进、协同发展的桥梁和纽带，可以促进企业对标国内外先进标准，激发企业提升创新意识、提高技术和管理水平，发挥以标准、品牌为核心的质量优势。区域生态环境标准一体化可以促进区域创新成果转化、扩散，加快市场化和产业化步伐，引领区域新业态、新模式发展壮大，是促进区域资源环境经济协同发展的内生动力。因此，推动成渝地区双城经济圈生态环境标准一体化对推动实现成渝地区双城经济圈经济社会高质量发展和生态环境高水平保护具有重要意义。

（三）统一生态环境标准是助推生态共建环境共管的需要

成渝地区双城经济圈生态共建环境共保面临的主要困境之一是生态保护与环境污染的区域性、叠加性、外部性与行政分割化、属地碎片化治理之间的矛盾，导致区域保护与治理措施和路径存在较大的差异化。统一区域生态环境标准，有利于推动构建统一的区域环境政策协同体系，促进区域、流域之间生态环境统一规划、统一监督和统一执法。推动建立与成渝地区双城经济圈一体化发展相适应的生态环境标准体系，对助力推动区域生态共建、污染共治、环境共管，合力解决区域突出生态环境问题具有重要意义。

二、统一生态环境标准的工作推进情况

（一）川渝地方生态环境标准发展现状

四川省生态环境标准制修订工作始于20世纪90年代初，截至2023年5月，共制定地方生态环境标准14项（包括污染物排放标准10项、风险管控标准1项、管理技术规范类标准3项，详见表1），涉及领域包括大气、水、土壤、固体废物、“双碳”等，以大气标准为主。

重庆市于2011年首次发布地方生态环境标准，截至2023年5月，共制定地方生态环境标准30项（包括污染物排放标准17项、管理技术规范类标准6项、生态环境监测标准7项，详见表1），涉及领域涵盖大气、水、土壤等，以大气标准为主。

表1　成渝地区双城经济圈地方生态环境标准名录

地区	标准名称	标准类型
	一、水环境标准	
四川	四川省泡菜工业水污染物排放标准（DB51/ 2833—2021）	污染物排放
四川	**农村生活污水处理设施水污染物排放标准（DB51/ 2626—2019）**	污染物排放
四川	四川省岷江、沱江流域水污染物排放标准（DB51/ 2311—2016）	污染物排放

地区	标准名称	标准类型
四川	四川省水污染物排放标准（DB51/ 190—93）	污染物排放
重庆	榨菜行业水污染物排放标准（DB50/ 1050—2020）	污染物排放
重庆	锰工业污染物排放标准（DB50/ 996—2020）	污染物排放
重庆	梁滩河流域城镇污水处理厂主要水污染物排放标准（DB50/ 963—2020）	污染物排放
重庆	**农村生活污水集中处理设施水污染物排放标准（DB50/ 848—2021）**	污染物排放
重庆	化工园区主要水污染物排放标准（DB50/ 457—2012）	污染物排放
重庆	水质　磺胺类抗生素的测定　液相色谱—串联质谱法（DB50/T 1367—2023）	环境监测
重庆	水质　喹诺酮类抗生素的测定　液相色谱—串联质谱法（DB50/T 1366—2023）	环境监测
重庆	水质　大环内酯类和林克酰胺类抗生素的测定　液相色谱—串联质谱法（DB50/T 1365—2023）	环境监测
重庆	水质　氯霉素类抗生素的测定　液相色谱—串联质谱法（DB50/T 1364—2023）	环境监测
重庆	水质　四环素类抗生素的测定　液相色谱—串联质谱法（DB50/T 1363—2023）	环境监测
	二、大气环境标准	
四川	四川省加油站大气污染物排放标准（DB51/ 2865—2021）	污染物排放
四川	**四川省水泥工业大气污染物排放标准（DB51/ 2864—2021）**	污染物排放
四川	四川省施工场地扬尘排放标准（DB51/ 2682—2020）	污染物排放
四川	**成都市锅炉大气污染物排放标准（DB51/ 2672—2020）**	污染物排放
四川	四川省固定污染源大气挥发性有机物排放标准（DB51/ 2377—2017）	污染物排放
四川	**四川省大气污染物排放标准（DB51/ 186—93）（已废止）**	污染物排放
重庆	餐饮业大气污染物排放标准（DB50/ 859—2018）	污染物排放
重庆	包装印刷业大气污染物排放标准（DB50/ 758—2017）	污染物排放
重庆	家具制造业大气污染物排放标准（DB50/ 757—2017）	污染物排放
重庆	汽车维修业大气污染物排放标准（DB50/ 661—2016）	污染物排放
重庆	摩托车及汽车配件制造表面涂装大气污染物排放标准（DB50/ 660—2016）	污染物排放
重庆	工业炉窑大气污染物排放标准（DB50/ 659—2016）	污染物排放
重庆	**锅炉大气污染物排放标准（DB50/ 658—2016）**	污染物排放
重庆	**水泥工业大气污染物排放标准（DB50/ 656—2016）**	污染物排放
重庆	**大气污染物综合排放标准（DB50/ 418—2016）**	污染物排放
重庆	汽车整车制造表面涂装大气污染物排放标准（DB50/ 577—2015）	污染物排放
重庆	固定污染源废气　VOCs 的测定　气相色谱—质谱法（DB50/T 679—2016）	环境监测
	三、土壤环境标准	
四川	四川省建设用地土壤污染风险管控标准（DB51/ 2978—2023）	风险管控
四川	四川省固体废物堆存场所土壤风险评估技术规范（DB51/T 2988—2022）	管理技术规范
重庆	场地环境调查与风险评估技术导则（DB50/T 725—2016）	管理技术规范
重庆	污染场地治理修复验收评估技术导则（DB50/T 724—2016）	管理技术规范
	四、其他环境标准	
四川	天然气开采含油污泥综合利用后剩余固相利用处置标准（DB51/T 2850—2021）	管理技术规范
四川	企业温室气体排放管理规范（DB51/T 2987—2022）	管理技术规范
重庆	旅游景区生态环境保护技术指南（DB50/T 1052—2020）	管理技术规范
重庆	工业企业碳管理指南（DB50/T 936—2019）	管理技术规范

注：加粗为两地均制定有的标准。

（二）川渝生态环境标准差异分析

1．水环境标准

在水环境方面，四川现有 4 项水环境标准，其中 1 项综合标准、1 项流域标准、2 项行业标准；重庆现有 11 项标准，其中 1 项综合标准、5 行业标准、5 项监测标准。从强制性标准体系完整性分析，四川省标准体系结构较重庆全面。

在污染物管控上，四川与重庆均制定了农村生活污水处理设施排放标准，四川严于重庆；重庆制定了船舶餐饮及化工园区、锰工业标准，四川尚未制定；四川制定了泡菜行业标准、重庆制定了榨菜行业标准。

2．大气环境标准

在大气环境方面，重庆已出台餐饮业、锅炉大气等 12 项污染物排放标准和 1 项环境监测类标准；四川出台加油站、成都锅炉大气等 5 项污染物排放标准。从标准体系看，两地基本相同，均包括了综合、行业和通用 3 种类型。

在污染物管控上，重庆在砖瓦、包装印刷、家具制造等行业已制定标准，四川在固定源挥发性有机物排放标准中规定了包装印刷、家具制造等 10 个行业的标准；四川制定了加油站、施工场地扬尘标准，重庆尚未制定；四川对水泥、锅炉（成都）管控严于重庆。

3．土壤环境标准

在土壤环境方面，四川出台了《四川省建设用地土壤污染风险管控标准》1 项风险管控标准，重庆出台了《场地土壤环境风险评估筛选值》《场地环境调查与风险评估技术导则》《污染场地治理修复验收评估技术导则》《污染场地治理修复环境监理技术导则》4 项管理技术规范类标准和 1 项监测标准，两地标准体系结构不同，四川侧重于强制性风险管控方面，重庆侧重于推荐性管理技术方面。

（三）川渝生态环境标准一体化工作进展

一是建立完善工作机制。2020 年 10 月，两地正式签订《深化川渝两地生态环境标准协同合作协议》，对合作目标、合作框架、合作内容、合作机制等达成一致，明确要建立定期交流、共同制定分别发布、信息互通共享等工作机制。按照协议要求，2021 年 12 月，两地联合印发《2022 年川渝两地生态环境标准统一制修订计划》（渝环办〔2021〕299 号），提出共同制定成渝地区双城经济圈生态环境标准编制技术规范，共同开展玻璃、陶瓷、页岩气等 3 项标准研究工作。

二是协同推进标准编制。为指导和规范区域标准编制，川渝两地生态环境厅（局）联合印发了《成渝地区双城经济圈生态环境标准编制规范》（渝环办〔2023〕116 号），明确了区域标准编制的工作原则、编制程序、编制技术路线及主要技术内容的确定等内容，是全国首个有关区域生态环境标准的编制规范；针对大气环境问题所在的突出行业，两地正在共同开展《玻璃工业大气污染物排放标准》《陶瓷工业大气污染物排放标准》两项标准编制工作，目前已完成联合起草、意见征求、专家论证等。重庆正在结合《四川省水泥工业大气污染物排放标准》实施情况，修订重庆《水泥工业大气污染物排放标准》；针对水环境领域的问题，双方正在研究制定《页岩气开采业水污染物排放标准》。

三、问题与挑战

（一）存在的问题

一是川渝经济发展和产业布局差异大。两地行业类别、经济水平、环境容量等不尽相同，为统一标准带来重要影响。二是川渝现行生态环境标准差异大。两地标准在体系结构、数量和污染物指标控制水平上均存在着较大差异。三是川渝生态环境标准体系建设尚需完善。两地生态环境标准主要集中在大气、水生态环境保护领域，且多为污染物排放标准，缺少与之衔接配套的生态环境管理技术规范类标准。四是川渝在环境标准管理上有差异。在生态环境标准制修订方面，重庆标准开题论证在市场监管部门立项之前，而四川则在市场监管部门立项之后（表 2）。

表 2　川渝两地地方生态环境标准制修订工作程序对比表

《四川省生态环境标准制修订工作管理办法》		《重庆市生态环境局标准制修订工作规则》	
工作程序	具体事项	工作程序	具体事项
标准立项	1. 编制标准制修订项目计划； 2. 标准制修订项目报省市场监督管理局立项；	局项目立项	1. 提出标准制修订建议； 2. 确定项目承担单位和项目经费； 3. 签订项目合同；
开题	3. 向项目承担单位下达立项计划任务； 4. 编制开题论证报告并组织开题论证，确定技术路线和工作方案；	开题	4. 成立标准编制组，编制开题论证报告； 5. 开题论证，确定技术路线和工作安排；
—	—	标准立项	6. 报市标准化行政主管部门立项；
起草	5. 编制标准征求意见稿及编制说明；	起草	7. 编制标准征求意见稿及编制说明；
技术审查	6. 对标准草案进行技术审查；	技术审查	8. 对标准征求意见稿及编制说明进行技术审查；
征求意见	7. 公布标准征求意见稿，征求社会公众及生态环境部有关单位意见，开展风险评估； 8. 汇总处理意见，形成标准送审稿及编制说明；	征求意见	9. 公布标准征求意见稿，向有关单位及社会公众征求意见； 10. 汇总处理意见，形成标准送审稿及编制说明；
厅内审查	9. 提交厅务会审议；	局内审查	11. 提请局务会审议；

《四川省生态环境标准制修订工作管理办法》		《重庆市生态环境局标准制修订工作规则》	
工作程序	具体事项	工作程序	具体事项
报批审查	10．会同省市场监督管理局组织召开标准审查会； 11．编制标准报批稿及编制说明，形成项目档案并报批； 12．地方环境质量标准和污染物排放标准报生态环境部备案； 13．制作和发放标准工作证书； 14．标准的宣贯、培训	报批审查	12．提请市标准化行政主管部门组织召开技术审查会； 13．标准批准（编号）和发布； 14．项目文件材料归档； 15．标准的宣贯、培训

（二）工作挑战

“十四五”时期是推动成渝地区双城经济圈建设、打造高质量发展重要增长极的关键时期，成渝地区双城经济圈生态文明建设进入协同推进减污降碳、促进经济社会发展全面绿色转型、实现生态环境质量改善由量变到质变的重要阶段。面对两地在能源资源、产业结构、经济发展水平、生态环境质量上的差异，如何解决两地现有标准管控差异，充分发挥生态环境标准法规管理和技术引领的双重功能，助推区域生态共建环境共保，筑牢长江上游生态屏障是成渝地区双城经济圈生态环境标准一体化工作面临的最大挑战。

四、工作建议

（一）以标准化引领助推区域绿色发展

一是将标准化理念融入区域生态环境保护。将区域协同标准理念和全流程全生命周期规范化管理的方法和手段，贯穿应用到区域大气污染联防联控、水污染联防联治、危险废物跨省转移、环境执法、生态保护与修复、生物多样性保护等领域，发挥区域协同标准在区域生态环境治理体系和治理能力现代化中的基础性和战略性作用，推进区域生态环境保护工作。

二是以标准化工作促进统一区域环境准入。加强成渝地区双城经济圈一体化发展生态环境准入研究，从产业布局、园区开发、项目建设三个层次，强化清洁生产、污染物排放标准等环境约束，统筹建立并实施成渝地区双城经济圈“三线一单”生态环境分区管控制度，统一优化开发区域、重点开发区域、限制开发区域开发建设的环境准入标准，探索建立统一的环境准入标准。结合区域产业发展定位和发展模式，统筹设定区域环境质量改善目标，并与环境准入标准相衔接，以标准化助推产业绿色发展。

三是以标准化发展为抓手引领绿色转型。充分发挥标准的支撑和引领作用，推动共同制定区域生态环境标准发展规划，顶层设计和规划成渝地区双城经济圈中长期生态环境标准建设目标和重点任务。完善绿色创新技术研发与标准研制一体化发展机制，将先进适用的绿色科技创新成果融入技术标准，缩短标准研制周期，促进创新成果推广应用，推动标准化与科技创新互动发展，以标准化推动生产方式、生活方式、治理方式绿色转型，引领和支撑区域经济高质量发展和生态环境高水平保护。

（二）有序统一成渝地区双城经济圈生态环境标准

一是以改善区域生态环境质量为核心，推动在研标准尽快出台。充分考虑标准科学性、引领性、技术经济可行性和区域适用性，立项一批、研究一批、发布一批成渝地区双城经济圈生态环境标准。尽快发布实施已达成共识的标准，加快推进玻璃行业、陶瓷行业、养殖尾水、页岩气开采等污染物排放标准及重庆市建设用地土壤污染风险管控标准的制定出台。

二是以助力区域品牌打造为目标，推进绿色低碳标准研制。围绕食品、轻工、纺织、机械、化工等传统产业，研究制定清洁生产评价标准，从生产工艺及装备、能源消耗、资源消耗、原辅材料消耗、资源综合利用、污染物产生与排放、清洁生产管理等构建清洁生产评价指标体系，助推区域传统产业清洁生产改造。围绕家具制造、装备制造等特色产业，研究制定绿色生产评价标准，从用地集约化、原料无害化、生产洁净化、废物资源化、能源低碳化等构建绿色生产评价指标体系，提升区域特色产业绿色化水平。围绕汽车、动力电池等区域重点出口行业和产品，研究制定低碳产品评价标准和认证技术规范，从评价要求、产品碳排放核算方法、评价方法、数据质量管理与验证、评价报告等明确低碳产品评价内容，从申请和受理基本要求、产品检测、现场核查、认证结果评价与批准等明确低碳产品的认证技术要求，助推区域重要出口产品的低碳认证。

三是以共筑长江上游重要生态屏障为目标，推进生态修复治理标准研制。围绕区域生态系统修复治理重点工程，研究制定岩溶地区石漠化生态治理技术规范，明确石漠化生态治理原则、生态治理技术措施、检查验收及档案管理等，推进区域岩溶地区石漠化治理。研究制定河湖湿地生态修复技术规范，明确河湖湿地生态调查与评估、生态修复总体设计、生态修复工程实施、工程管理和维护等，加强区域受损河湖水体保护修复与湿地保护修复。研究制定矿山生态修复工程技术规范，明确矿山生态修复工作原则、调查与勘查、工程设计、工程施工、工程监理、工程验收等，支撑区域矿山开采损毁土地治理恢复。研究制定水土保持生态修复技术规范，明确水土保持林、坡面防护、生态护岸等土壤侵蚀防控措施，植物篱拦截带、道路生态边沟、田面生态田埂和植被渗滤沟等面源污染防控措施，强化区域水土流失综合治理。

（三）完善区域生态环境标准管理协作机制

一是加快建立标准全周期协同管理机制。按照标准“预研—立项—编制—报批—宣传—评估—复审—废止”全生命周期，建立成渝地区双城经济圈生态环境标准协同管理机制，在推进统一标准制定和执行过程中，探索以川渝两地协同起草、联合调研论证、互相征求意见、分别报批的模式，推进两地生态环境标准的统一。

二是加快完善标准定期交流通报机制。建立由两地省级生态环境部门和市场监管部门组成的联席会议制度，定期组织开展联席会议，研究推进标准协同工作，商议解决标准协同过程中发现的重大问题。联席会议成员单位各确定一名联络员，负责联络沟通、协调服务等工作。建立信息调度通报和会商机制，互通有关生态环境标准制修订进展情况。

三是加快建立标准联合研究工作机制。集合两地生态环境部门直属事业单位、高等学院、重点实验室等生态环境标准研究团队力量，形成技术团队，开展区域生态环境标准预研工作，也可以通过分别研究、定期通报、阶段汇总等方式共享研究成果。在标准起草过程中，两地标准起草支撑单位间要加强沟通交流，对起草过程中重点、难点问题进行联合攻关。

（四）强化标准制定实施保障措施

一是共建川渝生态环境标准专家库。组建重庆市生态环境标准化技术委员会，强化四川省生态环境标准化技术委员会专家队伍，依托两地生态环境标准化技术委员会，搭建川渝生态环境标准专家库，实质性推进成渝地区双城经济圈生态环境标准研究、起草、技术审查、宣贯和培训等工作，为成渝地区双城经济圈生态环境标准化工作提供坚实、高效的工作平台。

二是加强标准宣贯和实施评估。成渝地区双城经济圈生态环境标准制定出台后，两地可联合开展标准宣贯培训，多渠道、多形式对标准内容进行解读，增强公众对标准的认识和理解，促进标准推广实施。协同开展标准实施评估，互相通报相关情况，根据标准实施评估情况和实际需要，及时修订滞后标准、补充制定缺失标准，确保标准的先进性、科学性、协调性和可操作性。

四川省生态环境损害赔偿制度完善建议

摘　要：从国家层面来看，自党的十八届三中全会正式提出实行赔偿制度，生态环境损害赔偿制度经历了从试点到改革再到常态化的演变历程，目前纵向已形成“1+1+1”制度体系。从四川层面来看，目前省级层面已形成“1+5”生态环境损害赔偿制度体系；市级生态环境部门及其他赔偿权利人指定的部门或机构也纷纷出台相应配套办法，探索创新性工作经验。纵观目前四川省生态环境损害赔偿实践现状，案件数量逐年递增，基本形成相关部门齐抓共管，省、市两级共同发力的工作格局。对照国家最新要求及四川省实践现状，针对四川省生态环境损害赔偿制度仍存在的部分问题，提出推动开展制度修订及完善的建议，为进一步加强生态环境保护与修复，规范生态环境损害赔偿工作提供支撑。

关键词：生态环境损害；赔偿制度；完善建议

一、生态环境损害赔偿制度概述

（一）国家生态环境损害赔偿制度建设

生态环境损害赔偿制度最初提出及试点阶段（2013—2017 年）。党的十八届三中全会明确提出，对造成生态环境损害的责任者要严格实行赔偿制度。2015 年 12 月，中共中央办公厅、国务院办公厅印发《生态环境损害赔偿制度改革试点方案》（中办发〔2015〕57 号），在吉林、江苏、山东、湖南、重庆、贵州、云南等 7 个省（市）部署开展改革试点，探索建立生态环境损害的修复和赔偿制度。2014 年 10 月，环境保护部办公厅印发《环境损害鉴定评估推荐方法（第Ⅱ版）》；2014 年 12 月，印发《突发环境事件应急处置阶段环境损害评估推荐方法》；2016 年 6 月，印发《生态环境损害鉴定评估技术指南　总纲》《生态环境损害鉴定评估技术指南　损害调查》，初步配套建立生态环境损害鉴定评估技术体系。2016 年 10 月，司法部、环境保护部共同印发《环境损害司法鉴定机构登记评审办法》《环境损害司法鉴定机构登记评审专家库管理办法》（司发通〔2016〕101 号），规范建立环境损害司法鉴定机构体系。

生态环境损害赔偿制度进入改革执行阶段（2018—2020 年）。一是从纵向来看，形成“1+1”基本制度。在总结各地区改革试点的实践经验基础上，2017 年 12 月，中共中央办公厅、国务院办公厅印发《生态环境损害赔偿制度改革方案》（中办发〔2017〕68号），决定自2018年1月1日起在全国范围内试行生态环境损害赔偿制度；到2020年，力争在全国范围内初步构建责任明确、途径畅通、技术规范、保障有力、赔偿到位、修复有效的生态环境损害赔偿制度。2020年8月，生态环境部等11个单位在总结地方实践经验基础上，共同印发《关于推进生态环境损害赔偿制度改革若干具体问题的意见》（环法规〔2020〕44号），对具体分工、案件线索发现渠道、索赔启动、损害调查、鉴定评估、赔偿磋商、司法确认等共计18个方面问题进行了进一步补充明确。二是从横向来看，形成2项配套制度和1套标准体系。建立鉴定机构登记评审制度，2018年6月，司法部、生态环境部联合印发《环境损害司法鉴定机构登记评审细则》（司发通〔2018〕54号），明确申请从事环境损害司法鉴定业务的法人或者其他组织条件，规范司法行政机关登记环境损害司法鉴定机构的专家评审工作。完善资金管理制度，2020年3月，财政部联合生态环境部等9家单位共同印发《生态环境损害赔偿资金管理办法（试行）》（财资环〔2020〕6号），明确生态环境修复相关资金上缴及支出要求。出台技术标准体系，在试点阶段基础上先后出台《生态环境损害鉴定评估技术指南　土壤与地下水》等配套文件，生态环境损害鉴定评估技术支撑体系日趋完善（表1）。

表1　生态环境损害赔偿技术标准体系

出台时间	文件名称	文号
2014年10月	环境保护部办公厅关于印发《环境损害鉴定评估推荐方法（第Ⅱ版）》的通知	环办〔2014〕90号
2014年12月	环境保护部办公厅关于印发《突发环境事件应急处置阶段环境损害评估推荐方法》的通知	环办〔2014〕118号
2016年6月	环境保护部办公厅关于印发《生态环境损害鉴定评估技术指南　总纲》和《生态环境损害鉴定评估技术指南　损害调查》的通知	环办政法〔2016〕67号
2018年12月	生态环境部办公厅关于印发《生态环境损害鉴定评估技术指南　土壤与地下水》的通知	环办法规〔2018〕46号
2020年6月	生态环境部关于印发《突发生态环境事件应急处置阶段直接经济损失评估工作程序规定》和《突发生态环境事件应急处置阶段直接经济损失核定细则》的通知	环应急〔2020〕28号
2020年6月	生态环境部办公厅关于印发《生态环境损害鉴定评估技术指南　地表水与沉积物》的通知	环办法规函〔2020〕290号
2020年12月	生态环境部关于发布《生态环境损害鉴定评估技术指南　总纲和关键环节　第1部分：总纲》等六项标准的公告	生态环境部公告 2020年第79号
2022年7月	生态环境部　国家林业和草原局关于印发《生态环境损害鉴定评估技术指南　森林（试行）》的通知	环法规〔2022〕48号

生态环境损害赔偿制度迈入深化改革阶段（2021 年至今）。通过试点阶段和改革执行以来，生态环境损害赔偿制度已在全国范围内完成初步构建，但生态环境损害赔偿工作中还存在责任落实不到位、部门联动不足、程序规则有待规范等问题。自 2021 年 1 月，《中华人民共和国民法典》正式实施，将生态环境损害赔偿制度改革实践成果予以法律化，标志着制度实施进入新阶段。2022 年 4 月，生态环境部联合最高法、最高检等 14 家单位制定的《生态环境损害赔偿管理规定》（环法规〔2022〕31 号），经中央全面深化改革委员会审议通过印发，该规定针对实践中的突出问题进行了相关制度设计和安排，规范统一了案件线索筛查、损害调查、赔偿磋商、修复效果评估等赔偿工作程序，细化了 10 个筛查线索渠道，确定了 6 类不启动和终止索赔的情形，明确了 4 个关键方面的损害调查重点，为下一步生态环境损害赔偿深化改革提供了具体的指导。

（二）四川省生态环境损害赔偿制度建设

省级生态环境损害赔偿制度建设。一是构建“1+5”制度体系，形成以《四川省生态环境损害赔偿制度改革实施方案》为基础，配套《四川省生态环境损害赔偿工作程序规定（试行）》《四川省生态环境损害赔偿磋商办法（试行）》《四川省生态环境损害修复管理办法（试行）》《四川省生态环境损害赔偿资金管理办法（试行）》《四川省环境损害司法鉴定机构登记评审实施办法（试行）》等 5 项制度的体系。同时，加大考核问效力度，将生态环境损害赔偿制度落实情况纳入对各市（州）党委、政府和省直部门生态环境保护党政同责、污染防治攻坚战以及林长制等工作考核体系，各市（州）也参照省级考核方式抓严抓实本地考核管理，进一步明责加压。二是建立两法衔接制度，2020 年 10 月，生态环境厅与省高级人民法院、省人民检察院、省司法厅联合发布《关于加强生态环境保护行政执法与司法联动协作的意见》（川环函〔2020〕802 号），建立健全公、检、法、司案件会商、双向咨询、联合办案等联动机制，推动生态环境损害调查与环境污染犯罪刑事案件侦查、生态环境损害赔偿与公益诉讼等程序有效衔接。

市（州）生态环境损害赔偿制度建设。一是生态环境系统内部制度，自 2018 年省委、省政府出台《四川省生态环境损害赔偿制度改革实施方案》后，21 个市（州）陆续出台了各自行政区划范围内的生态环境损害赔偿制度改革实施方案，从适用范围、工作内容、保障措施等方面加快推动生态环境损害赔偿工作落地落实。此外，部分市（州）出台配套制度，进行了创新规定。以凉山彝族自治州为例，2022 年 1 月，凉山彝族自治州生态环境局印发了《环境行政处罚与生态环境损害赔偿联动工作规程（试行）》，划定内部机构职责分工，明确行政处罚与生态环境损害赔偿调查、磋商、诉讼等各环节的衔接。2023 年 4 月，凉山彝族自治州生态环境局与凉山彝族自治州中级人民法院等 7 个单位联合印发《凉山彝族自治州生态环境损害赔偿和生态环境保护民事公益诉讼中开展劳务代偿的暂行办法（试行）》，扩展生态环境损害赔偿义务履行方式。二是其他赔偿权利人指定的部门或机构制度构建，以成都市为例，2022 年 7 月，成都市公园城市建设管理局印发《成都市林业草原生态环境损害赔偿工作实施方案》，根据本部门工作要求进一步规范和促进林业草原生态环境损害赔偿工作，明确规定各区（市）县林草、综合行政执法等相关部门负责支持配合市公园城市局开展林业草原生态环境损害赔偿工作，为地方推动落实生态环境损害赔偿工作提供了创新性思路。

二、四川省生态环境损害赔偿开展情况分析

截至 2022 年 12 月 31 日，四川省共启动生态环境损害赔偿案件 983 件，涉及赔偿总金额为 2.30 亿元，形成案件数量逐年递增，相关部门齐抓共管，省、市两级共同发力的工作局面。

（一）案件数量逐年递增

从案件数量分布来看，2019 年前生态环境损害赔偿工作尚处于摸索阶段，年案件数量一直未突破 50 件，直至 2019 年 12 月，《四川省生态环境损害赔偿工作程序规定》等 5 项配套制度先后出台后，案件数量开始逐年递增。其中，2020 年 55 件，2021 年 248 件，2022 年 635 件，案件办理数量呈上升趋势（图 1）。

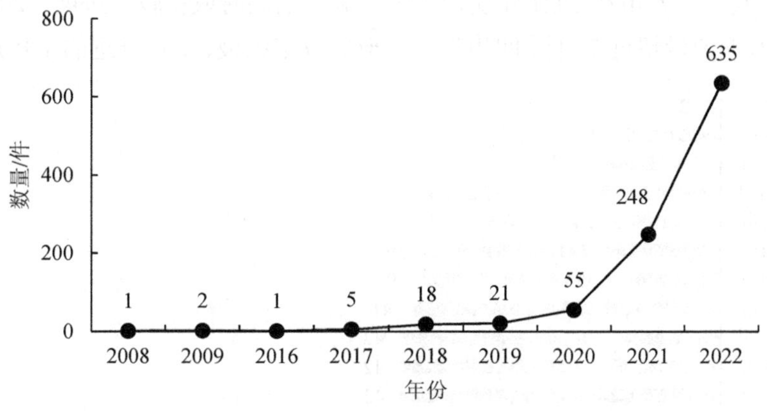

图 1　四川省生态环境损害赔偿案件数量

（二）相关部门齐抓共管

从部门办理数量来看，生态环境部门办理 358 件，林业草原部门办理 224 件，农业农村部门办理 219 件，自然资源部门办理 95 件，水利部门办理 43 件，住房和城乡建设部门办理 28 件，其他部门办理 16 件。生态环境部门办理的案件数量最多，占 62.6%。值得注意的是，自 2021 年起农业农村、林草等部门办案数量实现了从无到有、从有到多的突破，各部门在各自职责范围内分工合作，共同推动生态环境损害赔偿工作（图 2）。

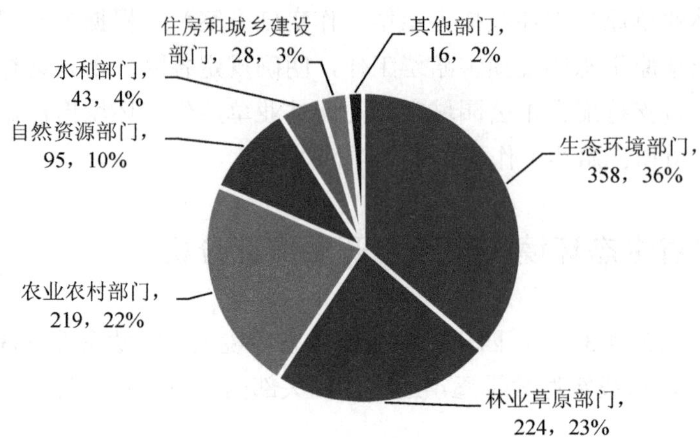

图 2　四川省生态环境损害赔偿相关部门办理案件数量

（三）省、市两级共同发力

从各地办理数量来看，四川省本级牵头主办案件 2 件，其余均为市（州）办理案件。其中，5 个市（州）办理数量超过 50 件，分别为宜宾市、凉山彝族自治州、广元市、南充市、乐山市，其中广元市在 2021 年实现“零突破”的同时取得较大进展，2022 年有 17 个市（州）新增办理数量超过 20 件，四川省上下形成办案积极、多点推进的工作局面（图 3）。

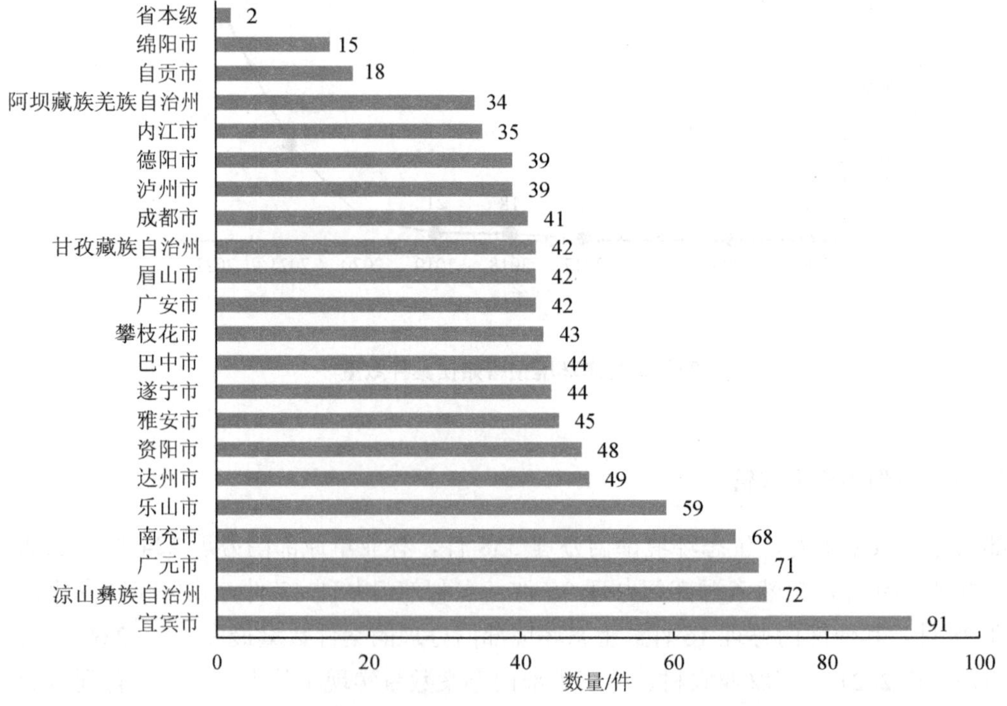

图 3　四川省各市（州）办理案件数量

三、现行四川省生态环境损害赔偿制度存在的问题

（一）生态环境损害赔偿与其他责任之间的关系未厘清

现行四川省生态环境损害赔偿制度未对生态环境损害赔偿责任与其他责任的关系及区分作出明确规定。实践中，在遇到赔偿义务人因同一行为需同时承担行政责任、刑事责任以及生态环境损害赔偿等责任情形时，相关部门由于缺乏明确办案依据，工作中经常存在疑问。一方面，生态环境损害赔偿责任与行政、刑事等多种责任的承担顺序不明。另一方面，与行政执法衔接不到位，生态环境损害赔偿工作具有滞后性，降低了赔偿义务人的积极性和配合度。

（二）生态环境损害赔偿线索核查要求不细致

生态环境损害赔偿案件需要经过“线索筛查—初步核查—启动—调查—鉴定评估—磋商—诉讼—赔偿”等多个环节，周期非常漫长。线索核查作为案件办理的重要前置环节，在工作进程中起关键作用，但现行四川省生态环境损害赔偿制度中对线索核查的有关规定并未细化，可操作性不强。一方面，未明确线索筛查渠道，现行制度规定的追责情形无法覆盖全部线索筛查渠道。另一方面，未明确线索核查时限，导致时限拖延，阻碍整体工作进程。

（三）生态环境损害赔偿技术要求与实践需求不匹配

生态环境损害赔偿工作涉及专业性较强，工作技术难度较大，但现行四川省生态环境损害赔偿制度中对鉴定、评估、修复等有关规定与实践需求存在一定偏差。一方面，鉴定评估工作要求高，但实践中普遍存在有资质的鉴定机构较少、鉴定评估费用较高、鉴定周期较长等问题。另一方面，修复要求不明确，实践中存在当事人无力赔偿或者修复不到位的情况，无法达到最终修复目的。

（四）生态环境损害赔偿保障责任未落实

现行四川省生态环境损害赔偿制度明确，省、市（州）人民政府以及生态环境、自然资源、住房城乡建设、水利、农业农村、林业草原等部门作为政府指定的部门或机构，分别负责相应行政区域及职责范围内的生态环境损害赔偿工作。但是，一方面，部门责任待进一步压实，相较于生态环境部门，其他部门启动的案件数量偏少，存在观望情绪和推诿现象。另一方面，地方责任待进一步明确，部分市（州）案件办理数量与案件发生率存在一定差距，以被动办案为主，主动性不够等。

四、关于四川省生态环境损害赔偿制度的完善建议

（一）厘清责任优先顺序，推动“一案双查”

明确生态环境损害责任和行政责任、刑事责任之间的关系。明确赔偿义务人在承担多种责任的情形下，优先履行何种责任，首先，明确生态环境损害责任是一种独立的民事责任，因同一生态环境损害行为需要承担行政责任或者刑事责任的，不影响其依法承担生态环境损害赔偿责任。其次，根据国家相关规定进一步明确，若赔偿义务人的财产不足以同时承担生态环境损害赔偿责任和缴纳罚款、罚金时，应优先用于承担生态环境损害赔偿责任。

推动与行政执法的有效衔接。建立生态环境损害赔偿与行政执法的衔接机制，执法部门在行政执法时应当开展“一案双查”，推动行政处罚案件调查与生态环境损害调查并行。执法人员在执法检查过程或日常巡查过程中，如发现或者初步判断存在生态环境损害的，应当及时告知相关部门并根据职责分工启动生态环境损害赔偿程序，在对违法行为进行调查取证时，应当同步开展生态环境损害事实的调查取证工作，从不同侧重点开展调查工作，固定生态环境损害事实和证据，准确、全面地掌握案件及生态环境损害的基本情况、数据和材料，并尽快保存相应的证据，为后续鉴定评估提供依据支撑，防止证据灭失或之后难以取得。同时，明确将赔偿义务履行到位作为行政处罚从轻或减轻情形，提高赔偿义务人积极性及配合度，推动索赔工作进程。最新《四川省生态环境行政处罚裁量标准》明确规定生态环境损害赔偿义务人积极履行生态环境损害修复、赔偿责任的，应当从轻或者减轻处罚，在生态环境损害赔偿工作程序规定中进一步明确上述规定，确保相关制度衔接顺畅、相关规定执行到位。

（二）明确线索筛查渠道，规范核查时限

明确线索筛查渠道。对照国家最新规定，赔偿权利人及指定的部门或机构应当根据工作职责，通过中央和省级生态环境保护督察发现的案件线索，突发生态环境事件，资源与环境行政处罚案件，涉嫌构成破坏环境资源保护犯罪的案件，在生态保护红线等禁止开发区域、国家和省级国土空间规划中确定的重点生态功能区发生的环境污染、生态破坏事件，日常监管、执法巡查、各项资源与环境专项行动发现的案件线索，信访投诉、举报和媒体曝光涉及的案件线索，上级机关交办的案件线索，检察机关移送的案件线索，以及赔偿权利人确定的其他线索渠道等 10 个渠道，组织筛查发现生态环境损害赔偿案件线索。强调主动性、及时性，赔偿权利人及其指定的部门或机构不能被动等待上级单位移交的线索，应当主动、及时开展线索筛查工作，避免线索发现时间距事件发生时间过久，线索筛查失去意义。各级人民政府、相关部门以及司法机关应当建立线索共享及协

作移送机制，发现属于生态环境损害赔偿范围的，应当及时向赔偿权利人指定的部门或机构移送线索。

规范线索核查时限。根据国家相关规定，将生态环境损害赔偿线索核查时间限定为自发现之日起三十日内，初步核实是否存在损害结果、损害行为等事实，一旦发现已造成生态环境损害的，应当及时立案启动索赔程序，并及时开展调查。为避免出现时限拖延或核实不及时情形，市（州）赔偿权利人及其指定的部门或机构可以根据有关职责分工，指定各县（市、区）有关部门或机构支持配合开展生态环境损害赔偿具体工作。各县（市、区）有关部门或机构应当积极配合，充分参与，依法履行相关职责，并及时向上级部门或机构报告工作进展情况。

（三）完善鉴定评估要求，拓展修复方式

完善鉴定评估要求。鉴定评估作为生态环境损害赔偿工作的关键技术环节，对后续磋商、修复等环节起决定性作用。重新明确多种鉴定评估方式，有关部门可以通过委托具有生态环境损害鉴定评估资质的机构或者生态环境、自然资源、住房城乡建设、水利、农业农村、林业草原等国务院相关主管部门推荐的机构开展鉴定评估；对损害事实简单、责任认定无争议、损害量化金额较小的案件，也可以出具专家意见或者综合认定。其中，关于损害量化金额，可以参照湖北、贵州等地最新实践经验，将损害量化金额确定为在50万元以下，增强简易评估的可操作性。

拓展修复方式。生态环境修复是生态环境损害赔偿工作的最终目的，应当明确修复目标为修复到位、等量修复，生态环境损害可以修复的，应当修复至生态环境受损前的基线水平或者生态环境风险可接受水平。生态环境损害无法修复的，应当依法赔偿生态环境功能永久损害造成的损失和生态环境损害赔偿范围内的相关费用，或者在符合有关生态环境修复法规政策和规划的前提下，开展替代修复，实现生态环境及其服务功能等量恢复。除常见的原位修复或资金赔偿等方式外，拓展形式多样的修复方式，对赔偿义务人无力或者无资金开展修复等情况，探索开展替代修复，通过认购碳汇、劳务代偿等多种方式，推动实现生态环境损害赔偿最终修复目的。同时，明确修复并非一次性行为，修复效果未达目标的，赔偿义务人应当继续开展修复，直至达到要求。修复施工过程应当加强管理，确保工程质量，防止发生次生环境污染。

（四）灵活运用多种方式，提供有力保障

加强考核督导。有关人民政府指定的部门或机构对重大案件建立台账，排出时间表，加快推进生态环境损害赔偿案件办理进程，加强整体性谋划及对基层的督促指导，进一步提高案件办理积极性、主动性，提高案件办结率。充分发挥检察监督作用，人民检察院发现赔偿权利人及其指定的部门或机构违法行使职权或者不作为，可能致使国家利益或者社会公共利益受到侵害的，可通过提出检察建议等方式督促相关部门或机构依法履职。经检察机关依法监督的，赔偿权利人及其指定的部门或机构应当及时开展调查，并向同级检察机关书面反馈立案情况，签订生态环境损害赔偿协议后及时告知同级检察机关。提起诉讼、申请法院强制执行以及开展生态环境修复评估后，及时将相关情况抄送同级检察机关。

扩大公众参与。畅通公众参与生态环境损害赔偿渠道，通过邀请相关部门、专家和利益相关的公民、法人、其他组织等公众参加索赔磋商、诉讼或者修复等环节的方式，调动社会各界广泛参与。督促有关政府指定的部门将各环节置于公众监督下，依法向公众公开生态环境损害调查、鉴定评估、修复方案编制等工作中涉及公共利益的重大事项，生态环境损害赔偿协议、诉讼裁判文书、赔偿资金使用情况和生态环境修复效果等相关信息。加强对投诉举报等线索渠道的梳理，对公民、法人和其他组织举报要求提起生态环境损害赔偿的，应当及时研究处理和答复，以便及时发现线索、启动索赔工作，促进社会树立“生态环境有价、污染者付费、损害者赔偿”理念，为生态环境损害赔偿工作营造良好社会氛围。

关于四川省生态环境监测立法的思考与建议

摘　要： 生态环境监测是生态环境保护的基础性工作，是生态环境管理的“顶梁柱”，是客观评价生态环境状况、反映污染治理成效、分析污染成因及追踪污染来源、实施环境管理与决策的基本依据。四川省生态环境监测事业发展存在现行法律依据不足、社会化监测活动问题突出、监管手段不足等问题。建议通过立法固化监测改革成果和实践经验，赋予生态环境主管部门处罚权，从根本上解决生态环境主管部门对社会化监测机构和人员违法行为没有处罚手段的问题。通过立法规范各类监测活动，对环境监测机构和人员规定明确统一的准入规则，机构事前登记、人员持证上岗，禁止任何单位和人员篡改、伪造或者指使篡改、伪造生态环境监测数据。并设定严格的法律责任，强化责任追究。

关键词： 生态环境监测；执法；社会化监测

一、目前生态环境监测活动中存在的普遍问题

2023 年，四川省生态环境厅联合省人民检察院、公安厅开展深入打击重点排污单位自动监测数据弄虚作假违法犯罪专项行动，发现违法犯罪线索 23 起，已依法移交公安机关，专项行动取得了明显成效。

为了解生态环境监测活动存在的违法问题，课题组收集整理了近几年国家、地方发布的生态环境监测活动违法案例 107 件，均属于监测数据弄虚作假违法案件。经分类分析，违法情形主要包括篡改、伪造和指使篡改伪造监测数据 3 种，其中以篡改监测数据居多（图 1、图 2）。违法主体涉及排污单位、监测机构、政府部门，以排污单位、监测机构为主（图 3）。

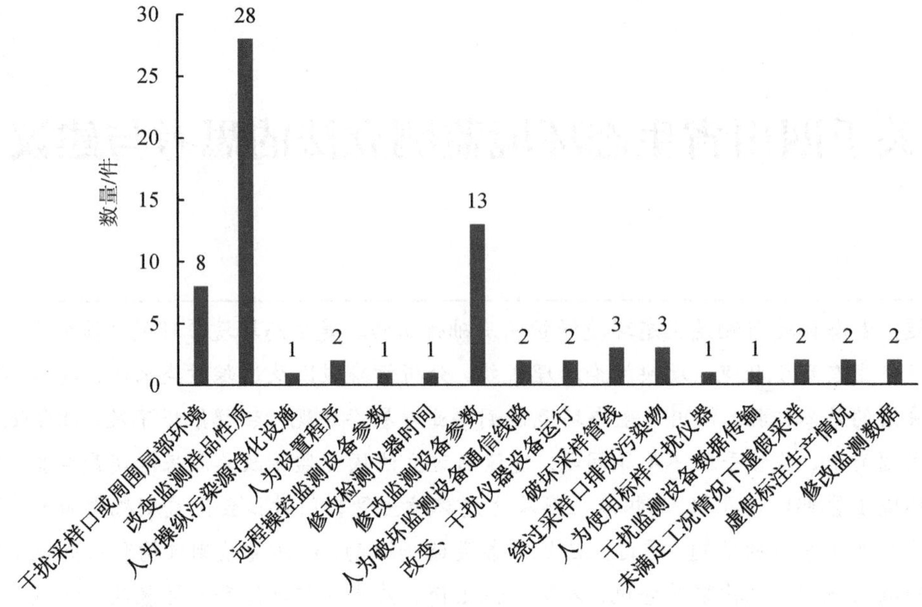

图 1　篡改监测数据情形

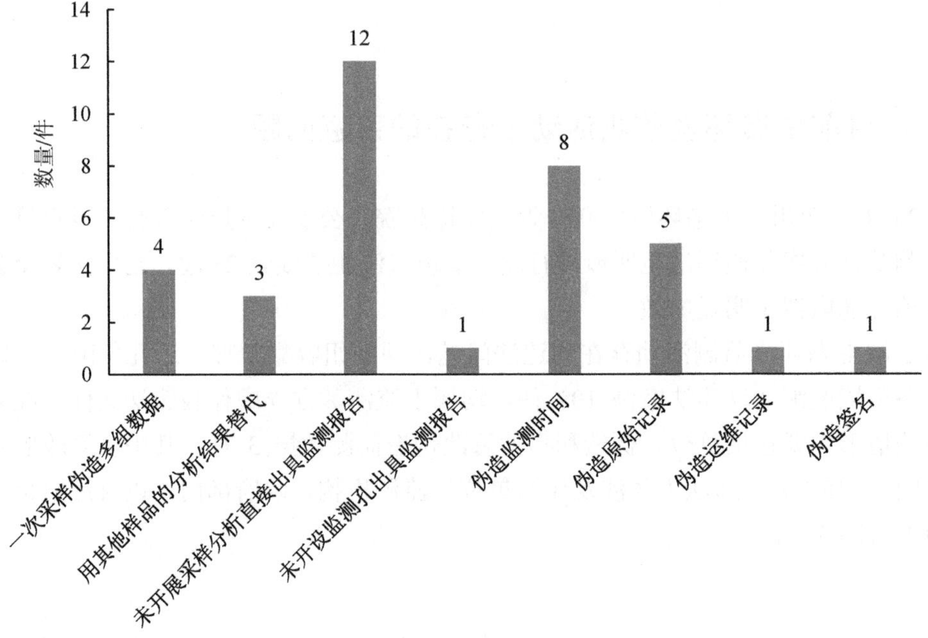

图 2　伪造监测数据情形

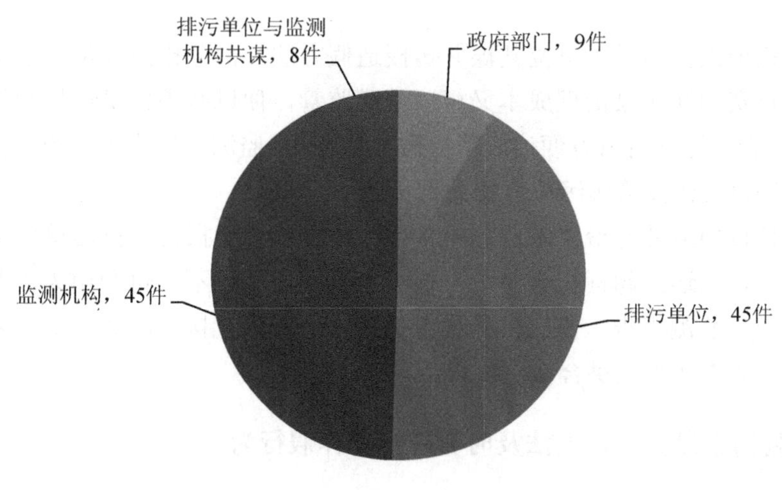

图3　违法主体

（一）作假手段多样，监测过程的全环节均存在作假

自动监测数据弄虚作假主要集中在采样、仪器分析、数据传输环节。采样环节常见手段有：通过堵塞采样头、在采样口加装过滤装置、将污染物绕过采样口排放等，废水采样环节还有将采样探头直接插入稀释水样、替代水样、将自来水排放在废水自动监控设施采样点附近等，废气采样环节还有向监测设备洒水、将氮气充入样品气体等。仪器分析环节常见手段有篡改污染物自动监控系统程序、擅自修改自动监测设备参数、使用高浓度标样改变自动监测设备校准曲线、远程控制修改监测数据、植入造假软件等。数据传输环节常见手段有虚假标注自动监控系统故障、虚假标记企业生产情况、故意断开数据采集仪电源、修改数据接收装置数据等。

手工监测数据弄虚作假主要集中在采样、分析、记录、报告环节。采样环节常见手段有采一次样伪造多组样品、未在规范采样口进行采样、未开设烟道采样口采样、在未满足生产工况的情况下虚假采样、人到现场但不采样（假装采样）等。分析环节常见手段有用替代样品进行分析、擅自修改监测时间和监测仪器参数等。记录环节常见手段有故意不真实记录或者选择性记录原始数据、通过导出仪器已有原始记录修改样品编号伪造纸质原始记录等。报告环节常见手段有伪造监测时间或者签名、未开展采样分析凭空伪造监测数据等。

（二）作假形式多样，直接、共谋、指使作假情况并存

一是监测机构或人员受经济利益驱使造假。部分监测机构为了揽到业务、抢占市场，采取低价恶意竞标，以远低于成本的价格中标。低价中标后，为了在履行合同的同时能够获取足够的利润，监测机构往往会通过缩短检测时间、直接出具报告等方式造假，通

过违法获利。

二是监测机构或人员与排污单位共谋并传授造假方法。部分排污单位为了既可以节省更多的设备运行费用和污染治理成本又可以逃避监管，便以必须提供达标数据为前提来选择监测机构，合同订立时双方便达成了造假共识。部分监测机构为了少跑几次现场，甚至会将造假方法直接传授给排污单位相关人员。

三是排污单位以甲方的身份要求监测机构或人员提供合格报告。排污单位主观上是不接受超标报告的，当遇到超标报告时，一般会拒收报告并以不支付费用为由要求监测机构或人员提供合格监测报告，监测机构或人员通常会采取直接修改数据或者复测（俗称测到合格为止）的方式来提供合格监测报告。

（三）行政处罚手段欠缺，无法及时有效打击作假行为

对于排污单位的监测造假行为，生态环境主管部门虽然可以依据现有法律法规对其进行处罚，但按照的是逃避监管的名义处罚，而非直接以监测弄虚作假的名义处罚。

对于监测机构及人员造假行为，依据现有法律法规，生态环境主管部门仅能将机构和涉及人员列入不良记录名单，禁止其参与政府购买环境服务或者政府委托项目（造成环境污染和生态破坏的除外）。其造假行为只能移交市场监督管理部门，由市场监督管理部门责令限期改正，处 3 万元罚款或者依法撤销资质。作为生态环境监测机构的行业主管部门，生态环境主管部门负责其开展生态环境监测活动的事中、事后监管，但欠缺直接的行政处罚手段，无法对监测机构及人员的造假行为进行及时、有效查处。且现有法律法规对复测行为未作规定，对无故复测行为欠缺监管手段。

江苏、安徽、广东等地通过地方立法将处罚权赋予了生态环境主管部门，解决了生态环境主管部门对监测机构及人员造假行为无处罚手段的问题。

（四）从业要求不一，社会化监测机构滥竽充数

生态环境主管部门所属机构中从事生态环境监测工作的技术人员，须通过持证上岗考核方能开展相应的监测活动，一般由上级站负责考核下级站，考核工作严格、规范。

社会化监测机构的技术人员仅要求其经过必要的培训和能力确认，通常由监测机构自己组织考核上岗，存在既是考官又是学员、考核不规范、形式化等问题，一些技术人员持证项目多达数百项，导致部分技术人员根本不具备监测能力却依然从事监测活动。2014 年运维单位资质取消，运维单位只要具备独立法人资格即可进行在线监测运维活动，一些无相关能力和水平的运维单位和人员大量涉足在线监测运维市场，市场化在线监测运维在引入竞争机制的同时，也造成了一些低价中标，导致部分运维单位为节约成本而降低运维服务质量。

二、四川省生态环境监测立法重点关注问题

（一）生态环境监测存在立法空白，现行法律依据不足

长期以来，生态环境监测缺乏专门的法律或行政法规予以规范，无法回应现实关切。现行生态环境保护法律法规中有关生态环境监测的规定比较简单，表达偏原则性、操作性不强。目前用于指导生态环境监测工作的法规是2007年原国家环境保护总局颁布的《环境监测管理办法》，其性质为部委规章，且已实施16年，规定的相关内容已不能够满足当前生态环境监测工作需要。各类监测活动监管的法律依据不足，监测管理权责不清。最严密法治观在生态环境监测方面体现不足，亟须通过立法进行回应，明确生态环境监测的法律地位，强化依法监测。

（二）社会化监测活动问题日益突出，亟须通过立法来规范生态环境监测市场

近年来，社会化监测机构为追求经济利益进行弄虚作假，帮助排污企业蒙混“过关”的问题屡禁不止，造成了极其严重的社会影响。但依据现有法律法规，仅能处罚机构和主要负责人，难以对其他违法人员进行有效处罚。社会化监测机构恶性竞争现象突出，导致服务质量下降，造成竞争机制扭曲、出现劣币驱逐良币等问题，严重扰乱市场秩序。为解决目前突出的生态环境监测市场乱象问题，亟须通过立法来加以规制，推进生态环境监测事业法治化、规范化发展。

（三）违法成本过低，亟须通过立法来严格法律责任

一直以来，生态环境部门对监测数据弄虚作假行为保持“零容忍”态度，发现一起、查处一起，但监测数据弄虚作假行为仍然屡禁不绝。主要原因之一是造假成本低、收益大，一些企业为了利益，用稀释水样、替换样品、逃避监测、伪造数据等手段来干扰监测结果，其造假成本极低，往往不过几十元，却可以节省数十万元乃至数百万上千万元的设备运行费用和污染治理成本，导致部分企业铤而走险。现有处罚力度尚不足以震慑造假行为，亟须通过立法来严格法律责任，让所有造假者付出难以承受的代价，营造“不敢假、不能假、不想假”的氛围。

三、四川省生态环境监测立法思考与建议

立法解决上述问题，一要坚持实用性和可操作性原则，按照管行业同时管执法，将监测机构和人员弄虚作假行为的处罚权赋予生态环境主管部门，解决生态环境主管部门监管手段有限、法律依据不足的现实问题。二要坚持一视同仁和全过程监管原则，对政

府所属生态环境监测机构和社会化监测机构等各类开展生态环境监测活动的主体予以同等对待。监管范围应覆盖事前、事中、事后，监管领域应涵盖布点、采样、现场测试、样品制备、分析测试、数据传输、报告编制和档案管理。三要坚持从严和从重处罚原则，按照地方性法规权限设置严格的行政处罚措施，为行政执法提供法律依据，重罚监测数据弄虚作假行为，确保能够有力震慑监测乱象。

（一）立法固化监测改革成果和实践经验，强化依法监测

坚持实用性和可操作性原则，结合四川省生态环境监测工作实际，在衔接现行生态环境保护法律法规中有关生态环境监测工作规定的基础上，将国家、四川省及其他省市有关生态环境监测改革成果和监测工作实践经验通过立法予以固化。

一是确定生态环境监测的法律地位和作用，按照管行业同时管执法的原则，赋予生态环境主管部门处罚权。将生态环境监测活动中监测机构和人员弄虚作假行为的处罚权赋予生态环境主管部门，从根本上解决生态环境主管部门对社会化监测机构和人员的违法行为没有处罚手段的问题。

二是明确生态环境监测各方职责，强化统筹协作。在纵向上，明确由地方各级政府加强对生态环境监测工作的领导与协调，保障和支持生态环境监测设施建设和生态环境监测工作正常开展，所需经费纳入各级财政预算。在横向上，明确由生态环境主管部门建立健全生态环境监测制度，对生态环境监测活动实施统一监督管理，自然资源、住房和城乡建设、水利、农业农村、卫生健康、林业草原、气象等部门在各自职权范围内对生态环境监测进行管理，体现出既有部门分工又有统筹协作，实现统一规划建设生态环境监测网络、统一监测标准规范、统一信息发布，并实施监管协同，建立监管信息共享等机制。

三是确定监测数据法律效力，维护数据权威性。明确依法依规开展监测活动并获取的生态环境监测数据具有法律效力，可用于考核评估、行政执法、损害鉴定、责任追究等，包括手工监测数据和自动监测数据。明确通过自动监测设备、设施获取的监测数据，可以作为环境监督管理和行政执法的依据。明确生态环境主管部门及其所属监测机构、委托监测机构在行政执法过程中收集的监测数据，在刑事诉讼中可以作为证据使用。

（二）规范各类监测活动，统一监督管理

遵循对政府所属生态环境监测机构和社会化监测机构一视同仁的基本原则，对各类生态环境监测活动的开展规定统一的适用规则和义务，从准入到退出建立全过程全链条监管机制。

一是对监测机构和人员规定明确统一的准入规则，禁止任何机构和人员在不具备能力的情况下开展或者接受委托开展监测活动。对生态环境监测机构，除需取得检验检测机构资质认定证书外，在本省开展监测活动前，应当在生态环境监测业务管理系统内填

报机构基本信息。对从事生态环境监测活动的人员，除需掌握与所处岗位相适应的基本知识外，还需经过必要的培训及能力确认，通过省级以上生态环境主管部门组织实施或者指导、委托组织实施的生态环境监测技术人员持证上岗考核，持证上岗。

二是禁止任何单位和人员篡改、伪造或者指使篡改、伪造生态环境监测数据。将未按规定时间、地点采集样品等 8 种常见造假情形和《环境监测数据弄虚作假行为判定及处理办法》中规定的篡改监测数据的 14 种情形、伪造监测数据的 8 种情形以及涉嫌指使篡改、伪造监测数据的 5 种情形通过法条予以固化，对监测数据弄虚作假行为实施严厉打击。明确除在有证据表明监测数据存在不符合国家有关规定和监测规范的情况外，将无故复测行为视为监测数据弄虚作假行为进行处理。

三是将监管重点放在事中、事后。生态环境监测机构在本省开展监测活动的，应当在生态环境监测业务管理系统内填报相关监测活动信息。生态环境主管部门依法对生态环境监测活动实施监督管理，市场监督管理部门依法对生态环境监测机构实施检验检测机构资质方面的监督管理，其他有关部门依法对其设立、委托的监测机构及其活动实施监督管理。对生态环境监测服务从业单位和个人执业情况实施信用管理，并建立监督管理信息共享机制，共享检验检测机构资质、行政处罚、信用档案和个人执业情况等信息。

（三）设定严格的法律责任，强化责任追究

坚持从严和从重处罚原则，在与上位法不抵触、不重复的基础上，立足执法工作实际，按照地方性法规权限设置严格的行政处罚措施，为行政执法提供法律依据，确保能够有力震慑监测乱象。

一是加大对生态环境监测相关主体的处罚力度。在做好与《中华人民共和国环境保护法》《中华人民共和国认证认可条例》《检验检测机构监督管理办法》等相关法律法规衔接的前提下，进一步强化对生态环境监测机构、排污单位等相关主体的责任追究，对未按照生态环境监测标准和技术规范要求开展监测活动、个人不具备能力从事监测活动等执法中欠缺手段的违法行为增设相关处罚措施。

二是重罚监测数据弄虚作假行为。针对监测活动中数据造假行为，既罚机构和单位又罚个人，既有财产罚又有资格罚。对生态环境监测机构、排污单位及人员篡改伪造生态环境监测数据或者出具虚假监测报告的，由生态环境主管部门责令限期改正，对生态环境监测机构处五万元以上二十万元以下的罚款，对排污单位处二十万元以上一百万元以下的罚款，对有关责任人员处上一年度个人税后工资收入两倍以上三倍以下的罚款；由市场监督管理部门依法撤销该生态环境监测机构资质证书，有关责任人员终身禁止从事生态环境监测服务业务。

三是对不当干预或者干扰监测的严格追究其法律责任。对侵占、损毁、擅自移动或者改变用途生态环境监测设施设备及其通信线路，干扰监测，挤占、干扰生态环境监测使用的无线电频率的，由生态环境主管部门处两万元以上十万元以下的罚款；构成违反

治安管理行为的，由公安机关依法给予治安管理处罚。政府、部门及其工作人员擅自迁移生态环境监测站（点），篡改、伪造或者指使篡改、伪造生态环境监测数据的，对直接负责的主管人员和其他直接责任人员给予记过、记大过或者降级处分；造成严重后果的，给予撤职或者开除处分，其主要负责人应当引咎辞职。

基于“三水统筹”要求，建立完善四川省水生态环境标准体系

摘　要：水生态环境标准是水生态环境管理的核心，是国家环境法规的重要组成部分，是控制水污染、保护水环境的有力手段。近年来，四川省针对重点流域、典型行业、难点问题积极开展地方标准制定，先后出台多项水生态环境标准，对推动重点流域水环境质量改善、强化特色行业废水排放精准管控、解决农村地区突出水环境问题起到关键作用，但仍存在标准体系统筹谋划不够、覆盖领域不全、系统性不足等问题，难以支撑持续改善生态环境质量需要。作为长江、黄河上游重要生态屏障和水源涵养地，四川省肩负维护国家生态安全，推动长江、黄河两大经济带高质量发展的重任，理应走在前列，建立更为完善的水生态环境标准体系，筑牢上游生态屏障。本文通过梳理我国、四川省水生态环境标准现状，结合国家《深入打好长江保护修复攻坚战行动方案》《黄河生态保护治理攻坚战行动方案》等相关工作要求，对四川省水生态环境标准体系目前的形势进行分析研判，在此基础上提出完善四川省水生态环境标准体系的建议。

关键词：水生态环境标准；“三水统筹”；水生态环境管理；标准化

一、现阶段与水生态环境保护相关标准情况

我国涉水的管理部门众多，水生态环境标准的制修订工作主要以生态环境部门为主，但水行政、自然资源、住房和城乡建设、农业农村、林业和草原等多个部门也都制定出台了涉及水环境保护的有关标准，其标准体系庞杂分散，“九龙治水”问题突出。

（一）生态环境部门

生态环境部门制定的水生态环境标准主要包括水环境质量标准、水污染物排放标准、水生态环境监测标准、水生态环境基础标准、水生态环境管理技术规范等。

1．水环境质量标准

水环境质量标准是指各类环境的水质标准，其作用是保障实现各种使用功能的水质标准和保护水生态系统的要求。我国水环境质量标准是根据不同水域及其使用功能，分别制定不同的水环境质量标准。生态环境部门制定的水环境质量标准主要有《地表水环

境质量标准》《海水水质标准》《渔业水质标准》《农田灌溉水质标准》等。水环境质量标准多为国家标准、强制性标准。

2．水污染物排放标准

水污染物排放标准是对污染源污水废水排放时的水质（污染物浓度）、排水量或污染物总量规定的最高允许限值，也包括为减少污染物的产生和排放对产品、原料、工业设备及污染治理技术等所作的规定，是直接用于控制污染源的标准。我国自1973年颁布首部环境标准《工业“三废”排放试行标准》以来，陆续颁布了60余项国家水污染物排放标准和地方水污染物排放标准，逐渐形成了行业水污染物排放标准为主、综合排放标准为辅的水污染物排放标准体系。2000年之后，针对行业水污染物排放标准过少，综合排放标准针对性不强等问题，国家重点加强了对行业水污染物排放标准的制修订工作。截至2023年9月，现行有效的水污染物排放标准共63项，包括1项综合排放标准、62项行业排放标准。

3．水生态环境监测标准

水生态环境监测标准是为监测水环境质量、水生态水平和污染物排放情况，规范布点采样、分析测试、监测仪器、卫星遥感影像质量、量值传递、质量控制、数据处理等监测技术要求的标准。水生态环境监测标准包括水生态环境监测技术规范、水生态环境监测分析方法标准、水生态环境监测仪器及系统技术要求、水生态环境标准样品标准等，为推荐性标准。生态环境部门制定的水生态环境监测标准主要有《地表水环境质量监测技术规范》《水生态监测技术指南　河流水生生物监测与评价（试行）》《水生态监测技术指南　湖泊和水库水生生物监测与评价（试行）》等。

4．水生态环境基础标准

水生态环境基础标准是水生态环境标准中对有关词汇、术语、图示、标志、原则、导则、量纲、采样、仪器设备、校验等所做的统一规定，是为水环境质量标准、水污染物排放标准等服务和配套的，如《流域水污染物排放标准制定技术导则》。现行水生态环境基础标准共29项，其中国家标准10项，其余为行业标准。

5．水生态环境管理技术规范

水生态环境管理技术规范主要是指支撑排污许可制度、入河排污口排查整治、环境影响评价等水生态环境管理工作制定的技术指南、导则、规程、规范等，如《排污许可申请与核发技术规范　总则》《入河（海）排污口三级排查技术指南》《环境影响评价技术导则　地表水环境》《饮用水水源保护区划分技术规范》等。水生态环境管理技术规范均为推荐性标准，在相关领域环境管理中实施。

（二）其他部门

1．水利部门

水利部门在水生态环境保护领域主要负责水资源的开发利用与保护，发布的水生态环境保护相关标准主要集中在生态流量保障、水资源调度管理、节约用水、水土保持、水生态环境监测等方面，包括《河湖生态环境需水计算规范》《用水定额编制技术导则》《大中型水电站水库调度规范》《水土保持综合治理技术规范》《水环境监测规范》《内陆水域浮游植物监测技术规程》等。

2. 农业农村部门

农业农村部门在水生态环境保护领域主要负责农业农村污染防治，发布的水生态环境保护相关标准主要集中在畜禽养殖污染防治、畜禽粪污资源化利用、农业面源污染防治等方面，包括《畜禽养殖污水贮存设施设计要求》《畜禽粪污处理场建设标准》《流域农业面源污染监测技术规范》等。

3. 住房和城乡建设部门

住房和城乡建设部门在水生态环境保护领域主要承担城镇生活污染防治工作，发布的水生态环境保护相关标准主要集中在城镇生活污染治理、城市污水再生利用、污水管网建设等领域，包括《污水排入城镇下水道水质标准》《城市污水再生利用　城市杂用水水质》等。

4. 林业和草原部门

林业和草原部门在水生态环境保护领域主要承担湿地保护与修复工作，发布的与水生态环境保护相关标准主要集中在小微湿地保护与管理、湿地生态监测、湿地生态修复等领域，包括《小微湿地保护与管理规范》《湿地生态风险评估技术规范》《重要湿地监测指标体系》等。

5. 其他部门、机构

其他部门、机构也基于自身职能职责发布了一些水生态环境保护相关标准，如国家标准化管理委员会发布的《水回用导则　再生水厂水质管理》《工业废水处理与回用技术评价导则》等节水领域标准，自然资源部发布的《地下水质量标准》等地下水领域标准，交通运输部发布的《水运工程环境保护设计规范》等船舶港口污染防治领域标准。

二、建立完善水生态环境标准体系面临的形势与挑战

2018 年党和国家机构改革整合了过去分散的生态环境保护职责，将水功能区划、排污口监督管理、流域水环境保护等职责由相关部门划转至生态环境部门，实现了从污染源到排入水体的全链条管理，国家治水思路也由污染防治为主逐渐向水资源、水环境、水生态“三水统筹”系统治理、统筹推进转变。“十三五”时期以来，四川省以水污染物排放标准为重点，加强了地方标准的制修订工作，制定出台了《四川省岷江、沱江流域水污染物排放标准》等标准（表 1），水环境标准管理体系不断完善，在促进水环境质量改善和绿色发展等方面发挥了重要作用，取得了一定的工作成效。然而，随着四川省水环境形势的变化和国家治水思路的转变，四川省现行水生态环境标准体系逐渐暴露出

系统治理理念不够、覆盖领域不全、解决问题的统筹协调不足等问题。

表 1　四川省现行水生态环境保护相关地方标准

序号	名称	发布日期	实施日期	标准号	涉及领域	技术归口单位
水环境标准类共 7 项						
1	四川省水污染物排放标准	1993-12-17	1994-04-01	DB51/190—93	水污染物排放管理	四川省环境保护局
2	四川省岷江、沱江流域水污染物排放标准	2016-12-20	2017-01-01	DB51/ 2311—2016	水污染物排放管理	四川省生态环境厅
3	农村生活污水处理设施水污染物排放标准	2019-12-17	2020-01-01	DB51/ 2626—2019	水污染物排放管理	四川省生态环境厅
4	四川省泡菜工业水污染物排放标准	2021-09-24	2021-10-01	DB51/ 2833—2021	水污染物排放管理	四川省生态环境厅
5	四川省水产养殖业水污染物排放标准	2023-06-28	2023-10-01	DB51/ 3061—2023	水污染物排放管理	四川省生态环境厅
6	淡水池塘养殖尾水生态处理技术规范	2021-01-29	2021-01-29	DB5101/T 107—2021	水产养殖废水处理	成都市农业农村局
7	酿酒废水人工生态湿地处理技术规范	2020-07-13	2020-08-01	DB5115/T 34—2020	工业废水处理	宜宾市农业农村局
水资源标准类共 7 项						
8	四川省小型水库标准化管理规程	2023-02-07	2023-04-08	DB51/T 2998—2023	水资源调度管理	四川省水利厅
9	四川省水文数据通信传输指南	2023-02-07	2023-04-08	DB51/T 2997—2023	水资源调度管理	四川省水利厅
10	四川省水文水资源信息采集系统质量检测与评定	2022-10-24	2022-12-01	DB51/T 2951—2022	水资源调度管理	四川省水利厅
11	四川省水利工程类对象编码	2022-10-24	2022-12-01	DB51/T 2950—2022	水资源调度管理	四川省水利厅
12	灌区运行水平综合评价技术规程	2022-10-24	2022-12-01	DB51/T 2949—2022	水资源节约利用	四川省水利厅
13	四川省现代化灌区建设规范	2022-10-21	2022-12-01	DB51/T 2952—2022	水资源节约利用	四川省水利厅
14	公共机构节水规范	2019-10-25	2020-01-01	DB51/T 2620—2019	水资源节约利用	四川省机关事务管理局
水生态标准类共 1 项						
15	涉水工程水生生物影响评价规范	2018-07-23	2018-08-01	DB51/T 2525—2018	水生生物多样性保护	四川省农业农村厅
水生态环境管理技术规范类共 1 项						
16	四川省河湖公园评价规范	2018-07-23	2018-08-01	DB51/T 2503—2018	水生态环境管理规范	四川省水利厅

（一）水生态环境标准体系缺乏总体谋划和系统治理观念

水生态环境保护涉及城镇生活污染防治、农业面源污染防治、生态流量保障、水生态保护修复等多个方面，2018 年机构改革后虽然将水生态环境保护工作的职责划分到生态环境部门，但具体生态流量保障、水资源开发利用、城镇生活污染防治、河湖水域岸线保护等工作依然分属各个部门，导致水生态环境标准制修订工作统筹谋划不足、系统理念不够、覆盖领域不全、工作重点不清，各部门各自为政、合力不足。

（二）供需矛盾突出、用水效率不高，水资源保护与利用标准体系亟待完善

四川省水资源总量丰富，但时空分布不均，水资源供需矛盾突出，部分小流域枯水期生态流量难以稳定保障，水质改善压力较大。一方面，现阶段四川省水网主骨架尚不完善，水资源调配体系不健全，跨区域、跨流域水资源调配能力差，水资源管理信息化建设滞后；另一方面，水资源刚性约束不强，节水管理制度和有效政策不健全，灌溉水有效利用系数低于全国平均水平，部分高耗水工业企业用水效率不高，非常规水源利用率低，高耗水的发展方式未有效转变。针对水资源调配、水资源利用效率、水资源管理信息化建设等问题，水资源标准体系仍有待进一步完善。

（三）现行水污染物排放标准不足以支撑持续改善水生态环境质量需要

目前四川省综合型水污染物排放标准为 20 世纪 90 年代制定的《四川省水污染物排放标准》，行业型水污染物排放标准为《四川省泡菜工业水污染物排放标准》《四川省水产养殖业水污染物排放标准》《农村生活污水处理设施水污染物排放标准》，流域型水污染物排放标准为《四川省岷江、沱江流域水污染物排放标准》。随着四川省水环境质量的不断改善、环境保护政策要求日趋严格，逐渐暴露出综合排放标准过于宽松、行业排放标准覆盖范围较小、对有毒有害特征污染物和新污染物排放管控比较薄弱等问题，现有水污染物排放标准不足以支撑持续改善生态环境质量的需要，亟须围绕重点流域、典型行业、特征污染物，加强水污染物排放标准体系建设。

（四）水生态保护与修复工作推进缓慢，缺乏标准支撑

进入“十四五”以来，水生态保护在我国生态环境保护中的地位越发突出，国家层面已建立统一的长江流域水生态监测与评价考核标准体系，并在长江流域 17 个省（区、市）中开展水生态考核试点。四川省一方面较少开展水生态监测与评价工作，目前尚未构建形成省级水生态监测体系，水生态底数不清、监测能力不足等问题突出；另一方面，水生态破坏现象非常普遍，川西北高原区草原湿地功能退化，部分梯级水电开发及引水式电站造成水生态系统失衡、生物多样性降低，上游水源涵养、水土流失治理、水生态空间管控、自然岸线保护、河湖生态保护与修复等面临严峻挑战。由于缺乏相关技术标

准支撑等原因，水生态保护修复工作推进缓慢。

（五）水生态环境保护重点工作需逐步推动标准化管理

四川省现行水生态环境标准集中在水污染物排放标准领域，在美丽河湖保护与建设、小流域综合治理、黑臭水体排查整治等重点领域，缺少与之衔接配套的以及具体指导水生态环境保护工作的管理技术规范类标准，导致水生态环境保护工作缺少“抓手”，相关工作开展过程中缺乏系统思维，治理成效难以长效保持，亟待用综合、统筹的理念开展相关管理技术规范类标准制定，逐步形成以标准促进水生态环境综合治理的格局。

（六）标准化工作活力不足，标准制定工作模式尚需多元化

四川省现行水生态环境标准主要由政府主导发布，个别社会团体在水处理装置、水处理剂等方面发布了少量团体标准，社会团体、企业参与标准化工作活力不足，标准制定主体较为单一，亟须加快推进标准供给由政府主导向政府与市场并重转变，确保与国家标准化工作新方向保持一致。此外，四川省缺少科技成果转化为标准的评价机制与服务体系，尚未形成重大科技项目与标准化工作联动机制，科技成果转化为技术标准的能力不足，标准制定与转化的工作模式需进一步强化。

三、关于建立完善四川省水生态环境标准体系的对策建议

以习近平新时代中国特色社会主义思想为指导，深入贯彻党的二十大精神、习近平生态文明思想和习近平总书记对四川工作系列重要指示精神，全面贯彻落实省委、省政府决策部署，坚持综合治理、系统治理、源头治理，以《国家标准化发展纲要》为指引，以筑牢长江黄河上游生态屏障、建设美丽四川、保护多彩河湖为统领，以“三水统筹”、系统治理为导向，以强化水资源保护利用、巩固提升水环境治理成效、恢复水生态系统健康为着力点，夯实标准化技术基础，加快完善水生态环境标准体系，建立支撑适用、协调完备、科学合理、规范高效的水生态环境标准体系与管理机制，为新时代水生态环境管理工作提供强有力的标准支持。

（一）坚持总体谋划，构建新时代水生态环境标准体系

一是顶层设计，强化水生态环境标准体系建设。以“三水统筹”、系统治理为导向，充分考虑国家战略定位、四川省特色产业布局、水生态环境质量改善需求，对四川省水环境标准体系进行整体设计和规划（图 1），支撑涉水的水陆统筹生态系统的整体保护、综合治理。充分衔接国家水生态环境标准体系建设思路，推动出台四川省关于推进“三水统筹”水生态环境保护标准体系建设实施方案，科学统筹四川省水生态环境保护标准发展优先领域、重点区域流域、关键环节和实施步骤，充分发挥标准的基础性引领性作用，为更高标准深入打好碧水保卫战提供有力支撑。

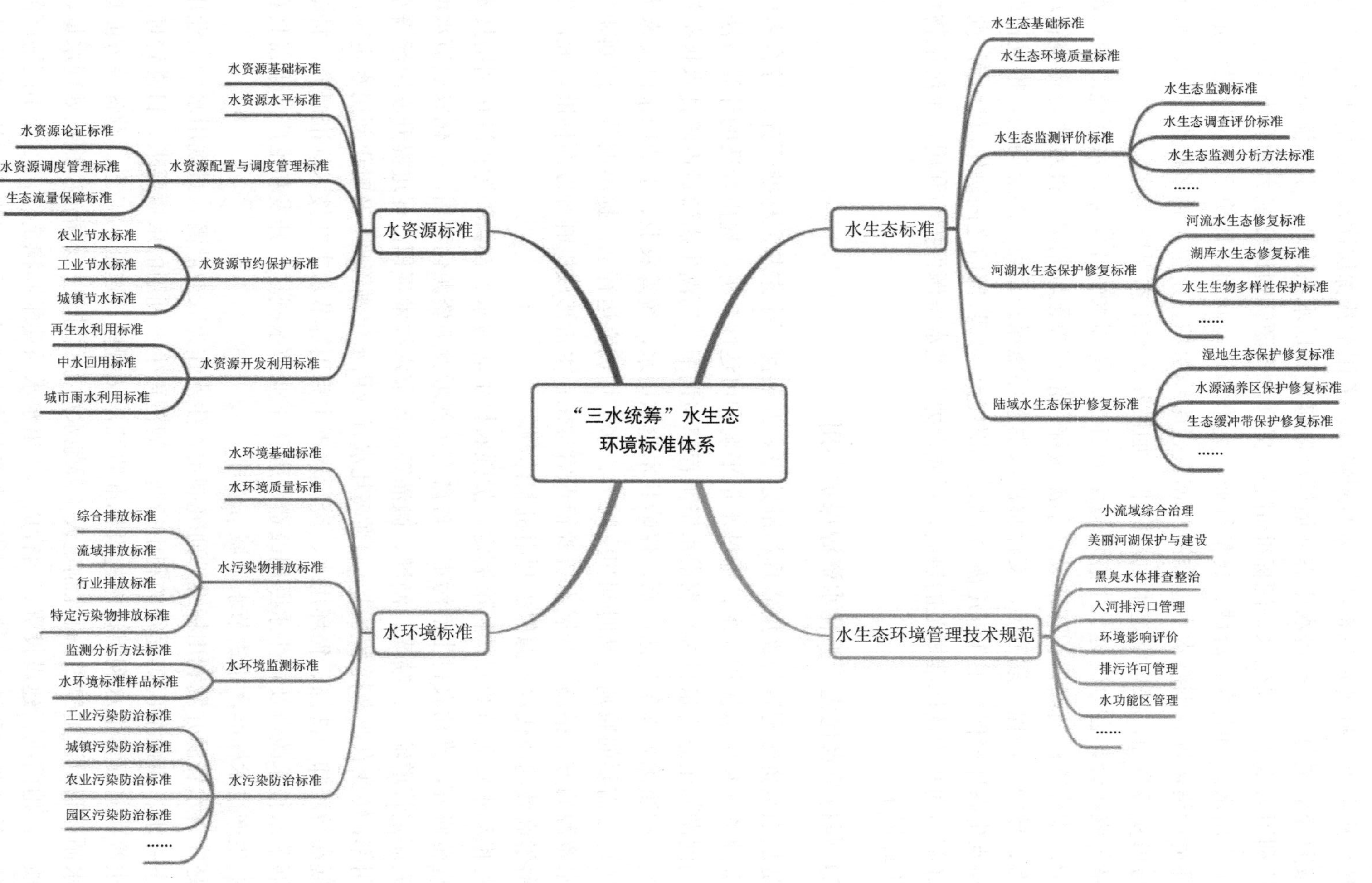

图 1 "三水统筹"水生态环境标准体系

二是聚焦重点，推进水生态环境标准制修订。着眼解决深层次及长远的水生态环境问题，按照轻重缓急稳步推进水生态环境标准制修订。以水系连通、生态流量保障、水资源集约利用为重点，强化水资源标准制定，提升水资源管理调度能力和利用效率，保障河湖生态用水。围绕重点流域、典型行业、突出水环境问题，加快水环境标准制定，强化水环境污染治理。围绕水生态监测与调查、岸线保护、水生生物多样性保护、水生态保护与修复等方面，探索制定水生态标准，加快补齐水生态保护短板。

三是加强融合，合力促进水生态环境保护工作。统筹水资源保障、水环境治理、水生态保护，围绕美丽河湖保护与建设、小流域综合治理等领域制定一批水生态环境管理技术指南、导则、规程、规范等，支撑解决水生态环境保护重点、难点问题，推动标准化战略与水生态环境保护工作深度融合。加强标准之间协调、部门之间协作，借助河（湖）长制做好部门间政策及标准规范的协同，形成合力促进水资源保护与利用、水污染物减排、水生态健康。

（二）坚持节水优先，强化水资源保护利用

一是加强水资源配置与调度管理标准建设。开展河湖生态基流标准研究，综合考虑河湖水资源条件和生态保护需求，通过水量平衡和可达性分析，提出合适的计算方法，确定不同河湖的生态流量目标。探索水资源管理与调配、河湖生态流量保障技术规范等标准研究，按照优先满足生活用水，保障基本生态用水，统筹农业、工业用水以及水力发电、航运等需要的原则，从时间和空间上、水工程调度运行上，提出调节、控制和分配地表水资源的方案措施。开展水资源管理信息化、水价形成机制等方面标准研究，促进形成科学高效的现代水资源保护利用机制体制。

二是推动水资源节约保护标准制定。加强农村生活污水、畜禽粪污资源化利用技术指南、规范研究，推动农村生活污水、畜禽粪污就近就地资源化利用，强化农业节水增效。研究制定管道输水、喷灌、滴灌、微灌等高效节水技术规程，促进提升农田灌溉水有效利用率，转变农业高耗水方式。加强高耗水行业用水定额管理，及时更新用水定额，积极开展高效冷却、洗涤、循环用水、废污水再生利用等节水工艺技术标准研究，推动企业开展节水技术改造及再生水回用改造，强化工业节水减排。开发和推广节水器具和节水工业生产技术标准，推进节水型城市创建。

三是完善水资源开发利用标准。研究制定再生水作为农业灌溉、景观用水、工业用水、生态补水、市政杂用等途径的利用指南，规范再生水利用的水质要求、日常管理、监测要求等。开展再生水利用设施建设标准研究，从规模、选址、工艺、设备等方面规范再生水循环利用设施建设。研究制定人工湿地水质净化建设技术指南，根据处理水量、进水水质、占地面积、建设投资、运行成本、出水水质要求和稳定性，以及不同地区的气候条件、植被类型和地理条件等因素，考虑技术经济可行性，提出不同的工艺设计方案。开展中水回用、城市雨水利用技术标准研究。

（三）坚持问题导向，加强水环境污染治理

一是完善具有地方特色的水污染物排放标准。加快制定出台行业水污染物排放标准，针对化工、页岩气开采、中药制药、有色金属冶炼、酿酒、矿山开采等四川省特色或废水排放量大的行业，在国家标准基础上，基于四川省行业特征、上游生态屏障战略定位等，制定严于国家标准的水污染物排放标准。在已经出台的《四川省岷江、沱江流域水污染物排放标准》的基础上，以赤水河、金沙江、泸沽湖等跨界流域为重点，综合考虑环境水体特征、水生态环境健康和污染源分布特点，统筹流域上下游、左右岸、干支流，积极联合云南、重庆、贵州等相关省（市），推动制定流域水污染物排放标准，支撑解决流域结构性特征污染问题。

二是健全水环境监测技术标准体系。以满足环境管理目标为导向，构建水环境监测方法标准体系，有针对性地解决环境问题。加强与其他环境保护标准的衔接，提升监测标准体系协调性和适用性，借鉴生活饮用水水质标准编制方法，深层次研究水体污染物基准值，构建更为合理、科学的水环境监测方法标准限值。选取典型地区、重点行业，开展抗生素、内分泌干扰物、持久性有机污染物等特征新污染物环境调查，研究制定涉水新污染物环境调查监测技术导则、监测分析方法标准和环境风险评估技术标准，建立重点管控涉水新污染物清单，探索构建新污染物环境健康风险评估技术标准体系，加强对涉水新污染物的管控。

三是制定完善水污染防治技术规范及指南。针对页岩气开采、有色金属冶炼、白酒酿造等行业，在出台地方行业水污染物排放标准的基础上，配置完善与国家及地方排放标准相配套的水污染防治技术规范或技术指南，支撑四川省地方特色产业及支柱行业高质量发展。探索构建新污染物环境健康风险评估技术标准体系，加强对涉水新污染物的管控。针对生产、加工使用涉水新污染物较集中的石化、涂料、农药、医药、电镀、制药等重点行业，研究制定相关行业的新污染物污染防治可行技术指南，有效提升四川省新污染物风险管理水平。

（四）坚持创新引领，推动水生态保护修复

一是建立健全水生态调查监测标准体系。基于四川省水生态监测技术能力、国家水生态监测要求，重点关注点位设置要求和密度，充分考虑监测工作的延续性，研究制定四川省河流、湖库水生态监测技术指南，规范水生态监测技术要求。开展水生态考核指标期望值研究，基于国家水生态考核办法及指标评分细则，对剩余 7 条不同省级河流筛选评价指标，确定评价期望值，推进完成剩余 7 条河流水生态现状调查工作。推进水生生物多样性调查、评价和监测预警指标体系建设，开展相关水生生物多样性调查、评价和监测标准研究。

二是推动河湖水生态保护修复技术指南研究。研究制定符合四川省实际的河流、湖

库生态修复技术指南，参考国内外水生态修复技术方法，选取典型河流、湖库开展水生态修复试点示范，综合考虑基础自然地理条件、技术效果及实施成本，筛选适用于四川省的水生态修复技术组合，明确水生态修复技术的实施方法、模式，推动水生态修复技术设计与工程实施的规范化。研究制定水生态修复效果评估技术指南，以水生生物生境保护、涉水项目生物多样性影响评估、增殖放流管理机制等为重点，规范水生态保护修复成效评估技术要求，提升水生生物保护能力。

三是加强陆域水生态保护修复标准制定。加强湿地生态保护修复技术标准研究，围绕湿地生态监测、湿地退化评估、退化受损湿地生态修复等方面，坚持自然恢复为主理念，引导自然湿地调查、保护与修复。开展水源涵养区保护修复技术标准研究，重点围绕水源涵养林建设、重要水源涵养区用途管制等方面，规范重要水源涵养区水土保持、生态保护和绿色发展等工作，全面提升生态系统水源涵养能力。开展河湖岸线保护修复技术标准研究，围绕河岸带生物恢复、河岸带生态系统结构与功能恢复及河岸带生境恢复 3 个维度编制修复技术规范，合理确定河湖岸线修复指标，有效支撑推进河湖岸线修复与保护工作。

（五）坚持系统思维，打造美丽河湖“三水统筹”治理新格局

一是研究制定美丽河湖建设规范与评价标准。按照规划先行、生态保护、和谐安全、因地制宜的原则，制定美丽河湖建设规范，明确美丽河湖规划编制、工程建设、长效管护机制等方面的要求，指导四川省美丽河湖保护与建设。在生态环境部《美丽河湖保护与建设参考指标（试行）》基础上，结合四川长江和黄河上游重要水源涵养地和生态屏障的重要功能，按照全面系统、突出特色、建管并重、注重实效的评价原则，聚焦河湖水资源、水环境、水生态、水安全、水经济、水文化、水管理等方面，建立美丽河湖评价指标体系，形成省级美丽河湖评价标准。

二是开展小流域综合治理标准研究。按照因河施策、问题导向、综合治理、系统治理的原则，制定小流域综合治理技术指南，明确小流域综合治理问题排查、方案编制、控源截污、水系连通、生态修复、长效管护等方面的要求，指导四川省小流域综合治理工作。完善农业农村面源污染防治监督、管理、评价相关标准。落实监管依据，推进种植业污染治理相关标准规范。以促进畜禽粪污资源化利用为导向，健全畜禽养殖污染治理标准体系。

三是加强黑臭水体治理标准研究。针对四川省黑臭水体排查精细化不足、长效机制不健全、易返黑返臭等问题，参考国家黑臭水体排查整治相关要求，推动制定黑臭水体排查整治技术规范，明确城市、农村黑臭水体排查、判定、整治方案编制及长效管护要求，确保排查整治无遗漏、无死角，进一步巩固已有治理成效。加强农村生活污水治理等有关技术规范研究，推进农村黑臭水体污染防治。

（六）坚持体系建设，提升标准制修订能力

一是构建水生态环境标准多元结构。积极推动团体标准、企业标准的制定，鼓励支持社会团体、企业参与水生态环境标准化活动，聚焦新技术、新产业、新业态和新模式，扩大水生态环境保护领域优质市场标准供给。建立团体标准、企业标准政府评估采信机制。鼓励基于团体标准、企业标准提出地方水生态环境标准提案，支持符合条件的团体标准、企业标准向地方标准升级转化。鼓励设区的市按照需求制定水生态环境管理技术规范类推荐性地方标准。

二是完善水生态环境标准化工作机制。积极发挥省生态环境标准化技术委员会在标准制修订管理中的重要作用，组织委员专家对标准制修订过程进行审查和论证，推进形成科学的水生态环境标准工作机制和平台。建立健全标准转换机制，建立重大科技项目与标准化工作联动机制，在科技创新和科技成果转化上同时发力。

三是加强水生态环境标准实施评估。对《四川省岷江、沱江流域水污染物排放标准》等实施年限满 5 年的地方标准及时开展实施效果评估工作，全面了解标准实施过程中存在的问题，为完善水生态环境标准体系、持续提升标准的科学性和可操作性提供依据。

四是加强标准工作队伍能力建设。加强水生态环境标准研究人才培养，依托科研院所、高等院校和省级以上重点实验室，推动水生态环境标准研究创新团队建设。依托岷江流域生态环境规划所、沱江流域环境研究所等探索建立水生态环境标准化培训基地，重点加强水生态环境标准基础研究人才培养，建立和完善标准工作培训教育制度、标准研究人才培养选拔制度，逐步建立起一支高素质、高水平的水生态环境标准研究队伍，切实提升标准制修订技术支撑能力和水平。

五是强化流域合作，以川渝地区为重点积极推进水生态环境标准统一。联合实施现有水生态环境标准差异分析评估，按照强制性标准“约束、兜底”、推荐性标准“激励、引领”的要求，重点聚焦川渝、川滇、川黔、川甘具有共性特征的行业（化工园区、页岩气开采等）、跨界流域（嘉陵江、涪江、琼江、泸沽湖、赤水河、金沙江等），以川渝地区为重点，分阶段、阶梯式制定跨区域统一的水生态环境标准，强化跨界河湖联防联控、协同共治。

成渝地区双城经济圈圈内圈外绿色协同发展研究

摘　要：实施区域协调发展战略是新时代国家重大战略之一，成渝地区双城经济圈圈内地区与圈外地区具有紧密的区位关联、生态关联、产业关联和人文关联，本文对圈外地区发展现状、资源禀赋、协作基础进行分析，并对长三角、珠三角、京津冀等经济圈绿色协同发展的经验进行了总结梳理，提出明确圈外三大区域绿色发展定位、支持圈内圈外绿色联动发展、推动圈内圈外毗邻县域绿色协同发展、建立完善绿色协同发展平台、强化圈内圈外绿色协同发展要素保障、健全圈内圈外绿色协同发展政策机制等建议。

关键词：成渝地区双城经济圈；区域协调发展战略；绿色发展

一、成渝地区双城经济圈圈内圈外概况

（一）成渝地区双城经济圈概况

成渝地区双城经济圈（以下简称成渝地区）规划范围包括重庆市的中心城区及万州、涪陵、綦江、大足、黔江、长寿、江津、合川、永川、南川、璧山、铜梁、潼南、荣昌、梁平、丰都、垫江、忠县等27个县（区）以及开州、云阳的部分地区，四川省的成都、自贡、泸州、德阳、绵阳（除平武县、北川县）、遂宁、内江、乐山、南充、眉山、宜宾、广安、达州（除万源市）、雅安（除天全县、宝兴县）、资阳 15 个市，总面积 18.5 万 km^2，2022 年常住人口 9 700 万人，地区生产总值近 7.7 万亿元。

（二）圈外地区概况

成渝地区双城经济圈圈外地区（以下简称圈外地区）为广元、巴中、阿坝、甘孜、攀枝花和凉山 6 市（州）的 64 个县（市、区）以及绵阳平武县、北川县，达州万源市和雅安天全县、宝兴县，多位于国家重点生态功能区，承担水源涵养、水土保持、防风固沙和生物多样性维护等重要生态功能，关系着成渝地区乃至全国的生态安全。同时，多数区域属于革命老区、脱贫地区、民族地区、盆周山区四类地区，是四川省区域发展的

突出短板和推进共同富裕的薄弱地区。截至 2022 年年底，圈外地区生产总值[①]为 6 141.2 亿元，仅为成渝地区生产总值的 8%；共有常住人口 1 296.2 万人，为成渝地区人口总数的 13%；人口密度 39.4 人/km^2，是成渝地区的 7.5%。其中，凉山生产总值最高，巴中人口分布最为稠密（表 1）。总体来看，相较于成渝地区，圈外地区生态功能突出，但同时也存在人口密度更低、地区生产总值更少、发展水平更低的特征。

表 1　2022 年圈外地区经济发展概况

地区	辖区面积/km^2	常住人口/万人	人口密度/（人/km^2）	地区生产总值/亿元
广元	16 311.1	227.1	139.2	1 139.8
巴中	12 293.3	265.8	216.2	765.0
攀枝花	7 401.4	121.6	164.3	1 220.5
凉山	60 294.4	489.1	81.1	2 081.4
阿坝	83 016.3	82.3	9.9	462.5
甘孜	149 599.3	110.3	7.4	471.9
总计	328 915.8	1 296.2	39.4	6 141.2
占四川省比例	67.67%	15.48%	22.87%	10.82%
对比成渝地区	177.79%	13.36%	7.52%	7.98%

（三）圈内圈外毗邻县域概况

圈内圈外毗邻地区一衣带水、互为友邻，人文经济交往频繁，有着深厚的历史渊源、坚实的合作基础、共同的发展目标。推进毗邻地区联动发展，是促进圈内圈外绿色协同发展的重要突破口之一。成渝地区的毗邻县域有达州、南充、宜宾、乐山、雅安、成都、德阳、绵阳共计 8 个市 23 个县（市、区）。圈外地区的毗邻县域有广元、巴中、阿坝、甘孜、凉山共计 5 个市（州）18 个县（市、区），其中阿坝毗邻的县（市、区）数量最多，总计 7 个。

广元苍溪县、剑阁县、青川县与南充阆中市、南部县，绵阳梓潼县、江油市毗邻，同处于嘉陵江中上游，盛产川明参，拥有三国文化、红色文化等丰富的文旅资源。

巴中通江县、平昌县、巴州区、恩阳区与达州宣汉县、通川区、达川区，南充营山县、仪陇县、阆中市毗邻，均位于秦巴山区，区域内硒、天然气等资源丰富，是四川省重要的农副产品输出地。

阿坝汶川县、茂县与成都大邑县、崇州市、都江堰市、彭州市，德阳什邡市、绵竹市，绵阳安州区毗邻，地跨岷江和涪江，区域内卧龙国家级自然保护区、西岭雪山风景

① 统计范围为设区市，未统计绵阳平武县、北川县，达州万源市和雅安天全县、宝兴县。数据来源为四川省和各市（州）2022 年国民经济和社会发展统计公报。

名胜区等生态资源，大禹文化、三国文化等文旅资源丰富。

甘孜康定市、泸定县、九龙县与雅安石棉县、汉源县、荥经县毗邻，同处于大渡河流域，拥有丰富的高山旅游、红军旅游等文旅资源。

凉山冕宁县、越西县、甘洛县、美姑县、雷波县与雅安石棉县、汉源县，乐山金口河区、峨边彝族自治县、马边彝族自治县，宜宾屏山县毗邻，其中有 7 个县均为国家重点生态功能区，盛产竹笋、白魔芋、凉山清甜香烤烟等，拥有独特的彝族文化和自然风光资源。

二、类似区域绿色协同发展经验借鉴

（一）珠三角与粤东、粤西、粤北地区绿色协同发展

珠三角地区是我国最具活力和创新力的地区之一，包括广东中南部 9 个市。粤东、粤西、粤北地区为广东的“非珠”地区，经济相对滞后，为带动和推进粤东、粤西、粤北地区发展，促进区域协调发展，广东省创新体制机制、完善政策体系，在破解区域发展不平衡困境中取得了显著成效。2018 年广东省人均地区生产总值最高（珠三角）与最低（北部生态区）之比为 3.73∶1，2022 年广东省、四川省区域发展差异系数已缩小到 0.53。主要做法包括以下 5 个方面。

一是引导产业有序转移。在充分考察承接地区的自然资源、劳动力结构、产业承载能力等基础上，明确承接产业转移重点领域，因地制宜布局与其相适应的产业。出台《关于推动产业有序转移促进区域协调发展的若干措施》，支持粤东、粤西、粤北各市，分别打造一个承接产业有序转移主平台，形成推动产业有序转移“1+14+15”的政策体系，对产业有序转移作出系列安排部署。

二是探索多种形式双向“飞地经济”模式。支持珠三角各市在粤东、粤西、粤北地区探索布局建设“飞地经济”，例如以产业转移为特色的江阴——靖江产业园区、以拓展城市产业空间为特色的深汕合作区、以对口帮扶为特色的宁淮特别合作区等。同时，支持粤东、粤西、粤北地区积极通过租赁办公楼宇、设置园中园、建设孵化器、打造招商展示平台等方式，在珠三角地区设立“反向飞地”，实现研发与生产跨地区联动。

三是强化对口帮扶。2013 年广东启动珠三角与粤东、粤西、粤北地区对口帮扶工作，珠三角 6 个市对口帮扶粤东、粤西、粤北 8 个市，分别是广州对口帮扶梅州、清远，深圳对口帮扶河源、汕尾，珠海对口帮扶阳江，佛山对口帮扶云浮，东莞对口帮扶韶关，中山对口帮扶潮州。具体做法例如，广州、梅州探索“规划引领+品牌打造+市场运作”，打造农民增收新业态；深圳、汕尾探索实践“总部+基地”“研发+生产”等共建模式，吸引比亚迪等一批知名深圳企业落户汕尾；东莞、韶关推进产业转移，实现锂电新材料生产项目落地韶关。

四是推动传统工业城市转型。位于粤北的韶关曾是华南重工业基地，为推进老工业城市和资源型城市产业转型升级，广东出台政策支持珠三角地区环保型新材料企业布局韶关，培育“先进材料—装备基础件/零部件—装备整机”完整产业链条和产业生态体系，对接粤港澳大湾区打造先进装备制造业共建基地，并将粤港澳大湾区全国一体化算力网络国家枢纽节点数据中心集群落户韶关市，实现韶关从传统工业大市的绿色发展转型。

五是以“绿美广东”为引领推动生态价值转化。广东北部生态发展区是四川省重要的生态屏障，区域内 5 个市共同签署《广东省北部生态发展区现代农业高质量发展合作框架协议》，加快形成粤港澳大湾区的“大农场”“后花园”“康养地”。此外，区域内 5 个市分别出台了绿美广东生态建设实施方案或意见，成立绿美领导小组和工作专班，形成了生态建设机制，具体做法如，云浮市将几个市属国有林场联合打造成为林业资源平台，支持金融机构参与云浮市林业建设；河源市积极开发林业碳汇产品，挂点深圳排放权交易所销售，助力林农增收；韶关、梅州等市提出全域创建国家森林县城。

（二）长三角经济区与苏北地区绿色协同发展

长三角经济区是我国东部的经济中心，由江苏省、浙江省、上海市和安徽省部分地区组成。其中江苏是长三角地区发展的“领头羊”之一，经济实力不断壮大，但同时江苏存在局域发展不平衡、南北发展差距大的问题。近年来随着区域协调发展战略的实施，苏北地区实现了较快增长，2022 年苏南与苏北人均地区生产总值比值为 1.93，居民人均收入比值为 1.85，是全国区域差距最小的省份之一。在推动苏北地区融入长江一体化战略、推动绿色发展、缩小区域经济差距上，江苏主要有以下 4 个方面举措。

一是推动苏北重要项目列入相关规划。在谋划四川省产业发展过程中，统筹考虑苏北各市优势和特色，深入谋划苏北地区产业发展思路举措。将“加强长三角中心区与苏北的深层合作”“加大苏北城乡基础设施投入和支持力度”“支持苏北重点发展现代农业、文化旅游、大健康、医药产业、农产品加工等特色产业及配套产业”等重要事项列入相关规划。

二是建立南北结对帮扶机制。出台《关于深化南北结对帮扶合作的实施意见》等政策，支持建立结对帮扶合作关系。市级层面推进南京与淮安等 8 个设区市结对，县级层面将苏北 10 个县作为重点结对帮扶县，明确了推动产业链高水平双向融合、促进创新资源开放共享、深化教育领域合作、推动医疗卫生领域合作、促进文旅康养领域合作、促进人力资源领域合作等 6 个方面重点帮扶任务。

三是建立健全苏北地区生态治理机制。指导苏北地区加强生态环境基础能力建设，修订印发《江苏省水环境区域补偿工作方案》，徐州、连云港、淮安、盐城、宿迁 5 市共安排补偿断面 51 个，各市均签订了补偿及生态保护合作协议。组织苏北结合地方实际编制工作计划，完善生态环境监测体系，相继开展“降尘治车”“提质溯源”“溯源增优”“江河碧空”等蓝天保卫专项行动，完成苏北城市及县级城镇集中式饮用水水源环境状况评估。有序推进环境污染犯罪联打，加大对非法跨界转移、倾倒危险废物和倾倒垃圾等污染环境案件的侦查力度，实行全链条打击。

四是促进苏北地区生态价值转化。苏北地区文化旅游资源丰富，江、湖、海、河水韵特色和丰富多样的乡村旅游特色明显，集聚汉文化、江淮文化、海盐文化等传统文化，有丰厚的文旅产业基础。引导苏南、苏北协同开发生态旅游项目，组织开展对口交流活动，放大南北双方优质文化旅游资源的协同效应。支持苏北地区发挥资源优势，加强对苏北地区生态旅游资源调查、评价，推出一批优品级资源。加强宣传推介，依托“苏心游”对客服务平台，对苏北 5 个市酒店与民宿开展集中宣传推广和销售。

（三）京津冀地区绿色协同发展

京津冀地区是我国的“首都经济圈”，其中，有北京、天津、石家庄等超大城市、大城市 9 座，衡水、沧州、迁安等中小城市 20 多座，存在区域内城市经济发展差异大、城市人口分布不均衡等问题。为缩小经济发展水平差距、推动绿色协同发展，京津冀地区采取了以下 3 个方面举措。

一是以跨界河流为载体进行整体规划。潮白河是中国海河水系五大河流之一，贯穿北京市、河北省和天津市三省（市），是北京副中心通州区与河北省三河、大厂、香河三县（以下简称北三县）的跨界河。通州区与北三县依托界河潮白河，统一规划、统一政策、统一标准、统一管控，启动通州区绿道连通与提质项目，共同建设潮白河森林生态景观带，累计增生态绿带 3.5 万亩。

二是推动产业项目转移。先后出台《关于加强京津冀产业转移承接重点平台建设的意见》《京津冀产业合作重点平台目录》等政策，加强重点产业平台建设工作，截至目前确定 50 家产业合作重点平台。以北京疏通非首都功能为契机，推动周边地区高质量承接产业转移，例如，固安县积极承接北京非首都功能疏解，形成以电子信息、航空航天、生命健康产业为主导，以商贸物流为重点，以临空服务、文旅康养、都市农业为特色的“313”产业体系。

三是建立绿色低碳产业飞地园区。推进北京研发、天津转化的模式，在天津滨海新区建设天津滨海—中关村科技园，形成智能科技、生命大健康、新能源新材料、科技服务业“3+1”产业体系；科技园积极与北京中关村、中关村发展集团开展联合产业组织活动，从人才、技术、资本等方面积极导入创新资源，不断完善协同创新载体。昌平区人民政府与河北省张家口怀来县人民政府签订协议，双方在河北省怀来新兴产业示范区内共建中关村昌平园怀来分园，推进生态环保、产业转移等方面合作。

三、圈内圈外绿色协同发展存在的问题

（一）对标先进地区存在差距

相较于长三角、珠三角、京津冀地区，成渝地区圈内圈外区域绿色协同发展较为滞后，主要体现在以下 3 个方面。在政策制定方面，未将圈内圈外协同发展的重点事项纳入相关规划，而江苏为缩小苏南苏北地区差距，将有关带动苏北地区发展的重要事项列入相关规划。在产业转移方面，四川的工作重点主要集中于四川省面向全国高质量承接绿色低碳优势产业，暂未针对圈外圈内产业转移做出系统部署，而珠三角地区为带动和推进粤东、粤西、粤北地区发展，建立了推动产业有序转移的“1+14+15”政策体系。在生态价值转化方面，圈外地区主要侧重于自身的生态农业、文旅发展，尚未与成渝地区形成有效的联动机制，而广东北部生态发展区为加快形成粤港澳大湾区的“大农场”“后花园”“康养地”，区域内 5 个市共同签署协议，“组团”融入粤港澳大湾区发展。

（二）绿色协同发展水平不高

总体来看，圈外地区存在发展基础差、经济底子薄、发展与保护矛盾交织等问题，圈内圈外区域经济发展差异较大。2022 年圈外地区人均地区生产总值与成渝地区之比为 1∶1.68，圈外地区经济相对滞后。圈外地区绿色生态资源、红色资源、特色文化资源富集，但尚未充分转化为产业优势、发展优势，同时存在产业结构转型难度较大，龙头加工企业带动力不强，农产品精深加工程度不足等问题。

四、实现成渝地区双城经济圈圈内外绿色协同发展的路径研究

（一）明确圈外三大区域绿色发展定位

一是支持广元、巴中建设成渝地区北翼第一、二、三产融合绿色发展先行区，重点建设成渝地区北向重要门户枢纽、绿色生态产品供给地、产业协作配套基地、巴蜀文化旅游走廊重要节点城市。依托广元、巴中位于成渝地区北上黄金中轴线的地理优势，突出南下成渝、北上陕甘，集中力量推进跨区域大通道建设，构建便捷智能、绿色安全的综合交通网络。依托丰富的山地资源，大力发展优质山地生态农业，加快建成茶叶、牛羊、猕猴桃、中药材等种养殖基地，建设成渝地区绿色产品供给地。立足天然气、石墨等资源优势，新材料、绿色家居、生物医药、电子信息等产业基础，以强化产业互补、协同发展为原则，深度融入成渝地区产业链，提升供应链保障水平，建设成渝地区产业协作配套基地。推进文旅康养深度融合，整合巴蜀文化、红色文化、三国文化、生态文

化等资源，联合建设成渝地区北翼文化旅游带。

二是支持攀枝花、凉山建设成渝地区南翼生态产业化与产业生态化绿色发展先行区，重点建设成渝地区南向重要门户枢纽、特色生态产品供给地、清洁能源和资源基地、阳光康养旅游目的地。加强内外大通道建设，建设成渝地区南向战略枢纽，加快构建铁路、公路、航空、管道运输、水运集成的现代立体交通体系，畅通成渝地区至云南、贵州、北部湾、粤港澳大湾区等区域交通网络，提高区域公路通道和跨省通道互联互通水平。建设优质特色生态产品供应基地，大力发展以特色水果、错季蔬菜、优质蚕桑、多彩花卉为代表的特色农业，丰富成渝地区人民的“菜篮子”“果盘子”。全面融入成渝地区产业链清洁能源供应链，推进“水风光氢储”多能互补，探索建立“总部在成渝、基地在攀西”的协同创新模式。依托安宁河谷综合开发，推进农文旅融合发展，加快攀西文旅经济带和阳光康养生态走廊建设，打造面向成渝地区、辐射全国、世界知名的阳光康养休闲度假胜地。

三是支持阿坝、甘孜建设成渝地区西翼生态产品价值实现绿色发展先行区，重点建设成渝地区西向战略门户枢纽、生态示范区、清洁能源基地。建设成渝地区西向战略门户枢纽，加快发展绿色物流，推动“互联网+物流”融合发展，打造内接成渝、外联西北、辐射滇藏的区域性物流中心。突出抓好生态环境保护、生态经济发展，打造国家生态文明建设示范区，依托牦牛、藏羊、藏猪、中藏药材等生态农牧资源，推进高原特色农牧业高质量发展，加快建设成渝地区重要优质农产品供应基地。整合大美自然风光、红色长征精神、民族文化等旅游资源，推进藏羌彝文化走廊建设，打造国际生态文化旅游目的地。加快开发太阳能、风能、地热等清洁能源，积极打造重要的国家清洁能源基地，加强成渝地区能源保障。

（二）支持圈内圈外绿色联动发展

一是加强圈外地区清洁能源和优势资源供给。支持攀西地区、川西北生态示范区等圈外地区大力建设水光风互补的国家级清洁能源基地，加快推进凉山、阿坝、甘孜、攀枝花风电光伏基地建设，重点推进金沙江、雅砻江、大渡河水电基地建设。畅通电力输送通道，加快建设连接攀西、川西北清洁能源基地与成渝地区主要负荷中心的骨干电网，满足圈外地区可再生能源汇集送出的需求。推进阿坝、广元等圈外地区锂矿有序开发，与成渝地区共建从锂矿资源、锂盐、锂金属加工到锂电池应用的完整产业链。

二是推动圈外地区高质量承接成渝地区绿色产业转移。鼓励巴中、广元主动配套成渝地区铝基材料、绿色家居、节能环保、电子信息等产业，积极参与产业分工，加快建设成渝地区产业协作配套基地。支持攀枝花、凉山发挥钒钛等资源产品优势，积极参与成渝地区产业链供应链建设，主动承接新能源汽车、节能环保、新材料等低碳新兴产业转移，与成渝地区高校、科研院所、龙头企业加大合作，统筹推进氢能“制储输用”和装备制造全要素全产业链发展。支持甘孜、阿坝积极承接成渝地区绿色载能、清洁能源、生物医药、民族工艺等产业，以成德绵地区为桥梁，加快融入成渝创新体系，促进成渝地区科技成果在甘孜、阿坝转化。探索“总部+基地”“研发+转化”“头部+配套”模式，强化与成渝地区产业互补、协同发展，鼓励圈外地区相关产业园区与成渝地区园区精准对接、配套合作，探索建设功能共建型、飞地经济型合作园区。

三是支持圈外地区优质生态产品价值实现。加快发展优质特色农业，支持与成渝地区优质农业企业合作共建农产品生产基地、精深加工园区、物流配送中心，推进绿色产品在生产、销售、流通、服务等环节与成渝地区精准对接，鼓励农业企业面向成渝地区开展“农超对接”“农批对接”“农企对接”“农校对接”，加快建设成渝地区绿色产品供给地。探索推进圈内圈外碳汇权益交易，鼓励成渝地区重点碳排放单位购买甘孜、阿坝等生态功能区碳汇，不断完善碳交易和碳汇经济，支持圈外地区农民利用承包的林地承接碳减排造林项目，售卖碳汇指标获取收益，弥补公益林、天然林补贴远远低于采伐收益的机会成本。

四是促进生态文化旅游融合发展。积极拓展文旅模式，鼓励巴中、广元、攀西地区大力实施“文旅+”“康养+”“农业+”“生态+”发展战略，依托优美自然风光、高山光热等生态资源，以旅游特色镇、旅游新村、田园综合体建设为突破口，以巴蜀文化、民族文化、红色文化等为轴线串珠成链，促进阳光康养与文化体验、乡村休闲旅游融合发展。培育生态文化旅游品牌，支持川西北生态示范区提高大熊猫、九寨沟、香格里拉等文旅品牌市场影响力，加大嘉绒锅庄文化旅游节、甘孜帐篷节、凉山火把节、环贡嘎山百公里国际山地户外运动挑战赛等节会和赛事的宣传，推动重点景区联动，组建旅游推广联盟，打造跨区域代表性生态文化旅游品牌。深化与成渝地区文旅交流合作，加强媒体平台资源共享、链接互动，围绕川渝陕甘滇黔省会城市、高铁沿线城市和通航城市，开展精准化宣传推广。

（三）推动圈内圈外毗邻县域绿色协同发展

一是高水平生态共建环境共治。统一毗邻地区环境保护标准和准入政策，落实一体化的环境监管政策要求，强化工业源、移动源、生活源、农业源等污染源协同管控精准治理。推进马边河、巴河、田湾河等圈内圈外毗邻地区跨界河流联防联治，联合开展河（湖）长制工作，强化部门协作配合与联合执法力度。协同推进山水林田湖草沙一体化保护和修复，推动通江县、万源市、宣汉县联合开展秦岭—大巴山生物多样性生态功能区生态屏障建设，美姑县、马边彝族自治县以及甘洛县、峨边彝族自治县联合开展大小凉山水土保持及生物多样性生态功能区生态屏障建设。创新毗邻地区生态补偿机制，推动毗邻地区开展跨流域、跨区域的多领域生态补偿，形成包括经济补偿、教育补偿等多维度补偿方式，完善行政补偿、市场补偿和社会补偿等多元化补偿机制。

二是推动圈外地区融入毗邻地区经济发展带。鼓励广元、巴中积极参与嘉陵江绿色经济走廊、革命老区红色文旅走廊先行区、巴蜀文化旅游走廊等跨区域示范带建设，在规划衔接、资源开发、基础建设、改革创新等领域加强协作，实现毗邻地区跨界融合、相向发展。支持巴中发挥地缘优势，主动衔接万达开川渝统筹发展示范区、城宣万革命老区振兴发展示范区，支持平昌县、通江县与毗邻的达州区县搭建合作平台，深化跨界融合发展。鼓励攀西地区、阿坝、甘孜融入长征国家文化公园（四川段）建设，加强红色资源保护和利用，与毗邻地区联合打造红色旅游线路。支持凉山以“生态优先、绿色发展”为指引，加快推进“生态+”和“+生态”发展模式，积极参与金沙江沿线特色产业带建设。

三是打造毗邻地区绿色发展先行示范区。支持有条件的圈外地区与成渝地区行政交界区域，建设毗邻地区绿色发展先行示范区。鼓励毗邻地区坚持绿色化、集聚化、品牌化发展，因地制宜成片成带成规模建设特色生态农牧业基地，推进通江县、万源市、宣汉县协同做强富硒茶产业带，建设优质高效的核桃生产基地；鼓励雷波县、屏山县围绕竹笋、茶叶、白魔芋等特色农业联合打造生态农业产业示范区。依托丰富的水电资源，加快清洁能源联合开发，支持阿坝与成德绵毗邻市县共同推动岷江上游水电开发，推动提高留存电量比例，扩大留存电量实施范围，联合建设水电消纳产业示范区。整合毗邻地区资源禀赋、特色文化，推动实现毗邻地区文旅产业跨区域协同发展，支持九寨沟县、松潘县、茂县、汶川县、都江堰市联合打造岷江沿线川西精品文旅走廊；鼓励甘洛县、美姑县、雷波县联合与峨边彝族自治县、马边彝族自治县联合打造彝族文化生态旅游走廊；鼓励通江县、平昌县与万源市、宣汉县统筹规划区域旅游线路，依托丰富的生态资源，打造川东北康养休闲旅游度假胜地。

（四）建立完善绿色协同发展平台

一是搭建多元化技术交流平台。以增强科技创新能力和科技转化能力为目标，在圈外地区建设成渝地区重大科技成果转化基地，鼓励攀西地区建设国家级钒钛新材料产业创新中心，建立完善国家级钒钛质检中心、钒钛交易中心等科技创新平台；支持广元、巴中围绕铝基、石墨等新能源新材料建立成渝地区资源开发共享川东北创新基地；鼓励甘孜、阿坝与成都、绵阳、德阳等对口支援市围绕清洁能源、绿色矿业、中藏医药等特色优势产业联合搭建技术创新平台，围绕高原传统农牧业合作共建一批特色农业科研中心、生态农产品生产基地。共同探索产学研用联盟，鼓励圈外地区科研院所、高等学校和企业创新人才在成渝地区流动，探索建立成渝地区圈内圈外科研技术人才职称互认机制。

二是搭建优质区域品牌培育平台。建设圈外地区产业振兴品牌培育联盟，加大圈外特色产品品牌培育，实施农产品品牌培育工程、文旅资源品牌化建设工程，鼓励圈外地区申请农产品“三品一标”品牌，创建国家 5A、4A 级旅游景区，建设产业集群商标品牌以及打造生态碳汇品牌，共同推进圈内圈外绿色农产品品牌互认、带标带码上市。推进“区域品牌+企业品牌+产品品牌”多品牌战略，提高圈外地区如“巴中云顶”“攀枝花芒果”等优质农产品、“五彩凉山、度假天堂”等文旅产品区域公用品牌知名度。加强品牌宣传推广，组织圈外地区参加中国（成都）旅游景区创新发展博览会、中国西部（重庆）国际农产品交易会、四川农业博览会等会展，鼓励圈外地区积极申办秦巴农洽会、秦巴山区绿色农林产业投资贸易洽谈会、国家登山健身步道联赛等国内或区域大型活动。

三是搭建专业化环境权益交易平台。依托四川联合环境交易所和重庆资源环境交易中心、重庆联合产权交易所集团等机构，探索推进成渝地区圈内圈外环境资源交易中心建设，丰富圈外地区森林、草原、湿地等参与碳汇交易的途径。推进圈外地区自然资源调查监测、确权登记及生态产品信息普查工作，明晰资源产权，制定生态产品目录，出台标准化工作指南和交易指导目录。统筹考虑成渝地区圈内圈外环境权益交易产品门类、市场现状，探索建立统一核算制度，建立权益指标价格形成机制，选取对口城市试点，共同探索制定生态资源权益交易的片区基准价，实现生态产品交易互联互通、标准统一、信息共享。

（五）强化圈内圈外绿色协同发展要素保障

一是建立多元可持续的财政金融机制。争取国家、省财政新增安排一定规模专项资金支持圈内圈外绿色协同发展，对承接绿色产业转移、建设合作园区和飞地园区的市（州）予以适当奖补支持。引导金融机构创新支持圈外地区绿色发展的金融产品，推动产业链融资、订单融资、贸易融资、无形资产质押融资等业务发展。推动开发性政策性金融机构、商业银行加大产业转移信贷投放力度，鼓励成渝地区转移到圈外地区的企业由转出地金融机构给予贷款授信或转出地转入地联合给予贷款授信。发挥货币政策工具激励引导作用，推动“绿色票据”“再贴现政策”业务模式，加强圈内圈外地区在绿色协同发展领域的资金引导作用。

二是加强环保和用能支持。协调在圈外地区新建产业合作园区、产业转移集聚区、重大项目的能耗指标、主要污染物减排指标，合理统筹总量指标来源，将有限的总量指标向优质的园区、平台和产业项目集聚。开辟环评“绿色通道”，在落实生态环境分区管控要求、确保守住生态环境安全底线的前提下，对位于圈外地区产业园区内符合条件的重点项目，充分实施豁免环评手续办理、环评告知承诺制审批、降低环评等级等改革措施。落实节能环保专用设备税收优惠政策，主动加大宣传力度和服务指导，鼓励企业加大节能环保、资源综合利用力度。建立项目服务台账，实施挂账销号管理，做好重点项目环保服务工作。

三是强化科技创新和人才支撑。研究出台支持科技创新若干政策措施、企业技术创新能力提升行动方案、科技资源开放共享与协同发展行动计划等鼓励技术创新、科技合作、成果转化的政策，支持科技创新平台建设，对建设成渝地区科技成果转移转化平台、成渝地区技术转移中心的企业给予补助激励。加大人才引育，支持成渝地区在圈外地区建立“人才飞地”，鼓励圈外地区与成渝地区各市开展“订单式”技能人才培养培训，聚焦重点产业全方位、全链条打造专业人才队伍。加强人才保障，协调解决引进人才的社保衔接、子女入学、看病就医等问题。实施人才激励政策，完善科技成果转化收益分配机制，鼓励科研人员通过成果转化获得合理收入。

（六）健全圈内圈外绿色协同发展政策机制

一是强化绿色协同发展规划引领。联合编制圈内圈外绿色协同发展规划，立足基础条件、产业结构、发展水平、资源禀赋等实际，锚定增强区域绿色发展协调性目标，坚持系统观念，明确发展定位，谋划发展框架，全力推进圈内圈外绿色协同发展、产业深度融合、人才互联互通。高质量编制国土空间总体规划，充分考虑圈外地区融入成渝地区、成渝地区主动对接圈外地区，强化圈外地区与成渝地区功能衔接、设施对接和环境共保，推动存量用地集约节约利用。联合出台关键领域专项规划，聚焦产业有序转移、产业协同发展、跨界生态补偿、生态产业示范带打造等重点合作领域出台专项规划，与总体规划相衔接，进一步明确在相应领域的发展目标、具体举措。

二是推动政策落地见效。加强组织实施，建立成渝地区圈内圈外区域绿色协调发展领导小组，及时研究解决工作推进中的重大问题。强化圈内圈外各地联动协作，定期开展地方政府合作联席会议，共同制定工作方案和具体举措。加强毗邻地区的沟通衔接，切实建立完善工作推进机制，将区域绿色协同发展工作纳入重点工作计划和重要议事日程。强化地方主体责任落实，推动成渝地区各市党委、政府主动加强与圈外地区各市的对接。做好规划及相关配套政策解读，将规划落实效果纳入年度考核评价，将考核评价结果作为四川省对圈外各市、县奖补的重要依据。鼓励各地敢于先行先试，及时总结、提炼先进做法，大力推广成熟模式和先进典型。

三是建立对口支援和帮扶机制。支持成渝地区 44 个市、县（区）与圈外地区 69 个县（市、区）建立“一对一”帮扶机制，统筹考量地区资源禀赋、产业优势、发展水平和历史基础等因素，选择互补性和可行性强的市、县（区）确定结对关系，签订结对帮扶合作协议，深化产业领域、科技领域、文旅康养领域、人力资源领域等方面的合作，实现圈内圈外精准对接、资源优化配置。加大招商引资帮扶，支持对口帮扶协作双方共建招商数据库和招商地图，建立常态化对接机制和重大招商项目全流程跟踪服务机制。支持结对双方探索建立成本分担和利益共享机制，充分调动支援地区与受援地区的积极性，实现长效协作发展。

ESG 水平提升助推四川省绿色金融发展

摘　要：ESG 是环境（environment）、社会（social）和公司治理（governance）三个英文单词首字母的组合。ESG 作为一种绿色可持续的投资策略，近些年在国内外发展相当迅速，对于上市和非上市企业的约束也日益增强。ESG 理念既是引导企业社会责任投资的重要理念，也是推动气候投融资和绿色投融资的重要抓手，此外，ESG 投资产品的国际化特点可为市场提供低碳发展、“碳中和”战略目标实现路径的有效补充。然而，在我国并没有专门的 ESG 政策法律法规体系，相关政策基本分散在环境与金融领域，以“强制环境信息披露”“节能减排降碳”和“绿色金融”等形式，对企业的部分经营活动、企业运营以及信息披露的可持续性做出规范性要求，并对金融机构和绿色金融体系作出引导。

相较于国内经济较发达地区，四川省 ESG 相关工作处在起步阶段。为推动四川省经济体系积极应对转型风险，提升四川省企业在国内国际市场的竞争力和投资吸引力，课题组从发展 ESG 政策要求、制度引导和智力支持等方面，就四川省完善现有管理框架，积极发展 ESG 体系，助力四川气候投融资发展提出相关对策建议。

关键词：ESG；绿色金融；气候投融资

ESG 由联合国环境规划署在 2004 年提出，是环境（environment）、社会（social）和公司治理（governance）三个英文单词的首字母的组合。ESG 理念是对可持续发展相关理念的延伸，强调企业要注重生态环境保护、履行社会责任、提高治理水平，由于其能帮助提高企业韧性和可持续发展能力，推动自身绿色低碳转型，帮助金融机构增强识别和应对气候、环境风险的能力，逐渐被企业、组织和金融机构推广应用。

一、ESG 是促进金融体系可持续发展的重要工具

（一）ESG 概念

ESG 是一个从非财务[①]角度衡量企业可持续性的指标体系，因其相对清晰、简洁又全面的特征，被越来越多的全球市场参与者采用。ESG 包括环境、社会、公司治理三大因

① 非财务指标指无法用财务数据计算的指标。

素（表 1），但三者没有明确的分类标准，因素之间往往是相互关联的，一个 ESG 问题很难仅仅归类为单一的环境、社会或治理问题（表 1）。

表 1　ESG 的组成因素

环境（E）	社会（S）	公司治理（G）
公司气候政策、直接和间接的温室气体排放、能源使用和效率、废物管理、空气和水污染、环境法规的遵守、森林砍伐、生物多样性丧失、自然资源保护和动物待遇等	公司与内部和外部利益相关者的关系，主要包括对当地社区的影响、雇员的健康和福利等；以及对公司供应链的审查，下分为员工安全和健康、工作条件、性别和多样性、公平和包容、冲突和人道主义危机、社区关系、消费者保护等	公司制度中防止贿赂和腐败、提高董事会的多样性、监管高管薪酬、优化审计委员会组成、审查游说和政治捐款、完善检举制度等

（二）ESG 体系

ESG 体系包括 ESG 信息披露、ESG 评价和 ESG 投资三大关键环节（图 1）。ESG 信息披露是 ESG 体系中的“基础设施”，是 ESG 相关政策实施及 ESG 评级评价的重要依据。由于 ESG 覆盖的信息范围较广，尚未形成统一的 ESG 信息披露标准，已有的国际或地区标准往往因思路不同而各有侧重。ESG 评价是由第三方 ESG 评级机构按照其自行构建的评分框架和评分指标对企业在环境、社会和治理方面应对风险、长期发展的能力进行评分，评分结果通常被 ESG 投资作为重要参考。ESG 投资指在投资研究、投资决策及投资管理过程中纳入环境、社会和治理因素。通过将非财务指标纳入投资考虑，引导资金关注企业的可持续发展，以此驱动社会进步。ESG 投资中的重要一环“E”涉及环境治理、绿色发展、气候变化等方面，与我国“双碳”要求不谋而合。截至 2021 年年底，全球 ESG 投资规模接近 40 万亿美元，占全球资产管理规模的 30%，成为推动绿色低碳发展的强大力量①。

图 1　ESG 三大关键环节

① 数据来源：负责任投资原则组织（UNPRI）2022 年报。

（三）ESG 价值

实现“双碳”目标，促进经济社会发展全面绿色转型存在巨大的资金缺口，亟须推动金融体系转型。而 ESG 体系是推动碳金融、绿色金融、转型金融发展的重要抓手。

构建碳金融基础支撑，释放碳市场发展活力。狭义的碳金融指以碳配额、碳信用等碳排放权交易为媒介或标的的资金融通活动，ESG 发展能协同带动碳市场发展，驱动我国“双碳”目标实现。一是企业 ESG 能力建设将提高企业环境数据质量与碳资产管理能力，加快企业碳账户创建，使企业具备参与碳市场交易的基础能力；二是金融机构贯彻 ESG 理念将提升金融机构对碳市场的关注度和参与热情，从而提升碳市场流动性和规模，有效发挥碳交易市场资产定价和资源配置的功能；三是 ESG 投资将从需求端推动碳排放权相关金融产品和服务开发，有助于开展基于碳资产抵质押的信贷、债务融资工具或证券化等金融创新。

聚焦绿色金融资金支持，助力绿色企业、绿色项目发展。中国人民银行确立了绿色金融发展政策思路的“五大支柱”，即绿色金融标准体系、环境信息披露、激励约束机制、产品与市场体系和国际合作，ESG 信息披露是支持绿色金融发展不可或缺的一环。一是金融机构 ESG 信息披露将带动和促进实体企业或项目提高信息披露质量，引导金融机构更多投资于绿色资产；二是 ESG 评级结果可引入气候投融资流程，评级结果作为项目入库、项目评价的参考依据，以 ESG 评价为依据构造综合信用评价体系，进一步推动气候投融资项目和资金的对接；三是 ESG 可扩大金融支持渠道，基于 ESG 的国际化特点与 ESG 信息披露标准的对接，可以为绿色企业、绿色项目获得国际资金的支持。

赋能转型金融风险管理，促进高碳产业绿色低碳转型。实现“双碳”目标，不仅要加快绿色能源、绿色产业等“纯绿”领域的发展，推动高排放、高碳行业向低碳、零碳转型也必不可少。如果高碳企业因无法获得融资而难以实施转型，则大范围的转型失败将会导致金融风险和社会风险。一是 ESG 所涵盖的企业风险与转型金融涉及的企业风险有所重合，如发电成本上升、高碳价提高企业生产成本等，ESG 评估标准能为转型金融提供更系统的管理风险的工具和方法论；二是 ESG 指导框架能够结合转型金融的实践，帮助了解企业面临的可持续发展相关的风险和机遇，为传统产业升级提供匹配企业转型需求的金融产品；三是 ESG 框架能帮助金融机构准确识别和计量转型风险对金融业务的敞口及影响，完善投后、贷后的相关风险管理，得到更高的长期风险调整回报。

二、我国 ESG 发展仍处于起步阶段

（一）国内 ESG 政策暂未形成体系

目前，国内现有 ESG 相关政策主要包括两类，一类是面向上市公司或部分特定企业

的行政法规，强制其披露符合最低标准的 ESG 相关信息（表 2）；另一类是通过绿色投资等市场化手段，激励企业主动披露 ESG 信息（表 3）。

表 2　我国 ESG 信息披露政策

发布机构	对应文件	发布/修订日期	涉及类别	强制性
中国证券监督管理委员会	《上市公司治理准则》	2002 年 1 月、2018 年 9 月（修订）	环境、社会、治理	强制
国家环境保护总局	《关于企业环境信息公开的公告》	2003 年 9 月	环境	部分强制、部分自愿
国家环境保护总局	《环境信息公开办法（试行）》	2007 年 4 月	环境	部分强制、部分自愿
国务院国有资产监督管理委员会	《关于中央企业履行社会责任的指导意见》	2007 年 12 月	环境、社会、治理	自愿
国家环境保护总局	《关于加强上市公司环境保护监督管理工作的指导意见》	2008 年 2 月	环境	部分强制、部分自愿
环境保护部	《上市公司环境信息披露指南（征求意见稿）》	2010 年 9 月	环境	部分强制、部分自愿
环境保护部	《企业事业单位环境信息公开办法》	2014 年 12 月	环境	部分强制、部分自愿
中国人民银行、财政部等七部委	《关于构建绿色金融体系的指导意见》	2016 年 8 月	环境	不明确
中国证券监督管理委员会	《中国证监会关于发挥资本市场作用服务国家脱贫攻坚战略的意见》	2016 年 9 月	社会	不明确
中共中央、国务院	《中共中央　国务院关于支持浙江高质量发展建设共同富裕示范区的意见》	2021 年 6 月	社会	不明确
中国证券监督管理委员会	《公开发行证券的公司信息披露内容与格式准则第 2 号——年度报告的内容与格式》《公开发行证券的公司信息披露内容与格式准则第 3 号——半年度报告的内容与格式》	2017 年、2021 年 6 月（修订）	治理	强制
			环境	部分强制、部分自愿
			社会	自愿
生态环境部	《企业环境信息依法披露管理办法》《企业环境信息依法披露格式准则》	2021 年 12 月	环境	强制
中国证券监督管理委员会	《上市公司投资者关系管理指引》	2022 年 4 月	环境、社会、治理	不明确

表 3　我国 ESG 相关投资引导政策或行业规范

发布部门	对应文件	发布时间	相关内容
中国人民银行、财政部、国家发展改革委、环境保护部、银监会、证监会、保监会	《关于构建绿色金融体系的指导意见》	2016 年 8 月	建立健全绿色金融体系，需要金融、财政、环保等政策和相关法律法规的配套支持，通过建立适当的激励和约束机制解决项目环境外部性问题。同时，也需要金融机构和金融市场加大创新力度，通过发展新的金融工具和服务手段，解决绿色投融资所面临的期限错配、信息不对称、产品和分析工具缺失等问题
中国证券投资基金业协会	《绿色投资指引（试行）》	2018 年 11 月	基金管理人应根据自身条件，逐步建立完善绿色投资制度，通过适用共同基准、积极行动等方式，推动被投企业关注环境绩效、完善环境信息披露，根据自身战略方向开展绿色投资。基金管理人应每年开展一次绿色投资情况自评估，报告内容包括但不限于公司绿色投资理念、绿色投资体系建设、绿色投资目标达成等

（二）国内 ESG 投资市场发展迅速

在全球低碳绿色发展的背景下，减排政策给高碳行业带来了巨大的转型压力。[①]近年来，“双碳”目标推动下碳减排相关政策陆续出台，我国 ESG 投资加速发展，ESG 基金大幅扩容，ESG 资管规模在 2020 年以来快速上升。2020—2022 年，ESG 基金爆发式增长，从 44 只增加到 125 只，增长率为 184%；基金累计规模从 594.87 亿元升至 1 101.27 亿元。在此背景下，ESG 评价体系的重要性迅速提升。2018 年 6 月，A 股正式纳入 MSCI 新兴市场指数，所有 A 股上市公司都需要接受 ESG 评测，但其中 86%的成分股评级都低于 BBB 级[②]，不及全球平均水平。从地区分布来看，2023 年 ESG 评级前一百的企业中，近八成企业集中分布在京津冀、粤港澳大湾区和长三角地区，其中，36 家位于京津冀地区，26 家位于粤港澳大湾区，15 家处于长三角地区。[③]

（三）国内 ESG 披露行业差异较大

大部分行业目前存在尚未形成统一完善的温室气体减排信息披露框架、企业披露信息严重不足、信息披露颗粒度较粗等问题。分板块来看，上海证券交易所主板企业披露比例最高（46%），其次为深圳证券交易所主板企业（30%），科创板和创业板企业披露比例均较差，分别为 23%和 13%。从行业分布来看，其中银行业全部公司均已发布 CSR

---

① Folqué M，Escrig-Olmedo E，Corzo Santamaría T. Sustainable development and financial system：Integrating ESG risks through sustainable investment strategies in a climate change context[J]. Sustainable Development，2021，29（5）：876-890.

② MSCI（明晟）ESG 评级分为 AAA（最高）、AA、A、BBB、BB、B、CCC（最低）七个等级。

③ 以截至 2023 年 4 月 30 日的 A 股、港股 6 400 余家中国上市公司为样本池，选取 4 月 30 日市值规模排名前 30%，且已发布 ESG 报告的企业，并根据上市公司影响力、ESG 活跃度等要素进行综合筛选，最终选出 855 家上市公司作为评价对象。

报告[①]，非银行金融企业披露比例也达到了 89%。该现象或与央行持续推动绿色金融体系建设相关，也受金融业自身注重合规、信息安全等行业属性影响。钢铁交通运输、煤炭、石油石化、电力、公共事业、房地产、传媒 7 个行业的披露比例超过 40%，而消费者服务、机械行业披露比例则不足 20%。人工智能、智能制造、新材料、清洁能源、生物医药等新兴产业在 ESG 信息披露方面有极大的优势，因此披露比例和 ESG 评分均处于中上水平。

（四）国内外 ESG 约束日益增强

在碳边境调节机制等气候政治的背景下，ESG 已成为重要的国际合作语言体系。2022 年 6 月，国际可持续准则理事会（ISSB）正式发布了《国际财务报告可持续披露准则第 1 号：可持续发展相关财务信息披露一般要求 IFRS S1》和《国际财务报告可持续披露准则第 2 号：气候相关披露 IFRS S2》，推动了可持续披露的全球基线标准趋于统一和完善，其中特别提高了气候信息等相关披露要求，未来境外上市企业和计划境外上市的企业在编制 ESG 报告时，可能被强制要求应用 ISSB 准则进行信息披露。[②]此外，由于 ESG 报告对于上下游供应链的要求，参与国际贸易的非上市企业也将会受到强制披露产品碳足迹、供应链可持续性等相关信息的约束。

三、四川省 ESG 现状分析

（一）四川省 ESG 相关政策较少

四川省在 2018 年积极响应国家要求，印发了《四川省绿色金融发展规划的通知》（川办发〔2018〕7 号），通知要求坚持金融机构自愿实施绿色金融标准，履行社会责任，自觉践行绿色金融理念，推动四川省银行业金融机构公开绿色信贷战略和信贷政策，充分披露绿色信贷发展情况，从信息披露和投资引导角度对金融行业提出更高的绿色要求。由此可见，四川省政策主要思路是鼓励绿色金融，特别是绿色投资，引导企业逐步改善自身的环境表现，间接对企业践行 ESG 理念作出引导。

（二）四川省企业 ESG 表现不足

2022 年，四川省上市企业 ESG 报告发布数全国排名第十，平均得分排名第六[③]，说

---

① CSR（Corporate social responsibility，企业社会责任）是指企业在创造利润、对股东和员工承担法律责任的同时，还要承担对消费者、社区和环境的责任，强调对环境、消费者、对社会的贡献。

② 香港联交所于 2023 年 4 月发布的《优化环境、社会及管治框架下的气候相关信息披露（咨询文件）》以 ISSB 的气候相关披露准则为基础。

③ 数据来源 Wind，发布数前 3 名为广东省、浙江省和北京市，平均得分前 3 名为广东省、云南省和北京市。

明四川省上市企业的 ESG 报告发布数不高，重视程度不够，由于企业得分之间差距较大，领先企业拉高了平均水平。2023 年，大部分企业停留在 B 级，没有 A 级及以上的企业，在 E、S、G 三类指标中，E 方面表现最差，G 方面表现相对较好（图 2）。

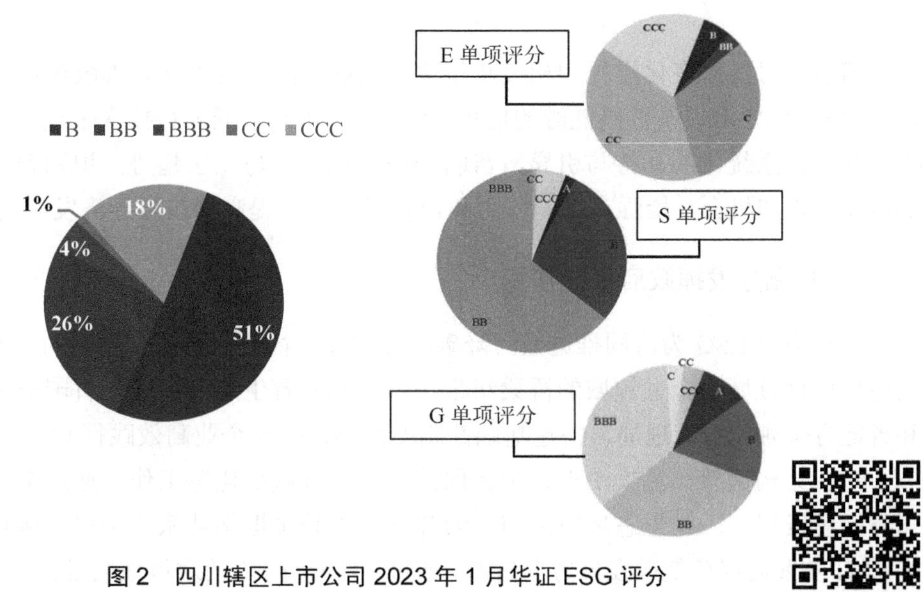

图 2　四川辖区上市公司 2023 年 1 月华证 ESG 评分

四川省企业对 ESG 理念，特别是 E 方面的认知、重视和资源投入不足，大多数企业对自身的环保工作、可持续发展或减污降碳路径缺乏长期规划，如果没有国际业务需求或者政策强制要求，企业主动提高企业 ESG 水平的积极性欠缺。

（三）四川省 ESG 发展短板明显

一是企业信息披露制度尚待完善。企业自愿披露水平参差不齐，如气候变化信息披露尚待完善。企业信息披露实践缺乏专业指导，有关的具体方案、披露信息质量要求等较为笼统、宽泛，针对具体行业的监管标准尚未清晰。单纯从投资侧一方发力无法形成 ESG 实践的良性循环，反而容易促使企业传播虚假或者欺骗性的信息，对投资人和消费者进行误导，滋生“漂绿”行为，导致 ESG 投资的生态被破坏。

二是大多数企业内部 ESG 能力建设滞后。极少数企业内部设立了碳资产管理部门或 ESG 相关管理制度，对于 ESG 了解不足，部分企业存在资金短缺情况，人才和专业队伍建设滞后，导致企业识别问题和解决问题的能力弱，依靠自身提高 ESG 实践水平的可能性低，无法满足经济绿色转型的要求和企业未来发展的需求。

三是企业实现低碳转型缺少资金支持。当前绿色与气候投融资规模仍存在巨大资金缺口，在气候适应领域的资金仍旧显著滞后于减缓领域，距离向可持续、净零排放过渡阶段还存在较大差距。中小企业作为国民经济和社会发展的主力军以及碳排放的重要主体，自有资金不足，经营风险较大，投融资渠道不畅，难以进行产业链升级改造、设备翻新维护、技术创新投入。

四、四川省促进 ESG 发展的对策建议

随着应对气候变化进程和相关政策快速发展，四川省亟须完善政策体系，发挥清洁能源、可再生资源以及低碳能源的优势，解决经济水平较低和科技水平较弱等突出问题，为企业提供系统化的支持与引导，帮助企业了解政策与立法趋势，识别企业及商业模式的潜在风险和机会，增强市场竞争力和投资吸引力，提高四川省经济发展的可持续性。

（一）充分发挥政府引导作用

一是应以 ESG 为协同推进减污降碳、促进经济社会绿色低碳转型的重要抓手，发挥其衔接环保领域与金融领域的桥梁纽带作用，协同省生态环境厅、省国资委社会责任处和省地方金融监督管理局，搭建基础性制度框架，引导企业高效践行 ESG 理念，有效服务于产业结构调整、污染治理、生态保护、应对气候变化等工作，通过金融力量推动四川绿色发展。二是生态环境部门探索建立完善政策框架体系，指引金融机构和企业通过 ESG 实践向绿色低碳发展方向过渡，通过“自上而下”的政策顶层设计与“自下而上”的市场探索，并结合四川天府新区国家气候投融资试点等气候投融资、绿色金融工作，在环境污染防治、节能减排技术突破等方面持续推动绿色金融产品与服务创新，发挥绿色金融的资源配置、风险管理、市场定价三大功能，对省内产业绿色低碳循环转型和四川省绿色可持续发展形成有力的支撑。三是坚持企业作为 ESG 实践的主体，号召四川省环境科学学会应对气候变化专委会、UNPRI 组织①、四川大学等专业协会、国际组织、科研机构多方参与，群策群力，推动企业针对政策、行业与市场变化提前布局，促进企业绿色低碳转型和产业发展，加强大、中、小型企业间的战略合作，实现资源要素共享，形成发展合力。

（二）构建四川特色评价体系

一是由科研院所、高等院校、三方机构和相关企事业单位人员结成四川省企业 ESG 发展专家委员会，共同研讨形成四川省特色评价体系，在借鉴国内外知名评级体系成熟经验基础上，建立与国内外主要评价体系广泛趋同的 ESG 评价体系，发布“四川省企业 ESG 报告评级标准”等地方标准。二是推动量化可比的 ESG 评价体系指引性文件出台，选取具有实用性、简洁性、可操作性、开创性与灵活性的评价指标，定期结合实践情况与专家建议更新指标，为 ESG 信息评价和整合提供数据基础，为国内外投资者为在四川

---

① 负责任投资原则组织（UNPRI）由联合国前秘书长科菲·安南牵头发起，2006 年在纽约证券交易所发布，是一个由全球各地资产拥有者、资产管理者以及相关服务商组成的国际投资者网络，致力于在全球发展可持续金融体系。

省实行 ESG 投资提供更为科学详尽的参考。三是设置考虑行业差异的评价标准，推动制定省级“企业融资绿色评级办法”和“项目融资认定办法”等绿色金融标准，发挥四川省全国优质清洁能源基地和国家清洁能源示范省的优势，结合电子信息、食品饮料、数字经济、先进材料、医药健康等优势产业特征，对不同行业选择不同的关键议题进行打分，提高对资源消耗高、排放高的重点行业和企业气候战略、风险管理方式等重点问题的关注度，结合金融机构投资实践识别和构建行业关键性指标，强调 ESG 相关指标在绿色金融和气候投融资体系中的重要作用。

（三）激发 ESG 投资市场活力

一是完善 ESG 投资引导机制，金融部门应出台 ESG 投资指引性文件。对内引导华夏基金、中国平安、易方达基金等国内 ESG 可持续投资机构进入四川省投资市场，对外吸引世界银行、OECD 国家等政策性资金和太平洋投资管理公司等国际投资机构的气候资金，打通 ESG 投资内外双循环，为省内企业 ESG 实践提供更加充足、更为有效的资金支持和保障。二是丰富 ESG 投资渠道和产品类型，推动相关金融机构以 ESG 为抓手提供多元化的低碳金融产品，发展绿色债券、绿色信贷、ESG 公募基金等金融产品，扩大 ESG 投资的规模，建立气候投融资、ESG 投资项目库及气候友好型企业库，优化 ESG 投资的生态体系。三是发挥以四川联合环境交易所等 UNPRI 机构①为主的金融机构对省内 ESG 投资的积极引导作用，建立气候投融资项目库，鼓励省内金融机构将 ESG 指标纳入资金支持项目的筛选标准，分层次、分领域、分类别将重点绿色项目推送至政策性银行、商业银行、证券公司、创业投资和股权投资机构等投资机构，充分发挥市场的资源配置、定价以及风险管理功能，通过 ESG 投资直接支持企业从事环保、节能减排、气候变化等领域的业务。

（四）鼓励社会提供专业服务

一是生态环境厅和省地方金融监督管理局推动建立 ESG 信息日常化协同监管机制，结合现行环境和金融信息监管体系，在 ESG 日常监管与执法监督中通过购买服务的形式，采用第三方、第四方核查和审计流程，建立日常监管标准化流程和定期报告制度，加强环保信用评价与绿色金融的互动，提高 ESG 信息披露和 ESG 投资的监管效率。二是鼓励省内引进或成立咨询服务机构、行业协会商会等第三方机构，为企业提供专业技术和信息咨询服务，使用“外脑”帮助企业制定符合企业实际的 ESG 发展规划，帮助企业提高生产的可持续性，降低风险，将 ESG 优势转化为经济优势。三是积极推进社会专业服务制度化建设，由生态环境厅和省地方金融监督管理局召集行业专家及行业协会等专业人士研究制定第三方技术服务机构的工作规范和行业行为准则，完善第三方机构开展 ESG

---

① 负责任投资原则组织（UNPRI）由联合国前秘书长科菲·安南牵头发起，是一个由全球各地资产拥有者、资产管理者以及相关服务商组成的国际投资者网络，致力于在全球发展可持续金融体系。

业务的管理制度，减少企业、金融机构和投资人的风险，保障ESG投资和绿色金融体系健康运行。

（五）建立ESG能力提升体系

一是由省地方金融监督管理局和生态环境厅协同合作定期开展专题培训学习、政策解读等活动，提高企业和金融机构对政策的理解，提高各主体参与ESG实践的可行性和规范性，进一步加强金融机构在环境信息披露、环境压力测试、气候和环境风险识别与管理、数据平台搭建等多方面加强能力建设，与时俱进地开展ESG能力建设和绿色金融发展工作。二是积极开展对外合作，与有良好实践经验的省、市、国家，进行相关研究和实践的高等院校、企业、国际组织加强交流，分享中外企业优秀ESG实践案例，省国资委社会责任处加大省内国资央企的优秀经验宣传工作，发挥带头榜样作用，鼓励广大中小企业吸纳ESG先进理念和管理经验，将ESG融入企业发展战略、决策机制和日常运行管理。三是培育ESG人才队伍，充分发挥省内高校的人才培养作用，制订实施以ESG为主的课题研究计划和绿色人才专项培养计划，制订ESG高层次人才引进计划，服务ESG领域的研究、政策制定、市场实践等工作，确保ESG领域健康可持续发展。

标准化助推四川省绿色发展的思考与建议

摘　要：标准是引领经济社会绿色发展的基础支撑，是推动行业绿色转型发展的有效途径，是规范绿色生产生活方式的重要抓手，对助推经济社会绿色发展具有重要意义。建议四川省从基础通用、绿色空间布局、绿色生产、绿色生活4个方面，构建支撑绿色发展的标准体系框架，系统推进绿色发展标准化工作；以打牢绿色空间布局标准基础、不断提升绿色生产标准化水平、加快构建绿色生活标准体系为目标，大力推动绿色发展重点急需标准研制；厘清政府颁布标准与市场自主制定标准的定位与边界，完善政府颁布标准与市场自主制定标准的二元结构，鼓励发展团体标准、企业标准，建立完善政府评价采信转化机制，实现各级各类标准的衔接配套。

关键词：绿色发展；标准化；体系；建议

党的十八大以来，全国上下坚定不移走生态优先、绿色发展道路，持续发力推动经济社会发展全面绿色转型，取得了显著成效。2021年10月，中共中央、国务院印发《国家标准化发展纲要》，首次围绕碳达峰碳中和、生态系统建设和保护、自然资源节约集约利用、绿色生产、绿色消费等对绿色发展标准化工作进行了系统谋划，要求具体、翔实，为实现以标准化推动和引领绿色发展提供了工作方向。

一、标准化助推绿色发展的重要意义

（一）标准是引领经济社会绿色发展的基础支撑

绿色技术创新是引领绿色发展的第一动力，是推进生态文明建设的重要着力点。标准是促进绿色技术创新成果转化运用的重要桥梁和纽带，通过将绿色技术创新成果转化为标准，可以加速绿色技术创新成果的扩散，加快其市场化和产业化步伐，引领新业态、新模式发展壮大，有效降低能源消耗、减少环境污染、改善生态环境质量，为经济社会发展向绿色化、低碳化转变提供基础支撑。

（二）标准是推动行业绿色转型发展的有效途径

标准决定质量，只有坚持高标准，才能实现高质量发展。通过提高标准，一方面可以对新发展项目起到引导作用，从源头把好环境准入关，为绿色低碳产业的引入营造良好的政策环境；另一方面可以推动现有企业转方式、调结构，淘汰污染严重、能效低下的设备和技术，以先进技术代替落后技术，遏制高耗能项目不合理用能，是推进行业绿色低碳转型升级、推动产业绿色发展的有效途径。

（三）标准是规范绿色生产生活方式的重要抓手

绿色生产生活方式是实现人与自然和谐共生的中国式现代化的重要手段，是解决我国资源与生态环境问题的根本之策，是推动经济社会绿色发展的必然要求。标准作为共同使用和重复使用的一种技术文件，可以规范社会生产活动，规范市场行为，引导建立节能、低碳、节约、理性的生产方式和消费模式，是规范行业秩序、引领市场消费趋势、促进生产生活方式绿色转变的重要抓手。

二、四川省绿色发展标准化工作现状

四川省历来高度重视标准化工作，积极开展绿色发展标准研究。截至目前，四川省省级地方标准中现行有效的绿色发展标准见表 1，归属经济和信息化、生态环境、农业农村、林业和草原等 10 个部门管理，以标准助推生态环境质量改善和经济社会发展绿色转型方面取得了阶段性进展。但目前四川省尚未提出绿色发展标准体系框架，标准化工作由各部门各自负责，各业务领域标准发展不平衡，绿色发展标准化工作发展缺乏系统性和协调性。

表 1　四川省绿色发展标准名录

序号	部门	数量	标准名称	标准编号
1	经济和信息化	2	四川省工业固体废物资源综合利用评价规范	DB51/T 3113—2023
2			节约用电设计规范	DB51/T 1427—2012
3	生态环境	14	四川省水产养殖业水污染物排放标准	DB51/ 3061—2023
4			四川省建设用地土壤污染风险管控标准	DB51/ 2978—2023
5			四川省固体废物堆存场所土壤风险评估技术规范	DB51/T 2988—2022
6			企业温室气体排放管理规范	DB51/T 2987—2022
7			四川省加油站大气污染物排放标准	DB51/ 2865—2021
8			四川省水泥工业大气污染物排放标准	DB51/ 2864—2021
9			天然气开采含油污泥综合利用后剩余固相利用处置标准	DB51/T 2850—2021
10			四川省泡菜工业水污染物排放标准	DB51/ 2833—2021
11			成都市锅炉大气污染物排放标准	DB51/ 2672—2020
12			四川省施工场地扬尘排放标准	DB51/ 2682—2020
13			农村生活污水处理设施水污染排放标准	DB51/ 2626—2019
14			四川省固定污染源大气挥发性有机物排放标准	DB51/ 2377—2017
15			四川省岷江、沱江流域水污染物排放标准	DB51/ 2311—2016
16			四川省水污染物排放标准	DB51/190—1993

序号	部门	数量	标准名称	标准编号
17	农业农村	10	四川省农产品产地土壤环境质量评价技术规程	DB51/T 2724—2020
18			涉水工程水生生物影响评价规范	DB51/T 2525—2018
19			草原生态保护补助奖励机制实施生态效果监测与评价技术规范	DB51/T 1965—2015
20			无公害农产品（种植业）产地环境监测与评价技术规范	DB51/T 1068—2010
21			无公害食品　柑橘产地环境条件	DB51/T 923—2009
22			猪场废弃物处理与利用技术规范	DB51/T 1075—2018
23			川西北牧区板结退化草地治理技术规程	DB51/T 2077—2015
24			退化亚高山平坝草甸恢复技术规程	DB51/T 1845—2014
25			肉鸭网上节水养殖技术规程	DB51/T 2675—2020
26			一体式养殖废水处理设备技术条件	DB51/T 2351—2017
27	林业草原	20	四川省天然林修复类型划分与评价	DB51/T 3103—2023
28			高寒草地植物多样性调查与评价技术规程	DB51/T 3099—2023
29			四川省小微湿地建设规范	DB51/T 3098—2023
30			川西山地水源涵养林抚育技术规程	DB51/T 2979—2022
31			建设项目对自然保护区自然资源、自然生态系统和主要保护对象影响评价技术规范	DB51/T 1511—2022
32			川西北高寒沙地生态毯沙障设置技术规程	DB51/T 2924—2022
33			川西北生态脆弱地区震损林草植被快速恢复模式设置技术规程	DB51/T 2920—2022
34			生态旅游区等级评定与划分	DB51/T 1234—2011
35			退化亚高山草甸坡地植被恢复技术规程	DB51/T 1972—2015
36			工程废弃地植被恢复技术规程	DB51/T 1232—2011
37			大熊猫栖息地修复技术规程	DB51/T 2028—2015
38			川西北地区沙化土地土壤改良技术规程	DB51/T 2651—2019
39			川西北地区沙化土地治理技术规程	DB51/T 1892—2014
40			自然保护区总体规划技术规程	DB51/T 2122—2016
41			自然保护区生态旅游总体规划编制技术规范	DB51/T 2285—2016
42			自然保护地保护站微动力/无动力生活污水处理工程技术规范	DB51/T 2573—2019
43			林下生态鸡养殖环境技术规范	DB51/T 2126—2016
44			自然保护区信息化建设规范	DB51/T 2407—2017
45			自然保护区综合科学考察技术规范	DB51/T 1908—2014
46			无公害林产品生产技术规程　鲜食枣	DB51/T 507—2005
47	气象	1	农业气候适应性论证技术规范	DB51/T 852—2008
48	质检	1	加油站油气回收装置检验规范	DB51/T 1923—2014
49	畜牧食品	2	规模牛场粪污处理规范	DB51/T 1735—2014
50			“阿坝”硬秆仲彬草治理沙化草地技术规程	DB51/T 1280—2011
51	机关事务	2	公共机构节水规范	DB51/T 2620—2019
52			公共机构节电规范	DB51/T 2619—2019
53	商务	1	废弃电器电子产品回收规范	DB51/T 2186—2016
54	中医药	2	川产药材产地土壤环境调查指南	DB51/T 2671—2019
55			川产道地药材认证　土壤环境质量管控	DB51/T 2559—2018

三、四川省绿色发展标准化存在的问题与需求

近年来，四川省认真践行新发展理念、坚定推动高质量发展，大力发展绿色低碳循环经济，绿色发展取得积极成效。随着绿色发展进程的不断深入推进，相关标准化工作迎来了巨大的发展机遇，同时也面临巨大的挑战。

（一）高耗能、高排放制约绿色发展，绿色转型需要标准支撑

近年来，四川省严格执行产业政策，加强能耗、环保等执法监督和查处力度，依法依规推动落后产能退出取得了显著成效，但四川省产业结构偏重、高耗能行业占比偏高、绿色低碳产业规模偏小、能源资源利用效率不高、污染物排放水平有待进一步提升等问题仍客观存在。加快产业结构转型升级，严格控制高耗能、高排放项目建设是四川省推进绿色发展工作的重点任务。

要从根本上推动高耗能、高排放行业减污降碳协同增效，实现绿色发展，就需要通过将绿色低碳技术创新贯穿于生产全过程，以标准为载体，加速推动先进适用的绿色低碳技术大规模应用和迭代升级，解决高耗能、高排放行业绿色发展的共性难题，促进提高能源资源利用效率，减少二氧化碳和污染物排放，加快推进绿色转型进程。

（二）工艺设备落后阻碍绿色发展，先进技术推广需要标准支撑

企业要实现减污降碳、节能降耗、绿色发展的目标，首先要依赖工艺设备的革新，提升装备的技术水平，增强企业核心竞争力，促进企业加快转型升级步伐。而四川省优质、高效、低耗、节能、低排放工艺普及率低，大多数企业仍沿用落后的传统工艺和装备，阻碍了企业绿色转型发展。

工艺设备落后，一方面在于四川省绿色工艺及节能环保技术装备等领域自主创新能力不强，关键核心技术欠缺；另一方面在于科技成果向标准转化不足，先进的绿色工艺和装备不能及时得到推广应用。

（三）过度消费不利于绿色发展，绿色消费行为培养需要标准支撑

近年来，绿色消费理念日益深入民心，但总体来看，四川省现有的消费模式与绿色消费还存在着很大差距，一些领域依然存在过度消费现象。如随着物质生活水平的提高，人们在购买商品时，更多的是去追求商品背后的象征意义，而部分企业为迎合市场、获得更高利润，往往通过过度包装的方式，设计和使用层数过多、空隙率过大、成本过高的包装来提高产品附加值。而过度包装的成本往往由消费者买单，既造成资源的过度消耗，产生更多的污染排放和一次性包装废弃物，造成严重环境污染，又损害消费者的合法权益，不利于绿色发展。

培养绿色消费行为，一方面，需要紧扣绿色低碳目标，将绿色消费理念通过技术标准融入生产、流通和服务各个环节中，大力普及绿色低碳产品，从源头上抑制各种过度消费行为；另一方面，需要完善绿色消费行为标准，约束过度消费行为，建立简约适度、绿色低碳、文明健康的生活方式和消费方式，从终端消费环节引导生产方式向绿色低碳方向转变。

四、四川省绿色发展标准化工作建议

（一）构建支撑绿色发展的标准体系框架

根据《国家标准化发展纲要》总体要求，结合四川省标准化绿色发展标准化工作现状，建议构建符合四川省实际的绿色发展标准体系总体框架。总体框架包括基础通用标准、绿色空间布局标准、绿色生产标准、绿色生活标准 4 个一级子体系，进一步细分为 15 个二级子体系、48 个三级子体系（图 1），覆盖自然资源、生态环境、能源、工业、农业农村、交通运输、居民生活、旅游等重点行业和领域。

一是基础通用标准，适用于对绿色发展标准体系的基础支撑，具备基础性和普适性特点，具有广泛指导意义，主要包括术语分类标准、通用方法标准、技术通则标准等。

二是绿色空间布局标准，适用于支撑合理布局区域活动空间、减少环境污染和生态破坏、提升生态系统质量和稳定性，主要包括国土空间标准、环境准入标准、生态保护修复标准等。

三是绿色生产标准，适用于推动形成绿色低碳的生产方式，对生产活动从能源资源使用、设计、生产、加工包装等全过程进行规范，主要包括能源绿色低碳标准、资源节约标准、绿色制造标准、绿色农产品生产标准等。

四是绿色生活标准，适用于推动形成绿色低碳的生活方式，对吃、住、行、游、购等各类活动进行规范，主要包括绿色餐饮标准、绿色居住标准、绿色出行标准、生态旅游标准、绿色采购标准等。

（二）大力推动绿色发展重点急需标准研制

以不断完善四川省绿色发展标准体系为核心，以填补绿色发展标准空白、弥补关键技术标准短板、体现地方特色为着力点，积极开展标准研究，强化重点急需标准供给，着力推动标准应用实施，有效支撑经济社会绿色低碳转型。

一是打牢绿色空间布局标准基础，严格把控项目准入门槛。围绕国土空间规划编制、国土空间开发适宜性评价、土地质量调查评价、资源环境承载能力评价、土地综合整治资源潜力调查评估、国土空间用途管制技术方法、土地整治工程建设等大力推进国土空间标准研究，为国土空间规划、土地资源集约节约利用提供基础支撑。围绕土壤、水、

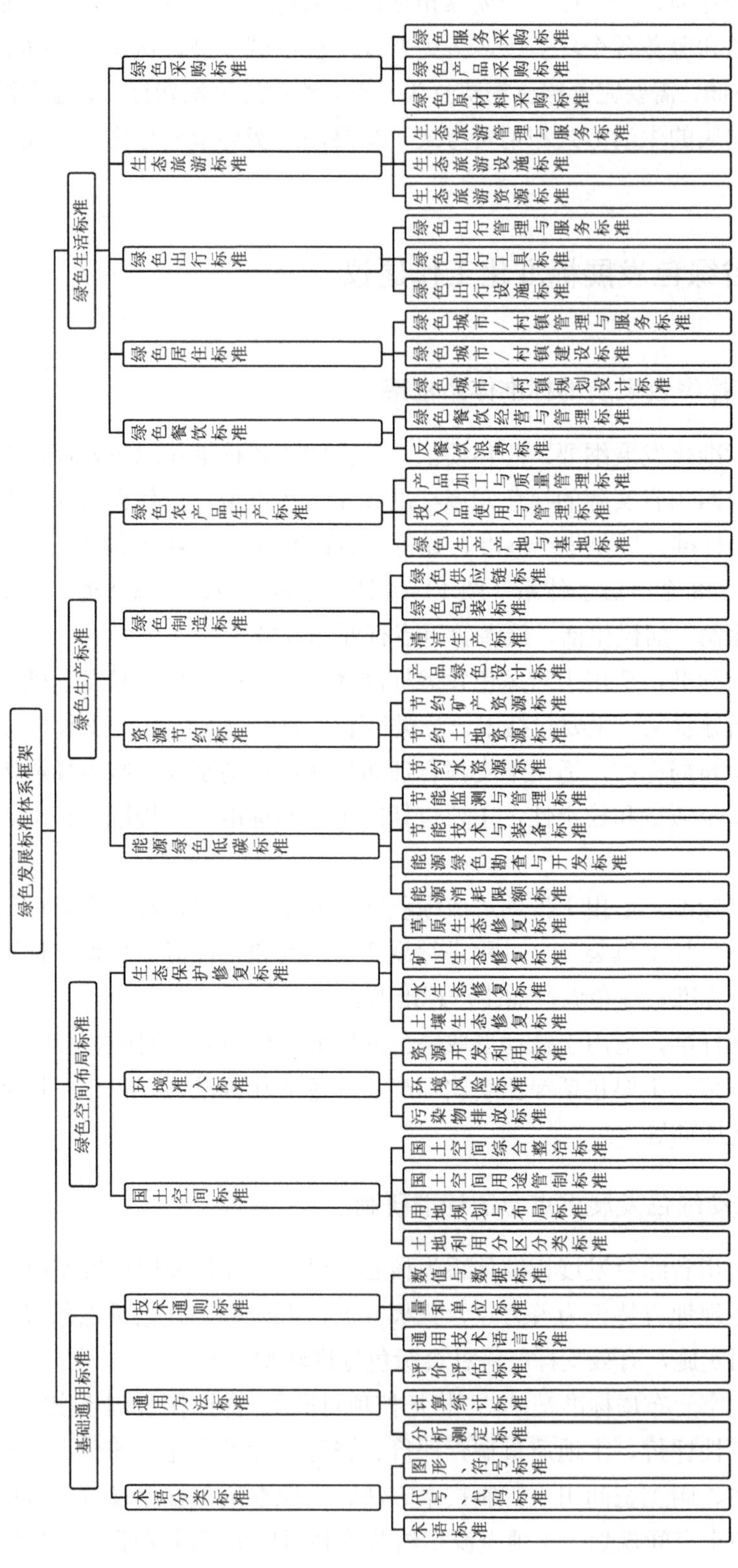

图 1　绿色发展标准体系框架

矿山、草原等保护与修复，建立实施绿色空间生态保护修复标准体系。加快推进页岩气、中药类制药工业等四川特色行业水污染物排放标准及工业炉窑、锅炉、砖瓦等重点行业大气污染物排放标准研制，加强固体废物、危险废物、新污染物、放射性、环境与健康、环境应急管理等重点领域风险管控标准研制，推进矿产资源勘查开发保护、再生水利用、受污染耕地安全利用等资源开发利用标准研究。

二是不断提升绿色生产标准化水平，加快绿色先进生产技术推广。围绕清洁能源勘查开发、煤炭绿色开采技术与装备、煤炭地下气化清洁开发技术等，大力推进能源绿色勘查与开发标准研究。围绕节能高效实用技术及先进装备以及高效洗煤、配煤和型煤综合利用技术等，加快推动节能技术与装备标准研究。推进钢铁、有色金属、建材、石化化工等重点行业节能改造和污染物深度治理技术标准研制，完善能源核算、检测认证、评估、审计等配套标准。推进废污水再生利用、高耗水生产工艺替代、用水智能管控等节水工艺、技术、装备标准研究，完善用水单位节水、建设用地项目节地、矿产资源节约与综合利用评价标准体系。推进零碳工业流程再造、碳捕集利用与封存、生物质能碳捕集封存等技术、装备、产品标准研究，完善绿色包装通用规范及绿色设计产品、绿色供应链管理评价技术规范。围绕茶叶、中药材等特色农产品产地与基地建设、投入品使用及产品加工，完善绿色农产品生产标准体系。

三是加快构建绿色生活标准体系，促进消费绿色低碳转型升级。研究制定反餐饮浪费工作指南、餐饮节约行为规范、餐饮服务节约管理规范、绿色餐饮企业评价规范，倡导绿色餐饮理念。围绕绿色建筑和绿色建材采购技术、绿色建筑设计与工程验收、低碳零碳村镇（社区）建设评价等，完善绿色居住标准体系。围绕城市绿色交通基础设施建设、交通装备清洁能源替代等，推进绿色出行标准研制。围绕生态旅游区建设、服务、评定，完善生态旅游标准体系。研究制定绿色采购指南、绿色采购服务规范，推广绿色采购行为。

（三）完善政府颁布标准与市场自主制定标准的二元结构

持续深化标准化改革，突出市场主体在标准化工作中的作用，加快推进构建标准二元结构，推动标准供给向政府和市场并重转变，以更好满足新发展形势下市场和绿色先进技术创新对标准的需要。

一是厘清政府颁布标准与市场自主制定标准的定位与边界。在保障人身健康和生命财产安全、国家安全、生态环境安全以及满足经济社会管理基本需要的技术要求方面，由政府主导制定强制性标准。在围绕政府职能需要、支撑法律法规和强制性标准实施或者配套使用、对市场进行基础性的技术规范、基础通用方面，由政府主导制定推荐性标准。在满足市场需要、提高竞争力方面，由社会团体、企业等市场主体自主制定团体标准、企业标准。

二是大力发展团体标准、企业标准。将支撑绿色发展中的先进技术标准交由市场主导制定，鼓励社会团体、企业制定技术指标优于国家标准、行业标准、地方标准、团体标准、企业标准，充分释放市场主体标准化活力。并依托标准化技术组织、标准化专业机构等，面向社会团体、企业开展标准化知识培训，指导社会团体、企业提升标准化能力。通过实施团体标准“领先者”制度、企业标准“领跑者”制度，引导社会团体、企业瞄准行业领先，提高标准水平，实现以先进标准引领绿色发展。

三是建立完善政府评价采信转化机制。鼓励在国家标准、行业标准、地方标准中吸纳和引用团体标准，鼓励有关单位和部门在政府采购、招投标等工作中积极采用具有自主创新技术、具备竞争优势的团体标准。在符合政府颁布标准条件的基础上，支持将技术水平高、实施效果好、应用范围大的市场自主制定的标准通过一定的程序转化为地方标准、行业标准、国家标准。

四川省自然生态保护与监管进展评估报告

摘　要：本文梳理总结“十四五”以来四川省在严守生态底线、保护与修复重要生态系统、保护生物多样性和生态保护监管4个方面的工作进展，以成都、巴中、宜宾、广元、雅安、阿坝、甘孜等为重点，总结了地方特色工作经验，在此基础上提出对策建议：一是优化生态安全格局，严守生态底线，继续优化完善自然保护地体系，高质量推进国家公园建设；二是保护修复重要生态系统，促进休养生息，科学保护重要生态系统，精准实施生态修复；三是加强生物多样性保护，守护生态家园，推动健全法规和机制，实施生物多样性保护重大工程；四是强化生态保护监管，提升管理效能，继续严守生态保护红线，强化监管执法与问责；五是持续关注中央生态环境保护督察典型案例，强化整改与前端监督，防范自然资源无序开发，引导工程生态化建设。

关键词：生态安全；生物多样性；监管；督察

一、四川省自然生态保护与监管取得积极成效

（一）严守生态底线

加快构建自然保护地体系。四川四川省已建成自然保护区165处，涵盖了三个类别8个类型，国家公园和自然保护区的保护范围涵盖了四川省重要的野生动植物生境和典型自然生态系统的代表；已建成各类自然公园320处，涵盖风景名胜区、森林公园、湿地公园、地质公园、石漠公园和自然遗产等多种类型。整合优化后四川省共有329个自然保护地，总面积1 165.38万 hm^2，调整方案已上报国家部委。截至2022年年底，891个自然保护地内生态破坏问题得到核查整改，生态环境部门完成46个自然保护区生态环境保护成效评估。

国家公园建设取得重大进展。2021年10月大熊猫国家公园正式设立，四川省涉及岷山片区和邛崃山—大相岭片区，构建了国家管理局、四川省管理局、管理分局三级管理体制。若尔盖国家公园创建取得进展，2020年省政府工作报告提出“启动创建若尔盖湿地国家公园”作为重点工作任务，2022年5月，四川和甘肃两省联合创建的若尔盖国家公园获得正式批复，若尔盖成为国家公园候选区，正式纳入了国家公园整体布局。贡嘎

山国家公园已纳入国家公园空间布局方案。

严格监管生态保护红线。四川省是全国 5 个生态保护红线监管试点省之一，按照“生态功能不降低、面积不减少、性质不改变”的要求，监管生态保护红线内违规采石、挖沙、开矿、违规开展港口、码头、道路等开发活动。2021 年以来，省生态环境厅与自然资源厅等部门严把建设项目占用生态保护红线审查关，共对 30 余个重大建设项目不可避让占用生态保护红线进行充分论证，严格审查。与生态环境部卫星环境应用中心建立战略合作机制，共同完成四川遥感应用基地、“五基”生态立体观测网络，以及四川生态保护红线监管平台建设。

（二）生态系统逐渐恢复

保护修复森林生态系统。2022 年，四川省森林覆盖率 35.72%（按照新调整的统计方法），高于全国平均水平 11.7 个百分点，森林蓄积量达到 18.95 亿 m^3。大规模实施长江防护林建设、天然林资源保护、退耕还林、大规模绿化全川等系列生态工程，森林生态系统功能持续增强。开展打击涉松材线虫病疫木违法犯罪行为专项整治行动，累计除治病（枯、濒）死松树 133.74 万株，清理面积 133.6 万亩。

保护修复草原生态系统。截至 2022 年年底，四川省草原综合植被盖度达到 82.57%，高于全国平均水平 30 个百分点以上。2022 年 8 月，省政府办公厅印发《关于加强草原保护修复和草业发展的实施意见》，保护草原生态放在更加突出位置。持续开展草原生态修复、退牧（耕）还草工程、“双重”项目等治理工作，累计完成人工种草 176.77 万亩、天然草原改良 607.5 万亩、鼠害治理 1 193.5 万亩、虫害治理 576 万亩、黑土滩、毒害草治理 42.8 万亩。以草原奖补政策为抓手，每年补贴 8.92 亿元，落实草原禁牧 7 000 万亩，草畜平衡 1.42 亿亩，牧民户均增收 880 元。充分发挥草原生态旅游等功能，甘孜草原、红原草原、松潘草原当选全国首批红色草原。

保护修复湿地生态系统。据第三次全国国土调查，四川省现有湿地 123.08 万 hm^2，居全国第 6 位。截至 2022 年年底，认定国际重要湿地 3 处，建立湿地自然保护区 32 个、湿地公园 55 个，基本建成湿地保护网络体系，初步实现湿地分级管理，湿地保护率提升至 57%。通过填堵排水沟、提升水位等措施，实施若尔盖、长沙贡玛、海子山等湿地生态修复，恢复退化湿地和湿地植被近 30 万亩。2022 年，启动四川黄河上游若尔盖草原湿地山水林田湖草沙冰一体化保护和修复工程，进一步增强若尔盖草原湿地水源涵养和补给能力。

修复退化生态系统。积极推进四川省荒漠化防治，实施川西高原生态脆弱区综合治理、黄河上游水源涵养补给区综合治理、岩溶地区石漠化综合治理工程、双重工程等生态项目，四川省荒漠化面积较上个监测期减少 47.17 万 hm^2，减少 23.59%。其中：石漠化土地面积较前期减少 220 592.23 hm^2，减少 32.93%；沙化土地减少 21.43%；荒漠化土地减少 16.52%。有序开展“9 • 5”泸定地震灾后恢复重建生态修复项目和大熊猫国家公园（雅安片区）修复项目等生态修复工程。

（三）有效保护生物多样性

保护体制机制得到完善。2020 年 4 月，成立了省生态环境保护委员会，统筹推进四川省生态文明建设、生态环境保护和生物多样性保护工作。生态环境保护委员会办公室制定出台了《贯彻落实〈关于进一步加强生物多样性保护的意见〉责任分工方案》，明确了省直部门和市（州）工作责任与任务。推动政策法规健全，生态环境厅制定出台了四川省生物多样性保护优先区域规划，划定了羌塘—三江源、横断山南段、岷山—横断山北段、大巴山、武陵山 5 个生物多样性保护优先区域。积极推进地方立法，四川省生物多样性保护条例已纳入五年立法计划。

生物多样性调查和评估。省生态环境厅组织开展长江黄河上游重要地区“五县两山两湖一线”（黄河流域 5 县，贡嘎山、海子山，泸沽湖、邛海自然保护地，川藏铁路沿线）生物多样性综合调查，省林草局已开展了狼、林麝及马麝资源专项调查，猕猴、藏酋猴种群数量和区域承载力评估规程等重点物种调查工作，进一步摸清家底。开展水生生态监测，组织对岷沱江流域 28 个国考、省考断面的浮游植物、着生藻类、大型底栖动物进行了调查监测，对 12 个市（州）的 27 个长江流域国考断面开展了环境 DNA 水生态监测，初步形成四川省重点流域水生生物物种资源库。

有效保护濒危野生动植物。完善大熊猫、川金丝猴、四川山鹧鸪和峨眉拟单性木兰等就地保护措施，持续开展林麝野化放归和崖柏等野外回归。四川省建成国家和省级林木种质资源库 20 处。大熊猫从濒危降为易危，疏花水柏枝、丰都车前、光叶蕨等曾被国际国内认为绝灭或行将绝灭的物种在四川重新发现，野生种群及生境得到有效保护。

大力对外宣传。由省政府指导，生态环境厅牵头联合中央电视台拍摄反映四川生物多样性保护的纪录片《生态秘境》，宣传和展示四川生物多样性保护成就，焦点访谈两次播出四川生物多样性保护专题节目。省政府组织参加 COP15 四川展，“共同守护熊猫家园”主题边会获得积极反响、广泛赞誉。鼓励各地因地制宜积极探索，形成了各具特色的生物多样性保护典型亮点。阿坝、甘孜、成都、巴中、雅安等地积极建设一批生物多样性科普宣教基地，为社会公众认识生物多样性保护提供平台。

（四）提升生态监管能力

开展生态保护调查评估。生态环境厅启动生态系统保护成效评估试点工作，印发《四川省生态系统保护成效评估报告编制指南》，在四川省选择一批试点县（市、区）开展重要生态空间、生态保护修复和监督管理等方面状况评估。

完善生态监测（观测）网络。围绕水、气、土壤、生态、污染源等要素，四川已建成监测点位约 2.8 万个。其中，环境质量监测点位近 2.5 万个，生态质量监测点位 100 余个，污染源监测点位 3 000 余个。基本完成四川省生态环境监测网络建设 3 年目标任务，实现了市县城市、主要干支流监测点位全覆盖，要素基本完整。

开展生态保护监管执法。持续开展“绿盾”自然保护地强化监督专项行动，在全国率先开展生态保护红线生态破坏问题监管试点，共核查整改疑似生态破坏问题 1 208 个，扎实开展打击野生动植物违法犯罪“清风行动”等，全力维护野生动植物、微生物及其生境的安全。

二、地方经验

（一）成都市

成都市在“建设践行新发展理念的公园城市示范区”引领下，其以生物多样性保护助推公园城市建设，优化城市生态系统，已建成绿道 344.8 km、绿地 219 个，人均公园绿地达到 12.6 m^2，基本形成“把城市建在公园里”的格局。积极开展生物多样性调查，辖区调查发现鸟类、兽类和全国高等植物分别为 532 种、114 种和 3 139 种，分别占据全国总种数的 32.88%、16.45%、10.08%。加强水生态系统保护修复，推进岷、沱江干流及重要支流生态修复，增殖放流 175 万尾鱼苗，启动水生生物调查监测项目，评估长江十年禁捕后水生生物资源恢复效果。在第七届全球地方政府和城市峰会“全球地方政府和城市角—中国日”上，成都荣获“生物多样性魅力城市”称号。

（二）巴中市

巴中全面建立“三线一单”实行分区分类管控，划定 1 685.94 km^2 生态保护红线，全面形成“一屏四区七廊多点”生态空间格局，光雾山—诺水河世界地质公园等 22 个自然保护地得到有效保护。实施大巴山生物多样性保护与生态修复项目，完成封山育林 3.7 万亩、退化林修复 5 万亩、人工造乔木林 0.25 万亩。严格落实河（湖）长制、林长制，有效落实天然林保护。加强水生态系统保护，成功创建四川平昌驷马河国家湿地公园，实施长江流域“十年禁渔”。巴中在四川省率先建立生态环境违法典型案件公开通报曝光制度，创新“生态检察”监督模式被生态环境部以《昨日情况》刊发并呈报中办、国办。

（三）宜宾市

宜宾市大力推进长江生态保护修复，实施成渝地区“两岸青山 • 千里林带”建设，开展国土绿化和废弃露天矿山生态修复，新增营造林 24.85 万亩，修复江河岸线，累计建成长江生态廊道 82 km、长江绿廊竹林风景线 48.2 km，治理水土流失 200 km^2。加强生物多样性保护，与四川大学、乐山师范学院合作，开展红外相机野外监测、珍稀雉类调查研究和重点保护植物信息采集，动态更新野生动植物数据库，全市已记录陆生野生动物 510 种，人工增殖放流长江鲟等 229.7 万余尾，长江禁渔成果继续巩固。创新探索监管机制，宜宾市叙州区法院与广元市剑阁县法院合作签约《关于建立跨区域生物多样性司法保护协作机制的框架协议》，建立常态化联络机制。

（四）雅安市

雅安市加大生态系统保护修复力度，推进火灾防控和有害生物防治，完成营造林 20.03 万亩，森林覆盖率达 69.42%，扎实推进宝兴县锅巴岩矿区 9 家矿山修复治理，实施大熊猫国家公园（雅安片区）历史遗留废弃矿山生态修复示范工程，专题编制《“9 • 5”泸定地震灾后地质灾害防治和国土空间生态修复专项实施方案》。强化生物多样性保护，在四川省率先编制完成《雅安市生物多样性保护行动计划》，有序推进古树名木公园建设，国省重点保护物种及四川特有物种保护率达 100%，全市现有登记在册的古树名木 16 935 株，深入实施“长江十年禁渔”行动，积极开展增殖放流活动，累计放流鱼苗 100 万余尾。“荥经县大熊猫国家公园创新示范区建设”案例入选生态环境部“2022 年生物多样性优秀案例”。

（五）阿坝藏族羌族自治州

阿坝藏族羌族自治州把生态放在稳州兴州“五个关键”之首，加强生态监管机制建设，持续深化天然林保护、耕地草原森林湖泊休养生息等 14 项改革，优化县（市）和州级部门生态考评方式，推动生态环境网格化保护治理，构建共治共享新格局，扎实推进“两联一进”群众工作全覆盖。高位推进若尔盖国家公园创建工作。加快实施若尔盖山水林田湖草沙冰一体化保护和修复工程，累计开工子项目 34 个。加强黄河干支流左右岸河道堤岸侵蚀治理工作，新建堤防、护岸 56.2 km，岸体冲刷侵蚀、坍塌得到有效遏制，黄河干支流域护岸能力显著提升。

（六）甘孜藏族自治州

甘孜藏族自治州立足川西北生态示范区定位，全面实施生态立州战略，生态本底进一步夯实。完成森林质量精准提升 2.3 万亩、人工造林 5.11 万亩、退化草地治理 33.5 万亩。全覆盖实施河（湖）长制、林（草）长制，从严落实长江流域十年禁渔计划，加强长沙贡玛、理塘海子山湿地保护，色达县泥拉坝湿地成功入围国际重要湿地推荐名单。开展“清风行动”等专项行动，新龙县生态监测发现雪豹、猞猁、豹猫等 7 种猫科动物，有效保护区域生物多样性。

（七）广元市

广元市是嘉陵江上游生态屏障和重要水源涵养地，也是秦巴生物多样性生态功能区，大力实施“1345”发展战略，像保护眼睛一样保护自然和生态环境。截至 2022 年年底，广元市综合治理水土流失 264.19 km^2，推进国土绿化，完成营造林 40.2 万亩，森林蓄积量达 6 350 万 m^3，森林覆盖率达 57.76%。全市自然保护地体系进一步优化，成立大熊猫国家公园广元管理分局，青川境内唐家河国家级自然保护区、东阳沟和毛寨两个省级自然保护区整体划入大熊猫国家公园，全市现有自然保护地 38 个，境内 532 种野生动物、2 624 种野生植物得到妥善保护。古树名木保护行政首长离任交接制度全面推行。

三、工作建议

（一）优化生态安全格局，严守生态底线

继续优化完善自然保护地体系。开展自然保护地摸底调查和综合评估，分类有序解决历史遗留问题，核心保护区内永久基本农田逐步有序退出，依法清退探矿采矿、水电开发、工业建设等建设开发项目。分批开展自然保护地勘界立标工作，引入电子围栏，强化自然保护地边界预警管理，建立自然保护地矢量数据库，到 2030 年，全面完成自然保护地勘界定标工作。以自然保护地为独立单元，完成自然资源资产确权登记，明确自然保护地内全部资源所有人的权利、义务，分步推进自然保护地内人工商品林赎买、置换，突出森林资源生态属性。

高质量推进国家公园建设。全面实施大熊猫国家公园建设管理，统一行使国家公园自然资源资产管理和国土空间用途管制。拓宽全民参与大熊猫保护的渠道，建成一批“生态友好型”示范村、示范户。健全生态体验和自然教育体系，建设成为世界生态教育展示样板区域，完善科研监测、自然教育和生态体验体系，形成以大熊猫为特色的绿色生态文化展示样板区。高位推动若尔盖国家公园创建，构建若尔盖野生动植物保育体系，加强若尔盖县、红原县和阿坝县的湿地监测中心、保护站及监测站建设，引导高原农牧业转型发展，健全区域生态安全体系，加强基层监管执法能力建设，探索跨部门、跨区域合作机制，到 2025 年，完成若尔盖国家公园创建。积极创建贡嘎山国家公园，依托贡嘎山国家级自然保护区、贡嘎山国家级风景名胜区等自然保护地，谋划创建贡嘎山国家公园，确保该区域山地垂直生态系统、冰川地貌景观和珍稀物种重要栖息地得到有效保护。

（二）保护修复重要生态系统，促进休养生息

尊重自然规律，科学保护生态系统。深入推行林长制，构建森林资源保护发展长效机制，结合最新森林资源清查标准，科学确定森林覆盖率、森林蓄积量、林地保有量等发展指标。继续实施天然林保护工程，守护四川省 2.5 亿亩天然林不减少，建立天然林用途管制制度，严格限制天然林地占用。开展森林火灾风险排查，严防木里、九龙等县（区）重点区域森林火灾。划定基本草原，全面落实草原保护制度，确保基本草原面积不减少、

质量不下降、用途不改变。完善落实禁牧休牧制度，推行草畜平衡管理，按期完成若尔盖减畜目标，开展草畜平衡示范县创建。到2030年建成一批草原自然公园。完善湿地保护管理体系，严格湿地用途管理，开展重要湿地专项调查，加快形成四川省湿地保护“一张图”。深入开展退耕还湿、退养还滩，稳定和扩大湿地面积。强化江河源头、上中游湿地和泥炭地整体保护，申报理塘县海子山（无量河）、色达县泥拉坝国际重要湿地，进一步提升生态系统多样性、稳定性、持续性。

坚持系统推进，精准实施生态修复。坚持山水林田湖草沙一体化保护和系统治理，实施青藏高原生态屏障区生态保护和修复、长江重点生态区（含川滇生态屏障）生态保护和修复、自然保护地建设及野生动植物保护等国家重大生态保护修复工程，推动实施黄河上游若尔盖湿地、安宁河流域山水林田湖草沙一体化生态保护修复重大项目，提升水源涵养、生物多样性、水土保持、碳汇等生态系统服务。实施低效林精准提升工程，推进优化林分密度、调整树种组成和林龄结构，加大病虫害危害退化林分的修复改造，提高森林质量。加强石渠等区域严重退化草原植被恢复，修复治理中轻度退化草原，恢复草原植被，提升草原生态功能。持续推动若尔盖、长沙贡玛、海子山退化湿地修复重点项目。加强长江—金沙江、黄河、嘉陵江、岷江—大渡河、沱江、雅砻江、涪江、渠江、赤水河等江河生态带保护修复，增强生态系统连通性、完整性。

（三）加强生物多样性保护，守护生态家园

推进生物多样性地方立法。继续推进四川省生物多样性保护条例立法工作，破解生物多样性保护碎片化立法问题，进一步适应生物多样性保护新形势。通过地方立法理顺生物多样性管理体制，以法律制度进一步理顺生态环境、林草、农业农村、自然资源、水利等部门管理职责和协作机制，同时填补外来物种入侵监测、评估以及生物遗传资源产权保护等方面的管理空白，分级、分层落实各级政府和部门责任。结合四川生物多样性保护实际和需求，重点围绕“完善生物多样性监测体系，促进跨部门、跨机构生物多样性数据互联互通”“加强城乡生物多样性监管，解决城乡地区农业遗传资源流失、外来物种入侵等突出问题”“健全生物多样性宣教和社会参与体系，营造保护生物多样性的良好风气”“解决惠益分享及可持续利用问题，推动建立生物遗传资源及相关传统知识的获取与惠益分享制度”等方面开展立法调研和论证。

健全生物多样性规划与制度体系。及时对标“昆明-蒙特利尔全球生物多样性框架”和国家生物多样性保护战略与行动计划（NBSAP），加快修订《四川省生物多样性保护战略与行动计划》，提出四川省生物多样性近期、远期目标和分阶段任务。研究出台《四川省生物多样性保护重大工程十年规划》。基于保护与项目建设的需要，对标国家有关标准，出台《四川省生物多样性观测技术导则》《四川省区域生物多样性评价标准》等系列生物多样性保护地方标准。依托省、市（州）生态环境保护委员会，建立健全生物多样性保护工作机制，统筹协调生物多样性保护工作。

实施生物多样性保护重大工程。继续实施“五县两山两湖一线”生物物种调查，指导省级生态县等区域率先启动重要生物物种调查工作，争取到2030年，完成四川省域本底调查工作。推进“天空地”一体化的生物多样性监测体系建设，对云豹、雪豹、长江鲟、川陕哲罗鲑等野生动物重点分布区持续开展监测工作，建立预警技术体系和应急响应机制，实现长期动态监控评估。建立完善四川省生物多样性基础信息系统，分步建立县级物种资源基础数据库。开展大熊猫、雪豹、川金丝猴等重点保护野生动物栖息地修复，建设生态廊道，促进种群交流。新建、改建一批野化放归基地，加强圈养大熊猫野化训练和放归工作。实施长江上游珍稀特有鱼类保护基地扩建项目，进一步扩大长江鲟等珍稀鱼类亲鱼和苗种繁育能力。实施珍稀野生植物就地保护工程，加强峨眉拟单性木兰、疏花水柏枝、崖柏、距瓣尾囊草、西昌黄杉、光叶蕨等珍稀濒危野生植物原生境保护修复，恢复野外种群。

（四）强化生态保护监管，提升管理效能

继续严守生态保护红线。启用四川省生态保护红线数据，逐步完成生态保护红线勘界定标。加强四川省生态保护红线监管信息化建设，加快建立县级生态保护红线台账系统。贯彻落实《生态保护红线生态环境监督办法（试行）》，生态环境厅组织开展四川省生态保护红线生态质量监测，建立完善四川省生态保护红线监管平台和监督数据库。依托生态保护红线监管平台，定期开展生态保护红线疑似生态破坏问题核实处理，重点关注生态保护红线调整对生态环境的影响、人为活动对生态环境的影响、生态功能状况及其变化等方面。

加强生态环境分区管控。建立健全以“三线一单”为核心的生态环境分区管控体系，加强生态环境分区管控在政策制定、环境准入、园区管理、执法监管等方面的实施应用。研究制定省、市两级生态环境分区管控方案，进一步优化明确四川省生态环境分区管控总体格局，明确优先保护、重点管控、一般管控三类生态环境管控单元的空间分布和面积比例，明确四川省和重点区域流域生态环境准入总体要求，确定各有关部门和地市工作任务等。

强化监管执法与问责。重点关注黄河流域生态环境警示片披露等问题，完善重点问题整改台账，定期开展实地核实。以大熊猫国家公园、若尔盖湿地等区域为重点，持续开展“绿盾”自然保护地强化监督等专项行动，定期开展盗伐、盗采、盗猎野生动物等生态问题执法，建立重点问题台账，依法查处生态破坏行为。继续开展生态系统保护成效评估，将评估结果作为有关单位干部综合评价、离任审计参考。组织开展生态环境损害鉴定评估和生态环境损害赔偿。

（五）持续关注中央生态环境保护督察典型案例，强化整改与前端监督

重点防范自然资源无序开发。针对中央生态环境保护督察在青海、甘肃等地发现的

无序采矿和违规取水等问题，以及省级督查曝光的非法捕鱼和盗伐案件，提出以下建议。一是加强采矿权严格审核把关，规范采挖方式，科学论证矿山修复与整治方案，主管部门不定期开展监督检查、指导督促，积极引导绿色矿山创建。二是加强源头治理提高水资源利用效率，扎实推进《地下水管理条例》等法律法规实施，全面推进依法治水、依法管水、依法用水，依法查处各类非法取用水行为。三是加强普法宣传，充分利用新闻媒体和宣传栏、横幅等宣传手段向公众宣传重点保护野生动植物、长江十年禁渔等政策，加强嘉陵江非法捕鱼、盗采珙桐等案件曝光，以案说法，建立举报奖励机制，形成社会共管合力。

科学引导工程生态化建设。针对中央生态环境保护督察近期在青海等地发现的小水电违规开发和退化草原生态修复不严不实等问题，以及省级督查曝光的道路施工生态破坏问题，提出以下建议。一是经营单位要科学论证，编制落实小水电“一站一策”清理整改方案，主管单位严格监控生态流量，加强河道采挖、拦水引流等问题检查执法。二是施工单位严格执行水保批复、环评批复要求，合理设置挡土墙及排水设施等防护设施，合规布局弃土场、取土场，按要求实施边坡复绿，监管部门严查非法占用林地、非法向河道倾倒渣土等问题。三是严防伪生态工程，杜绝以“生态工程”之名行生态破坏之实，加强生态修复项目监管，倡导宜林则林、宜乔则乔、宜灌则灌、宜草则草、宜荒则荒的近自然理念，尊重自然规律，科学实施生态修复项目。

守住自然生态安全边界。针对中央生态环境保护督察近期在海南等地发现的热带雨林国家公园违规开发、红树林非法侵占等问题，提出以下建议。一是建立健全自然保护地监管制度，加强自然保护地调整审核审批事中事后监管。二是优化自然保护地人为活动监管平台，严格管控自然保护地范围内人为活动，推进核心保护区内居民、耕地有序退出。三是以国家一级公益林、重要湿地、重要水生生境等为重点，对标中央生态环境保护督察及“回头看”“绿盾”自然保护地强化监督，督促责任部门履行好生态保护修复与监管职责，加强违规违法建设项目和侵占林地、挤占河（湖）岸、过度放牧等问题的排查整治。

四川省构建现代环境治理体系的评估报告

摘　要：通过对四川省各市（州）开展现代环境治理体系建设工作成效的分析，总结归纳出四川省现代环境治理体系存在系统性、整体性、协同性不足问题，即“现代环境治理体系推进进程不统一”“各治理主体的治理合力不够凝聚”“各区域、各领域的环境治理成效不均衡”。同时，提出推进环境治理体系与治理能力现代化的建议：一是以全面推进美丽四川建设为总要求，全面压实生态环境保护责任；二是坚持“市场”与“监管”两手抓，培育壮大环境治理市场；三是加大法律法规政策与绿色技术供给，提升环境治理效能；四是创新环境治理新理念、新手段、新方式，解决生态环境保护突出问题。

关键词：环境治理成效；现代环境治理体系；中期评估

一、四川省各市（州）开展现代环境治理体系工作成效

（一）健全生态文明法治体系，强化生态环境立法、执法、司法保障

一是促进生态环境领域精细化立法，完善立法保障。成都市出台《成都市三岔湖水环境保护条例》《成都市美丽宜居公园城市建设条例》等地方性法规，推进大气污染防治、饮用水水源保护等生态环境领域地方性法规的修正。宜宾市加快制定符合新时代美丽宜宾、长江生态第一城建设要求的地方性法规规章，推动《宜宾市南广河流域生态环境保护条例》《宜宾市蜀南竹海风景名胜区保护条例》和《宜宾市农村生活环境保护管理条例》等地方性法规的制定和实施。二是推进生态环境综合执法能力建设，强化执法保障。成都市推进生态环境保护综合行政执法改革，加强基层执法队伍建设，推动环境监管重心下沉。加快补齐应对气候变化、土壤环境监察、生态监管等领域执法能力短板。加强部门联动和协调配合，完善跨区域、跨流域联合与交叉执法机制。内江市推进环境执法体制改革。完善环境执法监督机制，强化环境执法部门行政调查、行政处罚、行政强制等职责，有序整合执法力量。建立权责统一的环境执法体制，充实执法队伍，统一执法标识，明确执法机关和人员责任以及尽职免责事项，统一执法尺度，公平执法。充分利用环境监管网格化管理，优化配置监管能力。自贡市加强生态环境部门与税务部门协作，深化行政处罚，完善信息共享机制。三是推动生态环境领域行政执法与环境司法

衔接，加强司法保障。自贡市健全落实沱江流域（自贡辖区）环境资源行政与司法联动保护制度。充分发挥检察院公益诉讼、法院审判职能作用，加强环境资源审判专业化机构建设，设立环境资源审判庭，为生态环境保护与治理提供更加优质高效的司法服务和保障。成都市建立生态环境保护综合行政执法机关、公安机关、检察机关、审判机关信息共享、案情互通、案件移送制度，强化行政执法与刑事司法衔接，开展跨区域生态环境保护司法合作，加快推进生态环境领域民事、行政、刑事“三合一”审判机制。

（二）完善政府生态环境监管，持续优化营商环境

一是积极主动靠前服务企业，降低企业办事的制度性成本。成都市持续推行告知承诺制、重点项目行政审批提前服务、审批绿色通道等创新管理机制。完善生态环境领域市场准入机制，加强对市场主体的过程监督与后续管理，实行“宽进严管”“审管协同”。自贡市建立健全重大项目环评预审制度，推进“三个一批”正面清单管理，开辟重点项目“绿色通道”。泸州市落实环评预审制度，对重大项目环评审批开辟绿色通道，优化小微企业项目、编制报告表项目的环评管理。二是定时定点深入挂钩企业，精准提供技术支持。自贡市创新环境治理模式，全市范围持续推广“环保管家”驻企服务，推行环境污染第三方治理。成都市建立“一对一”企业帮扶机制，依法依规加强对企业的技术和守法指导帮扶。三是创新环评审批机制，提升企业投资项目审批效率。乐山市深化落实环评改革，完善环评审批与排污许可衔接整合新机制。成都市加强规划环评与项目环评联动，精简优化办事手续，加快推行“一网通办”。

（三）规范环境治理市场化建设，培育壮大环境治理市场主体

一是促进环保服务市场规范化、专业化建设，鼓励生态环境治理模式创新。成都市积极推行环境污染第三方治理，实行环境污染综合治理托管、环境医院、环保管家、环境顾问等新模式、新业态，推动“谁污染、谁治理”向“污染者付费、第三方治理”模式转变。鼓励在工业园区和重点行业推行统一规划、统一监测、统一治理的模式，探索建立产业园区“最小单元”。乐山市支持减污降碳、环境治理整体解决方案、区域一体化服务模式、园区污染防治、农业面源污染治理等第三方治理示范，鼓励小城镇环境综合治理托管服务试点，鼓励实施技术河长制。二是加大财税金融支持力度，撬动政府、社会、金融机构的生态环保投入。成都市建立健全常态化环境治理财政投入机制，加大对绿色低碳重大行动、重大示范和重大科技创新的支持力度。完善支持社会资本参与绿色低碳发展的政策制度，探索绿色 PPP 等模式。同时，积极发展绿色金融，优化整合“绿蓉融”“绿蓉通”平台功能，大力发展绿色信贷、绿色股权、绿色债券、绿色保险、绿色基金等金融产品。宜宾市健全绿色发展激励机制。加快完善生态保护成效与财政转移支付资金分配相挂钩的生态保护补偿机制。建立完善跨境河流水生态补偿机制，实行以水质水量动态评估为基础的上下游城市间横向补偿机制，健全县级及以上饮用水水源地

生态补偿机制。三是充分发挥市场在资源配置中的决定性作用，推动生态环境高水平保护和经济高质量发展。乐山市实行差别化的电价、水价、气价，推动制定钢铁、水泥等重点行业差别化电价政策。推进资源要素市场化改革，有序推动排污权、用能权、用水权、碳排放权市场化交易。四是完善生态产品价值实现机制。宜宾市推动建设生态产品价值转化综合试验区、生态产品价值实现机制试点建设，探索生态产品价值实现路径和模式。德阳市开展生态产品信息调查评估，利用网格化监测手段，开展德阳市生态产品基础信息调查，摸清各类生态产品数量、质量等底数，建立德阳市生态产品目录清单。开展德阳市生态系统生产总值（GEP）核算，积极探索 GEP 核算应用路径。完善自然资源价格形成机制，探索开展生态产品价值核算。

（四）服务区域协调发展战略，全面推进生态共建、环境共保

一是深化成渝地区协作，推动生态环境协同治理。成都市编制《成都市贯彻落实〈成渝地区双城经济圈建设规划纲要〉生态环境保护专项规划》，加强大气、重点流域和危险废物等污染联防联控联治，推进岷、沱江等生态廊道建设，筑牢长江上游生态屏障。广安市强化渝广、川东北区域以及市域各县（市、区）、园区大气污染联防联控，定期召开联席会议，落实国家及省大气污染联防联控要求，协商解决相关区域大气污染防治重点问题。二是建设成渝地区跨区域环境司法协作，形成环境资源司法诉讼服务“同城标准”、执法办案“同城效应”。泸州市中级人民法院、宜宾市中级人民法院和重庆市第一中级人民法院、第二中级人民法院、第三中级人民法院、第五中级人民法院共同签署了《成渝地区长江干流“4+2”中级人民法院服务双城经济圈建设环境司法协作框架协议》，建立跨区域环境司法日常联络、跨区域环资案件诉讼服务、跨区域环资案件调研交流、跨区域环资案件执行合作、跨区域“司法+行政”生态环境资源协同治理、跨区域环资人才共享、跨区域环资信息互通、跨区域环境司法联合宣传 8 项跨区域协作机制，促进区域内法律适用统一标准。三是健全区域协作联防联控机制，推进生态环境联保共治。乐山市推动区域大气污染联防联控机制，积极参与成都平原城市群联动一体的应急响应体系与成渝地区大气联防联控机制建设，协同开展区域大气污染综合整治，形成区域统一的环境决策协商机制、信息通告与报告机制、环评区域会商机制、区域联合执法机制，完善跨界污染防治制度和生态保护修复机制。宜宾市推进跨部门、跨区域执法联动与协调机制建设和运行。建立健全环保公安联席会议制度、重大环境违法犯罪案件处置会商制度及环保行政执法与刑事司法衔接机制，完善生态环境损害赔偿制度与生态环境公益诉讼的衔接机制，健全生态环境案件集中管辖机制。

（五）赋能生态环境智慧治理，增强环境治理的科学性和精准性

一是依托网络凝聚公众力量，助力实现“碳达峰、碳中和”目标。成都市将构建“碳惠天府”机制写入《成都市关于推进环境治理体系和治理能力现代化的实施方案》中，首批低碳消费场景已正式上线。在“碳惠天府”微信小程序中，通过步行、使用共享单车、燃油车自愿停驶、驾驶新能源汽车等获取相应的低碳积分，用于兑换骑行卡、话费抵用券等服务和商品。二是建设协同、共享的高水平生态环境智慧监测体系。成都市构建政府主导、部门协同、企业履责、社会参与、公众监督的生态环境监测格局，建立健全基于现代感知技术和大数据技术的生态环境监测网络，优化监测站网布局，实现环境质量、生态质量、污染源监测全覆盖。乐山市加快建设天地一体、上下协同、信息共享的高水平生态环境智慧监测体系，逐步构建生态环境大数据平台，全面提升生态环境监测自动化、智能化、立体化能力。三是推广“数智环境”建设经验，提升生态环境智慧治理能力。成都市围绕提高生态环境智慧治理能力，系统性推进由污染防治、监督管理、低碳发展、支撑保障和协同共享五大板块组成的“数智环境”工程体系建设，以新一代信息技术推动实现环境数据“一库整合”、环境监管“一网联动”、环保政务“一门服务”，打造一个数字孪生生态环境局，全面提升生态环境数字化、精准化、科学化、智慧化水平。积极开展国家级、省级环境信息化示范建设，推广成都市“数智环境”建设经验，建立整合共享、协同联动、系统决策的环境智慧化应用模式。

（六）回应乡村振兴、气候变化、绿色发展需求，激活环境治理新效能

一是创新农村环境治理模式。凉山彝族自治州推行农村生态环境保护多元共治机制，充分发挥基层组织和广大农民在环保中的作用，积极探索和推广政府引导、村民自治的农村环保监管模式。探索建立农村环保公众参与新机制，广泛听取农民对涉及其环境权益的发展规划和建设项目的意见，尊重农民的环境知情权、参与权和监督权。注重发挥民间环保组织的作用，鼓励环保志愿者积极参与农村环保工作。二是推动气候治理体系现代化。乐山市将适应气候变化理念融入空间规划、防灾减灾、粮食安全、生态修复等领域，促进应对气候变化与生态环境保护融合增效，为温室气体精细化管控、低碳发展目标责任落实、气候变化科普宣传提供支撑。宜宾市探索制定宜宾市气候变化领域地方性政策，形成积极应对气候变化的环境经济政策框架体系。三是加强绿色发展政策标准引领，助力绿色低碳转型。宜宾市围绕《绿色发展标准化建设政府绩效考核规范》，细化各领域绿色发展标准化建设重点内容，探索绿色制造、绿色产品相关标准的制定和实施。泸州市探索建立生态优先、绿色发展的重大政策清单。建立空间准入负面清单、产业准入负面清单、市场准入负面清单“三张清单”，落实“两高”产业财税金融等政策。

二、存在的问题与困难

各市（州）在推进“十四五”生态环境治理体系与治理能力现代化建设过程中取得了重大成效。同时，也面临着“现代环境治理体系推进进程不统一” “各治理主体的治理合力不够凝聚” “各区域、各领域的环境治理成效不均衡”等现代环境治理体系的系

统性、整体性、协同性不足问题。

（一）现代环境治理体系推进进程不统一，环境治理体系的"系统性"有待提高

一是环境治理责任体系建设方面，领导责任体系和生态环境监管体系建设举措较多，但企业责任体系建设成效不足。四川省21个市（州）均建立健全了责任明晰、考评严格、强化监督的领导责任体系。但是，企业责任体系建设与环境治理目标相比，仍有较大差距。自贡市产业空间布局亟待优化，城中厂、厂中城现象明显，40%左右的规模以上工业企业分布在园区外。内江市钢铁、焦化等"两高"产业占比较高，绿色低碳转型任务仍然艰巨。二是环境治理市场体系建设方面，完善PPP方式、规范第三方环境服务、落实"放管服"措施较多，而充分运用市场自身调节来推动环境治理市场化建设的案例较少。各市（州）推进资源要素市场化改革，推动排污权、用能权、用水权、碳排放权等领域市场化交易的活动多处于探索阶段，有关生态产品价值实现机制建设也多为试点工作，缺乏成熟案例，市场交易活跃度不足，市场化水平有待提高。三是推进社会治理体系建设方面，各种生态环境宣传活动和推进网格化机制建设的举措较多，践行绿色生活的全民行动体系建设及其制度化成果较少。各市（州）普遍要求强化对生态文明的宣传引导和社会监督，但均缺乏具体践行绿色生活的制度规范。虽然四川省已有成都、乐山、广元等18个市（州）出台了《文明行为促进条例》，部分条例还包含有生态文明行为规范的内容，但都属于原则性规定，缺乏具体的实施举措。

（二）各治理主体的治理合力不够凝聚，环境治理体系的"整体性"有待加强

一是跨部门环境治理合力有待加强。"管行业必须管环保、管业务必须管环保、管生产经营必须管环保"的原则未充分落实。行政实践中由生态环境主管部门"唱独角戏"的问题仍然存在。例如，成都市在完善生态环境监督管理机制方面，主要是建立健全生态环境与公安、检察院、法院、应急等部门单位的并联工作机制，而关于行业主管部门的生态环境管理职责缺乏明确要求。二是基层环境治理能力发展不充分。基层环境治理的科学性、精准性有待提高。环境治理体系建设越往基层延伸，越需要依法、科学、精准治理。加强基层环境治理能力建设，提升基层工作人员专业水平是迫切需要解决的问题。三是企业环境治理投入与政府支持力度不匹配。例如，成都市大力支持发展绿色低碳产业。落实绿色低碳产业建圈强链工作举措，出台助力经济稳增长"十五条"措施，制定支持民企绿色发展二十条措施，但是，部分企业绿色发展意识不强，针对绿色低碳转型升级存在投入不够问题。四是全民参与环境治理的广度与深度有待提高。公众参与生态环境治理的平台和渠道仍相对较少，生态环境治理参与程度低，社会公众在绿色发展领域的参与力度需要加强。

（三）各区域、各领域的环境治理成效不均衡，跨区域、跨领域环境治理的“协同性”有待完善

一是各领域环境治理成效不均衡。大气环境治理压力较大，水环境治理成效显著，地方层面对应对气候和减污降碳协同治理的重视程度和抓手明显不够，普遍存在理念意识和科学认知薄弱、科学技术和专业支撑不足、规划政策支撑体系不健全、经济社会和技术成本制约严重等问题和挑战，亟须通过完善监管体系、企业责任体系以寻求破局。二是跨区域环境治理的协同性有待加强。推进相邻市（州）建立跨区域联防联控、联合执法、区域会商的政策机制较多，而在跨区域环境治理推动下，着力推动区域高质量一体化发展的举措较少。例如，成渝地区联防联控、各市（州）相邻区域的协作机制均侧重于按照统一规划、统一标准、统一监测、统一污染防治措施的要求，完善跨区域污染治理的机制。而缺少通过统一标准、统一监测、统一执法规范倒逼企业实现绿色低碳转型，服务跨区域绿色发展一体化的具体举措。

三、推进环境治理体系与治理能力现代化的建议

坚持以习近平新时代中国特色社会主义思想为指导，全面贯彻党的二十大精神，深入贯彻习近平生态文明思想，结合四川省环境治理需要，进一步推进改革创新，逐步构建面向美丽四川建设的现代环境治理体系。

（一）以全面推进美丽四川建设为总要求，全面压实生态环境保护责任

突出党委和政府领导责任。根据《关于推动职能部门做好生态环境保护工作的意见》，按照“管行业必须管环保、管业务必须管环保、管生产经营必须管环保”要求，全面落实各行业、各领域主管部门的生态环境保护职责，推动各职能部门做好生态环境保护工作，进一步完善齐抓共管、各负其责的“大环保”格局。聚焦美丽四川建设要求，积极探索美丽四川建设地方实践，完善生态环境保护工作责任清单。完善目标评价考核，创新生态文明绩效评价考核机制，制定应对气候变化职责清单，探索构建 GDP 和 GEP 双核算、双运行绿色经济考评体系。压实部门监管责任，加强履责监督与责任落实，全面实施领导干部自然资源资产离任（任中）审计和生态环境损害责任终身追究制。

夯实企业主体责任。督促企业加大绿色低碳转型和环境治理投入，切实履行企业主体责任。深化以排污许可制为核心的固定源监管制度建设，推进清洁生产审核创新试点工作。强化绿色工厂、绿色产品、绿色供应链、绿色园区建设，不断提升企业生产服务绿色化水平。加强排污单位自动监测数据应用，完善高效规范的污染源自动监测数据应用管理制度。加强企业减少碳排放、治理有毒有害物质排放、提高资源能源利用水平等绿色低碳转型方面的信息披露。

激活全民行动体系。完善生态文明行为制度规范建设，倡导创建社区绿色生活行为公约。结合全国节能宣传周、全国低碳日、六五环境日等活动，不断深化绿色环保主题宣传，鼓励社会组织加强绿色发展交流。深入开展节约型机关、绿色家庭、绿色学校、绿色社区、绿色出行、绿色商场、绿色建筑等绿色生活创建行动，结合国家提升公民生态文明意识行动，深入开展全民节能、节水、节材、节粮，推广文明餐桌、“光盘行动”，倡导形成文明、节约、绿色的消费方式和生活习惯。引导生态环境领域社会组织健康有序发展。做好生态环境信访投诉举报管理平台日常维护，畅通公民参与环境治理渠道。

（二）坚持“市场”与“监管”两手抓，培育壮大环境治理市场

健全资源环境要素市场化配置体系。激发环境治理市场主体活力与创新力，持续完善碳排放权交易市场制度体系，推进资源要素市场化改革，有序推动排污权、用能权、用水权、碳排放权市场化交易。深入推进园区环境污染第三方治理，深化 EOD 试点，探索开展区域环境综合治理托管，不断创新环境治理模式。

强化环境治理市场秩序监管。构建规范、开放市场秩序，深入推进“放管服”改革，平等对待各类市场主体，引导各类资本参与环境治理投资、建设、运行；规范市场秩序，加快形成公开透明、规范有序的环境治理市场环境。加强对企业能源资源科学利用、供应链产品绿色水平等方面监管力度，推进监管与服务融合。

完善市场主体服务机制。依法依规加强对企业环境治理技术和守法的指导帮扶，通过对企业“送技术、送政策、送服务”，切实提高企业环境治理水平。进一步提升环评效能服务高质量发展，对重大项目开辟绿色通道，创新探索环境治理行业领域“清单式”环评服务，清单化、条目式明确环评审批要件及相关政策要求，动态更新环评服务保障清单，提升审批效率。推动环保信用评价与环境信息披露制度协同发力，建立健全环保信用评价、信用修复、信息共享，建立健全以信用为基础的新型生态环境监管机制和市场化激励约束机制。

（三）加大法律法规政策与绿色技术供给，提升环境治理效能

建立健全法律法规、标准、政策供给。推动生态环境领域地方立法，贯彻落实大气、水、土壤、固体废物以及流域立法关于环境治理、绿色发展的制度规定。推动地方环境标准体系建设，立足四川省实际和生态环境状况，推动制修订污染物排放（控制）标准。探索出台有利于推进产业结构、能源结构、运输结构和用地结构调整优化的相关政策。完善支持绿色发展的财税、金融、投资、价格政策，引导金融机构积极稳妥开展绿色金融产品和服务创新。完善差别电价、阶梯电价等绿色电价政策，以及绿色水价、污水处理费、垃圾处理费政策。完善生态保护补偿制度，持续探索生态产品价值实现机制。

强化绿色技术供给。鼓励高校、科研院所开展绿色技术创新专业方向，推动绿色发展成为专门学科，加强绿色发展人才培养，鼓励支持绿色发展创新平台建设。实施绿色

技术创新攻关行动，围绕减污降碳、节能环保、清洁生产、清洁能源等领域布局一批前瞻性、战略性、颠覆性科技攻关项目。加快科技体制改革，创新政府对绿色技术创新的管理方式。

（四）创新环境治理新理念、新手段、新方式，解决生态环境保护突出问题

开展基层帮扶指导，补足环境治理薄弱环节。针对基层环境治理面临的专业素养不高、人才储备不足、治理能力偏弱等难题，通过采取培训学习、人才交流、科技帮扶、专业指导、资金倾斜等措施，有效解决地方人才、技术、装备与资源短缺等不适应污染防治攻坚战需要的突出问题，有效提升基层生态环境治理能力。

借鉴公园城市建设经验，创新生态监管体系。以公园城市建设为突破口，试点示范新的生态监管体系。优化生态监管体制，统筹推进生态保护修复与公园城市体系建设，将筑牢生态本底、改善环境质量、践行“双碳”行动与城市空间打造紧密结合。创新生态监管理念，融合生态经济化与经济生态化，推动生态产品价值转化与产业结构优化融合辅成。构建生态效能评估机制，将生态效能建设纳入公园城市建设工作调度，构建重要数据收集、难点堵点共商、跟踪督办问效的工作机制。

推动环保科技创新，支持环境治理能力技术升级。围绕《国家先进污染防治技术目录》发布的大气、水、土壤、固体废物、噪声污染防治等领域的先进技术，推动以企业为主体、产学研深度融合的生态环境保护创新体系和科研平台建设，加强关键环保技术产品自主创新，推进环保产业市场主体培育。推动智慧环保设备、环保监管执法装备、环境应急装备研发制造和基础能力建设。

促进环境政策协同，提升环境治理的均衡性。站在人与自然和谐共生的高度谋划发展，围绕减污降碳协同控制要求，提升环境治理各项工作的政策协同水平，重点是突出绿色低碳政策对经济社会发展的引领，配套出台推动产业结构、能源结构、交通运输结构调整的产业政策，出台降低经济社会活动的碳足迹激励政策。同时，促进环境治理与降碳政策的协同，完善环境治理机制，充分利用生态环境制度体系协同促进低碳发展。

（五）推动跨区域、跨领域环境治理一体化建设

鼓励各地及时总结跨区域、跨领域环境治理一体化建设典型经验和创新模式，建立环境治理现代化建设试点示范机制。重点推动成渝地区在城市、区县、园区开展环境治理、绿色发展政策和技术一体化建设示范，推出典型模式。同时，对跨区域、跨领域环境治理一体化建设取得明显成效的地方，给予督查激励、宣传推广、政策支持等。

建立健全生态环境绩效考核制度体系，推动生态环境保护规划落地见效

摘　要：规划是从理念到行动、从理论到实践的政策载体与桥梁，在推进国家治理体系和治理能力现代化进程中地位重要。2018 年，中共中央、国务院印发《关于统一规划体系更好发挥国家发展规划战略导向作用的意见》，明确建立以国家发展规划为统领，以空间规划为基础，以专项规划、区域规划为支撑，由国家、省、市、县各级规划共同组成，定位准确、边界清晰、功能互补、统一衔接的国家规划体系。生态环境保护规划是推进生态环境保护工作的行动指南。2021 年是“十四五”开局之年，两年来四川省生态环境系统均按照要求，通过调查研究、衔接协调、公众参与、专家论证等环节，聚力编制了“十四五”生态环境保护规划，为未来一段时间生态环境保护工作提供了遵循和依据。

为更好推动“十四五”生态环境保护规划落地见效，充分发挥考核“指挥棒”作用，细化分解规划任务目标，四川省南充市探索建立了“1+15+3”绩效考核体系，通过确定考核方式、考核内容、报送办法、考核奖惩，形成一套系统绩效考核机制，确保规划落地见效（“1”即《南充市生态环境系统年度目标任务工作绩效考评办法》，明确绩效考核的总体实施方案；“15”即 15 项具体考核各派出分局、经开分局单项考核办法；“3”即 3 项具体考核机关各科室、直属单位单项考核办法）。本文分析了规划执行过程中的难点，在总结南充案例基础上，立足完善基层生态环境保护绩效考核制度体系提出几点思考建议。
关键词：生态环境；绩效考核；“十四五”；规划

一、规划执行面临的难点

2021 年以来，各地陆续编制出台“十四五”生态环境保护规划，安排部署了一系列重大任务。为避免出现“规划规划，纸上画画、墙上挂挂”的现象，推动重点工作落地见效，应深刻认识规划执行的难点痛点。

（一）存在“认知障碍”，缺乏对规划统筹性的深刻认识

在规划编制过程中，虽然充分征求了有关部门的意见，但规划的实施者依然存在参与规划编制不多、理解不够深刻等问题。规划编制出台以后，规划实施主体，尤其是一

些基层工作者，未深刻理解规划目标、重点任务，导致规划执行行动迟疑或执行偏差。

（二）存在“行动障碍”，缺乏对规划落地细化的绩效考核

在规划制定之后，具体的考核目标往往散落在单个、零散的考核文件中，且部分考核只重视定性评估，忽视定量评估，尤其缺少对规划布局的具体污染防治攻坚、突出环境问题整改、环境法治、环境应急安全、行政审批、项目管理等涉及的重点任务，构建一整套系统性绩效考核体系。且存在未对生态环境规划实施效果进行监督管理，一定程度上影响了规划的实施效力。

（三）存在“支撑障碍”，缺乏对规划实施中各方资源的系统整合

在规划执行过程中，一些地方未对规划目标、任务进行充分细化分解及合理调度，未用规划引领具体工作推进，导致规划实施效果大打折扣。另外，部分规划中设计的重点工程项目和重大政策制度未与当地人力、物力以及财力资源分配相匹配，导致各级在实际执行规划中困难重重，无法保证任务目标的落地。

二、四川省南充市主要做法

为更好推动“十四五”生态环境保护规划落地见效，充分发挥考核“指挥棒”作用，细化分解规划任务目标。南充市探索建立“1+15+3”绩效考核体系，确定了考核方式、考核内容、结果运用等内容，形成一套完善有效的绩效考核机制。

（一）建立考核体系，规范绩效考核机制

南充市以考准、考实、考全面、考出成效为准则，实现责任一体明确、指标一体下达、成效一体考评、考核结果一体运用。一是着眼“规范性”，建立绩效考核组织机构。成立南充市生态环境局绩效考评领导小组，由党组书记、局长为组长，分管领导为副组长，各县（市、区）派出生态环境局、经开区分局、局机关科室、直属事业单位主要负责人为成员的领导小组，统一领导南充市生态环境系统年度目标任务工作绩效考评工作。下设领导小组办公室，办公室负责牵头组织、汇总，发布年度考核结果等具体日常工作。二是着眼“全面性”，明确绩效考核门类。南充市生态环境保护绩效考核体系突出全面性，综合考虑生态环境问题整改、生态环境质量状况、生态环境监测工作、生态环境项目管理、生态环境政务信息、生态环境保护宣传教育、生态环境保护综合行政执法工作等方面，建立 15 项单项考核内容，做到了考核内容全面、环环相扣。三是着眼“操作性”，建立分类考核实施体系。针对全市各派出生态环境局、经开分局与机关各科室、直属单位承担目标任务不同，因地制宜实行“A、B”两类考核方式。A 类针对各派出生态环境局、经开分局，重点考核生态环境问题整改、生态环境质量状况等 15 项考核目标任务。

B 类针对各科（室）、直属事业单位，重点考核各单位年度工作实绩、政务信息和工作报告、生态环境保护宣传教育 3 项任务。并分别明确牵头领导、牵头科室、赋权比例、完成时限等。

（二）突出考核重点，强化考核内容针对性

南充锚定建设“美丽南充”总目标，把生态文明建设和生态环境保护作为南充改革发展的重大政治任务和重大民生任务抓紧抓实，纳入绩效考核目标任务。一是突出考核污染防治攻坚目标任务。南充绩效考核体系紧紧围绕生态环境质量状况及年度目标任务完成情况，突出水环境质量、大气污染防治、危险废物规范化管理量化考核设定内容，助力深入打好污染防治攻坚战。二是突出考核生态环境问题整改。南充按照“补短板、强弱项”的思路，结合生态环境保护工作重点难点，突出生态环境问题整改量化考核，聚焦中央督察反馈及国家移交的长江经济带问题整改、环保基础设施建设、工业园区污染防治、自然保护区问题整改等“突出短板”设置考核内容。三是突出考核生态环境管理工作。南充市聚焦生态文明建设目标实现，将生态环境保护绩效考核体系充分融合省、市党委、政府环境保护考核制度，对生态环境保护“党政同责、一岗双责”考核制度、市（州）年度污染防治攻坚战等考核制度进行整合，将涉及生态环境保护项目管理、宣传教育、政务信息和工作报告完成等管理工作情况纳入考核。

（三）注重结果运用，推动生态环境保护责任压实

南充把绩效考核结果作为检验工作成效的“标尺”，注重过程与结果并重，单项量化与综合考核兼顾，正面激励与失职问责结合。一是优化考核手段。将日常考核与年度绩效考核有机结合，适度突出主责主业在综合考核中占比权重。考核领导小组动态组织生态环境保护考核工作交流会，加强日常调度，把日常工作完成情况、督查和调研中发现问题、领导批示和各类表彰奖励等作为考核的重要依据，定期通报注重过程管理。每年 1 月，按照年度考评总成绩按照 A、B 两大类分别按考评对象进行拉通排名，考评结果作为评选先进集体、先进个人和年度党政同责目标考核的重要参考依据。二是强化正向宣传。按照与生态环境保护工作关系密切程度和相关单位承担任务多少，加大对重点任务部门的激励奖惩力度，对创新和好的经验做法，通过官方网站、微信公众号等多种渠道加强宣传推广，发挥典型经验的示范作用。三是注重负向约束。对生态环境考核排名靠后、被省、市政府约谈对应派出机构或业务科室以及分管领导，设置相应扣分标准。明确单项考评最后一名和年度总考评最后一名的单位，由其主要负责人在年度考评工作会议上作书面或者口头检视发言。

三、关于建立健全生态环境绩效考核体系，推动生态环境保护规划落地见效的政策建议

规划编制的根本目的是有效实施，开展绩效考核则是对规划实施的细化和深化，是推动生态环境保护规划落地见效的有效手段。各地应立足实际，建立考核组织机构，明确重点考核内容，不断健全生态环境绩效考核体系，推动生态环境治理体系和治理能力现代化建设。课题组总结提出 5 项重要生态环境绩效考核内容（图 1），推进生态环境保护规划有效落地实施。

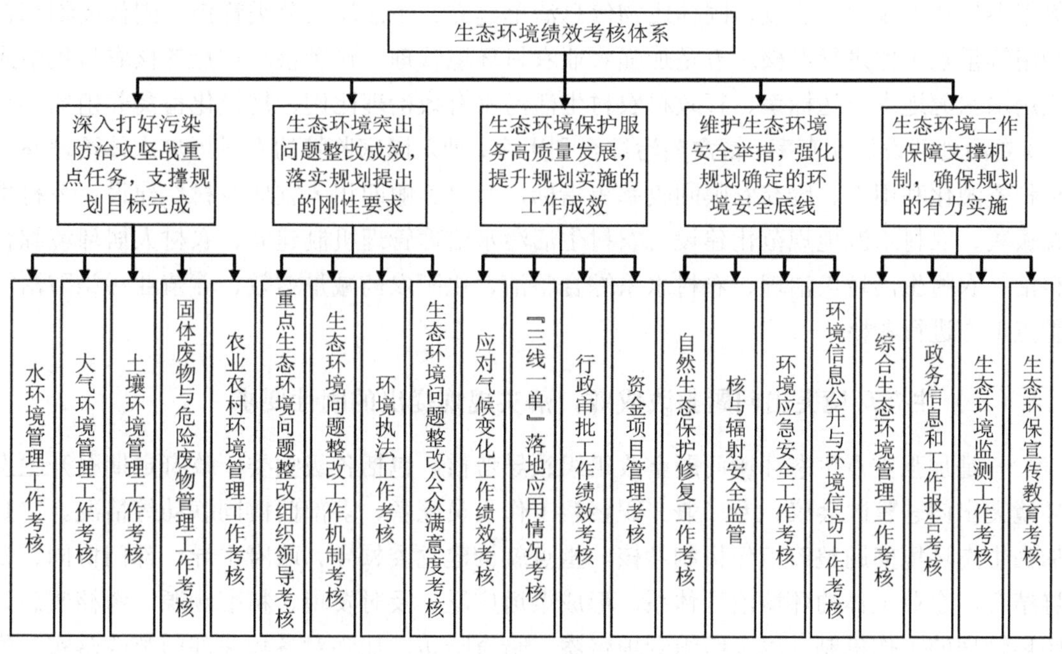

图 1　生态环境绩效考核体系

（一）深入打好污染防治攻坚战重点任务，支撑规划目标完成

一是加强水环境管理工作考核。按照省、市年度工作要点，对年度水环境质量目标、水污染防治重点工作推进情况进行考核，重点考核优良水体比例、劣 V 类水体比例、水质降类、水环境质量排名等量化指标考核，对重点河流生态环境治理、饮用水水源保护、三磷治理、入河排污口整治、城镇污水治理、工业污染深度治理、美丽河湖保护与建设等重点工作进行考核。二是加强大气环境管理工作考核。对年度大气环境质量目标、大气污染防治重点工作推进情况进行考核，重点考核 $PM_{2.5}$ 平均浓度、优良天数比例、重污染天数率、大气环境质量排名、大气污染物重点工程减排量等指标。对 $PM_{2.5}$ 与臭氧协同

控制、重污染天气应对、深化工业源污染防治、挥发性有机物综合治理、新能源汽车推广与老旧机动车淘汰、重点行业二噁英减排等重点工作进行考核。三是加强土壤环境管理工作考核。重点针对土壤污染源头防控、涉及土壤污染建设项目论证、严格重点行业企业准入、耕地周边涉重金属行业企业排查整治、耕地土壤污染成因分析、重点污染源监管、土壤污染调查评估、农用地土壤污染风险管控、建设用地风险管控、未利用地环境监管、长江黄河上游土壤污染风险管控区建设、重金属污染防控等工作进行考核。四是加强固体废物与危险废物管理工作考核。重点考核生活垃圾无害化处理率、城市生活垃圾焚烧处理能力、城市污泥无害化处置率、危险废物规范收集率、医疗废物无害化处置率、新增大宗固体废物综合利用率等指标，对“无废城市”建设、危险废物和医疗废物集中处置设施项目建设、固体废物信息清单建立、生活垃圾分类管控、固体废物综合利用等重点工作进行考核。五是加强农业农村环境管理工作考核。重点考核农村集中式饮用水水源地水质达标率、行政村农村生活污水有效治理比例、规模化畜禽养殖场（小区）粪污处理设施配套率、畜禽粪污综合利用率、纳入国家监管的农村黑臭水体治理率、秸秆资源化利用率、废弃农膜回收率等指标，对“美丽四川·宜居乡村”建设、乡村生态振兴、农村水源地规范化建设、农村生活污水治理管理机制建立、农村人居环境综合整治、农村生活垃圾治理、农村水系综合整治、化肥农药减量增效、养殖业污染防治等重点工作进行考核。

（二）生态环境突出问题整改成效，落实规划提出的刚性要求

一是加强重点生态环境问题整改组织领导考核。包括各级党委、政府定期召开生态环境突出问题整改会议、专（兼）职督察工作人员配备、多部门协同联动等情况。二是加强生态环境问题整改工作机制考核。重点就构建党委领导、政府主导、部门协同、专群结合、企业主体的环境治理体系，形成渠道广泛、及时发现、精准溯源、考核奖惩、闭环管理的工作机制，以及组织专项督察、暗查暗访，加强对各相关部门整改落实工作督导检查的督察机制等内容进行考核。三是加强环境执法工作考核。坚持问题导向、效果导向、目标导向，持续做好生态环境保护综合行政执法改革“后半篇文章”，以日常执法、非现场执法、专项行动、案件查处和交办工作办理等内容为重点，突出对依法行政、精准治污、执法高效能，以及服务地方经济社会发展等方面工作进行考核。四是加强生态环境问题整改公众满意度考核。以公众满意为标准持续推进整改，通过对当地群众的问卷调查等方式，广泛了解公众对本地区生态环境质量改善满意程度，并将公众满意度情况纳入绩效目标考核重要内容，并适当加大考核分值占比。

（三）生态环境保护服务高质量发展，提升规划实施的工作成效

一是加强应对气候变化工作绩效考核。以单位国内生产总值二氧化碳排放总量持续下降为总体目标，重点考核地方碳达峰 1+N 行动计划、编制温室气体排放清单、减污降

碳实施方案等政策体系制定情况，产业结构、能源结构、交通结构、用地结构优化调整情况，以及近零碳园区试点建设、重点企业碳核查等工作推进情况。二是“三线一单”落地应用情况考核。重点考核“三线一单”生态环境空间分区管控在政策规划制定、环评审批、园区管理、污染治理、执法监管等方面的应用情况，特别是将“三线一单”作为解决突出环境问题，约束碳排放总量控制和强度控制，促进经济社会高质量等方面有显著成效的，可以予以激励加分。三是加强行政审批工作绩效考核。以充分发挥环评在源头预防和过程监管中的效力，守住底线把好关，为深入打好污染防治攻坚战、推进高质量发展提供有力支撑为原则，重点考核落实国家、省、市有关环境影响评价法律法规规定的情况以及环评“放管服”改革实施情况，主要包括提升审批服务水平、服务重大项目建设、项目环评与“三线一单”、规划环评的联动、环评审批文件质量、环评机构管理等内容。特别是在环评工作中，创新工作做法，其先进经验在得到推广或通报表扬，可以予以激励加分。四是加强资金项目管理考核。对各派出机构的项目管理量化考核，并与属地政府生态环境“党政同责”相关考核内容挂钩；增加对各派出机构在履行项目管理职责、推动生态环境保护专项资金监管工作开展等方面的考核。包括生态环境保护专项资金项目入库个数、预算执行率、资金使用合规性、绩效评价结果、项目管理重点工作等。

（四）维护生态环境安全举措，强化规划确定的环境安全底线

一是加强自然生态保护修复工作考核。以推进山水林田湖草沙冰一体化保护和系统治理为原则，对生态质量指数（EQI）、森林覆盖率、生态保护红线占国土面积比例等目标指标进行考核，并重点对自然保护地范围内人为活动管控、生态保护红线监管、重要生态系统保护与修复、生物多样性保护、生态保护监管执法等自然生态保护修复工作进行考核。二是加强核与辐射安全监管。坚持安全第一质量第一的方针，以控制放射源辐射事故年发生率为核心，重点考核辐射监测与应急能力、地方政府及有关部门责任体系构建、辐射安全许可管理等工作。三是加强环境应急安全工作考核。坚持统筹发展和安全，守牢生态环境安全底线，重点考核建立符合自身情况的生态环境部门隐患排查治理制度、突发环境事件应急处置、环境应急保障工作情况，做好重点领域和重大环境政策社会风险防范与化解。四是加强环境信息公开与环境信访工作考核。将企业环境信息依法披露制度落实情况、生态环境信访投诉工作机制、企事业单位环保设施向公众开放情况等工作纳入考核，特别对地方创新开展的环境违法行为举报奖励制度、局长接待日等成效显著的公众参与、信息公开方式予以重点考核。

（五）生态环境工作保障支撑机制，确保规划的有力实施

一是加强综合生态环境管理工作考核。重点考核本地“十四五”生态环境保护规划制定及执行情况，以及完成省（市）下达的党务、政务目标、党政同责考核目标、年度

重点工作、自身建设等工作完成情况。特别是对于成功创建国省生态文明示范市（县）、“绿水青山就是金山银山”实践创新基地、低碳城市、排污权交易试点等的地区，可以予以激励加分。二是加强政务信息和工作报告考核。对政务信息和工作报告进行具体考核量化，考核各派出局、机关各科室及直属单位政务信息报送情况、月度工作总结、季度工作总结，明确考核方式、考核细则及加减分细则以及考核奖惩。采取加减分制，对信息和工作报告报送良好单位纳入奖惩。三是加强生态环境监测工作考核。根据国、省、市安排，组织开展环境质量监测、污染源执法监测、应急监测及各类专项监测工作，注重考核监测工作组织、数据（报告）上报时效性、规范性以及准确性。注重考核监测站在岗人员在编、持证比例、仪器设备管理、档案管理规范性等生态环境监测能力建设。四是加强生态环境保护宣传教育考核。重点考核习近平总书记系列重要思想常态化学习执行情况、省（市）重要会议精神传达情况、职工意识形态教育开展情况、地方生态环境新闻发布会定期召开情况，以及生态环境系统先进典型评选、网络舆情回复与处置等内容。

强化绿色法治供给　助力绿色发展目标实现

摘　要：党的十九届五中全会提出要“强化绿色发展的法律和政策保障”，加快推动“促进经济社会发展全面绿色转型，建设人与自然和谐共生的现代化”目标实现。绿色发展追求生态环境高水平保护与经济社会高质量发展的协同推进和内在统一，这对立法思维和模式提出了新的更高要求。为助力绿色发展目标实现，应从转变政府责任、扩张法律主体、增强内生激励、完善环境司法审判和公众参与机制等层面，深刻理解认识“强化绿色发展的法律和政策保障”的内涵和要求，不断强化生态环境保护法律制度供给，擦亮法治体系的“绿色”底色，提高“发展”含金量。

关键词：绿色法治；绿色发展；法治供给

党的十九届五中全会审议通过了《中共中央关于制定国民经济和社会发展第十四个五年规划和二〇三五年远景目标的建议》（以下简称《建议》），提出要“坚定不移贯彻创新、协调、绿色、开放、共享的新发展理念”“强化绿色发展的法律和政策保障”。如何理解认识强化绿色发展法律保障，我们研究认为，可以从绿色发展理念引领下的立法制度设计及执法、司法、守法环节，对贯彻新发展理念背景下的绿色法治供给进行系统解构。

一、政府职能的转变：多重身份的集合与责任的扩展

《建议》提出要“加快转变政府职能。建设职责明确、依法行政的政府治理体系”。在绿色发展理念指导下，政府的角色、定位发生变化，其涉及的法律关系呈现多样化，所承担的法律责任内容也更为广泛。一是政府角色、定位由监管者转变为责任人，对区域环境质量负责。《中华人民共和国环境保护法》第六条第二款“地方各级人民政府应当对本行政区域的环境质量负责”是对政府责任的原则性规定，但未明确具体的“环境质量责任”内容。从立法目的和责任设置角度看，“政府环境质量责任”应当包括以“采取有效措施，改善生态环境质量”为目标的责任设置，而不局限于以完成目标、任务为导向的“考核责任”，以及监督直接负责的主管人员和其他直接责任人员依法履职的“行为责任”。二是政府所处法律关系由监督者拓展为补充履行者，在生态环境损害赔偿、污染风险管控与修复等法律关系中，政府既是监督者，承担生态环境监督管理职责，又

通过生态环境损害赔偿资金管理制度、污染防治基金制度等方式，组织实施污染风险管控、生态修复等活动。三是政府责任范围由传统的市场中立者转向为引导者、参与方，服务绿色发展。传统的“小环保”立法模式很少涉及发展内容，《中华人民共和国清洁生产促进法》《中华人民共和国循环经济促进法》等产业发展单行法仅是个例，尚未形成绿色发展立法体系。绿色发展立法涉及促进经济社会可持续发展的产业淘汰机制和绿色产业扶持机制，需要政府综合运用各种政策、财税、金融手段。

二、法律关系主体范围的扩大：类型和角色均呈现多元态势

《建议》提出要“增强全社会生态环保意识，深入打好污染防治攻坚战”。传统的“小环保”立法模式主要调整以政府为主体的行政管理法律关系，而实现绿色发展，需要构建现代环境治理体系，进一步纳入更加多元化的法律关系主体。一方面作为被监管对象，现代环境治理体系中发挥作用的主体都应被纳入监管对象。因此，应当拓展三个层面的法律关系：一是将社会公众的行为纳入被监管对象。逐步将农产品种植、绿色出行、绿色消费等生产、生活行为纳入法治轨道。二是将特定情况下的政府主体纳入监管对象，承担相应义务。针对历史遗留、无法确定责任主体的生态环境问题，政府应当组织实施相应的生态环境治理措施。三是各类跨行政区划的流域、自然保护地、饮用水水源地保护区等“区域”型集体人格成为监管对象。另一方面作为监管者，伴随被监管对象的多元化，生态环境保护公益岗等非政府主体也可发挥一定监管功能。例如，通过推进“纵向到底”的网格化环境监管体系建设，设置生态环境保护公益岗，可以有效推动形成绿色生产生活方式。

三、法律实施动力的调整：从惩罚为主到全面激励

《建议》提出要“发展绿色金融，支持绿色技术创新”，绿色发展立法除了法律对“不法行为”的处罚外，还应当注重资金、技术等措施带来的正向激励作用。法在本质上也是一种激励机制，在立法中必须通过正向激励和反向惩罚相结合，才能更有利于法的实施。一是对企业主体而言，坚持罚责设置中的违法成本大于涉案企业的违法收益以及因守法投入的污染防治成本。通过责任设置的层次性，保证违法数额与企业对生态环境造成的损害成正比，并综合运用财税、金融、货币、资格、名誉等多种激励措施与责任设置条款相互配合，确保对企业产生正向激励。此外，通过财税、金融手段促进企业采取各种先进绿色技术，鼓励绿色产业创新发展，从而在客观上降低企业违法风险。二是对政府主体而言，确保保障措施中的资金、技术支持手段满足政府实现环境治理目标的基本需要。从法制层面明确做好政府实施重要制度举措所需的人、财、物等保障措施。三是对公众而言，须综合运用表彰、奖励和名誉称号等措施增强正向激励。通过立法明确

公众参与、信息公开程序，建立相应的奖励激励机制，同时广泛宣传、普遍动员，增强公众的守法认知和意愿。

四、法律定位的变更：从“立法指引”到“操作手册”

《建议》提出“十四五”时期经济社会发展必须遵循“坚持系统观念”的原则。促进绿色发展具有系统性、复杂性、专业性强的特点，与之相适应，绿色发展立法必须体现精准性、科学性、规范性，使立法规定成为具体、明确的“操作手册”。一方面，针对企业、公众等非政府主体，立法规定应当具体、明确、可操作性强。一是绿色发展法律关系内容具体、明确。包括实施主体、监管对象明确，权利、义务内容具体，并有相应责任规定予以保障；二是促进绿色发展的工作程序明确。强化规划引领、环境准入的法治约束，将绿色发展理念贯穿于经济社会发展全过程；三是充分考虑实施基础和现实条件，通过立法为需要具备特殊条件（如资金支持、绿色技术支撑等）才能实施的制度提供保障。另一方面，针对行政机关等政府主体，除上述要求外，还须明确两类特殊情形：一是关于“授权执法”的规定，伴随生态环境综合执法改革深入推进，生态环境综合执法机构承接了越来越多的执法权和处罚权，成为相对独立的执法主体，但其执法行为缺乏法律依据，需要“立法授权”规定生态环境综合执法机构的职责。二是关于地方政府“限期达标”“限期治理”的要求，从可操作性、实效性出发，明确具体的工作措施、完成时限，建立跟踪监督机制。

五、立法策略的创新：明确整体分工与重点制度建设

《建议》提出“十四五”时期经济社会发展应当“加强前瞻性思考、全局性谋划、战略性布局、整体性推进”，具体到绿色发展立法活动应当把握两个方面：一是坚持系统立法，注重立法衔接。从现行的生态环境领域法规体系出发，明确立法定位，评估立法的必要性、可行性，在统筹考量“大环保”格局对绿色发展、污染防治、生态保护等领域现实需求的基础上，确定绿色发展立法内容，把握立法要点，衔接不同要素的生态环境保护立法。二是要精细化立法，以点带面、重点推进。从绿色发展变革的大局出发，通过立法突破绿色发展的难点、堵点，创新重点制度，促进经济社会发展全面绿色转型。围绕服务绿色发展的政务环境，设计好“职责分工”“考核评价”等“关键”“管用”的条款，提出科学可行、明确具体的规范。

六、执法体制的改革：建立权责清单制度和综合执法体系

一是建立生态环境行政权责清单制度。《建议》提出“全面实行政府权责清单制度”。

一方面要更加明确生态环境领域执法部门的法定职责。遵循管发展的、管生产的、管行业的部门按照“一岗双责”的要求履行好生态环境保护职责的原则，推动行业主管部门在生态环境领域尽职履责。另一方面要更加合理配置生态环境执法权力，明确部门权力清单，压实基层生态环境保护职责。结合生态环境垂直管理制度改革情况，厘清设区的市级生态环境主管部门与县级派出分局之间的关系，综合配置县级派出分局、乡镇人民政府等基层的生态环境保护职责。二是实施综合环境执法改革。《建议》提出要“完善生态文明领域统筹协调机制”“坚定不移推进改革”。具体到生态环境执法领域，根据中共中央、国务院《关于深化生态环境保护综合行政执法改革的指导意见》文件要求，进一步解决 3 个方面的问题：一要整合执法队伍，切实解决多头执法、多层执法和重复执法问题。二要清理行政处罚、行政强制事权，切实解决违规执法问题。三要改革编制管理方式，切实解决综合执法队伍管理不规范的问题。

七、司法保障的加强：明确环境资源审判的新要求、新任务、新思路

进入绿色发展新阶段，要明确绿色发展理念对环境资源审判工作提出的新要求、新任务、新思路。一是明确新要求。在法治轨道内解决生态环境保护问题，不断提升依法治污能力，充分发挥环境资源审判、检察监督的作用，从源头上预防和减少环境纠纷，在环境资源审判中严守法律底线，严格执行法院判决。二是明确新任务。坚持预防为主与能动司法相结合，主动服务绿色发展；坚持系统思维与环境资源案件集中管辖、跨区域司法协作相结合，系统保障区域生态环境。坚持生态保护与恢复性司法相结合，推动受损生态环境有效修复。此外，延伸环境司法服务功能，引导形成绿色发展方式和生活方式。三是明确新思路。环境资源审判应将共建共治共享作为基本遵循，推动“两法衔接”，落实公众参与原则，整合各方资源，及时、快捷、高效制止和打击涉嫌环境违法和犯罪活动，共同推动环境保护与治理。

八、公众参与的深化：推动构建现代环境治理体系

一是构建现代环境治理体系。《建议》提出“要构建现代化的社会治理体系”，具体到守法领域，需要引导形成全社会共同参与的绿色生产和绿色生活方式。从思维角度来看，扭转长期以来形成的以政府为单一管理主体的法治思维方式，在环境治理的各个环节融入“共治”理念，将提升公众生态文明意识作为绿色发展法治体系的重要内容。二是强化公众参与。《建议》提出“维护人民根本利益，激发全体人民积极性、主动性、创造性”。一方面，发挥公众在绿色发展中的“共治”作用，通过法治保障公众参与绿色发展的权利，具体体现在重大决策与法规制定、政策执行与法规实施、权利维护

与信息公开等诸多环节之中。另一方面，保障公众在绿色发展中“惠益共享”，健全绿色发展中的投、融资机制，推动绿色金融发展，健全生态文明体制下的自然资源资产产权制度。

四川省系统推进生态环境包容审慎柔性执法的政策建议

摘　要： 四川省生态环境部门积极推行包容审慎柔性执法，为生态环境保护和可持续发展提供了有力支持，但仍存在缺乏指导性的实施意见、缺乏统一的适用标准、柔性执法监督体系有待完善、柔性执法队伍建设有待加强等问题。基于以上问题，本文通过文献调研、政策分析、座谈讨论等研究方法，结合四川省生态环境执法实际与国内其他省（区、市）创新探索经验，提出相关政策建议，以期为进一步推进四川省生态环境包容审慎柔性执法提供决策参考。

关键词： 生态环境；包容审慎；柔性执法

一、生态环境包容审慎柔性执法的政策背景

（一）“监管新政”下的包容审慎柔性执法

包容审慎柔性执法是新时代创新监管执法方式的重要内容。柔性执法在 2000 年前后于工商领域已有一定的实践探索，主要通过减免处罚和指导建议等方式对传统刚性执法进行柔性改造，是一种注重运用多种方式引导行政相对人作出正确行为的新型执法方式。2017 年国务院以“新经济”为对象首次提出包容审慎监管理念。2018 年成都市在市场监管领域率先提出包容审慎柔性执法理念，建立了全国首个包容审慎柔性执法工作机制。随着优化营商环境、推动经济高质量发展和法治政府建设的不断推进，“包容审慎柔性执法”成为新时代创新监管执法方式的重要内容。

国家层面：2017 年 1 月国务院办公厅发布《关于创新管理优化服务培育壮大经济发展新动能加快新旧动能接续转换的意见》首次明确提出“探索动态包容审慎监管制度”。2019 年《国务院关于加强和规范事中事后监管的指导意见》对创新和完善监管执法方式进行了体系性构建。2019 年《优化营商环境条例》和 2021 年《科学技术进步法》将“包容审慎”纳入立法。《中华人民共和国国民经济和社会发展第十四个五年规划和 2035 年远景目标纲要》明确“对新产业新业态实施包容审慎监管”。2021 年《国务院办公厅关于服务“六稳”“六保”进一步做好“放管服”改革有关工作的意见》提出“鼓励各地

区依法依规建立柔性执法清单管理制度，对轻微违法行为，慎用少用行政强制措施，防止一关了之、以罚代管”。

省级层面：2008 年《湖南省行政程序规定》首次以十个法条对柔性执法的重要方式“行政指导”进行了专节规定。2010 年上海市人民政府出台《关于进一步规范和加强行政执法工作的意见》和《上海市行政执法人员执法行为规范》，首次在省级层面着力推行柔性执法。2022—2023 年广东、云南、新疆等省（区）人民政府先后发布了推行包容审慎监管的指导意见，云南、河北、河南等省市场监督管理局规定了包容审慎监管执法具体工作举措，相关文件详见表 1。

表 1　省级包容审慎柔性执法相关规范性文件

序号	文件名称	发布时间
1	《广东省人民政府办公厅关于推进包容审慎监管的指导意见》（粤府办〔2022〕7 号）	2022 年 3 月 3 日
2	《云南省人民政府办公厅关于积极推行行政执法包容审慎监管的意见》（云政办发〔2022〕51 号）	2022 年 6 月 15 日
3	《新疆维吾尔自治区人民政府办公厅印发〈关于积极推行包容审慎监管指导意见〉的通知》（新政办发〔2023〕51 号）	2023 年 8 月 16 日
4	《云南省市场监督管理局关于做好包容审慎监管有关工作的指导意见》（云市监规〔2022〕1 号）	2022 年 4 月 13 日
5	《河北省市场监督管理局印发〈关于进一步推进包容审慎监管的若干措施〉的通知》（冀市监规〔2022〕5 号）	2022 年 8 月 31 日
6	《河南省市场监督管理局关于印发河南省市场监督管理实施包容审慎监管规范行政执法裁量权暂行规定的通知》（豫市监〔2022〕62 号）	2022 年 11 月 17 日

地方层面：成都市、南昌市将柔性执法规定为“非强制性方式”模式，包括辅导、建议、提示、告诫、约谈、公示、回访 7 种行政指导方式。厦门市、海口市将柔性执法规定为“非强制性方式+包容免罚”模式，并对包容免罚的具体情形及考量因素作了详细规定。大庆市拓展了柔性执法的适用范围，将柔性执法规定为“非强制性方式+包容免罚+容缺受理”模式。朝阳市、三明市以指导意见的方式对推行包容审慎监管、柔性执法的工作任务进行了明确。呼和浩特市、淮南市、银川市分别对司法行政、教育体育、人力社保等行业领域制定了包容审慎柔性执法指导实施意见，相关文件详见表 2。

表 2　地方包容审慎柔性执法相关规范性文件

序号	文件名称	发布时间
1	《三明市人民政府办公室关于印发〈三明市推行柔性执法工作的指导意见〉的通知》（明政办〔2020〕58 号）	2020 年 10 月 27 日
2	《厦门市人民政府办公厅关于印发厦门市推行包容审慎监管执法若干规定的通知》（厦府办规〔2021〕11 号）	2021 年 8 月 31 日

序号	文件名称	发布时间
3	《大庆市人民政府关于印发〈大庆市柔性执法管理规定〉的通知》	2022 年 6 月 14 日
4	《朝阳市人民政府办公室关于推行行政执法包容审慎监管的指导意见》（朝政办发〔2023〕5 号）	2023 年 2 月 7 日
5	《成都市市场监督管理局关于印发〈成都市市场监督管理局关于推行柔性执法的实施意见〉的通知》（成市监发〔2020〕64 号）	2020 年 4 月 22 日
6	《呼和浩特市司法局关于〈呼和浩特市关于推进“柔性执法”做好行政指导工作的意见〉的通知》（呼司通字〔2020〕33 号）	2020 年 5 月 7 日
7	《南昌市市场监督管理局关于印发〈南昌市市场监督管理局优化营商环境实行柔性执法办法（试行）〉的通知》（洪市监字〔2021〕132 号）	2021 年 7 月 2 日
8	《银川市人力资源和社会保障局关于印发〈银川市人力资源和社会保障领域涉企柔性执法工作实施方案〉的通知》（银人社发〔2021〕80 号）	2021 年 8 月 12 日
9	《淮南市教育体育局关于印发〈淮南市教育体育系统行政柔性执法指导意见〉的通知》（教秘法〔2021〕134 号）	2021 年 9 月 9 日
10	《银川市统计局关于印发〈银川市推行统计执法包容审慎监管制度实施方案〉的通知》	2022 年 10 月 14 日
11	《海口市综合行政执法局柔性执法实施办法（试行）》（海综执发〔2023〕6 号）	2023 年 6 月 5 日

（二）生态环境包容审慎柔性执法政策现状

生态环境包容审慎柔性执法是生态环境领域贯彻严格规范公正文明执法的具体体现，其将商谈规范应用于生态环境执法，系统化培育企业自觉做好生态环境保护，从而提升生态环境执法的效果上限与规范潜能。传统生态环境执法强调依法执法、严格执法，通过对违法行为的严厉处罚和制裁，促进生态环境的保护和可持续发展，属于刚的一面。包容审慎柔性执法强调在坚守生态安全底线的前提下，转变执法理念，变机械式执法为人性化执法，为绿色产业发展留足容错纠错空间，属于柔的一面。二者的融合生动地体现了生态环境领域转变执法理念，创新执法手段，践行“以柔为先，刚柔并济”执法理念的积极探索。

国家层面：2018 年 12 月，中共中央办公厅、国务院办公厅发布的《关于深化生态环境保护综合行政执法改革的指导意见》首次明确提出“顺应经济社会发展趋势，积极探索包容审慎监督执法”。生态环境部制定了以《生态环境部关于优化生态环境保护执法方式提高执法效能的指导意见》为代表的一系列规范性文件，对生态环境包容审慎执法的重要环节进行专门规定。自 2018 年以来，生态环境部出台 8 项包容审慎柔性执法相关规范性文件（表 3），在行政检查、行政许可、行政处罚、行政强制、行政指导等执法环节采取多种柔性执法措施。通过“双随机、一公开”监管、执法正面清单制度、非现场监管等强化行政检查的科学性、差异性、精准性。通过容缺受理、告知承诺、环评正面清单制度等精简审批、优化服务。通过包容免罚清单制度、行政处罚裁量基准制度等建立企业轻微违法行为容错机制。同时，将行政指导贯穿生态环境执法的事前、事中、事后全过程，通过送政策、送技术、送服务活动为企业纾困解难，实现“执法+服务”的有机融合。

表3　生态环境部包容审慎柔性执法相关规范性文件

序号	文件名称	发布时间
1	《生态环境部关于生态环境领域进一步深化“放管服”改革，推动经济高质量发展的指导意见》（环规财〔2018〕86号）	2018年8月30日
2	《生态环境部关于进一步规范适用环境行政处罚自由裁量权的指导意见》（环执法〔2019〕42号）	2019年5月21日
3	《生态环境部关于统筹做好疫情防控和经济社会发展生态环保工作的指导意见》（环综合〔2020〕13号）	2020年3月3日
4	《生态环境部关于在疫情防控常态化前提下积极服务落实“六保”任务坚决打赢打好污染防治攻坚战的意见》（环厅〔2020〕27号）	2020年6月3日
5	《生态环境部关于优化生态环境保护执法方式提高执法效能的指导意见》（环执法〔2021〕1号）	2021年1月6日
6	《生态环境部办公厅关于加强生态环境监督执法正面清单管理推动差异化执法监管的指导意见》（环办执法〔2021〕10号）	2021年4月6日
7	《生态环境部办公厅关于进一步加强生态环境“双随机、一公开”监管工作的指导意见》（环办执法〔2021〕18号）	2021年6月28日
8	《生态环境部关于进一步优化环境影响评价工作的意见》（环环评〔2023〕52号）	2023年9月19日

省级层面：2020年以来，吉林省制定了生态环境领域包容审慎监管执法“四张清单”（不予处罚、从轻处罚、减轻处罚、免予行政强制四张清单），湖北省制定了生态环境轻微违法不予处罚事项清单。上海、江苏、浙江、安徽四省（市）生态环境厅（局）联合制订《长江三角洲区域生态环境领域轻微违法行为依法不予行政处罚清单》，对及时改正且没有造成危害后果的轻微违法行为，或初次违法且危害后果轻微并及时改正的22类行为，不予行政处罚。四川省生态环境厅与重庆市生态环境局、成都市生态环境局联合对区域内环境执法自由裁量标准进行细化，确定了15种不予以处罚的情形、6种必须从轻或减轻处罚的情形，并将从轻或减轻幅度从10%的限定扩大到20%，相关文件详见表4。

表4　省级生态环境包容审慎柔性执法相关规范性文件

序号	文件名称	发布时间
1	《吉林省生态环境厅关于印发生态环境领域包容审慎监管执法“四张清单”的通知》（吉环执法字〔2020〕92号）	2020年12月15日
2	《湖北省生态环境厅关于印发〈湖北省生态环境轻微违法不予处罚事项清单（2021年版）〉的通知》（鄂环发〔2021〕27号）	2021年4月20日

序号	文件名称	发布时间
3	《四川省生态环境厅关于印发〈四川省生态环境行政处罚裁量标准〉的通知》（川环规〔2022〕4号）	2022年9月30日
4	《上海市生态环境局、江苏省生态环境厅、浙江省生态环境厅、安徽省生态环境厅、上海市司法局、江苏省司法厅、浙江省司法厅、安徽省司法厅关于印发〈长江三角洲区域生态环境领域轻微违法行为依法不予行政处罚清单〉的通知》（沪环规〔2023〕5号）	2023年5月31日

地方层面：目前，沈阳、武汉、深圳、贵阳、成都、杭州6个地级市已制定关于生态环境包容审慎柔性执法的专门规范性文件（表5）。贵阳原则性规定了7种柔性执法措施，从不适用情形、程序、综合运用柔性执法措施3个方面规范实施柔性执法。深圳从规范执法行为、创新执法方式、建立容错机制、强化执法监管、优化执法服务5个方面提出20条包容审慎监管执法具体举措。沈阳对污染物排放种类、浓度和环境管理类别较为特殊的中小微企业不纳入包容审慎监管范围，对纳入包容审慎监管范围的企业按照"双随机、一公开"制度以指导帮扶为主开展现场检查。武汉详细列举了生态环境包容免罚的具体情形，其中应当轻罚7种情形，应当减罚7种情形，不适用轻罚、减罚5种情形。成都制定生态环境包容审慎监管"3+2"清单，包括不予处罚清单4项、减轻处罚事项1项、从轻处罚事项1项、首违不罚清单6项、不予行政强制措施1项。杭州梳理出53个免罚事项，涉及轻微免罚1项、首违免罚50项以及无主观过错免罚2项等三大类免罚情形。

表5　地方生态环境包容审慎柔性执法相关规范性文件

序号	文件名称	发布时间
1	《沈阳市生态环境局关于印发〈对中小微企业实施包容审慎监管的规定（试行）〉的通知》（沈环发〔2021〕6号）	2021年1月22日
2	《武汉市生态环境局关于全面推行涉企行政处罚三张清单实施包容审慎执法的实施意见》（武环规〔2021〕2号）	2021年4月19日
3	《深圳市生态环境局关于印发〈深圳市生态环境局关于推进生态环境包容审慎监管执法的实施意见〉的通知》	2022年12月8日
4	《贵阳市生态环境局关于印发〈贵阳市生态环境局关于推进柔性执法的实施意见（试行）〉的通知》（筑环通〔2023〕31号）	2023年5月12日
5	《成都市生态环境局关于印发〈成都市生态环境局包容审慎监管"3+2"清单〉的通知》（成环发〔2023〕54号）	2023年7月24日
6	《杭州市生态环境局关于印发〈杭州市生态环境局依法不予行政处罚实施办法（试行）〉的通知》（杭环发〔2023〕64号）	2023年9月27日

二、包容审慎柔性执法的创新探索

其他省（市）通过在生态环境领域以及其他行业领域制定包容审慎柔性执法实施意见，持续强化统筹推进力度，将包容审慎柔性执法制度作为法治政府建设的重要内容，积极落实“首违不罚”“不予处罚”清单制度，探索形成教育、服务、规范“三位一体”的包容审慎柔性执法特色模式。

（一）广东：推行执法观察期和道歉承诺轻罚制度

广东省生态环境厅发布《深入优化生态环境执法方式助力稳住经济大盘的十二项措施》，其中包括推进包容审慎监管、规范、包容、精准、监督执法等方面的规定。此外，广东省还从以下 3 个方面进行创新探索。一是探索试行执法观察期制度。执法观察期即违法包容期，新兴企业、中小企业等市场主体在观察期内出现轻微违法行为后及时改正，生态环境部门优先采用警示告诫、行政约谈等柔性执法方式，依法不予处罚。不仅明确适用观察期采取的处置措施，还明确了不适用观察期制度的具体情形，为观察期制度划定适用界限。二是推行公开道歉承诺减轻处罚制度。对于承认环境违法事实并积极改正的企业，按程序申请公开道歉、承诺守法，在公开道歉专栏公开道歉承诺书后，视整改情况按法定罚款标准的 30%～50%从轻处罚。三是严格执法与柔性执法相结合。对现行执法事项进行全面梳理，重点推行行政执法减免责清单制度。通过从严打击与柔性执法相结合，使环境违法处罚案件数量大幅下降。主动靠前服务指导，对纳入执法正面清单内的企业提供检查、帮扶、财税、金融方面的联合激励。

（二）吉林：推行“五段式”执法

吉林省积极探索包容审慎监管与柔性执法融合新路径，建立衔接配套制度，规范包容审慎柔性执法行为，取得了较好的社会效果。一是推行“五段式”执法模式。吉林省市场监管厅以规范执法行为为切入点，全面推行“五段式”执法模式（法规宣传、教育引导、告诫说理、行政处罚、监督整改 5 个阶段），从事后被动执法向事前积极作为转变。通过调查研究、贯彻执行、健全机制，多方式、全过程推动“五段式”执法模式落地实施。开展“五段式”执法模式效果跟踪反馈，全面规范执法行为改进执法作风。二是加强与其他制度的衔接配套。把“四张清单”编制工作与行政执法备案系统、行政处罚裁量基准、行政执法“三项制度”工作进行结合，增强行政执法整体效能。配套建立“一案三书”制度（执法决定书、行政建议书、信用承诺书），通过统一执法文书规范包容审慎柔性执法行为。

（三）甘肃：全力推行行政柔性执法

甘肃省积极推行包容审慎柔性执法，实施分级分类监管，发布柔性执法典型案例，全力服务保障经济高质量发展。一是以“两轻一免”清单为切入点。30 家省级执法部门向社会公布 822 项“两轻一免”事项，在省、市、县、乡四级执法单位逐步扩展其适用范围，为柔性执法提供制度支撑。二是推行柔性执法为首选方式。全力扩大包容审慎的监管范围，建立健全简易引导、容错纠错、守信激励等包容审慎柔性执法工作机制，优先运用指导、建议、提醒、劝告等非强制性方式，给予行政相对人合法合理的容错纠错空间。三是明确包容审慎柔性执法免责情形。针对基层执法困境，出台《甘肃省市场监督管理包容审慎执法免责规定（试行）》，明确 24 种包容审慎执法免责情形，为促进包容审慎监管机制落实落地提供有力制度保障。

（四）湖北：加强柔性执法标准与监督体系建设

湖北省积极推动包容式差异化监管，持续推进生态环境监督执法正面清单制度，制定生态环境轻微违法不予处罚事项清单，凸显正面激励机制，引导企业自觉守法。一是确立包容审慎柔性执法标准。结合县域实际规范建立自由裁量基准和“四清单”（不予处罚事项清单、从轻处罚事项清单、减轻处罚事项清单、免予行政强制事项清单）统一蓝本，为各行政执法单位推进包容审慎柔性执法提供根本遵循。归类汇编重点执法单位涉企包容审慎柔性执法典型案例，供各执法单位参照应用。细化生态环境包容免罚清单，详细列举生态环境包容免罚情形，其中应当轻罚 7 种情形，应当减罚 7 种情形，不适用轻罚、减罚 5 种情形。二是完善柔性执法监督体系。构建源头纠错、督导监管、举报投诉和联合查处执法监管体系，畅通行政执法监督投诉举报渠道，建立行政执法监督检查人才库，通过抽查案卷、座谈走访等形式，及时发现和纠正选择性执法、过度执法、逐利执法、执法不公等行为。

三、四川省生态环境包容审慎柔性执法现状

（一）现有工作成效

四川省生态环境执法坚持宽严相济，在环评审批、监督执法、非现场监管、正面清单、裁量标准等方面制定了包容审慎柔性执法系列配套制度（表 6），不断优化执法方式，积极营造良好营商环境，全力服务经济高质量发展。

表6　四川省生态环境包容审慎柔性执法相关规范性文件

序号	文件名称	发布时间
1	《四川省生态环境厅关于进一步改进环评审批和监督执法服务高质量发展的通知》（川环函〔2020〕220号）	2020年4月14日
2	《四川省生态环境厅关于印发〈四川省企业环境信用评价指标及计分方法（2019年版）〉〈四川省社会环境监测机构环境信用评价指标及计分方法〉的通知》（川环发〔2021〕2号）	2021年2月8日
3	《四川省生态环境厅关于印发〈四川省生态环境厅约谈办法〉的通知》（川环发〔2021〕7号）	2021年4月22日
4	《四川省生态环境厅办公室关于加强监督执法正面清单制度常态化管理的通知》（川环办发〔2021〕18号）	2021年6月21日
5	《四川省生态环境厅办公室关于加强重点单位污染物自动监控管理的通知》（川环办函〔2022〕180号）	2022年5月12日
6	《四川省生态环境厅关于印发〈四川省生态环境行政处罚裁量标准〉的通知》（川环规〔2022〕4号）	2022年9月30日
7	《四川省生态环境厅、四川省财政厅关于印发〈四川省生态环境违法行为举报奖励办法（2023年版）〉的通知》（川环规〔2023〕1号）	2023年4月4日
8	《四川省生态环境厅关于印发〈四川省生态环境行政处罚信息公开办法〉的通知》（川环规〔2023〕3号）	2023年9月25日
9	《四川省生态环境厅办公室关于印发〈四川省生态环境非现场监管执法工作指引（试行）〉的通知》	—

一是推行“两正一五”清单式执法，提高依法治污水平。实施环评审批正面清单，实行建设项目“三个一批”管理（豁免管理一批、承诺审批一批、加快推进一批），指导中小微企业解决环评、排污许可、危险废物综合许可等行政审批中遇到的难点问题。实施监督执法正面清单，实现“三个优化”执法监管（优化现场执法检查、优化“双随机、一公开”日常监管、优化环境行政处罚）。推行包容免罚“五清单”制度规范执法裁量权，与重庆联合修订执法裁量标准，将15种轻微违法行为纳入免罚清单。

二是坚持“四个一”执法帮扶模式，培育企业自觉提升环境表现。坚持“四个一”方式（组建一个专家团队、帮扶一个工业园区、锚定一个生产企业、联系一个重点项目）开展执法帮扶工作，聚焦重点行业领域，瞄准短板弱项，开展送法入企监督帮扶培训。组织开展“千名专家进万企”大气污染防治帮助服务活动，建立省、市、县三级专家团队名录库，开展重点行业企业绩效评级，编制“一行一策”综合治理指导意见，建立重点帮服企业名录，征集制定帮服需求清单、突出问题台账清单，帮助企业制定“一厂一策”治理方案，累计出动省、市、县三级专家4 000余人次，深入15个重点城市、3 000余家企业开展服务指导。加大对正面清单企业的环保帮扶力度，开展自动监控专项帮扶行动，对重点排污单位开展在线监测专项执法检查，帮助企业制定整改措施。运用“三张清单”（问题清单、整改措施清单、责任清单），督促企业及时落实整改，巩固帮扶成效。组织开展结对帮扶、川渝联合帮扶行动，共筑长江上游生态屏障。

三是推进智慧执法非现场监管体系建设，辅助精准治污。制定非现场监管执法工作指引，开展非现场监管执法技能专项培训，有效提升自动监控帮服能力短板。加强监管执法正面清单动态管理，对纳入清单的企业实施差异化监管，对守法企业进行在线监管。坚持数字赋能生态环境执法，推动建设省生态环境执法智慧监管与服务平台和省、市两级值勤备勤中心。加强重点行业自动监测数据标记，通过在线数据分析、疑点数据筛查发现环境问题线索，实时进行环境风险预警告知。

（二）目前面临的问题

四川省生态环境领域全面推行包容审慎柔性执法，各级生态环境执法机构主动实施柔性执法，坚持“柔性优先，刚柔并济”，有效激发了市场主体活力，取得了一定的进展，但仍存在部分不足。一是缺乏指导性的实施意见。目前四川在生态环境领域许可、检查、处罚、强制等执法环节分别制定了相关规范性文件，但尚未制定统一的生态环境包容审慎柔性执法指导性实施意见。二是柔性执法方式缺乏统一的适用标准。各市（州）对辅导、建议、提示、告诫、约谈、公示、回访等柔性执法方式的适用、程序尚未形成统一标准。三是柔性执法监督体系有待完善。目前对于柔性执法的监督力度不足，公众参与度不高。四是柔性执法队伍建设有待加强。柔性执法需要执法人员具备较高的专业素养和执法水平，但执法人员的素质参差不齐，部分人员缺乏柔性执法相关的专业知识和技能。

四、生态环境包容审慎柔性执法的政策建议

结合其他省（市）包容审慎柔性执法创新探索经验与四川省生态环境执法实际，建议从以下 7 个方面统筹推进四川省生态环境包容审慎柔性执法。

（一）建立健全制度体系

建立健全四川省生态环境包容审慎柔性执法制度体系，统筹推进包容审慎柔性执法工作，不断增强包容审慎柔性执法工作的系统性，切实提高生态环境执法规范化水平。一是省级层面制定生态环境包容审慎柔性执法实施意见。根据《四川省法治政府建设实施方案（2021—2025 年）》和《中共四川省委关于深入推进新型工业化加快建设现代化产业体系的决定》关于推进政府职能转变、实施包容审慎监管的政策要求，在现有生态环境执法相关规范性文件的基础上，系统构建、整合生态环境包容审慎柔性执法的制度框架与指导措施，制定生态环境包容审慎柔性执法指导性实施意见，有效回应人民群众对法治化营商环境的新期待。二是各市（州）结合本地实际参照制定生态环境包容审慎柔性执法相关工作规定。为提高柔性执法的针对性和灵活性，促进生态环境包容审慎柔

性执法工作有效开展，各市（州）可根据本地实际情况参照省级指导性实施意见制定具体的工作规定，鼓励各市（州）结合本地实际不断优化柔性执法方式，并定期反馈包容审慎柔性执法成效。

（二）坚持四项工作原则

在开展生态环境包容审慎柔性执法的过程中，要坚持以下 4 项工作原则。一是坚持合法合理。严格遵守《中华人民共和国行政处罚法》《生态环境行政处罚办法》和生态环境保护相关法律法规规章的规定，以《中华人民共和国行政处罚法》第三十三条规定的不予处罚相关构成要件作为免罚条件。实施柔性执法应当从生态环境监管实际出发，充分考虑相对人的主客观条件，综合权衡经济与社会效益，避免给相对人增加不必要的负担。二是坚持程序简明。制定公布简明易懂的柔性执法履职要求，明确柔性执法事项的工作程序、履职要求、办理时限、行为规范等。三是坚持柔性优先。优先运用提醒教育、劝导示范、警示告诫、约谈指导等方式开展生态环境执法，将执法与服务相结合，坚持宽严相济、法理相融，让行政执法既有力度又有温度。四是坚持宽严相济。加强业务监管与综合执法的协调配合，既重视行政监管中柔性执法的运用，鼓励和引导违法行为当事人改正轻微违法行为，同时对拒不改正或再犯的违法当事人和严重违法行为坚决依法予以查处。

（三）规范柔性执法行为

规范执法行为是确保行政执法活动合法、公正、公开、文明的重要要求，应当全面加强生态环境包容审慎柔性执法的规范性建设。一是明确包容审慎柔性执法的适用范围。结合生态环境执法现有的实践情况，可将生态环境包容审慎柔性执法适用范围界定为“非强制性方式+包容免罚+容缺受理”模式。但对利用自然灾害、事故灾难、公共卫生、公共安全等突发事件实施违法行为的，不适用柔性执法。二是推行包容免罚清单制度。制定包容免罚清单的标准和条件，综合考虑法律法规、社会影响、风险评估等因素，明确“两轻两免”（减轻或从轻处罚、免罚或不罚、免予强制）的具体情形。建立包容免罚清单的动态管理机制，确保清单的信息公开、有效执行和及时更新。三是规范行政执法裁量权。严格遵守生态环境行政处罚裁量基准，坚持过罚相当原则，从违法行为的事实、性质、情节和社会危害等方面进行综合考量。推行行政处罚裁量数字化管理，在移动执法平台中建立生态环境执法裁量适用系统，确保处罚的公正性和准确性。四是实施两级联审制度。建立生态环境执法两级联审机制，明确参与联审的执法机构和责任分工，通过联合调查和取证，可以确保执法决策的客观性和准确性。健全重大行政执法决定法制审核机制，建立生态环境法制审核专业人才库。五是实行信赖保护制度。严格按照已公开的检查计划开展执法检查，利用移动执法系统进行全过程留痕。非因法定事由、法定程序，不得随意改变、撤销已作出的执法决定。六是建立“一案三书”执法文书制度。

在作出不予、从轻、减轻行政处罚决定和免予行政强制决定的柔性执法案件中，同时下发执法决定书、行政建议书和信用承诺书，对违法行为进行处罚的同时提供建议和引导，促使行政相对人改正违法行为，提高柔性执法的规范化水平。

（四）创新柔性执法方式

创新执法方式的目的是提高执法效能，应从以下 6 个方面加强生态环境包容审慎柔性执法的创新性。一是推行执法观察期制度。对处于观察期内的企业可以采取柔性执法措施，适用执法观察期的案件应当经过法制审核和集体讨论。二是明确 7 种柔性执法方式适用情形。柔性执法主要有辅导、建议、提示、告诫、约谈、公示、回访 7 种执法方式，其中辅导、建议为事前阶段，提示、告诫、约谈为事中阶段，公示、回访为事后阶段。三是实施分类分级监管执法。完善重点污染源重点监管清单制度，对重点排污单位、重点建设项目加大执法检查力度，对非重点排污单位减少检查频次。实施正面清单管理制度，对纳入正面清单管理的企业，原则上以非现场方式进行执法检查。四是推行非现场执法。充分利用遥感监测、在线监测、无人机（船）巡查、视频监控等科技手段开展非现场检查。规范非现场检查程序，在移动执法系统中实现信息查询、文书送达等功能。加强自动监控数据的分析研判，建立执法预告预警机制和执法检查反馈机制。五是推行说理式执法。在执法决定中应当充分说明理由依据，做到处罚有理有据、法理相融，引导当事人主动改正、自觉守法。开展以案释法活动，通过典型案例的说理宣传，营造良好的执法守法环境。六是加强跨区域协调联动执法。完善跨区域跨部门联合执法工作机制，加强各部门、各区域的执法联动。对已经联合检查的企业，在固定周期年度内原则上不再单独检查。

（五）强化柔性执法监督

执法监督是确保生态环境包容审慎柔性执法行为合法性和公正性的重要手段，应从以下 3 个方面予以强化。一是定期开展执法稽查。制订执法稽查计划，确定稽查的时间、地点和重点对象，定期对各类行政执法活动开展执法稽查，并对发现的问题进行整改落实。二是开展群众评案活动。通过执法信息公开，鼓励公众参与执法过程，接受举报和投诉，提供意见和建议。组织对执法行为进行评议和满意度调查，了解、收集公众对执法行为的评价和意见，对执法行为进行评估和改进。三是开展生态环境执法履职评价。构建生态环境执法履职评价指标体系，定期组织开展执法履职评价工作，将评价结果作为执法单位评优评先以及执法人员职级晋升的重要依据。

（六）优化柔性执法服务

执法服务是生态环境监管服务推动经济高质量发展、体现执法温度的重要方式，应从以下 4 个方面予以优化。一是实行环评告知承诺制。明确环评告知承诺制的试点范围、工作程序，将实行告知承诺制审批项目纳入“双随机、一公开”环境执法范围。完善环评专家库，为环评审批提供有力技术支撑。二是推行执法和解协议制度。当违法行为当事人愿意主动采取整改措施来消除违法行为带来的影响时，执法部门可以与其协商并达成整改协议，确保违法行为得到及时纠正。三是建立环境信用快速修复机制。对自愿整改、进行环境损害赔偿的企业，可根据整改情况、赔偿和修复情况、环境管理体系建设情况，对企业进行信用修复评估，并在评估合格后恢复其环境信用。四是开展企业环保合规帮扶指导。根据企业需求量身定制帮扶措施，提供线上线下企业环保咨询服务。指导企业建立健全环境管理体系，提供技术支持和咨询服务。帮助企业制定整改方案，指导企业采取有效措施进行环境整改，确保企业达到合规要求。

（七）加强柔性执法保障

执法保障是提高执法人员主客观执法能力的重要内容，应当加强执法人员的柔性执法理念转变与业务能力建设。一是加强培训交流。把包容审慎柔性执法作为执法练兵和主题培训的重要内容，系统培育柔性执法理念。通过及时总结柔性执法过程中的经验做法，加强互学互鉴，提高执法人员的柔性执法意识和业务能力。二是加强宣传引导。充分利用融媒体技术，对包容审慎柔性执法的优势、成效和典型案例进行针对性宣传，营造包容审慎柔性执法守法的良好社会氛围。三是加强跟踪问效。强化包容审慎柔性执法后续跟踪分析，建立企业诉求清单并跟踪服务，及时回访记录整改结果，确保整改措施落实到位，违法行为得到彻底纠正。将相关实施情况纳入执法工作和履职评价，确保包容审慎柔性执法有效推进。四是健全履职尽责容错纠错。坚持职责法定、履职尽责、尽职免责，明确包容审慎柔性执法不予追究、从轻或减轻追究执法过错责任情形，激励执法人员创新柔性执法工作方式。